해상풍력발전

해상풍력발전

현재 해상풍력 발전의 용량은 전 세계에 설치되어 있는 풍력발전의 불과 1%이다. 지금까지, 주로 북유럽의 국가에서 개발되었고, 북해와 발트 해를 중심으로, 20곳을 초과하는 프로젝트가 실시되고 있다. 해상풍력 발전은 여전히 육상과 비교하여 약 50% 더 비싸지만, 보다 많은 바람의 양과 큰 터빈에 대한 경관문제의 저감 등의 이점으로 인해, 몇몇의 나라들이 해상풍력 발전에 더 야심찬 목표를 가지고 있다.

편_ John Twidell and Gaetano Gaudiosi

역_ 김남형 · 고경남 · 양순보

씨아이알

서 문

　해상풍력발전은 해양에 면한 여러 국가들의 발전에 중요한 개발항목으로 되어 있다. 그러나 그 도전은 쉽지 않고, 아직까지 미지수라고 하는 상황에 있다. 본 서는 우리들의 편집 아래에서, OWEMES[1] 회의의 각국의 참가자에 의해 집필된 것이다. 또한 주로 서유럽 지역에서의 기술, 제조, 서비스, 그리고 기후학을 응용하는 것을 전제로 하여 저술되어 있으며, 각국의 국내법 및 국제법, 재무, 보험, 환경 그리고 생태계로의 임팩트 등 많은 중요한 요소를 포함하고 있지는 않지만, 한 권의 책으로서는 충분히 풍부한 내용으로 되어 있다. 발전용인 풍력발전기에 관한 많은 정보는 확실히 육상의 풍력발전단지로부터 온 것이지만, 해양구조물의 설계, 설치, 및 운전에서의 대부분의 경험은 해상의 석유나 가스의 굴삭 기술에 근거하고 있으며, 해상풍력의 지식은 해양공학의 수요로부터 만들어졌다고 말할 수 있다. 그러나 이들의 다른 분야에서 확립된 지식을 가지고 있어도 해상 풍력발전단지에 관해서는 불충분하기 때문에 여전히 연구개발이 진행되고 있다.

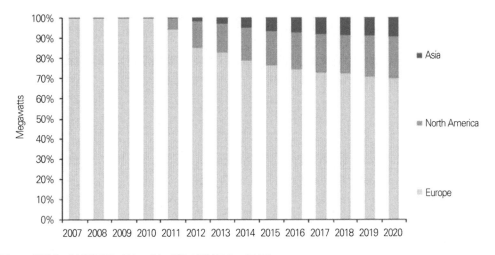

그림 1. 대륙별 해상발전단지의 도입 비율 예측(2007-2020)
('Global Offshore Wind Energy Markets and Strategies 2008-2020', Emerging Energy Research, March 2008로부터 허가를 얻어 전재)(컬러 도판 p.517 참조)

---

1 OWEMES : Offshore Wind and marine renewable Energy in Mediterranean and European Seas.(지중해와 유럽 해역에서 해상풍력에너지와 기타 해양성 재생가능에너지)

그림 1에 나타내듯이 유럽은 해상풍력발전단지의 도입에 있어서 우위의 지위를 유지하고 있으며, 제조거점의 대부분이 유럽이 될 것이라는 것이 예상되고 있다. 이와 같이 개발 초기 단계에서 우위에 서는 것에 의해, 유럽으로부터의 제품이나 지식의 수출도 현저하게 될 것이라는 것은 틀림이 없다.

그림 2는 유럽 각국별로 2007-2020년의 해상풍력발전기의 도입량을 나타낸다.

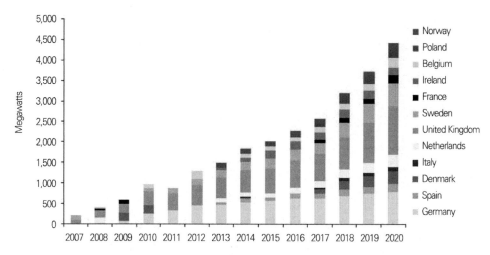

그림 2. 유럽 각국의 해상풍력발전기 연간 도입률(2007-2020)
('Global Offshore Wind Energy Markets and Strategies 2008-2020', Emerging Energy Research, March 2008로부터 허가를 얻어 전재)(컬러 도판 p.517 참조)

해상풍력발전기의 발전량이 인류 역사상에서도, 크고 새로운 개발이라는 점은 분명하다. 대규모 인공구조물이 차례차례로 해상에 설치되는 것은 처음이고, 나아가 그것은 97%를 넘는 가동률로 20년 이상 동안 자동 운전하는 동력 기계이다. 이것은 대단한 도전이다.

본 서의 각 장은 특정 테마마다 각각의 전문가에 의해 저술되어 있다. 우리 편집자의 역할은 본문 및 책 전체로서 줄거리가 통하는 것이 되도록, 저자들과 협력하여 작업하는 것이고, 저자들의 협력과 헌신적인 노력에 사의를 표한다. 개개의 저자의 약력은 서문의 부록에 설명되어 있기 때문에 이 이상은 설명하지 않지만, 이들의 뛰어난 저자들이 없이는 이 책이 출판되는 일은 없었을 것이다. 다시 한 번 사의를 표한다.

John Twidell and Gaetano Gaudiosi

Authors' and Editors' Details

EDITORS

John Twidell works independently as an academic consultant and writer in renewable energy and sustainability, and as Director of the AMSET Centre Ltd. He previously held the Chair in Renewable Energy at De Montfort University and was Director of the Energy Studies Unit of Strathclyde University. He has also held appointments at Universities in Africa and the South Pacific. He has served on the Boards of the British Wind Energy Association and the UK Solar Energy Society, on committees of the Institute of Physics and as an adviser to the UK Parliamentary Select Committee on Energy. Practical experience in wind power has included management of a 3 MW (60 m) wind turbine and other smaller wind turbines on Orkney, northern Scotland. He is a Board member of Westmill Windfarm Co-operative. Presently, he is Editor Emeritus of the academic journal 'Wind Engineering' having been General Editor from 1998 to 2007. He is a visiting lecturer at the Environmental Change Institute, University of Oxford (MSc in Environmental Change, Energy Module), and the School of Aeronautics and Engineering, City University, London (MSc in Energy, Environment, Economics and Technology). His co-authored textbook with A.D. Weir, *'Renewable Energy Resources'* (second edition 2006, published by Taylor Francis) sells worldwide, mainly on postgraduate courses. He has written ~100 published papers on renewable and sustainable energy, and chapters in 9 other books.

Gaetano Gaudiosi graduated in Naval Engineering at Naples University in 1959, and now works independently as a consultant on offshore and onshore wind energy and other marine renewable energies. From its foundation in 2006, he has been president of the not-for-profit association OWEMES, emphasising the Mediterranean and Southern European seas. He is a Board member of ATENA(Associazione di Tecnica Navale) Rome Section and ANIV (Association Nazionale Ingegneria del Vento, 2001-2007). Previously he was an officer in the wind energy programs of ENEA (Project Manager 1980-1987 for MEDIT 300 KW and GAMMA 1.5 MW wind turbine; senior consultant and E.C. Italian project leader 1990-2001), Italian Member in the IEAWind R& D Implement Agreement 1984-1990) and European Commission Expert for the evaluation of wind and ocean energy project proposals. From 1961 to 1980, he worked in nuclear energy, with experience in testing thermal critical phenomena in the reactor core (BWR and PWR) in Italy, USA and Sweden. From 1984, he has chaired the triennial European Seminar OWEMES in Italy (Rome 1994; La Maddalena 1997; Siracusa 2000; Napoli 2003; Civitavecchia 2006). He is author of papers on nuclear energy and wind energy, with particular attention to the offshore wind power applications presented in international conferences since 1992. He co-edited a special issue of the journal 'Wind Engineering' reviewing offshore wind energy. Teaching activity in Wind Energy has been carried out for many years in Italy and other countries, recently including the e-learning ENEA-UNESCO course on offshore wind energy.

AUTHORS

Chapter 1. Poul Erik Morthorst, Jørgen Lemming and Niels-Erik Clausen,

Poul Erik Morthorst is a Professor at Risø National Laboratory for Sustainable Energy, the Technical University of Denmark[1]. He has worked in the Department for Systems Analyses at Risø for more than 30 years. His main activities cover the assessment of the economics of renewable energy technologies; especially wind power, evaluation of policy instruments for regulating energy and environment and development of long-term scenarios for energy, technology and environmental systems. He has participated in a large number of projects within these fields and has extensive experience in international collaboration. He has taken part in several national and international committees. He is member of the board of the Danish TSO, Energinet.dk, and appointed to the Danish Research Councils on Sustainable Energy and Environment and on Transport. Recently he was appointed member of the Danish Commission on Climate Change set up by the Danish Government. The main task of this commission is to analyse national and international proposals of how to reduce significantly emissions of greenhouse gases.

Jørgen Lemming is Chief Consultant at Risø National Laboratory for Sustainable Energy, the Technical University of Denmark. Dr Lemming joined the Department for Wind Energy at Risø in 2005, after many years in the Danish Energy Authority as an

---

1 http://www.risoe.dk/?sc_lang=en

expert on wind power. He has extensive experience in national and international collaboration within the wind energy field and is much involved in the IEA annexes on wind energy.

Niels–Erik Clausen is Senior Adviser at Risø National Laboratory for Sustainable Energy, the Technical University of Denmark. Dr. Clausen joined Risø DTU in 2000, where he has worked with research as well as consultancy for private and institutional clients within application of wind energy. Research areas include Climate Change and renewable energy potential; design of wind turbines in areas with tropical cyclones; development of wind energy projects; environmental impact assessment of wind power projects. Presently he is responsible for a course on planning and development of windfarms at DTU' MSc degree programme in wind energy[2].

Chapter 2. John Twidell

see above.

Chapter 3. Luigi Cavaleri

Luigi Cavaleri received his Degree of Mechanical Engineer from the University of Padua, Italy, in 1965 and his Master of Aeronautics from the California Institute of Technology, Cal, USA, in 1969. Since then he worked for the Institute of Marine Science, CNR, In Venice Italy, firstly in 1969 as a researcher, then in 1992 as Director of Research, and finally in 2006 Director. Presently retired, but continuing as a Senior Scientist at the same institute. His main professional interest have always been wind waves, with connected activities in wind modelling and air–sea interaction processes. Author of almost 100 refereed papers and 3 books.

Chapter 4. Rebecca Barthelmie

Rebecca Barthelmie holds the Ewart Farvis Chair of Energy System at the University of Edinburgh and Professor of Atmospheric Science and Sustainability at Indiana University. Prior to this, she worked as a consultant and researcher in offshore wind energy at Risø National Laboratory, Denmark. She is a workpackage leader in two European Union funded projects; 'Flow'in UPwind and 'Wakes'in POWWOW. She is

---

2 http://www.dtu.dk/English/education/MSc_Programs/Wind%20Energy.aspx

author/co-author of more than 80 international journal articles and more than 200 conference papers. She is an elected member of the European Union Technology Platform on Wind Energy and an editor of the journal Wind Energy.

Chapter 5. Zhe Chen and Frede Blaabjerg

Zhe Chen received the B.Eng. and M.Sc. degrees from Northeast China Institute of Electric Power Engineering, Jilin City, China, and the Ph.D. degree from University of Durham, U.K. He was a Lecturer and then a Senior Lecturer with De Montfort University, U.K. In 2002, he became a Research Professor and is now a Professor with the Institute of Energy Technology, Aalborg University, Denmark, where he is the coordinator of the Wind Power System Research program. His background areas are power systems, power electronics and electric machines; and his main current research areas are wind energy and modern power systems. He has more than 170 publications in his technical field. He is an Associate Editor (Renewable Energy) of the IEEE Transactions on Power Electronics, a Member of the Institution of Engineering and Technology (London, U.K.), and a Chartered Engineer in the U.K

Frede Blaabjerg received the M.Sc.EE. from Aalborg University, Denmark in 1987, and the PhD. degree from the Institute of Energy Technology, Aalborg University, in 1995. He was employed at ABB–Scandia, Randers, from 1987–1988. During 1988–1992 he was a PhD. student at Aalborg University. There he became an Assistant Professor in 1992, in 1996 Associate Professor and in 1998 Full Professor in power electronics and drives. He research expertise is especially in power electronics, static power converters, ac drives, switched reluctance drives, modelling, characterization of power semiconductor devices and simulation, wind turbines and green power inverter. He is the author or coauthor of more than 300 publications in his research fields, including the book '*Control in Power Electronics*'(series editors. M.P. Kazmierkowski, R. Krishnan, F. Blaabjerg) 2002, Academic Press.

Chapter 6. Thomas Ackermann.

Thomas Ackermann has the degree of a *Diplom Wirtschaftsingenieur* (M.Sc. in Mechanical Engineering combined with an MBA) from the Technical University Berlin/ Germany, an M.Sc. in Physics from Dunedin University/ New Zealand and a Ph.D. from the Royal University of Technology in Stockholm/ Sweden. He is the editor of the book "Wind Power in Power Systems" In addition to wind power, his main interests are related to the concept of distributed power generation and the impact of market regulations on the development of distributed generation in deregulated markets. He has worked in the wind energy industry in Germany, Sweden, China, USA, New Zealand, Australia and India. He is CEO of 'energynautics' a research and consulting company in the area of sustainable energy supply and lecturer at the Royal University of Technology (KTH) in Stockholm, Sweden.

Chapter 7. Carlo Degli Esposti

Carlo Degli Esposti received the M.S. degree in electrical engineering in 1999 from the University of Bologna. He is presently a Project Manager and Technical & Economical Adviser for ETSO, the European Transmission Systems Organisation.

Chapter 8. Jan van der Tempel

Jan van der Tempel received his MSc in Civil Engineering, section Offshore, in 2000 at the Delft University of Technology. Worked at Royal Boskalis Westminster after graduating, focusing on installation methods for Horns Rev and sub–sea cable installation and protection. Went back to DUT for a PhD on design of support structures for offshore wind turbines, defining a frequency domain fatigue calculation method (April 2006). He designed the Ampelmann, a system for safe access to offshore structures, even in high wave conditions. Currently working as project manager and assistant professor at the DUT teaching offshore wind energy courses and CEO of the spin–out Ampelmann Company.

Chapter 9. Andrew Henderson

Andrew Henderson is an Offshore Wind Engineer at Garrad Hassan, responsible for Offshore Wind Technical Due Diligence. Previously Andrew worked for Spanish offshore wind farm developers, leading technical development in shallow and deep waters. He held the position of Assistant Professor in Offshore Wind Energy at the Technical University of Delft, where he was involved in major European and Dutch research projects including "Design Methods for Offshore Wind Turbines at Exposed Sites"and the "CA–Offshore Wind Energy"information dissemination project. As a Research Fellow at the University College of London, he undertook the research project on "The Development of Research Tools for Offshore Wind Farms Implementation"including detailed modelling of the performance of offshore wind turbines and the floating support structures.

Chapter 10. Göran Dalen

Göran Dalén received his M.Sc degree in Naval Architecture and Marine Engineering at Chalmers University of Technology in Gothenburg, Sweden in 1978. He has worked with Wind Energy for many years for the manufacturing industry as well as for developers and utilities such as Vattenfall and E.ON. He has also been involved in various EU projects including the coordination of the R&D part of the Downvind project. He has also been the Swedish head delegate in IEC TC 88 and representative in different steering committees for the Swedish Energy Board as well as for different working groups within the European commission such as the Technology Platform for Offshore Wind Energy. He is currently working for wpd Scandinavia as a project manager developing offshore projects in Germany and other European countries.

Chapter 11. Christian Nath, Axel Andraea, Kimon Argyriadis, Peter Dalhoff, Silke Schwartz,

Christian Nath received his degree as a Diplom-Ingenieur for Naval Architecture from the Technical University of Hannover in Germany in 1976. Upon his graduation, he received a research fellowship for a year at the University of California in Berkeley, where he worked as a Visiting Scholar in nonlinear Finite Element Analysis. After his return, he worked for Germanischer Lloyd in the structural analysis group. The time at GL was interrupted by a two-year research project with employment at the University of Hamburg. In the early eighties, he worked in the approval of wind energy as a structural engineer. From 1989–1992 he was project manager of a project of the Federal Research Ministry to install a test site for wind turbines in China. Since 1993 he was been responsible for wind energy at Germanischer Lloyd. He is now Global Head of Practice for Certification and Inspection within the Renewables Segment. Also from 1993, he has been chair of the German Wind Turbine Standardisation Committee and was member in several Working Groups of the IEC. He has contributed to several national and international research projects and is currently a member of the Executive Committee of the European Technology Platform TPWind. His first offshore wind involvement was in the "Study on Offshore Wind Energy in the EG"carried out by Germanischer Lloyd and Garrad Hassan.

Axel Andreä received his degree as a Dipl.−Ing. from the University of Applied Sciences in Hamburg in 1989. He worked in the field of measurements at Windtest−Kaiser−Wilhelm−Koog GmbH for two years. After that he was engaged at aerodyn Energiesysteme GmbH and worked in load analysis, component and tower design. In 1995, he joined Germanischer Lloyd' Wind Energy Department where he stayed until 2008. The time at GL was interrupted by a one−year−leave for REpower Systems AG. At GL he held the position of the Head of the Department for Load Assumptions. He left GL in 2008 to work for support projects in developing countries in Southern America.

Kimon Argyriadis has a Naval Architect Degree (Dipl. Ing.) from Hamburg University. After a period in marine engineering consultancy, he joined Germanischer Lloyd (GL) in 1994. His field of activities covers load analysis for onshore and offshore wind turbines, and he is responsible for ocean−energy device certification. He is Expert−in−Charge for load assumptions and is involved in software and guideline development. He participates in national and international standardisation and is member of IEC Technical Committee 114 "marine energy" and Working Group 3, developing offshore wind turbine standard IEC61400−3. He has contributed to several national and international research projects and is currently a member of the European Technology Platform TP Wind.and the International Ship and Offshore Structures Congress (ISSC) specialist committee "Ocean wave and wind energy utilisation"

Peter Dalhoff is Head of the Projects Department, Business Segment Wind Energy, at Germanischer Lloyd. His involvement in wind energy began as a mechanical engineer in 1996 with GL. He performed design reviews and on−site inspections on wind turbines focusing on machinery and drive trains. As a project manager Peter Dalhoff was responsible for certification projects of different turbine manufacturers and wind farm developers. Since 2000, he has been engaged in Offshore Wind Energy and has led several offshore wind related projects, including project certifications, development and maintenance of offshore wind standards and participation in international research projects. He has been a team member in a number of technical due diligence processes as a technical advisor on behalf of banks and investors. He has organised wind related seminars and is a funding member of the Hamburg Offshore Wind conference (HOW), being responsible for its organisation.

Silke Schwartz has a degree in Naval Architecture from the technical University in Hamburg. Her engineering experience with Germanischer Lloyd had earned her a position as Expert–in–Charge for load assumptions for onshore and offshore wind turbines from January 2001, and Deputy Head of the load assumption department from 2004. She has worked with developing guidelines for load assumptions, research of ocean energy concepts and supervision of final thesis and performance of research concerning offshore loads. Since 2006, she has worked in Australia for Hydro Tasmania Consulting, a leading consultancy in the renewable energy sector.

Chapter 13. Lorenzo Battisti.

Lorenzo Battisti is currently Fluid–Machinery Associate Professor by the Mechanical and Structural Engineering Department, University of Trento, Italy and Head of the Turbomachinery Laboratory. He graduated in Mechanical Engineering in 1988 and post–graduated– at the von Karman Institute of Bruxelles– Belgium following the 40th (AGARD–NATO) Postgraduate Diploma –option Turbomachnery. The scientific activity is focussed on heat transfer in gas turbine and wind energy conversion, where a wide experimental and numerical activity on high temperature heat–transfer mechanism in gas turbine components and anti–icing de–icing systems for wind turbines has been carried out. He was member of the Technical Option Committee –Refrigeration, AC and Heat Pumps of United Nations Environmental Programme (UNEP) and co author of the 1998 Protocol, and member 2005–2007 of the IEA–XIX ANNEX "Wind Energy in Cold Climate" Former member of the ETN (European Turbine Network). Lorenzo Battisti is author of many papers and international patents on gas turbine cooling and anti–icing systems. (The kind assistance of Alessandra Brighenti is acknowledged in the final preparation of the text).

역자 서문

2010년대 들어와서 신재생에너지가 각광을 받고 있다. 특히 풍력발전의 성장은 괄목할 만하다. 지금까지의 풍력발전은 주로 육상에서 행해졌지만, 최근에 대두되고 있는 환경문제(넓은 부지, 전자파, 소음, 경관 등)로 인해 해상풍력발전이 주목받기 시작했다. 북해에 면한 북유럽의 국가들은 해상풍력발전이 발전의 중요한 개발항목으로 자리잡아 가고 있는 중이다. 아직 해상풍력발전에 관한 기술은 명확하게 정립되어 있지 않기 때문에, 세계 여러 나라가 다방면에 걸쳐 개발한 기술이 해상풍력발전에 새로운 표준화 기술이 되도록 무한 경쟁을 하고 있다.

우리나라의 경우 육상풍력발전에 적합한 부지가 별로 없으며, 산악부는 접근도로의 정비 등 비용적인 면에서 부담이 된다. 또 육상의 풍력발전은 인구가 조밀하기 때문에, 소음이나 저주파 문제, 경관 등의 민원이 많이 발생하고 있다. 삼면이 바다인 우리나라는 적극적으로 해상풍력발전이 개발되어야 할 것이다. 그러나 우리나라의 해역은 유럽의 지중해나 북해에 비해 매우 혹독한 해상조건을 가지고 있다는 것을 미리 생각해두어야 한다. 따라서 매우 장래성이 있는 해상풍력발전단지를 개발할 때 실패하지 않으려면 매우 신중하게 접근하여야 할 것이다.

원래 이 책은 2009년에 영국 Multi-Science Publishing Co., Ltd.에서 출판되었으며, 그 후 2011년에 일본 Kajimashuppankai(鹿島出版會)부터 일본어로 "洋上風力發電"으로 번역 출판된 매우 권위 있고 저명한 책이다. 이 책은 13장으로 구성되어 있으며, 각 장은 기승전결(起承轉結)로 이루어져 있고, 각 장이 끝날 때마다 풍부한 참고문헌이 수록되어 있어서 독자 여러분에게 큰 도움이 될 것으로 여겨진다. 제1장은 해상풍력발전의 개발에 대해서, 제2장은 풍력발전기의 기본에 대해서, 제3장은 지중해의 바람과 파에 대해서, 제4장은 해상풍력발전량의 평가/예보를 위한 기후·기상학적인 검토에 대해서, 제5장은 풍력발전기의 전기공학에 대해서, 제6장은 해상풍력발전단지의 계통연계에 대해서, 제7장은 풍력발전의 대규모 계통연계와 전력시장에 대해서, 제8장은 해상풍력발전기의 동적 특성과 피로에 대해서, 제9장은 부유식 해상풍력발전에 대해서, 제10장은 해상풍력발전단지로의 엑세스에 대해서, 제11장은 규격과 인증에 대해서, 제12장은 심해역에서의 해상풍력발전기의 기초에 대해서, 제13장은 해상풍력발전기의 재료에 대해서 기술하고 있다.

여러 가지로 부족한 점이 많고, 천학(淺學)임을 무릅쓰고 이 책을 번역하게 된 것은 해상풍력발전에 앞선 유럽 여러 나라의 경험이 농축되어 있으므로 해상풍력발전의 이론과 실무의 내용을 가장 정확하게 이해할 수 있고, 또 명쾌하게 기술되어 있기 때문에, 우리나라 해상풍력 발전의 기술개발에 매우 유익할 것이라는 확신이 들었고, 국내 해상풍력발전의 분야에 관심을 가진 연구자나 기술자들에게 조금이나마 이해를 돕고자 번역하였다. 또 번역에 정통하지 못한 관계로 책의 내용 중에 오역이나 잘못된 점이 있다면 주저하지 마시고 지적과 지도편달을 부탁드린다. 또 이 책을 통하여 한국의 해상풍력발전의 기술을 어떻게 발전시키고, 어떻게 업그레이드시켜 나갈 것인가?에 대한 혜안(慧眼)을 얻을 수가 있을 것 같다.

이 책을 번역하는 데 공동번역자로 참여하고 수고해주신 제주대학교 대학원 풍력공학부 조교수 고경남 박사(5-7장)와 나의 연구실 출신(석사과정)이면서 멀리 일본 항만공항기술연구소 연구관인 사랑하는 애제자 양순보 박사(8-13장)에게 깊은 감사를 전하며, 채산성이 크지 않은 출판에 응해주신 도서출판 씨아이알의 김성배 사장님과 김동희 대리에게도 역자를 대표하여 감사의 마음을 전합니다.

끝으로 이 책을 번역하는 데 지혜와 총명과 명철을 주신 주 여호와 하나님께 이 모든 영광을 돌려드립니다.

"Seek first his kingdom and his righteousness" (Matthew 6 : 33a)

한라산 기슭 아라동 연구실에서
역자를 대표하여 김남형

목차

Chapter 05   풍력발전기의 전기공학

Chapter 08 · 해상풍력발전기의 동적 특성과 피로

Chapter 09 심해역에서의 해상풍력발전

Chapter 10 해상풍력발전단지로의 액세스

Chapter 11 규격과 인증

Chapter 01

해상풍력발전의 개발 – 현상과 전망

C01hapter

해상풍력발전의 개발 – 현상과 전망

1.1 서 론

현재 해상풍력발전의 용량은 전 세계에 설치되어 있는 풍력발전의 불과 1%이다. 지금까지 주로 북유럽의 국가에서 개발되었고, 북해와 발트 해를 중심으로 20곳을 초과하는 프로젝트가 실시되고 있다. 2007년 말 현재 스웨덴, 덴마크, 아일랜드, 네덜란드와 영국 등의 5개국에서 1100MW가 설치되어 있지만 그 대부분은 기초나 해저케이블 등의 가격을 최소화하기 위해 비교적 얕고(수심 20m 이내), 해안에서부터 20km 이내의 해역이다. 2000년 말 기준으로 도입량이 가장 많은 스웨덴은 110MW의 Lillgrunden 해상풍력발전단지가 건설되어 스웨덴의 해상풍력발전의 설비용량은 133MW까지 증가할 예정이다. 영국에서는 2000년 Blyth 앞바다 4MW, 2006년에 Barrow 90MW, 2007년에 Burbo Bank 90MW, 그리고 2008년 건설 중인 것이 629MW로서 일정비율로 해상풍력발전단지가 증가하고 있다(BWEA 통계). 해상풍력발전은 여전히 육상과 비교하여 약 50% 더 비싸지만 보다 많은 바람의 양과 큰 터빈에 대한 경관문제 저감 등의 이점으로 인해 몇몇의 나라들이 해상풍력발전에 더 야심찬 목표를 가지고 있다.

1.2 해상풍력발전의 개발과 투자비용

해상풍력발전의 총용량은 아직 작지만 그 성장률은 크다. 해상풍력발전단지는 보통 총용량이 100~200MW인 큰 단위로 설치된다. 1년당 불과 2사이트에 설치될 뿐이어도 20~40%의 연간 성장률을 가져올 것이다. 제조단계에서의 높은 비용과 설치선박의 일시적인 수용 문제는 계획지연을 가져오기도 한다.

표 1-1 해상풍력의 국가별 설치용량(BTM Consult)

국가	2006년 설치용량(MW)	2006년 말 누적설치용량(MW)	2007년 설치용량(MW)	2007년 말 누적설치용량(MW)
Denmark	0	398	0	398
Ireland	0	25	0	25
The Netherlands	108	127	0	127
Sweden	0	23	110	133
UK	90	304	90	394
합계	198	877	200	1077

해상풍력발전의 비용은 기상, 파의 조건, 수심, 그리고 해안까지의 거리에 크게 의존한다. 최근의 해상풍력발전 설치와 관련된 가장 상세한 비용정보는 2006년과 2007년에 90MW가 설치된 영국과 2007년 Lillgrunden에 설치된 스웨덴에서 얻어졌다.

표 1-2는 최근 건설된 해상풍력발전단지의 일부에 대한 정보를 나타낸다.

표 1-2 최근의 해상풍력발전단지의 주요 정보

해상풍력발전단지	운전개시	풍차 수	풍차크기 (MW)	용량 (MW)	투자비용 (백만€)
Middelgrunden(DK)	2001	20	2	40	47
Horns Rev I(DK)	2002	80	2	160	272
Samsø(DK)	2003	10	2.3	23	30
North Hoyle(UK)	2003	30	2	60	121
Nysted(DK)	2004	72	2.3	165	248
Scroby Sands(UK)	2004	30	2	60	121
Kentich Flat(UK)	2005	30	3	90	159
Barrows(UK)	2006	30	3	90	–
Burbo Bank(UK)	2007	24	3.6	90	181
Lillgrunden(S)	2007	48	2.3	110	197
Robin Rigg(UK)	2008	60	3	180	492

표 1-2에 나타내는 것과 같이 해상풍력발전단지에서 선정된 풍력발전기의 크기는 2.0~3.6MW 사이이며, 새로운 풍력발전단지일수록 대형의 풍력발전기를 도입하고 있다. 또, 풍력발전단지의 크기는 23MW의 매우 작은 Samsø 풍력발전단지에서 세계 최대의 해상풍력발전단지인 Robin Rigg의 180MW까지 다양하다. MW당 투자비용은 1.2백만€/MW(Middelgrunden)부터 약 2배에 달하는 2.7백만€/MW(Robin Rigg)의 범위이다(그림 1-1 참조).

해상풍력발전기가 큰 투자비용이 드는 이유는 큰 구조물인 동시에 타워를 설치하는 데 많은 인력과 장비가 동원되는 복잡한 실행계획 때문이다. 해상의 기초, 건설, 설치, 그리고 계통연계 비용은 육상보다도 훨씬 높다. 예를 들면 똑같은 사이즈의 육상 프로젝트와 비교하였을 때 일반적으로 풍력발전기는 20%, 타워와 기초는 2.5배 이상 비싸다.

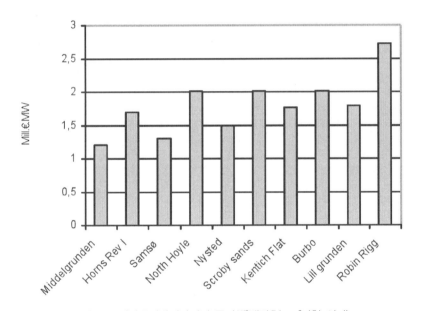

그림 1-1 해상풍력발전단지의 투자액[백만€/MW] (현 시가)

육상풍력발전기와 똑같이 최근의 해상풍력발전기의 비용은 상승되고 있지만 그림 1-1에 나타내는 비용에는 부분적으로밖에 반영되고 있지 않기 때문에 장래의 해상풍력발전단지의 평균비용은 이보다도 높아질 것으로 예상된다. 평균적으로 해상풍력발전단지의 현재 투자비용은 해안에 가까운 수심이 얕은 쪽에서는 2.0~2.2백만 €/MW의 범위라고 생각할 수 있다.

해상풍력발전의 경제성을 더욱 상세하게 설명하기 위하여, 덴마크의 가장 큰 2개의 해상풍력발전단지와 스웨덴의 Lillgrunden의 예를 든다. Horus Rev 해상풍력발전단지는 유틀랜트(Jutland)의 Esbjerg 서쪽 해안에서 약 15km의 위치에 2002년에 건설된 것이며, 2MW 풍력발전기 80기로 총 설비용량은 160MW이다. Nysed 해상풍력발전단지는 Lolland 섬의 남쪽에 위치하고, 2.3MW 풍력발전기 72기로 총용량 165MW이다. 2곳의 풍력발전단지는 사이트(site)에 전용 변전소가 있으며, 해저케이블에 의해 해안의 고압계통과 연계하고 있다. 또한 운전은 육상의 제어시설에서 수행하고, 현지는 무인시설이다.

Lillgrunden 해상풍력발전단지는 코펜하겐과 Malmö을 연결하는 Øresund교의 스웨덴의 연안으로부터 8~10km에 위치하고, 2.3MW 풍력발전기 48기로 구성된다. 이들의 풍력발전단지의 주요한 부품마다의 투자액의 평균값을 표 1-3에 나타낸다.

표 1-3 Horns Rev, Nysted, Lillgrunden의 해상풍력발전단지의 평균 투자액

	Horns Rev and Nysted		Lillgrunden	
	투자액	비율	투자액	비율
	1000€/MW	%	1000€/MW	%
풍차본체, 수송과 설치를 포함	872	49	1074	57
변전소와 해안으로의 주 케이블	289	16	244	13
풍차 사이의 연계	91	5	–	–
기초	375	21	361	19
설계, 프로젝트 관리	107	6	60	3
환경평가 등	54	3	–	–
다른 계약	–	–	80	4
기타	11	1	54	3
합계	1798	~100	1873	~100

Note : 2007년도 가격
Horns Rev와 Nysted는 2007년도 가격으로 재계산한 것(환율 1 Ä=7.45DKK=9.31 SEK)

덴마크에서는 위에 기술한 비용은 모두 개발사업자가 부담하지만, 예외적으로 변전소와 육상으로의 주 송전케이블은 각각의 지역을 관할하고 있는 계통운영 사업자가 부담한다. 덴마크의 2개의 해상풍력발전단지는 각각 약 2억 6천만 유로, 스웨덴의 비용은 약 2억 1천 5백만 유로이다.

육상풍력발전기와 비교했을 경우 비용구조의 큰 차이는 다음의 2가지 점과 관련되어 있다.

- 해상풍력발전기에서는 기초구조 비용이 높다. 비용은 수심과 건설방법에 따라 결정된다. 기초구조의 비용은 육상의 일반적인 풍력발전기에서는 모든 비용의 5~9%인 반면, 위의 3개의 프로젝트에서는 평균적으로 20%(표 1-3 참조)로 상당히 높은 비용이다. 그러나 이들의 풍력발전단지의 건설에서 많은 경험을 얻을 수 있기 때문에 앞으로의 프로젝트에서는 기초구조의 최적화를 기대할 수 있다.

---

1 Horns Rev에서는 모노파일이 사용됐지만, Nysted에서의 풍력발전기는 콘크리트 기초 위에 세워졌다.

- 변전소와 해저케이블, 즉 풍력발전기와 이들의 중심에 배치된 변전소 및 변전소로부터 육상까지의 연결은 육상과 비교하여 부가적인 비용을 발생시킨다. Horns Rev, Nysted, Lillgrunden의 각 풍력발전단지에서의 변전소와 해저케이블의 평균 비용 비율은 13~21%이다(표 1-3 참조).

마지막으로 Horn Rev와 Nysted와 관련하여 환경영향 조사와 풍력발전단지의 경관 등 다수의 환경조사는 물론 추가적인 연구와 개발도 실시되었다. 두 풍력발전단지에 대한 이러한 조사의 평균비용은 거의 6%를 차지하지만, 이러한 비용의 일부는 실증시험으로서의 역할과 관련되어 있으며, 장래의 해상풍력발전단지에서 반복해서 발생하는 것은 아니다.

1.3 해상풍력발전의 발전비용

해상풍력발전단지의 비용은 상당히 높지만, 해상에서는 풍속이 빠르고 발전량이 큰 폭으로 증가하는 것에 의해 일부 상쇄된다. 설비이용시간(등가정격출력시간＝연간 총발전량/정격출력)은 통상 육상에서는 2000~2300시간/년이지만, 해상에서는 3000시간/년 이상이 된다. kWh당 비용을 계산하기 위해 사용된 투자액과 발전량을 표 1-4에 나타냈다.

표 1-4 비용 계산을 위해 사용된 가정 조건

해상풍력발전단지	운전개시	설비용량 (MW)	비용 (백만 €/MW)	설비이용시간 (정격출력의 등가시간/년)
Middelgrunden	2001	40	1.2	2500
Horns Rev I	2002	160	1.7	4200
Samsø	2003	23	1.3	3100
North Hoyle	2003	60	2.0	3600
Nysted	2004	165	1.5	3700
Scroby sands	2004	60	2.0	3500
Kentish Flat	2005	90	1.8	3100
Burbo	2007	90	2.0	3550
Lillgrunden	2007	110	1.8	3000
Robin Rigg	2008	180	2.7	3600

또한 발전비용의 계산에서 다음의 조건을 가정하였다.

- 풍력발전단지의 운전 및 유지보수 비용은 회계 계산서가 있는 Middelgrunden에서는 연간 12€/MWh 로 하고, 그 이외는 연간 16€/MWh로 하였다. 또한 이들의 운전 및 유지보수 비용의 가정에는 불확실한 것이 많다.
- 등가정격출력시간은 통상 풍황의 년을 상정하고, 후류의 영향이나 연안까지의 송전 손실 등에 대해서 보정을 하고 있다.
- 풍력발전기의 발전출력 조정은 통상 풍력발전단지의 소유자 책임으로 이루어진다. 덴마크의 예에서는 발전출력 조정비용은 약 3€/MWh이지만 불확정한 부분이 많고 국가에 따라서도 다르다.
- 20년의 운전 기간의 공정 보합을 7.5%/년으로 간략화한 국가마다의 경제 분석을 수행하였다. 여기서 세금, 원가 감각, 리스크 프리미엄 등을 고려하고 있지 않다.

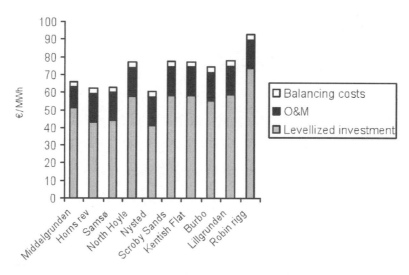

그림 1-2 대표적인 해상풍력발전단지의 수급조정 가격을 포함하는 발전비용 계산결과(2006년 가격)

그림 1-2는 위 조건 아래에서 풍력발전단지마다 산출한 발전비용이다.

그림 1-2에 나타내는 것과 같이 건설비용은 풍력발전단지마다 크게 다르다. Horns Rev, Samsø, Nysted는 가장 저렴하고 영국의 Robin Rigg는 특히 가장 비싸다. 또한 Lillgrunden은 Scroby Sands, Kentish Flat 및 Burbo 등의 최근의 영국의 해상풍력발전단지와 같은 정도이지만 수심 또는 해안까지의 거리, 투자액의 차이에 의해 일부 차이가 발생하고 있다. 또한 운전 및 유지보수 비용은 Middelgrunden을 제외한 모든 풍력발전단지에서 같은 액수로 가정하고 있고, 정확도가 낮다.

이들 비용은 간략화한 국가마다의 경제 분석에 의해 산출되고 있고, 금융 리스트가 높은 개인투자가에게 필요한 리스크 프리미엄 또는 이익은 포함되어 있지 않다. 개인투자가가 단순한 비용에 어느 정도 추가할지는 해상풍력발전단지의 건설에 관계하는 기술적, 정치적 리스크 및 제조사와 개발사업자 사이의 협의에 따라 오르내린다.

1.4 건설 중 및 계획 단계의 풍력발전단지

현재 영국 해역에서 Robin Rigg, Rhyl Flats, Inner Dowsing 및 Lynn 등의 해상풍력발전단지, 그리고 네덜란드에서는 2MW 풍력발전기 60기로 구성하는 네덜란드 국내의 2번째 해상 발전단지 Q7-WP가 건설 중이다. 좀 더 대규모인 것도 계획 중이다. 영국에서는 2006년 12월에 London Array사가 런던의 가정의 1/4에 해당하는 1000MW의 설비용량을 갖는 세계 최대의 해상 풍력발전단지 개발의 허가를 얻었다.

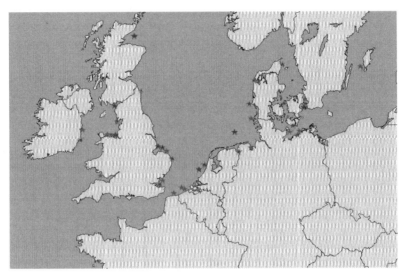

그림 1-3 북서 유럽에서 가동 중이거나 계획 중인 해상풍력발전단지(컬러 도판 p.518 참조)

ⓒ 2002 www.offshorewindenergy.org. ★ 건설된 MW 풍력발전기, ▲ 건설된 소형 풍력발전기, ■ 건설 중, ● 계획 중

덴마크에서는 장래 많은 해상풍력발전단지가 개발될 것으로 예상하고 있다. 장래의 해상풍력발전기의 입지에 관한 위원회가 2007년 4월에 최종 보고서를 정리하고 있다[13]. 그 보고서는 총용량 4600MW에 달하는 해상풍력발전기 설치해역을 나타낸 것으로, 그것에 의해 발전되는 18TWh의 전력은 덴마크의 전체 에너지 소비의 8% 이상, 소비 전력량의 약 50%에 상당한다. 동 위원회에서는 7곳의 해상 영역으로 각각 44km², 총면적 1012km²인 23사이트의 설치 가능 해역을 상세하게 조사했다.

동 위원회는 송전 조건, 항행선박, 해양환경, 경관, 자원 탐색 등에 관한 사회 수용성에 대해서도 평가했다. 나아가 건설할 가능성이 있는 지역에 대해서는 풍력발전단지의 출력 전력을 해안, 나아가 그 앞의 송전망에 연계하기 위한 기술, 비용 저감책 계획에서의 선택사항 등 주요한 해상

풍력발전단지를 국내의 송전망에 연계하기 위한 방법에 대해서도 조사했다. 또한 동 위원회는
심해역에서의 건설을 가능하게 하는 해상풍력발전기의 기술 개발의 시나리오도 나타내고 있고,
경제적인 이익을 최대로 하기 위하여 풍력발전과 전력계통의 계획적이고 조직적인 확장이 중요하
다는 것도 언급하고 있다.

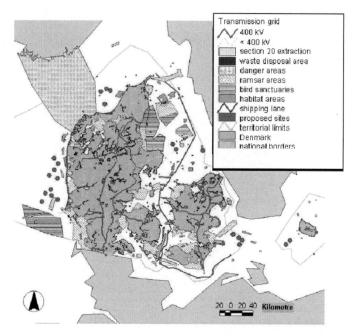

그림 1-4 덴마크의 장래 해상풍력발전단지의 입지에 대한 제안(덴마크 에너지청)(컬러 도판 p.518 참조)

2008년 덴마크 국회는 2012년까지 건설하는 각각 200MW인 2곳의 해상풍력발전단지 계획을
결정했다.

1.5 장래의 기술개발

장기적인 시점으로서 공기역학, 구조역학, 구조설계, 기계요소, 전기기기 설계, 그리고 전력계
통 등의 분야에 관해서 해상풍력발전의 기술개발이 필요하다. 기술개발은 다음과 같이 체계화된다.

- 점진적 개발(각 요소를 단계적으로 개발하고, 개발된 것을 통합하는 개발 기법)
- 주요 요소의 새로운 개념
- 풍력발전기의 새로운 개념

1970년대 이후의 보급에서는 풍력발전기 산업은 점진적 개발(incremental development)이었다. 다음의 분야에서는 앞으로도 이와 같은 개발 기법이 취해질 것이 예상된다.

- 보다 우수한 풍력자원 예측 기법의 개발
- 통상의 바람, 극한풍속, 파랑, 빙설 등의 외부설계조건 결정에 관한 보다 우수한 기법의 개발
- 보다 우수한 풍력발전기의 블레이드, 전달·변환 시스템, 주요 구조, 제어 및 계통연계 시스템의 설계·건설 기법의 개발. 최신 계측 기술을 도입한 컨디션 모니터링에 의한 신뢰성 향상(해상풍력발전기의 비용 또는 경쟁력에서 매우 중요)
- 보다 우수한 설계, 신형 센서, 풍력발전기 사이의 지능 통신 및 신소재 등의 새로운 제어요소의 도입에 의한 혁신 기술
- 풍력발전기 구조, 수송, 건설에서의 기술 혁신

점진적 개발은 주로 산업계 또는 연구 공동체를 중심으로 진행할 수 있다. 제조에 있어서 숙련(비용 저감)은 풍력발전기의 설계와 건설에 대한 점진적 개발과 양산 효과의 조합에 의해 야기된다.
새로운 주요 요소개념의 개발 또한 1970년대 후반부터 볼 수 있고, 기존 기술과의 경쟁을 계속하고 있다. 이와 같은 분야의 주요한 것을 아래에 나타낸다.

- 새로운 소재, 구조, 공력특성을 이용한 새로운 개념의 풍력발전기 블레이드
- 증속기가 부착된 풍력발전기와 증속기 없이 다극 발전기가 있는 풍력발전기 등 새로운 전달·변환 시스템
- 새로운 개념의 발전기
- 새로운 개념의 파워일렉트로닉스
- 새로운 개념의 계통연계
- 중력식 기초, 모노파일 기초, 트라이포드 기초 및 부유식 풍력발전기 등 새로운 개념의 기초

새로운 개념의 주요 요소의 개발은 풍력발전에 있어서 기술개발에서도 집중적으로 진행되고 있는 분야이며, 새롭고 혁신적인 요소를 개척할 가능성이 있지만 연구 및 실험을 통해서 요소의 성능을 신뢰성 높게 입증할 수 있는가가 중요하다.
새로운 개념의 풍력발전기의 경쟁은 1970년대 후반부터 1990년대 중반까지 집중적으로 진행되었다. 가장 중요한 것으로서 다음에 나타낸 것을 들 수 있다.

- 증속기와 유도발전기를 갖춘 3개의 날개의 rigid 로터인 업윈드(upwind) 풍력발전기
- 증속기와 유도발전기를 갖춘 2개의 날개의 teetered 블레이드인 다운윈드(downwind) 풍력발전기
- 증속기와 유도발전기를 갖춘 2개 또는 3개의 날개의 다리우스 풍력발전기(수직축 풍력발전기)

그 밖의 개념도 시장에 나왔던 것으로 오늘날 우세한 것은 3개 날개의 업윈드 풍력발전기이다. 그러나 급속한 발전과 함께 해상풍력발전의 기술개발이 진행되고 있어서, 새로운 개념도 나오고 있다. 한편, 종래의 개념에 의한 경험은 매우 귀중하기 때문에 새로운 개념이 과거 기술과의 경쟁은 큰 도전이다.

전반적으로 장래의 해상풍력발전의 기술개발은 점진적 개발이 주이고, 혁신성을 계속하여 갖기 위해서는 더욱더 기초 연구가 중요하다. 앞으로의 진전에 따라 해상풍력발전기는 육상풍력발전기와는 별개의 것으로 취급되는 게 중요하다고 증명될 가능성이 있다. 육상풍력발전기는 해상보다도 성숙하기 때문에 새로운 혁신적인 개념이 해상풍력발전기에 적용될 가능성이 높다.

해상풍력의 개발은 천해역에서 심해역으로 이동하고 있지만 지금까지는 주로 천해역에서 개발된 것이다. 해상풍력에 이용되는 기술은 수심에 따라 다르고 다음과 같이 분류된다.

- 천해역 = 착상식
- 중간수역(수심 20~50m) = 착상식
- 심해역 = 부유식

설비 이용률이나 신뢰성은 경쟁력이 있는 해상풍력의 기술개발에서 매우 중요하고, 가까운 장래에 지배적인 요소가 될 것은 확실하다.

1.6 장래의 해상풍력발전의 성장 시나리오

풍력발전은 과거 20년간 급속하게 보급됐고 전체 설비용량의 연 성장률은 15년간 20~35%이다.

현재 제조상의 제약이 있기 때문에 풍력 발전의 시장에서는 큰 수요가 있고, 앞으로 수년간은 감소할 징후가 전혀 없다[1]. 풍력발전기나 부품 제조사는 제조용량을 계속 확대하고, 신규 참여 회사도 있다. 기후 변동이나 화석연료, 원유의 가격 상승 등 에너지 공급의 안정성으로의 현안도 있고, 풍력산업은 앞으로 수년간 급성장할 것으로 예상되고 있다.

Risø는 장래의 풍력발전의 성장에 관한 과거의 연구[3, 12]에 근거하여 해상풍력발전의 장래성을

평가하고 시나리오를 계산하고 있다. 또한 본 절의 내용은 해상풍력발전의 도입에 관한 시나리오로서의 성격을 가지고 있고 부정확한 부분도 많은 점에 주의를 요한다.

해상풍력발전의 성장에 관해서 다음과 같이 가정하였다.

- 주로 기존의 계획에 따라 해상풍력발전은 2015년까지 연 약 34%로 성장한다고 가정했다. 성장률은 2015년 이후 감소하고, 2015~2020년에는 27%, 2020~2030년에는 약 20%, 그리고 2030~2050년에는 5% 정도 감소하는 것으로 가정했다.
- 설비 이용률은 2050년까지 전 기간의 평균으로 약 38%(정격출력 3300시간 상당)로 했다. 새로운 풍력발전기에서는 발전량은 증가하지만 고풍속인 사이트에서 가동률의 저하에 의해 상쇄되는 것을 고려했다.
- 과거의 예측값[3, 12]에 따라 2030년까지 세계의 총 전력소비의 성장률은 약 2.8%로 2030~2050년의 사이는 1.5%의 저성장으로 가정했다.

표 1-5는 이 가정에 따라 산출한 장래의 해상풍력발전의 성장 시나리오이다.

표 1-5 세계의 해상풍력발전 성장 시나리오

연도	해상풍력 (GW)	해상풍력 연간 성장률 (%)	전체풍력발전에 대한 해상풍력발전 비율 (%)	해상풍력의 연간 발전량 (TWh/y)	세계의 전력 소비량 (TWh/y)	해상풍력발전의 도입 비율 (%)
2006	0.9		1.2	3	15500	0.0
2015	12.8	34	2.6	42	21300	0.2
2020	42.4	27	4.0	140	23800	0.6
2030	251.1	19.5	9.5	829	29750	2.8
2050	773.8	5.5	18.4	2559	40100	6.4

표 1-5에 나타내듯이 2050년에는 해상풍력발전의 전체 발전 전력량은 2559TWh이며, 세계의 전체 소비 전력량의 6% 정도, 전체 풍력발전의 약 18.4%를 점할 것으로 예상된다. 여기서 가정한 성장률에 의하면 세계의 해상풍력발전의 총 설비용량은 2015년까지는 2~3년마다, 2015~2020년은 3년마다, 2020~2030년은 5년마다 배로 증가될 것으로 판단된다.

1.7 해상풍력발전기의 장기간 비용예측

2004년까지 풍력발전의 비용은 학습률(learning rate) 10% 정도의 가격저감곡선(학습곡선, learning curve)을 따라 저하하고 있으며, 설비용량이 배로 증가함에 따라 MW당 비용은 약 10% 감소하고 있었다. 이 경향은 2004~2006년에 멈추고 전반적으로는 약 20% 상승하였다. 이는 주로 재료비의 상승이나 풍력발전 수요의 급증에 의한 것이고, 풍력발전기나 부품 제조사의 공급 능력이 병목현상이 된 것이다.

해상풍력발전의 가격 레벨은 육상과 똑같이 상승하는 경향을 볼 수 있으며 투자비용이 크고, 프로젝트의 수가 적기 때문에 명확하게 하는 것은 쉽지 않다. 현재의 새로운 해상풍력발전단지의 투자 가격은 평균 2.0~2.2백만€/MW라고 생각할 수 있다.

계속해서 학습곡선에 의해 해상풍력발전의 장기간 가격 변동을 예측한다. 그러나 학습곡선은 장기간을 예측하기 위해 개발된 것이 아니기 때문에 예상된 수치는 학습곡선이라고 말하기보다는 주로 장기간 개발 시나리오가 달성된 경우의 결과로 볼 수 있다.

다음의 조건에 따라 계산한 해상풍력발전비용의 장기간 예측을 표 1-6에 나타낸다.

- 풍력발전기 비용의 대부분은 풍력산업 전체의 성장에 의한 것이기 때문에 육상, 해상에 관계없이 비용은 풍력발전의 전체 설비용량에 의존하는 것으로 가정했다. 그러나 해상에서는 개발속도가 보다 급속화됨과 동시에 육상에서는 지금까지 큰 폭의 가격저하가 예상된 많은 요소(기초, 전력 케이블 등)가 해상용의 특수한 것으로 되어 있기 때문에 육상보다도 큰 학습률에 의해 계산되고 있다.
- 약 25% 증가한다고 하는 현재의 총 설비용량에 대한 높은 성장률은 육상, 해상 모두 2015년까지 계속된다고 예상된다. 증감은 있지만 연간 성장률은 23%가 된다. 중국 등의 개발도상 지역에서 에너지 수요의 증가, 환경문제에 대한 관심 증가 및 화석연료의 가격상승에 의해 풍력발전의 수요는 높아진다.
- 풍력산업의 성숙에 따라 육상 및 해상의 풍력 발전의 성장률은 2015~2020년까지 평균 17%, 2020~2030년까지 약 10%, 2030~2050년까지 약 2.4%로 저하한다.
- 풍력발전기의 공급부족은 2010년까지 계속된다. 풍력발전기의 제조용량은 서서히 확대하지만, 수요가 지속적으로 계속 증가하는 것에 의해 제조능력이 압박받기 때문에 풍력발전기 및 부품회사의 경쟁에 의한 비용 저감을 예상하는 것은 2011년 이후가 된다.
- 1985~2004년 사이의 학습률은 약 10% 정도로 계산되고 있지만[6] 2011년에 풍력산업이 경쟁기조로 되돌아왔을 때에는 이 학습률로 되돌아올 것이 예상된다. 해상풍력발전은 비교적 새롭고 미성숙한 분야이기 때문에 이 학습률은 2030년까지 계속되고 2050년까지는 5%로 저하한다고 가정한다.

이들의 가정 아래에서 비용 시나리오는 표 1-6과 같이 된다.

표 1-6 해상풍력발전기의 비용 시나리오(2006년 유로 가격 기준)

연도	투자비(million €/MW)			운전과 보수	설비 이용률
	최소	평균	최대	€/MWh	%
2006	1.8	2.1	2.4	16	37.5
2015	1.55	1.81	2.06	13	37.5
2020	1.37	1.60	1.83	12	37.5
2030	1.20	1.40	1.60	12	37.5
2050	1.16	1.35	1.54	12	37.5

표 1-6에 나타내는 것과 같이 해상풍력발전기의 평균비용은 2006년의 2.1백만€/MW에서 2050년의 1.35백만€/MW로 약 35% 저하하지만, 1.16~1.54백만€/MW와 상당한 폭을 가지고 있다. 전체 기간 동안 일정의 설비 이용률 37.5%(정격출력 약 3300시간 상당)를 가정하고 있고, 저풍속지역을 위한 신형 대형 풍력발전기에 의한 발전량의 증가 및 육지까지의 거리가 길어지는 것에 따른 송전 손실 증가의 영향을 고려하고 있다.

1.8 새로운 해상풍력발전기 개념

해상풍력 시장은 전 세계 시장의 약 1%이지만, 많은 신기술은 우선적으로는 해상에 적용된다. 여기에는 많은 이유가 있으며, 해상풍력은 육상보다도 매우 늦게 발전하기 시작하였고 미성숙한 분야였다. 동시에 풍력발전을 적용하는 데 있어서 매우 도전적인 환경으로 환경조건이나 접근성이 어렵기 때문에 매우 높은 신뢰성과 자율성을 지향한 설계가 필요하기 때문이다. 나아가 상대적으로 높은 비용이 되는 기초구조나 계통연계의 비용을 저감하기 위해 풍력발전기는 한층 대형화하고 있다. 또한 미국이나 노르웨이 등의 몇 개국에서는 해안지역 주민과의 논쟁을 피하기 위하여 육지로부터 조망할 수 없는 장소가 검토되고 있다. 이와 같은 장소(> 25km)에서는 수심이 깊어지기 때문에 새로운 도전이 필요하게 된다.

또한 해양의 석유나 가스의 산출량이 저하함에 따라 전력 및 수송기기의 연료 생산기지는 단순한 화석연료로부터 풍력, 파력, 태양광의 장치를 더한 하이브리드/재생가능에너지 설비로 변화하는 중이다. 이와 같은 움직임을 처음으로 볼 수 있는 곳은 스코틀랜드 앞바다의 북해에 있는

Beatrice 유전이다. 여기서 2기의 5MW 시제품 풍력발전기를 수심 42m의 위치에 설치하고 가까이에 있는 석유 생산시설(그림 1-5)의 전력수요의 약 1/3을 담당하고 있다.

그림 1-5 42m 수심에 설치된 5MW 풍력발전기 2기로 이루어진 Beatrice 해상풍력발전단지
(source : www.beatricewind.do.uk)

2004년 미국의 에너지성, General Electric사(GE) 및 Massachusetts Technology Collaborative 의 지원을 받은 해상 풍력에너지 컨소시엄에 의해, 수심 50~100ft(20~35m)에서의 기술을 검토하는 프로젝트가 발표되었다. 같은 해 Atlantis Power LLC사는 수심 120m에서 운전하는 2MW 풍력발전기 3기에 대해서 2백만 달러의 융자를 개시했다. 2006년 3월에 GE는 현재의 3.6MW 풍력발전기를 교체하는 5~7MW 풍력발전기를 2009년까지는 개발하는 것으로, 미국 에너지부와의 27백만 달러의 제휴를 발표했다.

일본에서도 해상풍력발전기의 개발에 관해서 연구되고 있다. 일본은 2010년까지 국가 목표는 3000MW이며, 이것은 국가 전체 전력 사용량의 0.5%에 해당한다. 해수면 위 60m에서 풍속 8~9m/s을 넘는 해역이 몇 곳 있지만 수심 20m 이내인 곳은 연안에서 불과 2km 이내에 한정된다. 류큐대학은 콘크리트제로 폭 10m의 육각형 부유체 시스템을 개발하고 10kW의 시제품을 계획하고 있다. 또한 2기의 풍력발전기를 탑재한 안정성에 뛰어난 육각형의 부유체 플랫폼을 고안 중이고, 스파형 부유체와 함께 수조실험이 이루어지고 있다.

노르웨이에서는 Hywind(Norweigian Hydro, Statoil)와 Sway(Statoil, Statkraft, Lyse Energi, Shell)의 2개의 프로젝트에서, 심해역(200~300m)에서의 부유체식 해상풍력발전단지 개념의 개발이 수행되고 있다. 모두 정격출력 3~5MW 이상의 대형 풍력발전기를 상정한 콘크리트제의 부유체구조이지만 주요한 차이는 계류방식에 있다. Hywind는 2009년에 노르웨이 앞바다에 시제품을 설치하기 위해 노르웨이 정부로부터 59백만 NOK의 경제적 지원을 받고 있다. 한편 Sway의 지원회사는 시제품에 필요한 민간 투자가로부터의 투자액을 인상하고 있다.

그림 1-6 Hywind 부유체식 해상풍력발전기 개념도(source : Norwegian Hydro and Solberg Production)

1.9 결 론

현재 해상풍력발전은 풍력발전 전체 설비용량의 1%에 지나지 않고, 지금까지 개발된 프로젝트도 북해, 발트 해 주변의 유럽 북부의 국가들을 중심으로 한 20곳의 프로젝트로서, 2007년 말 시점의 도입량은 스웨덴, 덴마크, 아일랜드, 네덜란드 및 영국의 5개국에서 약 1100MW이다. 특히 영국과 덴마크에서 급속하게 성장하고 있고 많은 새로운 프로젝트를 계획하고 있다. Risø

DTU는 장래의 풍력발전의 성장에 관한 과거의 연구에 따라 장래의 해상풍력발전의 가능성을 평가하고, 해상풍력발전기의 도입을 위한 시나리오를 계산했다. 그것에 따르면 해상풍력발전의 전체 풍력발전에 대한 비율은 현재의 약 1%에서 2050년까지 18% 정도까지 증가하고, 세계의 전력수요의 6% 이상을 메운다고 예측하고 있다. 그러나 그러기 위해서는 장래의 해상풍력발전기의 설계와 제조법의 개량에 의한 비용 저감이 필요하다. Risø DTU의 시나리오에서는 해상풍력발전의 평균비용은 2006년의 2.1백만€/MW에서 2050년에 1.35백만€/MW로 약 35% 저하하는 것으로 산출하고 있다.

해상풍력발전 시장은 상대적으로 작지만 많은 신기술이 최초로 적용되는 곳은 해상이다. 해상풍력발전은 미성숙한 기술이고 새로운 개념이 나오는 것은 틀림없지만, 이들 개념은 높은 신뢰성 혹은 장래의 해상풍력발전단지의 비용 저감효과가 확인되어서야 비로소 실용으로 이어지는 흥미 깊은 것이 된다.

참·고·문·헌

1. BTM-consult: *World market update 2007*, March 2008.

2. *IEA Annual report 2006*.

3. Wind Force 12.

4. Long Term Research and Development Needs for Wind Energy for the time 2000 - 2020. IEAWind Energy Implementing Agreement, October 2001.

5. Redlinger, R.Y.; Dannemand Andersen, P.; Morthorst, P.E. (2002): *Wind energy in the 21st century*, Palgrave 2002.

6. Neij, L. Morthorst et al (2003): *Final report of EXTOOL: Experience curves, a tool for energy policy programs assessment.* Lund, Sweden, 2003.

7. Jensen, P.H.; Br∮ndsted P.; Mortensen, N.G.; ∮ster, F.; S∮rensen, J.N.(2007):Ris∮ Energy Report 6, *Future options for energy technology* (pages 31-36; 7.1 Wind).

8. Kogaki, T. (2004) *Feasibility of Offshore Wind Development in Japan.* National Institute of Advanced Industrial Science and Technology.

9. Frandsen, S.; Morthorst, P.E.; Bonefeld, J.; Noppenau, H., *Offshore wind power: Easing a renewable technology out of adolescence.* 19. World energy congress 2004, Sydney (AU), 5-9 Sep 2004.

10. *Danish Offshore Wind - Key Environmental Issues*, DONG Energy et al, November 2006, The book can be ordered from www.ens.dk.

11. *Changes in bird habitat utilization around the Horns Rev 1 offshore windfarm, with particular emphasis on Common Scoter*, Report Commissioned by Vattenfall A/S 2007, National Environmental Research Institute, University of Aarhus, Denmark.

12. *IEA World Energy Outlook 2007*.

13. *Danish Energy Agency, Future Offshore Wind Turbine Locations - 2025*, April 2007.

Chapter 02

풍력발전기의 기본

C02hapter

풍력발전기의 기본

2.1 서 론

이 장은 풍력발전의 기술, 규모, 영향에 관한 기본적인 설명을 한 것이다. 이 장은 풍력발전에 식견이 있는 어떤 독자에게는 읽지 않고 넘어가도 되는 내용이지만, 각 장의 타이틀을 처음 보는 독자에게는 유익할 것으로 생각된다.

먼저 간단하게 풍력발전의 성장을 뒤돌아보고 기술적인 기초, 나아가 해상풍력발전과 제도상의 요소에 대해서 설명한다.

2.2 풍력발전의 성장

현대적인 풍력발전기가 개발되고 나서 35년이 경과했고, 풍력발전은 세계의 대부분의 전력계통에서 "주류"의 전원으로서 받아들여지고 있다. 이것은 풍력발전이 신뢰성이나 비용 면에서 우수할 뿐만 아니라 화석연료나 원자력연료에 의한 환경으로의 악영향을 피할 수 있는 기술이기 때문이다. 대형 풍력발전기(오늘날 통상 정격출력 3~5MW, 로터 직경 80~110m)는 계통연계용으로서, 또한 소형 풍력발전기(대개 0.1~20kW)는 계통연계 혹은 독립 전원용으로 사용되고 있다. 이들 사이의 크기의 풍력발전기는 대부분이 오래된 제조사의 것으로 오늘날에는 대부분 제조되고 있지 않다.

풍력발전기술은 환경에 대한 책무와 경제적인 이익을 양립하는 설계가 필요한 매우 복잡하고 고도한 복합기술이다. 세계의 풍력발전 설비용량은 2008년 초두에 100GW, 세계의 연간 제조 가치는 200억€에 달하고 연 비율 약 33%로 기하급수적으로 성장하고 있다. 풍력발전에 의한 연간 발전 전력량은 유럽의 민가 3000만 세대 분이 필요한 전력 수요에 상당하고, 1세대당 연간 약 1t의 화석연료를 줄이는 데 상당한다.

풍력발전단지의 정의는 "전력계통에 연계하는 4기 이상의 풍력발전기군"이지만 계통연계하는 풍력발전은 주로 풍력발전단지로서 도입된다. 기업의 투자 대상으로서는 풍력발전기가 10~50기의 풍력발전단지가 바람직하고 이것보다도 수가 적은 것은 클러스터(cluster)로 불리며 개인이나 소규모 매전 조합이 소유하는 경우가 많다.

풍력발전단지의 각 풍력발전기는 풍력발전기 사이의 영향을 저감하기 위해 로터 직경의 7배 이상의 간격을 유지할 필요가 있다. 따라서 초대형 풍력발전기에서는 가장 가까운 풍력발전기까지 0.5km 이상 떨어뜨리고 풍력발전단지의 부지는 3km×3km을 넘어서게 된다(이 지역은 풍력발전기 설치 전과 똑같이 농업이나 자연환경 보호지역 등으로 사용할 수 있다). 실제의 문제로서 이것에 의해 하나의 풍력발전단지에 복수의 토지의 소유자와 계획당국을 끌어들일 필요가 있고 개발은 매우 복잡하게 된다. 한편 해양에 관해서는 해저의 소유자는 사실상 국가에 한정되기 때문에 초대형 풍력발전기의 해상풍력발전단지를 기대할 수 있다. 나아가 해상에서는 일반적으로 풍속이 빠르고 난류강도가 낮기 때문에 단위 로터 면적당의 출력은 높아진다.

풍력발전기를 잘 활용하기 위해서는 풍력발전기의 기본개념, 환경영향, 또는 경제적인 배려에 관해서 이해할 필요가 있다. 나아가 사용되고 있는 구조재료나 크기의 결정요인에 대해서 아는 것도 중요하다. 여기서는 풍력발전기의 대부분을 차지하고, 복잡한 블레이드를 갖춘 수평축 풍력발전기를 취급한다.

2.3 풍력발전기의 기능

2.3.1 블레이드의 회전

풍력발전기 블레이드가 회전하는 원리를 이해하기 위해 먼저 비행기의 날개(그림 2-1)를 고찰한다. 날개에 유입하는 공기는 상대풍속 v_r으로 약 5°의 받음각(angle of attack)을 갖는다. 날개 위쪽의 기류(매끄러운 층류)는 아래쪽보다도 고속으로 통과하고, Bernoulli의 이론을 따르며 날개에 양력이 발생한다. 날개는 날개뿌리에서 동체와 결합하고 있기 때문에 비행기는 공중에 머문다. 양력과 직교방향으로 작용하는 항력은 가능한 낮게 억제되고, 엔진의 추력으로 없어진다.

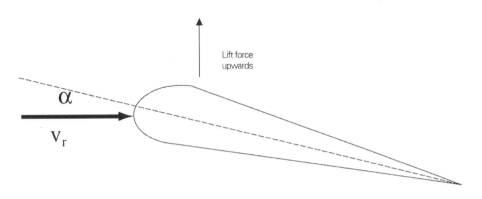

그림 2-1 수평으로 비행하는 비행기 날개 : 받음각 α 에서의 상대풍속 v_r

다음에 날개를 풍력발전기 블레이드로서 회전시킨다. 어떤 블레이드 단면의 반경 방향의 투영도를 그림 2-2에 나타낸다(같은 그림은 모든 단면에 대해서 같다). 블레이드는 회전하고 있기 때문에 블레이드에 대한 기류의 방향은 비행기의 날개의 경우와 같이 작다. 양력의 로터면 내의 방향성분이 로터를 회전시키고, 풍력발전기에 파워를 전달한다. 양력의 로터 축방향 성분은 회전에는 영향을 미치지 않는다. 비행기의 경우와 마찬가지로 항력은 매우 낮게 억제된다. 또한 로터면 내의 항력성분은 양력성분보다도 작기 때문에 그림에는 기재되어 있지 않다.

블레이드의 취부각(setting angle) γ는 양력이 블레이드의 회전방향으로 작용하고, 날개 뿌리에서 주축으로 파워가 전달되도록 설정된다. 또한 블레이드의 상대풍속의 각도는 블레이드 자신의 회전에 의한 간섭의 영향을 받고 그림 2-2에서 회전면에 대한 각도 ϕ로 표시된다. 여기서 ϕ는 유입각으로 받음각 α와 취부각 γ의 합과 같다. 받음각과 취부각은 최적이 되도록 설계할 수 있지만 풍속에 상관없이 출력을 최대로 하기 위해서는 이들의 각도를 일정하게 할 필요가 있다. 역으로 파워를 줄이고 제어하기 위해서는 블레이드의 피치제어에 의해 이들 각도를 변화시킨다.

날개 뿌리로부터 날개 끝에 걸쳐 상대풍속은 변화하기 때문에 날개 형상은 표준적인 비행기용의 형상으로부터 풍력발전기용의 형상으로 개량되었다. 또한 풍력발전기가 정격(최대)값에 도달했을 때에 에너지의 입력을 제한하는 것도 필요하다. 이것은 블레이드 설계에도 영향을 준다.

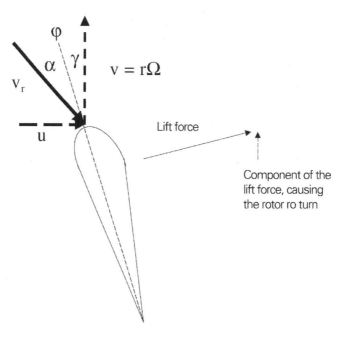

그림 2-2 블레이드 단면의 반경 방향 투영도(풍속 u, 주속 v, 상대풍속 v_r, 블레이드 취부각 γ, 받음각 α)

2.3.2 회전속도 : 주속비 λ

비행기가 나는 원리 또는 요트가 바람이 부는 방향으로 나아가는 원리를 이해하고 있는 독자에게는 블레이드의 회전이 양력에 대하여 Bernoulli의 이론에 의해 설명할 수 있는 것도 이해할 수 있을 것이다. 다음으로 특정 풍속에 대한 최적 회전속도에 관해서 설명한다.

회전속도가 현저하게 낮은 경우에는 바람이 블레이드 사이의 간극을 빠져나오기 때문에 효율은 저하한다. 또는 회전속도가 현저하게 높은 경우에는 로터가 바람에 대하여 강체와 같이 되어 공기는 강한 난류로 되기 때문에 효율은 높아지지 않는다. 이들의 사이에 효율이 최대가 되는 회전속도가 있다. 풍속 u, 취부각 γ, 받음각 α의 경우, 이 회전속도는 쉽게 결정할 수 있다.

(1) 가변속과 정속

회전하는 블레이드에 대하여, 받음각 α, 취부각 γ, 상대속도 v_r로 유입하는 바람을 그림 2-2에 나타낸다. R을 로터 반경, Ω을 로터 각속도라고 한다면, 날개 끝(blade tip)은 $R\Omega$의 속도로 움직인다. γ와 α가 일정한 경우, 이들의 합 ϕ도 일정하게 되기 때문에 ϕ의 코탄젠트($=R\Omega/u$)도 일정하게 된다. 이 무차원량 $R\Omega/u$가 풍력발전기에서 가장 중요한 파라메타인 "주속비"이고 λ로 나타낸다.

각각의 블레이드의 형상에 대해서, 풍력발전기 크기 및 풍속에 관계없이 주속비 λ는 일정하게 하여야 한다. 주속비 λ가 일정하게 되도록 풍속의 변화에 맞추어 회전속도를 변화시킴으로써 최대효율을 얻을 수 있으며, 이것은 가변속 운전이라고 불린다.

근년의 풍력발전기는 가변속 운전용인 발전기와 전력변환기를 갖추고 있으며, 50Hz(미국 또는 그 밖의 남북아메리카의 여러 나라 등에서는 60Hz)인 교류(AC)전력을 발전하고, 계통연계로 하고 있다. 기존의 발전기를 사용하는 경우에는 로터속도를 일정하게 하여 일정한 주파수(50Hz 또는 60Hz)로 발전하고, 이것은 정속운전이라고 불린다. 가변속기와 비교하여 발전량이 20% 감소함에도 불구하고, 부품이 싸기 때문에 여전히 정속기가 사용되고 있다. 그러나 특히 해상풍력발전단지 등에서 계통운용 측에서의 원격 조작이 가능하도록 하기 위하여, 오늘날의 대형 풍력발전기에서는 가변속 제어인 피치제어가 표준적으로 되어 있다.

(2) 주속비와 풍력발전기 설계

가변속기도 정속기도 고풍속 시에 최대출력, 즉 정격출력에 도달한다. 그 때문에 블레이드는 정격풍속(통상 약 12m/s)을 넘는 조건에서 효율이 저하하도록 설계할 필요가 있다. 그러나 정격풍속은 설치지점의 바람의 강도에 따라 오르내리기 때문에 각 풍력발전기는 설치지점에서 예상되는 풍황에 맞도록 설계 혹은 조정할 필요가 있다. 설계의 절차는 아래와 같다.

① 풍력발전기의 최대 출력을 결정한다.
② 기상정보로부터, 설치지점에서 가장 빈도가 높은 풍속 u_l 및 풍속 빈도분포를 결정한다.
③ 정격출력을 전제로, 비용과 연간 발전량의 관점에서 최적인 로터 반경 R을 계산한다.
④ 주속비 λ를 7~10으로 하고, 주속이 $λ_u$가 되도록 가장 빈도가 높은 회전속도를 계산한다.
⑤ 출력 주파수가 50Hz 혹은 60Hz가 되도록 적당한 증속기(필요한 경우), 발전기, 전력변환기의 조합을 선정한다.

어떤 풍속에서 $Ω$는 $1/R$에 비례한다. 즉, 최대효율을 유지하기 위해서는 풍력발전기가 대형화함에 따라 회전속도를 낮게 할 필요가 있다. 풍력발전기 크기에 관계없이 주속비를 7~10으로 하는 회전주기 $T = 2π/Ω$가 결정된다. 그 때문에 약 7m/s인 중간 풍속에서는, 로터 직경 10m인 소형 풍력발전기의 회전주기는 약 0.4s인 반면, 로터 직경 100m인 대형 풍력발전기에서는 약 4s가 된다. 이와 같이 풍력발전기의 대형화에 따라 회전속도는 저하한다.

2.3.3 풍속 변동에 따른 회전속도 변동

(1) 정속 풍력발전기

몇몇 제조사의 풍력발전기에서는 기존의 발전기를 사용하고 계통주파수(50Hz 혹은 60Hz)의 교류(AC)로 직접 계통연계한다. 동기발전기에서는 정확하게 일정한 속도로 또는 유도발전기에서는 1500rpm 등의 거의 "정속"으로 회전한 상태로 발전한다.

발전기 속도를 로터 속도에 맞추기 위해서는 증속기가 필요하게 된다. 예를 들면 발전기 속도 1500rpm, 로터 속도 30rpm의 경우 증속기의 증속비는 1 : 50이 된다. 증속비를 바꿀 수 없는 증속기의 경우 어떤 특정 풍속(통상, "가장 빈도가 높은 풍속")을 설계점으로 한다. 이 경우 풍속에 관계없이 발전 중인 로터 속도는 일정하기 때문에 설계 최적점 이외의 풍속에 대해서는 효율은 저하한다.

일부 정속기는 2개의 고정된 회전속도를 갖고 있으며 저풍속 시에 저속회전 비율을 갖는다. 그와 같은 2속 운전에는 다음의 3가지 방법이 있다. ① 발전기는 공통으로 2종류의 증속비, ② 1종류의 증속비로 2개의 발전기, ③ 1종류의 증속비로 권선(winding) 변환이 가능한 발전기[고풍속에서는 권선(winding)을 감소시킨다.]

블레이드의 취부각을 고정한 경우 설계점 이외의 풍속에서 효율이 저하한다. 풍속이 좀 더 높아지면 과부하가 발생하기 어렵게 되므로 이 효율저하는 유익하다. 이와 같은 특성을 이용한 제어를 "stall 제어"라고 한다.

(2) 가변속 풍력발전기

로터의 효율을 최대로 유지하기 위해서는 풍속이 변화하여도 주속비를 일정하게 유지할 필요가 있으므로 풍속변화에 맞추어 회전속도를 변화시킬 필요가 있다. 이것에는 주로 2가지의 방법이 있다.

① 풍력발전기의 발전기를 다음의 방법에 의해 전력계통에서 완전히 분리한다.
- 동기발전기로 교류(AC)를 발전한다.
- 출력 전력을 모두 직류(DC)로 정류한다.
- 직류(DC)를 50Hz 혹은 60Hz로 변환하여 계통연계한다.

이것에 의해 전력 변환기분의 비용 증가는 물론, 과거에는 인버터에 유해한 고조파를 발생하는 경우도 있었다. 그러나 발전량의 증가, 저풍속 영역의 효율향상을 지향하고 나아가 전력 변환기가 보다 고성능이고 가격이 싸진 것에 의해 이와 같은 AC/DC/AC 시스템이 일반화되고 있다.

② 특히 풍력발전기용으로 개발되어 온 "double-fed" 유도발전기(DFIG)를 사용한다(그림 2-3). 이 형식의 발전기에서는 전력 변환기에 의해 발전기 회전자의 전류를 제어함으로써 가변속 운전이 가능하게 된다. 전력은 발전기 고정자(보통의 유도발전기와 같음)에 더하여, AC/DC/AC 컨버터를 경유하여 회전자로부터(보통과는 다름)도 추출할 수 있다. 오늘날 많은 제조사가 이 기술을 채용하고 있으며, 풍력발전기에 따라 다양한 기술적 개선이 이루어진 예이다.

(3) 기어박스의 제거(elimination of the gearbox)

전력은 자장(磁場) 내에서 전선을 이동시킴으로써 발생한다. 표준 상업용 발전기는 권선에 의해 4극 혹은 6극 자장을 갖는다. 극소형 풍력발전기는 예외로 하고, 최적인 주속비에서의 로터 속도와 발전기 속도를 맞추기 위하여 풍력발전기에는 증속기가 필요하다. 그러나 권선 혹은 영구자석에 의한 다극 발전기 등 발전기의 극의 수가 많은 경우에는 기어박스를 제거할 수 있다. 이것은 비용이나 소음의 저감에서 유리하게 될 가능성이 있지만, 그를 위해서 필요한 50~100극인 발전기는 직경이 크게 되어, 이것에 의해 나셀의 형상이 결정되어 버린다(예 : 독일의 Enercon의 풍력발전기). 이것은 세련된 전기기술 및 전자제어에 의해 기계부품의 수와 비용을 저감한 예이다.

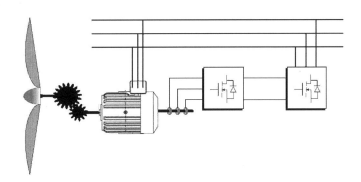

그림 2-3 이중여자 유도발전기. 출력의 25~30%가 변환기로부터, 나머지가 고정자로부터 직접 얻어진다. (Source : Sobumah, H.A. & Kar, N.C., Wind Engineering, Vol. 30, pp.201~224, Multi-Science Publishing)

2.3.4 블레이드의 수

블레이드는 회전하는 것에 의해 앞의 블레이드가 있었던 공간으로 들어간다. 이 공간에서 앞의 블레이드의 간섭을 강하게 받은 공기를 피하기 위하여 회전속도가 제한된다. 그 때문에 고속으로 회전하는 로터에서는 블레이드의 수를 적게 한다. 역으로 저속회전에서 높은 토크가 필요한 경우에는 블레이드의 수가 많은 쪽이 유리하다.

최적인 블레이드의 수는 기능상의 요구에 의해 결정된다. 즉,

- 발전을 위해서는 작은 토크로 고속회전이 필요하기 때문에 블레이드의 수는 적다.
- 양수펌프(및 옛날의 곡식 방아용 풍차)에는 저속회전으로 높은 토크가 필요하기 때문에 블레이드의 수가 많다.

무거운 평형추(counterweight)를 장착함으로써 1개의 날개도 가능하지만, 실제에는 1개의 날개가 달린 로터 블레이드는 윈드쉬어의 영향으로 블레이드가 아래에 있을 때보다도 위에 있을 때가 풍속이 높은 바람 안을 통과하기 때문에 로터의 움직임이 불균일하게 된다. 2개의 날개가 달린 로터는 1개의 날개보다 일반적이고 로터의 회전도보다 부드럽지만 시각적으로 약간 불안감을 준다. 그것에 대해서 3개의 날개가 달린 로터는 회전이 균일하며 시각적으로도 가장 받아들이기 쉽다. 게다가 동등한 1~2개 날개의 로터보다도 회전속도 및 공력소음도 낮아진다. 그러나 블레이드는 고가이기 때문에 블레이드의 수가 적은 쪽이 풍력발전기의 비용은 값싸게 된다. 육상이나 육상용의 설계에 의한 초기의 해상풍력발전기에서는 3개 날개의 풍력발전기가 일반적이지만, 소음이 문제로 되지 않는 해상풍력발전단지에서는 2개의 날개가 달린 풍력발전기가 좀 더 받아들여질 것이다.

2.3.5 바람으로부터 취득하는 파워

바람과 블레이드의 상호작용에 의해 블레이드에 파워가 전달된다. 그러나 바람이 로터에 연속으로 유입하기 위해서는 이 바람은 로터의 위치에서 정지하지 않고, 흘러지나간 바람도 운동에너지를 갖고 있기 때문에 바람의 파워를 100% 취득할 수 없다. Lanchester-Betz의 선형운동량이론에 의하면 최대한 추출할 수 있는 에너지는 바람의 에너지의 16/27 즉 60%이고, 이것이 설계상의 기준이 된다. 출력계수 C_P라고 하는 무차원량은 주속비 λ의 함수이다. 실제, $C_{p\cdot\max}$는 60%보다

낮고 깨끗한 블레이드의 최적 주속비에서 약 40%이다. 또한 블레이드의 수가 적은 쪽이 보다 높은 $C_{p \cdot \max}$를 얻을 수 있다.

2.3.6 바람의 에너지

로터의 영향을 받지 않는 풍속을 u라고 한다. 이 바람은 면적 A인 로터에 대해서 단위 시간당의 길이 u, 단면적 A인 공기의 원주로부터 에너지를 공급한다. 이 원주는 질량을 m이라고 한다면 운동에너지가 $P_O = mu^2/2$이 된다. 여기서 공기밀도를 ρ라고 한다면 $m = \rho A u$이기 때문에

$$P_O = (\rho A u^3)/2$$

따라서 바람의 파워는 풍속의 세제곱으로 변화한다. 예를 들면 풍속이 2배가 되면 파워는 8배가 되는 등 풍력발전기의 설계, 풍력발전기의 배치 및 성능 등의 많은 것이 급격하게 비선형인 관계의 영향을 받는다. 이것에는 다음과 같은 것이 있다.

- 풍속이 높고 일정한 위치에 풍력발전기를 배치하도록 충분히 고려한다.
- 풍속은 변화하기 때문에 설계풍속(정격풍속)은 평균 풍속의 약 2배가 된다.
- 강풍에 적합한 설계에서는 저풍속 영역에서 회전하지 않는 경우가 있다.
- 풍속이 급격하게 증가함으로써 급격하게 발전기의 최대출력·정격출력에 도달하기 때문에 빠르고 효과적인 제어가 필요하게 된다.

2.3.7 출력곡선

풍속에 대한 출력의 변화는 풍력발전기에서 가장 실용적인 특성의 하나이다. 정속기의 풍속에 대한 출력의 예를 그림 2-4에 나타낸다. 풍속의 증가에 따라,

- 시동풍속(약 4m/s)에서 발전을 개시한다.
- 정격출력에 도달할 때까지는 풍속의 세제곱에 비례하여 출력이 증가한다.
- 블레이드 혹은 블레이드 선단부를 회전시켜서 제어 한다("active stall 제어"에서는 받음각을 증가시키고, "피치제어"에서는 감소시킨다). 혹은 정격출력 시의 효율을 현저하게 저하("passive stall 제어")시켜서 출력을 일정하게 한다.
- 풍력발전기가 손상을 받을 가능성이 있는 폭풍 시에 로터는 정지("shut down"), 혹은 정지("parking") 시킨다.

2.3.8 설계 사이즈

블레이드 및 그 밖의 요소의 설계에 큰 영향을 주는 것으로서 적어도 4개의 요소를 들 수 있다.

- 다른 유체와 마찬가지로 풍하중은 풍속의 제곱에 비례한다.
- 회전 주파수와 그 고조파 성분에 의해 예측 가능하지만 바람직하지 않은 진동이 발생한다.
- 예측할 수 없는 바람의 난류에 의해 끊임없이 급격하고 강한 진동이 발생한다.
- 수 톤의 블레이드가 회전하여 오르내리면서 이착륙 시에 항공기의 주 날개가 받는 피로 사이클의 100배에 상당하는 반복하중을 받는다.

따라서 설계에서는 시간과 주파수에 의존한 2개의 기준에 관해서 검토할 필요가 있다. 풍력발전기의 크기를 제한하는 요소로서는 다음과 같은 것이 있다.

- 단면적이 크고 저속 회전하는 로터의 주축에 발생하는 현저하게 큰 토크
- 중력 및 난류에 의해 길이가 긴 블레이드에 발생하는 피로응력
- 운용 경험

매우 복잡한 공학적인 추정에 의하면 비용은 질량에 대체적으로 비례한다고 생각할 수 있다. 소형 풍력발전기에서는 블레이드가 길어짐에 따라 질량은 선형으로 증가한다. 그러나 출력은 로터 면적, 즉 길이의 제곱에 비례하기 때문에 보다 큰 크기를 선택하는 것은 상당한 이익이 된다. 그러나 로터 직경이 "특정 범위"를 넘으면 파워 트레인의 토크가 지배적으로 되어 부품은 체적, 즉 길이의 세제곱에 비례하여 커진다. 이것에 의해 풍력발전기의 단위 출력당 비용은 길이에 비례하고 있었던 것이 제곱에 비례하게 된다. 이 로터 직경의 "특정 범위"는 상업 풍력발전기의 제조와 운용에서 경험이 많아짐에 따라 서서히 커지고 있다. 최적인 로터의 직경은 15년 전에는 30m(정격출력 250kW)였지만 오늘날에는 120m(5MW)가 되었고 200m(7MW)의 설계를 준비하고 있다.

오늘날의 풍력발전기 블레이드는 모든 복합재 구조를 사용하고 있지만 그중에서도 목재의 합판은 가장 단단하고 경량인 재료이다. 또 탄소섬유 복합재는 경량이고 단단하기 때문에 중요한 위치에 적용되는 경우가 있다. 또한 통상 블레이드의 피치각은 블레이드와 허브의 접합부에서 제어할 수 있도록 되어 있다. 블레이드의 제조는 전문성이 높기 때문에 비교적 소수의 기업에 의해 이루어지고 있다.

(1) 문제 회피

로터 회전속도 및 그 고조파 성분과 구조의 공진은 설계에서 피해야 한다. 교량이나 비행기의 설계에서도 똑같은 대처를 하고 있지만 구조는 stiff(즉, rigid and heavy) 또는 flexible(즉, dynamic and lightweight) 설계이다. 오늘날까지 상업 풍력발전기 타워의 대부분은 stiff 설계이고 flexible 설계에 의한 것보다도 무겁고 값이 비싸다. 장래의 풍력발전기에서 비용 저감은 대형화보다도 동적인 변형허용설계에 의한 영향이 크게 될 가능성이 있다. 오늘날 특히 가변속 풍력발전기의 회전수 제어는 정확하고 신뢰성이 높기 때문에 블레이드나 그 밖의 구조의 공진은 회피할 수 있다.

(2) 원격감시와 제어

앞으로 리얼타임 모니터링, 컨디션모니터링 및 풍력발전기의 제어를 위한 정보기술이나 정교한 통신이 사용될 것이다. 이것에는 기상정보의 이용에 의한 계통에 전력을 파는 전력량의 예측정도의 향상도 포함된다. 컨디션모니터링은 이미 표준화되어 있고 필요에 따라서는 위성통신 등에 의해 전 세계의 풍력발전기를 제어할 수 있게 되어 있다. 그 밖의 상업플랜트에서는 이와 같은 형태로 지금까지 운용되고 있는 것은 없다.

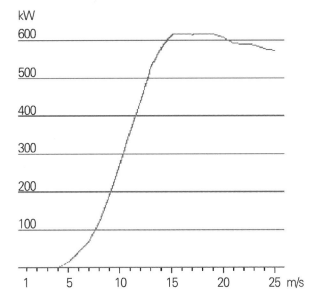

그림 2-4 정격출력 600kW의 풍력발전기의 풍속에 대한 출력의 특성
(Source : Danish wind Energy Association)

2.4 해상인가? 육상인가?

　2.3절에서 블레이드 길이가 길어질수록, 즉 대형 풍력발전기일수록 발전비용이 저하하는 경향이 있다는 것을 설명했다. 이것은 재료강도 등 그 밖의 기술요소가 풍력발전기의 크기를 제한할 때까지 이러한 경향이 계속된다. 로터 반경 60m(약 3MW)를 넘는 대형 풍력발전기를 풍력발전단지에 설치하는 경우 일렬로 늘어놓는 장소가 문제가 된다. 이것은 특히 수심이 얕은 해상에서 현저하다. 초대형 풍력발전기를 육상과 해상에 설치하는 경우의 기본적, 일반적인 비교를 표 2-1에 나타낸다. 항목에는 제도상의 수속과 기술적인 특성 양쪽을 포함한다.

표 2-1 초대형 풍력발전기를 육상과 해상에 설치하는 경우의 비교

요소	육상의 경우	해상의 경우
대형 풍력발전기의 크기	도로에 의한 수송은 곤란	바지선이나 배에 의한 수송은 용이
바람의 강도	높은 위치에서가 아니면 지표에서 감속하고, 지표나 건물에 기인하는 난류	풍속은 강하고, 난류가 적음. 그 때문에 설비 이용률이 현저하게 높게 됨
풍력단지의 배치 크기	1km 이상의 길이는 땅 소유주의 복잡성과 지역 계획, 이의제기 등으로 연결	해저의 국가 소유와 국가 계획이 대규모 배치를 가능
풍력단지의 용량	약 50MW 미만으로 한정	100MW 초과 등 제한 없음, 개념적으로 1000MW 초과도 가능
경험	매우 많음	한정됨
수송	간단	복잡하고 특수
기초	간단하고 비교적 저가	복잡하고 고가
설치	용이하지만, 대형 육상 크레인이 필요	해상의 석유·가스 굴삭장치의 기술과 크레인에 의해 용이
연계계통	용이하고 연계점이 가까이 있음	복잡하고 연계계통을 위해 육상의 송전선도 강화할 필요가 있음
보수	용이함	복잡하고, 기상 의존성이 높음

　블레이드 등의 길이가 60m를 넘는 대형구조물은 육상수송이 곤란하다. 또, 스코틀랜드를 제외한 영국이나 그 밖의 유럽 대륙의 여러 나라에서는 그와 같은 대형의 풍력발전기를 설치할 수 있는 육상 사이트는 매우 한정되어 있기 때문에, 해상풍력발전기가 증가하고 있다. 또한 해상풍력발전기에는 대형의 부품을 배로 수송할 수 있고, 가까운 육상보다도 안정한 높은 풍속을 얻을 수 있는 수백 MW 규모의 풍력발전단지를 전력계통에 직접 연계할 수 있는 등의 장점이 있다. 역으로 해상의 극한상태나 위험성, 기초, 결합부, 설치 및 보수에서 비용 증가 등의 단점이 있다. 소음은 그다지 문제가 되지 않기 때문에 2개 날개의 로터로 주속비를 높이는 것도 가능하고, 그것에 의해 효율향상과 초기비용 저감을 기대할 수 있다. 또한 어업, 어류보호 및 레저시설과 협조하

여 개발하는 것이 중요하다. 초대형 풍력발전기의 배에 의한 수송은 개발도상국을 포함한 전 세계의 연안지에서 유리하다고 기대할 수 있다.

해상풍력발전기의 기술은 분명히 육상풍력발전기에 유래하고 있지만 파의 작용과 파에 의한 기초와 타워의 진동은 해상풍력발전기 특유의 것이다. 또한 육상과 비교하여 해상풍력발전기에서는 수리를 위해 접근이 곤란하고, 악천후에 의한 지연도 있고, 고장정지에 의한 발전량의 저하가 크기 때문에 신뢰성이 매우 중요하다. 그리고 염수(salt water) 환경에서의 손상과 부식은 육상보다도 상당히 심각하게 될 것이 예상된다. 해상에서의 경험이 축적됨으로써 해상풍력발전기의 설계는 보다 진보하고 육상용의 것으로부터 변화하여 오고 있다.

해상풍력발전단지의 환경영향은 육상과는 크게 다르고 경관이나 소음에 대한 염려는 적지만 저공으로 비행하는 비행기, 레이더 및 조류와 관련된 우려는 어느 정도 있다. 해로나 어업에 대한 영향은 현저하다.

2.5 환경영향

전력공급이 부족한 세계의 많은 지역에서 풍력발전은 환영받고 있지만 다른 선택의 여지가 있는 지역에서는 환경영향이 중시된다. 여기서 "영향"은 유익한 경우와 유해한 경우가 있고 풍력발전기에 관해서는 다음과 같은 것이 있다.

• 경관영향
• 소음
• 새의 충돌
• 사이트에서의 그 밖의 환경영향(접근도로 등)
• 전자간섭, 텔레비전, 통신, 레이더
• 초저공 비행 중인 비행기
• 지속성, 즉 화석연료로부터의 탄소 배출량의 저감, 지역의 고용
• 해상풍력발전단지에 관해서는 어업, 해로

(1) 풍력발전단지의 부지와 이용

풍속을 회복시켜 풍력발전기의 난류의 영향을 피하기 위해서는 풍력발전기의 간격을 타워 높이

의 5~10배 이상 떨어뜨리는 것이 바람직하다. 그 때문에 육상의 풍력발전단지에 있어서 타워와 접근도로로 사용되는 것은 부지의 불과 1%이다. 풍력발전기가 대형화함에 따라 풍력발전기 사이의 이격은 커지고, MW급의 풍력발전기에는 0.5~1km의 이격을 설정해야 한다. 그 사이에는 빌딩이나 상업림 등은 개발되지 않고 농업, 레저, 자연의 생태 환경용이 된다. 예를 들면 50기 이상의 수 MW급 풍력발전기의 풍력발전단지에는 3km × 3km의 토지가 필요하게 되고, 토지의 소유자가 다수이고, 농업의 다양성, 복잡한 지형, 경관, 도로 및 통신 네트워크 등 다양한 문제가 발생한다. 위의 복잡함이 없다는 것은 해상풍력발전기의 가장 큰 이점이다.

(2) 경관영향

위에서 설명한 바와 같이 풍력발전기가 대형화함에 따라 풍력발전기의 간격이 넓어지고 로터의 회전속도는 낮아지지만 풍력발전기는 항상 뚜렷하게 보인다. 난류성분이 낮은 바람을 얻기 위하여 긴 거리가 필요한 것이나 경제성을 추구한 대형화에 의해 육상의 풍력발전기라고 해도 수십 km 떨어진 위치에서도 보일 가능성이 있다. 그러나 육상에서 그와 같은 거리를 취한 경우 언덕, 수목, 빌딩에 의해 거의 대부분의 사람들이 볼 수 없게 되지만, 육상의 풍력발전기를 가장 의식하기 쉬운 사람들은 산책을 하는 사람들이다. 전자는 "아름다움은 보는 사람의 눈에 있다"라는 심미적 문제이다. 해상의 풍력발전기에서도 경관은 중요하지만 육상과는 크게 다르다.

(3) 소음

소음의 대부분은 블레이드의 선단(고주파수), 타워나 난류의 바람을 통과할 때의 블레이드(저주파) 및 증속기 등의 기계부품으로부터 발생한다. 소음은 본질적으로 비효율의 징후이며 민원을 피하기 위하여 제조사는 지난 수년 동안 소음을 큰 폭으로 저감하여 왔다. 가까운 건물에서 수면을 방해하지 않는 소음 레벨은 통상 40dBA 이하라고 생각되고 있는데, 소음을 이 레벨 이하로 억제하기 위해서는 250m 정도의 거리가 필요하다. 그러나 소음은 다분히 심리적인 것으로, 풍력발전기의 소유자는 소음을 번영의 신호로서 환영할지 모르지만 가까운 주민들은 그들 자신들의 영역의 침입이라고 불평할 수도 있다.

(4) 새의 충돌

회전하는 블레이드에 의해 죽은 새에 대한 많은 연구가 개별적으로 이루어져 왔다. 새의 충돌은 의심할 바 없이 일어나고 있으며 그 빈도는 차, 빌딩의 유리창, 혹은 전선과의 충돌에 의한 것과 비슷하거나 적다고 생각되지만 어쨌든 모든 새의 죽음은 유감스러운 일이다. 전문가에 의해 입증된 반대론으로서 풍력발전기 주변의 토지는 조류의 훌륭한 번식지를 제공하고 있다고 한다. 단, 여기서 야간의 철새 떼나 사냥을 하려는 맹금류는 제외하고 있다.

(5) 전자간섭

텔레비전, FM 및 레이더의 전파는 전도재료에 의해 교란되기 때문에 회전하는 블레이드의 금속부품에 의해 영향을 받을 가능성이 있다. 당연히 싸지는 않지만 수신자와는 별도의 위치에 TV나 FM의 재송출국을 설치하는 것이 간단한 대책이다. 레이더와의 간섭은 단속적인 현상으로 특히 비행관제에서 위험하게 될 가능성이 있지만 철저한 연구에 의해 비행관제에 대한 풍력발전단지의 영향은 제거하는 것이 가능하게 되었다. 저공비행하는 비행기는 장애물을 피하기 위하여 제작된 지도에 의존한다. 비행장 가까이에 풍력발전기가 설치되어 있는 사이트는 많으며 현저한 문제는 발생하고 있지 않다.

(6) 지속가능성

과학적으로도 지속가능한 무공해(zero-emission) 기술이 필요하다. 풍력발전기는 방출되는 오염물질이 없이 발전할 수 있고, 화석연료나 원자력에 의한 수용하기 어려운 오염을 저감할 수 있다. 지구환경에 대해서 중요한 화석연료에 기인하는 탄소의 저감에서 풍력발전은 불가결한 기술이다. 인류도 생태환경의 일부이기 때문에 우리들은 모든 종을 위해 환경을 보존하고 개선해야 한다. 풍력발전은 그와 같은 지속가능한 라이프 스타일을 위한 핵심요소이다.

참·고·문·헌

1. Burton, T, Sharpe, D, Jenkins, N and Bossanyi, E., (2001) *Wind Energy Handbook*, Wiley. {This is the wind turbine 'bible', with advanced fundamental theory and professional experience of designing, manufacturing and implementing wind power}.

2. Gipe, P. (1995) *Wind Power*, James and James, London. {An update of other similar publications and editions, with thorough and personal analysis of wind power development, especially in the USA; a bias to the independent owner}.

3. Golding, E. W. (1976) *The Generation of Electricity by Wind Power*, reprinted with additional material by E. and F. N. Spon, London. {The classic text that became a guide for much modern work}.

4. Hansen, M O (2000), *Aerodynamics of wind turbines*, James & James, London. {Clearly presented but advanced text from an experienced lecturer; moves from fundamental aeronautics to blade element theory, with physical explanations of further intricacies and applications}.

5. Manwell J.F., McGowan J and Rogers A.. (2nd edition 2008) *Wind Energy Explained*, Wiley. {Excellent textbook at engineering degree standard. Covers all technical aspects from first principles to early postgraduate level. Touches environmental and economic aspects. Much recommended}.

6. Pasqualetti M.J., Gipe P. and Righter R.W. (2002) *Wind Power in View* Academic Press with Reed Elsevier, San Diego; Academic Press, London. {An edited set of chapters, mostly by experts other than engineers, concerning the visual and other non-engineering impacts of wind power installations. Important insights into personal aesthetics and cultural heritage}.

7. Twidell J. W. and Weir A.D., *Renewable Energy Resources,* (2nd ed. 2006) Taylor & Francis {Basics of all renewables technology, explanation and analysis}.

Chapter 03

지중해의 바람과 파

03 Chapter

지중해의 바람과 파

바람, 파 및 조류의 조건은 해상풍력발전단지의 주요한 입력 파라메타이고, 풍력에너지의 부존량이 큰 장소에서는 이들의 특성을 조사할 필요가 있다. 이 장에서는 지중해를 예로 바람과 파의 조건에 대해서 그 특성을 설명하며 유사한 해석은 다른 해역에도 적용할 수 있다. 우선 지중해의 기상해상특성에 대해서 간단하게 기술하고 다양한 데이터 소스, 특히 주요한 데이터 소스인 측정과 모델링 2가지에 대해서 논의한다. 다음으로 이 두 가지의 데이터로부터 신뢰성이 있는 통계정보를 얻기 위한 조합 방법에 대해서 나타내고, 마지막으로 이들의 주요한 결과를 나타낸다. 이 책에서 서술하는 것보다 좀 더 포괄적인 통계데이터는 「지중해의 바람 및 파 분포지도」(The Medatlas Group)[1]에 있으며, 참고문헌으로서 많은 논문에 인용되어 있다.

3.1 지중해의 기상해상특성

지중해는 지브롤터 해협으로부터 대서양에만 열려 있고 서경 6°~동경 36°와 북위 30°~46°로 또한 거리로는 동서로 3000km, 남북으로 약 1600km 이상으로 펼쳐져 있는 가장 넓은 폐쇄해역의 하나이다. 지중해를 특징짓고 있는 복잡하게 얽힌 지형 때문에 이 해역은 몇 개의 작은 폐쇄해역으로 나뉘어 있다. 지중해의 남쪽은 대개 평탄하고 아프리카의 해안에는 단지 1개의 시라테(Sirte) 만이 있으며 비교적 평탄하다. 한편, 북쪽은 스페인에서 터키까지 이어지는 높은 산맥에 의해 막혀 있으며 이탈리아와 그리스 반도와 함께 이 영역의 기상을 복잡하게 한다. 이것은 다양한 작은 폐쇄해역에서 크게 다른 기상 해상 기후를 초래한다. 이들의 특성에 관한 자세한 지식을 얻기 위해서는 세밀한 연구가 필요하다.

그러나 몇 개의 일반적인 특성을 설명하는 것은 가능하다. 지중해는 아프리카의 열대기후와 북쪽에서의 유럽의 찬 기후로 나누어진다. 이들의 정반대의 기후의 경계에서는 여름과 겨울의 기후는 전혀 다르고 여름은 항상 덥고 건조하고, 태풍의 수는 한정되어 있다. 반대로 겨울은 춥고 비도 많은 데다가 바람도 강하다. 또 봄과 가을은 변하기 쉬운 기후로 특징지을 수 있다.

특히 지중해 서부에서는 아조레스(Azores) 고기압이 지배적이다. 이 고기압의 위치는 기후의 상태에 상당한 영향을 주고, 대서양에 정체한 경우에는 발달한 저기압이 그 북쪽의 경계를 따라 이동하고, 프랑스와 스페인 쪽을 지나서 지중해로 들어온다. 이것은 지중해의 서부에 있어서 남쪽으로부터의 탁월풍과 함께 저기압을 발달시키는 경우가 많고, 이것은 아드리아 해(Adriatic Sea)의 남동풍을 강하게 하고, 베니스(Venice)에 홍수를 일으키기 쉽다. 고기압이 유럽 전체에 걸쳐 있을 경우 발달한 저기압이 북쪽의 경계로부터 지중해로 들어오면서 북풍이 되며, 특별한 경우로 북쪽 아드리아 해의 북동쪽에서 차갑게 발달한 저기압에 의한 강한 바람인 보라(Bora)가 된다. 대개 저기압의 지배적인 위치는 11년 주기로 변화하고 다양한 작은 폐쇄해역에서의 기후에 대해서도 비슷한 사이클을 나타나고 있다(Gimeno 등).

일반적으로 지중해에서는 노르웨이 해나 북해와 같은 광범위하고 강하게 발달한 저기압은 거의 없지만 장소에 따라 강렬한 바람과 높은 파고가 발생하는 해역도 있다. 전형적인 예는 사르디니아(Sardinia) 섬의 앞에 있는 리옹(Lion) 만이고, 지중해에서의 과거 최대의 10m의 유의파고가 관측되고 있다(De Boni 등). 또한 보라가 상당히 빠른 속도에 도달하고, 100km/h(30m/s) 이상의 풍속이 기록되어 있다. 이집트의 해안은 에게 해(Aegean Sea)로부터 불어오는 바람 때문에 큰 파가 발생하는 장소이다.

3.2 지중해의 바람과 파의 데이터

지중해의 바람과 파의 데이터는 기본적으로 다음의 2가지가 있다.

① 사이트 또는 리모트 센싱에 의한 관측 값
- 선박에서의 육안관측
- 부이 및 플랫폼에 의한 관측 데이터
- 위성 및 레이더에 의한 데이터

② 기상해상센터 또는 몇 개의 특별한 프로젝트용으로 만들어진 수치모델

- 전구모델(General Circulation Model : GCM)
- 영역모델(Limited Area Model : LAM)
- 진단모델(Diagnostic Model)
- 파랑추산모델(Wave Model : WAM)

이러한 모든 데이터는 각각의 특징, 정도 및 신뢰성을 갖고 있다. 그러나 신뢰할 수 있는 분포지도의 작성에 필요한 모든 조건을 만족하고 있지는 않다. 따라서 이론적인 접근은 최대의 정보를 얻기 위하여 이들 데이터를 최적인 방법으로 조합하는 것이고, 이들의 기본적인 특성에 관한 엄밀한 해석이 필요하다.

3.2.1 관 측

기상학 및 해양학에서는 가장 중요한 대기와 해양에 관한 파라미터의 측정은 관측에 적합한 기기의 개발과 기상 해상데이터 수집을 위한 관측소의 네트워크의 구축에 의해 진보하여 왔다. 특히 거대한 스케일의 연구에서는 ① 바람과 해양의 파의 상호작용, ② 수치 시뮬레이션과 관측의 직접적인 비교 등 서로 다른 물리량의 공간 상관관계를 제공하는 관측소의 네트워크가 가장 중요하다. 여기서는 가장 중요하고 신뢰성이 높은 바람과 파의 측정방법에 대해서 설명한다.

(1) 육안관측

배에서 수행하는 육안관측은 지금까지 먼 바다에서 바람과 파의 데이터를 얻기 위한 유일한 방법이었기 때문에 몇 십 년에 걸친 데이터가 존재하고, 모든 관련제품의 제조와 분포지도의 작성에 이용되어 왔다. 그러나 측정 데이터와 비교해서 육안관측으로부터 얻은 데이터에는 확실히 한계가 있으며, 특히 가장 중요한 발달된 저기압의 조건에 있어서 정확도에는 이론의 여지가 있다. 그뿐만 아니라 육안 데이터는 지리적으로 일정하게 분포하지 않고 특정 항로를 따라서 집중되어 있으며, 배는 발달한 저기압의 영역을 피하는 경향이 있기 때문에 얻어진 통계 데이터에는 편차가 있다.

따라서 공간 및 시간의 양쪽에 있어서 정확하고 완전한 데이터가 있는 경우에는 육안 데이터는 사용하지 않는 것이 좋다.

(2) 부이 및 플랫폼 데이터

일반적으로 부이 및 플랫폼에서 취득된 데이터는 가장 신뢰성이 높다. 특히 외양에서의 파의 데이터의 수집에 있어서 부이는 오랫동안 표준적인 방법이었다. 데이터는 계류된 부이에 의해 측정된다. 수심은 국소적으로는 수백 m에서도 가능하지만 수 m의 매우 얕은 장소에서는 계측할 수 없다. 가장 일반적인 부이 제조사는 Datawell(Wave rider, Wavec 및 Directional Wave rider)이다.

부이는 말 그대로 해면을 따라다니는 것이다. 그러나 이것과는 다른 원리를 이용한 것도 개발되어있다. 측정되는 물리량은 파고 및 해면경사의 2성분 또는 부이의 3차원 운동이다. 이들의 물리량을 수학적으로 적절하게 처리함으로써 파고주파수 스펙트럼, 평균 파향, 비대칭도 및 첨도의 주파수 의존성을 얻을 수 있다. 이들 중에서 비대칭도와 첨도는 각각 μ_3/σ^3 및 $\mu_4/\sigma^4 - 3$ 이다. 여기서 μ_i와 σ^i는 파고분포 i차 모멘트와 분산이다. 또한 유의파고 H_s, 평균 파향 q_m, 피크 주기 T_p와 평균 주기 T_m 이 있다.

해저에 고정된 플랫폼은 계측기기 또는 큰 장치를 설치하기 위하여 사용된다. 예를 들면 부이식 레이더는 플랫폼 가까이에 계류하여 설치하는 것이 가장 일반적이다. 그러나 지중해에서의 플랫폼의 설치는 노르웨이 해나 북해와 같이 일반적이지 않기 때문에 국소적으로 측정된 바람과 파의 데이터로서는 부이에 의해 측정된 것이 가장 일반적이다. 그러나 지중해의 부이의 측정 데이터에는 바람 데이터가 없다는 것이 큰 제약이다.

수많은 부이가 지중해의 연안을 따라 분포하고 있지만 계측결과에 의해 지중해의 기후를 완전히 특징짓는 것은 불충분하다. 주요한 이유는 이미 지적된 바와 같이 지중해는 해안선의 형상이 복잡하고 몇 개의 작은 폐쇄해역으로 분할되어 있기 때문에 파고, 주기 및 파향에 매우 강한 공간 경사가 있기 때문이다. 게다가 그 대부분의 부이는 해안과 가까운 장소에 설치되어 있기 때문에 이들이 외양의 상태를 대표하고 있다고는 말하기 어렵다. 이러한 제약에도 불구하고 부이 데이터는 현재 입수 가능한 파 데이터로서는 가장 정확도가 좋은 데이터이다. 그 오차는 수 퍼센트라고 추산되지만 최고 파고 데이터의 오차는 상당히 크다. 이것은 가장 높은 파의 정부(頂部)에서는 부이가 미끄러지기 때문에 전체의 파고를 낮게 예측하는 경향이 있기 때문이다.

(3) 위성 데이터

지금까지 가장 풍부한 해상의 바람과 파의 데이터를 제공하는 위성 데이터에는 고도계와 산란계의 2개의 기본적인 기기가 이용되고 있다.

고도계는 위성의 밑바닥의 지적선(ground track)을 따라 통상 7km 간격으로 풍속과 파고를 계측한다. 위성에 의한 면적인 관측과 부이와 플랫폼에 의한 국소적인 관측 데이터를 이용함으로써 시스템상의 오차(편차)가 수정되어 있기 때문에 데이터의 정도는 충분히 높다. 그러나 기기의 교정은 주로 너울이나 발달한 저기압이 강한 해양에서 이루어지기 때문에 지중해와 같은 내해의 데이터는 불확실한 부분이 있다. 따라서 해풍이 지배적인 환경에서는 기기의 교정은 반드시 정확도가 높지 않기 때문에 도출된 풍속에도 불확실한 부분이 있다. 게다가 영역에 따라 위성의 궤도가 통과하는 회수가 다르기 때문에 넓은 범위를 완전하게 커버할 수 없고 신뢰성이 있는 통계 데이터를 얻는 데는 데이터 수가 너무 적다. 그러나 고도계는 1991년부터 계속하여 계측하고 있고 지금까지 다량의 데이터를 취득하고 있다.

산란계로부터 얻어진 바람 데이터는 고도계와 상황이 다르다. 이 기기는 500km 정도의 항적 폭이 넓은 해양 표면에서의 풍속과 풍향을 측정한다. 기기에 따라 다르지만 데이터는 25km 또는 50km의 간격으로 공급되고 통과하는 영역의 평균적인 상태를 대표한 것이 된다. 고도계와 마찬가지로 기기가 교정된 외양과는 다른 조건 때문에 내해의 측정 정확도에는 불확실한 부분이 있다. 그뿐만 아니라 산란계의 데이터는 비와 같은 환경조건의 영향을 받기 쉽고 발달한 저기압이 발생한 영역에서는 특히 제약의 크다.

3.3.2 모델 시뮬레이션

일반적으로 시뮬레이션 모델로부터 얻어진 데이터는 소위 모델 데이터이고, 물리현상의 참값에 대한 하나의 후보 값에 지나지 않기 때문에 근사에 의한 오차를 포함하고 있다. 그 때문에 모델 데이터를 이용하는 경우는 이 오차를 고려하여야 한다. 오차는 모델에서 이용한 방정식과 해석방법과 관련되어 있으며 이들 방정식의 초기 값에도 의존한다. 이 데이터 동화(assimilation)는 이전의 모델 예측 값과 가능한 모든 소스로부터 선정되고 주어진 시간에서 가장 있음직한 시뮬레이션 예측을 얻기 위해 쉽게 사용할 수 있는 데이터의 최적인 조합이고 매우 복잡한 처리이다. 그 때문에 데이터 속에 오차가 포함되면 그것에 기초하는 해석결과의 오차에 반영되어 버린다. 특히 지표층은 해류나 표면 flux 및 해양의 파를 유기하는 가장 중요한 파라미터이고 이것에 오차가 있는 경우 모델화된 파, 순환류 및 표면 flux에 대해서 한층 더 불확실성을 초래한다. 이러한 사항에 대해서 여기서 상세하게 논의할 것이다.

해면 위의 바람의 시뮬레이션에 적합한 기상모델에는 전구모델, 영역모델 및 진단모델의 3종류, 나아가 해양의 중력파 시뮬레이션을 위한 특별한 파 모델이 있다. 다음에 각각에 대해서 간단하게 기술한다.

(1) 전구모델

현재의 해석에 대해서, 유럽중규모예보센터(European Center of Medium range Weather Forecast : ECMWF, 영국 주도)에서 발표되는 일일보고(daily report)를 이용할 수 있다. ECMWF는 그 운용에 있어서 스펙트럼 모델로 계산하고 있다. 즉 수평면 내의 흐름장을 511(T511) 등으로 분할된 구면조화함수의 2차원 전개에 의해 기술된다. 분할은 해상도를 결정하지만 여기서는 흐름장을 기술하는 데 이용되는 최소파장의 1/2로 정의되며, T511에 대해서는 모델해상도는 4000/(2×511)=39km 이다. 이류(advection)는 semi-Lagrangian 방법으로 계산되며 물리량은 물리공간에 있어서 적합가우스격자(reduced Gaussian grid)로 계산된다. 대기의 연직 구조는 multi-level hybrid S 좌표계(관성좌표계)로 기술된다. 물리량의 파라미터화(parameterisation)에서는 방사전달, 난류혼합, 서브격자 스케일의 지형항력 습윤 대류, 구름과 표면토양과정 등에 관계하는 기본적인 물리과정을 기술한다. 예측변수에는 풍속성분, 온도, 비습, 운수/운빙 및 운량을 포함한다. parameterisation은 대기의 대규모 스케일을 흐름에 관한 서브격자 스케일의 영향을 적절하게 기술하기 위하여 필요하다. 2m 고도의 온도, 강수량과 구름양 등의 기상예보에 필요한 파라메타는 모델에 포함되는 parameterisation에 의해 계산된다. 10m 고도의 바람은 약 30m 고도에 상당하는 가장 낮은 S 좌표계 고도인 0.997로부터 경계층 모델에 의해 구할 수 있다. 모델에 관한 치밀한 기술은 Simmons와 Simmons 등에 의해 보고되어 있다.

모델에 기술되어 있는 대기의 수평해상도와 연직 층수는 데이터의 시기에 따라 다르다. ECMWF가 T319로 변경하기 이전인 1991~1998년에는 T213(95km 해상도)이고 연직 31층의 데이터가 이용되어 왔다. 여기서 물리과정의 가우스 격자는 변경되지 않았기 때문에 변경에 의한 영향은 한정적이었지만 ECMWF가 가우스 격자의 해상도를 40km 및 연직방향 분할을 60의 T511(39km 해상도)로 변경한 2000년 11월 이후로 큰 변화가 있었다. Cavaleri와 Bertotti는 해상도의 차이에 의한 영향을 정량적으로 나타냈다. 지중해에서 이 변경에 의해 도출된 풍속은 크게 증가한 것으로부터 교정된 데이터와 최종적인 통계량을 이용하여 평가 고찰할 필요가 있다.

직접 모델에 의해 얻어진 결과에 관한한 분명히 모델의 제약에 입각한 많은 한계가 있다. 서브격자 스케일이 지배적인 해면위의 모델 계산 값은 상당히 작은 값으로 되어 신뢰성이 낮다. 이것은 특히 육-해풍 등에서 분명한 것처럼 육지와 가까운 곳에서 현저하다. 연안역에서의 모델 속도는 해상도의 제약(T213은 95km, T511은 39km) 때문에 모든 조건에서 신뢰성이 낮다. 모델로 표현되는 해안선의 정도가 낮은 것이 연안의 속도장의 오차의 원인이 되고 있다.

연안역에서 육지에서 바다로 부는 바람은 해안에 평행 혹은 바다에서 육지를 향해서 부는 바람에 비해 과소평가된다. 이 문제의 원인은 현재 완전하게 이해되어 있지 않지만, 지배적인 요인은 지형과 해면상의 경계층의 모델링에 의한 것으로 추정되고 있다(Cavaleri & Beritti, Cavaleri 등 Cavaleri & Bertotti).

또한 피크 풍속은 평균 풍속 및 저풍속역보다도 과소평가될 경향이 있다. 이들은 모델의 해상도에 관계하는 것으로 생각되지만 발달한 저기압의 조건에서 물리과정의 적절한 parameterisation이 중요하다. 실제 세계의 그 밖의 지역에서의 연구에서는 예보해석의 영역은 최소격자 스케일에 관련하는 오차에 의해 영향을 받는다는 것이 시사되고 있다(Wilke 등, Tournadre).

Chèruy 등은 총관규모[1]보다 작은 스케일의 풍속분포는 해상의 예측과 기후평형의 결정에 매우 중요하다는 것을 나타내고 있다. 그들은 북위 25°~65°와 서경 105°~ 동경 40°을 커버하는 영역 위의 10m 고도의 풍속에 관해서 3개의 다른 모델을 이용하여 검토하고 있다. 고려된 데이터 베이스는 각각의 격자 간격 2.5°인 NCEP-NCAR의 전구재해석 데이터, 대상영역의 중심부근이 50km의 공간해상도인 프랑스기상역학연구소(Laborafories de Mefeorolgie Dynamique Zoomed : LMDZ)에 의한 CNRS의 전구모델 및 격자 간격 0.1°인 영역모델 BOLAM(Bologna Limited Area Model)에 대응하고 있다. 그들은 검토한 수치모델(900km, 250km 및 40km)의 최소수평 해상도에서 지상풍은 수치계산의 안정화를 위한 계산코드로 도입한 연산자의 평활화 효과에 관련한 계통적인 스펙트럼의 에너지 결손의 영향을 받는 것으로 결론 짓고 있다. 이 스펙트럼의 파워 결손은 지중해에 있어서 해상상태의 예측에 크게 영향을 주고 국소적, 간결적인 강풍(Mistral, Libeccio 등) 등의 발생에 의해 계절 평균값에 강한 영향을 미친다.

(2) 영역모델

유럽중규모예보센터(ECMWF)는 종관규모에 있어서 수치기상 예측도를 제공하고 있고 10일 앞까지 12시간마다 중규모의 대기현상을 예측하고 있다. 각국의 국립기상연구소는 전용 통신네트워크를 통해서 항상 이들 정보를 받고, 단기예측을 위한 보다 높은 수평해상도를 제공하는 ECMWF에 의한 계산출력을 얻을 수 있다. 이 경우 영역모델(LAM)이 이용되며 보다 상세한 정보 가장 작은 샘플링 된 데이터 및 고해상도의 지형을 고려할 수 있다. LAM의 출력은 시간 공간과 함께 '한정'되어 있고, 한정된 영역에 있어서 수 시간에서 2, 3일분이 유효하지만, 20km보다도 상세한 격자의 예측지도를 제공할 수도 있다. 종래의 해상도는 지중해 영역의 거친 지형에 근거하여 운용되고 있던 LAM에 대해서 이용되고 있었지만 이들의 한정된 해역의 국소영역에 대해서 수 km보다 높은 해상도가 요구되고 있다.

---

1 수평방향으로 수천 km의 분포를 가진 천기도의 규모

LAM의 수평영역은 한정되어 있기 때문에 광역모델로부터 유도되는 측면경계의 정도의 영향으로 수치오차가 발생할 가능성이 있다. LAM의 경계 값은 CGM이나 저해상도인 LAM에 의해 병행하여 계산된 값으로부터 내삽하여 구한다. 경계와 가까운 영역에서는 모델의 흐름장 사이의 불일치를 평활화하기 위하여 2개의 모델의 해의 가중평균이 이용되는 경우가 있다.

나아가 전선이 1격자 정도로 좁은 경우 전선파(frontal wave)나 한대저기압(polar low)과 같은 완전한 3차원성의 특성을 충분히 잡도록 해석단계에서도 적어도 3격자분은 필요하다. 이것에 의해 이 현상을 예측하는 데 충분한 레벨까지 효과적인 정도를 얻을 수 있다. 특히 데이터가 퍼져 있는 경우에는 이들의 위치와 특성을 특정하는 데 위성영상이 도움이 된다.

(3) 진단모델

진단모델에는 모델링에 관해서 주로 ① 선형 Navier-Stokes 방정식(Jackson&Hunt)의 정상해 및 ② 취득 가능한 기상 데이터와 질량보존 등의 몇 가지 물리제약을 조합한 3차원 바람의 흐름장의 재구축(Ratto 등)의 2개의 방법이 있다. 이 2개의 방법은 바람 모델에 의한 시간적인 예보 초기의 운동량이나 에너지 방정식의 양적인 해법 및 난류의 직접 시뮬레이션의 어느 것도 다르다. 그러나 WAsP(Mortensen 등)과 같은 선형바람모델이나 WINDS(Ratto 등) 등의 질량보존법칙 모델은 진단모델로서의 유용성이 나타나고 있다. 질량보존법칙 모델의 WINDS(Wind-field Interpolation by Non-Divergent Schemes)은 복잡한 지형 상공의 3차원적인 바람의 흐름을 시뮬레이션하기 위하여 Genoa 대학의 물리학과에서 개발된 것이다. 양자에 관한 최근의 리뷰는 Homicz을 참조할 것.

질량보전법칙에 의한 진단모델은 계산영역의 각 노드에서 질량보존 조건을 만족시킴으로써 3차원의 연속식을 수치적으로 풀고 바람의 흐름장을 생성하는 방법이다. 이들의 모델은 특히 경제성이 뛰어나고 많고 다양한 기상조건을 해석하기 위하여 필요한 수많은 초기조건이나 경계조건을 간단하게 취급할 수 있다. 또 이들 모델은 수치예보모델의 네스팅(nesting)에 의한 다운스케일링에 의해 해석영역을 세밀화하고 해상도를 향상시킬 수 있다.

(4) 파랑추산모델

1992년 7월 이후 ECMWF는 기상모델과 병행하여 파랑추산모델에 의한 계산을 실시하고 있다. 그 목적은 일기예보와 마찬가지로 파의 상태를 예측할 수 있다. ECMWF에서는 파랑추산모델로서 가능한 모든 전문가의 협력 아래에서 개발된 제3세대 모델인 WAM을 이용하고 있다. WAM-DI와 Komen 등이 주요한 2개의 문헌이다. 여기서는 필요 최저한의 기술로서 멈추는 것으로 하고, 흥미가 있는 독자는 위의 2개의 문헌을 참조하기 바란다.

WAM은 파를 스펙트럼(주파수영역)으로 취급하고 있다. 이것은 대상을 커버하는 영역 내의 모든 격자점에 있어서 파의 상태를 매우 많은 정현파의 중첩으로서 표현하고 주파수 f(Hz) 파향 θ_m[지리적으로 북쪽에 대해서 시계방향을 정(+)], 높이 h을 이용한다. 따라서 에너지 F는 h^2에 비례한다. 전체 해석영역에 있어서 시간·공간적인 전개는 다음 식으로 나타내는 소위 에너지 평형방정식에 의해 지배된다.

$$\frac{\partial F}{\partial t} + c_g \cdot \nabla F = S_{in} + S_{nl} + S_{dis} \tag{3.1}$$

여기서 좌변은 시간 미분항과 흐름장의 운동을 나타내고 우변은 파의 발달에 대한 일의 물리과정을 나타내고 있다. 즉

- $\partial/\partial t$: 시간에 관한 미분
- c_g : 군속도
- ∇F : 흐름장에서의 에너지의 공간경사
- S_{in} : 바람에 의한 외력항
- S_{nl} : 비선형파의 간섭항
- S_{dis} : 일산항(심해역에서의 white cap 등)

대상으로 하는 영역에서 입력정보는 바람의 흐름장 즉 풍속 U_{10}(해상 10m에서의 값)의 절댓값과 방향을 각점에서 계산하는 것에 의해 얻어진다. 보다 전문적으로 말하면, U_{10}은 마찰속도를 평가하기 위하여 그 위치의 순간의 파의 상태와 함께 이용되고 있다. 여기서 표면(마찰)응력은 바람으로부터 파로 전달되는 운동량의 실질적 전달을 표현한다. S_{dis} 항은 파의 다양한 일에 의한 일산과정에 의한 에너지 손실의 비율을 정리하고 있다. 모든 항에 대해서 심해역에서만 중요한 일산항은 바람의 운동 아래에서 파의 정부(頂部)에서 나타나는 쇄파에 기인하는 white cap이다. 파가 천해역으로 들어왔을 때에는 다른 과정이 나타나고 가장 중요한 것은 해저마찰 및 수심에 기인하는 쇄파의 2개이다. 즉 천해역은 이 모델에서 가장 정도가 낮아지는 영역이다. 뒤에서 논의하는 그 밖의 요인과 합하면 상당히 얕은 해안의 일대에 대해서는 파랑 추산모델에 의한 데이터는 이용하지 않는 것이 좋다. 그러나 여기서는 수심이 깊은 일대에 초점을 두고 있기 때문에 이것은 문제가 되지 않는다.

4차인 비선형파의 사이의 상호작용인 S_{nl}은 흐름장의 발달 사이에 연속하여 발생하는 다른 파의 성분 사이의 에너지 교환의 보존을 나타내고 있다.

위의 과정은 WAM 모델에서 정확하게 나타낼 수 있으며, 에너지 평형방정식은 반음해법 (semi-implicit scheme)에 의해 수치 적분되고, 이류는 1차의 상류(upwind scheme)로 해석된다. 수치안정성의 요구에 의해 적분의 시간간격은 격자의 해상도에 따라 설정할 필요가 있고 해상도 $0.5°$에서는 20분, 해상도 $0.25°$에서는 15분으로 한다.

ECMWF에서는 전체 해역과 지중해용인 2개 버전의 WAM 모델이 운용되고 있다. 2개의 버전을 이용하는 이유는 컴퓨터의 능력의 제약에 의해 전체 해역 버전에서 해석할 수 있는 최대해상도가 제한되는 것과 최근에는 지중해 해역의 지형에 의한 특성을 적절히 나타내기 위해 보다 높은 해상도가 필요하게 되었기 때문이다.

지중해에 관한 파랑추산모델은 1992년 7월에 운용이 개시되고 있다. 위도 및 경도방향의 해상도는 $0.5°$이고, 전체 950점이다(WAM은 해역을 나타내기 위해 해역의 격자점만을 고려하고 있다). 나중에 해상도는 $0.25°$로 높아지고, 합계 4000점이 되었다.

지중해용인 원래의 파모델의 해석영역은 서경 $6°$~동경 $36°$ 및 북위 $30°$~$46°$까지였지만, 나중에 발트 해를 포함하도록 확장되어 있다. 1998년 대규모 버전 업이 이루어져 북대서양, 바렌츠해, 발트 해, 지중해 및 흑해를 포함하게 되었다. 해상도는 위도방향으로는 거의 $0.25°$이지만 경도방향으로는 27.5km인 거리로 일정하게 배치되며, 위도마다 다른 점의 수를 이용할 수 있다. 이것에 의해 격자점은 비틀어지기 때문에 이류향의 계산에서는 한층 더 조작이 필요하게 된다.

$f_1 = 0.04Hz$ 및 $f_{n+1} = 1.1f_n$에 대해서 주파수의 $N_f = 25$ 일정하게 되어 모든 시간에서 $N_d = 12$방위가 이용되었지만, 1998년에 대상해역이 넓어진 것으로 24까지 증가되어 있다.

계산과정의 어떤 시각에서도 모든 격자점에서의 각 파의 성분에 대한 에너지, 즉 2차원 스펙트럼 $F(f,\theta)$을 얻을 수 있다. 이 스펙트럼에 의해 많은 물리량을 평가할 수 있다. 파의방향에 관해서 적분함으로써 1차원 스펙트럼 $E(f)$, 즉 주파수에 대한 에너지의 분포를 얻을 수 있다. 한층 더 주파수에 관해서 적분을 함으로써 유의파고 H_s가 도출된다. 전체 에너지가 얻어진다. 또한 별도의 적분에 의해 평균주기(에너지 주기라고 불릴 때도 있다) T_m과 평균파향 θ_m이 얻어진다.

ECMWF 아카이브(archive)로부터 이용 가능한 파라미터는 지중해에 관해서는 1992년 7월 1일 이후로부터 검색할 수 있다. 파의 장(fields)의 해상도는 매일 00, 06, 12, 18UT(세계시)에서 이용 가능하다. 데이터는 ECMWF의 최초의 모델에서는 서경 $6°$~동경 $36°$ 및 북위 $30°$~$46°$의 영역에서 $0.5°$이다. 이 영역은 85×33점의 격자에 상당하고, 그중 950이 해역 내의 점이다. 육상에서는 값은 파의변수를 얻을 수 없기 때문에 -0.1으로서 주어지고 있다.

Genoa대학의 물리학과에서는 WAM 모델의 고해상도 버전(0.25° 간격)의 입력으로서 영역모델의 BOLAM을 사용함으로써 지중해 해역의 모든 파의 장을 예측하는 것을 가능하게 하고 있다.

3.3 서로 다른 데이터의 일관성 있는 데이터 집합으로 통합

앞 절에서는 신뢰성이 있는 풍속과 풍향 및 파고의 통계값에 요구되는 데이터에 관해서 설명했다. 근년 고도계의 신호로부터 파의 주기를 구하는 시도가 행해지고 있지만(Gommenginger 등), 그 결과는 통상적으로 이용되기에는 아직 충분한 신뢰성이 없다. 어떤 경우에서도 아래에 설명하는 것과 같이 파의 주기정보는 적절하게 교정된 파랑추산모델의 데이터로부터 유도되어야 한다.

앞 절에서 설명한 것과 같이 파랑추산모델에 의해 구한 데이터는 대량이고 넓은 범위에 분포하고, 바람과 파의 데이터 양쪽의 연속한 정보원으로 되어 있다. 한편 이들 데이터 중에는 지중해에 있어서 정상적으로 과소평가하는 장소가 있는 등 명확한 문제점이 분명하게 되고 있다. 부이의 데이터를 이용한 대규모 비교에 의하면 이 과소평가는 위성 데이터를 이용한 파랑추산모델 데이터에 의해 충분히 교정되는 것이 나타나 있다. 위성 데이터는 공간 및 시간분해능이 낮고, 위성의 측정 장소와 일치하는 위치에서 파랑추산모델에 의한 데이터를 항상 평가하는 것이 가능하다. 위성 데이터의 각 점에 대해서 같은 위치에 있어서 충분히 긴 데이터를 직접 비교하는 것으로 파랑추산모델의 데이터의 교정계수를 결정할 수 있다. 이 계수는 사용하는 기기(고도계 또는 산란계)나 이용하는 모델에 대응하여 포인트마다 다르다. 앞 절에서 ECMWF모델의 해상도는 시간에 따라 변화하고 있는 것을 설명했다(모델의 물성 및 수치가 계속적으로 갱신되고 있다는 것을 언급하는 것은 아니다). 해상도가 다르다고 하는 것은 바람, 파의 흐름장 등의 양이 다르다고 하는 것이고 이것에 의해 교정계수도 다르다.

같은 파랑추산모델에서도 비교 대상으로 하는 데이터가 다르면 도출되는 교정계수도 약간 다른 것으로 예측된다. 나아가 특히 리모트센싱 등의 계측 데이터도 완전하지 않기 때문에 적어도 폐쇄해역에서는 파랑추산모델의 데이터보다도 한층 더 뒤떨어지는 경우도 있다(Cavaleri & Bertotti를 참조). 어떤 경우에도 부이 데이터와 비교함으로써 각각의 위성의 계측기기의 상대적 신뢰성을 평가할 수 있고, 파랑추산모델의 데이터의 최종적인 교정계수를 구할 때에 이용하는 가중계수의 수열을 구할 수 있다. 흥미가 있는 독자는 Medatlas 프로젝트의 최종보고서를 참조하기 바란다 (The Medatlas Group)[1].

측정 데이터와 직접 비교함으로써 풍속과 파고의 교정계수를 얻을 수 있다. 적어도 어느 정도의 풍속, 파고 및 파 주기의 조건에서 산란계와 파랑추산 모델의 풍향을 직접 비교하는 것에 의해 대규모 스케일 모델에서는 식별할 수 없는 매우 국소적인 요소가 거의 지배적인 장소에 있어서 파랑추산모델의 오차는 작다는 것이 나타나 있다. 지중해로 대표되는 해풍이 지배적인 해역에서는 파의 주기도 파고에 강하게 관련되어 있다. 실제로 모델에 의한 과소평가는 파의 평균경사에 대해서는 영향을 주고 있지 않는 것은 파고의 보정은 파장의 보정인 것을 의미하고 있다. 파고의 보정은 파의 주기의 제곱에 의존하고 있는 것으로부터(심해역에서는 해역 전체로 가정된다), 그 제곱근은 파의 주기의 보정계수로 제공된다.

3.4. 결 과

다음에서는 지중해에서 바람과 파의 기후학에 관한 최신 연구를 소개한다. 특히 서로 다른 방법, 즉 지중해의 바람 및 파의 분포지도(The Medatlas Group), 지중해의 해상풍력지도(Lavagnini 등) 및 이탈리아 해상풍 분포지도(Cassola 등)에 의해 개발된 3개의 서로 다른 접근을 소개한다.

3.4.1 Medatlas 프로젝트

데이터는 0.25° 또는 0.5°의 해상도로 추출할 수가 있다. 단 계산에서 고려된 기간 중에서 최초의 수년간 사용된 데이터의 해상도는 상대적으로 낮고 바람과 파의 특성의 평균값의 공간변화가 거의 매끄러웠기 때문에 0.5°의 해상도 데이터가 실제의 데이터와 현실적인 정도로 일치하고 있다. 나아가 교정계수의 공간분포를 주의 깊게 해석한 결과, 모델에서 이용한 물리모델과 공간의 변동분포는 일치하지 않다는 것이 나타났다. 이것은 보다 큰 간격에서의 데이터의 평활화, 즉 최종적인 데이터는 주변 영역의 데이터를 공들여 평균한 것임을 시사하고 있다. 전구 또는 지중해 스케일의 모델은 복잡한 지형이나 해안의 특징을 갖는 영역의 상세를 적절하게 나타낼 수는 없기 때문에, 많은 해안의 상세한 데이터가 얻어져 있지 않은 것은 분명하다. 대표적인 것은 아드리아 해 및 에게 해의 동해안에서 이들의 영역에서는 수많은 섬과 복잡한 해안선 때문에 해석결과의 신뢰성과 정도가 한정되고 있다. 이 때문에 풍력발전단지 혹은 파력발전소 등의 특정 해역에 건설되는 시설에 대해서는 충분히 해상도가 높은 해석이 필요한 것은 분명하다. 이 책에서 나타내는 큰 스케일로 해석된 결과도 특정 장소에 관해서는 일반적인 정보, 나아가 대상으로 하는 영역의 꼼꼼하고 상세한 연구를 시작하기 위한 예비지식을 제공하는 데 지나지 않는다.

선정한 위치에서의 교정계수가 도출되면 이들은 모델의 시계열 데이터와 조합하는 것에 의해 신뢰성 있는 정보가 얻어진다. 이것에 의해 국소영역과 대규모영역의 양자에 대해서 상당히 많은 통계정보가 얻어진다.

여기서는 지중해의 주요한 바람의 특성에 대한 개요를 나타내는 몇 개의 지도를 나타낸다. 파에 관해서는 비교적 큰 파의 확률분포 지도를 나타낸다. 이 책에서는 파에 관한 정보는 주로 공학적 목적에 대해서 제공하는 것에 중점을 두고 있다. 지금까지 설명한 것과 같이 좀 더 광범위에 걸친 통계정보는 Medatlas 프로젝트(The Medatlas Group)에서 작성된 분포지도를 참조하기 바란다. 이 분포지도는 이 장의 저자의 한 사람(L.Cavaleri)으로부터 입수 가능하다. 나아가 파고와 풍속, 풍속과 풍향, 파고와 주기 등의 다양한 2차원 분포가 수많은 위치에 대해서 보고되고 있다.

여기서는 이 해역의 주요한 특성을 나타내는 3가지의 지도를 소개한다.

① 그림 3-1은 지중해의 연평균 풍속의 분포를 나타낸다. 풍속의 등고선 간격은 0.5m/s이다. 프랑스 해안의 리옹(Lion) 만에서는 분명히 풍속이 빠르고, 최고로 7.5~8.0m/s를 나타내고 있다. 2번째는 그리스와 리비아 해안 및 크레타 섬의 서쪽 해역에서 6.5~8.0m/s이다. 그 밖의 지역에서는 이탈리아와 그리스 사이의 이오니아 해에서 6.0~6.5m/s이다. 한편 최저의 풍속은 4.5~5.0m/s이다.

② 그림 3-2는 풍속의 연평균의 주요한 2개의 풍향의 분포이다. 데이터는 1°간격으로 주어져 있고, 화살표는 참조점에서의 흐름의 방향을 나타낸다. 이 그림에서 풍향에 대해서 몇 개의 특징이 나타나고 있고, 사르디니아(Sardinia) 섬의 남서쪽에서 북서의 바람이 탁월하고 이탈리아의 동쪽 아드리아 해에서는 sirocco와 bora 및 반시계 방향의 탁월풍 등이 있다.

③ 그림 3-3 (a)는 11m/s를 넘는 풍속의 출현확률(%) 또한 그림 3-3 (b)는 4m을 넘는 유의파고의 출현확률(%)을 나타내고 있다. 예상대로 파고분포는 취송거리와 관련한 바람의 흐름장이 분포를 반영하고 있다. 사르디니아 섬의 서쪽의 해역에서는 강한 mistral[12]이 지배적인 것이 명확하게 나타나고 있다.

3.4.2 지중해 해역에서의 해상풍의 기후

지중해 전역에 걸친 해상풍의 특성은 ECMWF의 24년간 취득된 6시간마다의 바람 데이터를 이용하여 확보되어 있다(Lavagnini 등). 보다 정확하게는 저자들은 ECMWF에 의한 1979년 1월~1994년 2월 사이의 재해석결과, 그리고 1994~2002년 0.5°×0.5°인 해상도의 해석 데이터에 의해 850 및 700hPa인 압력레벨과 해수면 위의 10m 고도에서의 풍속의 수평성분에 대해서 검토를 하였다. 각 점에서의 평균 풍속 U 및 Weibull 분포의 계수 A(척도계수) 및 k(형상계수)의 확률밀도함수의 파라미터를 30°마다 12방위에 대해서 계산했다.

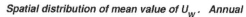

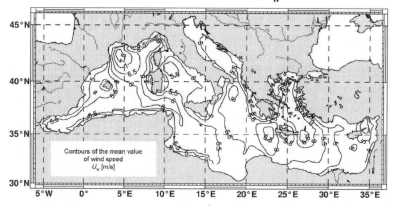

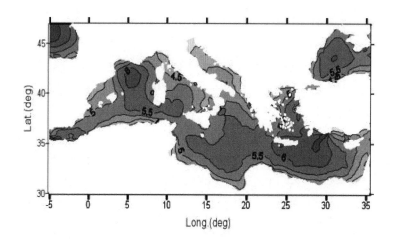

그림 3-1 지중해에서 연평균 풍속(m/s)의 분포(컬러 도판 p.519 참조)

위 그림 : The medatlas(2004), 아래 그림 : Lavagnini(2006)

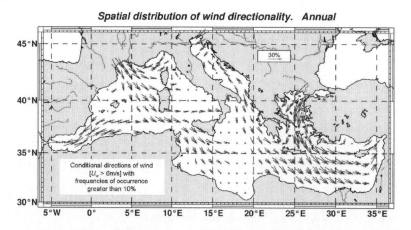

그림 3-2 지중해에서 연탁월풍속(The Medatlas Group, 2004)(컬러 도판 p.519 참조)

10m 고도에서의 ECMWF의 바람장은 해안 가까이 및 좁은 해역에서는 정확도가 저하하기 때문에 이들의 통계데이터는 유한차분, 원시방정식(primitive-equation) 및 정수모델(hydrostatic model)인 BOLAM을 이용한 영역모델인 QBOLAM의 2년분(2000년 10월 1일~2002년 9월 30일)의 데이터에 의해 각 격자점에 대해서 수정되어 있다. 모델 영역은 수평간격 10km로 지중해 전역을 커버하고 있다. Lavagnini 등은 QBOLAM 및 ECMWF의 2개 모델의 차이를 검토하기 위하여 두 모델의 해석기간이 중복되는 기간에 대해서 고찰하고 있으며, ECMWF의 각 격자점과 같은 점에서 ECMWF로 계산된 평균 풍속, Weibull 파라미터 A 및 k값을 비교함으로써, 연안부에서의 ECMWF의 장기간 데이터 계열의 Weibull 파라미터의 수정이 가능하게 되었다.

그림 3-1의 아래 그림은 지중해의 연평균 풍속의 분포를 나타내고 있다. 풍속의 등고선 간격은 0.5m/s이다. 크레타 섬과 키프로스 섬의 사이의 터키 남서해안에서, 6.5~7.0m/s로 가장 높은 풍속을 볼 수 있다. 또한 리옹(Lion) 만에서는 2번째로 높은 6.0~6.5m/s의 풍속을 볼 수 있다. 이 스케일에서의 연안 가까이에서의 최솟값은 3.5~4.0m/s이다.

그림 3-4는 지중해 전역의 Weibull 확률밀도함수의 척도계수 A와 형상계수 k를 나타낸다.

3.4.3 이탈리아 연안의 해상풍의 부존량 평가

2002년 말에 Genoa대학 물리학과 및 CESI(Italian Experimental Electrotechnical Center)가 공동으로 작성한 이탈리아 바람 분포지도(IWA)가 발표됐다. 이 분포지도는 이탈리아 영토를 모두 커버하고 있기 때문에 이탈리아 해상풍 분포지도(IOWA)는 IWA에서 이미 보고되어 있는 데이터를 단순히 확장하고 완결함으로써 얻어지는 것으로 생각되었다. 실제로 IOWA는 IWA와 똑같은 방법을 적용하고, 이것을 IWA와 IOWA의 두 개의 분포지도의 일관성과 호환성을 보증하기 위해서 이탈리아 반도 전체의 해안선을 따라 적용하고 있다(Cassola 등).

이탈리아의 지중해에 연한 모든 해안선의 해수면 위의 서로 다른 높이에서의 바람장은 해상의 바람의 흐름장의 수치모델링과 상공의 풍속의 통계해석을 결합함으로써 계산되었다. 이 방법의 제1스텝은 ECMWF의 GCM의 재해석에 의해 해수면 위(above sea level) 5000m에서의 풍속과 풍향 10년분 데이터의 통계해석으로 이루어져 있다. 이탈리아의 영해에 대한 분할은 육상에서 해안의 국소적인 지형효과를 고려하는 것과 똑같이 육상의 일부를 커버하도록 200×200km² 오더인「지형영역」으로 분할되었다. 각 영역은 약 1km의 격자간격으로 이산화되어 근접하는 영역의 연속성을 보증하기 위하여 인접하는 영역에서 오버랩되었다.

시뮬레이션은 질량보존모델코드 WINDS을 이용하여 각 영역에 대해서 고도방향의 속도분포를

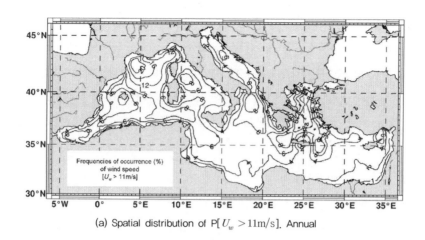

(a) Spatial distribution of P[$U_w > 11\mathrm{m/s}$]. Annual

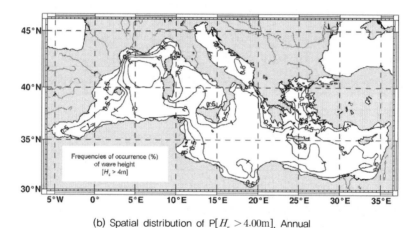

(b) Spatial distribution of P[$H_s > 4.00\mathrm{m}$]. Annual

그림 3-3 (a) 11m/s를 초과하는 풍속의 연 확률분포와 (b) 4m를 초과하는 유의파고의 확률분포(컬러 도판 p.520 참조) (The Medatlas Group, 2004)

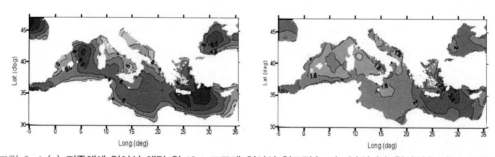

그림 3-4 (a) 지중해에 있어서 해면 위 10m 고도에 있어서 척도정수 A(m/s)와 (b) 형상정수 k(Lavagnini)

초기조건으로 했다. 코드의 그 밖의 입력정보는 ① 낮은 대기층의 안정조건, ② 지형효과 및 ③ 조도길이로 파라미터화된 지표 데이터 3개이다. 모든 시뮬레이션은 계산시간의 절감과 함께 주로 가장 강한 바람을 평가하기 위해서 중립안정조건 아래에서 실행되었다.

마지막으로 계산된 바람장은 이탈리아의 전체 해안을 포함한 영역을 커버하는 약 150곳의 기상 관측소에서 측정된 평균 풍속의 값을 고려하여 보정되어 Medatlas 지도와 비교하고 서로 다른 해상 높이에서의 연평균 풍속의 지도가 작성되었다.

평균 세제곱 풍속, Weibull 파라미터 및 풍력 부존량 지도도 똑같이 계산된다. 연평균 세제곱 풍속, Weibull 분포의 스케일 및 형상계수, 그리고 소위 상용 풍력발전기의 평균 발전량 등은 쉽게 계산할 수 있다.

일례로서 그림 3-5에 이탈리아의 해안선에 따른 해상 10m 고도에서의 연평균 풍속을 나타낸다. 등풍속선의 간격은 0.5m/s이다.

가장 빠른 풍속(6.5~7.5m/s)은 사르디니아 섬의 남서의 영역(사르디니아 해) 및 시칠리아 섬의 연안(시칠리아 해협)에 나타나고 있다. 가장 낮은 풍속(3.5~4.5m/s)은 이탈리아와 슬로베니아(북아드리아 해)의 경계에 면한 움푹 들어간 부분에 보인다. 다음으로 낮은 것은 Liguria(3.5~5.0m/s), Lazio(5.0~5.5m/s) 및 Marche(5.0~5.5m/s)의 연안부에서 볼 수 있다.

그림 3-1 및 그림 3-5에 나타낸 그림을 비교하기로 한다. 이탈리아 해안을 둘러싸는 좁은 영역(폭 25km 등)에 관하여 비교결과가 표 3-1에 정리되어 있다. 해역의 구분은 Meteomar(http://www.eurometeo.com/english/meteomar/id_ml)에 의한다.

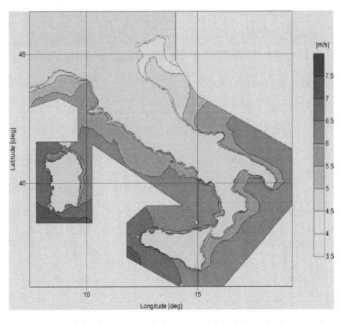

그림 3-5 이탈리아 반도 주변의 해면 위 10m 고도에서 연평균 풍속(m/s)의 분포(Cassola)(컬러 도판 p.520 참조)

표 3-1 이탈리아 해안 주변을 감싸는 20-25km 폭 내의 풍속의 비교
데이터 출전: 지중해의 풍황 및 해황 아틀라스(The Medatlas Group, 2004), 지중해 폐쇄해역의 해상
풍(Lavagnini 등) 및 이탈리아 해상 풍황 지도(Cassola 등)

Sea	Medatlas	Lavagnini et al.	Cassola et al.
Ligurian	4.5~5.5	3.5~5.0	3.5~5.0
Northern Tyrrhenian	4.5~5.0	3.5~4.5	4.5~5.5
Sardinia	4.5~5.5	5.0~5.5	5.5~7.0
Central Tyrrhenian ~ West side	4.5~5.5	4.5~5.0	5.0~6.5
Central Tyrrhenian ~ East side	4.5~5.0	3.5~5.5	5.0~6.0
Southern Tyrrhenian ~ West side	4.5~5.5	5.0~6.0	5.0~6.5
Southern Tyrrhenian ~ East side	4.5~5.0	4.5~5.5	5.0~7.0
Sardinia Channel	5.0~6.0	5.0~6.0	5.0~7.5
Sicily Strait	4.5~6.0	4.5~5.5	5.0~7.0
Southern Ionian	4.5~5.0	4.5~5.5	4.5~6.0
Northern Ionian	4.5~6.0	4.0~5.5	4.5~6.0
Southern Adriatic	4.5~5.5	4.0~5.5	5.0~6.0
Central Adriatic	4.5~5.0	4.0~5.0	4.0~6.0
Northern Adriatic	4.5~5.0	3.5~4.5	4.0~4.5

이탈리아의 남서로부터 북동 해안에 걸쳐 풍속은 규칙적으로 감소하고 있고 각 해역에서 3개의 지도는 서로 비슷하다.

Lavagnini 등의 해석결과에 의하면 리구리아 해, 북 및 중앙 티레니아 해, 시칠리아 해협, 북 이오니아 해, 남, 중앙 및 북 아드리아 해(남 티레니아 해, 서 및 남 이오니아 해)에 관해서는 Medatlas 그룹의 것과는 조금 다르다.

최근 Genoa대학 물리학과와 CESI의 공동연구가 갱신되어서 해상을 포함하는 IWA의 새로운 버전이 작성되어 http://atlanteeolico.cesirierca.it/viewer.htm에서 입수가능하다.

3.4.4 평가결과의 비교

Medatlas 프로젝트(그림 3-1 위 그림)와 Lavagnini 등(그림 3-1 아래 그림)에 의한 연평균 풍속 값의 주요한 차이는 최대풍속 값이 나타나는 지점이 전자에서는 리옹(Lion) 만(7.5~ 8.0m/s)인 반면, 후자에서는 크레타 섬과 키프로스 섬 사이의 터키 남서(6.5~7.5m/s)인 점이다.

실제 이 2개의 해석결과의 주요한 차이는 지중해의 서쪽에서 볼 수 있다. Medatlas와 Lavagnini 등에 의한 계통적인 차이는 대략 1.0m/s(Lion 만에서는 1.5m/s에 달한다)이지만 지중해의 동쪽에

서는 그 차이가 작다(여기서 일부 작은 지역에서는 Lavagnini 등의 지도는 Medatlas보다도 큰 값을 나타낸다).

마지막으로 Medatlas 그룹, Lavagnini 등 및 Cassola 등에 의해 평가된 이탈리아 해안 주위의 약 20~25km인 밴드 폭 내부의 풍속을 비교했다. 이들의 지도의 경향은 이탈리아 해안의 남서로부터 북동에 걸쳐 규칙적으로 감소하고 있고 똑같은 경향을 나타낸다. Lavagnini 등에 의한 결과는 Medatlas 그룹과 비교해서 항상 낮은 풍속이다. Cassola 등에 의한 결과는 항상 Lavagnini 등보다도 1.0m/s 정도, Medatlas 그룹보다도 0.5m/s 정도 높은 값을 나타낸다.

사사

그림 3-1 위 그림, 그림 3-2, 그림 3-3 및 문장의 일부는 Medatlas 그룹에 의해 작성된 지중해의 바람과 파 분포지도로부터 인용했다. Alfred Lavagnini 박사로부터는 Lavagnini 등의 출판 전의 논문으로부터의 문장을 제공받았다. 또한 Massimiliano Burlando 박사에게는 이 장의 정리에 상당히 유익한 도움을 받았다. 저자들은 Paola Latona 씨, Federico Cassloa 씨 및 Luca Villa 씨 등 많은 관계자와 실속 있는 매우 건설적인 의견 및 정보 교환을 했다.

참·고·문·헌

1. Burlando M., A. Podestà, F. Castino, and C.F. Ratto, 2002, "The wind map of Italy", The World Wind Energy Conference and Exhibition, 2-6 July, Berlin, Germany. Available on CD.

2. Cassola, F., M. Burlando, L. Villa, Latona, P., and C.F. Ratto, 2006, "Evaluation of the offshore wind potential along the Italian coasts", to appear in proceedings of the European Seminar "Offshore Wind and other marine renewable Energy in Mediterranean and European Seas", Civitavecchia (Rome), Italy, April 20-22, 2006.

3. Cavaleri, L., and L. Bertotti, 1997, "In search of the correct wind and wave fields in a minor basin", *Mon. Wea. Rev.*, **125**, 1964-1975.

4. Cavaleri, L., L. Bertotti, H. Hortal., and M. Miller, 1997, "Effect of reduced diffusion on surface wind fields", *Mon. Wea. Rev.*, **125**, 3024-3029.

5. Cavaleri, L., and L. Bertotti, 2003a, "The characteristics of wind and wave fields modelled with different resolutions", *Q. J. R. Meteorol. Soc.*, **129**, pp.1647-1662.

6. Cavaleri, L., and L. Bertotti, 2003b, "The accuracy of modelled wind and wave fields in enclosed seas", *Tellus*, **56A**, 167-175.

7. Chèruy, F., A. Speranza, A. Sutera, and N. Tartaglione, 2004, "Surface winds in the Euro-Mediterranean area: the real resolution of numerical grids" *Ann. Geophys.*, **22**, pp. 4043-4048.

8. De Boni, M., L. Cavaleri, and A. Rusconi, 1993, "The Italian wave measurement network", *23rd Int. Conf .Coast. Eng.*, pp.116-128, 4-9 October 1992, Venice, 3520-3528.

9. Gimeno, L., L. de la Torre, R. Nieto, R. García, E. Hernández, and P. Ribera, 2003, "Changes in the relationship NAO−Northern hemisphere temperature due to solar activity", *Earth and Planetary Science Letters*, **206**, 15-20.

10. Gommenginger, C.P., M.A. Srokosz, and P.G. Challenor, 2003, "Measuring ocean wave period with satellite altimeters: A simple empirical model", *Geophys. Res. Lett.*, **30**, 2150-2161, doi:10.1029/2003GL017743.

11. Homicz, G.F., 2002, "*Three-Dimensional Wind Field Modeling: A Review*" SAND REPORT SAND2002-2597, Sandia National Laboratories, Albuquerque − New Mexico, and Livermore − California, USA, 68pp.

12. Jackson, P. S. and J.C.R. Hunt, 1975, "Turbulent wind flow over a low hill", *Q .J. R. Meteorol. Soc.*, **101**, pp.929-955.

13. Komen, G.J., L.Cavaleri, M.Donelan, K.Hasselmann, S.Hasselmann, and P.A.E.M.Janssen, 1994, *Dynamics and Modelling of Ocean Waves*, Cambridge University Press, 532pp.

14. Lavagnini A., A.M. Sempreviva, C. Transerici, C. Accadia, M. Casaioli, S. Mariani, A. Speranza , 2006, "Offshore Wind Climatology over the Mediterranean Basin". *Wind Energy*, **9** (under press).

15. Mortensen, N. G., L. Landberg, I. Troen, and E. L. Petersen,1993, *Wind Analysis and Application Program (WASP)*, Risφ National Laboratory, Roskilde, Denmark.

16. Ratto, C. F., R. Festa, O. Nicora, R. Mosiello, A. Ricci, D. P. Lalas, and O. A. Frumento, 1990. "Wind field numerical simulation: a new user-friendly code". In W. Palz (Ed.), *European Community Wind Energy Conference*, Madrid, Spain, pp.130-134. H. S. Stephens & Associates.

17. Ratto, C. F., R. Festa, C. Romeo, O. A. Frumento, and M. Galluzzi, 1994, "Mass-consistent models for wind fields over complex terrain: The state of the art". *Environ. Soft.*, **9**, 247-268.

18. Simmons, A., 1991, Development of the operational 31-level T213 version of the ECMWF forecast model, *ECMWF Newsletter*, **56**, 3-13.

19. Simmons, A., R.Mureau, and T.Petroliagus, 1995, Error growth and predictability estimates for the ECMWF forecasting system, *Q.J.Roy.Meteor.Soc.*, **121**, 1739-1771.

20. The Medatlas Group: Gaillard., P., P. Ravazzola, Ch. Kontolios, L. Arrivet, G.A. Athanassoulis, Ch.N. Stefanakos, Th.P. Gerostathis, L. Cavaleri, L. Bertotti, M. Sclavo, E. Ramieri, L. Dentone, C. Noel, C. Viala, and J.-M. Lefevre, 2004 "*Wind and Wave Atlas of the Mediterranean Sea*", 420pp.

21. Tournadre, J.,1999, "Analysis of mesoscale variability of oceanic surface wind fields: contribution of active microwave sensors". Procs of IGARSS 99 IEEE Press, **4**, pp.1975-1977.

22. WAM-DI Group, 1988, The WAM model - a third generation ocean wave prediction model, *J.Phys.Oceanogr.*, **18**, 1775-1810.

23. Wilke, C. k., R.F. Milliff, and W.G. Large, 1999, "Surface wind variability on spatial scales from 1 to 1000 km observed during TOGA COARE", *J. Atmos. Sci.*, **56**, 2222-2231.

Chapter 04

해상풍력발전량의 평가/예보를 위한 기후·기상학적인 검토

해상풍력발전량의 평가/예보를 위한 기후 · 기상학적인 검토

4.1 서 론

4.1.1 목적과 이 장의 구성

본 장에서는 해상풍력발전단지에서 발전량에 관한 기후 · 기상학적인 과제에 관해서 취급한다. 4.1절에서는 대기의 구조와 풍력자원 평가에서 변동성, 풍력에너지 밀도의 단기간의 변동, 풍력발전기 후류의 거동 및 기존의 해상풍력발전단지의 사례를 소개한다. 풍력자원의 평가는 통상 계획단계에서 실시되지만, 그때에 기후변화에 의해 영향을 받는 허브 높이 풍속의 수년간에 걸친 변동에 관해서도 고려해야 한다. 풍력발전단지의 건설이 제안되고 있는 지점에서 기후적으로 대표되는 허브 높이 풍속의 장기간의 계측은 일반적으로는 불가능하기 때문에 설치 사이트에서 단기간의 바람계측을 가까운 사이트에서 보다 장기간 취득되어 있는 바람 데이터와 관련지어 평가하는 방법을 소개한다. 나아가 지표면부근에서 계측된 바람 데이터를 연직방향으로 외삽하고 허브 높이에서의 풍속을 평가하는 방법을 소개한다.

해상풍력발전단지를 종, 횡, 복수 열로 같은 간격으로 풍력발전기를 설치하는 것이 일반적이고, 풍력발전기 후류(바람이 불어오는 쪽의 풍력발전기에 의해 산란된 바람, 난류가 뒤에 위치한 풍력발전기 로터에 주는 영향)가 현저하게 되기 때문에, 풍력발전단지 전체의 발전량 평가에서는 이 영향을 고려해야 한다. 따라서 4.3절에서 후류의 거동을 평가하기 위한 tool에 관해서 설명함과 동시에 풍속·후류손실의 예측에 사용되는 현재의 표준적인 모델에서는 포함되지 않는 대기 경계층에서의 현상이 매우 중요하다는 것을 나타낸다. 또 4.4절에서는 해상풍력발전단지의 발전량의 단기예측, 4.5절에서는 본 장의 요점사항을 요약하여 기술한다.

4.1.2 대기변동의 스케일

대기는 정상적으로 운동하고 있다. 대기의 운동은 ① 시간적인 주기성과 ② 공간 스케일에 의해 특징지을 수 있다.

- (i) 전통적으로 미소규모(micro-scale)로 불리는 난류(주기 : 몇 초, 공간 스케일 : 수 m)
- (ii) 뇌우 등 국소적인 중규모(meso-scale) 현상(주기 : 수 시간, 공간 스케일 : 수백 m에서 수 km까지)
- (iii) 총괄적인 대규모(macro-scale)의 과도적 기상 시스템(주기 : 며칠에서 몇 개월, 공간 스케일 : 대륙 스케일에서 보다 큰 지구규모 스케일까지)

대기의 시간적 변동의 주기와 공간 스케일은 에너지교환에 의해 관계지을 수 있다. 또 어떤 지점에서의 바람의 에너지 밀도의 시간적 변동은 대기의 시간적 변동의 주기와 공간 스케일에 지배된다.

4.1.3 대기 안정도

대기 안정도는 연직방향의 운동량 교환과 잠열/현열교환에 관계가 있고 대기 중에 난류나 변동이 큰 파가 시간적으로 발달하는지 어떤지를 나타낸다. 안정 성층상태에서는 높은 고도에서의 공기의 흐름은 지표면 부근에서의 운동량의 소실과는 관계가 없기 때문에 대기의 흐름은 층류(난류 없음)이다. 불안정 대기상태는 서로 다른 고도에서의 공기 사이의 난류혼합으로써 특징지어지고, 이 혼합은 부력(열로 생성되는 eddy)이 크게 기여하고 있다. 중립안정에 가까운 상태에서는 난류는 주로 기계적 외력(지표면의 항력에 의한 풍속의 연직 wind shear)만에 의해 생성된다.

왜 풍력발전기의 설계자는 대기 안정도를 고려할 필요가 있는 것인가?

중립안정에 가까운 대기 안정도 아래에서는 높이에 따른 풍속의 평균적 변화는 대수함수로 그 분포를 나타낼 수 있다.

$$U_z = \frac{u_*}{\kappa} \ln \left[\frac{z}{z_0} \right] \tag{4.1}$$

여기서,

U_z : 높이 z에서의 풍속

κ : Karman 정수($=0.4$)

z_0 : 표면조도

u_* : 마찰속도

u_*는 다음 식과 같이 표면에서의 운동량 flux(τ)와 관련되어 있다.

$$u_*^2 = \frac{\tau}{\rho}$$

그리고, 무차원 수인 항력계수(C_D)로부터

$$u_*^2 = C_D U_{10}^2$$

여기서 U_{10}는 표면에서부터 높이 10m에서의 풍속이다.

따라서 높이에 따른 풍속의 변화는 다음의 2개의 시간/공간 변수에 의해 규정된다.

• 지표면에서의 조도요소의 높이로서 규정되는 지표면 조도 z_0

• 풍속 U_z

지표면의 z_0는 Davenport-Wieringa의 조도길이 분류에 기재되어 있으며, 반면 해수면에서는 파의 존재에 의해 규정되는 동적인 조도를 갖고 있으며, 일반적으로 해수면에서의 z_0의 값은 지표면보다도 자리수가 작다.

대기 안정도가 중립상태에 가깝지 않은 경우 지상높이에 대한 풍속의 변화는 탁월한 대기 안정도에 의존한다. 대기 안정도의 차이에 의한 풍속의 대수함수의 수정은 표면부근에서는 작지만 높이와 함께 커진다. 새로운 풍력발전기의 허브 높이는 매년 높아지고 있기 때문에 대기 안정도에 의한 풍속의 연직방향 분포를 수정하는 것이 중요하게 여겨지고 있다.

$$U_z = \frac{u_*}{\kappa} \left[\ln \frac{z}{z_0} - \Psi_m \left(\frac{z}{L} \right) \right] \tag{4.2}$$

여기서 함수 $\Psi_m\left(\dfrac{z}{L}\right)$는 높이($z$)와 Monin-Obukhov 길이($L$)에 의존한다. Monin-Obukhov 길이는 대기 안정도의 지표이고 기계적으로 생성되는 난류와 부력에 의해 생성되는 난류와의 비로 주어진다.

$$L = \frac{-\left(\overline{u'w'}^{\,2} + \overline{v'w'}^{\,2}\right)^{3/4}}{\left(\kappa\left(g/\overline{\theta_v}\right)\right)\left(\overline{w'\theta_v'}\right)} \tag{4.3}$$

단위는 $[(m^4 s^{-4})]/(ms^{-2})/K)(ms^{-1})K = (ms^{-1})^3/(m^2 s^{-3}) = m$ 이다.

여기서 오버 바(over-bar)는 시간평균을 나타내고 있다. 아래에 SI 단위의 값을 나타낸다.

- $g(\mathrm{ms}^{-2})$: 중력가속도
- $\theta_v(\mathrm{K})$: 가온위(virtual potential temperature)
- T는 온도$[K]$, q는 비습도$[\mathrm{kg/m}^3]$, a는 상수($=0.61\mathrm{kg/m}^3$), P는 대기압$[\mathrm{mbar}]$, P_0는 표준대기압 (1000mbar), R은 보편기체상수(universal gas constant, $8.31[\mathrm{mol}^{-1}K^{-1}]$), c_p는 공기의 비 몰열용량 (specific molar heat capacity)$[\mathrm{Jmol}^{-1}K^{-1}]$.
- $\overline{w'\theta'}$는 동적 열 플럭스(kinematic heat flux)$[\mathrm{kms}^{-1}]$, 통상 $[\mathrm{Wm}^{-2}]$로 나타내는 열 플럭스(heat flux)는 공기 밀도와 비열용량(specific heat capacity)으로 나눔으로써 운동학적 형태(kinematic form)로 만들 수 있다.
- u', v', $w'(m\ \ s^{-1})$는, 각각의 시간평균성분으로부터의 편차다(u는 동·서 방향 성분속도, v는 남·북 방향 성분속도, w는 연직방향 성분속도). 이들 성분은 u_*을 계산하기 위하여 사용된다.

$$u_*^2 = \sqrt{\overline{u'w'}^{\,2} + \overline{v'w'}^{\,2}} \tag{4.4}$$

L은 무한대에 가까워지면, 기계적으로 유기되는 난류가 지배적이 되고, 대기상태는 중립상태에 가까워진다. 표 4-1은 문헌 7)에서 이용된 안정도 분류를 나타내고 있다.

표 4-1 Monin-Obukhov 길이에 의해 정의되는 대기 안정도의 분류

Monin-Obukhov length(L)	Stability class
$L = 0$ to 200m	Very stable
$L = 200$m to 1000m	stable
1000m $> L > -1000$m	Near-neutral
$L = -200$m to -1000m	Unstable
$L = 0$ to -200m	Very unstable

Monin-Obukhov 길이의 절댓값이 같은 경우에는 안정조건과 불안정조건 아래에서 안정도의 보정량이 각기 다르다는 것에 주의가 필요하다. 안정조건과 불안정조건 아래에서 안정도 보정은 다음과 같이 계산된다.

0< L <1000m인 경우(즉, 안정조건)

$$\Psi_m\left(\frac{z}{L}\right) = \frac{4.7z}{L} \tag{4.5}$$

−1000m < L < 0인 경우(즉, 불안정조건)

$$\Psi_m\left(\frac{z}{L}\right) = -2\ln\left[\frac{(1+x)}{2}\right] - \ln\left[\frac{(1+x^2)}{2}\right] + 2\tan^{-1}(x) - \frac{\pi}{2} \tag{4.6}$$

여기서,

$$x = [1 - (15z/L)]^{1/4} \tag{4.7}$$

단위질량당 난류에너지는 속도 벡터의 분산으로서 도출할 수 있다.

$$\bar{e} = \frac{1}{2}\left(\overline{u'^2} + \overline{v'^2} + \overline{w'^2}\right) \tag{4.8}$$

풍력발전을 상정한 경우, 위의 식 중에서 풍향방향과 연직방향 성분은 무시되기 때문에 무차원 난류강도(I)는 $v \rightarrow 0$이 되도록 좌표계를 취함으로써 계산된다. 따라서

$$I = \frac{\sigma_U}{U} \tag{4.9}$$

여기서,
U : 수평방향 평균 풍속

$$\sigma_U : U\text{의 표준편차}(\sigma_U = \sqrt{\overline{U'^2}}\,)$$

해상에서의 대기의 난류강도는 해수면의 동적인 특성과 밀접하게 관련되어 있다. 해수면의 동적인 특성은 저층에서의 풍속과 관련되어 있다. 풍속이 낮은 경우 열적으로 생성되는 난류가 탁월하기 때문에 난류강도는 평균적으로 크다. 풍속이 8~12m/s 사이에서는 난류강도가 작아지고 최소가 된다. 좀 더 풍속이 높아지면 해수면의 파의 진동이 커지고 해수면의 조도가 좀 더 거칠어지기 때문에 기계적으로 생성되는 바람의 난류가 증가한다.

일반적으로 수면의 표면조도는 육상에 비해 낮기 때문에 해상에서의 마찰속도 u_*는 육상에서의 마찰속도와 비교하여 낮다. 결과적으로 해면의 파 위에서 기계적으로 생성되는 난류는 육상에서 기계적으로 생성되는 난류보다 안정도와 전체 난류강도에 미치는 영향이 적다. 반대로 말하면 육상과 비교하여 해수면에서는 열 플럭스의 영향(부력에 의해 생성되는 난류)이 일반적으로 크기 때문에 대기 안정도가 중립상태로부터 벗어나는 영향은 육상풍력발전단지보다도 해상풍력발전단지 쪽이 보다 현저하다. 풍력발전기의 블레이드에 작용하는 응력은 윈드쉬어와 난류에 의존하고, 동시에 대기 안정도에 의존한다. 따라서 풍속의 연직분포는 풍력발전기의 설계와 성능에 영향을 준다. 풍력발전기의 블레이드가 1회전하는 동안에 이 풍속의 연직분포에 의해 블레이드에 작용하는 하중이 변화함과 동시에 날개에 유입하는 흐름의 받음각이 변동하기 때문에 로터의 회전토크도 변화하고 타워의 상부와 하부에서는 풍속의 연직분포에 따라 작용하는 풍하중이 변화한다. 따라서 풍력발전단지의 설계·설치 전에 풍력단지의 발전성능을 평가하기 위해 바람계측을 실시함과 동시에 풍속의 연직분포를 연직방향으로 외삽하는 것이 필수이다. 그뿐 아니라 다음에서 논의되는 것처럼 대기 안정도는 풍력발전기 뒤쪽의 후류 확산에 상당한 영향을 준다.

대기 안정도는 풍속의 분포에 대한 영향뿐만 아니라 풍속이 표면 상태와 플럭스의 변화와 균형을 유지하기 위해 필요한 거리에도 영향을 준다. 이것은 바람이 육지에서 바다로 또는 바다에서 육지로 지나갈 때 해당한다. 예를 들면 연직방향의 운동량 교환이 억제되는 대기가 안정한 상태는 해안선에서 200km 이상이나 지속되고, 그것에 의해 대기의 표층에서 매우 큰 윈드쉬어가 형성되는 경우가 있다. 그러나 이것은 대략 $U > 4$m/s에서 중립상태에서 벗어난 조건일 경우만 중요하고, 이것은 풍력발전기의 시동(cut in) 풍속에 영향을 준다(아래 참조). 풍속이 25m/s[대표적인 풍력발전기의 종단(cut out) 풍속] 이상인 경우 대기상태는 중립이라고 가정할 수 있다. L은 u_*^3에 비례하기 때문에 대기상태는 풍속이 증가하면 좀 더 중립이 된다. 그러나 안정 상태는 $U \sim$ 15m/s까지 지속하지만 해상에서의 불안정상태는 빈번하게 일어나지 않고 약 10m/s 이상의 풍속에서는 지속하지 않는다(그림 4-1).

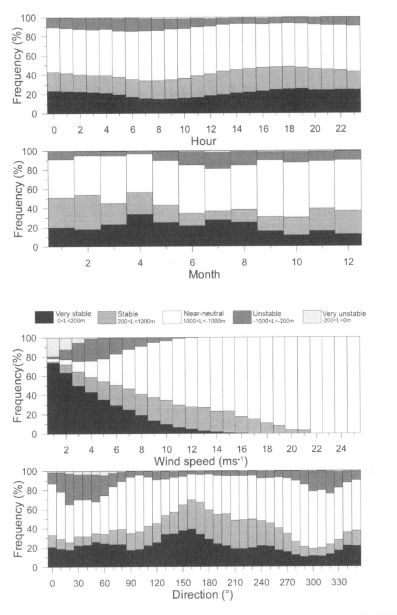

그림 4-1 덴마크 해상 사이트의 전형적인 안정 대기상태(Vindeby). 4개의 그림은 시간과 계절변화(위)에 관하여, 그리고 풍속과 풍향분포에 관한 다른 안정도의 발생빈도(표 4-1 참조). 이 사이트의 설명은 4.1.5 절을 참조하기 바람

연안부 혹은 안정/중립/불안정상태의 사이에 있는 닫힌 지역(sheltered area)에서의 안정도 상태의 구분은 주로 ① 해안에 대한 사이트의 위치와 ② 주도하고 있는 전체적인 기상에 의해 지배된다. 조사된 북유럽의 해상사이트에서는 봄철에 다수의 안정상태가 관측되고 있고, 이것은

해수면 온도의 상승이 기온의 상승보다도 1개월 정도 늦은 것과 관계되고 있다(그림 4-1). 반대로 가을과 겨울에는 불안정상태가 일반적이 된다. 해면온도는 하루 동안에 크게 변화하지 않기 때문에 해상사이트에서의 대기 안정도는 육상사이트에서 볼 수 있는 확연한 일 변동 사이클이 없다.

위에서 설명한 것뿐만 아니라 대기 안정도는 발트 해의 바람과 난류에 영향을 주는 저층 제트(low-level jets)나 해풍(sea breez)과 같은 연안부에서의 다른 몇몇 현상에도 영향을 준다. 채널링(channelling)과 같은 대규모 스케일의 효과도 육지와 바다의 온도차와 관련되어 있다.

4.1.4 풍속분포, 에너지 밀도, 발전량

관측된 풍속분포(풍속의 출현빈도분포)는 다양한 확률밀도함수에 의해 근사되지만, 2변수인 Weibull 분포 밀도함수가 가장 자주 사용된다. Weibull 분포는 관측된 풍속분포와 잘 일치한다. 풍속 U의 확률밀도함수 $P(U)$는 다음과 같은 형태이다.

$$P(U) = \frac{k}{A}\left(\frac{U}{A}\right)^{k-1}\exp\left[-\left(\frac{U}{A}\right)^k\right] \text{ for } U \geq 0,\ A > 0,\ k > 0 \tag{4.10}$$

2개의 파라메타는 분포의 뾰족한 정도를 나타내는 무차원 형상계수 k와 집중경향치(measure central tendency)인 척도계수 A이다.

누적확률분포는 다음과 같이 주어진다.

$$P(U) = 1 - \exp\left(\frac{U}{A}\right)^k \tag{4.11}$$

여기서, $P(U)$는 풍속이 U 이하로 되는 확률을 나타낸다.

Weibull 분포의 파라미터 A와 k는 평균 풍속($\overline{U}$)을 계산하기 위해 이용할 수 있다.

$$\overline{U} = A\Gamma\left(1 + \frac{1}{k}\right) \tag{4.12}$$

여기서, Γ는 다음에서 정의되는 감마함수(gamma function)이다.

$$\Gamma\left(1 + \frac{1}{k}\right) = \int_{v=0}^{\infty} v^{1/k} e^{-v} dv$$

풍속분포의 퍼센트 표기($X \times 100$)는 아래에 주어진다.

$$U_x = A\left(-1 \cdot \ln\left(1 - X\right)\right)^{1/k} \tag{4.13}$$

순간 풍력에너지 밀도(단위면적당 에너지)는 아래와 같다.

$$E = 0.5\rho U^3 \tag{4.14}$$

평균에너지 밀도의 기대 값은 Weibull 분포의 파라미터로부터 도출된다.

$$E = \frac{1}{2}\rho A^3 \Gamma\left(1 + \frac{3}{k}\right) \tag{4.15}$$

그림 4-2에 나타내듯이, 풍력발전기의 출력과 풍속(U)과의 관계는 비선형이다. 시동풍속에서 발전이 시작되고, 출력은 풍속의 증가와 함께 정격출력까지 급속하게 증가한다. 대표적인 시동풍속은 4m/s, 풍력발전기가 정격출력을 발생하는 최저의 풍속(정격풍속)은 12~15m/s이다. 풍속이 정격풍속 이상에서 종단풍속에 도달하기까지는 풍속과 관계없이 출력은 일정하며 종단풍속에 도달하면 안전의 관점에서 풍력발전기의 회전이 정지된다. 풍속과 출력과의 엄밀한 관계는 풍력발전기의 기종에 따른 고유한 것이고, 표준적인 power curve(출력곡선)는 풍력발전기 제조사에 의해 기종마다 제시되며, 풍력발전 사이트에서 기대되는 풍속분포와 이 power curve로부터 그 사이트에서의 발전량을 예측할 수 있다. 실제로 풍력발전 사이트에서의 정확한 풍속분포는 알지 못하고, 개개의 풍력발전기는 그 기종의 표준과 조금 다르게 작동할 수 있고, 개개의 사이트의 바람특성(예를 들면, 난류특성)이 표준적인 사이트와는 다를 수 있기 때문에 이와 같은 예측은 경험적인 근사에 불과하다. 예를 들면, 덴마크, 코펜하겐 항의 앞 바다에 위치하는 Middelgrunden 해상풍력발전단지에서 계측된 연간 발전량은 풍력발전기 제조사에 의해 제시된 출력곡선을 사용한 예측 값보다도 5.7% 크다.

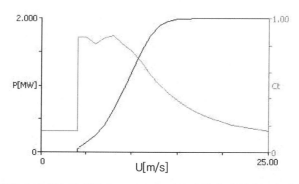

그림 4-2 풍속에 의한 Bonus 2MW기의 출력과 추력계수의 변화

4.1.5 덴마크에 설치된 해상풍력발전단지

2006년 말 해상풍력발전단지를 포함한 전 세계의 풍력발전의 설비용량은 약 73GW였으며 연간 평균 성장률은 약 25%/년이다. 2004년에는 덴마크 전력의 18.5%를 풍력발전이 공급했고, 2006년까지 덴마크의 해상풍력발전단지의 설비용량은 400MW에 달하였다(육상·해상을 포함한 풍력발전의 전체 설비용량은 3000MW 이상). 이 절에서는 덴마크의 Vindeby, Horns Rev, Middelgrunden에 설치된 해상 풍력단지(그림 4-3)를 예로서 소개한다. Vindeby에 설치된 해상풍력발전단지는 세계 최초의 해상풍력발전단지이고 Horns Rev, Middelgrunden과 함께 해상풍력에너지 부존량, 풍력발전기의 후류와 하중에 관한 광범위한 연구가 실시되고 있다(참고문헌 20, 21, 22 등). 해상풍력발전단지의 상세 제원은 표 4-2에 제시하고 있다.

표 4-2 2006년까지 가동 중인 덴마크 해상풍력발전단지

지점명	설치 연도	개수	풍력발전기 기종	풍력발전기 간격	허브 높이 (m)	로터 직경 (m)
Vindeby	1991	11	Bonus 450kW	8.6D	38	35
Tunø Knob	1995	10	Vestas 500kW	5.1D(열 방향), 10.2D(열 간격)	43	39
Horns Rev	2002	80	Vestas 2MW	7D	60	80
Nysted	2003	72	Bonus 2.3MW	10.5D(동서), 5.8D(남북)	69	82.4
Middel-grunden	2002	20	Bonus 2MW	2.4D(활모양)	64	76
samsø	2003	23	Bonus 2.3MW	60	80	
Frederiks-havn	2003	5	2 Vestas 2MW 1 Bonus 2.3MW 1 Nordex 2.3MW			

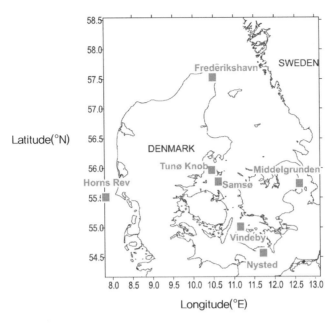

그림 4-3 2006년까지 설치된 덴마크 해상풍력발전단지의 위치(표 4-2 참조)

4.2 풍력 자원량 평가

일반적인 풍력발전단지의 수명은 20~30년이다. 설치가 예정되어 있는 풍력발전단지의 수명까지의 발전량 예측은 과거의 바람 기후가 장래에도 변하지 않고 풍력 자원량은 매년 변하지 않는 (수년간에 걸친 시간 스케일에 있어서 시간 보편성)다는 가정 아래에서 이루어진다. 그래서 풍력 자원량 평가 시 요구되는 것은 제안된 사이트에서의 과거의 풍속 기록·데이터뿐이다. 실제로 풍력 자원량이 장기간에 걸쳐 변화하는 것을 확인하는 것은 어렵지만 특히 장기간의 바람기후의 평가에서는 기후변동에 의한 재생가능에너지의 공급량에 대한 영향을 고려할 필요가 있다.

4.2.1 장기간의 풍력 자원량의 예측(기후변동의 영향)

(1) 역사적인 변동

온도와 강수량 등 그 밖의 기상변동과 달리 풍속은 서로 다른 형식의 계측기기를 이용하여 계측되어 왔고 종종 정밀도가 떨어지기 때문에 풍속의 장기간의 변동을 효과적으로 파악하는 것은 어렵다. 1980년대부터 혁신적이고 견고한 측정방법이 도입되고 있지만 장기간의 균질한 기록 데이터가 없기 때문에 정확한 경향분석(trend analysis)에는 혼란이 발생한다. 더군다나 풍속계측은 온도와 강수량보다 수목의 성장 또는 빌딩의 건설 등과 같은 사이트 특성의 변화에 강한 영향을 받는다. 이와 같은 이유 때문에 장기간의 풍속 경향에 관한 연구는 단지 몇 편에 지나지 않는다. 이들 연구는 상대적으로 얼마 되지 않는 과거의 데이터를 입력하여 기상을 모델화하는 최신의 해석/예보 시스템을 이용하여 도출된 재해석 데이터 집합을 이용하는 경향을 보이고 있다. 이 연구의 목적은 공간해상도 2×2°, 시간해상도 4시간의 전구(全球)의 균질한 기록 데이터를 생성하는 데 있다.

풍력 자원량에 대한 기후변화의 잠재적인 영향의 예로서 북유럽 특히 스칸디나비아의 여러 나라에 초점을 둔 이전의 연구를 들 수 있다. 이 지역에는 수력과 풍력으로부터 이산화탄소를 배출하지 않는 전력이 비교적 크게 보급되어 있다. 예를 들면 덴마크에서는 풍력발전단지로부터의 전력공급이 연간 평균적으로 18% 이상 달하고 있다. 이 지역에서는 1980년대 중반 이후의 바람의 기후상태에 입각하여 1990년대에 수많은 풍력발전 프로젝트가 개발·실시되었다. 그러나 발트 해 지역에서의 평균 풍속은 20세기 후반에 상당히 증가하였고, 특히 증가의 대부분은 남서부(그림 4-4)에서 현저하였다. 이 '높은 풍속'의 사분위수(quartile)는 풍력발전의 발전량에 가장 큰 영향을 준다.

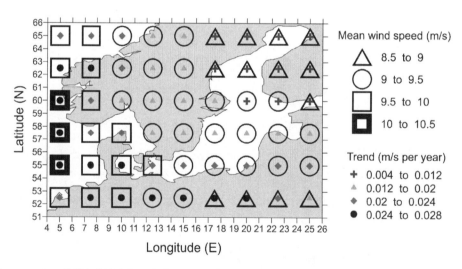

그림 4-4 NCEP 재해석 데이터에 근거하는 1953~1999년에 걸친 북유럽지역의 평균 풍속 및 850mbar(해면으로부터 약 1.5km 상공) 지점에서 풍속의 시간적 경향

풍속에서 이러한 변화는 종관규모(synoptic scale) 순환의 변동과 정상(positive phase)의 북대서양진동(North Atlantic Oscillation : NAO, 북대서양의 아이슬란드 저기압과 아조레스 고기압 사이에서 기압이 상관하여 변동하는 현상. 엘니뇨 등과 마찬가지로 원격상관으로 대기와 해양

의 상호작용에 의해 발생한다)이 발달하는 것과 관련되어 있고, 북대서양진동 자체는 전구(全球) 기후의 전개에 관련하고 있다. 북대서양진동 지수는 전구 스케일의 기후에 관련한 원격상관(물리적으로 떨어진 지역에서의 대기 순환의 관계성) 지수이고, ① 대기의 기본 순환 패턴의 양상과 ② 한랭 전선에 동반하는 저기압에 의존한다. 후자에 의해 중위도의 비교적 온난한 공기와 해들리 순환(Hadley cell)의 하강부분인 아열대성 아조레스 고기압으로부터 한기단(cold polar air)이 분할된다. 북대서양 진동은 아이슬란드와 아조레스 제도 사이의 기압 차로부터 계산되고 유럽으로 들어가는 저기압성 과도적인 순환계의 방향과 크기를 개략적으로 나타낸다. 정상의 북대서양 진동은 발트 해를 향하여 북으로 이동하는 저기압(중위도의 사이클론)을 동반하고 높은 풍속의 편서풍의 순환을 특징으로 한다.

발트 해 지역에서는 1960년대부터 폭풍의 횟수가 증가하고 풍속이 강해지는 경향이 시작되었다. 이것은 1985~1990년에 피크였고 1990년대 중반에 소멸한 정상의 NAO의 발달과 관계있다. 풍력발전 사업의 개발자는 건설예정 사이트의 풍속의 장기간 변동을 예측하기 위하여 과거 10년간의 데이터를 흔히 사용하지만 그림 4-5에서 나타내는 예에서는 풍속의 경향 또는 풍속의 사이클은 좀 더 긴 시간 스케일이라는 것을 나타내고 있다.

흐름 영역(flow regime)의 국소적·지역적 변화는 반구(hemispheric)의 dynamics과 관련지을 필요는 없지만, 보다 국소적인 스케일로 일어날 수 있다는 점에 주의해야 한다. 현재 해빙이 있는 지역에서 해빙이 없어지면 열 기후의 변화가 그 지역의 바람기후에 영향을 미친다는 것을 예측해야 한다.

(2) 장래의 바람기후

전구기후모델(Global Climate Models : GCMs)은 장래의 기후상태를 예측하기 위한 주요한 툴(tool)이고, 수많은 모델에 의한 1일 단위 출력이 입수 가능하다. 그러나 GCMs는 큰 스케일 및 장시간 평균현상에 대해서는 상당히 좋은 정확성을 나타내지만, 풍속에 관해서는 그 공간적 자기상관이 낮다는 것이 알려져 있다. 따라서 GCMs에 의해서는 과거에 관측된 풍속 값이나 공간적인 변동을 재현할 수 없기 때문에 기후변동이 풍력 자원량에 미치는 영향을 정량화하기 위해서는 다른 기술이 필요하게 된다. 이러한 기술에는 다음의 것들이 있다.

① Wind index : 모델화된 풍속의 편차를 고려하기 위해 GCM 풍속시간이력에 무차원화가 적용된다. 이 기법은 연간 풍속의 변동을 정량화하기 위해서 이미 풍력분야에서 사용되어온 것이고 풍력의 end-user에게는 익숙하다는 이점이 있다.

② dynamic downscaling : 보다 작은 스케일의 기후현상을 파악하기 위해 영역적 기후모델(Regional Climate Model)이 GCM의 안에서 nesting 되는 기법. 이 기법은 관측 데이터의 입수가부에 관계없이 모델영역 전체의 풍속을 생성하고 풍력에너지의 평가가 가능하다는 이점이 있다.

③ 경험적 다운스케일 기법(empirical downscaling approach) : 큰 스케일의 기후 시스템 예측자(GCM출력에서 도출된다)와 국소적인 바람 계측 데이터 사이의 통계적 관계를 구할 수 있다. 이 기법은 사이트 특유의 풍속과 에너지 밀도의 평가를 나타낼 수 있다는 이점을 갖고 있다.

여기서는 이들 기법의 기본과 북유럽의 연구 결과의 예를 몇 가지 소개한다. 이들의 해석에서는 SRES A2온난화가스 배출 시나리오(Special Report on Emission Scenarios : SRES, 배출 시나리오에 관한 특별 보고서)를 이용한 전구기상모델로부터 일일 출력(daily output)을 이용하고 있다는 것을 주의할 필요가 있다. 이 시나리오는 예측되는 인구증가와 탄소 프리 기술의 상당히 늦은 도입을 전제로 하여, 지구적인 규모에 걸친 1990~2100년 동안의 중간에서 큰 정도의 온난화가스의 누적배출을 예측하는 것이다. A2 배출 시나리오는 일어날 수 있는 기후 변동의 합당한 상한 값을 제공하고, 현재와 장래 바람의 흐름의 기후를 비교한 경우 강한 구동 함수를 제공한다.

(a) Wind index

Wind index는 풍력에너지 밀도의 변동을 정량화하기 위한 정규화 툴(tool)이다. 풍력에너지는 풍속의 세제곱에 비례하지만 Wind index는 평가하는 시간 내의 풍속의 세제곱평균을 정규화를 실시하는 시간 내의 풍속의 세제곱평균으로 나눈 것이고, 다음과 같이 계산할 수 있다.

$$Index = \frac{\overline{U_{j...n}^3}}{\overline{U_{i...k}^3}} \times 100 \tag{4.16}$$

여기서, 바(bar)는 평균, U는 계측된 풍속 값, $j...n$은 평가시간 내의 풍속 값의 시간이력의 병렬번호, $i...k$는 무차원화를 하는 시간 내의 풍속 값의 시간이력의 병렬번호이다.

덴마크 서부에서의 연간 평균 Wind index의 과거의 이력과 장례예측을 그림 4-5 (a), (b)에 나타낸다. 이 Wind index는 1958~2001년 지상 높이 10m의 ECMWF 재해석 데이터 세트와 1990~2010년에 HadCM3 GCM을 이용한 시뮬레이션 출력을 이용하여 계산되어 있다. 여기서 GCM 시뮬레이션으로부터 직접 계산격자 셀의 평균 풍속이 사용되고 있다. 그러나 GCM과 같은 개개의 시뮬레이션은 장래의 대기조성과 기후의 있을 수 있는 하나의 결과를 나타내는 것에 지나지 않기 때문에, 보다 확실한 결과를 얻기 위해서는 복수의 시뮬레이션 결과와 앙상블 기법에 입각한 보다 광범위한 해석이 필요하다.

그림 4-5 (a)와 (b)는 덴마크 서부에서의 ① 10년보다 긴 시간 스케일을 갖는 상당히 큰 변동을 나타내고 ② 연간 Wind index의 변동이 종종 30%(장기간의 평균 풍력에너지 밀도에서 30%까지 벗어나는 연도도 있음)를 초과하고 있다는 것을 나타내고 있다.

그림 4-5 (a)와 (b)와 같은 HadCM3 시뮬레이션 결과를 이용하여 계산된 특정 국가의 Wind index를 표 4-3에 나타내고 있다. 이 시뮬레이션 결과로부터 다음 30년간은 1990~2001년까지의 바람에너지 밀도와 유사한 경향이라는 것을 나타내고 있다. 그러나 핀란드를 제외한 모든 국가에서는 HadCM3에 의한 시뮬레이션의 결과에 의한 21세기 말의 Wind index는 1990~2001년 또는 2005~2034년과 비교하여 상당히 작고, 특히 아이슬란드에서 가장 현저한 감소가 예측되고 있다.

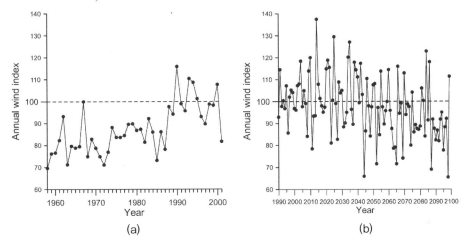

(a)   (b)

그림 4-5 (a), (b) 연간 Wind index. (a) ECMWF 재해석 데이터를 이용하여 계산된 1958~2001년의 덴마크 서부에 위치하는 격자점에서 연간 Wind index의 변동. (b) HadCM3 데이터를 이용하여 계산된 1990~2100년의 연간 Wind index의 변동. 정규화 기간으로서 1990~2001년을 이용함

표 4-3 HadCM3에 의한 시뮬레이션 결과로부터 계산된 2005~2034년, 2035~2064년, 2065년~2094년에 걸친 국가별 연간 Wind index. 정규화 기간은 1990~2001년. 표 속의 '평균'은 연간 Wind index의 평균, 표준편차는 연간 Wind index의 표준편차이다.

국가	2005~2034		2035~2064		2065~2094	
	평균	표준편차	평균	표준편차	평균	표준편차
Denmark	94	14	97	11	95	11
Norway	100	10	100	10	99	8
Sweden	100	8	99	9	98	7
Finland	100	10	101	11	101	9
Baltic States	101	10	98	10	98	8
Iceland	96	10	91	8	87	8

(b) Dynamic downscaling

동적 다운스케일링에서는 지역기후모델(Regional Climate Models : RCM)의 수평방향 경계조건으로서 GCM의 결과 또는 관측값이 이용되며, 이들의 수평방향 경계조건과 동적으로 조화하도록 기후시나리오를 해석한다(본질적으로 GCM과 같은 기법). 지역기후모델 시뮬레이션에서 대표적인 수평방향 공간해상도는 50km×50km이다.

RCM 시뮬레이션을 이용하여 실시된 발트 해 지역에서의 풍속과 풍력에너지 밀도의 해석결과의 예를 그림 4-6 (a), (b), (c), (d)에 나타낸다. 이 그림은 다음의 것을 나타내고 있다.

- 스웨덴 기상수문학연구소(SMHI)의 Rossby Center가 개발한 지역기후모델(RCAO)을 이용하고, ECHAM4/OPYC3와 HadAM3H GCM에서 구한 결과를 경계조건으로 한 시뮬레이션은 검사기간(1961~1990년)에서 현실적인 바람 기후를 나타낸다.
- 수평방향 경계조건을 제공하기 위하여 GCM을 이용하는 경우 21세기의 기후 예측 시뮬레이션은 중요한 변화를 나타낸다.
  - ECHAM4/OPYC3 GCM의 결과를 경계조건으로서 사용한 시뮬레이션은 21세기 중의 장래의 기후변동 시뮬레이션에서 풍속분포와 풍력에너지 밀도를 규정하는 거의 모든 파라메타에서 증가를 나타내었다.
  - 발트 해 지역의 풍속과 풍력에너지 밀도를 평가한 RCAO 시뮬레이션(경계조건은 HadAM3H를 사용)의 경우, 검사된 기간의 시뮬레이션과 2071~2100년의 장래의 기후 시뮬레이션 사이에서 보다 공간적으로 이질적인 변화를 나타내었다.

ECHAM4/OPYC3 GCM에서 주어진 경계조건을 이용한 시뮬레이션에서 풍속의 변화는 겨울의 북대서양에서 북에서 남으로의 압력경사의 증가와 관련하고 있다. 이 특징은 HadAM3H를 이용한 시뮬레이션으로는 나타나지 않기 때문에 바람기후는 검사기간의 시뮬레이션과 장래기후의 시뮬레이션 사이의 적합성의 정도가 보다 커진다.

(C) 경험적 다운스케일링(Empirical downscaling)

경험적 다운스케일링 기법은 일반적으로 GCM 시뮬레이션에서 대규모 스케일 변수와 대기조건을 이용하고, 대규모 스케일 변수와 지표면에서의 온도, 강수량, 풍속 등의 파라미터의 관측 값과 통계적으로 관련짓는다. 필요한 전달함수(transfer function)는 선형회귀와 neural network와 같은 고차의 비선형 기법 등 통계적 기법을 이용하여 구할 수 있다. 구한 전달함수는 기후변동 아래에서 불변인 것으로 가정하고, GCM 기후 변동 시나리오로부터 대규모 스케일의 파라미터에 적용된다.

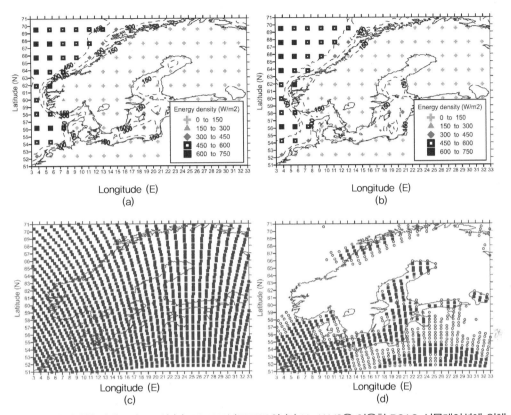

그림 4-6 수평방향 경계조건으로서 (a) ECHAM$/OPYC3와 (b) HadAM3을 이용한 RCAO 시뮬레이션에 의해 얻어진 1961~1990년 동안 지상 10m에서 풍력에너지 밀도를 나타낸다(등고선도). 심볼은 NCEP 재해석 데이터로부터 유도된 풍력에너지 밀도를 나타낸다. (c)와 (d)는 A2 배출 시나리오를 이용하여 실시된 RCAO 시뮬레이션에 의해 계산된 1961~1990년에 대한 2071~2100년의 풍력에너지 밀도의 비를 나타내고 있다. (c)는 ECHAM$/OPYC3, (d)는 HadAM3H를 수평방향 경계조건으로 하여 사용한 케이스. 그림 속에 ■는 2071~2100년의 평균이 검사기간(1961~1990)의 97.5 percentile 값보다도 큰 것을 나타내고 있다. □은 2071~2100년의 평균이 검사기간의 2.5percentile 값보다도 작은 것을 나타내고 있다. ○은 1961~1990년의 평균이 검사기간 중의 95%신뢰구간 내에 있는 것을 나타내고 있다.

최근의 연구에서는 풍속과 에너지 밀도에 초점을 둔 혁신적인 다운 스케일링 기법을 개발하였다. 이 기법은 GCM에 의해 해수면에서의 압력의 평균값과 와도(vorticity)의 평균값·표준편차를 예측하고, 이들의 예측 값을 풍속의 확률분포인 Weibull 파라미터와 비교한다(4.1.4항 참조). 이 경험적 다운스케일링 기법은 지상높이 10m에서의 풍속과 풍력에너지 밀도의 변화를 파악하는 것이 논증되어 왔다. 북유럽에서의 46곳의 관측지점의 대부분에서 ① 다운스케일링에 의해 구한 풍속의 평균값은 독립하여 실시된 관측 값의 ±5% 이내, ② 다운스케일링에 의해 구한 풍력에너지 밀도는 관측지에서 계산된 풍력에너지 밀도의 ±20% 이내에 있다[그림 4-7 (a), (b), (c)]. 10개의 GCM에 의해 얻어진 출력에 다운스케일링 기법을 적용하면, 다운스케일링에 의해 얻어진 결과의 평균값에서 90번째 백분위 수의 변동 폭을 나타낸다. 모든 관측지점에서 2046~2065년의 풍속의 변화는 20% 이하, 2081~2100년의 풍속의 변화는 35% 이하이다. 다운스케일링에 의해 얻어진 풍속의 평균값과 90번째 백분위 수가 변화한 것에 수반하여 어떤 GCM으로부터 다운스케일링에 의해 얻어진 각 관측지점에서의 풍력에너지 밀도는 증가와 감소의 양쪽을 보이면서도 그 변화는 zero 부근에 집중하는 경향이 있다.

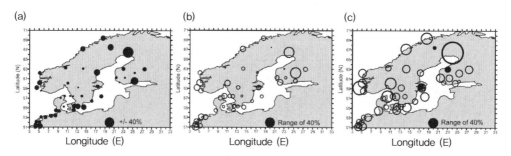

그림 4-7 (a) 1982~2000년에 실시된 관측값에 대한 10개의 GCM을 이용하여 downs caling을 실시하여 얻어진 풍력에너지 밀도의 범위. 10개 모두 GCM으로부터 down scaling에 의해 얻어진 풍력에너지 밀도의 평균값은 관측값의 ±40% 이내에 들어 있다. (b)와 (c)는 10개의 GCM에서 downs caling에 의해 얻어진 풍력에너지 밀도변화의 범위를 나타내고 있다. (b)는 2046~2065년[(2046~2065년의 풍력에너지 밀도)−(1961~1990의 풍력에너지 밀도)]/(2046~2065년의 풍력에너지 밀도). (c)는 1961~1990년에 대한 2081~2100년. 어떤 파라메타에 대한 down scaling된 모든 값이 감소하는 경우, 심볼은 검은색으로 된다. 한편 다른 GCM에서 down scaling된 결과가 제로 부근에 모이는 경우, 심볼은 백색으로 된다. 10개의 GCM에서 down scaling된 값 모두에서 똑같은 증가를 나타낸 관측지점은 없었다. 심볼의 크기는 데이터의 범위를 나타내고 있다.

(d) 발트 해 지역에 대한 연구의 결론

앞에서 설명한 다양한 기법은 기후변동 시나리오에 근거한 발트 해 지역의 풍력에너지의 장래 예상을 생성한다. 결과를 비교하면 공통점과 상이점이 있다. 중요한 결론은 다음과 같다.

① 1980년대 후반과 1990년대 전반은 20세기 후반으로서, 또한 예상되고 있는 21세기 중의 기후상태와 비교하여도 다소 이례적이다. 해석 데이터에 의하면 1960년대와 1970년대의 풍력에너지 밀도의 평균은 1990년대의 것과 비교하여 약 20% 낮았다. 풍속과 풍력에너지 밀도는 1990년대 초두에 피크에 도달한 이후 대체적으로 감소하고 있다. 따라서 이 영역에서의 장래의 풍력 자원량을 정량화하는 데, 1990년대의 데이터만을 의존해서는 안 된다.

② 이 모델에서는 발트 해 지역에서 20세기 말에 비해 21세기의 평균 풍속과 풍력에너지 밀도가 증가 또는 감소에 대하여 일관성이 없다. 10년 단위의 풍력에너지 밀도의 평균에서 불확실함은 주로 서로 다른 GCM 시뮬레이션에 근거로 한 시뮬레이션들 사이의 변동에 기인하고 있고, 또한 실제로 지금까지 관측된 해마다의 변동량과 비교할만한 수준이다. 또한 다른 GCM 시뮬레이션으로부터의 다운스케일링 결과는 21세기 말에서 커진 다양성을 나타내며 이것은 21세기 중반에 비해 21세기 말에 대한 예측 값의 신뢰성을 저하시킨다.

4.2.2 기후변동이 없다는 가정 아래에서 풍력발전단지의 수명 동안 풍력 자원량 예측

(1) 풍속의 관측값

풍력발전단지의 수명 동안 풍력 자원량을 평가하기 위하여, 과거의 바람기후가 미래에도 지속된다고 가정된다. 기후변동이 없이 그림 4-5에 나타내듯이 해마다, 계절마다의 변화가 없는 경우에도 장래의 풍력자원에는 불확실성이 동반된다. 이러한 불확실성은 참조기간의 길이에 관계하고 30년 이상의 장기간의 기록은 적어도 ±5% 이상의 불확실성을 갖고 있다고 가정되지만, 참조기간이 1년간의 경우는 적어도 ±15% 이상이 된다. 불확실성은 오로지 기후의 변동에만 관계하고 계측 기술에 의한 불확실성이나 기후 시스템의 장기간의 경향에는 관계하지 않는다.

육상의 대기 안정성은 매일 변화하는 반면, 해상의 대기 안정성은 계절마다 변화하기 때문에 계절에 의한 편차를 피하기 위하여 적어도 1년 이상의 바람계측을 실시하는 것이 중요하게 된다. 현지 사이트에서의 바람계측 데이터를 이용할 수 없을 경우 해상에서의 풍력 자원량의 예측은 곤란하고 그 결과의 평가량에는 큰 불확실성을 동반한다. NCEP–NCAR 데이터와 Power 데이터 세트 등의 대규모 공간 스케일 데이터 세트가 이용 가능하지만, 기존 설치된 해상풍력발전단지 또는 가까운 장래에 건설이 예정되어 있는 해상풍력발전단지가 설치되는 해안에서부터 50km 미만의 거리에서의 풍력 자원량의 변화를 예측하는 것은 불확실성이 크다. 대규모 공간 스케일 데이터 세트는 공간 해상도가 0.5°에서 2°이고, 이들은 대략적인 예측, 평가로밖에 사용할 수 없다. 그뿐 아니라 이들의 데이터 세트는 실제 사이트의 계측 값에 비해 매우 부족한 정확성을 갖고 있다.

현지 계측 값을 대신하는 풍력 자원량의 평가 방법은 인공위성에 의해 취득된 데이터의 적용이다. QuikSCAT 등의 산란계에 의해 얻어진 풍속 데이터 세트가 세계에서 높은 시간 해상도로 이용 가능하지만, 공간 해상도가 비교적 낮고 해안부근의 풍속을 그다지 잘 예측할 수 없다. 합성개구 레이더(Synthetic Aperture Radar : SAR) 데이터는 특히 해안부근에서 산란계와 비교하여 높은 정도·분해능을 갖고 있지만, 위성의 통과가 드물기 때문에 시간 해상도가 낮다. SAR의 단일 영상에 의한 풍속의 정확성은 풍속 2~24m/s, 공간해상도 300×300m에서 ±2m/s이다. 사례 연구의 해석에서는 일반적으로 다른 소스로부터의 위성에서 얻어진 풍속모델과 계측이 좋은 결과를 제공한다. 그러나 풍속의 출현빈도분포 전체에 대해서 확신에 찬 평가결과를 얻기 위해서는 비교적 다수의 위성영상이 필요하지만, 다수의 위성영상으로부터의 평가는 해석시간에 대해서 엄청나게 비싸고, 적절한 위성영상의 입수에 따른 제한이 있을 수 있다. 대규모 스케일의 위성영상으로부터 해석된 풍속 데이터의 또 다른 결점은 평가되는 지상높이가 10m 이하라는 것이지만, 이점에 대해서는 부이에 설치된 풍속계에 의해 얻어진 풍속 데이터도 같다. 4.2.4항에서 설명한 것과 같이 지표면 부근에서 계측된 풍속값을 허브 높이까지 외삽하는 것은 특히 연안부 영역에서는 불확실성이 주요한 요인이 된다. 위성에 의한 리모트 센싱 데이터는 초기 사이트 탐색에 유효하게 될 가능성이 있지만 풍력 자원량의 평가에는 아직 적절하지 않다.

사이트의 풍속을 측정하는 가장 좋은 방법은 해저에 고정된 가늘고 긴 기상관측 마스트의 허브 높이 위치에서 표준적인 계측기(즉, 품질이 좋고 각각 교정되는 풍속계)를 사용하는 것이다. 저전력의 기계류와 취득데이터의 위성에 의한 전송은 풍력 자원량 예측에서 정확하고 신뢰성 있는 계측값 또는 바람분포 특성을 원거리의 해상사이트에서도 얻을 수 있다는 것을 의미한다. 해저 착저식 마스트의 수면에서의 높이를 어디까지 높게 하는가는 ① 허브 높이까지 외삽하는 것에 의한 발전량의 평가에서 불확실성과 ② 지상높이 50m 이상이 되면 관측 마스트가 비선형으로 비용이 증가한다는 것 등의 절충에 의해 결정한다. 마스트의 양쪽에 팔을 늘려서 풍속계를 설치하거나 풍속계 근처에서 장해물이 되지 않도록 바람의 빠짐이 좋은 열린 구조의 가늘고 긴 관측 마스트를 사용하는 등에 의해 관측 마스트의 후류의 영향이 없도록 주의가 필요하다.

4.2.3 기후학적으로 확실한 풍속과 풍력에너지 밀도의 평가

1년간 계측된 기후 데이터가 이용 가능하다고 가정하고, 기후학적으로 조정된 풍력 자원량을 구하기 위해서는 현지 사이트에서의 계측 데이터와 보다 긴 기간 동안 계측된 참조 데이터와 관련 지을 필요가 있다. 이 방법으로서는 본질적으로 물리모델을 사용하는 방법과 통계해석기법을 사용하는 방법의 2가지로 분류된다. 이들의 기법은 다음과 같다.

물리모델은 그 복잡성에 따라 몇 개로 세분할 수 있다. ① 기초방정식에 근거하고 대기의 다양한 스케일의 물리 프로세스가 포함된 중규모 모델에서부터 ② WAsP(Wind Analtsis and Application Program)와 같은 선형화 모델이 있다. 선형화 모델은 반경험적인 근사를 사용하고, 특히 풍력발전을 위해 특별히 설계되어 있다.

　세련된 중규모 모델은 모델화되는 흐름의 복잡성에서 많은 이점이 있지만, 입력 데이터의 품질과 계산기 파워를 보다 필요로 한다. 중규모 모델은 풍력에너지의 평가에서 '시계열' 모드에서는 그다지 실행하지 않는다. 대신에 풍속과 풍향 class에서 기후학적으로 대표적인 몇 개의 기상상태의 시뮬레이션을 실시한 후 시뮬레이션 결과를 그 영역에서의 특정한 기후에 따라 가중하여 평가한다. 비록 중규모 모델은 지형이나 지표면 조도 등의 상세한 데이터에 의해 해석영역 전체를 모델화할 필요가 있지만, 추가적인 이점으로는 사이트에 특화한 데이터를 필요로 하지 않는 것이다. 중규모 모델은 연안에서 200km까지의 해상에서 풍속에 영향을 주는 연안부에서의 표면조도, 온도, 지형의 중요성을 실증하기 위해서도 사용된다.

　선형모델은 입력으로서 풍속과 풍향의 시간이력 데이터를 필요로 한다. 선형모델에서는 장애물, 표면조도의 변화 등의 국소적인 영향이 모델화되지만 모든 타입의 선형모델에서도 흐름에 박리가 발생하는 경우(절벽을 넘는 바람의 흐름 등)에는 적절한 결과를 얻을 수 없다. 앞에서 설명한 바와 같이 해안지역에서의 바람의 흐름은 열적으로 비평형인 경향이 있고, 온도의 수평방향 및 연직방향경사에 영향을 받지만 이들의 영향은 선형모델에서는 고려되지 않는다. WAsP에서는 풍속의 연직방향에 대해서 평균적인 대기 안정성의 수정이 적용되지만 시간적 또는 어떤 사이트에 특유한 대기 안정도의 변동은 고려되지 않는다. 또한 선형모델은 저층 제트(low-level jet)나 풍도효과(wind channelling)와 같은 중규모의 열적인 순환을 재현할 수 없다. WAsP에서의 해상풍력발전단지의 발전량 평가는 해안지대의 표면조도의 변화에 주로 관련되어 있다. 이것은 해안에서 20km까지의 중립에 가까운 상태에서 일어난다. 이러한 점은 WAsP에 의해 육상의 관측 사이트에서 풍속을 이용하여 평가하는 경우 해안에서 20km 이상 떨어진 장소에서의 풍속의 변화는 재현할 수 없다는 것을 의미하고 있다. WAsP 모델을 사용하는 주요한 이점으로는 중규모 모델과 비교하여 계산량이 적다는 것(사이트 평가는 불과 몇 분 안에 수행할 수 있다), 입력 데이터에 근거하여 풍력 자원량의 평가에서 불확실성을 평가할 수 있다는 것을 들 수 있다.

　잠재적인 풍력발전단지에 대한 풍속과 풍력에너지 밀도의 예측에 이용되는 가장 일반적인 통계해석 기법은 MCP법(Measure-Correlate-Predict)이다. MCP법은 사이트에서의 단기간의 풍속 데이터 세트를 비교적 가까운 장소(참조 사이트)에서 얻어진 보다 긴 기간의 풍속 데이터 세트와 관련지음으로써 평가를 수행한다. MCP법에는 몇 가지의 기법이 있지만 모든 기법은 오버랩하는 기간의 풍속 데이터를 이용하여, 평가할 사이트의 풍속 데이터와 보다 긴 기간의 풍속 데이터가 이용 가능한 장소에서의 풍속 데이터 사이의 통계적 관계성을 도출한다. 통계적 관계성을 이용하여 평가하는 사이트에서 보다 긴 기간의 풍속과 풍향의 통계를 도출한다. 따라서 평가 사이트와 참조 사이트는 기상학적으로 같은 영향 아래에 있을 필요가 있고, 일반적으로는 50km 이상 떨어져서는 안 되는 것으로 되어 있다. MCP법은 해상사이트의 풍력 자원량을 육상의 관측 데이터를 이용하여 평가하는 경우, 과소평가하는 경향이 있다. 이것은 평균 풍속만이 아니라 풍속의 출현분포가 변화하는 것을 고려하고 있지 않기 때문이다.

사이트 고유의 풍력 자원량을 평가하는 이들 기법의 비교가 여러 해상사이트에서 이루어지고 있다. 이들 결과에 의하면 통계적 기법, 물리모델 모두 각각의 이점이 있다. 예를 들면 발트 해 지역에서의 풍속 평가의 연구에서는 WAsP와 Uppsala 대학의 중규모 모델(MIUU)이 비교되어 있다. 그림 4-8에 나타낸 것처럼 2개의 기법으로부터 도출된 풍속은 발트 해 중심부에서는 잘 일치하고 있지만 연안 지역에서는 큰 차이를 볼 수 있다. 이것은 해안선 부근에서의 공기와 해수면의 온도차(대기안정성의 변화)에 의한 것으로 추측된다.

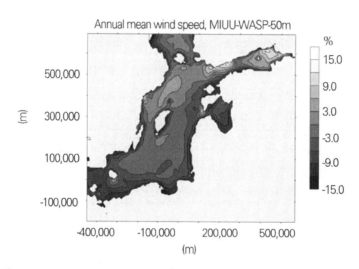

그림 4-8 WAsP와 MIUU 중규모 모델에 의한 발트 해의 풍속예측 비교(지상 50m)

4.2.4 연직풍속 분포의 외삽

풍력발전기의 허브 높이와는 다른 높이에서 계측된 풍속을 허브 높이로 외삽하는 것은 풍력 발전량 평가에서 상당한 불확실성을 포함하고 있다. 이상적으로 바람계측은 허브 높이에서 실시되어야 하고, 외삽하는 거리가 짧아질수록 오차는 작아진다. 외삽이 필요하게 되는 경우 멱 법칙 또는(대기 안정도의 수정이 포함된) 대수법칙 등의 단순모델이 일반적으로 사용된다. 그림 4-9는 서로 다른 Monin-Obukhov 길이[Monin-Obukhov 길이는 대기 안정도에 관계한다. 식 (4.2)를 참조]에 대한 지상 높이 100m에서의 대기 안정도가 수정된 풍속분포와 대수법칙에 의한 풍속분포와의 차이를 나타낸다.

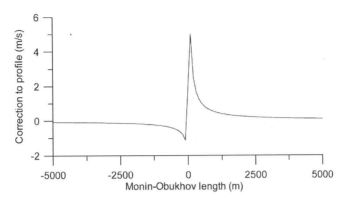

그림 4-9 Monin-Obukhov 길이의 값에 의한 높이 100m에서 대수법칙 풍속 프로파일의 수정량

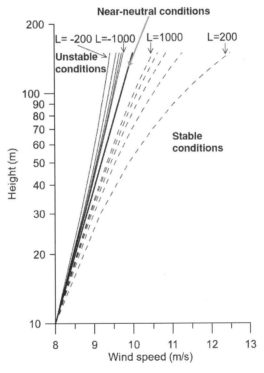

그림 4-10 다른 Monin-Obukhov 길이의 대기 안정성 상태에서 풍속의 연직방향 프로파일의 예. 굵은 실선이 중립에 가까운 조건, 점선이 안정조건, 가는 실선이 불안정 조건의 경우의 프로파일을 나타내고 있다.

그림 4-10에 Monin-Obukhov 길이 L에 의해 정의되는 서로 다른 대기 안정도에서의 풍속의 연직분포를 나타낸다. 중앙의 굵은 실선이 높이 10m에서 풍속이 8m/s인 초기값으로부터 예측된

대수법칙 분포이다. 대기 안정도가 안정한 조건(0m< L <1000m)에서 풍속의 수정은 불안정한 조건(0m> L > -1000m)에서의 수정량보다도 크다는 것에 주의하는 것이 중요하다.

근년 SODAR와 LIDAR가 Nysted 해상풍력발전단지(표 4-1 참조) 부근의 해상플랫폼에 설치되어 높이 200m까지의 풍속분포를 조사하기 위하여 사용되고 있다. 지상 설치형인 리모트 센싱 기술을 보트나 계류부이에 설치하는 것도 가능하지만 특히 강풍 시에 yaw와 tilt의 영향에 대한 수정이 복잡하다.

허브 높이로 외삽할 때에 베이스가 되는 풍속이 10m 이상인 경우에는 해면의 표면조도의 변화는 풍력 자원량의 평가에는 그다지 영향이 없지만 높이 10m 이하에 설치된 풍속계나 부이에 의해 계측된 풍속에 의해 외삽하는 경우 불확실성이 커진다.

4.1.3항에서 설명한 바와 같이 대기 안정도는 풍속분포와 풍속분포의 보정에 큰 영향을 갖고 있다. 평균적으로는 조금 불안정한 조건을 가정한 대수법칙 분포의 보정(WAsP 모델에 적용된 것과 같은)이 북유럽의 해상 관측결과와 잘 일치한다는 것이 알려져 있지만 이것은 대부분 높이가 70m 이하의 경우이다. 그러나 참고문헌 66)과 67)은 ① 근사이론(L을 계산하기 위하여 사용되고, constant flux 층 가정에 의존한다)은 해수면에서부터 높이 50m 이상에서는 전혀 타당하지 않고, ② 높이 50m 이상에서는 풍속분포는 선형이 되고, 안정대기의 보정이 잘 일치한다는 것을 나타내고 있다. Ekman 층이 높이 15~45m에서 시작되고, 이 높이 아래에서는 대기와 파의 표면 상태의 사이를 관계 짓는 이론이 필요하다는 것이 제기되고 있다. 어떤 일정 고도 이상에서 선형 분포를 갖는 경향은 육상의 지표면 상태에서도 그 발달이 확인되고 있다. constant flux 층 이론이 적용되지 않는 경우는 경계층 높이라는 추가적인 스케일링 파라미터가 필요할 수 있다.

4.3 풍력 자원량으로부터 풍력 발전량의 평가(후류의 영향)

4.3.1 풍력발전기 후류

풍력발전기 로터에 의해 에너지가 추출될 때, 로터 면을 통과하는 산란되지 않은 공기는 그 속도가 감소하고 난류가 증가한다. 풍력발전단지 안에서는 하나의 풍력발전기를 통과한 공기의 흐름이 풍력발전기에 산란되지 않은 원래의 상태로 가능한 한 회복된(후류의 영향이 사라진) 상태로 다른 풍력발전기에 유입하도록, 충분한 풍력발전기 사이의 거리가 확보되는 일은 드물다. 평탄한 지형을 가정하면 가장 바람이 불어오는 쪽에 위치하는 풍력발전기에 유입하는 풍속보다도 그 아래쪽에 있는 풍력발전기에 유입하는 풍속이 낮기 때문에 아래쪽의 풍력발전기의 출력은 낮아진다. 이 풍속이 감소하고 또한 난류가 증가하는 영역의 공기의 흐름이 풍력발전기 후류(wind turbine wake)로서 알려져 있다. 후류영역을 특정하는 데 도움이 되는 연기에 의한 흐름의 궤적 관찰로부터 풍력발전기의 후류는 각운동량을 갖고 있다는 것을 알고 있으며, 그 밖의 잠재적 에너지의 에너지 손실은 다가오는 후류의 특성만이 아니라 풍력발전기 설계에도 관계한다. 사실 후류에 의한 에너지 손실은 풍력발전기의 에너지 추출효율 C_p에 반비례하고, 풍력발전기의 추출효율 자체는 주속비(날개 끝 속도를 유입하는 풍속으로 나눈 것)의 함수이다. 따라서 후류에 대해서 이해가 진전될수록 풍력발전기 및 풍력발전단지의 설계자가 에너지 취득량을 증가시킬 수 있는 기회는 커진다. 후류의 회복은 주위의 대기 그 자체의 난류강도와 풍력발전기 후류에 의해 생성되는 난류강도 양쪽에 의존한다. 주위의 대기의 난류강도가 낮고, 즉 매우 안정한 대기조건의 경우 연직방향의 에너지 수송이 한정되는 한편, 중립에 가까운 대기 상태의 경우는 고공의 산란되지 않은 대기류와의 연직방향 혼합이 보다 촉진되기 때문에 후류의 회복은 중립에 가까운 상태보다도 안정인 대기상태 쪽이 보다 긴 거리를 필요로 한다. 불안정한 대기 조건에서는 고공의 대기류로부터 운동량 수송이 증가하기 때문에 중립에 가까운 대기조건보다도 보다 짧은 거리에서 후류가 회복된다. 대부분의 후류모델이 대기 안정도의 변화를 고려할 수 없기 때문에 시뮬레이션에 의한 후류 손실의 해석은 일반적으로 중립에 가까운 상태로 한정된다.

4.3.2 후류모델의 개요

해상풍력발전단지는 대규모화하는 경향이 있기 때문에 발전량을 예측하는 데 있어서 풍력발전단지 내의 풍력발전기 후류의 정도가 높은 예측과 해석이 중요한 과제로 되어 있다. 위에서 설명한 바와 같이 해상이 대기류 안의 난류가 작고, 후류의 회복에 보다 긴 거리가 필요하기 때문에 후류의 손실에 관해서는 육상보다도 해상이 보다 중요하다. 해상에서는 에너지가 줄어든 후류에 높은 고도의 산란되지 않은 대기류로부터의 에너지가 수송되는 양이 적기 때문에(같은 기종의 풍력발전기를 가정한 경우), 후류가 육상보다도 좀 더 아래쪽에 전달된다는 것은 쉽게 이끌어낼 수 있는 결론이다. 후류모델은 단순한 것으로서 ① 물리적인 프로세스를 근사하는 공학적 접근에 근거한 계산속도가 빠른(예로서, WAsP) 후류모델로부터 ② Navier-Stokes 방정식의 Ainslie 해에 근거하는 몇 개의 후류모델, ③ 전산유체역학(CFD)에 근거하는 후류모델로 분류된다. 풍력발전기 후류와 후류모델에 관한 상세한 설명은 참고문헌 72)를, 풍력발전단지 내의 후류에 의한 난류와 풍력발전기 하중에 대한 영향은 참고문헌 73)을 참조하기 바란다.

대부분의 공학적 모델의 기본은 후류확대모델(wake expansion model)이다.

$$D_w \propto X^{1/3} \tag{4.17}$$

$$D_w = D(\beta + \alpha \cdot s)^{1/2} \tag{4.18}$$

여기서,

X : 로터 직경(D)로 무차원화된 로터 아래쪽의 거리

D_w : 후류의 직경

α : 후류감쇠계수(공학모델 내의 파라미터)

β : 후류의 초기직경과 α에 관련한 계수

$s = X/D$: 최초의 풍력발전기로부터의 무차원 거리

이 기법은 풍력발전 분야에서 자주 사용되는 Risø 국립연구소의 WAsP(Wind Analysis and Application Program)에서 사용되고 있는 것이다. WAsP의 후류모델은 풍력발전기 후류에 대한 수학모델(그림 4-11)에 입각하고 있다. 후류는 'top hat'과 같은 형상을 하고 있다고 가정되고 후류의 확대(D_w)는 그림 4-11에 나타난 것처럼 연직방향과 수평방향은 대칭이라고 가정한다.

$$D_w = D + 2kX \tag{4.19}$$

여기서, k는 WAsP에서 정의되어 있는 후류감쇠계수이다.

허브 높이에서의 속도 결손 $\triangle U$는 다음 식으로 계산할 수 있다.

$$\triangle U = U_{freestream} - U_{wake} \tag{4.20}$$

그리고 후류 안의 풍속(U_{wake})은 다음 식으로 나타낸다.

$$U_{wake} = U_{freestream}\left[1 - (1 - \sqrt{1 - C_t})\left(\frac{D}{D + 2kX}\right)^2\right] \qquad (4.21)$$

여기서, C_t는 추력 계수이다(그림 4-2 참조).

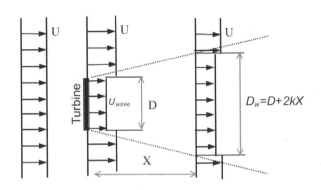

그림 4-11 WasP에서 사용된 후류모델의 모식도

WAsP 모델에서, 후류감쇄계수[식 (4.20) 참조]는 육상사이트에서 $k = 0.075$, 소규모 해상풍력발전단지에서 $k = 0.04$가 추천되고 있다. 최근의 연구에서는 대규모 해상풍력발전단지(2열 이상)에서는 동일 기종의 풍력발전기이더라도 후류손실이 증가하는 것에 대응하여, WAsP의 후류감쇄계수(k)는 좀 더 작은 값이 적용되어야 한다는 것을 제안하고 있다.

WAsP에서 확대하는 후류의 중심선은 지형(해상의 경우, 평탄함)을 따른다고 가정하고, 서로 다른 허브 높이, 로터 직경은 풍력발전기 로터 면을 아래쪽에 투영하고 로터가 오버랩하는 비율에 의해 고려된다. 로터 근방의 후류(near-wake)는 명확하게 모델화되어 있지 않기 때문에 WAsP에서의 후류 알고리즘은 풍력발전기로부터 아래쪽으로 $3D \sim 4D$ 이상 떨어진 경우에 유효하다.

4.3.3 단일 후류(single wake)에서의 후류크기와 후류모델의 평가

WAsP을 포함한 해상풍력발전의 최신 후류모델의 성능은 Vindeby 해상풍력발전단지에서 취득된 데이터를 이용하여 주로 단일 후류상태(single wake condition)에서 비교 평가되었다. 최초의 연구는 Vindeby에서 SODAR를 이용하여 취득된 데이터를 사용하고 있다(표 4-4 참조). 그 후의 연구는 ENDOW 프로젝트에서 후류모델의 풀 스케일의 평가를 위하여 일련의 계통적인 시나리오를 사용했다. 전자는 어떤 범위의 아래쪽 거리까지의 후류의 거동을 나타내고, 후자는 주위의 상태를 보다 포괄적으로 재현하는 것은 가능하게 한다.

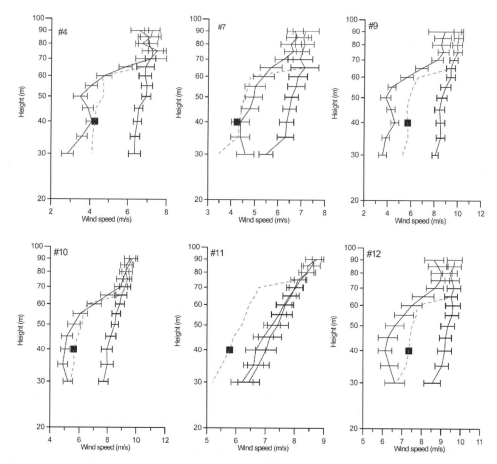

그림 4-12 SODAR에 의해 계측된 후류와 풍력발전기가 없는 경우의 자유 대기류의 풍속 프로파일(실선)과 WAsP에 의해 예측된 후류의 허브 높이에서 풍속(■). Error bar는 SODAR의 계측 데이터에서 표준 오차의 ±0.5배를 나타낸다. 점선은 자유 대기 흐름의 풍속 프로파일에 식 (4.10)(Top hat profile)로 부터 계산된 후류의 연직방향/수평방향의 분포를 동반하는 속도결손을 도입하는 것에 의해 예측된 후류 프로파일을 나타낸다.

그림 4-12는 WAsP의 후류 알고리즘에 의해 예측된 후류속도 분포를 SODAR에 의해 계측된 풍력발전기가 없는 경우의 자유 대기류와 풍력발전기의 후류의 속도 분포와 함께 표시하고 있다. 그림 4-12와 표 4-4에 나타내듯이, U_{wake} 의 직접적인 계산은 $2D \sim 4D$의 거리에 대하여 계측결과와 잘 일치하지만, 풍력발전기의 근처와 떨어진 곳의 후류에 대해서는 후류 풍속을 과소평가하고 있다. U_{wake}의 직접계산은 계측값과 비교하여 0.7m/s의 RMS 오차(제곱평균제곱근 오차)가 있다. 이 결과는 일련의 후류모델에 의한 결과와 거의 동일한 레벨이다.

이 비교의 한계는 단지 몇 개의 관측 상태만을 나타내고 있다는 것이다. WAsP의 후류 알고리즘 평가의 제2단계로서 관측 마스트에 의해 얻어진 풍속 데이터가 이용되었다. 이 평가에서는 서로 다른 흐름 상태에 있는 풍력발전기의 아래쪽으로 일정거리 떨어진 위치에 초점을 두고 비교하였다. Vindeby 해상풍력발전단지의 기상관측 마스트로부터 데이터 중에서 위쪽의 풍력발전기로부터 후류가 기상관측 마스트의 방향으로 ±5°의 범위에서 유입하는 데이터가 추출되었다. 단일 후류(single wake)의 경우 후류 속의 풍속 분포는 해상의 마스트(남쪽)에 의해 계측되었고, 자유 대기류(free stream)의 풍속 분포는 해안 근처의 육상에 설치된 관측 마스트에 의해 동시 계측되었다. 표 4-5에 나타나듯이 허브 높이에서의 예측 풍속은 관측된 허브 높이 풍속과 거의 일치한다. 3개의 최소풍속 시나리오(풍속 10m/s까지)에서 풍력발전기 아래쪽으로 9.6D 떨어진 거리에서, RMSE(Root Mean Square Error)는 0.37m/s이었다. 그러나 WAsP의 후류 알고리즘은 풍속이 높은 경우 수평 방향의 후류 풍속을 과소평가하고 이것은 WAsP의 후류 알고리즘에 의해 계산된 후류의 회복이 너무 빠르다는 것을 나타내고 있다. 이 불일치는 난류분포, 나아가 후류감쇠에 대한 대기 안정도의 영향에 관계하고 있을 가능성이 있다.

표 4-4 Vindeby 해상풍력발전단지에서 실시된 SODAR 계측에 의해 얻어진 속도결손과 WAsP에 의해 계산된 속도결손. 실험번호는 그림 4-12에 대응한다.

실험번호	$U_{freestreme}$ (m/s) at 48m	D	$\triangle U$(m/s) SODAR(measured)	$\triangle U$(m/s) WAsP(modelled)
4	6.90±0.59	1.7±0.3	4.26	2.71
7	5.74±0.20	2.8±0.3	2.28	2.28
9	7.54±0.45	2.9±0.5	2.57	2.01
10	6.37±0.25	3.4±0.5	1.48	2.11
11	8.19±0.46	3.4±0.3	2.28	1.98
12	6.12±0.74	7.4±0.5	0.61	1.21

표 4-5 하류 거리의 범위에서 WAsP 알고리즘으로부터 후류계산(풍속). 후류의 풍속은 기류가 하류 거리의 증가와 함께 회복됨으로써 증가한다. 또한, 풍력발전기 후방으로 9.6D 떨어진 장소에 설치된 기상 마스트에서 계측된 후류풍속을 나타내고 있다. 허브 높이의 후류풍속은 단위(m/s)로 나타내고 있다.

후류 쪽 위치 (풍차직경의 배수)	3 WAsP	5 WAsP	7 WAsP	9.6 WAsP	9.6 관측값	차이 at 9.6 U_{WAsp} $U_{freestream}$	10 WAsP
거리(m)	106.5	177.5	248.5	340.8			355
풍속(m/s)							
5.02	2.89	3.42	3.77	4.08	4.33	−0.25	4.12
7.27	5.03	5.59	5.96	6.29	6.42	−0.13	6.32
9.75	7.40	8.02	8.40	8.73	8.80	−0.07	8.78
13.70	11.50	11.96	12.23	12.46	11.74	0.69	12.49

4.3.4 복수 후류(multiple wakes)의 정량화

대규모 해상풍력발전단지가 개발되고 풍력발전단지 내의 후류효과, 나아가 풍력발전단지 전체의 후류가 근처의 다른 풍력발전단지로 전달되는 효과를 평가할 필요성이 대두되고 있다. 따라서 대규모 풍력발전단지의 내부와 바람 아래쪽에서 복수의 풍력발전기에 의해 생성되는 후류를 예측할 필요성이 있다. 대규모 풍력발전단지의 바람 아래쪽으로의 영향평가의 제1차 근사적 접근으로서 풍력발전단지를 큰 조도를 갖는 지표면 요소로서 취급하는 방법이 있다. 표 4-6에 나타낸 것처럼(1~3행) WAsP을 사용한 계산에서 풍력발전단지에 할당된 조도길이(z_0)의 선택은 허브 높이의 풍속이 바람의 위쪽(바람이 불어오는 쪽)의 자유 대기류 값의 98%까지 회복하는 데 필요로 되는 바람 아래쪽 위치에 영향을 준다. 복수의 후류의 중첩에 의해 같은 조건을 예측하기 위하여 WAsP을 사용하는 것도 가능하다. 그 결과는 표 4~6의 4~5행에 있다. 이 두 세트의 시뮬레이션 결과는 분명히 큰 편차가 있다.

표 4-6 대규모 풍력발전단지(100대의 풍차)에서, 허브 높이의 풍속이 상류의 자유대기 흐름 값의 98%까지 회복하는 하류의 후류 회복거리(km)

열번	모델	거리(km)
1	WAsP z_0(블록) 0.1m	6
2	WAsP z_0(블록) 0.5m	7
3	WAsP z_0(블록) 1.0m	8
————	————————	————
4	WAsP 후류감쇠 0.075	2
5	WAsP 후류감쇠 0.05	3

표 4-6의 결과에 편차가 있는 하나의 이유는 대규모 풍력발전단지에 의해 생성되는 난류가 대기 경계층의 구조를 바꿀 수 있고, 그렇게 해서 후류회복에 영향을 주는 운동량 수송이 변할 가능성이 있다는 것이다. 이 효과는 소규모의 풍력발전단지에서는 중요하지 않기 때문에 대부분의 후류모델에서는 이 효과는 해석되지 않는다. WAsP에서의 비교적 새로운 모델은 풍력발전단지 전체의 후류를 계산하기 위하여 개개의 풍력발전기의 후류에 의한 운동량 손실을 통합하는 것이고 그 모델의 신뢰성, 정확도가 평가되고 있다[82].

4.4 짧은 시간 스케일에서의 풍력발전단지의 발전량 : 해상풍력발전단지는 육상풍력발전단지와 다른가?

본 장의 주된 관심은 지금까지 풍력발전단지 수명까지의 발전량 평가에 있었기 때문에 장기간의 효과에 관해서 다루어졌다. 그러나 바람기후는 어떠한 범위의 시간 스케일에 걸쳐 변화하고, 이 시간 스케일은 풍력발전기의 제어에 관한 시간 스케일(수 milliseconds∼수 seconds)과 풍력발전의 계통으로의 연계와 관련된 시간 스케일(수분에서 수일)을 포함한다. 단기간의 바람기후의 예측은 장기간의 예측과 똑같이 많은 과제가 있으며, 특히 보다 큰 스케일의 기상모델 데이터를 각각의 사이트에 특화한 풍력 발전량과 관련시키는 점에서 그러하다.

이미 알고 있는 기상조건과 지금까지의 경험에 근거하여, 전력수요는 24시간 후에 대해서는 ±1.5%, 1주일 후에 대해서는 ±5%라는 상당히 높은 정확도로 예측할 수 있다. 분산적으로 배치된 풍력발전기의 수가 증가할수록 기상정보를 활용한 전체 풍력발전기의 전체 발전량의 예측 정도는 높아지지만 풍력발전단지의 발전량은 일반적으로 그와 같은 정도로 예측할 수 없다.

풍력발전단지의 짧은 시간 후(예를 들면, 48시간 후)의 발전량을 예측하고, 전력시장에서의 전력의 입찰가격을 결정하기 위해서는 보다 정확한 바람예보의 개발이 매우 중요하다. 대부분의 바람예보 방법은 개별 사이트에서 풍속과 발전량을 예측하기 위하여 NWP(Numerical Weather Prediction) 모델을 사용하고, 4.2절에서 설명한 다운스케일링 기법과 유사한 방법을 이용하고 있다. NWP 모델은 수평방향의 해상도가 5∼55km, 연직방향으로 최대 40개의 영역을 갖고, 6시간 데이터 동화 사이클(data assimilation cycle)을 이용한다. 위치에 특화한 발전량을 평가하기 위해 격자 셀의 평균 NWP 모델의 출력은 물리적/역학적 모델, 경험적/통계적, 또는 양자를 조합한 방법을 이용하여 소규모 스케일의 변동과 관련되어 있다. 최초의 6시간은 지속모델 등의 통계적 기법이 좋은 결과를 제공하기 때문에 단기간의 바람예보에서 통계적 기법은 몇 가지 이점을 가지고 있다. 또한 허브 높이에서의 예측된 풍속과 풍력발전기에 의한 발전량을 관련짓는 풍력발전기의 파워 커브를 이용하는 추가적인 과정을 밟지 않기 때문에 통계적 기법은 빠르고 한정된 계산 자원이 필요하며, 발전량을 직접 예측할 수 있다. 4.1절에서 설명한 것과 같이 풍력발전기 제조사에 의해 제시된 표준적인 파워 커브를 발전량 평가에 이용하는 것은 평가결과에 불확실성을 야기한다. 그러나 일반적으로는 단기간의 발전량 예보에서 가장 큰 오차요인은 NWP 모델에 의한 시뮬레이션에 포함되는 편차와 불확실성이다.

일반적으로 단기간의 발전량 예보는 육상보다는 해상이 보다 간단하다고 생각할 수 있다. 이것은 근처의 육상보다 해상이 풍력발전기가 발전하는 풍속(즉 시동풍속 이상)의 지속시간이 길고, 발전하지 않는 무풍의 지속시간이 적기 때문이다. 실제로 해상에서의 풍속의 예측정확도가 부근의 육상과 비교하여 개선되었다는 것이 확인되었다. 또한 해상사이트에서 단기 발전량 예보의 관점에서 또 다른 이점은 특히 여름철에 육상 사이트와 비교하여 해상에서는 풍속의 평균적인 일 변동이 그다지 중요하지 않게 되는 것을 들 수 있다. 전형적인 육상의 풍력발전사이트에서 최대 풍속은 오후의 이른 시간대에 발생하는 한편, 부근의 육지의 영향을 받는 해상풍력발전 사이트에서는 더욱 늦은 시간대에 최대 풍속이 기록된다. 연안부의 해상풍력발전 사이트에서는 최저 풍속이 아침 이른 시간대에 발생하지만 이것은 강풍을 동반한 대류, 열적인 경사 또는 보다 대규모 순환(예를 들면 해풍)과의 상호작용에 의한 것이기 때문에 해상 사이트의 위치에도 의존한다고 생각할 수 있다. 해상에서의 단기예보에 남겨진 주요 과제로는 연안부에서의 예측된 풍속에서 큰 수평방향 경사를 들 수 있다. 몇 곳의 해상사이트에서는 예보의 큰 범위의 정확성을 제공하는 바람이 불어오는 쪽의 기상정보는 비교적 적다. 예측되는 풍속분포의 오차는 대수법칙 또는 대기 안정도로 보정된 분포와 같은 단순한 예측모델의 사용에 의한 것일 수도 있다. 이 오차 영향은 허브 높이가 보다 높고, 로터 직경이 보다 큰 대형 풍력발전기에서 최대가 될 것이다. 또한 풍력발전단지가 대규모화하는 경향은 발전량 예보에 대한 후류 손실의 영향이 커진다는 것을 의미한다.

4.5 결 론

풍력발전단지의 정확한 발전량 예측에는 허브 높이 풍속의 평가가 필요하고 이것은 앞으로 20~30년간은 유효하다고 생각된다. 풍속의 변동은 통상 과거의 기후에 근거하여 평가되고 매년 풍속의 변동은 북유럽의 사이트에서 적어도 ±5% 정도이었지만, 특히 사이트가 연안부와 같이 이질적인 표면상태에 의해 구성되는 장소에 위치하는 경우 개별 연도의 변동은 ±30%나 될 수도 있다. 실제의 사이트에서의 계측에서는 일반적으로 바람기후의 평가에 사용하는 데이터의 계측기간이 짧을수록 평가의 불확실성이 증대하지만, 특히 변동성이 있는 기후조건 아래에서는 예를 들면 10년간 데이터를 사용했다고 하여도 변동의 영향 전체를 파악하고 있다고는 할 수 없다.

기후변동의 견지에서 전구기후모델(GCM)에 근거하는 최근의 모델화에 의해 적어도 북유럽에서는 바람기후의 주요한 변동은 앞으로 수십 년에 걸쳐 일어나지 않을 것이라는 것을 시사하고 있다. 그러나 GCM에 의해 예측되는 장래의 풍속값의 폭은 크고 불확실성이 크지만, 이 불확실성은 적절한 다운 스케일링 기법에 의해 어느 정도 저감시킬 수 있다. 가장 이용하기 쉬운 평가에 의하면 기후의 시그널은 평온하고, 그 불확실성은 1961~1990년의 바람기후의 GCM 모델에 포함되는 것과 같은 정도임을 시사하고 있다.

풍력발전 사이트의 풍속의 평가에서 위성에 탑재된 기기로부터 리모트센싱 데이터를 사용하는 것에 의해 풍속의 공간적 분포나 풍속범위 등의 전체적인 개요를 파악하는 것이 가능하다. 그러나 이들 기술은 사이트의 풍속 평가에 필요한 정확도에서의 시간적, 공간적 분해능을 제공할 정도로는 충분한 개발이 진전되어 있지 않다. 중규모 데이터가 이용 가능하게 되고 바람기후를 잘 대표하는 결과를 제공하고 있지만, 현시점에서 발전량을 평가하는 가장 정확도가 높은 방법은 실제의 사이트에서 기상관측 마스트(mast)를 세우고, 허브 높이의 풍속을 계측하는 것이다. 계측시간이 2, 3년 정도로 짧은 경우 ① 중규모 모델, ② 선형모델, ③ MCP법 등의 잘 알려진 통계적 기법에 의해 보다 긴 기간의 풍속과 관련지을 수 있다. 육상에서부터 해상으로 외삽하는 경우 평균 풍속만이 아니라 풍속분포 전체가 변환되는 것에 주의가 필요하다.

허브 높이에서의 풍속계측이 불가능한 경우 풍속값을 연직방향으로 외삽할 필요가 있다. 멱제곱 법칙, 대수법칙 분포, 대수법칙에 대기 안정도로 보정된 분포 등의 표준적인 방법은 높이 50m 이상의 해상에서는 부적절하다고 여겨지며, 모델의 검증을 위해 사용할 높이 50~70m 이상의 관측이 부족하다는 것이 큰 과제이다.

대규모 풍력발전단지에서의 후류의 영향에 의해 발전량이 10~20% 범위에서 감소할 것으로 예측되고 있다. 현재의 후류모델은 단일 후류와 소규모 풍력발전단지에 대해서 허용할 수 있는 결과를 제공하고 있지만 최신의 그 어떤 후류모델도 대규모 풍력발전단지에서 필요로 되는 경계층 사이의 피드백을 포함하고 있지 않다. 새로운 후류해석 모델은 특히 대규모 풍력발전단지 바람 아래쪽의 후류 효과를 계산하기 위하여 특별히 설계되어 있다.

단기간의 예측에서 NWP(Numerical Weather Prediction) 모델에 의한 풍속에 포함된 오차는 48시간 후의 풍력 발전량의 예보의 불확실성의 가장 큰 근원이다. 해상에서의 단기예보에 대하여 추가적인 큰 불확실성은 연안부에서의 풍속의 수평방향의 강한 경사와 해상에서의 풍속의 연직방향 분포의 정확한 예보로 보인다.

해상 환경에서의 풍력발전 개발에서 기상학적, 기후학적인 측면에 주목해야 한다. 계통연계 케이블에서의 전력 손실 등의 그 밖의 문제도 중요하며 이 책의 다른 장에서 취급한다.

사사

이 업무의 일부는 National Science Foundation grant #0618364, Danish PSO(FU 4103) and Research Ministry of Science Research and Innovation(2104-04-0005) projects,

Nordic Energy Research and National and the Edinburgh Research Partnership에 의해 예산화된 "Impacts of Climate Change on Renewable Energy Sources and their Role in the Energy System : 2003~2006" project의 원조를 받았다. 또한 본 서의 감수자의 한 사람인 John Twidell에게 사의를 표한다.

참·고·문·헌

1. Wieringa, J., *Updating the Davenport roughness classification.* Journal of Wind Engineering and Industrial Aerodynamics, 1992. **41**: p.357-368.

2. Charnock, H., *Wind stress on a water surface.* Quarterly Journal of the Royal Meteorological Society, 1955. **81**: p.639-640.

3. Barthelmie, R.J., *The effects of atmospheric stability on coastal wind climates.* Meteorological Applications, 1999. **6**(1): p.39-48.

4. Motta, M., R.J. Barthelmie, and P. Vϕlund, *The influence of non-logarithmic wind speed profiles on potential power output at Danish offshore sites.* Wind Energy, 2005. **8**: p.219-236.

5. Stull, R.B., *An introduction to boundary layer meteorology.* ISBN 90-277-2768-6 ed. 1988, Dordrecht: Kluwer Publications Ltd. 666pp.

6. Stull, R.B., *Meteorology for scientists and engineers.* 2000, Pacific Grove, CA: Brooks/Cole. 502pp.

7. Van Wijk, A.J.M., A.C.M. Beljaars, A.A.M. Holtslag, and W.C. Turkenburg, *Evaluation of stability corrections in wind speed profiles over the North Sea.* Journal of Wind Engineering and Industrial Aerodynamics, 1990. **33**: p.551-566.

8. Barthelmie, R.J. *Monitoring offshore wind and turbulence characteristics in Denmark.* in *Proceedings of the 21st British Wind Energy Association Conference.* 1999. Cambridge: Professional Engineering Publishing.

9. Garratt, J.R., *The stably stratified internal boundary layer for steady and diurnally varying offshore flow.* Boundary-Layer Meteorology, 1987. **38**(4): p.369-394.

10. Barthelmie, R.J., B. Grisogono, and S.C. Pryor, *Observations and simulations of diurnal cycles of nearsurface wind speeds over land and sea.* Journal of Geophysical Research (Atmospheres), 1996. **101**(D16): p.21, 327-21, 337.

11. Smedman, A.S., U. Hogstrom, and H. Bergstrom, *Low level jets - a decisive factor for off-shore wind energy siting in the Baltic Sea.* Wind Engineering, 1996. **20**(3): p.137-147.

12. Simpson, J.E., *Sea breeze and local winds.* 1994, Cambridge: Cambridge University Press. 234pp.

13. Badger, J., R. Barthelmie, S. Frandsen, and M. Christiansen. *Mesoscale modelling for an offshore wind farm.* in *European Wind Energy Association Conference.* 2006. Athens, Greece, February 2006.

14. Pavia, E.G. and J.J. O'Brien, *Weibull statistics of wind speed over the ocean.* Journal of Climate and Applied Meteorology, 1986. **25**: p.1324-1332.

15. Barthelmie, R.J. and S.C. Pryor, *Can satellite sampling of offshore wind speeds realistically represent wind speed distributions?* Journal of Applied Meteorology, 2003. **42**: p.83-94.

16. Pryor, S.C., M. Nielsen, R.J. Barthelmie, and J. Mann, *Can satellite sampling of offshore wind speeds realistically represent wind speed distributions? Part II: Quantifying uncertainties associated with sampling strategy and distribution fitting methods.* Journal of Applied Meteorology, 2004. **43**: p.739-750.

17. Vikkelsφ, A., J.H.M. Larsen, and H.C. Sφrensen, *The Middelgrunden offshore wind farm. A popular initiative.* 2003, Copenhagen Environment and Energy Office CEEO: Copenhagen. p.28.

18. IEA, *IEA Wind Energy Annual Report 2004.* 2005, Kendall Printing Company, USA. p.264.

19. Dyre, K. *Vindeby off-shore wind farm – the first experiences.* in *'The Potential of Wind Farms', EWEA Special Topic Conference '92, September 1992.* 1992. Herning, Denmark.

20. Frandsen, S., L. Chacon, A. Crespo, P. Enevoldsen, R. Gomez-Elvira, J. Hernandez, J. Hφjstrup, F. Manuel, K. Thomsen, and P. Sφrensen, *Measurements on and modelling of offshore wind farms.* 1996, Risφ National Laboratory: Denmark.

21. Barthelmie, R.J., M.S. Courtney, J. Hφjstrup, and S.E. Larsen, *Meteorological aspects of offshore wind energy – observations from the Vindeby wind farm.* Journal of Wind Engineering and Industrial Aerodynamics, 1996. **62**(2-3): p.191-211.

22. Jensen, L. *Wake measurements from the Horns Rev wind farm.* in *European Wind Energy Conference.* 2004: EWEA (on CD).

23. Pryor, S.C. and R.J. Barthelmie, *Long term trends in near surface flow over the Baltic.* International Journal of Climatology, 2003. **23**: p.271-289.

24. Kistler, R., E. Kalnay, W. Collins, S. Saha, G. White, J. Woollen, M. Chelliah, W. Ebisuzaki, M. Kanamitsu, V. Kousky, H. van den Dool, R. Jenne, and M. Fiorino, *The NCEP-NCAR 50 year reanalysis: Monthly mean CD-ROM and documentation.* Bulletin of the American

Meteorological Society, 2001. **82**: p.247-267.

25. Kalnay, E., M. Kanamitsu, R. Kistler, W. Collins, D. Deaven, L. Gandin, M. Iredell, S. Saha, G. White, J. Woollen, M. Chelliah, Y. Zhu, M. Chelliah, W. Ebisuzaki, W. Higgins, J. Janowiak, K.C. Mo, C. Ropelweski, J. Wang, A. Leetmaa, R. Reynolds, R. Jenne, and D. Joseph, *The NCEP/NCAR 40 reanalysis project.* Bulletin of the American Meteorological Society, 1996. **77**: p.437-471.

26. Marshall, J., Y. Kushnir, D. Battisti, P. Chang, A. Czaja, R. Dickson, J. Hurrell, M. McCartney, R. Saravanan, and M. Visbeck, *North Atlantic climate variability: Phenomena, impacts and mechanisms.* International Journal of Climatology, 2001. **21**: p.1863-1898.

27. Hurrell, J., Y. Kushnir, G. Ottersen, and M. Visbeck, *An overview of the North Atlantic Oscillation.* The North Atlantic Oscillation: Climatic Significance and Environmental Impact. 2003: Geophysical Monograph 134, American Geophysical Union. 35pp.

28. Alexandersson, H., H. Tuomenvirta, T. Schmith, and K. Iden, *Trends of storms in NW Europe derived from an updated pressure data set.* Climate Research, 2000. **14**: p.71-73.

29. Pryor, S.C., R.J. Barthelmie, and J.T. Schoof, *The impact of non-stationarities in the climate system on the definition of 'a normal wind year': A case study from the Baltic.* International Journal of Climatology, 2005. **25**: p.735-752.

30. Meehl, G., C. Covey, M. Latif, B. McAvaney, J. Mitchell, and R. Stouffer, *Soliciting participation in climate model analyses leading to IPCC Fourth Assessment Report.* EOS, 2004. **85**: p.274.

31. IPCC, *IPCC Third Assessment Report. Climate Change 2001: The scientific basis*, ed. J. Houghton, et al. 2001, Cambridge, U.K.: Cambridge University Press. 881pp.

32. Pryor, S.C., J.T. Schoof, and R.J. Barthelmie, *Winds of Change? Projections of near-surface winds under climate change scenarios.* Geophysical Research Letters, 2006. **33**(L11702): p. doi:10.1029/2006GL026000.

33. Robeson, S.M. and K.A. Shein, *Spatial coherence and decay of wind speed and power in the north-central United States.* Physical Geography, 1997. **18**: p.479-495.

34. Breslow, P.B. and D.J. Sailor, *Vulnerability of wind power resources to climate change in the continental United States.* Renewable Energy, 2002. **27**: p.585-598.

35. Pryor, S.C., R.J. Barthelmie, and E. Kjellström, *Analyses of the potential climate change impact on wind energy resources in northern Europe using output from a Regional Climate Model.* Climate Dynamics, 2005. **25**: p.815-835.

36. Pryor, S.C., J.T. Schoof, and R.J. Barthelmie, *Empirical downscaling of wind speed probability distributions.* Journal of Geophysical Research, 2005. **110**(D19109): p. doi: 10.1029/2005JD005899.

37. IPCC, *Emissions Scenarios. 2000*, ed. N. Nakicenovic and R. Swart. 2000: Cambridge University Press, UK. 570pp.

38. Stratton, R.A., *A high resolution AMIP integration using the Hadley Centre model HadAM2b.* Climate Dynamics, 1999. **15**: p.9-28.

39. Pope, V., M. Gallani, P. Rowntree, and R. Stratton, *The impact of new physical parameterizations in the Hadley Centre climate model: HadAM3.* Climate Dynamics, 2000. **16**: p.123-146.

40. Johns, T.C., R.E. Carnell, J.F. Crossley, J.M. Gregory, J.F.B. Mitchell, C.a. Senior, S.F.B. Tett, and R.A. Wood, *The second Hadley Centre coupled ocean-atmosphere GCM: model description, spinup and validation.* Climate Dynamics, 1997. **13**: p.103-134.

41. Giorgi, F. and L.O. Mearns, *Probability of regional climate change based on the Reliability Ensemble Averaging (REA) method.* Geophysical Research Letters, 2003. **30**(12): p.1629, doi:10.1029/2003GL017130.

42. Pryor, S.C., R.J. Barthelmie, and J.T. Schoof, *Inter-annual variability of wind indices over Europe.* Wind Energy, 2006. **9**: p.27-38.

43. Giorgi, F., B. Hewitson, J. Christensen, M. Hulme, H. von Storch, P. Whetton, R. Jones, L. Mearns, and C. Fu, *Chapter 10: Regional climate information – Evaluation and projections*, in *Climate Change 2001: The Scientific Basis.* 2001, Cambridge University Press: Cambridge. p.583-638.

44. Pryor, S.C., J.T. Schoof, and R.J. Barthelmie, *Potential climate change impacts on wind speeds and wind energy density in northern Europe: Results from empirical downscaling of multiple AOGCMs.* Climate Research, 2005. **29**: p.183-198.

45. Barthelmie, R.J., M. Courtney, B. Lange, M. Nielsen, A. Sempreviva, M., J. Svenson, F. Olsen, and T. Christensen. *Offshore wind resources at Danish measurement sites.* in

Proceedings of the 1999 European Wind Energy Conference and Exhibition. 1999. Nice: James and James Scientific Publishers Ltd.

46. Watson, G., J. Halliday, J. Palutikof, T. Holt, R. Barthelmie, J. Coelingh, L. Folkerts, G. Wiegerinck, E. van Zuylen, J. Cleijne, and G. Hommel. *POWER -A methodology for the prediction of offshore wind energy resources*. in *Proceedings of OWEMES (Offshore Wind Energy in Mediterranean and Other European Seas) conference*. 2000. Sicily: ATENA/ENEA.

47. Wu, J., *Sea surface winds - a critical input to oceanic models but are they accurately measured?* Bulletin of the American Meteorological Society, 1995. **76**: p.13-19.

48. Liu, W.T., *Progress in scatterometer application*. Journal of Oceanography, 2002. **58**: p.121-136.

49. Hasager, C.B., M. Nielsen, P. Astrup, R. Barthelmie, E. Dellwik, N.O. Jensen, B. Jφrgensen, S. Pryor, O. Rathmann, and B. Furevik, *Offshore wind resource assessed from satellite SAR wind field maps*. Wind Energy, 2005. **8**: p.403-419.

50. Hasager, C.B., R. Barthelmie, M. Christiansen, M. Nielsen, and S. Pryor, *Quantifying offshore wind resources from satellite maps: study area the North Sea*. Wind Energy 2006. **9(1-2)**: p.63-74.

51. Kerbaol, V., B. Chapron, and P.W. Vachon, *Analysis of ERS-1/2 synthetic aperture radar wave mode imagettes*. Journal of Geophysical Research: Oceans, 1998. **103**: p.7833-7846.

52. Barthelmie, R., O. Hansen, K. Enevoldsen, J. Hφjstrup, S. Larsen, S. Frandsen, S. Pryor, M. Motta, and P. Sanderhoff, *Ten years of meteorological measurements for offshore wind farms*. Journal of Solar Energy Engineering, 2005. **127(2)**: p.170-176.

53. Bergström, H., *Boundary-layer modelling for wind climate estimates*. Wind Engineering, 2002. **25(5)**: p.289-299.

54. Bergström, H. and R.J. Barthelmie. *Offshore boundary-layer modelling*. in *2002 Global Windpower*. 2002. Paris: EWEA.

55. Mortensen, N.G., L. Landberg, I. Troen, and E.L. Petersen, *Wind Analysis and Application Program (WASP)*. 1993, Risφ National Laboratory: Roskilde, Denmark.

56. Mortensen, N.G., D. Heathfield, L. Landberg, O. Rathmann, I. Troen, and E. Petersen, *Getting started with WASP 7.0*. 2000, Risφ National Laboratory: Roskilde.

57. Kallstrand, B., H. Bergstrom, J. H∮jstrup, and A.S. Smedman, *Mesoscale wind field modifications over the Baltic Sea.* Boundary-Layer Meteorology, 2000. **95**: p.161-188.

58. Rogers, A., J. Rogers, and J.F. Manwell, *Comparison of the performance of four measure-correlate-predict algorithms.* Journal of Wind Engineering and Industrial Aerodynamics, 2005. **93**: p.243-264.

59. Bunn, J.C. and S.J. Watson. *A new matrix method of predicting long-term wind roses with MCP.* in *European Union Wind Energy Conference, May 1996.* 1996. Goteborg, Sweden: H.S. Stephens and Associates, Bedford, UK.

60. Hsu, S.A., *Coastal Meteorology.* ISBN 0-12-357955-4 ed. 1988, London: Academic Press Inc. 260pp.

61. Hsu, S.A., *Determining the Power-law wind-profile exponent under near-neutral stability conditions at sea.* Journal of Applied Meteorology, 1994. **33**(6): p.757-765.

62. Antoniou, I., H. J∮rgensen, T. Mikkelsen, S. Frandsen, R. Barthelmie, C. Perstrup, and M. Hurtig. *Offshore wind profile measurements from remote sensing instruments.* in *European Wind Energy Association Conference.* 2006. Athens, Greece, February 2006.

63. Barthelmie, R.J., L. Folkerts, F. Ormel, P. Sanderhoff, P. Eecen, O. Stobbe, and N.M. Nielsen, *Offshore wind turbine wakes measured by SODAR.* Journal of Atmospheric and Oceanic Technology, 2003. **30**: p.466-477.

64. Barthelmie, R.J., *Evaluating the impact of wind induced roughness change and tidal range on extrapolation of offshore vertical wind speed profiles.* Wind Energy, 2001. **4**: p.99-105.

65. Van Wijk, A.J.M., A.C.M. Beljaars, A.A.M. Holtslag, and B. Turkenburg, *Evaluation of stability corrections in wind speed profiles over the North Sea.* Journal of Wind Engineering and Industrial Aerodynamics, 1990. **33**: p.551-566.

66. Tambke, J., M. Lange, U. Focken, J. Wolff, and J. Bye, *Forecasting offshore wind speeds above the North Sea.* Wind Energy, 2005. **8**: p.3-16.

67. Larsen, S.E., S.E. Gryning, N.O. Jensen, H.E. J∮rgensen, and J. Mann. *Profiles of mean wind and turbulence in the atmospheric boundary layer above the surface layer.* in *In: EUROMECH colloquium 464b: Wind energy. International colloquium on fluid mechanics and mechanics of wind energy conversion.* 2005. Oldenburg (DE), 4-7 Oct 2005: ForWind, Oldenburg.

68. Bye, J., *Inertially coupled Ekman layers.* Dynamics of Atmospheres and Oceans, 2002. **35**: p.27-39.

69. Ainslie, J.F., *Calculating the flow field in the wake of wind turbines.* Journal of Wind Engineering and Industrial Aerodynamics, 1988. **27**: p.213-224.

70. Lange, B., H.P. Waldl, A. Guerrero, and R. Barthelmie, *Improvement of the wind farm model FLaP (Farm Layout Program) for offshore applications.* Wind Energy, 2003. **6**: p.87-104.

71. Schepers, J.G., *ENDOW: Validation and improvement of ECN's wake model.* 2003, ECN: Petten, The Netherlands. p.113.

72. Crespo, A., J. Hernandez, and S. Frandsen, *Survey and modelling methods for wind turbine wakes and wind farms.* Wind Energy, 1999. **2**: p.1-24.

73. Frandsen, S., *Turbulence and turbulence-generated fatigue loading in wind turbine clusters.* 2005, Risoe National Laboratory: Roskilde. p.128

74. Schlichting, H., *Boundary layer theory (6th edition).* 1968, New York: McGraw-Hill. 748pp.

75. Pope, S.A., *Turbulent flows.* 2000: Cambridge University Press. 806pp.

76. Jensen, N.O., *A note on wind turbine interaction.* 1983, Risφ National Laboratory: Roskilde, Denmark. p.16.

77. Katic, I., J. Hφjstrup, and N.O. Jensen. *A simple model for cluster efficiency.* in *European Wind Energy Association.* 1986. Rome.

78. Rados, K., G. Larsen, R. Barthelmie, W. Schelz, B. Lange, G. Schepers, T. Hegberg, and M. Magnusson, *Comparison of wake models with data for offshore windfarms.* Wind Engineering, 2002. **25**: p.271-280.

79. Schlez, W., A.E. Umaña, R. Barthelmie, S. Larsen, K. Rados, B. Lange, G. Schepers, and T. Hegberg, *ENDOW: Improvement of wake models within offshore windfarms.* Wind Engineering, 2002. **25**: p.281-287.

80. Crespo, A., L. Chacon, J. Henandez, F. Manuel, and R. Gomez-Elvira. *Modelization of offshore wind farms. Effect of the surface roughness of the sea.* in *European Union Wind Energy Conference.* 1996. Goteborg: H.S. Stephens and Associates, Bedford, UK.

81. Frandsen, S., R. Barthelmie, S. Pryor, O. Rathmann, S. Larsen, J. Hφjstrup, and M. Thφ

gersen, *Analytical modelling of wind speed deficit in large offshore wind farms.* Wind Energy 2006. 9(1-2): p.39-53.

82. Rathmann, O., R.J. Barthelmie, and S.T. Frandsen. *Wind turbine wake model for wind farm power production.*. in *European Wind Energy Conference.* 2006. Athens.

83. Giebel, G., R. Brownsword, and G. Kariniotakis, *The state-of-the-art in short-term prediction of wind power. A literature overview.* 2003, http://anemos.cma.fr/download/ANEMOS_D1.1_StateOfTheArt_v1.1._pdf, 2003.08.12.: Roskilde. p.36.

84. Pryor, S.C. and R.J. Barthelmie, *Comparison of potential power production at on- and off-shore sites.* Wind Energy, 2002. **2001:4**: p.173-181.

85. Barthelmie, R.J. and G. Giebel. *Prediction of wind speed profiles for short-term forecasting in the offshore environment.* in *European Wind Energy Conference.* 2006. Athens.

Chapter 05

풍력발전기의 전기공학

C05hapter

풍력발전기의 전기공학

5.1 서 론

세계의 풍력에너지 설비용량은 연 30% 정도 비율로 급속하게 상승하고 있다. 초기 무렵에는 지역적인 계통에 소규모 전력을 공급하는 정도였기 때문에 발전시스템으로서 운전이나 제어가 막대한 영향을 끼치는 일이 없었다. 그러나 현재 유럽 등의 특정 지역에서는 수백 MW의 용량을 가진 해상풍력발전단지 등이 대규모로 도입되어 풍력발전은 계통에서 큰 역할을 담당하고 있다.

초기 풍력발전기에 사용된 전기적인 기술은 계통에 직접 접속된 농형(squirrel-cage) 유도발전기가 베이스였기 때문에, 풍력의 변동은 유효전력·무효전력이 같이 계통에 직접 전달되는 방식이었다. 이 유효전력 및 무효전력은 기본적으로 전력계통의 주파수 및 전압을 제어하기 위해 굉장히 중요한 파라미터이지만 최근 전력용량이 큰 풍력발전기에서는 그 제어성능은 극적으로 개선되고 있다.

현재에도 일반적인 유도기를 사용한 풍력발전기를 사용하고 있지만 최근 동향으로는 더욱 선진적인 발전기, 즉 이중여자유도발전기(DFIG)나 풀 컨버터로 계통에 연계된 동기발전기가 사용되는 추세이다. 이와 같이 선진적인 시스템에서는 반도체 전력소자가 사용되어 이것으로 인해 풍력발전기는 다음과 같은 것이 가능하게 되었다. ① 가변속운전이 가능하게 됨에 따라 변동하는 풍황에서 보다 효율이 좋고 기계적 응력을 줄일 수 있다. ② 지역 전력계통에 대한 무효전력의 영향으로 인해 계통이 약해지는 것이 아니라 반대로 강화시키는 것이 가능하다.

본 장에서는 풍력발전기의 기본적인 전기에 관한 주제로 ① 시스템에 입력된 힘의 제어방법, ② 발전기 및 전력소자 기기, ③ 풍력발전기의 특징, ④ 제어방법 등에 대해서 서술한다. 또한 일반적인 풍력발전기의 계통연계에 대하여 육상 및 해상풍력발전단지의 두 경우로 나누어 설명한다.

풍력발전기에 포함된 전력관계의 주요 구성요소는 그림 5-1에 나타낸 것과 같이 풍력발전기 로터, 증속기, 발전기, 전력소자 기기, 계통연계 변압기 등이 있다. 기본적으로는 풍력발전기 로터가 변동하는 바람의 에너지를 기계적인 에너지로 변환하여, 그것이 발전기에 의해 전력으로 변환되고 변압기 및 송전선을 따라 전력계통에 전송된다.

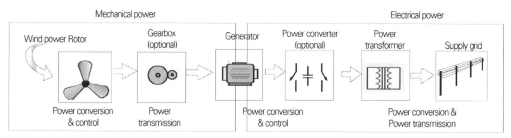

그림 5-1 풍력발전기의 주요 구성요소

풍력발전기는 공기역학적으로 설계된 블레이드에 의해 바람의 에너지를 받아 기계적인 회전에너지로 변환한다. 블레이드의 개수는 일반적으로 3개이며 블레이드 길이가 클수록 회전속도는 저하한다. 수 MW급의 대형 풍력발전기에서는 회전수가 통상 10~15rpm(즉, 주기는 4~6초)이 된다. 이와 같은 저속회전이고 높은 토크의 기계에너지를 전기에너지로 변환하기 위한 고전적인 방법은 증속기로 주축의 회전속도를 4 내지 6극의 일반적인 발전기의 회전속도인 1000 내지 1500rpm으로 증속하는 방식이다. 그러나 다극발전기를 사용하면 증속기는 필요하지 않다.

발전기는 기계에너지를 전기에너지로 변환하는데 그 에너지는 통상 변압기를 통해 직접 또는 전력소자 기기를 통해 전력계통에 공급된다. 또한 이들과 함께 차단기와 전력계 등도 설치한다. 지역 배전계통이나 대규모의 전력계통에서는 배전계통과 고압 · 초고압 송전계통의 각 전압계급에서 풍력발전기를 연계하는 것이 가능하지만 전력계통의 송전용량은 전압의 증가에 따라 커지게된다. 대부분의 육상풍력발전단지는 배전계통에 연계되어 있지만, 대규모 해상풍력발전단지는 고압 내지 초고압 송전계통에 연계되는 것이 예상된다.

풍력발전단지 내에서 일어나는 전력손실은 발전기나 변압기, 전력 케이블, 전력소자 변환기(컨버터)의 손실 등과 함께 조명이나 열공급 등의 풍력발전단지 내에서 사용되는 전력소비도 손실로 계산한다. 개개의 풍력발전기는 발전기 끝단의 전압을 배전계통의 전압(통상 1000V 이하)으로 승압시키기 위하여 승압변압기가 있지만 대부분의 풍력발전단지에서는 전력계통과 연계하기 위해 더욱 전압을 승압시키고 감시하기 위한 변전소를 가지고 있다. 이 전력계통에의 수전점(PCC)에는 계통측(비교적 빈도가 높음)이나 풍력발전소 내에서 고장이 발생한 경우에 회선을 차단하는 전력차단기가 설치되어 있다.

5.2 풍력발전기의 출력제어

풍력발전기 로터에 의해 바람 에너지는 공기역학적으로 기계 에너지가 된다. 고풍속에서는 시스템의 손상을 주기 때문에 기계 에너지의 입력을 제어하는 것이 중요하다. 공력적인 출력제어에는 ① 강풍이 불 때 정격출력이 나올 수 있게 하기 위하여 공기역학적인 실속이 가능하도록 설계된 고정 블레이드, ② 모든 조건에서 동적으로 블레이드 전체 혹은 선단이 회전하는 블레이드, 이렇게 두 방법이 있다. 또한 블레이드의 피치각을 제어하는 것은 받음각을 증가시켜 실속이 가능하도록 하는 것과 받음각을 저하시켜 파워를 줄이는 방법이 있다. 통상 ①은 단순한 유도발전기에 접속된 고정속 로터, ②는 대부분의 경우 DFIG 시스템에 접속된 가변속로터와 함께 사용된다.

고정속 풍력발전기에 대한 패시브스톨 제어는 블레이드가 허브에 고정되어 움직이지 않으므로 가장 간단한 제어방법이다. 풍속이 높아지는 경우 블레이드에 유입되는 상대적인 바람의 받음각이 증가하고, 양력이 감소하여 항력이 증가하는 것에 의해 출력이 감소한다. 패시브스톨의 단점은 실속 후에 불규칙한 공기역학적 거동을 일으켜서 정격 이상의 풍속이 불 때 출력변동을 발생시킨다는 점이다.

피치제어는 개개의 블레이드의 전체 혹은 일부를 바람의 유입각을 감소시키는 방향으로 축을 회전(즉, 블레이드 페더링)시켜서 정격풍속 이상의 영역에서 출력을 제한하는 방법이다. 패시브스톨 제어와 비교하면 피치제어는 출력을 매끄럽게 제어하는 것이 가능하고, 정격풍속 이상의 영역에서 정격출력으로 제한할 수 있다. 또한 피치제어는 공력 브레이크의 역할을 할 수 있어서 풍력발전기에의 하중을 저감시킬 수 있다. 피치각은 정격부근까지는 몇 도 정도의 작은 각도로 유지되고, 정격풍속 이상의 고풍속에서는 입력되는 바람 에너지를 제한하기 위해 조정된다. 블레이드는 공력 브레이크로 사용하기 때문에 약 90°(풀 페더)까지 피치각을 조정할 수 있다. 그러나 피치제어에는 스톨 제어 풍력발전기에서는 필요치 않은 폐루프제어의 신속한 대응이 필요하다. 유지보수 비용을 포함한 비용이 증가되기 쉽다.

액티브스톨 제어는 받음각이 큰 경우에 블레이드를 실속시킬 수 있도록(즉, 피치제어와 반대의 방향으로) 피치각을 움직여서 출력을 제어하는 방법이다. 액티브스톨 제어의 이점은 정격풍속 이상의 영역에서 블레이드가 실속되는 상태로 유지되어 돌풍으로 인한 블레이드 하중이나 출력에 발생하는 진동이 적다. 또한 약간의 피치각 조정으로도 정격에서의 출력을 일정하게 할 수 있기 때문에 피치제어에서와 같은 큰 피치각 변동은 필요하지 않다. 더욱이 공력 브레이크도 작은 피치 각으로 해결되기 때문에 피치제어와 비교하여 블레이드의 변동각을 적게 할 수 있다. 그러나 실속 시의 공기역학적 거동을 정확하게 예측하는 것이 어렵고, 출력변동이 크게 발생할 수 있다.

그림 5-2에 여러 방식의 출력제어방법에 따른 풍력발전기의 출력곡선을 나타낸다[2]. 그림에서 와 같이 피치제어 및 액티브스톨 제어에서 블레이드를 회전시키는 것에 의해 출력이 매끄럽게 제어되고, 스톨 제어에서는 조금 오버슈트하고 고풍속 영역에서는 출력이 저하되는 것을 알 수 있다.

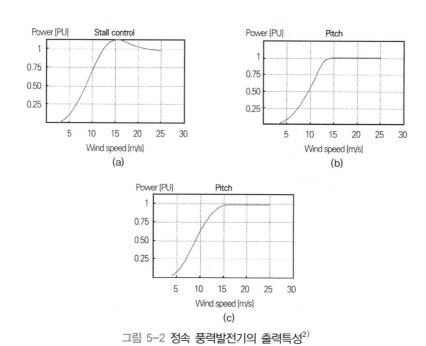

그림 5-2 정속 풍력발전기의 출력특성[2]

5.3 풍력발전기용 발전기

기계 에너지를 전기 에너지로 변환하는 발전기에는 유도발전기와 동기발전기가 있다. 두 발전기 는 고정자 측에서는 같은 권선구조이지만, 회전자 측에서는 전혀 다른 구조를 가진다. 동기발전기 는 영구자석이나 전자유도로 여자된 전자석을 회전자로 하고 (후자의 경우 슬립링을 끼워 여자기에

전기적으로 접속된 것) 출력주파수는 고정자에 발생하는 자계의 주파수에 고정된다. 계통에 접속된 경우 고정자 측은 늘 계통주파수와 같은 상으로 회전되어야 하므로 풍속이 크게 변동하는 경우에는 적용하기 어렵다. 50Hz 계통의 경우 동기속도는 회전자의 극수(자극 페어의 수)에 따라 4극수의 경우 1500rpm, 6극수의 경우 1000rpm, 8극수의 경우 750rpm으로 엄밀하게 결정되어 있다.

한편 유도기는 회전자에 권선을 가지고 있어서 어느 정도의 상대속도를 가진 회전자가 고정자에 의해 만들어진 자장을 잘라줄 때에 전류가 유도된다. 따라서 유도발전기는 고정자 자장과는 다른 회전속도에서만 토크와 파워를 발생시킬 수 있다. 더욱이 단순한 구조의 유도발전기는 계통으로부터 전력을 공급받으면 전동기가 되는 경우도 있기 때문에 유도기라는 용어는 유도발전기와 유도전동기 둘 다를 의미할 수 있음을 유의해야 한다. 회전자전류의 주파수 f_r에 대한 계통 주파수 f_g의 차이의 비율[즉, $s = (f_r - f_g)/f_r$]은 슬립이라 부르며 유도발전기는 통상 −5~0%의 범위에 있다. 슬립은 작으며 거의 일정하기 때문에 풍력발전기의 회전속도는 거의 일정하다. 그래서 정속 풍력발전기라고 표현한다. 단순한 구조의 유도발전기의 단점은 계통에게는 유해한 무효전력을 발생시키는 것이다.

모든 발전기의 단자전압은 일반적으로 1000V 이하의 비교적 낮은 전압으로 제한되기 때문에 근처의 계통에의 접속이나 풍력발전단지의 상호접속 시에는 변압기를 그 사이에 설치해야 한다. 발전기는 냉각이 필요한데 통상적으로 공랭식이지만 수냉식의 외부 열교환기를 장착한 풍력발전기도 있다.

5.3.1 유도발전기

종래의(원자력·화력·수력 등) 대용량 발전용으로는 유도발전기보다 동기발전기가 훨씬 많이 사용되어 왔다. 그 이유는 유도발전기가 전자유도에 의한 여자이기 때문에 고정자 내에서 비교적 큰 에너지 손실이 발생하기 때문이다. 유도기의 전자석을 여자할 때에 필요한 무효전력을 전력계통으로부터 공급받거나 특히 소형 유도기에서 발전기 끝단에 병렬 콘덴서뱅크를 설치하는 등의 대책이 사용되고 있다. 병렬 콘덴서뱅크는 자율운전을 할 때나 계통의 접속이 끊어진 경우에 자기여자가 가능하다. 농형과 같이 단순한 구조의 유도기에서는 단자전압 및 무효전력은 직접제어가 가능하지 않아서 풍력발전기에 이와 같은 유도기를 사용하면 전압이 불안정하게 되고, 특히 대형 풍력발전단지에서는 큰 문제가 된다.

권선형 유도기는 구리선의 권선회전자를 가지고 있고 전력소자 시스템을 끼워서 외부저항회로 및 교류전력계통에 접속된다. 이와 같은 시스템에서는 소용량의 컨버터를 사용해서 부분적인 속도제어를 할 수 있어서 보다 큰 에너지를 보충하여 시스템의 기계적 부하도 경감시킬 수 있다. 이런 시스템 방식은 가변속 운전을 실현하여 무효전력을 공급하고 저풍속 시에 에너지를 증가시킬 수 있어서 경제적인 방법이다. 마찬가지로 드라이브 트레인의 토크 부하를 경감시켜서 전체의 기계구조를 더욱 간단히 하고 신뢰성을 향상시킬 수 있다.

5.3.2 동기발전기

동기발전기는 대규모 집중형 발전소에서 사용되고 있고 현재의 계통 주파수를 제어하고 있는 것도 동기발전기이다. 발전할 때에는 외부회로의 직류에서 여자된 전자석을 회전자로 사용한다. 회전자는 토크에 의해 결정된 각도만큼 고정자의 회전자계보다 앞서지만 고정자의 회전자계와 완전히 같은 회전속도인 '정속'이다.[1] 로터 토크의 주기적인 변동을 저감시키면서 또한 드라이브 트레인에는 큰 감쇠가 요구된다. 따라서 일반적으로 정속 풍력발전기에는 풍력발전기에 필요한 감쇠를 고려해야 하는 동기발전기가 아닌 유도발전기가 사용되고 있다. 정속 풍력발전기에서 드라이브 트레인, 특히 증속기의 동적 응력을 저감하기 위해서는 유도발전기에 의한 감쇠가 필요하기 때문에 동기발전기는 교류계통에 직접연계하는 것이 불가능하다. 그러나 간접적인 결합[즉, 정류기와 인버터로부터 된 반도체 전력소자 장치(컨버터)]가 사용되는 경우 풍력발전기 로터가 가변속으로 돼서 동기발전기를 유효하게 사용할 수 있다. 따라서 동기발전기는 풀 컨버터(100% 정격)를 삽입하여 전력계통과 연계하면 사용할 수 있다.

5.3.3 다이렉트 드라이브 발전기

증속기 없이 풍력발전기 로터에 직접연결하고 전력소자 장치를 삽입하여 계통연계하는 다극형 발전기의 응용이 상당히 주목받고 있다. 회전기의 출력은 기기의 크기, 즉 회전체의 반경과 회전속도에 비례하기 때문에 회전속도가 낮은 경우 발전기의 크기는 출력에 비례하지 않고 2차 함수적으로 증대한다. 즉, 풍력발전기용 다이렉트 드라이브 발전기는 직경이 매우 큰 경우가 많고 이로 인해 많은 극을 배치하기가 용이하다.

유도발전기는 고정자로부터 여자될 때 적절한 자속밀도가 필요하기 때문에 비교적 작은 에어 갭이 필요하다. 이에 비해 동기발전기는 회전자에 여자 시스템을 가지고 있어서 비교적 큰 에어 갭에도 동작이 가능하다. 대형 전기기기에서 작은 에어 갭이 구성되는 것은 기계적·열적 이유에

---

1 슬립의 작은 변동은 무시할 수 있기 때문에 고정자의 회전속도는 사실상 정속이다.

기인하기 때문에 다이렉트 드라이브 풍력발전기는 동기기를 사용하게 된다(더욱이, 전자석은 영구자석을 사용하게 된다). 또한 동기발전기에서는 계통에 연계하기 위한 컨버터가 필요하다.

풍력발전기에 적용할 때, 발전기는 다극기로 만들어져서 풍력발전기 로터에는 증속기 없이 또는 저증속비의 증속기를 설치하여 연결된다. 발전기 단자전압을 제어하기 위해서는 여자 시스템이 사용되지만, 특히 다극기의 풍력발전기용으로는 영구자석형 동기기도 사용되고 있다. 이 경우에 여자용 슬립링을 제거할 수 있으며 동시에 여자 시스템의 전력손실도 배제할 수 있지만 발전기 단자전압의 제어는 어렵게 된다.

저속 다이렉트 드라이브 시스템에서는 로터와 발전기가 짜임새 있는 일체구조로 되어 있다. 중속 시스템에서는 영구자석형 발전기가 주축 베어링 및 1단의 증속기와 일체구조로 된 경우도 있다. 저속 혹은 중속의 영구자석 발전기는 간소하고 견고한 저속 로터설계이기 때문에 기기의 마모가 감소하고 필요한 유지보수나 life cycle 비용을 줄이고 수명을 늘리는 것이 가능하다.

5.4 최근 전력소자 및 컨버터 시스템

전력소자는 오늘날 전기공학의 분야로는 굉장히 큰 역할을 담당하고 있으며 전력 시스템 중에서 풍력발전기가 고효율로 고성능을 발휘하는 매우 중요한 것이다. 반도체 전력소자 기술을 이용한 컨버터는 주파수나 전압, 유효전력 및 무효전력의 제어, 고조파 억제 등을 포함한 계통연계요건에 풍력발전기의 특성을 맞추기 위해 사용한다.

많은 형식의 풍력발전기에서 가변속 제어의 인터페이스로써 전력소자 시스템이 사용되고 있다. 전력소자 장치의 목적은 익단속도를 풍속에 대해 일정한 비율, 즉 일정 주속비를 유지하는 것에 있다. 이것에 의해 블레이드에 대한 상대 바람의 각도는 풍속이 변화하는 경우에도 일정하게 유지될 수 있다. 발전기의 축은 로터 축에 고정되어 있어서 풍력발전기가 가변속으로 운전하는 경우 발전기 출력의 주파수는 그것에 대응하여 변화해야 하므로 계통의 주파수로부터 분리되어야 한다. 이것을 실현하는 것이 컨버터 시스템이다. 풍력발전기가 계통에 직결되어 있는 정속 시스템에서는 soft-starter로서 사이리스터(thyrister)가 사용된다. 오늘날의 전력소자는 풍력발전기 중에서 매우 중요한 역할을 담당하고 있다.

전력소자는 과거 30년간 급격한 변화 이후 많은 응용사례가 늘어가고 있으나 주로 반도체 장치와 마이크로프로세서의 기술이 진화한 것에 기인한다. 실리콘 칩의 단위면적당 성능은 확실히 향상하였고 장치의 가격도 내려가고 있다. 중요한 점으로는 신뢰성과 효율 및 비용이 올라간다는

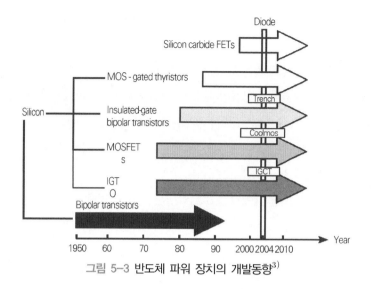

그림 5-3 반도체 파워 장치의 개발동향[3]

것이다. 오늘날 반도체 파워 장치의 가격은 같은 출력성능을 가진 것이 매년 2~5%씩 떨어지고 있다. 더욱이 신뢰성이 높고 낮은 가격을 추구하기 위해 더욱 고밀도의 집적도로 부품 개수를 줄일 필요가 있다. 예를 들어 그림 5-3에 몇 가지 중요한 자려 장치와 향후의 발전이 예상되는 범위를 나타냈다.

컨버터는 파워 장치와 구동회로, 보호회로 및 제어회로로 구성되어 있다. 컨버터는 그 회로 토폴로지나 응용분야에 기인하지만 부하 또는 발전기와 전력계통 사이에 어느 방향으로도 전력조류제어가 가능한 것이 많다. 컨버터 시스템에서는 타여자(계통전류방식) 및 자여자(자기전류) 두 가지가 있다. 주로 타여자 컨버터에서는 6펄스, 12펄스 또는 그 이상의 펄스 방식의 사이리스터 컨버터가 있다. 타여자 컨버터는 고조파를 발생하기 때문에 일반적으로는 고조파 필터가 필요하다[4, 5]. 또한 사이리스터 컨버터는 무효전력을 제어할 수 없고 유도성 무효전력을 소비한다. 따라서 사이리스터 컨버터는 주로 고압직류송전(HVDC) 시스템 등의 고전압에서 대용량 전력 시스템에 사용되고 있다.

주된 자여자 컨버터 시스템으로는 펄스폭 변조(PWM) 컨버터가 있으며 절연게이트 바이폴라 트랜지스터(Insulated Gate Bipolar Transistor · IGBT)가 주로 사용되고 있다. 자여자 컨버터는 유효전력 및 무효전력 둘 다 제어하는 것이 가능하고[6, 7] 필요한 무효전력을 공급하는 것도 가능하다. PWM 컨버터는 고주파 스위칭이어서 고조파와 차수간고조파가 발생하지만 일반적으로 이 고조파는 수 kHz의 대역의 고주파이기 때문에 소형 필터로 비교적 간단하게 제거할 수 있다. 그림 5-4는 IGBT와 같은 자여자 반도체 장치를 사용한 대표적인 전력소자 컨버터를 나타낸다. 또한 그림 5-5에서는 다양한 운전상태의 파형을 나타낸다.

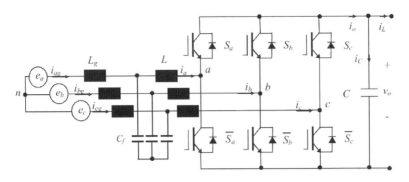

그림 5-4 IGBT를 사용한 전압형 컨버터(VSC)의 회로도

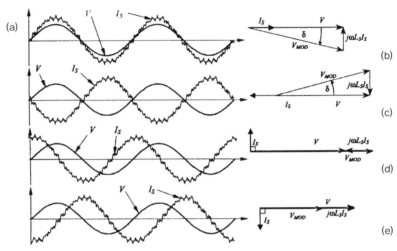

(a) 다양한 운전조건에서의 파형
(b) AC 계통에서 컨버터 DC 측에 유효전력이 유입될 때의 벡터도
(c) 컨버터 DC 측에서 AC 계통에 유효전력이 유입될 때의 벡터도
(d) 컨버터가 무효전력을 발생시킬 때의 벡터도
(e) 컨버터가 무효전력을 소비할 때의 벡터도

그림 5-5 전압형 컨버터의 쌍방향 유효·무효전력

한편 그 외의 다른 방식의 회로구성도 존재하는데 예를 들면 그림 5-6에 나타낸 것과 같이 멀티레벨 컨버터나 그림 5-7과 같은 매트릭스 컨버터도 있다.

이제까지 서술한 것과 같이 발전기와 컨버터를 기초로 풍력발전기의 전기 시스템을 기술적으로 실현하기 위한 방법이 많이 존재한다. 그림 5-8에 풍력에너지를 기계 에너지로, 또는 전기 에너지로 변환하기 위한 기술적인 flow chart를 나타낸다. 이 flow chart에서 증속기나 컨버터의 유무 등도 나타내고 있다. 다음 절에서는 주요 풍력발전기의 구성을 제시하고 설명한다.

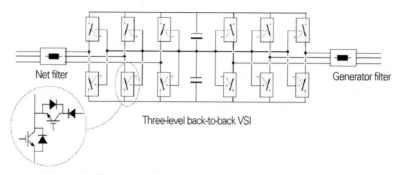

그림 5-6 중성점에서 클램프 된 back-to-back[2] 3레벨 전압형 컨버터

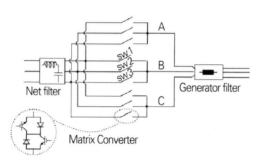

그림 5-7 매트릭스 컨버터의 회로구성도

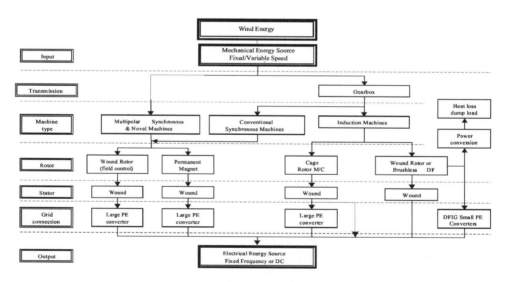

그림 5-8 풍력에너지의 에너지 변환 flow chart[8, 9]

---

2 역자 주 : BTB(Back-to-back) 컨버터는 DC 링크를 삽입한 2대의 AC-DC 컨버터로 구성되어 있으며 2대의 컨버터
가 등을 맞댄 배치로 되어 있기 때문에 일반적으로 이 명칭을 사용하고 있다. 이 컨버터는 송전거리가 0인 직류송전
으로 볼 수도 있으며, 두 개의 교류계통 간에 삽입된 주파수 컨버터로 볼 수도 있다.

5.5 풍력발전기의 전력변환 시스템

풍력발전기에서는 유도발전기와 동기발전기 둘 다 사용되며 이 책에서 다루는 계통연계용 풍력발전기에서도 둘 다 사용된다. 유도발전기는 ① 농형 회전자를 가지고 정속운전3으로 계통에 직결된 방식(그림 5-9), ② 권선형 회전자를 가지고 가변저항에 의한 슬립 범위를 크게 잡고 회전속도의 가변속 범위를 크게 한 방식(그림 5-12), ③ 가변속 운전을 위한 이중여자형으로 회전자가 전력소자 장치를 삽입하여 계통에 연계한 방식(그림 5-13), 이렇게 3가지 방식으로 나눌 수 있다. 동기발전기를 사용한 가변속 풍력발전기는 계통에 연계하기 위해 100% 용량의 컨버터가 필요하다(그림 5-14).

농형 유도기는 AC 계통에 직결되어 정속으로 운전하거나 또는 풀 컨버터를 사용하여 가변속으로 운전하는 것도 가능하다. 슬립 저항제어형 권선형유도기는 통상 AC 계통에 직결되어 있지만 슬립 제어에 의해 어느 정도 제어범위로 운전속도를 바꿀 수 있다. DFIG는 컨버터의 특성에 대응하여 넓은 제어범위로 회전속도를 변화시키는 것이 가능하다. 본 절에서는 ① 전력소자 장치(단, 사이리스터 soft-starter는 제외함)를 사용하지 않은 정속 시스템, ② 부분정격의 컨버터를 사용한 가변속 풍력발전기 시스템, ③ 풀 컨버터를 가진 풍력발전기 시스템에 대해서 설명한다.

5.5.1 정속 풍력발전기

덴마크형 풍력발전기라고도 하며 계통에 직결된 풍력발전기는 2.3MW까지 널리 사용되고 있다. 이 시스템은 농형 유도발전기4(SCIG)를 가지고 있고 변압기를 사이에 넣어 계통에 접속되어 있다. 농형 유도발전기를 가진 풍력발전기의 회전속도변동은 1~2%이며 거의 일정한 속도로 운전된다. 출력 제한은 스톨 제어, 액티브스톨 제어 또는 피치제어 등 모두 공기역학적인 제어방법으로 동작하게 된다. 이 3가지의 다른 정속 풍력발전기의 기본 개념도를 그림 5-9에 나타낸다. 유도발전기를 사용한 풍력발전기의 이점은 단순하고 값이 싼 구조이며, 동기를 위한 장치도 필요하지 않고 저비용이면서 신뢰성 높은 점이 매력적이다. 그러나 계통에 직결된 유도기는 빠른 대응속도(수 ms 이하)로 유효전력을 제어하는 것이 불가능하다. 단점은 풍력발전기의 속도가 일정해야 하기 때문에 안정적인 운전을 위해서는 용량적으로 강한 전력계통이 필요한 것과 돌풍 등 드라이브 트레인이나 증속기에 맥동토크가 걸리는 경우에 큰 기계적 응력을 흡수하기 위한 고가의

---

3 슬립에 의한 변동은 매우 작은 것으로 간주할 수 있다.
4 일반적인 발전기는 계통으로부터 전력이 공급되는 것을 전동기를 통해 동작한다. 따라서 유도발전기와 유도전동기를 유도기로 칭하고, 동기발전기와 동기전동기를 동기기로 부르기도 한다.

기계장치가 필요하게 되는 경우도 있다는 것이다.

그림 5-10 (a)~(c)에 대표적인 유도기의 유효전력, 무효전력 및 토크특성을 나타낸다. 이 그림에서 알 수 있듯이 정속에서 안정적으로 동작하는 영역에서는 슬립이 증가하면 유도기의 출력 및 토크도 증가한다. 따라서 슬립과 회전속도의 변동은 유도기의 출력 변동에 직접적인 영향을 미친다.

유도발전기는 기동 시에 발생하는 큰 돌입전류를 제한하기 위하여 통상 사이리스터를 이용한 soft-starter가 사용된다. 또한 무효전력은 콘덴서뱅크에 의해 보정되고 유효전력의 발생에 따라 스위치가 개폐된다. 그림 5-10 (b)에 나타낸 것과 같이 무효전력이 필요하게 되지만, 그것은 콘덴서뱅크에 의해 개선되고 있다. 일반적으로 5~25단계의 출력 변화에 따라 연속적인 스위칭에 의해 콘덴서뱅크가 투입된다.

유도기를 계통에 직접 접속하면 단기간이지만 매우 큰 돌입전류가 발생하고 계통에 동요를 일으키는 동시에 드라이브 트레인에 높은 토크의 스파이크를 일으킨다. 특별한 대책이 나오지 않는 한 통상 발전기 정격전류의 5~8배의 돌입전류가 극히 단시간(100ms 이상)에 흐른다. 이와 같이 과도전류는 계통을 동요시키기 때문에 계통에 연계할 수 있는 풍력발전기의 수가 제한되게 된다. 그림 5-9에 나타낸 3종류의 계통직결형 유도발전기에서는 돌입전류를 저감하기 위해 사이리스터 컨트롤러나 soft-starter가 사용되고 있다[11]. 사이리스터 기술을 사용한 soft-starter는 일반적으로 돌입전류의 실효값을 발전기 정격의 2배 정도까지 전류를 억제한다. soft-starter는 열용량이나 연속전류용량에 제한이 있기 때문에 계통과의 접속이 완료된 이후에 모든 부하전류를 흘려보내기 위해 기계적 접촉기로 단락시킨다. 더욱이 soft-starter는 계통에의 영향을 경감하기 위하여 급격한 전류에 따른 토크의 급격변동을 효과적으로 매끄럽게 할 수 있으므로 증속기의 부하를 저감시킨다.

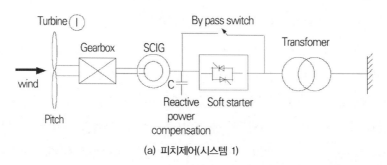

(a) 피치제어(시스템 1)

그림 5-9 파워 컨버터를 사용하지 않고 공력적인 출력제어를 하는 풍력발전기 시스템

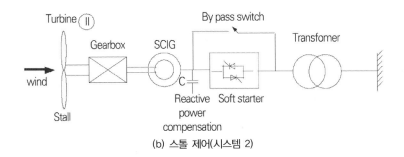

(b) 스톨 제어(시스템 2)

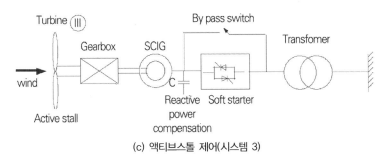

(c) 액티브스톨 제어(시스템 3)

그림 5-9 파워 컨버터를 사용하지 않고 공력적인 출력제어를 하는 풍력발전기 시스템(계속)

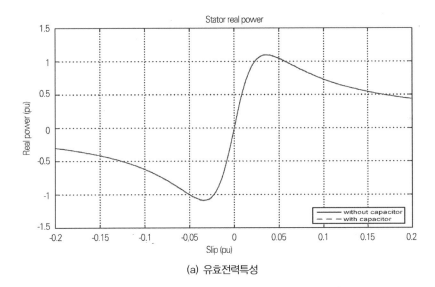

(a) 유효전력특성

그림 5-10 계통에 직결된 농형 유도발전기의 특성

여기서 soft-starter에 따른 유도발전기의 기동상태를 설명한다[12]. 유도기는 2MW 정격출력의 Δ결선으로 각각 정격 690V/1700A의 상전압 및 선전류이다. 유도기는 soft-starter를 삽입하여 동기속도(1450rpm)의 공급전압에 접속되어 있다. soft-starter의 기동 시 위상각은 120°이다. 이 시스템의 등가회로도를 그림 5-11 (a)에 나타낸다.

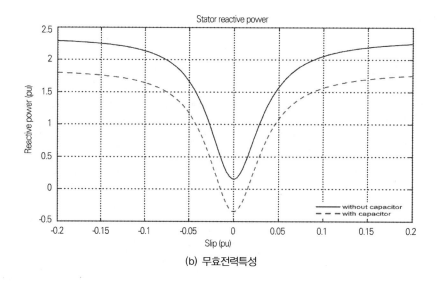

(b) 무효전력특성

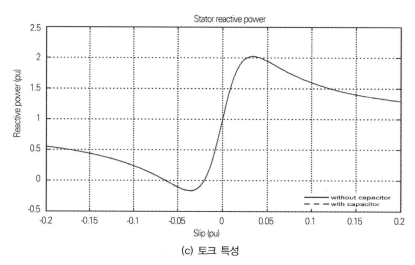

(c) 토크 특성

그림 5-10 계통에 직결된 농형 유도발전기의 특성(계속)

　직접 기동시킨 경우 및 soft-starter를 사용한 경우 2가지에 대해서 기동 시의 고속 축의 전자
토크와 회전속도를 나타낸다. 그림 5-11 (b)는 직접기동 시의 시뮬레이션 결과이며 그림 5-11
(c)는 유도기에 soft-starter를 설치하고 계통에 접속시킨 때의 결과를 나타낸다. 유도기가 계통
에 직접 접속된 경우 그림 5-11 (b)에 보이듯이 높은 기동 토크가 확인되고 회전속도에 큰 맥동을
볼 수 있다. soft-starter를 사용한 경우 돌입전류 및 그것에 따른 기동 토크는 억제되고 회전속도
도 그림 5-11 (c)에 보이듯이 매끄럽게 된다.

5.5.2 가변속 풍력발전기

가변속 풍력발전기에서 발전기는 통상 전력소자 시스템을 사이에 넣어 계통에 접속되어 있다. 동기발전기나 회전자 권선이 없는 유도발전기에서는 모든 정격용량의 컨버터가 발전기 고정자와 계통 사이에 삽입되어 발전된 전력 모두 컨버터를 통하여 계통에 공급된다[13, 14].

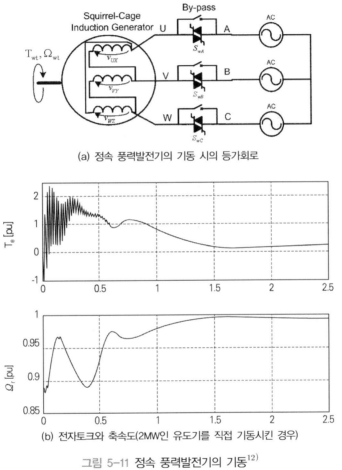

(a) 정속 풍력발전기의 기동 시의 등가회로

(b) 전자토크와 축속도(2MW인 유도기를 직접 기동시킨 경우)

그림 5-11 정속 풍력발전기의 기동[12]

회전자 권선을 가진 유도발전기는 발전기 고정자가 계통에 직접 접속되어 있다. 또한 회전자 전류는 ① 권선에 접속된 직렬저항, ② 컨버터를 통해 계통에 접속된 외부회로 등 여러 방법으로 제어된다.

위에서 ①은 가변 슬립 유도발전기라고 하고 회전자 권선 측의 직렬저항의 동적 제어에 의해 토크 1회전속도의 관계를 조정할 수 있다. 전류를 관측하여 폐루프제어를 함으로써 가변속 구동을 효율적으로 할 수 있고 정격출력 시에는 통상 유도발전기로써 동작한다. ②의 경우 컨버터가 회전

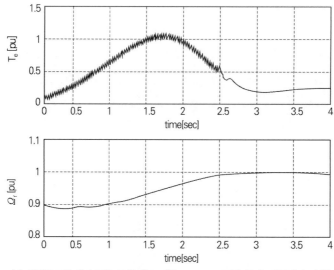

(c) 전자토크와 축속도(2MW인 유도기를 soft-starter를 통해 기동시킨 경우)

그림 5-11 정속 풍력발전기의 기동[12](계속)

자 회로의 출력을 제어하기 때문에 컨버터는 회전자 측에서만 설치하면 되므로 정격의 30% 정도 용량으로 해결되지만 이 비율을 높이면 회전속도의 제어범위를 넓히는 것이 가능하다.

풍력발전기 시스템의 가변속운전은 정속에 비해 비용이 더 들어가지만, 몇 가지 이점이 있다. 기본적인 장점은 블레이드의 주속비를 최적값(블레이드의 경우 대부분 7 정도)으로 유지할 수 있다. 이를 통해 풍속이 변동하는 상황에서도 풍력발전기 효율을 높게 유지할 수 있다. 또한 전기-기계계통의 결합이 더욱 유연해지기 때문에 증속기나 그 외의 드라이브 트레인 요소나 구조물의 마모가 적어지고 계통 출력의 변동을 억제할 수 있다.

(1) 부분 정격 파워 컨버터를 사용한 가변속 풍력발전기

본 항에서는 권선형 회전자를 가진 유도발전기를 갖는 풍력발전기를 고려한다. 이 풍력발전기 에서는 제어성능을 향상시키기 위해 부분 정격 파워 컨버터가 필요하다. 권선형 유도발전기를 갖는 풍력발전기 시스템을 그림 5-12 및 그림 5-13에 나타낸다[15, 16].

(a) 회전자 저항 제어하는 권선형 유도발전기(동적 슬립 제어)

권선형 유도발전기의 경우 회전자 권선의 저항이 크게 될 정도로 슬립을 크게 만들어야 하기 때문에 슬립을 변화시키기 위한 방법의 하나로 회전자 권선의 저항을 변화시키는 것이 좋다. 이와 같은 관점에서부터 회전자 권선이 슬립링을 끼워 넣어 가변저항에 접속하고 그림 5-12 (a)에 나타난 전자제어 시스템에 의해 회로의 등가저항을 조정하는 것이 가능하다. 이와 같은 방법으로 발전기 회전속도는 제한된 범위 내(통상 2~5%)에서 변화시킬 수 있다. 이것을 동적 슬립 제어로 부른다. 이 특성을 그림 5-12 (b), (c) 및 (d)에 나타낸다[10]. 브러시나 슬립링을 끼운 접촉은 농형 유도발전기와 기술적으로 간단히 비교하면, 더욱 많은 부품이 필요하게 되어 유지보수의 필요성도 높아지는 단점이 있다. 회전자 저항제어를 위한 파워 컨버터는 저압대전류용이다. 또한 이 제어는 고풍속에서 일정한 출력을 유지하는 데에 효과적이지만, soft-starter가 여전히 필요하게 된다. [단, 그림 5-12 (a)에서는 도시되지 않았다].

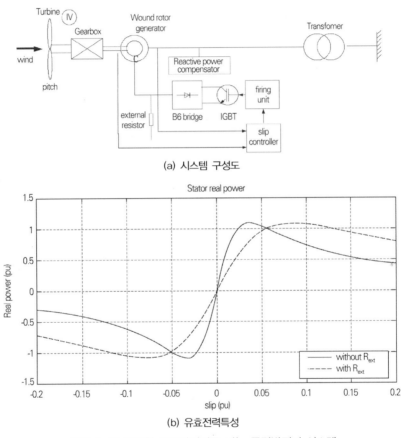

(a) 시스템 구성도

(b) 유효전력특성

그림 5-12 권선형 유도발전기를 갖는 풍력발전기 시스템

위와는 다른 새로운 방식으로 회전자의 안에 저항과 그것을 제어하는 제어 시스템을 집어넣는 방법이 있다(Vestas사의 Optislip 방식). 이 방법은 슬립링이나 브러시 및 이에 따른 유지보수도 생략할 수 있다. 또한 슬립을 변화시키기 위한 지시는 물리적 접촉 없이 광전송에 의해 회전자에 전송되기 때문에 슬립링이 필요하지 않게 된다.

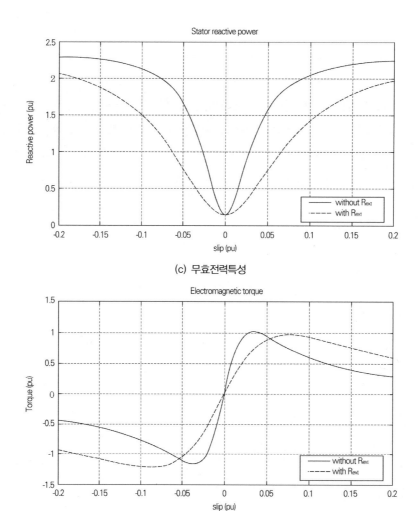

(c) 무효전력특성

(d) 토크 특성

그림 5-12 권선형 유도발전기를 갖는 풍력발전기 시스템(계속)

① 농형 유도발전기, ② 회전자 저항제어의 권선형 유도발전기 모두 발전하기 위해서는 동기속도 이상의 속도로 운전을 해야 하며 무효전력이 필요하다. 무효전력은 계통 또는 콘덴서뱅크나 전력소자 기기 등의 외부회로로부터 공급되지만 통상 비용 저감을 위해서 콘덴서뱅크가 사용된다. 현재 MW급 풍력발전기에서는 사이리스터 개폐 콘덴서(TSC)가 사용되며 더욱 광범위한 동적 보상이 가능하게 되었다. 풍력발전단지의 동적인 대응을 개선하기 위해서는 정지형 무효전력 보상장치(SVC) 또는 동등의 기술이 필요한 경우가 있다.

(b) 이중여자유도발전기(DFIG)

그림 5-13에 나타낸 것과 같이 DFIG의 고정자는 계통에 직접, 회전자는 컨버터나 슬립링을

끼워 넣어 계통에 접속되어 있다. 발전기는 동기속도($s < 0, n > n_s$) 이상에서도 동기속도 ($s > 0, n < n_s$) 이하에서도 계통에 에너지를 공급하는 것이 가능하다. 슬립은 매우 광범위하게 변화시킬 수 있고 회전자 전력은 전력소자 회로를 통해서 계통으로 보내진다. 이 방식의 장점은 컨버터를 통해서 계통에 공급하는 전력이 발전전력의 일부에 지나지 않고 변환기의 용량이 작아도 괜찮다는 것이다. 즉, 전력소자 변환 시스템의 공칭전력을 풍력발전기의 공칭전력보다 작게 할 수 있다는 것이다. 일반적으로 DFIG의 컨버터 용량은 풍력발전기의 ±30% 정도인 경우가 많고, 회전자 속도도 정격 회전속도의 ±30% 정도인 범위에서 변속가능하게 된다. 컨버터의 유효전력을 제어하는 것으로 발전기, 즉 풍력발전기 로터의 회전속도를 변화시키는 것이 가능하다.

이러한 방식의 시스템에는 통상 절연 게이트 바이폴라 트랜지스터(IGBT)를 사용한 펄스폭 변조(PWM)방식의 컨버터와 같이 자려 컨버터 시스템이 사용된다. 가변속발전 시스템을 실현하기 위한 컨버터는 유효·무효전력, 전력품질, 전압 및 위상안정성을 제어하는 능력을 가진다. 발전기 유닛으로부터 계통에 유출되는 무효전력은 0으로 하거나 계통운용자가 정한 컨버터 정격에 대한 상한치 이하로 억제해야 한다. 일반적으로 컨버터로부터 발생하는 고조파는 수 kHz의 범위에 걸쳐 고조파의 진폭을 저감하기 위하여 필터가 필요하지만 이와 같은 고주파의 경우 필터의 구성은 간단하다.

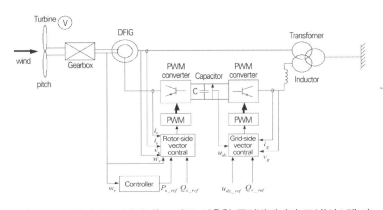

그림 5-13 이중여자유도발전기(DFIG)를 사용한 풍력발전기의 구성(시스템 5)

DFIG는 특별한 운전을 하면서 계통에 높은 전력품질을 공급할 수 있다. 풍속이 낮아지면 로터 속도를 감속시킬 수 있기 때문에 풍력발전기의 소음을 저감하는 것도 가능하다. 전력소자 기술덕분에 동적응답과 제어성은 종래의 유도발전기보다도 좋아졌다.

DFIG 덕분에 soft-starter나 무효전력 보상장치가 필요하지 않지만 그림 5-9 및 그림 5-12와 같은 종래의 방식과 비교하면 비용이 약간 높다. 그러나 증속기의 안전여유나 무효전력 보상장치 등에 드는 비용을 삭감할 수 있고 발전량도 증가한다.

(2) 풀 컨버터 시스템

발전기와 계통 사이에 풍력발전기와 같은 정격 파워컨버터를 가진 시스템은 매우 우수한 성능을 발휘한다. 그림 5-14는 풀 컨버터로써 가능한 4가지 방식을 나타낸다.

발전기는 계통으로부터 분리되어 있기 때문에 넓은 주파수 범위에서 최적의 효율로 운전할 수 있게 된다. 발전된 전력은 일차 측의 컨버터를 통해 계통에 유입되지만 이 컨버터는 유효전력 및 무효전력을 같이 제어할 수 있기 때문에[6, 7] 동적대응이 개선되지만 초기 비용은 다른 방식에 비해 일반적으로 높다.

그림 5-14 (a) 및 (b)에 나타낸 방식은 증속기를 가진 방식이다. 그림 5-14 (a)는 농형 유도발전기와 풀 컨버터가 있는 풍력발전기고 통상 back-to-back 형식의 전압원 컨버터가 유효·무효전력의 풀 컨트롤을 실현시키기 위해 사용된다. 그림 5-14 (b)에 나타낸 시스템에서는 동기발전기의 여자를 위한 소용량 파워 컨버터를 추가할 필요가 있다. 그림 5-14 (c) 및 (d)에서는 증속기가 없는 다극기형 동기발전기를 나타낸다. 최근 영구자석의 비용이 계속 줄어들고 있어서 (d)가 주목받고 있다. 이러한 4가지 방식은 DC 링크에서 발전기가 계통으로부터 분리되어 있기 때문에 거의 같은 제어특성을 가지고 있다. 이 DC 링크방식에 의한 전력변환으로 유효·무효전력을 매우 빠르게 제어할 수 있지만, 더욱 민감한 전자부품을 탑재한 복잡한 시스템이 되는 것은 피할 수 없다.

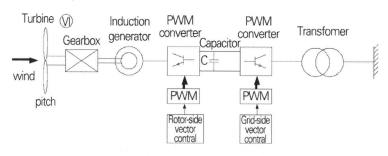

(a) 증속기가 있는 유도발전기(시스템 6)

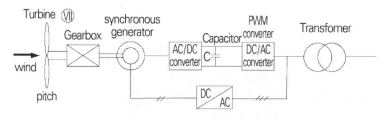

(b) 증속기가 있는 동기발전기(시스템 7)

그림 5-14 풀 컨버터를 사용한 풍력발전기

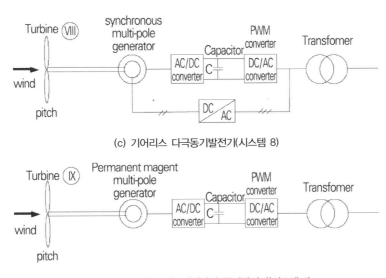

(c) 기어리스 다극동기발전기(시스템 8)

(d) 기어리스 다극 영구자석방식 동기발전기(시스템 9)

그림 5-14 풀 컨버터를 사용한 풍력발전기(계속)

5.5.3 풍력터빈-발전기 시스템의 정리

전력소자 기술을 도입하게 되면서 풍력발전기는 종래의 발전소와 같게 운전할 수 있게 되었다. 물론 발전되는 실제 전력은 그때그때 바람에 의존하지만 취약한 계통 등의 상황에 대해서는 바람이 없어도 무효전력을 계통에 보상하는 것도 가능하므로 계통에 도움이 될 수 있다.

표 5-1은 지금까지 설명한 모든 시스템을 정리한 것으로 각각의 회로구성에는 각각의 득실이 있다. 정속 풍력발전기는 비교적 간소하기 때문에 가변속 풍력발전기보다 비용을 낮추기 용이하지만 로터 속도를 변화할 수 없기 때문에 하중이 크고 다른 설계시스템보다 풍력발전기를 견고하게 만들어야 한다.

가변속 풍력발전기는 주어진 풍속, 특히 저풍속에서 발전량이 증가한다. 또한 유효전력과 무효전력을 용이하게 제어할 수 있고 기계적 스트레스도 적다. 다이렉트 드라이브(가변속)기는 일반적으로 높은 비용이 들지만 다극 동기발전기를 사용하기 때문에 증속기가 필요없어서 비용이 적게 드는 경우도 있다. 다이렉트 드라이브형의 주요 단점은 거대하고 신뢰성이 높은 발전기가 필요하다는 것과 풍력발전기의 정격전력과 같은 정격용량의 파워컨버터가 필요한 것이다.

표 5-1에서는 계통에서 실제 전력원으로 동작하는 풍력발전기에 중요한 다른 요소도 기재되어 있다. 계통에서의 롤링 콘덴서란 계통에 고장이 발생한 경우에 풍력발전기의 운전을 계속하고 계통연계를 유지하고, 그때에 풍속이 충분해도 발전하는 전력을 저감시키는 것이 가능하고 풍력

발전기가 계통에 대해 유익하게 작용하는 기능이 있다. 단독운전은 계통고장에 따른 전압강하(전압붕괴)를 일으킨 경우에도 풍력발전기가 발전을 계속하는 기능이고 이와 같은 기능은 광역정전의 위험을 줄이게 된다.

표 5-1 여러 풍력발전기의 비교

형식	I	II	III	IV	V	VI	VII	VIII	IX
가변속	×	×	×	×	○	○	○	○	○
유효전력제어	한정적	×	한정적	한정적	○	○	○	○	○
무효전력제어	×	×	×	×	○	○	○	○	○
단락용량비	대	대	대	대	대/소	소	소	소	소
단락전력	대	대	대	대	대	소	소	소	소
제어대역	1~10s	1~10s	1~10s	100ms	1ms	0.5~1ms	0.5~1ms	0.5~1ms	0.5~1ms
스탠바이기능	×	×	×	×	○	◎	◎	◎	◎
플리커	○	○	○	○	×	×	×	×	×
soft-starter	필요	필요	필요	필요	불필요	불필요	불필요	불필요	불필요
계통롤링 콘덴서	부분적	×	부분적	부분적	○	○	○	○	○
무효전력보상	필요	필요	필요	필요	불필요	불필요	불필요	불필요	불필요
단독운전	×	×	×	×	○	○	○	○	○
초기비용	◎	◎	◎	◎	○	△	△	△	△
유지보수	◎	◎	◎	◎	△	○	○	○	○

(각 방식의 설명은 그림 5-10, 그림 5-12~14를 참고할 것)

5.6 풍력발전기의 제어

발전기의 회전속도 변화는 입력하는 공력 토크와 출력하는 전자 토크의 차이에 의해 결정된다. 따라서 에너지 변환 시스템의 동작점과 효율은 이 토크를 제어하는 것으로 조정할 수 있다. 변동하는 바람에서 출력의 최대화와 정격출력으로 제한하기 위해서 공력 토크는 블레이드의 피치를 조정하는 것에 의해 제어할 수 있다. 전력소자를 사용한 가변속 시스템에서는 전자 토크도 희망하는 동작점을 얻기 위해서 제어할 수 있다. 또한 출력제어 시스템은 출력을 제한하는 것도 가능해야 한다. 풍력발전기의 제어에는 저속 및 고속 제어를 포함한다. 본 절에서는 다양한 발전기의 풍력발전기에 대하여 몇 가지 대표적인 제어방법을 설명한다.

5.6.1 농형 유도발전기를 사용한 액티브스톨 풍력발전기

스톨(stall) 풍력발전기와 액티브스톨 풍력발전기의 주된 차이점은 후자가 스톨 효과를 제어하기 위해서 다양한 피치각으로 변각하는 피치 시스템을 가지고 있는 것이다. 액티브스톨 풍력발전기는 풍력발전기의 발전전력이 공칭값을 넘는 경우에 파워를 제한하기 위하여 부(負)방향으로 (즉, 받음각을 증가시키는 방향으로) 피치를 변각한다. Nysted(170MW)와 같은 대규모 풍력발전단지에서 액티브스톨 풍력발전기가 사용되고 있다.

액티브스톨 풍력발전기의 발전기는 계통에 직결된 단순한 농형 유도발전기인 경우가 많고 출력의 역률을 보상하기 위해서 콘덴서뱅크가 사용된다. soft-starter는 돌입전류를 억제하기 위해서 발전기의 기동 시에만 사용된다.

정속 농형 유도발전기에 발생하는 전자 토크는 슬립 속도에 의해 결정된다. 공력 토크의 변화에 따라 회전자 속도가 약간 변화하고 전자 토크는 공력 토크에 맞추도록 변화한다. 계통에 직결된 농형 유도발전기에서는 이 전자 토크를 동적으로 제어하는 것이 불가능하다.

액티브스톨 풍력발전기에서는 최대출력을 일정값으로 조정하고 공기역학적 효율(출력계수) C_p는 어느 일정값에 최적화하는 것이 가능하기 때문에 액티브스톨 제어는 시스템 전체의 효율을 향상시킬 수 있다. 또한 허브에 대한 블레이드의 취부각이 조정가능하기 때문에 긴급정지나 기동도 용이하게 된다. 액티브스톨 제어 풍력발전기의 단점 중 하나는 패시브스톨 제어에 비해서 피치 기구나 컨트롤러 등이 있어서 비용이 많이 들어간다는 점이다.

피치 시스템은 피치제어의 속도가 느리고 효율이 최적점보다도 낮지만 피치 시스템의 응력, 마모의 저감이나 풍력발전기 피로하중의 억제에 의해 상쇄되는 경우도 있다. 이것은 컨트롤러가 풍속신호의 이동평균을 사용하여 참고표 중에서 적절한 피치각을 찾고 출력을 최대로 하는 출력 최적영역과 출력이 폐루프에 의해 제어되는 출력억제영역 모두에 적합하다. 대응속도가 낮은 제어 시스템에서는 많은 과출력이 발생하는 경우도 있으나 이것은 과출력 방지 기능으로 피할 수 있다.

(1) 사례

그림 5-15에 해석 시간이 60초에 달하기까지는 평균 풍속 11m/s로 60초부터 160초 사이에는 11m/s에서 16m/s로 매분 3m/s의 비율로 램프모양으로 상승하는 경우의 해석결과를 나타낸다.

2MW 풍력발전기가 출력 최적모드에서 기동하고 피치각이 증가하고 있다. 풍속이 증가함에 따라 풍력발전기 속도는 출력 억제모드에 들어서 풍속이 더욱 상승되면 평균 출력이 2300kW(이

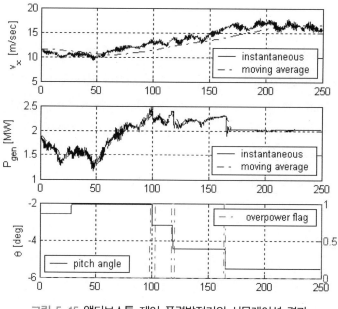

그림 5-15 액티브스톨 제어 풍력발전기의 시뮬레이션 결과

것은 공칭출력을 300kW를 상회하는 값으로 허용가능한 과출력 최댓값이다.)를 초과하게 된다. 과출력이 감지되면 바로 피치각이 조정된다. 풍속이 서서히 증가함에 따라 그림 5-15에 보이듯이 3단계 동작이 취해지고 최종적으로는 출력이 공칭값으로 억제된다.

5.6.2 이중여자발전기를 사용한 가변 피치각 제어

가변속의 이중여자유도발전기(DFIG)를 가진 풍력발전기는 오늘날에는 매우 넓게 사용되고 있다. DFIG를 사용한 가변속 풍력발전기의 제어 시스템은 주로 아래와 같은 역할을 한다.

- 풍력발전기의 최적제어점을 추종하기 위해서 풍력발전기의 출력을 제어한다.
- 고풍속일 때 출력을 제어한다.
- 풍력발전기와 계통 간에 교환되는 무효전력을 제어한다.

DFIG 제어등급 및 풍력발전기 제어등급의 두 가지 계층적인 제어등급이 있으며 각각 다른 대역을 가지고 있다. DFIG를 가진 풍력발전기의 전체 제어 체계의 예를 그림 5-16에 나타낸다.

DFIG 제어는 고속 동적응답제어이며 파워 컨버터와 DFIG의 전기적 제어를 포함하고 있다. 풍력발전기 제어는 대응속도가 느린 동적응답제어로 풍력발전기의 피치 시스템과 DFIG 제어등급의 유효전력 지시점을 감시한다.

풍력발전기를 제어하기 위하여 두 가지 상호결합된 컨트롤러가 사용되고 있는데 DFIG 제어에는 벡터제어방식이 적용되어 있다. 이러한 컨트롤러는 속도제어 컨트롤러와 출력억제 컨트롤러이고 풍력발전기 최적동작점을 추종하고 고풍속 시의 출력제한 및 풍력발전기와 계통 간의 교환되는 무효전력제어 등을 한다.

최대출력모드의 경우 풍력발전기는 일반적으로 풍속에 비례해서 회전속도를 변화시켜 피치각은 거의 고정된다. 매우 저풍속인 경우는 풍력발전기의 회전속도가 과전압을 발생시키지 않도록 슬립을 허용치 최대로 하여 고정된다. 피치각 컨트롤러는 풍력발전기가 공칭출력에 도달하면 출력을 제한한다. 출력전력은 회전자 측의 컨버터를 통하여 DFIG로 제어된다. 전기자 측, 즉 계통 측의 컨버터는 단순히 DC 링크 전압을 고정하는 것으로 충분하다. 두 컨버터의 내부전류 루프에는 일반적인 PI(비례·적분) 컨트롤러가 사용된다.

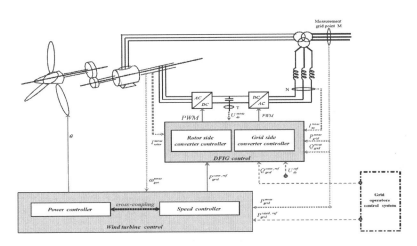

그림 5-16 DFIG 시스템을 사용한 풍력발전기의 제어

이 제어방법의 큰 특징은 넓은 풍속 범위에서 최적의 출력효율로 풍력발전기를 운전시킬 수 있다는 것이다. 더욱이 이 제어방법의 설계로 인하여 발전기 회전속도가 약간 변화해도 큰 출력변동이 유발하지 않고 출력최적모드와 출력억제모드 사이의 모드변경을 필요로 하지 않는다. 비선형인 공력특성을 보상하기 위해서 피치각의 gain schedulling도 사용되고 있다.

(1) 사례

다음에 나타낸 사례는 DFIG 제어와 가변속·가변 피치 풍력발전기의 전체적인 제어 등 두 가지

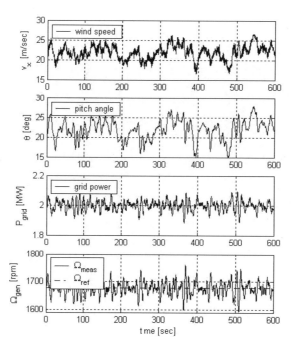

그림 5-17 DFIG를 사용한 가변속·가변 피치 풍력발전기의 난류 시 시뮬레이션 결과

방식의 거동을 나타내고 있다. 가변속 풍력발전기는 정격출력 2MW, 정격풍속 11.5m/s, 발전기 정격회전속도 1686rpm이다. 그림 5-17에 평균 풍속 22m/s로 난류강도 10%일 때의 풍속, 피치각, 발전기 출력, 발전기 회전속도 및 그 지시값 등의 대표적인 파라미터에 대한 해석결과가 나타나 있다.

이 풍속은 출력억제영역에 대응하고 있고 여기서는 속도제어루프와 출력제어루프 등 두 가지가 액티브로 되어 있다. 출력제어루프는 고속이고 속도제어루프는 매우 저속으로 발전기 회전속도는 사전에 설정된 범위 내에서 변동하고 있다. 그림에서 전력계통에서의 출력은 2MW로 제어되어 있는 것을 알 수 있으나 그 변동은 정격출력에 대하여 2% 이하이다. 발전기는 공칭 회전속도를 참조값으로 제어되고 회전속도는 전기적 출력에 대응하여 변동한다. 피치각은 주기가 긴 풍속변동에 반응한다.

5.6.3 풀 컨버터를 사용한 풍력발전기

농형 유도발전기 및 동기발전기는 풀 컨버터를 통하여 전력계통에 연계하는 것이 가능하다. 그림 5-18에 나타낸 것과 같이 정류기나 예를 들면 그림 5-19와 같은 멀티모듈 다이오드 정류기 시스템[19, 20]이 다극 영구자석 발전기에 사용된다. 또한 전압을 일정하게 하기 위해 계통측 컨버터 DC 단에 승압 컨버터가 사용되고[6, 7] 발전기로부터의 유효전력을 제어한다. 계통연계 인버터는 DC 링크를 통하여 계통에 접속하고 있어서 계통에의 유효전력도 제어할 수 있다. 이 시스템은 유효전력 및 무효전력을 매우 고속으로 제어할 수 있기 때문에 전력계통 제어를 할 수도 있다.

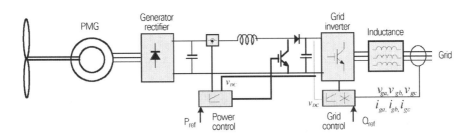

그림 5-18 풍력발전기 유효·무효전력의 기본적인 제어방법[6]

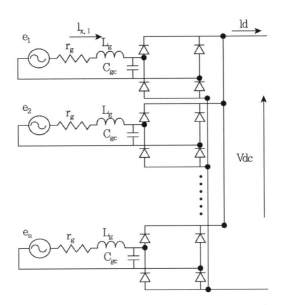

그림 5-19 고정자 권선 모듈과 정류회로와의 접속[20]

5.7 풍력발전단지의 네트워크 토폴로지

많은 나라에서 그 국가의 전력계통에 차지하는 풍력에너지의 점유율을 예를 들면 20% 이상으로 크게 올리는 것으로 계획하고 있고, 몇몇 나라는 이미 그 목표값을 달성하고 있다. 그 경우 대규모의 육상풍력발전단지는 물론이고 가능한 장소에서는 전력소자를 이용한 해상풍력발전단지가 계통에 연결되게 된다. 여기서 중요한 것은 이와 같은 풍력발전단지가 계통운용 사업자에게 난제를 주는 것이 아니고 오히려 전력공급에서도 전력품질이나 제어성능을 향상시키는 것에 많은 공헌을 할 수 있다.

따라서 이와 같은 발전 유닛에는 주파수 및 전압제어, 유효·무효전력의 관리, 전력계통의 과도적 및 동적 변화에 대한 즉응성(=적합성) 등 높은 기술이 요구되어 2초 이상 정격출력에서부터 20%까지 출력을 저감시키는 것이 요구되는 경우도 있다. 전력소자 기술은 풍력발전단지 그 자체를 제어하기 위해서도 계통을 지원하기 위해서도 중요하다. 풍력발전단지에 가능한 몇 가지의 회로구성을 그림 5-20에 나타내지만, 풍력발전기 간의 접속이나 풍력발전단지의 전력계통에의 연계 등에 요구되는 항목에 대해서는 다음 절에서 설명한다.

컨버터를 갖춘 풍력발전단지를 그림 5-20 (a)에 나타낸다. 이 방식은 유효·무효전력을 둘다 제어할 수 있고 발전량을 최대로 하며, 또한 기계적 응력이나 소음을 저감시키기 위해 가변속 운전을 하는 것이 가능하다. 이와 같은 시스템은 덴마크에서 160MW의 해상 풍력발전소로써 이미 운용되고 있다.

그림 5-20 (b)에 유도발전기와 STATCOM[5]을 갖춘 풍력발전단지를 나타낸다. STATCOM은 무효전력을 제어하고 전압제어를 지원해서 유도발전기가 요구하는 무효전력을 공급하는 역할 담당하고 있다.

해상풍력발전단지로부터의 송전은 장거리가 되기 때문에 송전 끝단에서 고압직류 전류로 변환된 후, 육상까지 직류 전송되어 그림 5-20 (d)와 같이 또 교류로 변환된다. 어떤 전압계급에서는 종래의 사이리스터 기술 대신에 전압원 컨버터 기술에 의한 고압직류 전송시스템이 사용되는 경우도 있다. 이 회로 토폴로지에서는 풍력발전단지 전체에 개개의 풍력발전기 로터를 각각 다른 회전속도로 변화시키는 것이 가능한 경우도 있다. 다른 방식의 송전시스템 구성으로는 그림 5-20 (c)에 나타낸 바와 같이 개개의 풍력발전기가 각각의 컨버터를 가지고 있는 것으로, 이 구성에서는 개개의 풍력발전기가 각각 최적화된 회전속도로 운전할 수 있다. 각 토폴러지의 비교를 표 5-2에 나타낸다. 표에서 알 수 있듯이 각각의 풍력발전단지는 다른 방식보다 몇몇 우수한 기능을 가지고 계통에서의 전력원으로서의 기능을 수행하는 흥미로운 특징을 가지고 있다. 전체적으로는 시공, 비용, 보수, 신뢰성 등을 포함하여 고려되어야 한다.

그림 5-20 (c) 및 (d)에서는 계자여자방식의 동기발전기나 영구자석방식의 동기발전기(이 경우는 다극기로 증속기는 필요하지 않다.) 등 그 외에 생각할 수 있는 구성도 존재한다.

---

5 역자 주: STATCOM(STATic synchronous var COMpensator)는 정지형 무효전력 장치(Static Var Compensator : SVC)의 한 종류로, 제어성능을 향상시키기 위해 자려 컨버터를 사용한 것이 특징이다.

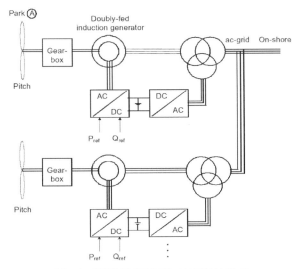

(a) AC 계통에 연계된 DFIG 시스템(시스템 A)

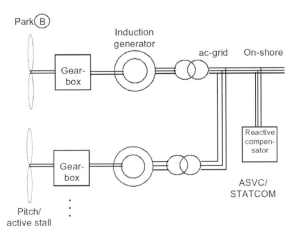

(b) AC 계통에 연계된 유도발전기(시스템 B)

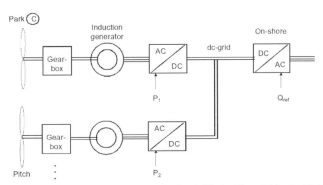

(c) 공통 DC 모선에 접속된 유효, 무효전력을 제어할 수 있는 가변속 유도발전기

그림 5-20 풍력발전단지의 구성 예

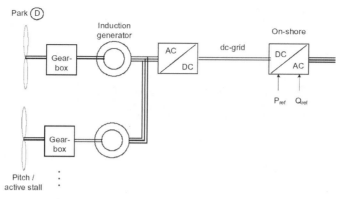

(d) 공통 AC 계통과 직류송전을 갖는 가변속 유도발전기

그림 5-20 풍력발전단지의 구성 예(계속)

5.8 풍력발전기의 대규모 계통연계

풍력발전기의 대규모 계통연계는 전력계통 운용이 큰 영향을 미칠 수 있다. 종래에는 풍력발전기가 계통의 주파수·전압 제어에 관여하지 않았지만 근래에는 몇 가지의 그리드코드[20~24]로 풍력발전기가 계통에 접속하기 위해 필요한 요구사항이 정해져 있다. 예를 들어 계통에 공급하는 유효·무효전력을 연속으로 조정함으로써 주파수·전압 제어에 기여하는 능력이나 풍력발전단지가 공급해야 하는 출력 평준화율 등이 거론된다. 이러한 요구사항의 몇 가지는 예를 들면 컨버터가 있는 풍력발전기에서의 무효전력 제어 등 어떤 형식의 풍력발전기의 제어법에 따른 대처가 가능하고 이 분야에서는 많은 연구가 진행되고 있다[26~41].

표 5-2 풍력발전기 개념에 따른 시장 점유율(2001년, 출처: BTM consult)[17]

풍력발전기 설계방식(표 5-1 참조)	전 세계에서의 시장 점유율	독일에서의 시장 점유율
고정속(스톨 혹은 액티브스톨, 증속기) 시스템 1, 2, 3	23%	22%
동적 슬립제어(한정된 범위에서의 가변속, 피치제어, 증속기) 시스템 4	11%	0%
이중여자발전기(가변속 피치제어, 증속기) 시스템 5	50%	49%
다이렉트 드라이브(가변속, 피치제어) 시스템 8	16%	29%
합계	100%	100%

5.8.1 풍력발전기 계통연계의 요구사항

(1) 주파수 및 유효전력 제어

초기의 풍력발전단지는 종래의 대규모 집중형 발전소보다 용량이 훨씬 적으며 그 출력이 계통 주파수에 큰 영향을 주는 일도 없었다. 그러나 해상풍력발전단지와 같이 큰 단지에서는 피크 시의 출력이 전력계통을 교란하는 경우가 있기 때문에 운전 제어 능력이 필요하게 된다. 풍력발전단지는 출력을 증가시킬 수 있는 때에도 주파수 제어를 위해 낮은 출력 수준으로 운전해야 되는 경우도 있으며 이러한 경우 풍력에너지의 이용이 감소한다. 개선책의 하나로는 축전지나 양수발전, 연료 전지 등의 에너지 저장 기술을 사용하는 것이지만 응답속도는 에너지 저장 기술의 종류에 크게 의존한다. 현재 대규모이며 채산성 있는 에너지 저장 기술이 개발 중에 있다.

(2) 단락 시의 출력 등급 및 전압변동

전력계통의 중앙에 A점을 가정한다. A점에서부터 떨어진 B점 사이의 등가 임피던스 Z_k, U_k를 전압으로 두고, U_k^2/Z_k는 A, B 사이의 단락전력이라 하며, $S_k[VA]$라고 표기된다. B점을 풍력발전단지로부터 계통에의 공통결합점(PCC)이라고 가정하면 임피던스 Z_k가 작아지는(즉, 계통이 견고한) 경우에는 B점에서의 전압변동은 작아지고, Z_k가 커지는(즉, 계통이 취약한) 경우에는 B점에서의 전압변동은 커지게 된다. 전력계통의 임의의 점에서의 단락전력은 그 계통의 견고성의 지표가 된다. 이것은 전압 품질에 직접적인 파라미터는 아니지만 전력계통이 소란을 흡수하는 능력에 큰 영향을 미친다.

그림 5-21은 전력계통에 단락 임피던스 Z_k로 접속된 풍력발전소의 등가회로를 나타내고 있다. 먼 방향의 모선 A에서의 계통전압과 공통결합점에서의 전압을 각각 U_s 및 U_g라고 한다. 발전기 유닛에서부터 출력 및 무효전력을 각각 P_g 및 Q_g라 하고 그에 대응하는 전류를 I_g라고 한다.

$$I_g = \left(\frac{S_g}{U_g}\right)^* = \frac{P_g - jQ_g}{U_s} \tag{5.1}$$

계통과 결합점 사이의 전압 차 ΔU는 다음의 식으로 나타낼 수 있다.

$$U_g - U_s = \Delta U = Z_k I_g = (R_k + jX_k)\left(\frac{P_g - jQ_g}{U_g}\right)$$

$$= \frac{R_k P_g + X_k Q_g}{U_g} + j\frac{P_g X_k - Q_g R_k}{U_g} = \Delta U_p + j\Delta U_q \qquad (5.2)$$

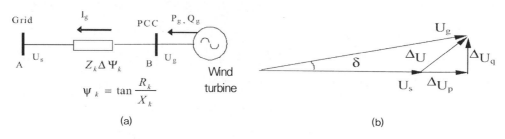

그림 5-21 계통에 접속된 풍력발전기의 간이 등가회로[27]

전압차 ΔU는 단락 인피던스 및 풍력발전소의 유효·무효전력에 관련이 있기 때문에 발전전력의 변동은 PCC의 전압변동으로 나타나는 것을 알 수 있다.

식 (5.2)는 전압과 계통으로 보내는 전력 관계를 보여준다. 전압차 ΔU는 부하조류법이나 그 외의 해석 기술을 사용하여 계산할 수 있다. PCC 전압은 계통의 변동허용폭 내에서 조정해야 한다. 풍력발전기의 운전은 접속한 계통의 전압에 영향을 미치는 경우가 있으므로 필요하다면 풍력발전기의 전압이 허용치를 넘기지 않도록 적절한 방법이 취해져야 한다.

(3) 무효전력 제어

무효전력은 전력계통 중에서 존재하는 용량성분과 유도성분 사이의 에너지 맥동으로 이해할 수 있다. 무효전력은 용량성분으로 발생하고 유도성분으로 흡수된다. 동기발전기는 발전기의 여자를 제어함으로써 무효전력을 발생시키는 것도 흡수하는 것도 가능해서 여자를 크게 하면 전압이나 무효전력도 커진다.

무효전력의 유출에 따라 전류는 계통의 전압강하나 전력손실을 일으킨다. 또한 전력계통에 흐르는 무효전력이 크면 계통의 전압불안정성을 일으켜서 송전선의 전압강하로 연결되는 경우도 있다. 따라서 무효전력 제어는 이와 같은 부정적인 영향을 방지하기 위해 중요하고, 특히 무효전력을 소비하는 기본적인 유도기를 이용한 풍력발전기에서는 매우 중요하다. 이와 같이 풍력발전기는 전력손실을 최소화하고 전압 안정성을 높이기 위해서 그 지역의 계통회사나 배전회사의 요구에 따라 무효전력 보상을 하게 된다. PWM 변환 시스템을 갖춘 풍력발전기의 경우 무효전력은 컨버터에 의해 제어된다. 즉, 이러한 방식의 풍력발전기는 역률을 1.00(역률은 $\cos\psi$로 정의되고 위상각 ψ는 $\tan\psi = Q/P$에 의해 구할 수 있다.)으로 운전할 수 있어서 무효전력을 발생시키거나 소비하는 것에 의해 무효전력을 제어하고 전압을 제어할 수 있다.

(4) 플리커

풍력발전기의 출력변동이 전압변동을 일으키고 전압의 품질에 영향을 미치는 경우가 있다. 계통전압(실효값)의 변동은 변동의 크기나 주파수에 따라서는 사람이 지각가능한 정도로 조명의 깜빡임(플리커)을 일으키는 경우가 있다. 이런 식의 교란은 전압플리커 또는 짧게 플리커라고 부른다.

발전기나 콘덴서의 스위칭과 같은 풍력발전기 출력의 급격한 변동도 전압 실효값에 좋지 않은 변동을 주는 경우가 있다. 예를 들어 이와 같은 변동이 일정 비율과 크기로 발생하면 백열전구의 플리커를 일으키기 때문에 풍력발전기는 이와 같은 현상이 일어나지 않게 유의해야 한다.

IEC 1000-3-7에서는 플리커의 평가로써 중압 및 고압계통에 발생하는 부하변동 범위의 가이드라인을 정하고 있다. 평가의 기본으로는 백열전등에 인가되는 구형상의 전압변화에 대한 지각역치를 주는 곡선으로 계측된다. 플리커 등급은 단기간 플리커 값에 의해 정량화되어 있고 통상 10분간 계측한다. 사람의 눈으로 확실하게 지각 가능한 교란이 있을 경우 플리커 값은 $P_{st}=1$로 준다. 또한 장기간 플리커 값 P_{lt}도 정의되어 이것은 2시간 계측한다.

플리커가 발생하고 있는지에 대한 판정은 피험자에 의한 실측에 기초하여 하지만 IEC 61000-4-15에서는 플리커를 직접 전기적으로 계측 가능한 플리커 미터기가 정해져 있다. 플리커의 발생은 계측으로 얻을 수 있는 계수 $c_f(\psi_k, v_a)$ 및 인자 $k_f(\psi_k)$로 추정해도 된다. 이 방법은 풍력발전기 제조사에서도 일반적으로 사용되고 있다[27].

(5) 고조파

고조파는 전압·전류파형의 왜곡과 관계있는 현상이다. 모든 주기관계는 다양한 주파수의 정현파의 조합으로 표현할 수 있고 기본 주파수 및 그 정수배의 주파수로 되어 있다. 이 고조파의 차수에 따라서 다양한 종류의 전기설비 고장이나 간섭을 일으키는 경우가 있다. 콘덴서의 임피던스는 주파수의 증가에 비례하여 작아지기 때문에 모든 고조파는 전류를 증가시키고 콘덴서의 유해한 과열현상을 일으킬 가능성이 있다. 고조파의 고주파성분이 높은 경우에는 아날로그 전화회로의 근방에서 오디오 노이즈를 발생시키는 경우도 있다. 고조파 왜곡은 모든 고조파 왜곡(THD) 값으로 표현되고, THD 및 개개의 고조파 성분은 시스템 요구사항에 따라서 억제할 필요가 있다.

여기서 오늘날 대부분의 가변속 풍력발전기에서 펄스폭 변조(PWM) 스위칭 컨버터가 사용되고 있는 것에 주의해야 한다. 스위칭 주파수는 통상 수 kHz이고 이 고주파의 고조파 진폭은 작고 필터도 용이하게 제거할 수 있다.

(6) 안정성

계통 안정성의 문제는 송전선의 트립(예를 들어 과부하)이나 발전용량의 소실, 단락 등 다양한 형태의 계통고장에 관련 있는 경우가 많다. 과부하 또는 설비고장에 의한 송전선의 트립은 전력 (유효·무효)의 조류 밸런스를 붕괴시키기 때문에 전력의 완전소실에 이어서 일정한 기간 전압저 하가 발생하는 경우가 많다. 고장의 대부분은 릴레이를 차단하고 고속재폐로를 하거나 수백 ms 이후에 의심되는 기기를 분리하는 등 송전선의 릴레이 보호에 의해 제거할 수 있다. 어떤 상황이 라도 전압이 복귀하기까지 전압저하나 무전압을 일으키는 기간은 단시간이다. 이와 같은 고장이 대규모 풍력발전단지 가까이에서 발생하는 경우 적절한 제어가 실행되지 않으면 계통으로부터 분리될 수 있다. 이에 따라 발전용량의 소실이라는 상태가 발생한다. 발전용량의 소실은 적어도 단시간 큰 전력 불균형을 야기하고 큰 주파수·전압저하와 그에 따른 완전한 전력소실을 일으킨 다. 풍력발전단지의 연결 해지는 더욱 상황을 악화시키기 때문에 몇 개의 계통운용규칙에서는 풍력발전기 및 풍력발전단지가 이와 같은 교란에 대해 ride through 하는 능력이 요구되고 있다. 풍력발전기는 이와 같은 과도현상에 대처하는 다양한 제어방법을 갖는 것이 바람직하다.

5.8.2 전압품질평가

풍력발전기의 대량 도입에 따른 영향평가는 정상전압이나 플리커, 고조파 등에 관한 수용성을 통합적으로 판단하기 위해서 IEC 61400-21(ed.2)에 정해진 방법에 따라 시행한다.

(1) 정상전압

계통 및 풍력발전기의 전압은 실용적인 제한값 이내로 조정되어야 한다. 풍력발전기의 운전은 계통의 정상전압에 영향을 끼칠 수 있어서 이 영향을 평가하기 위해서 부하조류해석을 하여 풍력 발전기의 설치에 의한 전압의 크기가 계통에 요구되는 제한값을 넘지 않도록 확인하는 것이 권장 된다. 일반적으로는 부하와 풍력발전기의 발전상태의 조합에 의해 다음에 나타낸 바와 같이 몇 가지 극단적인 케이스를 들 수 있다.

- 경부하와 풍력발전기 저출력
- 경부하와 풍력발전기 고출력
- 중부하와 풍력발전기 저출력
- 중부하와 풍력발전기 고출력

부하조류해석의 해석범위에 따라서 설치 풍력발전기는 PQ노드로 가정된 경우가 있고 10분 평균 데이터(P_{mc} 또는 Q_{mc})나 60초 평균 데이터(P_{60} 또는 Q_{60}) 또는 0.2초 평균 데이터($P_{0.2}$, $Q_{0.2}$) 등이 사용되는 경우가 있다.

복수의 풍력발전기를 가진 풍력발전단지는 PCC에서 출력으로 표현되는 경우도 있고, 그 경우 10분 평균 데이터(P_{mc} 또는 Q_{mc})나 60초 평균 데이터(P_{60} 또는 Q_{60})는 각각의 풍력발전기로부터의 출력을 단순화하여 계산한다. 또한 0.2초 평균 데이터($P_{0.2}$, $Q_{0.2}$)는 식 (5.3) 및 식 (5.4)에 따라 계산되는 경우도 있다.

$$P_{0.2\varSigma} = \sum_{i=1}^{N_{ut}} P_{n,i} + \sqrt{\sum_{i=1}^{N_{ut}} \left(P_{o.2,i} - P_{n,i}\right)^2} \tag{5.3}$$

$$Q_{0.2\varSigma} = \sum_{i=1}^{N_{ut}} Q_{n,i} + \sqrt{\sum_{i=1}^{N_{ut}} \left(Q_{o.2,i} - Q_{n,i}\right)^2} \tag{5.4}$$

여기서 $P_{n,i}$ 및 $Q_{n,i}$는 각각 풍력발전기의 정격유효전력 및 정격무효전력이고 N_{wt}는 풍력발전기의 총 개수이다.

(2) 전압변동

플리커의 발생에는 연결운전인 경우와 발전기 및 콘덴서 스위칭에 의한 경우 등 2가지 방식이 있으며 많은 경우가 그들 중 어느 하나가 지배적이다. 풍력발전기에서 플리커의 발생은 계통의 플리커 규제에 따라 제한해야 하지만 다양한 전력계통에서 다양한 플리커 규제가 존재하기도 한다. 플리커 발생의 평가법을 다음에 나타낸다.

(a) 연속운전 시의 플리커
단일 풍력발전기가 연속운전하고 있는 사이에 발생하는 플리커는 다음 식으로 추정할 수 있다.

$$P_{st} = c_f(\psi_k, \ v_a)\frac{S_n}{S_k} \tag{5.5}$$

여기서 $c_f(\psi_k, \ v_a)$는 풍력발전기의 플리커계수이고, $\psi_k, \ v_a$는 각각 PCC에서의 계통 인피던스 위상각 및 풍력발전기 허브 높이에서의 연평균 풍속이다.

특정 인피던스각 및 풍속을 계측해서 생성되는 데이터 테이블은 풍력발전기 제조사에서 제공한다. 이 데이터 테이블에서 특정 사이트의 실 데이터 $\psi_k, \ v_a$에 대한 풍력발전기의 플리커 계수는 선형보간에 의해 결정된다.

PCC에 접속된 복수의 풍력발전기로부터 발생하는 플리커는 다음 식을 사용하여 추정된다.

$$P_{st\Sigma} = \frac{1}{S_k}\sqrt{\sum_{i=1}^{N_{wt}}\big(c_{f,i}(\psi_k, \ v_a)S_{n,i}\big)^2} \tag{5.6}$$

여기서 $c_{f,i}(\psi_k, \ v_a)$는 각 풍력발전기의 플리커계수이고 $S_{n,i}$는 각 풍력발전기의 정격피상전력, N_{wt}는 PCC에 접속된 풍력발전기의 총 개수이다.

플리커의 제한값이 바뀌면 접속가능한 풍력발전기의 최대허용수가 결정된다.

(b) 스위칭 동작 시의 플리커
단일 풍력발전기의 스위칭 작동에 기인한 플리커는 다음 식과 같이 계산할 수 있다.

$$P_{st} = 18 \times N_{10}^{0.31} \times K_f(\psi_k)\frac{S_n}{S_k} \tag{5.7}$$

여기서 $k_f(\psi_k)$는 PCC에서의 인피던스각 ψ_k에 대한 풍력발전기의 플리커 스텝계수이다.

어떤 사이트에서 측정된 ψ_k에 대한 풍력발전기의 플리커 스텝계수는 풍력발전기 제조사의 관측에서부터 생성된 데이터 테이블을 선형보간함으로써 구할 수 있다. PCC에 접속된 복수의 풍력발전기로부터 발생하는 플리커는 다음의 식으로 추정할 수 있다.

$$P_{st\Sigma} = \frac{18}{S_k}\left(\sum_{i=1}^{N_{wt}}N_{10,i}\big(k_{f,i}(\psi_k)S_{n,i}\big)^{3.2}\right)^{0.31} \tag{5.8}$$

여기서 $N_{10,i}$ 및 $N_{120,i}$는 각각 풍력발전기가 10분 및 2시간 사이에 스위칭 작동을 하는 횟수이고, $k_{f,i}(\psi_k)$는 각 풍력발전기의 플리커 테이블 계수, $S_{n,i}$는 각 풍력발전기의 정격피상전력이다.

또한 플리커 규제값이 주어지면 특정 기간에서의 스위칭 동작 횟수의 최대허용수나 플리커계수의 최대허용값 또는 PCC에서 필요한 단락용량을 결정할 수 있다.

(3) 고조파

계통에 직접 접속된 유도발전기로 구성된 풍력발전기는 통상운전 시 큰 고조파를 전혀 발생하지 않지만 전력소자를 사용한 풍력발전기는 고조파 억제를 할 필요가 있다. 이와 같은 풍력발전기의 고조파전류 발생은 통상 전력품질의 데이터 시트에 의해 주어지고, 고조파 제한값은 고조파전압에 의해 결정되는 경우가 많다. 여기서 고조파전압은 풍력발전기의 고조파전류로부터 계산되고 그 경우 다양한 고조파에서의 계통 임피던스의 정보가 필요하게 된다.

5.9 전력계통에서의 풍력발전기의 성능 개선

5.9.1 전압 플리커의 최소화

계통연계 풍력발전기의 전압변동이나 플리커발생은 다음과 같은 많은 요인과 관련이 있다.

- 평균 풍속　：v
- 난류강도　：I_n
- 단락허용비：$SCR = S_k / S_n$

여기서 S_k는 풍력발전기가 접속되어 있는 계통의 단락용량, S_n은 풍력발전기의 정격출력이다. 식 (5.2)에서의 전압 차는 다음 식과 같이 근사시킬 수 있다.

$$\Delta U \approx \Delta U_p = \frac{P_g R_k + Q_g X_k}{U_g} \tag{5.9}$$

계통 인피던스각 ψ_k 및 풍력발전기 역률각 ψ는 다음 식으로 정의된다.

$$\tan\psi_k = X_k/R_k$$
$$\tan\psi = Q_g/P_g \tag{5.10}$$

따라서 식 (5.9)는 다음과 같이 쓸 수 있다.

$$\Delta U_p = \frac{P_g R_k(1 + \tan\psi_k \cdot \tan\psi)}{U_g} = \frac{P_g R_k \cos(\psi - \psi_k)}{U_g \cos\psi_k \cdot \cos\psi} \tag{5.11}$$

이 식으로부터 알 수 있듯이 계통 인피던스각 ψ_k와 풍력발전기 역률각 ψ의 차는 90°에 가까울수록 전압변동은 최소화된다. 식 (5.11)에서는 유효전력과 함께 무효전력을 사용하여 전압변동과 플리커를 최소화하도록 조정 가능한 것도 알 수 있다.

DFIG를 사용한 가변속 풍력발전기는 출력하는 유효전력과 무효전력을 각각 제어하는 능력을 가진다. 일반적으로 역률 1이 되도록 풍력발전기의 무효전력은 0으로 제어된다. 유효전력의 출력 변화에 따른 무효전력을 적당히 제어할 수 있으므로 유효전력의 조류에 의해 생기는 전압변화는 무효전력의 유입·유출에 의해 상쇄 할 수 있다. 예를 들어 역률각을 $\psi+90°$ 부근으로 유지하기 위해서 무효전력을 풍력발전기의 유효전력 출력에 비례하도록 제어하는 것도 가능하다.

플리커 미터기의 모델은 IEC 61000-4-15에 기초하여 그림 5-22에 나타낸 것과 같은 단시간 플리커값 P_{st}를 계산하도록 만들어져 있다. 그림 5-23에는 시뮬레이션 모델로부터 작성된 풍속과 출력이 나타나 있다. 또한 그것에 대응하는 파워 스펙트럼을 그림 5-24에 나타내고 있으며 여기서는 3p 효과[6]가 확실하게 보이고 있다.

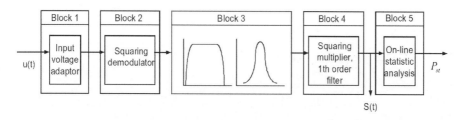

그림 5-22 IEC61000-4-15에 따른 플리커 미터기의 모델

---

6 역자 주: 이 책 8.6.3항 참조. 일본에서는 '출력의 3N 변동'이라 부르기도 한다.

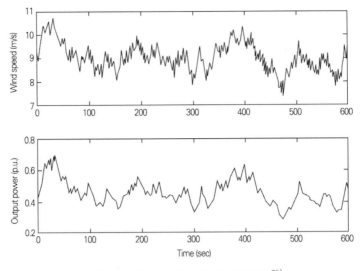

그림 5-23 풍속과 풍력발전기 출력전력[29]

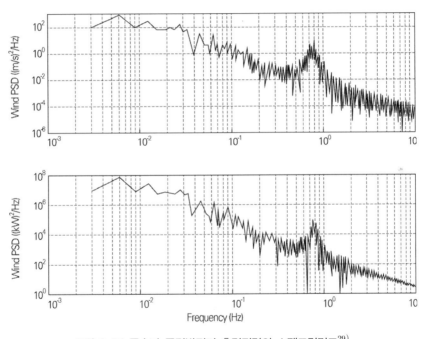

그림 5-24 풍속과 풍력발전기 출력전력의 스펙트럼밀도[29]

그림 5-25는 무효전력보상을 사용해서 플리커를 최소로 하는 연구의 시뮬레이션 결과이다. 그림의 결과가 나타내는 바와 같이 위상차가 무효전력의 제어에 의해 90°로 조정된 경우에 플리커가 최소로 되는 것을 알 수 있다.

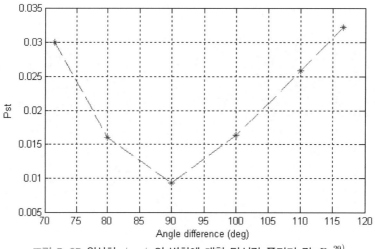

그림 5-25 위상차 $\psi - \psi_k$의 변화에 대한 단시간 플리커 값 P_{st}[29)]
(v=9m/s, I_n=0.1, SCR=20, ψ_k=63.4°)

그림 5-26~그림 5-29는 ① 출력된 무효전력제어, 즉 위상차가 90°가 되도록 설정된 경우와 ② 통상동작의 경우 등 두 가지 경우에서의 플리커 등급의 차이를 나타내는 그림이며 평균 풍속이나 난류강도, 단락용량비 등의 다양한 파라미터에 대해서 비교하였다. 단시간 플리커값과 다른 파라미터의 관계는 2가지의 경우 모두 비슷한 패턴을 보이고 있으나 통상동작에 비하여 무효전력을 제어해서 위상차를 90°에 조정하면 플리커가 극적으로 저감되는 것을 알 수 있다.

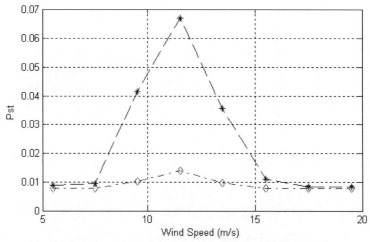

그림 5-26 평균 풍속의 변화에 대한 단시간 플리커값 P_{st}[29)]
(I_n=0.1, SCR=20, ψ_k=63.4349°, *: 통상작동 시, ◇: 무효전력제어 시)

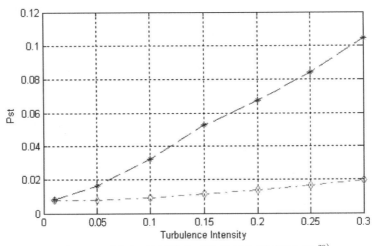

그림 5-27 난류강도의 변화에 대한 단시간 플리커값 P_{st}[29]

(v =9m/s, SCR =20, ψ_k =63.4349°, * : 통상작동 시, ◇ : 무효전력제어 시)

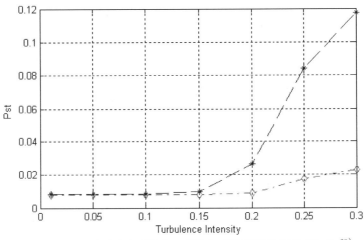

그림 5-28 고풍속에서의 난류강도 변화에 대한 단시간 플리커값 P_{st}[29]

(v =18m/s, SCR =20, ψ_k =63.4349°, * : 통상작동 시, ◇ : 무효전력제어 시)

그림 5-26~그림 5-29에서 알 수 있듯이 풍력발전기에서 출력된 무효전력을 제어하여 위상각의 차이를 조정하는 방법은 평균 풍속이나 난류강도, 단락용량비 등의 파라미터에 관계없이 플리커를 효과적으로 저감시킬 수 있는 방법이라고 결론 내릴 수 있다. 이 플리커 저감방법을 실행할 때에 계통으로부터 약간의 무효전력을 흡수하는 일도 있으나 계통으로부터 유효전력을 흡수할 필요는 없다. 계통으로부터 적은 무효전력을 흡수하면 위상차가 90° 부근으로 되어 플리커 레벨을 효과적으로 낮출 수 있다.

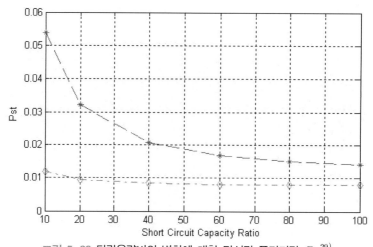

그림 5-29 단락용량비의 변화에 대한 단시간 플리커값 P_{st} [29]

(v =18m/s, I_n =0.1, ψ_k =63.4349°, * : 통상작동 시, ◇ : 무효전력제어 시)

DFIG를 사용한 가변속 풍력발전기의 연속운전시의 플리커 발생효과를 그림 5-29에 나타낸다. 풍력발전기가 출력하는 무효전력은 다양한 유효전력 출력에 대하여 제어가 가능하고 계통 인피던스각과 역률각의 차이는 90° 부근으로 설정할 수 있고 이것에 의해 플리커를 최소로 할 수 있다. 풍력발전기의 무효전력제어는 평균 풍속이나 난류강도, 단락용량비 등의 파라미터에 관계없이 플리커 저감에 효과적이다. 따라서 전력소자를 통한 가변속 풍력발전기는 출력하는 유효·무효전력을 독립으로 제어하는 능력을 가지고 있어서 전력품질을 개선할 수 있는 것을 알 수 있다.

5.9.2 전력계통의 안정성 향상

(1) 정상상태의 전압 안정성

일반적으로 전압의 불안정성 문제와 전압붕괴는 중(重) 부하에서 무효전력의 수요에 따르지 않는 전력시스템에 관한 전형적인 문제이기 때문에 전압 안정성은 부하안정성이라 부르기도 한다. 종래의 대규모 집중형 발전소에서는 대부분 여자제어형 동기발전기가 사용되어 무효전력제어를 하고 있기 때문에 전력시스템의 안정성의 범위를 확대하는 역할을 갖는다. 그러나 풍력발전기가 대규모로 도입된 경우 풍력발전은 통상의 부하에 대하여 음의 실수를 가진 복잡한 부하와 같이 보일 가능성이 있다. 이 풍력발전단지의 특성은 풍력발전기의 형식이나 그 동작·제어 콘셉트에 의존한다.

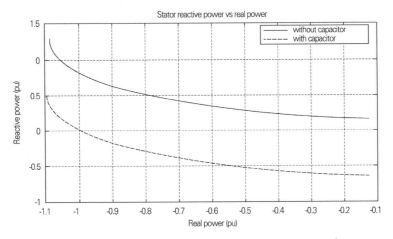

그림 5-30 농형 유도발전기의 유효전력과 무효전력 관계[10]

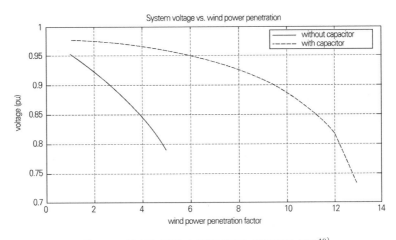

그림 5-31 시스템 전압과 풍력발전기 병입율의 관계[10]

유도발전기는 전압 안정성의 범위를 좁게 할 가능성이 있다. 이것은 (컨버터나 다른 무효전력 보상장치가 없는 경우) 유도발전기가 무효전력을 제어하지 못하고 전력시스템으로부터 무효전력을 공급받는 것에 기인한다. 또한 전력수요 중 일부가 풍력발전기에 의해 공급되어 전압제어능력을 가진 집중제어형 대형 풍력발전기가 상대적으로 감소하게 되기 때문에 전력시스템 중에서 무효전력을 지원하는 능력이 낮아질 가능성이 있다.

그림 5-30은 농형 유도발전기의 유효전력 및 무효전력의 관계를 나타낸 것이다. 여기서 음의 유효전력은 발전을, 정의 무효전력은 발전기가 계통으로부터 무효전력을 흡수하는 것을 의미한다. 그림에서는 고정 콘덴서뱅크의 특성도 같이 나타내고 있고, 콘덴서뱅크는 유효전력의 정격값에 대해서 역률 1이 되도록 무효전력을 보상하고 있는 것을 알 수 있으며 유효전력이 정격값보다 크게

되면 무효전력의 흡수는 급격히 커지게 된다. 그림 5-31은 계통 전체에 차지하는 풍력발전의 병입률이 크게 되는 것에 따라 전력시스템의 전압강하가 커지게 되고, 부하조류가 집중적으로 불안정하게 되는 것을 나타내고 있다. 이 사례연구에서 사용된 시스템은 문헌 20)에서 인용한 간이등가시스템이다. 농형 유도발전기의 캐퍼시턴스 보상은 어느 값에서 일정하게 되고 ① 정격출력 시에 역률 1, ② 각각의 풍력발전기는 정격출력에 대해 약 1.1pu로 운전되고 있다. 풍력발전의 도입율이 높은 경우 전력시스템의 전압 불안정성을 일으키는 것이 명백하며, 콘덴서에 의한 무효전력보상에 의해 풍력발전의 도입율을 증가시킬 수 있음을 알 수 있다. SVC[7]나 STATCOM과 같은 다른 무효전력 보상장치를 사용하면 그 제어성능에 의해 더욱 전압 안정성을 개선하는 것도 기대할 수 있다.

(2) 동적 안정성

대규모 풍력발전단지가 전력계통에 연계된 경우에 중요한 점은 전력계통의 과도적 거동과 안정성에 대한 풍력발전기의 영향이다.

고장이 발생하고 계통전압이 저하한 경우 풍력발전기로부터의 출력전력은 저하하고 주축에 걸리는 전자 토크는 감소하지만 기계적 토크는 정상운전 시와 같은 정도로 풍력발전기에 계속 작용하기 때문에 풍력터빈=발전기시스템은 불평형 토크에 의해 가속된다. 고장이 해결된 이후는 전력계통의 전압은 복귀하고 출력전력이나 전자 토크도 다시 증가한다. 기계적 출력의 밸런스를 유지하기 위해 충분한 전기적 출력이 없는 경우 나머지 파워에 의해 가속되어 회전속도가 증가하기 때문에 보호시스템에 의해 발전기를 정지시켜야 하는 사태가 발생할 수도 있다. 전자 토크와 기계 토크의 합성 토크에 의해 발전기를 정상운전속도까지 돌아오게 할 수 있다면 풍력터빈=발전기시스템은 정상운전으로 복귀하므로 이것은 전력계통 전체의 안정성을 위하여 매우 중요하다. 전력계통운용 사업자의 대다수는 계통이 고장으로부터 회복하는 것을 지원하고, 더욱이 발전용량의 소실에 의한 전력계통이 붕괴하는 것을 막기 위해서 계통에 고장이 발생한 경우에 풍력발전기를 계통에 접속된 채로 놔두도록 하는 그리드코드를 정해두었고[8] 이것은 풍력발전기가 계통에 대량 도입됨에 따라 더욱 중요해지고 있다. 중요한 점은 전압의 복귀와 토크 제어이다. 기계적 토크의 제어를 위해서는 피치제어가 가능한 블레이드는 기계적 토크의 입력을 저감하고 발전기의 가속을 방지하기 때문에 유리하지만 발전기의 회복을 만족시키기 위해서는 전압과 전자 토크를 빨리 회복시키는 것이 무엇보다 중요하다.

---

7 역자 주 : 정지형 무효전력 장치(Static Var Compensator). 무효전력보상은 과거의 경우 동기기를 사용한 조상기가 주류였으나 전력소자의 발달에 의해 반도체 장치를 사용한 (즉, 회전부분을 가지지 않은 정지형) 무효전력보상장치가 사용되고 있다. 한편 STATCOM은 SVC 중에서도 자려 컨버터를 사용하는 것으로 평가되고 있다.
8 역자 주 : 일본에서 계통정전 시에는 작업인원의 안전 확보를 위하여 단독운전 방지가 의무로 되어 있는 경우가 많다.

그림 5-32에서는 몇 가지 예로써 부하는 모선 2에, 권선형 유도발전기를 가진 풍력발전단지가 단일 발전기로서 모선 3에 나타나 있다. 평행 2회선 중 하나의 중간에서 시각 2s에서 3상 단락고장이 발생하면 150ms 이후에 선로가 트립된다. 풍력발전기의 전압은 고장기간 동안 저하하고 전자 토크의 감소 및 발전기의 가속이 발생된다. 몇 가지 제어방법에 의한 해석결과가 있지만 회전자 슬립 제어나 피치제어 만의 경우에서는 시스템을 정상운전으로 복귀시키지 못하는 것을 알 수 있다. 발전기 단자전압은 고장 후 복귀하지 않고 발전기는 과속도 보호장치에 의해 트립 (trip)된다. 그림 5-35에서는 피치제어와 조합된 회전자 저항제어에 의해 시스템이 정상운전으로 복귀하고 있다. 피치제어나 회전자 저항제어 등의 단독제어방법은 상황을 개선하고는 있지만 이번 경우에서는 충분하지 않고 양자의 조합이 전압의 재확립에 매우 유효하고 단락고장 이후에 전압기를 정상운전으로 복귀시킬 수 있다.

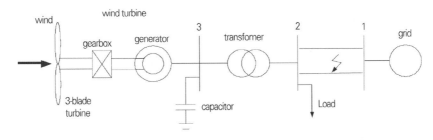

그림 5-32 계통에 접속된 풍력발전기의 블록 다이어그램[10]

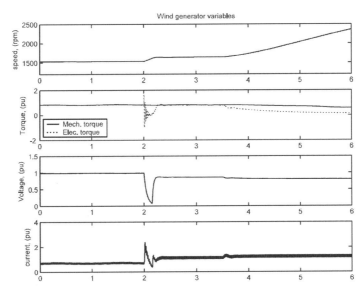

그림 5-33 피치제어를 사용하지 않고 회전자 저항제어만을 이용한 경우의 시뮬레이션 결과[10]

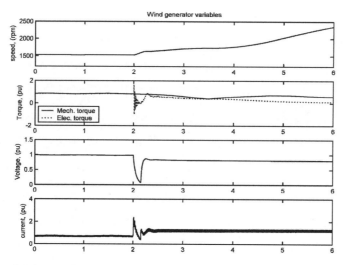

그림 5-34 회전자 저항제어를 사용하지 않고 피치제어만을 사용한 경우의 시뮬레이션 결과[10]

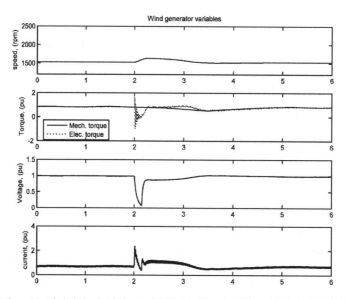

그림 5-35 피치제어 및 회전자 저항제어를 사용한 경우의 시뮬레이션 결과[10]

표 5-3 4개의 풍력발전단지 토폴로지의 비교

풍력발전단지의 구성(그림 5-20 참조)	A	B	C	D
각 풍력발전기에서의 속도제어	O	X	O	X
전기적인 유효전력제어	O	X	O	O
무효전력제어	O	집중제어	O	O
단락용량비	중	중	소	소
단락전력	대	대	없음	없음

표 5-3 4개의 풍력발전단지 토폴로지의 비교(계속)

풍력발전단지의 구성(그림 5-20 참조)	A	B	C	D
제어대역	10∼100ms	200ms∼2s	10∼100ms	10ms∼10s
스탠바이기능	O	×	O	O
soft-starter	불필요	필요	불필요	불필요
계통롤링 캐퍼시티	O	부분적	O	O
중복성	O	O	×	×
초기비용	O	◎	O	O
유지보수	O	◎	O	O

5.10 결 론

본 장에서는 풍력발전기에 관한 일반적인 전기공학에 대하여 설명하였다. 다양한 발전기와 전력소자 변환기(컨버터)를 가진 다양한 풍력발전기에 대해서 언급하였다. 각각 다른 형식의 풍력발전기는 상당히 다른 출력성능과 제어능력을 가질 것이고, 이러한 것들이 예를 들면서 설명되었다. 다양한 형식의 풍력발전기로 구성된 풍력발전단지의 전기회로적 토폴로지에 대해서도 살펴보았고 풍력발전단지는 특정 풍력발전기의 형식에 대해서 최대한 능력을 발휘할 수 있도록 특화된 구성이 필요하다는 것을 보였다. 계통연계 시 주요 요구사항은 풍력발전기의 전기적 특성과 밀접한 관련이 있고, 이것에 대해서도 설명하였으며 전력계통에서의 풍력발전기 특성의 개선법에 대해서도 예를 들어가며 설명하였다.

참·고·문·헌

1. Blaabjerg, F., Chen, Z., Kjaer, S. B.,: "Power Electronics as Efficient Interface in Dispersed Power Generation Systems", IEEE Transactions on Power Electronics, Volume: 19, Issue: 5, Year: Sept. 2004, pp.1184-1194.

2. Chen, Z., Blaabjerg, F.: "Wind Turbines — A Cost Effective Power Source", Przeglad Elektrotechniczny R. 80 NR 5/2004 pp.464-469 (ISSN 0033-2097).

3. B.J. Baliga, "Power IC's in the saddle", IEEE Spectrum, July 1995, pp.34-49.

4. Chen, Z. Spooner, E : "Current Source Thyristor Inverter And Its Active Compensation System", IEE Proc. – Generation, Transmission and Distributions, Vol. 150, No. 4, July 2003, pp.447-454.

5. Chen, Z: "Compensation Schemes for A SCR Converter in Variable Speed Wind Power Systems", IEEE Transactions on Power Delivery, Vol. 19, No 2, April 2004, pp.813-821.

6. M.P. Kazmierkowski, R. Krishnan, F. Blaabjerg. *Control in Power Electronics-Selected problems.* Academic Press, 2002.

7. Chen, Z., Spooner, E. : "Voltage Source Inverters for High-Power, Variable-Voltage DC Power Sources", IEE Proc. – Generation, Transmission and Distributions, Vol. 148, No. 5, September 2001, pp.439-447.

8. L.H. Hansen, P.H. Madsen, F. Blaabjerg, H.C. Christensen, U. Lindhard, K. Eskildsen, "Generators and power electronics technology for wind turbines", Proc. of IECON '01, Vol. 3, 2001, pp.2000-2005.

9. A.K. Wallace, J.A. Oliver, "Variable-Speed Generation Controlled by Passive Elements", Proc. of ICEM '98, 1998.

10. Chen, Z., "Characteristics of Induction Generators and Power System Stability", Proc. of the Eighth International Conference of Electrical Machines and Systems (ICEMS 2005 Invited paper)

11. F. Iov, Z. Chen, F. Blaabjerg, A. Hansen, P. Sorensen, "A New Simulation Platform to Model, Optimize and Design Wind Turbine", Proc. of IECON '02, Vol. 1, pp.561-566.

12. Florin Iov, Anca Daniela Hansen, Clemens Jauch, Poul Sϕrensen, Frede Blaabjerg, "Advanced Tools for Modeling, Design and Optimization of Wind Turbine Systems", Journal of Power Electronics, 2005.

13. Chen, Z., Spooner, E. : "Grid Interface Options for Variable-Speed, Permanent-Magnet Generators", IEE Proc. -Electr. Power Applications, Vol. 145, No. 4, July 1998, pp.273-283.

14. Chen, Z., Gómez Arnalte S., McCormick, M: "A Fuzzy Logic Controlled Power Electronic System for Variable Speed Wind Energy Conversion Systems", 8th IEE International Conference PEVD'2000, London, September, 2000, (IEE Conf. Publ. No. 475) Page(s): 114-119.

15. Sun, Tao, Chen, Z., Blaabjerg, F. "Voltage Recovery of Grid-Connected Wind Turbines After a Short-Circuit Fault", Proc. of the 29th Annual Conference of the IEEE Industrial Electronics Society, IECON 2003, Roanoke, Virginia, USA, 2003. pp.2723-2728 (ISBN: 0-7803-7907-1)

16. R. Pena, J.C. Clare, G.M. Asher, "Doubly-fed induction generator using back-to-back PWM converters and its application to variable speed wind-energy generation". IEE proceedings on Electronic Power application, 1996, pp.231-241.

17. BTM Consults Aps. "International Wind Energy Department Word Market Update 2002", Forecast 2003-2007, 2003.

18. A.D. Hansen, C. Jauch, P. Soerensen, F. Iov, F. Blaabjerg. "Dynamic Wind Turbine Models in Power System Simulation Tool DigSilent", Report Risoe-R-1400 (EN), Dec. 2003, ISBN 87-550-3198-6 (80 pages).

19. Chen, Z., Spooner, E. "A Modular, Permanent-Magnet Generator for Variable speed Wind Turbines", IEE International Conference EMD'95, Conference Publication No. 412, 1995, pp 453-457.

20. Chen, Z., Spooner, E. : "Grid Power Quality with Variable-Speed Wind Turbines", IEEE Transactions on Energy Conversion, Vol. 16, No.2, June 2001, pp.148-154.

21. IEC 61400-21: Power quality requirements for wind whines. (2001).

22. DEFU Committee reports 111-E (2nd edition): Connection of wind turbines to low and medium voltage networks 1998.

23. IEC 61400-12: Wind turbine generator systems. Power performance measurement techniques.

24. IEC 61000-4-15, "Electromagnetic Compatibility (EMC) — Part 4: Testing and measurement techniques — Section 15: Flickermeter — Functional and design specifications," Bureau Central Commission Electrotech. Int., Geneva, Switzerland, Nov. 1997.

25. English version of Technical Regulations TF 3.2.6, "Wind turbines connected to grids with voltage below 100 kV −Technical regulations for the properties and the control of wind turbines", Eltra and Ekraft systems, 2004.

26. Chen, Z., "Issues of Connecting Windfarms into Power Systems", Proc. of 2005 IEEE/PES Transmission and Distribution Conference & Exhibition: Asia and Pacific. (Invited paper panel presentation paper)

27. Chen, Z., Blaabjerg, F., Sun, Tao "Voltage Quality of Grid Connected Wind Turbines", Proc. of the Workshop of Techniques And Equipments For Quality Ad Reliability Of Electrical Power, Bucharest, Romania, pp. 11-16, Printech, April 2004. (ISBN 973-652-961-4).

28. Blaabjerg, F., Chen, Z.,: "Wind Power−A Power Source Enabled by Power Electronics", Proc. of 2004 CPES Power Electronics Seminar, pp. I3-I14. April 2004.

29. Sun, Tao, Chen, Z., Blaabjerg, F,: "Flicker Study on Variable Speed Wind Turbines with Doubly-fed Induction Generators", Accepted for IEEE Transactions on Energy Conversion.

30. Sun, Tao, Chen, Z., Blaabjerg, F, "Transient Stability of DFIG Wind Turbines at an External Short-Circuit Fault", *Wind Energy*, 2005, 8:345-360.

31. Z. Saad-Saoud, N. Jenkins, "The application of advanced static VAr compensators to windfarms", Power Electronics for Renewable Energy, 1997, pp.6/1-6/5.

32. Petru, T.; Thiringer, T. "Modelling of wind turbines for power system studies", IEEE Transactions on Power Systems, Volume: 17, Issue: 4 , Nov. 2002 Pages:1132-1139.

33. J.G.Slotweeg, H.Polinder, W.L.Kling, "Initialization of Wind Turbine models in power System Dynamics Simulations". IEEE Porto Power Tech, portugal, 10-13.September 2001, 6p.

34. R. Flϕlo, M. Gustafsson, R. Fredheim, T. Gjengedal, "Dynamic Simulation of Power Systems with Wind Turbines, A Case Study from Norway", NWPC '00, Trondheim, March 13-14, 2000, 6p.

35. Akhmatov, Knudsen, "Modelling of windmill induction generators in dynamic simulation programs" (1999), Proc. IEEE Power Tech'99, 6p.

36. Chen, Z., Hu, Y.: "Dynamics Performance Improvement of A Power Electronic Interfaced Wind Power Conversion System", Proceedings of 4th International Power Electronics and Motion Control Conference, IPEMC 2004, August 2004, Xi'an, China, pp.1641-1646.

37. Chen, Z., Hu, Y.: "Power System Dynamics Influenced by A Power Electronic Interface for

Variable Speed Wind Energy Conversion Systems", Proceedings of 39th International Universities Power Engineering Conference UPEC 2004, pp.659-663.

38. J. Wiik, J. O. Gjerde, T. Gjengedal, and M. Gustafsson, "Steady state power system issues when planning large windfarms," IEEE PES 2002 Winter Meeting, New York, 2002.

39. Chen, Z., Blaabjerg, F. and Hu, Y. "Voltage Recovery of Dynamic Slip Control Wind Turbines with a STATCOM", Proc. of the 2005 International Power Electronics Conference IPEC 2005, April 2005, pp.1093-1100.

40. S.K. Salman, A.L.J. Teo, "Windmill modelling consideration and factors influencing the stability of a gridconnected wind power-based embedded generator", IEEE Transactions on Power Systems, Volume: 18, Issue: 2, May 2003 Pages:793-802.

41. J. Wiik, J. O.Gjerde, M. Gustafsson, and T. Gjengedal, "Dynamic simulations of wind power turbines in weak power systems," Wind power for the 21st century, Kassel, 2000.

Chapter 06

해상풍력발전단지의 계통연계

C06hapter

해상풍력발전

해상풍력발전단지의 계통연계

약 어

AC	alternating current	교류
DC	direct current	직류
HV	high-voltage	고전압, 고압
IGBT	insulated gate bipolar transistors	절연 게이트 바이폴라 트랜지스터
LCC	line commutated converter	타려 컨버터
PCC	point of common coupling	수전점(공통결합점)
PWM	pulse width modulation	펄스폭 변조
STATCOM	static synchronous var compensator	자려식 무효전력 보상 장치
SVC	static var compensator	정지형 무효전력 보상 장치
VA	volt-ampere	피상전력의 단위
Var	volt-ampere reactive	무효전력의 단위
VSC	voltage source converter	전압형 컨버터(자려 컨버터)[1]
XLPE	cross-linked polyethylene	가교(架橋)폴리에틸렌

---

1 역자 주 : 컨버터는 밸브장치(스위칭 장치)의 동작성능에 따라 크게 타려식과 자려식 2가지 방식으로 분류할 수 있다. 타려식은 자기소호가 되지 않는 장치(주로 사이리스터)를 사용한 경우의 방식으로 장치의 소호는 계통에서의 전류로 일어난다. 한편 자기소호가 가능한 스위칭 장치(예를 들어 IGBT 등)를 사용한 자려식의 대표적인 예로서는, 전압형 컨버터가 있다. 자려식에는 이 외에 전류형도 존재하지만 현재 전력분야에서 실용화되어 있는 대부분이 전압형이다. 따라서 원저자가 사용하는 전압형이란 용어는 자려와 같은 뜻으로 번역할 수 있다. 번역문에서는 독자의 이해를 위해 특히 문맥상 지장이 없는 한 자려를 사용하는 것으로 한다.

6.1 서 론

본 장에서는 아래에 나타낸 기본설계를 개관한다.

① 해상풍력발전단지의 집전시스템²
② 해상풍력발전단지와 육상 계통연계점 사이의 송전시스템

    본 장에서는 해상풍력발전단지의 집전시스템 및 육상으로의 송전시스템에 대하여 경제적인 설계방법과 운용방법의 키 팩터(key factor)를 평가하기 위한 방법론을 제시하고 설명한다. 주요 논점은 다양한 기술적 해결책에 대한 손실과 신뢰성·중복성의 평가이다. 이 방법론은 개념설계의 경제적 평가에도 전기시스템 구성의 최적설계의 포괄적인 가이드라인으로써 이용 가능하다. 그러나 이 분야의 기술은 급속하게 발달하고 있어서 개개의 해상풍력발전단지에는 각각 특유의 환경이 있기 때문에 본 장에서는 각각의 기술적 해결책에 대해서 상세한 경제평가는 하지 않는다.
    초기의 해상풍력발전단지는 비교적 작은 정격용량(160MW 이하)으로 연안으로부터도 비교적 가까운 장소(20km 이하)에 건설되어 있다. 해상풍력발전단지의 사이즈가 증가함에 따라 전체적인 경제성이 향상되고, 장래의 프로젝트에서는 상당히 큰(한 풍력발전단지당 최대 1000MW), 또한 연안으로부터의 거리도 길어진다(최대 200km). 따라서 본 장에서 서술하는 집전시스템 및 육상으로의 송전시스템 설계는 최대 1000MW의 풍력발전소를 대상으로 하고 있다. 이와 같이 규모가 거대하고 계통을 유지하는 점에서 종래의 발전소와 같은 정도의 요구사항을 만족시켜야 하고 이러한 풍력발전단지에서도 그리드코드(계통연계규정)가 부과되는 사실로부터, 이러한 설비는 실제로 해상풍력발전단지라 하기보다 해상 풍력발전소라고 부르는 것이 바람직하다.

6.1.1 시스템의 개요

    그림 6-1은 해상 풍력발전소의 집전·송전시스템의 레이아웃 개념도이다. 집전시스템은 풍력발전단지 구내에서 각 풍력발전기를 연결하고 있고 집전점에 접속되어 있다. 소규모의 풍력발전소에서 해상 변전소가 없는 경우 집전점은 어떤 풍력발전기의 기초부분에 설치된다. 대규모인 풍력발전소에서는 집전점은 해상 변전소 내에 위치하고 보다 큰 대규모 풍력발전소가 되면 집전점이나 해상 변전소가 복수로 존재하는 경우도 있다.

---

2 역자 주: 전기적 구성요소로는 배전시스템과 거의 동일하지만 풍력발전단지 내에서는 전기를 분배하는(distribute) 것이 아니고 수집하는(collect) 역할을 하기 때문에 집전시스템(collection system)이라고 일반적으로 부른다.

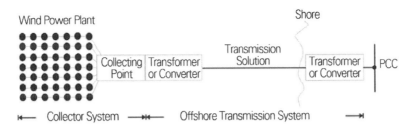

그림 6-1 해상풍력발전 시스템의 개념도. 집전점은 해상 변전소인 경우도 있다. PCC는 수전점(Point of Common Coupling)으로, 이 경우에서는 육상의 전력계통상에 있다.

해상으로부터 육상에의 송전시스템은 통상 집전점의 전압계급으로부터 송전선의 전압계급으로 승압하는 변압기가 기점이 된다. 소규모로 연안에서의 거리가 가까운 풍력발전단지에서는 수전점으로부터 육상으로의 전압(전형적인 예로는 30kV 정도)은 같아도 좋으며, 이 경우 변압기는 필요하지 않으나 변압기는 통상 전압을 승압하기 위해서 필요로 한다. 이와 같은 변압기가 필요한 경우는 통상 해상 변전소가 먼 장소에 설치되어 있는 경우이다. 송전시스템에 HVDC 송전이 사용되는 경우는 육상으로의 송전시스템은 교류에서 직류로 변환하는 전력변환소가 기점이 된다.

해상 풍력발전소와 육상의 전력계통을 결합하기 위해 육상에서는 변전소 또는 전력변환소 중 하나가 사용된다. 해상에서의 송전시스템이 육상의 계통과 같은 전압인 경우 공통수전점에서는 차단기만 필요하게 된다.

6.2 해상 집전시스템

해상 집전시스템의 표준적인 설계는 각각의 풍력발전기로부터 발전되는 전력을 AC 계통으로 집전하는 것이다. 대부분의 풍력발전기는 690V에서 1000V의 정격전압에서 동작하고 있으므로 변압기는 풍력발전기의 나셀 내부 혹은 하부에 설치되어 발전기 전압을 집전시스템의 전압계급으로 승압시키고 있다. 해상풍력발전단지에서 사용되는 집전시스템은 통상 33~36kV이다(표 6-1 참조).

표 6-1 해상 풍력발전소의 전기적 파라미터 일람

장소명 국가명	운전개시 연도	풍력발전기 로터 직경/정격	총용량	PCC에서의 거리	집전전압	해상 변전소	송전전압
Utgrunden 스웨덴	2000	Enron Wind×7기 70m/1500kW	10.5MW	8km	AC, 20kV	없음	AC, 20kV
Blyth 영국	2000	Vestas×2기 66m/2000kW	4MW	2km	AC, 11kV	없음	AC, 11kV
Middelgrunden 덴마크	2001	Bonus×20기 76m/2000kW	40MW	4km	AC, 30kV	없음	AC, 30kV
Yttre Stengrund 스웨덴	2001	NEG-Micon×5기 72m/2000kW	10MW	6km	AC, 20kV	없음	AC, 20kV
Horns Rev 덴마크	2002	Vestas×80기 80m/2000kW	160MW	19km(해상) +33km(육상)	AC, 36kV	있음	AC, 150kV
Paludan Flak,S 덴마크	2003	Bonus×10기 82.4m/2300kW	23MW	5km	AC, 30kV	없음	AC, 30kV
Nysted 덴마크	2003	Bonus×72기 82m/2300kW	165.6MW	10km	AC, 33kV	있음	AC, 132kV
Arklow Bank 아일랜드	2003	GEW×7기 104m/3600kW	25MW	10km	AC, 38kV	없음	AC, 38kV
North Hoyle 영국	2003	Vestas×30기 90m/2000kW	60MW	10km	AC, 33kV	없음	AC, 33kV
Scroby Sands 영국	2004	Vestas×30기 90m/2000kW	60MW	4km	AC, 33kV	없음	AC, 33kV
Kentish Flat 영국	2005	Vestas×30기 90m/3000kW	90MW	9km	AC, 33kV	없음	AC, 33kV
Barrow 영국	2006	Vestas×30기 90m/3000kW	90MW	27km(해상) +3km(육상)	AC, 33kV	있음	AC, 132kV
Burbo Bamk 영국	2007	Siemens×25기 107m/3600kW	90MW	6.5km	AC, 36kV	없음	AC, 36kV
Lillgrund 스웨덴	2007	Siemens×48기 93m/2300kW	110MW	7km(해상) +2km(육상)	AC, 33kV	있음	AC, 138kV
Q7 네덜란드	2008	Vestas×60기 80m/2000kW	120MW	23km	AC, 22kV	있음	AC, 150kV
Horns Rev II 덴마크	2009 예정	Siemens×91기 93m/2300kW	215MW	45km(해상) +5km(육상)	AC, 36kV	있음	AC, 170kV
Test field Alpha Ventus 독일	2009 예정	Repower×6기 Multibird×6기 __ /5000kW	60MW	66km	AC, 30kV	있음	AC, 110kV
Bard Offshore 1 독일	2010 예정	Bard×80기 122m/5000kW	400MW	128km(해상) +75km(육상)	AC, 33kV	있음	AC, 154kV (CPCC로부터 230kW는 ±150kV DC

(2000~2007년 사이에 건설된 풍력발전소 및 계획 중인 주요 풍력발전소)

위에서 언급하였듯이 전압의 범위가 사용되는 이유는 주로 이러한 전압의 범위에서 표준화된 기기를 시장에서 구할 수 있기 때문이다. 또한 전압계급이 높을수록 큰 변압기가 필요하게 되고 비용도 그에 따라 높아질 가능성이 있다. 이와 같은 변압기는 나셀이나 타워 또는 풍력발전기에 인접한 격납고에 격납되기 때문에 변압기의 크기가 매우 중요한 경우가 있다. 더욱이 차단기도 일반적으로 풍력발전기의 기초부분에 격납되는데 이것도 전압계급에 따라 사이즈가 커져서 차단기가 36kV 이상이 되면 풍력발전기 타워 기초부분에 넣을 수 없을 가능성도 있다. 그러나 Lundberg의 연구에 의하면 최대 이안(離岸)거리 80km의 소규모인 해상 풍력발전소(약 60MW)에서 가장 경제적인 전압은 45kV라고 한다[1].

실제로 연안에서 꽤 가까운 몇몇 기존의 소규모 해상풍력발전단지에서는 육상까지 비교적 저전압으로 접속되고 있는데 이것은(부하 측의) 손실에 의한 전압저하가 그만큼 커지게 되어 높은 전압을 필요로 하는 설비에 여분의 비용을 써야 할 필요가 없기 때문이다. 이것은 현재 계획 중인 소규모 해상풍력발전단지에서도 마찬가지이다. 예를 들어 풍력발전기 7기가 설치된 스웨덴의 Utgrunden 해상풍력발전단지(10MW)에서는 20kV로 접속되고 육상에서는 50kV로 승압되어 있다(표 6-1 참조).

40MW인 덴마크의 Middelgrunden 해상풍력발전단지에서는 풍력발전기 20기를 결합하여 육상까지 약 3km의 전압 케이블로 30kV 전압이 선택되었다. 2002년에 건설된 덴마크의 Horns Rev 해상 풍력발전소는 160MW의 발전용량을 가지고 있으며 풍력발전단지 구내의 전압은 36kV로 하고 있다. 또한 Horns Rev는 세계최초의 해상 변전소를 가진 해상 풍력발전소이고 해상 변전소에서 150kV로 승압시켜 교류 케이블로 육상에 송전되고 있다. 또 165MW의 덴마크 Nysted 해상 풍력발전소에서는 집전전압을 33kV로 하고 있으나, 여기서 이용되는 해상 변전소에서는 육상까지 약 10km를 교류로 접속시키기 위해 132kV로 승압시키고 있다.

여기서 주의해야 하는 점은 해상 변전소가 복잡하고 큰 지지구조물이 필요하기 때문에 해상 풍력발전소 전체의 전력망 설계는 반드시 가장 에너지 효율이 좋은, 즉 가장 손실이 적은 레이아웃이 될 수는 없다. 따라서 해상 변전소는 상당히 비용이 많이 들고 해상 설비로서의 신뢰성 부분에서는 충분한 경험도 축적되어 있지 않아서 프로젝트 개발자는 명확한 경제적 우위성이 발견되지 않는 이상 해상 변전소를 설치하지 않는 경향이 있다.

6.2.1 집전시스템의 레이아웃

풍력발전단지 전체의 레이아웃 설계는 풍속이나 풍향의 변동이나 풍력발전기 사이에서 발생하는 난류뿐만 아니라 사이트의 소유권이나 인허가 등도 고려하면서 바람으로부터 얻는 에너지를 최대한 전력으로 변환하는 것을 목적으로 하고 있다. 육상풍력발전단지의 레이아웃은 그 사이트에 특유한 조건이나 복잡한 지형을 고려하기 때문에 매우 변화무쌍하다. 한편, 해상풍력발전단지는 지형적 혹은 사이트의 소유권상의 제약이 적으나 그 지역의 수심이나 해저 상태의 영향을 받을 수 있다. 그러나 해상 사이트 전체로 보면 거의 같은 수심을 가진 경우가 많고 풍력발전기 사이의 후류나 난류 영향을 최소한으로 하는 것이 사이트 설계의 주요 기준이 된다. 따라서 해상에서 풍력발전기 사이의 거리는 일반적으로 같은 규모의 육상풍력발전단지보다도 크게 된다.

해상풍력발전단지는 총용량도 풍력발전기의 개수도 대형화하는 경향이 있고 집전시스템의 설계에 대한 요구도 증가하지만, 원리적으로 집전시스템은 어떠한 풍력발전단지의 레이아웃에도 적용 가능하다. 그러나 집전시스템의 건설비용이나 손실 등의 특성은 풍력발전단지의 레이아웃에 의해 대폭적으로 변동한다. 예를 들어 어떤 하나의 피더(feeder)에 접속이 가능한 풍력발전기의 최대개수는 허브로 향하는 각 피더 케이블의 최대정격에 의존한다[2]. 33kV의 집전전압을 기준으로 하면 케이블 하나당 최대용량은 약 40MVA이고 피더 1개당 5MW의 정격용량 풍력발전기 8기에 접속할 수 있다.

Pierik 등 Gardner 및 Quinonez-Varela 등은 몇 가지의 실현 가능한 집전시스템 레이아웃을 보고하였다. 그림 6-3에 실현 가능한 전력구성 예를 나타내었다. 그림 6-3 A는 대규모 풍력발전소에 적용한 가장 직선적인 구성으로 예를 들면 풍력발전기를 방사상에 나열한 레이아웃이다. 이 구성은 초기 대규모 풍력발전소인 덴마크의 Horns Rev 및 Nysted에서 이미 적용되어 있고 이 외에도 계획 단계의 해상 풍력발전소에서도 채용되고 있다. 이 방법의 주요 이점은 풍력발전기 사이의 케이블 정격을 선단으로 갈수록 낮게 한 것으로 케이블 비용을 낮추게 된다(그림 6-2 참조). 방사형 레이아웃에 의한 집전시스템의 평균적인 에너지 손실은 풍력발전소의 연간 발전량 중 약 2%이다.

방사형 레이아웃(그림 6-3 A)의 주요 약점은 어느 피더의 허브 측에서 케이블이나 차단기의 고장이 생기면 같은 피더상에 있는 멀리 떨어진 풍력발전기 전부가 고장기간 동안 공급정지를 발생시킬 가능성이 있기 때문에 비교적 신뢰성이 낮다는 것이다[3].

그림 6-3 A 방식에 대해서 몇 개의 케이블이나 차단기를 추가함으로써 환상 레이아웃(그림 6-3 B, C, D)이 구성될 수 있고 케이블 고장 시에도 전력을 공급할 수 있는 대체 루트가 있기 때문에 단순한 방사상 레이아웃보다 신뢰성이 개선된다. 환상 레이아웃에서는 통상 개방되어 있는 차단기가 고장사고 시에 자동적으로 폐로하여 네트워크 구성이 변하게 되어 있다. 이와 같은

---

3 King 등(2008)은 방사형 레이아웃을 사용하는 풍력단지에 동력을 공급하는 흥미로운 연구 결과를 보여준다. 이 장에 나오는 모든 레이아웃에 대하여 다른 개폐과도현상 및 이러한 동력 공급 문제를 조사하는 비슷한 연구가 수행되어야 한다.

부가적인 안전대책은 케이블 길이나 정격용량을 증가시켜 고장개소를 차단하는 장치추가가 필요하게 되고 풍력발전기의 개수에 대한 케이블 비용을 상승시킨다. 예를 들어 그림 6-3 C에서는 주(主)케이블만이 아닌 부(副)케이블의 크기도 피더에 접속된 모든 풍력발전기의 총 출력에 맞춰 결정해야 한다. 이에 따라 피더 좌단에서 케이블 섹션이 폐로된 때에 주(主)피더상의 풍력발전기 총 출력이 부(副)피더에도 흐르게 되어 있고 풍력발전기가 정격출력으로 운전하는 시간은 한정적이므로 백업용 피더의 정격을 설비용량보다 작게 하고 고장 시에 모든 풍력발전기가 정격출력으로 운전하는 경우는 몇 개의 풍력발전기를 정지시키는 차선책도 있다.

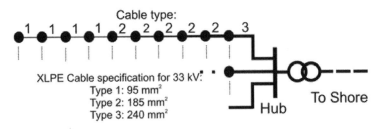

그림 6-2 방사형 네트워크 레이아웃에서의 케이블 정격의 예
(2.3MW 풍력발전기를 가진 Lillgrund 해상 풍력발전소가 기본이 되어 있다.)[6]

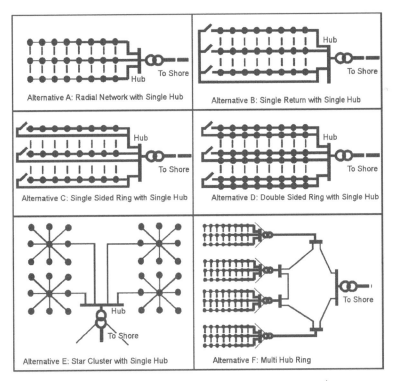

그림 6-3 다양한 해상 집전시스템의 레이아웃 개념도[7]

또 하나의 방식은 스타 클러스터형(star cluster) 레이아웃이다(그림 6-3 E). 이 방식은 케이블 1개가 고장 나도 영향이 미치는 것은 풍력발전기 1기뿐이기 때문에 풍력발전소 전체의 안전등급을 높이며 케이블 정격도 낮출 수 있다. 이 레이아웃의 단점은 긴 방사형의 케이블이 필요하고 일부 짧은 구간에서는 정격이 높은 케이블이 필요한 것이지만 큰 단점은 아니다.

현재 고장과 그에 파생되는 손실비용은 대책설비의 비용보다 작게 견적이 나오기 때문에 환상 혹은 스타형 구성의 집전시스템은 일반적으로는 검토되지 않았다. 선박의 닻이나 어업설비, 조류 등으로부터의 피해를 피하기 위해서 통상 케이블은 해저에서 1~2m의 깊이로 매설된다.

마지막으로 해상 풍력발전소가 대구모인 경우 또는 같은 지역에 다수의 해상 풍력발전소가 존재하는 경우에는 각각의 풍력발전기들에서 전압을 상승시키는 것이 유리할 가능성이 있다(그림 6-3 F를 참조). 풍력발전기가 접속되어 있는 피더의 시스템 신뢰성 문제는 피더의 전기적 구성(예를 들어 방사형인가, 환상인가, 스타형인가)에 의존한다. 이 레이아웃(layout)의 주요 문제점은 다양한 전압에 따른 케이블 비용과 추가적인 허브 비용이다. 허브는 떨어진 장소에 위치하므로 해상지지구조물을 새로 설치해야 한다. 손실을 저감시킴에 따른 이점과 복수의 허브에 의한 신뢰성 향상은 대책비용과 비교 검토해야 한다.

6.2.2 직류 집전시스템

해상풍력발전기에 사용되고 있는 발전기의 출력은 교류이지만 가변속 풍력발전기는 이 발전기에 BTB 컨버터[4]를 조합한 것이 일반적이다. 이론적으로는 이 컨버터는 풍력발전기에 설치된 AC-DC 컨버터, 직류 집전시스템 및 육상에의 직류송전, 그리고 수전점(PCC)에 병설된 DC-AC 컨버터로 분리할 수 있다. 다시 말하면 이 BTB 컨버터의 직류 브릿지가 직류 집전시스템과 고압직류 송전시스템으로 변한다. 교류 발전기는 통상 690V로 운전하고 새로 추가되는 직류변압기(DC-DC 스위칭 컨버터 및 buck booster는 통상 집전 및 송전시스템에 필요한 전압에 적합하도록 요구된다. 이 방식의 단점은 같은 직류변압기에 접속된 모든 풍력발전기가 같은 회전속도가 돼버리는 것이다. 이 회전속도는 시시각각 변화하는데 대규모 해상 풍력발전소는 매우 넓은 면적을 차지하고 있기 때문에 같은 시각에 같은 풍속이 부는 풍력발전기가 적으며 회전속도도 다양하기 때문에 최적 공력효율은 얻을 수 없다.

대책으로 풍력발전기를 5기 정도의 몇 개의 클래스터로 나누어 직류변압기에 접속시키는 방법

---

4 역자 주: Back-to-back(BTB) 컨버터는 DC 링크를 사이에 넣은 2대의 AC-DC 컨버터로 구성되어 있으나 2대의 컨버터가 등을 맞댄(back-to-back) 방식으로 배치되어 있기 때문에 일반적으로 이 명칭을 사용한다. 이 컨버터는 송전거리가 0인 직류송전으로 볼 수 있으며 2개의 교류계통 사이에 삽입된 주파수 컨버터로 볼 수도 있다.

이 있다(그림 6-4 참조). 풍력발전기 5기로 구성된 클래스터의 회전속도는 시시각각 변화하지만 모두 같은 속도로 운전된다. 그러나 5기의 풍력발전기 각각에서의 풍속도 변화하기 때문에 이 방식에서의 전체적인 공력효율은 개개의 풍력발전기를 독립으로 제어하는 경우보다 낮다. 그러나 이 방식에서는 클래스터를 사용함으로써 비용상의 이점이 공력효율의 저하보다도 크다.

이 기본 설계 개념에 대해서 다양한 변화를 준 것이 존재하고 그것은 Pierik 등[3, 12], Courault [8], Macken 등[9], Weixing 및 Boon-Teck[10, 11], Martander 등[13]의 논문에 상세히 기술되어 있다. 이러한 연구에서는 이 설계 개념에 대해 상세한 경제평가를 하고 있으며 결론은 다양하다. 몇몇 기업은 이 방식에 흥미를 가지고 있고 더욱 연구를 진행해야 한다고 보고 있다.

이 외의 구성도 존재하는데 예를 들면 교류발전기를 직류발전기로 바꾸어 놓거나 AC-AC 및 AC-DC 컨버터를 조합하는 것도 가능하다. 이 경우에서 풍력발전소의 설계는 그림 6-4와 같다고 생각할 수 있으며 풍력발전기에 인접한 AC-DC 컨버터는 필요하지 않다. 다른 선택으로는 모든 풍력발전기를 직렬접속시켜서 송전에 맞는 전압을 얻는 방식이 있다(그림 6-5 참조). 직류 풍력 발전기를 직렬접속시키는 것의 장점은 해상 변전소가 필요하지 않다는 것이다. 이 콘셉트의 보다 상세한 설명은 Lundberg를 참조하면 된다.

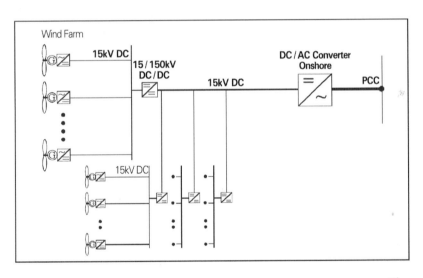

그림 6-4 교류발전기에 기초한 풍력발전기를 사용한 직류시스템 풍력발전소(Martander[13]에 기초함)

출처 : T. Ackermann ed. : "Wind Power in Power Systems", 2005, John Wiley & Sons Limited.

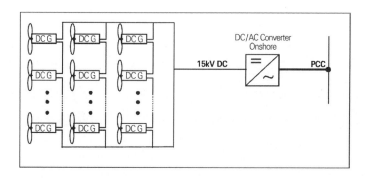

그림 6-5 직류발전기에 기초한 풍력발전기를 사용한 직류시스템 풍력발전소(Lundberg[1]에 기초함)

출처 : T. Ackermann ed. : "Wind Power in Power Systems", 2005, John Wiley & Sons Limited.

6.2.3 가변주파수 교류 집전시스템

또 한 가지 방식은 교류의 영구자석방식 유도발전기를 사용한 정속 풍력발전기를 기본으로 하고 있다. 이 풍력발전기의 설계는 피치제어가 되지 않는 단점을 가지고 있다. 그 결과 회전속도를 풍속에 맞추는 것이 불가능하고 출력계수도 저하되기 때문에 출력도 감소한다. 이 단점을 극복하기 위해서 새로운 제어 개념으로써 집전형의 AC-DC 컨버터를 만들어 풍력발전단지 전체의 주파수, 즉 풍력발전기의 회전속도를 제어하는 방식이 있다. 이 방법에 의해 출력계수도 향상되고 보다 높은 출력을 얻을 수 있다. 이 구성에서는 집전시스템 전체가 가변주파수로 운전된다(그림 6-6 참조).

전항에서 서술한 직류 집전시스템과 마찬가지로 이 방식에서는 모든 풍력발전기가 같은 운전속도가 되기 때문에 모든 풍력발전기에서 최적인 공력효율은 얻을 수 없다. Troester[14]에 의하면 액티브스톨 제어 풍력발전기와 조합시키는 방법이라면 개개의 컨버터를 가진 가변속 풍력발전기에 비해서 출력 저하는 낮을 것(4% 미만)이 예상되고 있다. 풍력발전기마다 개별 컨버터를 가진 경우보다도 비용을 낮출 수 있기 때문에 이러한 방법은 경제성 관점에서도 흥미롭다.

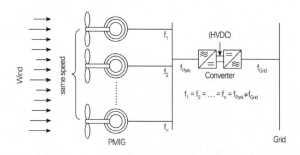

그림 6-6 고정속 풍력발전기와 집전형 컨버터의 조합(PMIG는 영구자석 방식 유도발전기)

출처 : Troester[4]

6.2.4 집전시스템의 최적화

집전시스템을 최적화, 즉 설치비용과 운전비용을 합쳐서 최소화하기 위해서는 다양한 설계상의 선택사항을 전체적으로 평가하고 많은 요인을 고려해야 한다. Ault 등[7]은 설계상 선택사항의 전체적인 비용을 결정하기 위해서 아래와 같은 항목을 제시하였다.

- 각 전압계급에서의 변압기 개수
- 각 전압계급·각 용량에서의 케이블 길이
- 케이블단의 수
- 각 전압에서의 제어반(차단기를 포함)의 개수
- 무효전력제어장치
- 송전손실
- 집전시스템의 신뢰성 향상에 따른 손실

이러한 파라미터에 기초하여 가장 경제적인 해법이 될 수 있도록 최적화해야 한다. 최적화 방법으로는 많은 것이 고려될 수 있으며 예를 들어 최적배분법[15] 등이 있다. 그러나 이와 같이 적합한 방법이 있음에도 해상에 적합한 설비비용에 관한 데이터가 충분하게 축적되어 있지 않기 때문에 최적화는 용이하지 않다. 또한 최적화는 해상 집전시스템에 한정되지 않고 육상으로의 송전시스템 및 육상 전력시스템의 업그레이드의 가능성도 포함하는 것이 바람직하다. 예를 들어 육상에 운송하는 송전시스템은 허브의 수에 영향을 받으나 이것은 최적화가 적어도 대규모($\gg$ 100MW) 풍력발전소 등에 매우 특화된 경우인 것을 나타낸다. 그러나 해상풍력발전기의 업계에서는 현재 연안에서 가까운($<$ 30km) 소규모인($<$ 200MW) 풍력발전소에 대하여 허브가 없는 또는 허브가 한 개뿐인 방사형 네트워크 구성이 검토되고 있다.

그림 6-7 해상 변전소(왼쪽 : Horns Rev 해상 풍력발전소, 오른쪽 : Lillgrund 해상 풍력발전소)

6.3 해상 변전소

Horns Rev나 Nysted 및 Barrow 해상풍력발전단지가 건설될 때 해상 변전소는 다른 유례를 볼수 없는 설비였다. 그 이전에는 비슷한 것도 없었으며 해상 가스전이나 유전 굴착설비에서도 최대 13.8kV의 전압으로 조업한 것에 지나지 않았다. 이미 설치된 해상 변전소는 장래의 프로젝트에서의 해상 변전소의 신뢰성에 관한 귀중한 정보를 제공한다. 예를 들어 Nysted 해상 변전소의 변압기에서는 2007년에 중대한 사고가 발생하여 4개월 반에 걸쳐 풍력발전단지 전체가 정지한 사고가 있었다(Anderser 등[16] 참조). Nysted 해상 변전소에서 얻은 경험은 장래의 해상 변전소의 변압기 설계나 그 여분 대책에 영향을 미칠 것으로 예상된다.

덴마크의 Horns Rev 해상 풍력발전소에 건설된 세계 최초의 해상 변전소는 트라이포드 구조, 한편 덴마크의 Nysted 및 영국의 Barrow에 설치된 해상 변전소는 모노파일구조이다(그림 6-7 참조). 변전소의 중량은 각각의 설계방식에 따라 크게 변화한다(표 6-2 참조).

표 6-2 해상 변전소의 개요

사이트 명	풍력발전소 용량	집전/송전전압	기초방식	변전소 용량
Horns Rev 덴마크	160MW	36/150kV	트라이포드 방식	1200t
Nysted 덴마크	165.5MW	33/132kV	풍력발전기 모노파일을 기초로 한 모노파일 방식	670t
Barrow 영국	90MW	33/132kV	풍력발전기 모노파일을 기초로 한 모노파일 방식	480t
Lillgrund 스웨덴	110MW	33/138kV	풍력발전기 중력방식을 기초로 한 중력방식	520t

Horns Rev에서의 변전소는 약 20×28m의 철제 구조물을 가지고 평균해면으로부터 약 14m 위에 설치되어 있다. 플랫폼에는 다음과 같은 설비가 설치되어 있다.

• 36kV 차단기
• 36/150kV 변압기
• 150kV 차단기
• 제어시 스템, 운용 시스템 및 통신 유닛
• 긴급용 디젤 발전기 및 연료탱크(2×50t)
• 해수를 이용한 소화설비

- 작업원용 시설
- 헬리콥터 발착용 플랫폼(헬리포트), 크롤러(Crawler)・크레인
- 구명 보트

이와 비교하면 Barrow 해상 풍력발전소의 변전소는 매우 작게 설계되어 있다. 예를 들어 헬리콥터 이착륙용 플랫폼이 없기 때문에 작업원은 헬리콥터에서 플랫폼으로 내려가야 한다.

미래에는 연안에서 멀리 떨어진 매우 대규모의 풍력발전소(≫ 250MW)에서는 여러 대의 해상 변전소가 필요하게 될 가능성이 있다(그림 6-8 참조). 한 가지 방법으로는 최대 250MW 용량을 가진 각각의 풍력발전단지 모듈을 변전소에 접속하는 것으로 거기서부터 전압을 승압하여 (혹은 고압직류송전으로 변환하여) 육상에 연계하는 주 변전소까지 송전하는 방법이 고려된다(그림 6-8 A 참조). 또 다른 방법으로는 각각의 변전소와 변전소 사이에 연결점이 있는 육상 사이를 개별적으로 접속하는 방법이 있다(그림 6-8 B 참조).

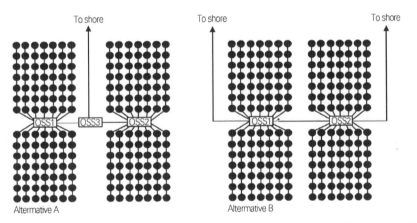

그림 6-8 980MW 해상 풍력발전소(5MW 풍력발전기ⅹ196기)로 고려할 수 있는 레이아웃 예(OSS는 해상 변전소)

출처 : T. Ackermann ed. : "Wind Power in Power Systems", 2005, John Wiley & Sons Limited.

6.4 육상으로의 송전

육상 쪽으로 케이블을 송전할 때에는 고압교류(HVAC) 송전 혹은 고압직류(HVDC) 송전 중 어느 쪽이라도 이용할 수 있다. HVDC의 경우는 기술적으로 다음의 두 가지 선택사항이 있다.

① 타려 컨버터(LCC)를 기초로 한 HVDC
② 전압형 컨버터(VSC)를 기초로 한 HVDC

현재 가동되는 모든 해상 풍력발전소는 교류송전을 적용하고 있다(표 6-1 참조). 이것은 풍력발전소가 비교적 소규모이거나 연안에서 근거리이기 때문이다. 장래의 풍력발전소는 대규모로 되어 연안에서 떨어진 장소에 건설될 것으로 예상되기 때문에 이 상황은 바뀔 가능성이 있다. 다음에서는 해상 풍력발전소와 육상을 이어주는 3가지의 방식에 대해 상세히 설명한다. 또한 전체적인 송전시스템의 최적화로서 해상 변전소의 신뢰성 문제나 설계상의 특징에 대해서도 설명한다.

6.4.1 고압교류(HVAC) 송전

고압교류(HVAC) 송전시스템은 그림 6-9에도 나타낸 것과 같이 풍력발전단지내의 교류기초 집전시스템, 해상 무효전력보상장치를 포함한 해상 변전소(옵션), 육상까지의 3층 가교 폴리에틸렌(XLPE)제의 HVAC 케이블 및 육상의 정지형 무효전력보상장치(SVC) (옵션) 등의 주요 요소로 구성된다[17, 18].

육상까지의 HVAC 송전의 예로서는 덴마크의 Horns Rev 풍력발전소(160MW)가 거론된다. 이 풍력발전소는 연안으로부터의 거리가 21km밖에 안 되기 때문에 해상 변전소로의 무효전력보상은 필요하지 않고 케이블은 3층 폴리에틸렌으로 150kV 절연층을 가진 630mm^{2}의 동으로 된 도체로 만든 XLPE 케이블을 사용하고 있다. 설비용량 165MW인 덴마크의 Nysted 해상 풍력발전소에서도 같은 방식으로, 29km의 XLPE 케이블이 육상까지 부설되어 있다. 전압을 제어하기 위하여 육상에 80MVar의 용량성과 65MVar의 유도성을 가진 SVC가 설치되어 있다. 이 SVC는 같은 공통수전점에 접속된 두 번째 해상 풍력발전소에도 대응할 수 있도록 크기가 결정되어 있다[19].

확실을 기하기 위해서 해상 풍력발전소에 적용해볼 가능성이 있는 다른 교류송전방식도 서술해 둔다.

① 해상 풍력발전소(≫ 400MW)에서는 종래의 교류 송전방식에서는 다수의 평행한 교류케이블이 필요하고 오히려 비용이 많이 드는 건설도 곤란할 것으로 예상된다. 그래서 보다 대용량의 해상 송전시스템으로 6상시스템 및 쌍극성 교류시스템에 기초한 방법이 Brakelmann에 의해 제안되었다(Brakelmann 등[20, 21]). 이 제안된 송전시스템은 6조의 싱글 코어 케이블을 사용하여 2조의 종래 교류시스템에 극성이 역이 되도록 접속되어 있다. 이러한 6상 쌍극성 교류시스템에 의해 한 쌍의 케이블을 동시에 하나의

트렌치에 부설할 수 있다. 한 쌍의 케이블 전류의 합은 0이기 때문에 자계는 무시할 수 있으므로 3상의 케이블을 자기적으로 분리가 가능하다. 이와 같은 콘셉트에 의해 최대 전압과 도체 단면면적을 이용할 수 있게 된다. 제안방법의 손실은 종래의 교류해저케이블에 비해서 상당히 적어진다.

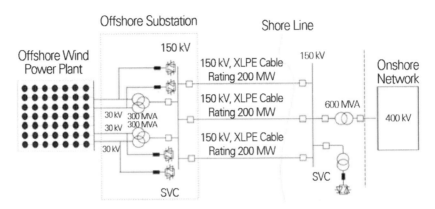

그림 6-9 HVAC 송전에 의한 600MW 풍력발전소의 기본구성회선도(Eriksson 등 및 Häusler and Owman[18]에 기초함)

출처 : T. Ackermann ed. : "Wind Power in Power Systems", 2005, John Wiley & Sons Limited.

② 가스절연케이블(GIL)은 고압 및 초고압에 적용되는 송전시스템이다. 알루미늄 합금의 동축파이프를 기초로 하여 중심축에 고체절연물이 지나고 외부 접지물체가 접지되고 안쪽의 도체에 고전압이 걸려 있다. 도체와 접지물의 사이에는 절연성을 확보하기 위해서 고압혼합가스가 충진(充塡)되어 있다. GIL은 도체단면적이 매우 크기 때문에 2kA를 넘는 대전류의 전력을 송전하는 것이 가능하다. 세계최초의 GIL에 의한 육상 송전은 1974년에 독일에서 실현되었으며 오늘날에는 총 길이 수백 km가 세계 곳곳에서 운용되고 있다. 그러나 다른 송전시스템에 비해 여전히 건설비용이 매우 높기 때문에 이제까지 건설된 것은 전부 3km 이하로 단거리이다. 해상 풍력발전소에 관한 이점으로는 높은 송전용량인 것과 해상 계통연계에 필요한 거리에 대해서 전체의 손실이 상대적으로 작은 것, 그리고 전력변환소가 필요하지 않다는 점이다[22].

위에 서술한 두 가지 방식은 현재 해상 풍력발전소에서 사용되고 있지 않다.

6.4.2 HVAC의 송전용량

HVAC 송전시스템의 송전거리를 제한하는 주요 요인은 케이블시스템에서 발생하는 무효전력에 있다. 다른 제한으로는 다음과 같다.

① 수전단에서의 무(無)부하 시와 전(全)부하 시의 전압변동(<10%)

② 위상변동(<30°)은 통상 여기서 나타낸 방식에서는 중대한 제약이 아니다[23].

③ 직렬공진 및 공진에 의한 과전압은 이 방식에 큰 영향을 미칠 가능성이 있다. 그러나 이것은 본 장에서 다루는 범위 외로 한다(Wiechowski 등[24]을 참조).

　　그림 6-10은 다양한 전압 및 다양한 무효전력보상방법(육상만, 혹은 케이블 양단에 설치 등)에 의한 다양한 케이블의 송전용량을 비교하고 있다. 케이블에서 발생하는 무효전류의 1/2이 하나의 케이블단의 공칭전류와 같게 되는 거리를 임계거리라고 한다. 표 6-3에 나타낸 케이블을 고려한 경우 임계거리는 각각

- $L_{\max,132kV} = 370\,\text{km}$

- $L_{\max,220kV} = 281\,\text{km}$

- $L_{\max,400kV} = 202\,\text{km}$

이 된다.

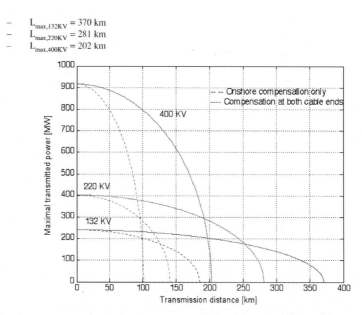

그림 6-10 다양한 HVDC 송전케이블 및 송전전압(132kV, 220kV, 400kV)에 대한 송전용량과 송전거리의 관계 (케이블의 데이터는 표 6-3을 참조)(컬러 도판 p.521 참조)

표 6-3 케이블 파라미터와 주요 특성

케이블	132kV	220kV	400kV
저항(Ω/m)	48×10^{-6}	0.48×10^{-6}	45.5×10^{-6}
인덕턴스(mH/km)	0.34	0.37	0.39
캐패시턴스(mF/km)	0.23×10^{-3}	0.18×10^{-3}	0.18×10^{-3}
공칭전류(A)	1055	1055	1323
케이블단면적(mm^2)	1000	1000	1000
최대동작온도(℃)	90	90	90

그림 6-10에 나타난 결과는 육상에 무효전력보상장치를 설치한 경우와 육·해상 양단에 설치한 경우를 고려하고 있다. 그림에서 육상에서의 거리가 증가할수록 케이블 양단에서의 무효전력보상, 즉 해상 변전소가 필요한 것을 알 수 있다. 120km 길이의 150kV 케이블시스템 2개를 가진 400MW 해상 풍력발전소의 경우 육상 및 해상의 양쪽에서 150MVar의 무효전력보상장치가 필요하게 된다[17]. 또한 전압정격을 150~170kV, 무효전력보상을 케이블의 양단에서 최대 케이블 길이 200km 의 경우 교류 케이블의 최대정격은 현 상태로 3상 케이블 하나당 약 200MW로 제한된다. 따라서 1000MW 풍력발전소가 육상까지 교류로 접속한 경우 여분을 고려하지 않은 경우에도 5개의 케이블이 필요하다.

이론적으로는 어떠한 송전용량에서도 케이블 도중에서(즉 해상에서) 무효전력보상장치를 설치하면 송전거리를 더욱 길게 할 수 있다. 오늘날까지 해상 무효전력보상장치를 실용한 사례는 없고 무효전력보상을 위한 플랫폼을 추가로 건설하는 것은 많은 경우 비용 측면에서 현실적이지 못하다고 예상된다. 그러나 어떠한 경우에는 육상으로의 HVAC 송전루트에 가까이 있는 기존의 해상 플랫폼 설비(예를 들면 해상 유전설비나 다른 해상 풍력발전소 등)를 이용하는 것도 가능하다고 생각된다.

(1) 손실계산

Brakelmann[25]에 의하면 단위길이당 케이블 손실은 다음 식으로 계산할 수 있다.

$$P' = (P'_{max} - P'_D) \cdot \left(\frac{I}{I_N}\right)^2 \cdot v_\theta + P'_D \tag{6.1}$$

여기서 P'_{max}는 공칭케이블손실의 합계, P'_D는 1개당 유전(誘電)손실, I는 부하전류, I_N은 공칭전류이다. 또한 v_θ는 온도상관계수이며

$$v_\theta = \frac{c_\alpha}{c_\alpha + \alpha_T \cdot \Delta\theta_{\max} \cdot \left[1 - \left(\frac{I}{I_N}\right)^2\right]} \qquad (6.2)$$

로 표현한다. 여기서 $\alpha_T[1/K]$는 도체의 저항률 온도계수이고 c_α는 $c_\alpha = 1 - \alpha_T(20℃ - \theta_{amb})$로 표현되는 정수, $\Delta\theta_{\max}$는 최대온도상승(90-15=75℃), 주위온도는 $\theta_{amb} = 15℃$ 이다.

케이블을 따라 흐르는 전류는 특정 풍력발전단지 출력에 대해서 일정하지 않고 케이블 내의 위치에 의존하기(즉 $I = f(x)$) 때문에 단위길이당 케이블 손실을 계산하기 위해서는 다음 식과 같은 적분을 계산해야한다.

$$P'_{lo} = \frac{P'_{\max}}{l_0 \cdot I_N^2} \cdot \int_{x=0}^{l_0} I^2(x) \cdot v_q(x) \cdot dx + P'_D \qquad (6.3)$$

송전시스템 전체를 고려한 손실계산은 변압기나 무효전력보상장치에서의 손실도 고려해야 한다.

(2) 손실계산 결과

표 6-4는 다양한 이안거리에서 다양한 HVAC 전압의 500~1000MW 풍력발전소의 케이블손실을 정리한 것이다. 이 계산은 Brakelmann[25]의 결과에 기초한 것이며 케이블 내의 전류분포나 온도의존성을 고려한 것이다.

비례적인 송전시스템 손실 l%는 다음 식으로 계산된다.

$$l_\% = \frac{\left(\sum_i^N P_{lost,i} \cdot p_i\right) \cdot a}{\left(\sum_i^N P_{gen,i} \cdot p_i\right) \cdot a} \qquad (6.4)$$

여기서 $P_{lost,i}$는 풍속 i에서 송전손실, $P_{gen,i}$는 풍속 i에서 풍력발전소에서 발전된 전력, N은 이 모델에서 고려되는 풍속계급의 수, p_i는 레일리분포에서 주어지는 풍속 i의 출현확률, a는 풍력발전소의 이용 가능률(가동률)이다. 이번 계산에서는 기술적인 이용 가능률은 100%라고 가정하고 있다.

표 6-4 500MW 및 1000MW 풍력발전소의 AC 송전손실

(a) 500MW 풍력발전소

케이블길이	132kV×3개	220kV×2개	400kV×1개
50km	2.78%	1.63%	1.14%
100km	4.47%	3.07%	2.54%
150km	7.53%	5.05%	4.98%
200km	11.09%	7.76%	17.59%

(b) 1000MW 풍력발전소

케이블길이	132kV×5개	220kV×4개	400kV×2개
50km	3.15%	1.96%	1.14%
100km	5.7%	3.67%	2.32%
150km	8.75%	5.85%	4.3%
200km	12.36%	7.58%	15.14%

(평균 풍속 9m/s에서의 발전소의 총 출력전력에 대한 비율. 케이블 특성은 표 6-3을 참조)

표 6-4에서 음영이 있는 셀은 가장 손실이 적은 송전방식을 나타내고 있다. 표에서는 220kV와 400kV 방식으로 가장 손실이 적게 되어 있으나 이와 같은 케이블 설계는 현재 개발 중이다[26]. 특히 400kV XLPE 해저케이블은 현재 장거리이용으로는 실현되지 않았고 적절한 접합방식이 없다. 보다 짧은 거리라면 245kV까지 고전압화가 가능하고 최대용량을 350~400MW로 증강할 수 있는 가능성도 있다[27, 28]. 예를 들면 계통전압이 230kV로 무(無)부하인 경우와 전(全)부하인 경우 최대전압변동이 ±10%의 시스템에서 케이블 양단에서 무효전력보상을 한 경우를 생각하면 $1000mm^2$의 단면적을 가진 3상의 도체 케이블의 용량 350MW를 100km 송전하는 경우의 송전손실은 4.3%, 용량 300MW를 200km 송전하는 경우의 손실은 7.3%가 된다. 그러나 현재 개발 중인 대부분의 해상 풍력발전소는 기술측면에서 현실적인 방법으로 132~150kV 교류송전전압으로 3상 케이블로 육상에 송전하고 있다.

그림 6-11은 132kV 케이블을 사용한 100km 송전거리를 가진 500MW 풍력발전소에 대해서 송전시스템 전체의 송전손실에 대한 각 구성요소의 비율을 나타낸 것이다. 이 그림에서 알 수 있듯이 케이블 손실은 송전손실 전체의 거의 대부분을 차지하고 있기 때문에 송전손실을 저감하기 위해서는 케이블의 설계에 대해 특히 배려할 필요가 있다.

종래의 설비에서 케이블은 일반적으로 최대용량의 부하를 무한한 시간으로 준 것으로 가정한 경우에도 90°C 이상의 온도가 되지 않도록 설계되어 있다(XLPE 케이블의 경우). 같은 최대용량을 가진 풍력발전소용 케이블의 경우 이론적으로는 종래의 설비보다 작은 도체를 사용하여 설계하는 것도 좋다. 왜냐하면 풍력발전단지의 출력은 시시각각으로 변화하기 때문에 정격보다 낮은

풍속이 불 때에는 케이블을 냉각시킬 수 있기 때문이다. 따라서 풍력발전소용 케이블은 최대정격이 걸리는 시간이 유한한 것(예를 들어 연속 20일)으로 가정하여 설계할 수도 있다. 이렇게 하면 보다 작은 도체크기로 설계가 가능하지만 손실을 증가시키는 결과로도 이어지기 때문에 케이블 설계는 도체 비용이나 신뢰성, 설비 전체의 수명기간 중에 발생하는 전(全)케이블손실 비용 간의 경제적인 최적화 문제가 된다.

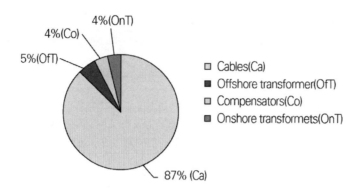

그림 6-11 500MW 풍력발전소의 송전손실 내역(평균 풍속 9m/s, 송전길이 100km, 3상 132kV 해저케이블을 사용한 경우)(컬러 도판 p.521 참조)

출처 : Todorovic[29]

6.4.3 타려 컨버터를 사용한 HVDC 송전

타려 컨버터(LCC)를 기초로 한 고압직류(HVDC) 송전의 장점은 과거의 실적이 증명하고 있다. 세계최초의 상용 타려 HVDC 송전은 1954년에 스웨덴의 본토와 Gotland 섬을 이어주는 연계선을 건설하여 송전한 것이다. 이 연계선은 전체길이 96km로 정격 20MW, 100kV 해저케이블을 사용하고 있다. 그 이후 타려 HVDC 기술은 일본이나 뉴질랜드의 도서 간의 연계 등 주로 대용량 전력의 장거리 운송이나 전력계통끼리의 연계를 위해 세계 곳곳에서 사용되어 왔다[30]. 그 외에 잘 알려진 종래의 HVDC 기술을 사용한 예로는

- Pacific Intertie 직류연계선[5](1354km, 정격 3100MW, 직류전압±500kV)
- Itaipu 연계선(브라질-파라과이 사이, 정격 6300MW (3150MW×쌍극 2개), 직류전압 ±600kV)

---

5 역자 주 : 1970년에 미국 캘리포니아 주에 건설된 전력망

등도 거론된다.

그러나 풍력발전과 조합한 경우 해상 혹은 육상에 설치한 타려식의 HVDC 변전소는 그 예가 없다.

사이리스터 기술을 기초로 한 타려 HVDC 송전시스템을 해상 풍력발전소용으로 사용하는 경우 그림 6-12에 나타낸 바와 같이 아래와 같은 주요 요소가 필요하다[31, 32].

- 풍력발전단지 내의 교류집전시스템
- 2대의 3상 2권선 변압기와 AC-DC 컨버터 및 필터가 있는 해상 변전소
- STATCOM[6] 혹은 필요한 단락용량을 공급하는 디젤 발전기
- DC 케이블
- 단상 3권선 변압기와 DC-AC 컨버터 및 적절한 필터를 가진 육상 전력변환소

기본적인 타려 HVDC 송전방식으로는 단극방식(Kirby 등, 2002, Cartwright 등, 2004) (그림 6-12 참조) 즉, 전류의 귀로에 해수를 사용하는 방법이 있다(그림 6-13 (a) 참조). 이 방식은 2개의 전력변환소 사이에 필요한 케이블은 1개뿐이기 때문에 연계비용을 저감할 수 있고 해수를 사용함으로써 귀로의 저항을 무시할 수 있기 때문에 손실을 최소한으로 할 수 있다. 그러나 해수를 전류귀로에 이용하는 경우 다음과 같은 몇 가지 부정적인 영향도 있을 수 있다.

- 근방에 매설된 긴 금속물(예를 들어 파이프라인)의 전기적인 부식
- 해수 중 전류귀로용 접지극에 의한 염소(Cl) 혹은 다른 유해화학물질의 생성 가능성
- 불평행한 전류귀로에 의한 전자계의 발생. 이것은 해저케이블상을 횡단하는 선박의 항해용 나침반에 악영향을 줄 가능성이 있다.

---

6 역자 주 : STATCOM(STATic synchronous var COMpensator)은 정지형 무효전력보상(Static Var Compensator : SVC)의 일종으로 제어성능을 향상시키기 위해 자려 컨버터를 사용하는 것이 특징이다.

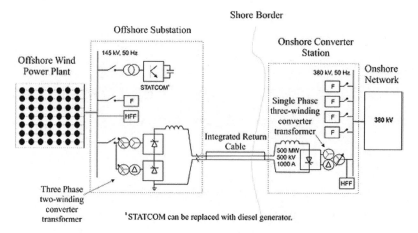

그림 6-12 타려 HVDC 시스템과 STATCOM을 사용한 500MW 풍력발전소의 기본구성(Cartwright 등[32])에 기초함. 타려 HVDC 시스템과 육상 변전소 및 디젤 발전기를 사용한 1100MW 풍력발전소의 구성에 대해서는 Kirby 등[31]을 참조할 것. F는 필터, HFF는 고주파 필터를 의미함)

출처 : T. Ackermann ed. : "Wind Power in Power Systems", 2005, John Wiley & Sons Limited.[35]

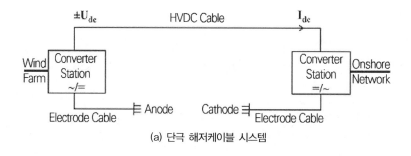

(a) 단극 해저케이블 시스템

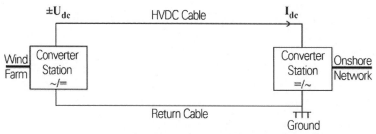

(b) 귀로 케이블을 동반한 단극 해저케이블 시스템

그림 6-13 HVDC 시스템의 단극방식 및 쌍극방식에 의한 케이블 구성

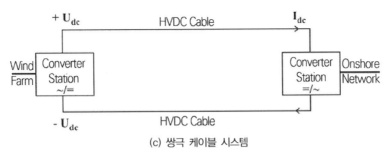

(c) 쌍극 케이블 시스템

그림 6-13 HVDC 시스템의 단극방식 및 쌍극방식에 의한 케이블 구성(계속)

이 타려 HVDC 방식은 여러 해에 걸쳐 사용되고 있으나 위에 서술한 부정적인 면의 영향을 생각하면 오늘날의 환경문제를 해결하는 것은 거의 불가능하다. 이 문제점을 피하는 방법으로 금속도체 귀로를 사용한 단극방식이 거론된다(그림 6-13 (b) 참조). 귀로전류는 중압케이블[7]을 구성하는 도체를 통해 흐르지만 이 도체는 독립된 케이블인 경우도 있어서 HVDC 케이블에 통합시키는 경우도 있다.

타려 HVDC용 케이블은 150kV 이하의 전압용 XLPE 케이블이나 500kV 이하의 전압용 OF 케이블이 있다. OF 케이블에는 다음의 두 가지 방식이 있다.

① LPFF(Low Pressure Fluid-Filled : 저가압 액체함침) 방식 : 통상 액체로 절연유를 사용한 것
② MIND(Mass Imprehnated Non-Draining : 무가압유침) 방식 : 통상 고점도의 절연유를 함침시킨 것

XLPE 케이블은 가까운 미래에 300kV까지의 전압계급에 대응할 수 있을 것으로 기대되고 있다.

이 타려 HVDC 기술은 육상 및 해상 양끝에서 전력변환소가 필요하게 되고, 해상 전력변환소에서는 이에 더하여 보조설비도 필요하게 된다. 보조설비는 교류계통을 지원해야 하며 백업용 디젤 발전기에 의한 전력공급 시에도 타려 컨버터를 동작시키기 위한 것이다[31]. 다른 방식으로는 타려 HVDC 컨버터와 STATCOM을 조합한 하이브리드형 HVDC라고 부르는 것도 있다. STATCOM은 HVDC 컨버터가 동작하는 데에 필요한 전류전압을 공급하고 해상 계통의 무효전력을 보상하는 역할을 담당하고 있으며 통상운전에서는 물론 이상이 있을 때의 동적인 과도상태에도 동작한다.

---

7 역자 주 : 일본에서 중압(또는 중전압)이란 용어는 별로 일반적이지 않으나 유럽에서는 일반적으로 1kV~38kV의 전압 계급을 medium voltage라고 부르고 있다.

(1) 타려 HVDC의 손실계산

손실계산은 케이블에서의 송전손실과 컨버터 손실 등 두 가지의 주요 부분으로 나눌 수 있다. 전력변환소의 상세한 손실계산을 위한 데이터가 한정되어 있기 때문에 손실계산은 기존의 타려 HVDC설비에 대해서 공표된 해석 데이터[33, 34]로 추측해야 한다. 이제까지 전력변환소는 250MW, 440MW, 500MW 및 600MW의 용량이 만들어져 있고, 공표된 데이터에 의하면 컨버터 손실은 정격출력에 대해서 0.11%(무부하)~0.7%(전부하) 사이에서 선형인 경향이 있다. 송전손실은 Brakelmann[23]이 제안한 방법을 사용해서 계산할 수 있고 이 방법은 현실적인 결과를 얻기 위해서 케이블 온도 변화를 고려하고 있다. 해저에 매설된 상태의 케이블 온도는 육상의 경우와 크게 다를 가능성이 있다.

(2) 손실계산 결과

해석의 예로 500MW 및 1000MW의 다양한 레이아웃의 풍력발전소에 대해서 전체 시스템의 손실을 계산하였다. 시스템 구성과 각각의 손실을 표 6-5에 나타낸다. 해석은 다음과 같은 가정을 포함한다.

① 송전을 위한 복수의 컨버터가 존재하는 경우 전체손실이 최소로 되는 구성으로 전체출력을 각 컨버터에 분배한다.
② 풍력발전소 출력이 시스템 전체의 손실을 밑도는 경우 전력변환소는 정지한다. 이와 같은 조건하에서는 보호장치와 제어장치의 손실분만 고려되고 이러한 장치에는 디젤 발전기와 같은 보조전원으로부터 전력이 공급된다.

표 6-5 다양한 전력변환소 레이아웃에서의 타려 HVDC의 송전손실

(A) 송전손실

케이블 길이 　　　전력변환소 구성	500MW 풍력발전소(9m/s)			1000MW 풍력발전소(9m/s)			
	500MW ×1대	250MW ×2대	600MW ×1대	500MW ×2대	600MW+ 440MW	500MW+ 600MW	600MW ×2대
50km	1.76%	1.80%	1.75%	1.69%	1.59%	1.66%	1.65%
100km	1.97%	2.14%	1.87%	1.91%	1.77%	1.83%	1.78%
150km	2.18%	2.48%	1.99%	2.14%	1.94%	2.01%	1.91%
200km	2.39%	2.82%	2.11%	2.36%	2.12%	2.18%	2.03%

표 6-5 다양한 전력변환소 레이아웃에서의 타려 HVDC의 송전손실(계속)

(B) 케이블 데이터

전력변환소 정격출력(MW)	250	440	500	600
전압계급(kV)	250	350	400	450
공칭전류(kA)	1	1.257	1.25	1.333
케이블 단면적(mm²)	1000	1400	1200	1600
저항(Ω/km) @20℃	0.0177	0.0129	0.0151	0.0113
최대동작온도(℃)	55	55	55	55

(평균 풍속 9m/s에서 연간발전 전력량이 차지하는 비율. 표 (b)의 케이블데이터는 Brakelmann[23], Siemens[33], ABB[34], IEC[36]으로부터 산출된 것)

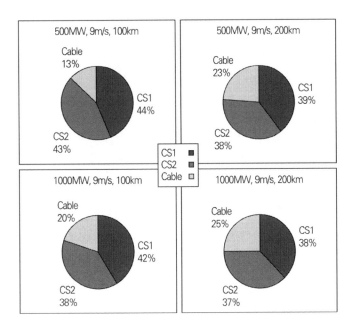

그림 6-14 타려 HVDC 송전에 의한 500MW 및 1000MW 풍력발전소의 총 송전손실의 내역
(평균 풍속 9m/s, 송전거리 100km 및 200km, 3상 132kV 해저케이블. CS는 전력변환소)
(컬러 도판 p.522 참조)

출처 : Todorovic[29]

표 6-5 (A)에서 음영이 있는 셀은 손실이 최소가 되는 구성을 나타낸다.

몇 가지의 구성에서 각각의 구성요소 손실이 전체에서 차지하는 비율을 그림 6-14에 나타낸다. 시스템 전체의 전손실에 대해서 전력변환소의 손실은 매우 높은 비율을 차지하고 케이블의 비율은 케이블 길이가 길어질수록 커진다. 케이블 손실을 계산하기 위해서 사용한 방법은 전력변환소의 손실을 계산한 방법에 비해 보다 상세하게 된 것에 유의해야 한다.

6.4.4 자려 컨버터를 사용한 HVDC 송전

전압형 컨버터 (VSC)[8] 즉, 자려 컨버터를 기초로 한 HVDC는 최근 급속히 각광받는 기술이다. 비교적 새로운 이 기술은 특히 IGBT 등과 같이 전력전자 기술이 진보된 고전압화된 것에 의해 가능해졌다. 따라서 종래의 HVDC 기술에서는 사이리스터를 이용한 타려 컨버터가 사용되고 있던 것에 대해서 자려 컨버터에서는 PWM을 사용하는 것이 가능하다.

세계최초로 VSC를 사용한 자려 HVDC 송전은 1999년에 스웨덴 Gotland 섬에 ABB사에 의해 건설되었다. 전체 길이 70km, 60MW, ±80kV인 이 계통연계선은 주로 Gotland섬 북부에 설치된 대규모 풍력발전의 전압을 유지하기 위해서 건설된 것이었다. 1999~2000년 사이에 덴마크의 Tjæeborg에 건설된 ±9kV, 8MW의 프로젝트는 소규모이지만 독특한 예이다. 왜냐하면 이 직류 송전은 풍력발전소(풍력발전기 3기, 총용량 4.5MW)를 덴마크 본사의 전력계통에 접속하기 위한 것이었기 때문이다. 2000년에는 총 거리 65km, ±80kV, 60MW×3건의 직류송전이 오스트레일리아 퀸즈랜드와 뉴사우스웨일즈 사이에 부설되었다. 오스트레일리아에서 두 번째의 직류송전은 2002년에 건설되어 총거리 180km, 자려 HVDC 송전으로는 세계 최장거리이고 송전용량 200MW, 직류전압 ±150kV이다. 미국에서는 2002년에 40km 해저 HVDC 송전선이 코네티컷과 롱아일랜드 사이에 건설되어 송전용량 330MW, 직류전압 ±150kV로 운전되고 있다. 2005년에는 노르웨이의 해상 가스전 플랫폼 Troll A용으로 40MW×2의 용량을 가진 세계최초의 해상 VSC 변환소가 ABB사에 의해 건설되어 송전선은 68km로 정격용량 40MW×2, 정격전압 ±60kV이다 [17]. 풍력발전소에 접속된 자려 HVDC의 세계최초 해상 설비는 2009년에 운행개시한 400MW의 NORD E.ON 1 직류송전인데, 이것은 풍력발전소 Bard Offshore 1(정격 5MW 풍력발전기×80기)을 독일의 육상 전력계통까지 연결하고 있다. 먼저 교류 33kV의 집전시스템으로부터 교류 154kV로 변압기에서 승압시켜서 그 이후 직류 ±150kV의 자려 HVDC시스템으로 변환시킨 후, 203km 거리를 육상까지 직류로 접속시켰다.

자려 HVDC 송전시스템은 그림 6-15 및 그림 6-16에 나타낸 바와 같이 풍력발전소 내의 교류 집전시스템, 해상 변전소 및 AC-DC 컨버터, 직류 케이블 및 육상의 전력변환소로 구성되어 있다 [18, 17]. 자려 HVDC 송전은 일반적으로 쌍극도체방식으로 운전되고 있고[그림 6-13 (c) 참조] 통상 접지되어 있지 않다.

---

8 강제 전류형 컨버터로 부르는 경우도 있다.

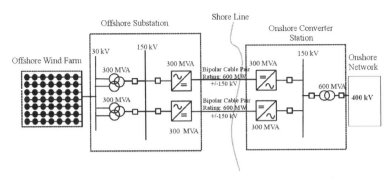

그림 6-15 2대의 300MW 전력변환소를 사용한 자려 HVDC 송전시스템에 의한 600MW 풍력발전소의 구성도 (Eriksson 등[17])

출처 : T. Ackermann ed. : "Wind Power in Power Systems", 2005, John Wiley & Sons Limited.[35]

자려 HVDC의 연계선은 육상과 해상의 강한 교류계통이어야 할 필요가 없고 계통이 무부하인 경우에도 운전할 수 있다. 이것은 자려 컨버터가 전류를 자기소호 가능하기 때문이며 전류에 필요한 유효전압을 공급할 필요가 없는 것을 의미한다. 또한 자려 컨버터에서는 유효전력과 무효전력을 개별적으로 제어하면서 공급하는 것이 가능하다. 또한 복수의 해상 풍력발전소를 연계하듯이 다극자형의 자려 컨버터도 원리적으로 가능하다[37].

전압형 컨버터와 같은 자려 컨버터에는 약 2kHz의 스위칭 주파수로 동작하는 IGBT 반도체 장치가 사용되고 있다. 이와 같은 설계에서는 변환소마다 1.5~2%의 비교적 큰 컨버터 손실이 발생하게 되지만 현재로는 손실을 1%까지 억제하는 것이 가능하다고 주장하는 제조사도 있다.

고주파 스위칭의 장점은 고조파 발생등급이 낮고 필터를 작게 할 수 있는 것이다. 또한 현재로서는 컨버터의 정격이 1대 당 400~550MVA에 한정되고 있으나 ±150kV의 케이블 정격은 600MW이다. 그림 6-16은 정격 500MVA의 전력변환소를 가진 500MW 해상 풍력발전소로 상정된 레이아웃을 나타낸다.

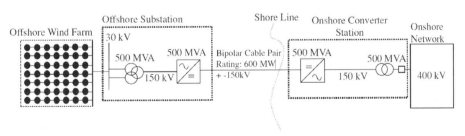

그림 6-16 500MW 전력변환소를 사용한 자려 HVDC 송전시스템에 의한 500MW 풍력발전소의 구성도

출처 : T. Ackermann ed. : "Wind Power in Power Systems", 2005, John Wiley & Sons Limited.[35]

(1) 자려 HVDC의 손실계산

손실계산은 케이블의 송전손실과 컨버터 손실 두 가지 부분으로 나눌 수 있다. 타려와 같이 자려 컨버터의 손실계산에 관한 상세 데이터를 얻는 것은 어려우나 시스템 전체의 손실 데이터는 예를 들어 Cross Sound Cable이나 Murray Link 프로젝트의 예에서 얻을 수 있다[37, 38]. 시스템 전체의 손실을 세 가지의 요소(2개의 전력변환소와 케이블)로 나눌 수 있으므로 케이블 손실이 계산 가능하면 전력변환소의 손실도 결정할 수 있다. 송전손실은 전에 서술한 Brakelmann의 케이블 이론[25]을 사용하여 계산할 수 있기 때문에 컨버터의 상세설계를 알 수 없어도 거기서 사용하고 있는 전력변환소(350MVA 및 220MVA)의 손실을 어느 정도 적절하게 추측할 수 있다.

(2) 손실계산 결과

비교를 위해서 500MW 및 1000MW의 풍력발전소를 기초로 다양한 레이아웃인 경우의 시스템 전체 손실을 계산한다. 표 6-6 (A)에는 손실이 최소가 되는 구성이 나타나 있다. 몇 가지의 레이아웃에서 시스템 전체의 손실에 대한 각각의 구성요소가 차지하는 비율을 그림 6-17에 나타낸다. 타려식과 같이 자려식에서도 전력변환소가 시스템 전체의 손실에 대해서 가장 큰 비율을 차지하고 있고 케이블 손실은 케이블 길이에 의존하는 것을 알 수 있다.

표 6-6 다양한 전력변환소 레이아웃에서의 자려 HVDC 송전손실

(A) 송전손실

전력변환소 구성 케이블 길이	500MW 풍력발전소(9m/s)			1000MW 풍력발전소(9m/s)	
	350MW+ 220MW	350MW ×2대	500MW ×1대	350MW ×3대	500MW ×2대
50km	4.0452%	4.2115%	4.4280%	4.0233%	4.0893%
100km	4.4307%	4.5758%	4.8664%	4.5228%	4.5597%
150km	4.8168%	4.9401%	5.3064%	5.0221%	5.0317%
200km	5.2030%	5.3043%	5.7480%	5.5215%	5.5050%

(B) 케이블 데이터

전력변환소 정격출력(MW)	220	350	500
공칭전류(kA)	0.793	1.2	1.677
케이블 단면적(mm²)	1300	1300	2000
저항(Ω/km) @20℃	0.0138	0.0138	0.0009
최대동작온도(℃)	70	70	70

(평균 풍속 9m/s일 때 연간발전 전력량에서 차지하는 비율. 표 (B)의 케이블 데이터는 Brakelmann[25], IEC[36, 39]에서 산출된 것)

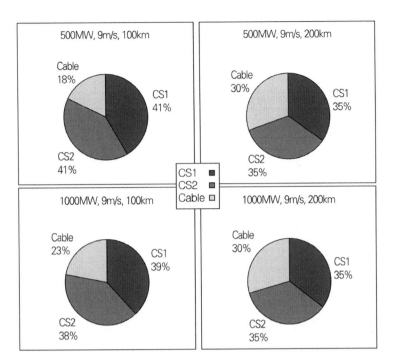

그림 6-17 자려 HVDC 송전에 의한 500MW 및 1000MW 풍력발전소의 총 송전손실 내역
(평균 풍속 9m/s, 송전거리 100km 및 200km. CS는 전력변환소를 의미함)(컬러 도판 p.522 참조)
출처 : Barberis Negra[40]

6.4.5 하이브리드 송전방식

다양한 송전방식을 조합하는 것은 시스템의 신뢰성이나 출력 안정성 등의 시스템 전체의 특성을 향상시키기 위해 유효할 수 있다. 예를 들면 풍력발전소로부터 발전전력이 높고 육상 전력수요가 적은 사이트에서는 육상 전력계통의 안정성을 향상시키기 위한 자려 HVDC 송전을 사용하는 것도 생각할 수 있다.

예로서 연안으로부터 50km 떨어진 1000MW 해상 풍력발전소가 200MW 자려 HVDC 송전시스템 1 계통과 200MVA의 용량을 가진 HVAC 케이블 4 계통으로 육상과 접속하고 있는 경우를 생각하면 육상에서의 전력수요가 높은 경우에는 전체의 송전손실을 억제하기 위해 HVAC 시스템이 주로 사용되고 육상의 부하가 낮은 때에는 자려 HVDC가 육상 계통을 지원하기 위해 우선적으로 사용된다.

HVAC, 타려 HVDC, 자려 HVDC 각 방식의 다양한 조합에 의한 장점과 단점을 상세히 해석하기 위해서는 개개의 사이트 조건에 크게 의존하기 때문에 본 장에서는 취급하지 않는 것으로 한다.

6.4.6 송전기술의 정리

표 6-7에 3가지의 송전방식을 비교하였다. 각 방식의 기술적인 성능은 시스템 전체 설계를 생각하면서 부가적으로 추가되는 설비에 의해 개선될 가능성이 있다.

표 6-7 각 송전기술의 비교

	HVAC	타려 HVDC	자려 HVDC
1 시스템당 최대가능용량	150kV에서 200MW 245kV에서 350MW	~1200MW	350MW(550MW 및 1100MW도 계획)
전압	최대 170kV (장래는 245kV도)	최대 ±550kV	최대 ±150kV (±300kV도 계획)
송전용량의 거리의존성	있음	없음	없음
종 시스템 손실	거리에 의존	2~3% 해상 보조 서비스도 필요함	4~6%
정지시 재기동 가능	(있음)	없음	있음
계통사고 파급력	있음	HVAC보다 작음	HVAC보다 작음
계통지원 능력	한정적	한정적	대규모가 가능
사고 시 해상 변전소의 동작	있음	없음	있음
해상 변전소 크기	소	용량에 의존 컨버터는 자려식보다 대형	용량에 의존 컨버터는 타려식보다 소형 변전소는 HVAC보다 대형

6.5 신뢰성 평가

기기는 다양한 요인에 의해서 고장 날 가능성이 있다. 해상에서 기기의 보수는 매우 고비용이고 정지 중의 비용을 증가시킨다.

따라서 해상 송전시스템의 설계 시에는 신뢰성 평가를 상세하게 진행해야 한다. 또한 다양한 방식의 차이(예를 들어 HVAC 대 HVDC)나 구성요소가 시스템 전체의 신뢰성에 미치는 영향도 비교·검토해야 한다. 많은 경우 송전방식은 육상까지 송전시스템 레이아웃, 즉 케이블의 개수에 영향을 준다. 예를 들어 1000MW 해상 풍력발전소를 육상까지 접속시킨 경우 한 개의 쌍극도체방식에 의한 타려 HVDC로 접속시키는 것도 좋으나 HVAC 방식을 사용하면 최대 5개의 케이블이 필요하게 된다. 그러나 HVAC 방식의 경우 케이블 1개가 고장을 일으킨 상황에도 800MVA분은 여전히 송전이 가능하다. 따라서 신뢰성이 다른 기기뿐만 아니라 레이아웃의 선택에 의해서도 신뢰성은 달라진다. 그래서 일반적으로 송전시스템을 설계하는 때에는 초기투자와 운용비용과 함께 기술적인 다양한 송전방식을 고려할 뿐만 아니라 송전기술이나 접속회선수에 의한 전체적인 신뢰성을 고려해야 한다.

신뢰성 평가 시에 수리에 요구되는 평균시간이나 그것에 관한 비용 등도 포함하여 일반적인 고장률에 관한 상세한 정보가 필요하지만 세계적으로도 비교할 수 있는 해상 풍력발전소가 적기 때문에 이와 같은 데이터를 얻는 것은 매우 어렵다. 또한 케이블 고장 비용은 케이블 보수선이 출동 가능한지, 혹은 어디서부터 와서 얼마나 시간이 걸리는지에 따라서 크게 달라진다. 특히 해저케이블이 선박이나 어선의 주요루트를 지나가는 경우 케이블을 고장으로부터 지키는 것은 매우 어렵고, 큰 선박의 닻은 해저 13m 깊이까지 내려갈 수 있다는 보고도 있지만 케이블을 그만큼의 깊이로 매설하는 것은 현실적으로 불가능하다.

일반적으로 케이블 고장은 육상까지의 부설루트를 복수로 하거나 다른 부설루트를 따르는 백업용 케이블을 사용하여 저감시킬 수 있다(그림 6-8 B 참조). 비용 이외에도 육상에의 접속에 제2의 루트를 취하는 것은 곤란한 경우가 있고, 많은 장소에서 환경상의 제약으로 어려울 것으로 생각된다. 또한 육상의 전력계통에서의 연계에서도 반드시 연계점을 하나 더 늘려야 한다는 것은 없다. 따라서 현재 육상까지의 케이블에 여분을 가지게 하는 해상 풍력발전소는 없다. 대규모 해상 풍력발전소가 미래에 건설되어 경험을 얻을 수 있게 된다면 육상에의 접속에 여분이 필요한지 아닌지 명확히 할 수 있을 것이다.

다음에서는 타려 HVDC를 기본으로 한 송전방식의 신뢰성 평가의 일반적 방법을 설명한다[9]. 여기서 타려 HVDC를 가정하는데 이것은 세계 곳곳에 설치되고 있는 기존의 타려 HVDC로부터 상세한 데이터를 얻을 수 있기 때문이다. 여기서 참조된 데이터는 육상으로부터 육상에의 송전이며 해상 변전소에 관한 신뢰성은 숫자로 나타나 있지 않다. 다른 송전방식에 대해서 유용한 데이터는 아래와 같은 이유로 얻기 힘들다.

① 섬들 사이에서 HVAC 해저케이블의 부설은 일반적으로 36kV 이하의 전압을 사용하고 있다.
② 자려 HVDC의 실용 예는 적고 기존의 것도 운용개시 후 몇 년 지나지 않았다.

신뢰성 평가에는 송전시스템에서의 고장(강제정지)에 따라 송전이 불가능해지는 단위당 공급지장전력량(U_n)이 풍력발전소와 같은 발전시스템으로부터의 에너지 출력 비로 정의된다[식

---

9 해상 풍력발전소의 다양한 방식에 관한 신뢰성 평가의 비교는 Barberis Negra 등[41]에서 볼 수 있다.

(6.5) 참조] 풍력발전소에서 신뢰성 평가의 추측은 풍황에 의해 고장 시의 외관상의 발전출력을 고려해야 한다. 즉 유럽에서는 겨울철의 고장은 여름철보다 많은 송전가능한 에너지를 잃는 것이 된다.

$$U_n = \frac{\text{송전되지 않은 전력량}}{\text{송전할 수 있었던 전력량}} \tag{6.5}$$

보수점검(계획정전)은 공급지장 전력량의 또 다른 요인이지만, 보수점검은 저풍속에서 풍력발전기에 접근하기 쉬운 기간에 하는 것으로 가정할 수 있기 때문에 결과적으로 이것은 시스템의 가동률에의 영향은 매우 적다.

6.5.1 타려 HVDC 송전시스템의 신뢰성

타려 HVDC의 운용에 관한 통계 데이터의 주요 정보원은 CIGRE[10]의 신뢰성에 관한 보고서로부터 얻을 수 있다[42, 43 ~ 45]. 이 보고서에서는 타려 HVDC의 모든 구성요소의 강제정지횟수와 등가정전시간이 정리되어 있다. 등가정전시간은 어느 구성요소의 고장 때문에 송전시스템이 운전되지 않는 시간을 나타낸다. 이 보고서에서의 강제정지 데이터는 아래의 6종류로 분류된다.

- 교류계통 및 보조설비(AC-E)
- 밸브 혹은 스위칭 장치(V)
- 제어 및 보호회로(C&P)
- 직류설비(DC-E)
- 송전선 혹은 송전케이블(TLC)
- 그 외(O)

CIGRE의 보고서에 의하면 상기의 구성요소에 관한 고장률은 표 6-8과 같이 계산할 수 있다. 이 표의 데이터는 송전시스템 및 수전단의 변전소 양쪽을 참조한 값이다.

---

10 국제대전력회의(International Council on Large Electric Systems). 역자 주 : 파리에 본부를 둔 민간 비영리단체로, 주로 송·변전에 관한 기술문제를 토의한다.

표 6-8 타려 HVDC 송전의 각 구성요소의 고장확률

구성요소	고장확률(%)
컨버터, 변압기	0.009251
AC 보조설비	0.001397
사이리스터 밸브	0.001175
DC 설비	0.000647
보호 제어장치	0.000545
그 외	0.000124
해저케이블(100km당)	0.004462

(데이터는 222극·년 및 13300km·년에 기초한 것. Christofersen 등[42] 및 Vancers 등[43~45]의 계산에 의함)

6.5.2 공급지장 전력량의 산출방법

다음 3가지 경우를 사용하여 산출방법을 서술한다. 케이스 1은 항상 전(全)부하가 걸리고 있는 단선 케이블이고, 케이스 2는 전부하가 걸리고 있는 두 개의 평행한 케이블, 케이스 3은 풍력발전소로부터 변동하는 부하가 걸리고 있는 두 개의 평행한 케이블이다.

케이스 1 : 전부하 단선 케이블의 공급지장 전력량

먼저 그림 6-13 (b)와 같은 단극 케이블과 귀로 케이블을 사용한 타려 HVDC 송전방식을 가정한다. 비가동률의 산출을 위한 시스템 구성도는 그림 6-18과 같이 표현할 수 있다. 표 6-8의 데이터는 해상뿐만 아니라 육상 전력변환소의 고장률도 나타내고 있기 때문에 모든 설비는 한번만 등장한다. 변압기와 컨버터(CT)가 운전하지 않는 상태는 O_{CT}로 정의되고 표 6-8에 따라서 그 상태의 확률은 다음의 식으로 주어진다.

$$F(O_{CT}) = 0.009251 \tag{6.6}$$

그림 6-18 단극방식 타려 HVDC 시스템(케이스 1)의 구성도

같은 방법으로 각 상태 O_{AC-E}, O_V, O_{DC-E}, $O_{C\&P}$, O_{Cable}, O_o 는 AC 계통 및 보조설비, 밸브 또는 스위칭 장치, 직류설비, 제어 및 보호회로, 케이블, 그 외의 구성요소가 운전하고 있지

않은 상태를 나타낸다. 그림 6-18에 나타낸 것과 같은 송전방식에서 시스템의 고장확률은 다음의
식으로 표현할 수 있다.

$$F(O_{Tot}) = F(O_{AC-E} \cup O_{Trans} \cup O_{Valves} \cup O_{DC-E} \cup O_{C\&P} \cup O_o \cup O_{Cable}) \qquad (6.7)$$

직렬시스템에서는 그림 6-18에서 확실하게 알 수 있듯이 어느 시점에 하나의 구성요소에서
고장이 하나만 발생한다고 가정할 수 있다. 이 경우에서 위의 식은 다음과 같이 바꿀 수 있다.

$$F(O_{Tot}) = F(O_{AC-E}) + F(O_{Trans}) + F(O_{Valves}) + F(O_{DC-E}) + F(O_{C\&P}) + F(O_o) + F(O_{Cable}) \quad (6.8)$$

그러면 케이블 길이에 의존하는 송전시스템 내에서의 고장에 따라 표 6-9와 같이 공급정지
전력량을 계산할 수 있다. 공급지장 전력량을 계산하기 위해서는 이론적으로 발전가능한 전력
량이 최대송전용량과 같은 것으로 가정한다. 즉, 풍력발전소의 출력변동은 여기서는 고려하지
않는다.

표 6-9 케이블 길이를 변화시킨 경우 케이스 1의 이론적 에너지 공급량에 대한 공급지장 전력량 비율
　　(Lazaridis[46])를 참조)

송전길이(km)	50	100	150	200	250	300
이론 에너지 공급량에 대한 공급지장 전력량의 비율(%)	1.5370	1.7601	1.9832	2.2063	2.4294	2.6525

케이스 2 : 전(全)부하 평행 케이블의 공급지장 전력량

다음으로 송전시스템이 타려 HVDC를 사용하여 2개의 평행하는 단극 케이블로 구성된 것으로
가정한다. 이 시스템의 시스템구성도를 그림 6-19에 나타낸다. 그림 6-19에서 나타낸 것과 같이
이 시스템은 송전선 총용량을 P[MW], 케이블 1의 정격을 P_1[MW], 케이블 2의 정격을 P_2[MW]
이라고 한다. 케이블 1이 그 구성요소(공통 보조설비는 제외함)의 일부가 고장나는 것에 의해
운전이 정지하는 확률은 다음 식으로 주어진다.

$$F(O_{P1}) = F(O_{Trans}) + F(O_{Valves}) + F(O_{DC-E}) + F(O_{C\&P}) + F(O_o) + F(O_{Cable}) \qquad (6.9)$$

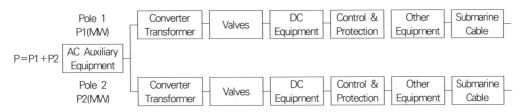

그림 6-19 보조설비를 공유하는 2개의 케이블로 이루어진 타려 HVDC 시스템 구성도

위의 식은 케이블 2에서의 고장률도 나타내고 있다. 평행회선에서의 고장은 각각 독립으로 일어난다고 가정할 수 있기 때문에 2개의 평행회선에서 동시에 고장이 발생할 가능성은 다음 식으로 나타낼 수 있다.

$$F(O_{P1\&P2}) = F(O_{P1} \cap O_{P2}) \tag{6.10}$$

또는

$$F(O_{P1\&P2}) = F(O_{P1}) \cdot F(O_{P2}) \tag{6.11}$$

2개의 평행회로에서는 다음의 4가지 운전모드를 생각할 수 있다.

① 케이블 1이 운전(ON)이고 케이블 2도 운전(ON)
② 케이블 1이 운전(ON)이고 케이블 2는 운전정지(OFF)
③ 케이블 1이 운전정지(OFF)이고 케이블 2는 운전(ON)
④ 케이블 1이 운전정지(OFF)이고 케이블 2도 운전정지(OFF)

어느 모드도 어떤 결정된 확률에서 발생하고 어떤 결정된 송전용량이 된다. 표 6-10에서는 다양한 운전모드에 따른 그 발생확률과 송전용량을 같이 정리하였다.

여기서 케이블 길이에 의존하는 송전시스템의 공급지장 전력량을 계산하면 표 6-11에 나타낸 결과가 된다. 또한 케이블 1과 케이블 2의 총 송전용량은 발전가능량보다 실질적으로 크다고 가정하고 풍력발전소의 출력변동은 무시하고 있다.

표 6-10 타려 HVDC 평행회로시스템의 운전모드와 그 발생확률(Lazaridis[46])를 참조)

		케이블 1	케이블 2	합계
모드 1	상태	ON	ON	
	송전용량(MW)	P_1	P_2	$P_1 + P_2$
	발생확률	$1 - F(O_{P1})$	$1 - F(O_{P2})$	$[1 - F(O_{P1})] \times [1 - F(O_{P2})]$
모드 2	상태	ON	OFF	
	송전용량(MW)	P_1	0	P_1
	발생확률	$1 - F(O_{P1})$	$F(O_{P2})$	$[1 - F(O_{P1})] \times F(O_{P2})$
모드 3	상태	OFF	ON	
	송전용량(MW)	0	P_2	P_2
	발생확률	$F(O_{P1})$	$1 - F(O_{P2})$	$F(O_{P1}) \times [1 - F(O_{P2})]$
모드 4	상태	OFF	OFF	
	송전용량(MW)	0	0	0
	발생확률	$F(O_{P1})$	$F(O_{P2})$	$F(O_{P1}) \times F(O_{P2})$

표 6-11 케이블 길이를 변화시킨 경우 케이스 2의 이론적 에너지 공급량에 대한 공급지장 전력량의 비율
(Lazaridis[46])를 참조)

송전길이(km)	50	100	150	200	250	300
이론 에너지 공급량에 대한 공급지장 전력량의 비율(%)	1.44	1.64	1.85	2.06	2.27	2.48

케이스 3 : 변동부하 평행케이블의 공급지원 전력량

이 경우에서는 케이스 2와 같은 송전시스템이지만 케이스 2에서 가정한 연속적인 700MW의 발전을 700MW 풍력발전소로 바꾸어 놓은 것을 가정한다. 풍력발전소로부터 출력되는 발전전력은 다음 식으로 주어진다.

$$P_{avg} = \int_{w_{cin}}^{w_{cont}} P(w) \cdot R(w) dw \qquad (6.12)$$

여기서 w_{cin} 및 w_{cont} 은 각각 풍력발전단지의 시동풍속 및 정지풍속, $P(w)$는 풍력발전기의 출력곡선으로부터 산출되는 풍속 w인 때에 풍력발전소가 출력하는 전력(Holttinen 등[47])에서 산출), $R(w)$는 레일리분포로부터 계산된 풍속 w의 출현확률이다.

평균 풍속 8m/s에서 풍력발전소의 설비용량이 700MW인 경우 평균출력은 다음과 같이 주어진다.

$$P_{avg} = 333.9\,\text{MW} \tag{6.13}$$

표 6-10에 나타난 4가지의 운전모드에 따라서 다음과 같은 고찰이 가능하다.

모드 1 : 모든 발전전력이 송전되기 때문에 공급지장 전력량은 다음 식이 된다.

$$P_{non\_tr\_mode1} = 0 \tag{6.14}$$

모드 2 : 발전된 전력 중에서 최대 P_1[MW]가 송전된다. 송전된 전력을 y라고 하면 y는 P_1보다 크기 때문에 송전되지 않은 전력은 $(y-P_1)$이 된다. 레일리분포 및 풍력발전단지의 집합 모델에 따라서 풍력발전단지가 전력 y를 발전하는 확률은 어느 일정한 값으로 결정된다. 이 발생확률을 $F(y)$라고 한다. 송전시스템이 이 모드에서 연속적으로 운전하고 있다고 가정하고 고장의 계절 데이터(즉 여름인지 겨울인지 등)를 고려하면 공급지장 전력의 평균값은 다음 식이 된다.

$$P_{non\_tr\_mode2} = \int_{P_1}^{P} (y - P_1) F(y) dy \tag{6.15}$$

여기서 P는 풍력발전소가 발전하는 전력의 최댓값이다.

모드 3 : 모드 2와 같이 공급지장 전력은 다음 식으로 주어진다.

$$P_{non\_tr\_mode3} = \int_{P2}^{P} (y - P_2) F(y) dy\,[\text{MW}] \tag{6.16}$$

모드 4 : 풍력발전단지에서 발전된 전력 P_{avg}는 전혀 송전되지 않았기 때문에 공급지장 전력은 다음 식과 같이 된다.

$$P_{non\_tr\_mode4} = P_{avg} \tag{6.17}$$

여기서 P_{avg} 는 풍력발전단지에서 발전되는 전력의 평균값이다.

이상의 식으로부터 케이블의 길이를 변경하는 경우의 송전시스템의 공급지장 전력량은 표 6-12와 같이 계산할 수 있다.

표 6-12 케이블 길이를 변화시킨 경우 케이스 3의 이론적 에너지 공급량에 대한 공급지장 전력량의 비율(풍력 발전소의 정격은 700MW로 연평균 풍속은 8m/s로 가정)

송전길이(km)	50	100	150	200	250	300
이론 에너지 공급량에 대한 공급지장 전력량의 비율(%)	1.0345	1.1787	1.3232	1.4681	1.6134	1.7590

6.5.3 해석결과

표 6-13은 2종류의 풍력발전소에 대해서 다양한 타려 HVDC 레이아웃을 고려한 경우의 공급지장 전력량을 나타내고 있다. 송전손실은 여기서 무시하고 있고 풍력발전소의 기술적 가동률은 100%라고 가정하였다.

표 6-13의 결과에서 2개의 평행 케이블에 의한 송전방식에서는 송전가능한 에너지가 증가하지만(즉 공급지장 전력량이 감소한다) 이것은 송전용량의 정격이 풍력발전단지의 정격보다도 큰 과잉 송전시스템이고 본래는 보다 많은 에너지를 보내는 송전시스템인 것을 알 수 있다.

표 6-13 다양한 타려 HVDC 구성방식에 대한 공급지장 전력량 비율

전력변환소 구성 케이블 길이	500MW 풍력발전소(9m/s)			1000MW 풍력발전소(9m/s)			
	500MW ×1대	250MW ×2대	600MW ×1대	500MW ×2대	600MW+ 440MW	500MW+ 600MW	600MW ×2대
50km	1.53%	1.16%	1.53%	1.15%	1.11%	1.03%	0.90%
100km	1.76%	1.33%	1.76%	1.31%	1.27%	1.17%	1.03%
150km	1.98%	1.49%	1.98%	1.48%	1.42%	1.31%	1.15%
200km	2.20%	1.16%	2.20%	1.64%	1.58%	1.46%	1.28%
250km	2.24%	1.82%	2.42%	1.80%	1.74%	1.60%	1.40%
300km	2.65%	1.99%	2.65%	1.97%	1.89%	1.75%	1.53%

6.6 송전시스템의 경제평가

다양한 송전시스템의 포괄적인 경제평가를 함에 있어서 풍속이나 송전손실, 신뢰성 문제에 더해 각 송전시스템의 전체적인 초기투자비용을 고려해야 한다. 그러나 초기비용은 수심이나 조류, 동이나 철 등의 도체의 가격, 건설비 등 다양한 요인에 의하여 영향을 받기 때문에 케이스마다 크게 다르다.

따라서 여기서는 다양한 시스템구성요소에 대한 초기비용을 평가하는 것은 불가능하고, 상세한 경제분석을 설명하는 것도 불가능하다. 그러나 최대 60~80km의 송전거리인 경우 풍력발전소의 크기에 관계없이 HVAC 방식이 가장 비용적으로 우위에 있다는 사실은 다양한 연구결과에서 지적되고 있다. 송전거리가 80km를 넘는 경우 HVAC보다 HVDC 방식이 우위에 있다고 생각된다. 그러나 여기에는 HVAC 송전방식에 필요한 해상 무효전력보상장치 건설비는 고려하지 않았으며 송전시스템에 필요한 육상 전력계통의 증강대책비도 포함되어 있지 않다.

마지막으로 타려 HVDC와 자려 HVDC 비교에 관해서는 기술적 성능이나 초기투자비용에 관한 유효한 데이터가 한정되어 있기 때문에 현재로서는 경제평가가 극히 한정적이다.

6.7 결 론

본 장에서는 해상 풍력발전소의 집전시스템의 기본적 설계에 대해서 설명하고 3가지의 송전방식(HVAC, 타려 HVDC, 자려 HVDC)에 대해서 다루었다. 다양한 송전방식이나 레이아웃에 대한 송전손실과 신뢰성도 해석하였다.

다양한 송전방식의 일반적이고 포괄적인 경제평가를 하는 것은 초기투자비용이 각 케이스에 크게 의존하기 때문에 매우 어렵다. 그러나 풍력발전소의 크기에 관계없이 송전거리가 60~80km 미만의 경우 HVAC가 가장 비용적으로 우위에 있다고 볼 수 있다.

사사

유익한 코멘트를 해주신 Nicolai Barberis Negra, Lazaros Lazaridis, Jovan Todorovic, Stefan G. Johansson, Flemming Krogh, Per-Anders L f, Nis Martensen and Eckehard Tr ster의 분들에게 감사를 표합니다. 또한 스톡홀름(2000, 2001, 2002), 빌룬드(2003), 글래스고(2005), 델프트(2006) 및 마드리드(2008)에서 개최된 Large-Scale Integration of Wind

Power into Power Systems(풍력발전 전력시스템에의 대규모 계통연계) 및 Transmission Networks for Offshore Wind Farms(해상풍력발전단지의 송전망) 워크숍에 참가한 모든 참가자와 발표자들의 공헌에 대하여 감사합니다.

(워크숍에 관해서는 http://www.windintergrationworkshop.org/를 참조할 것)

참 · 고 · 문 · 헌

1. ABB (2008), List of projects found at www.abb.com (last visit January 2008).

2. Ackermann, T. (2005), *Transmission Systems for Offshore Wind Farms, in Wind Power in Power Systems*, Editor T. Ackermann, Wiley, 2005.

3. Andersen, N., Marcussen, J., Jacobsen, E., Nielsen, S. B., Experience gained by a Major Transformer Failure at the Offshore Platform of the Nysted Offshore Wind Farm, *Proceedings of 7th International Workshop on Large-Scale Integration of Wind Power into Power Systems as well as on Transmission Networks for Offshore Wind Farms*, Editor: Betancourt U., Ackermann T., published by Energynautics, Langen, Germany, May 2008.

4. Ault, G., Gair, S. and McDonald, J. R. (2005), Electrical System Designs for the Proposed 1GW Beatrice Offshore Wind farm, *Proceedings of Fifth International Workshop on Large-Scale Integration of Wind Power and Transmission Networks for Offshore Wind Farms*, Editors: Matevosyan, J. and Ackermann, T., published by the Royal Institute of Technology, Stockholm, Sweden, April 2005.

5. Barberis Negra N. (2005), *Losses Evaluation of HVDC Solutions for Large Offshore Wind Farms*, Master Thesis, Royal Institute of Technology, Stockholm, Sweden, January 2005.

6. Barberis Negra N., Holmstrom O., Bak-Jensen B. and Sorensen P. (2006), Comparison of Different Techniques for Offshore Wind Farm Reliability Assessment, *Proceedings of 6th International Workshop on Large-Scale Integration of Wind Power and Transmission Networks for Offshore Wind Farms*, Editor: Hendriks, R. L., Bart, C. U., Ackermann T., published by Energynautics, Langen, Germany, October 2006.

7. Brakelmann, H. (2003), Aspects of Cabling in Offshore Wind farms, *Proceedings of Fourth International Workshop on Large-Scale Integration of Wind Power and Transmission Networks for Offshore Wind Farms*, Editors: Matevosyan, J. and Ackermann, T., published by the Royal Institute of Technology, Stockholm, Sweden, October 2003.

8. Brakelmann, H. (2003a), Efficiency of HVAC Power Transmission from Offshore Windmills to the Grid, *IEEE Bologna PowerTech Conference*, Bologna, Italy, June 23-26, 2003.

9. Brakelmann, H. (2003b), Loss determination for long three-phase high-voltage submarine

cables, ETEP, 2003, pp.193-198.

10. Brakelmann, H., Burges, K., Jensen, M. and Schütte, T. (2006), Bipolar Transmission Systems with XLPE HVAC Submarine Cables, *Proceedings of 6th International Workshop on Large-Scale Integration of Wind Power and Transmission Networks for Offshore Wind Farms*, Editor: Hendriks, R. L., Bart, C. U., Ackermann T., published by Energynautics, Langen, Germany, October 2006.

11. Brakelmann, H., Brüggmann, J. and Stammen, J. (2008), Connection of Wind Energy to the Grid by an Optimized HVAC Cable Concept, *Proceedings of 7th International Workshop on Large-Scale Integration of Wind Power into Power Systems as well as on Transmission Networks for Offshore Wind Farms*, Editor: Betancourt U., Ackermann T., published by Energynautics, Langen, Germany, May 2008.

12. Cartwright, P., Xu, L. and Saase, C. (2004), Grid Integration of Large Offshore Wind Farms Using Hybrid HVDC Transmission, *Proceedings Nordic Wind Power Conference*, held at Chalmers University of Technology, Sweden, March 2004.

13. CA-OWEA (2001), Grid Integration, *Energy Supply & Finance, a CA-OWEA (Concerted Action on Offshore Wind Energy in Europe) report*, sponsored by the EU, available at: http://www.offshorewind. de/media/article000320/CA-OWEE_Grid_Finance.pdf

14. Christofersen, D.J., Elahi, H., Bennett, M.G. (1996), A *Survey of the Reliability of HVDC Systems Throughout the World During 1993-1994*, CIGRE, Paris, 1996 Report 14-101.

15. Courault, J. (2001), Energy Collection on Large Offshore Wind Farms – DC Applications, *Proceedings of Second International Workshop on Transmission Networks for Offshore Wind Farms*, Editor: Ackermann, T., published by the Royal Institute of Technology, Stockholm, Sweden, March 2001.

16. Eriksson, E., Halvarsson, P., Wensky, D. and Hausler, M. (2003), System Approach on Designing an Offshore Windpower Grid Connection, *Proceedings of Fourth International Workshop on Large-Scale Integration of Wind Power and Transmission Networks for Offshore Wind Farms*, Editors: Matevosyan, J. and Ackermann, published by the Royal Institute of Technology, Stockholm, Sweden, October 2003.

17. Gardner, P., Craig, L., Smith, G., Electrical Systems for Offshore Wind Farms (1998), *20th*

BWEA Conference: 'Wind Energy – Switch on to Wind Power', 1998.

18. Germanischer Lloyd (1998), *Offshore Wind Turbines*, Report Executive Summary, Germanischer Lloyd, Wind Energy Department, Hamburg, Germany.

19. Häusler, M. and Owman, F. (2002), AC or DC for Connecting Offshore Wind Farms to the Transmission Grid?, *Proceedings of Third International Workshop on Transmission Networks for Offshore Wind Farms*, Editor: Ackermann, T., published by the Royal Institute of Technology, Stockholm, Sweden, April 2002.

20. Hammons, T.J., Woodford, D., Loughtan, J, Chamia, M., Donahoe, J., Povh, D., Bisewski, B., Long, W. (2000), *Role of HVDC Transmission in Future Energy Development*, IEEE Power Engineering Review, February 2000, pp.10-25.

21. Hendriks, R. L., Paap, G. C. And Kling, W. L. (2006), Development of a Multiterminal VSC Transmission Scheme for Use with Offshore Wind Power, *Proceedings of 6th International Workshop on Large-Scale Integration of Wind Power and Transmission Networks for Offshore Wind Farms*, Editor: Hendriks, R. L., Bart, C. U., Ackermann T., published by Energynautics, Langen, Germany, October 2006.

22. Holttinen H. and Norgaard P (2004)., A Multi-Machine Power Curve Approach, *Nordic Wind Power Conference 1-2 March 2004,* Chalmers University of Technology, Göteborg, 2004.

23. IEC Standards 60228 (1978), IEC Conductors on Insulated Cables, 1978.

24. IEC Standards 60287 (1994), IEC Electric Cables, 1994.

25. Khator, S.K., Leung, L.C. (1997), Power Distribution Planning: AReview of Models and Issues, *IEEE Transactions on Power Systems* vol. 12, No. 3, pp.1151-1159, 1997.

26. King R., and Jenkins N. (2008), Switching Transients in Large Offshore Wind Farms, *Proceedings of 7th International Workshop on Large-Scale Integration of Wind Power into Power Systems as well as on Transmission Networks for Offshore Wind Farms*, Editor: Betancourt U., Ackermann T., published by Energynautics, Langen, Germany, May 2008.

27. Kirby, N. M., Xu, L., Luckett, M. and Siepman, W. (2002), HVDC Transmission for Large Offshore Wind Farms, *IEE Power Engineering Journal*, Vol. 16, Issue 3, June 2002, pp.135-141.

28. Larsson, A. (2008), Practical Experiences gained at Lillgrund Offshore Wind Farm, *Proceedings of 7th International Workshop on Large-Scale Integration of Wind Power into Power Systems*

as well as on Transmission Networks for Offshore Wind Farms, Editor: Betancourt U., Ackermann T., published by Energynautics, Langen, Germany, May 2008.

29. Lazaridis L. (2005), *Economic Comparison of HVAC and HVDC Solutions for Large Offshore Windfarms under Special Consideration of Reliability*, Master Thesis, Royal Institute of Technology, Stockholm, Sweden, February 2005.

30. Lundberg, S. (2003), *Configuration Study of Large Wind Parks, Licentiate thesis, Chalmers University of Technology, School of Electrical and Computer Engineering*, Technical Report No. 474L, Göteborg, Sweden, October 2003.

31. Macken, K. J. P., Driesen, L. J. and Belmans, R. J. M. (2001), A DC Bus System for Connecting Offshore Wind turbines with the Utility System, *Proceedings European Wind Energy Conference 2001*, Copenhagen, Denmark, July 2001, pp.1030-1035.

32. Martander, O. (2002), *DC Grids for Wind Farms*, Licentiate thesis, Chalmers University of Technology, School of Electrical and Computer Engineering, Technical Report No. 443L, Göteborg, Sweden, March 2002.

33. Mattsson I., Ericsson A., Railing B.D., Miller J.J., Williams B., Moreau G., Clarke C.D. (2004), *Murray Link – The longest underground HVDC cable in the world*, Paper B4-103 presented at the Cigré conference, Paris, France, Aug. 29 – Sept. 03, 2004.

34. Middelgrunden (2004), http://www.middelgrunden.dk/.

35. Nielsen, S. B., Jensen, C. O., Andersen, N. Megos, J. And Claus, M. (2006), Dynamic Voltage Control of Offshore Wind Turbines by using a SVC, *Proceedings of 6th International Workshop on Large-Scale Integration of Wind Power and Transmission Networks for Offshore Wind Farms*, Editor: Hendriks, R. L., Bart, C. U., Ackermann T., published by Energynautics, Langen, Germany, October 2006.

36. PB Power (2002), *Concept Study – Western Offshore Transmission Grid*, by PB Power for DTI, UK.

37. Pierik, J., Damen, M.E.C., Bauer, P. and de Haan, S.W.H. (2001), *ERAO Project Report: Electrical and Control Aspects of Offshore Wind Farms, Phase 1: Steady State Electrical Design, Power Performance and Economic Modeling, Volume 1: Project Results*, Technical Report ECN-CX-01-083, ECN Wind Energy, June 2001.

38. Pierik, J., Morren, J. de Haan, SW.H., van Engelen, T., Wiggelinkhuizen, E. and Bozelie, J. (2004), Dynamic models of wind farms for grid-integration studies, *Proceedings Nordic Wind Power Conference*, held at Chalmers University of Technology, Sweden, March 2004.

39. Quinonez-Varela, G., Ault, G. W. And McDonald, J. R. (2006), Steady-state Performance Analysis of Collector System Designs for Large-scale Offshore Wind Farms, *Proceedings of 6th International Workshop on Large-Scale Integration of Wind Power and Transmission Networks for Offshore Wind Farms*, Editor: Hendriks, R. L., Bart, C. U., Ackermann T., published by Energynautics, Langen, Germany, October 2006.

40. Railing B.D., Miller J.J., Steckley P., Moreau G., Bard P., Ronström L., Lindberg J. (2004), Cross Sound cable project – Second generation VSC technology for HVDC, *Paper presented at the Cigré conference*, Paris, France, Aug. 29 – Sept. 03, 2004.

41. Rathke, C., Siebert, M. and Hofmann, L. (2008), Grid Integration of Offshore Wind Farms using Gas – Insulated Transmission Lines, *Proceedings of 7th International Workshop on Large-Scale Integration of Wind Power into Power Systems as well as on Transmission Networks for Offshore Wind Farms*, Editor: Betancourt U., Ackermann T., published by Energynautics, Langen, Germany, May 2008.

42. Rudolfsen, F. (2001), *Power supply to offshore plattforms via long AC submarine cables*, in Norwegian, (Strϕ mforsyning til offshoreplattformer over lange vekselstrϕm sjϕkabelforbindelser), Prosjektoppgave Hϕsten 2001, NTNU, Institute for Electrical Power Technology, Norway.

43. Rudolfsen, F. (2002), Power Transmission Over Long Three Core Submarine AC Cables, *Proceedings of Third International Workshop on Transmission Networks for Offshore Wind Farms*, Editor: Ackermann, T., published by the Royal Institute of Technology, Stockholm, Sweden, 2002.

44. Rudolfsen F., Balog G.E., Evenset G. (2003), Energy Transmission on Long Three Core/Three Foil XLPE Power Cables, *JICABLE – International Conference on Insulated Power Cables*, 2003.

45. Siemens (2008), 'Losses of converter station', www.siemens.com (last visit January 2008).

46. Steen Beck, N. (2002), Danish Offshore Wind Farm in the Baltic Sea, *Proceedings of Third International Workshop on Transmission Networks for Offshore Wind Farms*, Editor:

Ackermann, T., published by Royal Institute of Technology, Stockholm, Sweden, April 2002.

47. Todorovic, J. (2004), *Losses Evaluation of HVAC Connection of Large Offshore Wind Farms*, Master Thesis, Royal Institute of Technology, Stockholm, Sweden, December 2004.

48. Troester, E. (2008), Constant Speed Turbines on a Grid with Variable Frequency – A Comparison in Terms of Energy Capture, *Proceedings of 7th International Workshop on Large-Scale Integration of Wind Power into Power Systems as well as on Transmission Networks for Offshore Wind Farms*, Editor: Betancourt U., Ackermann T., published by Energynautics, Langen, Germany, May 2008.

49. Vancers I., Christofersen D.J., Bennett M.G., Elahi H. (2000), *A Survey of the Reliability of HVDC Systems Throughout the World During 1997-1998*, CIGRE, Paris, 2000 Report 14-101.

50. Vancers I., Christofersen D.J., Leirbukt A., Bennett M.G. (2002), *A Survey of the Reliability of HVDC Systems Throughout the World During 1999-2000*, CIGRE, Paris, 2002 Report 14-101.

51. Vancers I., Christofersen D.J., Leirbukt A., Bennett M.G (2004), *A Survey of the Reliability of HVDC Systems Throughout the World During 2000-2002*, CIGRE, Paris, 2004, Report 14-101.

52. Weixing, L. and Boon-Teck, O. (2002), Multiterminal LVDC System for Optimal Acquisition of Power in Windfarm using Induction Generators, *IEEE Transactions on Power Electronics*, Volume: 17, Issue: 4, July 2002, pp.558-563.

53. Weixing, L. and Boon-Teck, O. (2003), Optimal Acquisition and Aggregation of Offshore Wind Power by Multiterminal Voltage-Source HVDC, *IEEE Transaction on Power Delivery*, Vol. 18, Issue 1, January 2003, pp.201-206.

54. Wiechowski W., Hygebjerg J. C. and Borre Eriksen, P. (2008), Higher Frequency Performance of AC Cable Connections of Offshore Wind Farms – Studies of the Danish TSO, *Proceedings of 7th International Workshop on Large-Scale Integration of Wind Power into Power Systems as well as on Transmission Networks for Offshore Wind Farms*, Editor: Betancourt U., Ackermann T., published by Energynautics, Langen, Germany, May 2008.

Chapter 07

풍력발전의 대규모
계통연계와 전력시장

풍력발전의 대규모 계통연계와 전력시장

7.1 서 론

이 장에서는 처음에 풍력발전에 대한 유럽에서의 규제 윤곽을 고찰하고 다음으로 해상풍력발전에 착안하고, 특히 풍력발전의 대규모 계통연계와 시장장려책을 검토한다. 유럽에서 풍력발전이 두드러지게 성장한 것과 환경으로의 영향을 규제할 필요성으로부터 이러한 정책이 추진되고 있다. 이것은 다른 전력원에 대해서 풍력발전이 전력시장에 공평하게 투명성을 가지고 도입되기 위해서는 법규제가 필요하기 때문이다. 특히 송전계통운용사업자(TSO)가 전력계통을 기술적으로 관리하는 것에 법규제가 관계하고 있으며 송전계통운용사업자에게는 다양한 장소에서 건설된 풍력발전단지로부터의 대전력 출력변동에 대응한 송전망 구축을 향한 새로운 접근이 필요하다. EU의 방침에 기초하여 이러한 새로운 기술적 실제가 통일된 그리드코드로 정해져 있다. 이 규제는 송전계통운용사업자가 각국의 규제당국(局)과 협의해서 공표하는 것이 바람직하다. 따라서 이 장에서는 그리드코드에 따라 풍력발전을 대규모로 계통연계 시키기 위한 열쇠가 되는 요소를 강조하여 법적인 시점에서 기술 면을 설명한다.

7.2 재생가능에너지의 법 규제

유럽위원회는 유럽에서의 재생에너지를 촉진하는 법률문서를 계속 지지해왔다. 예를 들어 1996년 유럽연합은 계통운용사업자에 의한 재생가능에너지자원(RES)을 우선적으로 받아들이는 전력시장개방의 지령(The first directive)[1]을 승인하였다[1]. 1997년 11월에 유럽위원회는 통신·정보COM(97) 599를 채택하였다. 말하자면 재생가능에너지 자원백서(재생가능에너지 정책의 화이트 페이퍼)이다. 이에 의하면 EU 가맹국 각 정부는 전 에너지 정책목표에서 전력 안정공급, 경쟁력, 환경보호, 유지가능한 개발력을 강화할 목적으로 재생가능에너지의 촉진이 바람직하다고 하고 있다. 이러한 목표를 달성하기 위해서 백서에서는 EU 내의 모든 에너지 소비에 대한 재생가능에너지의 비율의 배증(倍增)을 제안하고 2010년에 12%라는 EU의 지시적 목표값[2]을 정하고 있다. 또한 백서에서는 이 목표를 달성하기 위한 포괄전략·행동계획도 포함하고 있다. 특히 백서에서 '해상풍력발전단지에 대한 큰 가능성'을 강조하고 있다. 유럽위원회의 견해에 의하면 현재 도입비용은 명백히 불리한 점이 있지만 해상 사이트의 개발에는 구체적인 촉진활동이 필요로 하고 있다. 즉, 이와 같은 원격지 사이트를 개발하는 것뿐 아니라 재생가능전력(RESE)의 실현가능한 보급으로의 목표가 달성된다.

1997년 EU 백서를 이어 2001년에는 'RES 지령 2001/77'이 책정되었다. 이것은 EU의 전력시장에서의 재생가능전력의 기여를 촉진, 증가시키는 구체적인 목적을 가지고 EU 내에서 재생가능전력을 성장시키기 위한 기초를 내놓고 있다. RES 지령 2001/77은 재생가능에너지 시장장려책을 법제화하는 EU 입장에서 가장 중요한 이정표가 되었다. RES 지령 2001/77에서는 가맹국 각국의 노력목표값에 따르며 재생가능전력을 증가시키기 위해서 EU 및 가맹국의 지시적 목표값을 설정한다. 특히 EU 15개국에서는 2010년까지 재생가능에너지는 전 주요에너지 공급의 12%가 되는 것을 권장하고 재생가능전력은 전 전력공급의 22%가 된다. 후자의 목표는 각각의 가맹국 목표에 따라 세분된다.

---

1 역자 주 : 유럽위원회지령 96/92는 전력시장자유화에 관한 지령이며 재생가능에너지의 우선접속에 관해서 극히 짧고 시사적으로 서술하고 있을 뿐이다. 한편 동년 11월에는 그린페이퍼(미래의 에너지: 재생가능에너지자원)가 유럽위원회로부터 공표되어 이것이 사실상 EU에서 처음 구체적으로 제안된 미래가능에너지의 정책문서라고 할 수 있다. 일반적으로 EU에서의 그린페이퍼는 특정 정책영역에서의 장래의 윤곽이나 제안을 유럽위원회가 최초로 나타낸 것이며 정책설명의 원안이라고 평가되고 있다. 동 그린페이퍼에 대해서는 '오오시마 켄이치 저 : 재생가능에너지의 정치경제학, 동양경제신보사(2010)'에 자세히 나와 있다.

2 역자 주 : 지시적 목표(indicative target)는 법적조치를 동반하는 의무적 목표(mandatory target)와 다르게 목표달성을 의무로 하지 않고 노력해야 하는 가이드라인에 지나지 않는다. 그러나 의무적인 목표로 하지 않는 것으로 각 가맹국이 가진 선택의 폭을 넓힐 수 있기 때문에 기후변동에 관한 약속을 달성하는 데에 가장 좋은 전략을 세울 수 있다는 것이 당시의 유럽위원회의 생각이었다.

같은 목표가 모든 EU 가맹국(EU25)에 부여되고 2004년 5월까지 가맹조약으로 되었다. 이것에 의하여 EU25의 재생가능에너지 소비목표는 21%가 되었다. 전반적으로 말한다면 이러한 행동은 교토의정서의 목표를 달성하고 유럽에서 제한된 에너지자원을 유효하게 이용하며 안정공급을 강화하는 것과 연결되고 있다.

또한 2001년에 유럽위원회는 환경보호를 위해 가맹국의 원조가 EU 내 시장에서 잘 대응하는지를 평가하는 일련의 EU 가이드라인의 설정을 채택했다. 이 가이드라인은 2007년까지 유효한 것이 있다. 특히 제5조에서는 '환경을 배려한 방법에 의한 유익한 효과는 경쟁에 의해 왜곡된 효과를 이긴다'라고 적혀 있다. 세액공제나 적정경비의 환급(즉, 환경목표를 달성하는 데 필요한 투자비용)에 의해 재생가능에너지를 촉진시키는 구체적인 참고사항이 있다. 또한 외부회피비용3에 기초한 나라의 보조금은 0.05€/MWh 미만으로 하는 것이 바람직하다고 한다. EU 가맹국이 EU 법령에 위반하는지를 유럽위원회가 체크하기 위해서 각국 정부는 10년마다 상기의 정부보조금을 유럽위원회에 보고해야 한다.

유럽재판소는 독일의 발전차액지원제도(FIT)에 대해서 시장의 왜곡에 대한 중요한 결정을 하였다. 평결에 의하면 이 발전차액지원제도는 EU 조약 제87조 (1)의 의미하는 범위 내에서는 국가의 보조금 형태는 아니기 때문에 전력시장관계자에 대한 국가자산 양도에는 맞지 않는다고 판단하였다.

7.3 재생가능에너지 발전에 대한 지원체계

7.3.1 전력시장에의 참여

주요 문제 중 하나는 재생가능에너지에 의한 새로운 발전방식을 어떻게 유럽 전력시장의 틀에 넣느냐이다. 지원책에 관한 법령이나 규정이 나라마다 다르면 전력시장의 혼란을 가져올 가능성이 있다. 보완성원리4에 따르면 각 가맹국은 어떤 지원계획을 채택할지 선택하는 것이 바람직하다. 재생가능에너지의 공급이나 경제성을 추진하기 위해 가맹국마다 다양한 제도가 존재하고 있

---

3 역자 주 : 에너지의 생산은 사업자 이외에도 사회적·경제적인 영향을 미치는 경우가 많다. 이것을 외부성이라 하고 부(負) 외부성의 대표 사례가 환경문제와 지구온난화대책, 에너지의 안정공급 등이다. 이러한 대책비용을 사업자가 짊어지지 않는 경우를 외부비용이라 부른다. 또한 이것에서 일어날 수 있는 부 외부성에 대해서 새롭게 대책을 행하는 경우를 회피비용이라 부른다. 그리고 어떤 형태로든 사업자가 대책비용을 부담하는 것을 외부비용의 내부화라고 부르고 내부화된 외부회피비용의 일례로 환경세나 보조금이 있다.

4 역자 주 : EU와 가맹 각국의 관계는 보완성원리에 기초한다. 즉, 결정이나 자치 등을 가능한 국가단위로 하고 국가에서 불가능한 것만을 보다 큰 조직(EU)에서 보완하는 이념이 근래 EU에서 채택되었다.

지만 유럽위원회는 RES 지령 2001/77에 기초하여 이것을 평가하는 보고서를 2005년 10월 27일까지 공표하는 것이 요구되었다. RES 지령 2001/77 제4조에 의하면 다음과 같다. '이 보고서에서는 필요하면 지원제도에 관하여 EU 내의 윤곽을 위한 제안이 첨부될 수 있다.'

EU 내에서 실현가능성이 있는 윤곽을 달성하기에 필요한 몇 가지의 조건 중에서 이것은 'EU 내 전력시장의 원칙에 적합시킨다'는 것이 바람직하다는 말이다. 현재 가장 많이 채용되고 있는 추진책은 다음과 같다. ① 직접가격지원제도(발전차액지원제도로 알려져 있다), ② 도입량의 의무화(신재생에너지 공급 인증서에 의한 거래제도), ③ 설비투자에 대한 보조금, ④ 세액공제 또는 면세. 그러나 일반적으로는 이러한 대책을 지속하면 전력시장에 중대한 혼란이 일어날 가능성이 있을 것으로 인식되어 있다.

7.3.2 현재의 지원제도

현재 EU 각국과 EU 이외의 유럽국가에서는 재생가능자원을 이용한 발전에 대한 지원제도에 관하여 통상 2가지 이상의 제도를 조합해서 각각 독자적인 전략을 실행하고 있다. EU 각국 및 스위스 노르웨이에서 채택된 현재 주요 전략은 아래와 같으며 각국은 아래에 밝힌 계획에 관한 몇 가지 법률을 제정하고 있다.

(1) 발전차액지원제도(Feed-In-Tariff)

발전차액지원제도는 재생가능에너지자원을 활용한 발전을 촉진시키는 법률로 가장 많이 보급되어 있다. 이 제도에서는 소규모를 포함한 모든 발전사업자의 재생가능전력을 거래할 때, 새로 결정된 고정단위가격이나 상승가격을 전력사업자에게 구입하도록 의무화시킨다. 이 단순한 제도는 장기간에 걸쳐 안정된 가격구조를 확실한 것으로 하고 다른 방법으로도 변하는 가격불안정에 대한 중대한 시장리스크를 억제한다. 고정가격의 의무화는 다음의 어떤 방법에도 적용할 수 있다.

① 전력가치 그 자체와 재생가능에너지 가치 양쪽에 대하여 의무를 부과하는 방법
② 전력은 자유화된 전력시장에서 판매되고 재생가능에너지 가치만 의무화하는 방법

(2) 입찰

가격을 저감시키는 목적의 입찰은 '보조금은 한정된 수의 투자가에게만 제공되지만 그 기회는 모든 참가자에게 평등하게 주어진다'는 원칙에 기초한다. 재생가능전력 발전사업자는 발전가능량

마다 혹은 각 에너지 입찰라운드(기간)[5]마다 경쟁해야 한다. 그리고 거기서 가장 저가로 제공된 것이 선택된다.

이 제도가 경쟁원리를 사용하는 것은 그것이 이론적으로는 경제효율을 높이기 때문이다. 영국에서는 과거에 도입된 적이 있으며 아일랜드에서는 현재도 실시 중이다. 이 방법은 이론적으로는 재생가능전력의 도입을 촉진하는 총비용을 낮추는 데에 매우 유효할 것 같았지만 실제로는 공정하게 실시하는 것이 매우 힘들다. 특히 실제로 제조사나 발전사업자에게 장기간에 걸친 재정안정은 없다. 이와 같은 안정은 투자가들에게 신뢰를 주는 것이 중요한 문제이다. 경쟁입찰에 의한 입찰제도는 전력요금, 즉 사업자에게 있어서 수익의 관점으로 보면 본질적으로 확실성이 있을지는 명확하지 않다.

(3) 쿼터제 혹은 RPS(신재생에너지 공급 의무화 제도)[6]

이 제도는 공급자 혹은 소비자에게 재생가능에너지를 일정비율로 생산하거나 소비하는 에너지를 공급하는 것을 국가의 법률로 의무화하는 것이다. 이 의무화된 도입 비율을 달성하지 못하면 벌칙이 부과된다. 이것은 재생가능에너지의 수요량의 결정(즉, 전력시장)에 중요한 역할을 하고 있고 비교적 새로운 제도이며 유럽 내외에서 주목받고 있다. 유럽 내에서는 벨기에, 이탈리아, 스웨덴 그리고 영국에서 할당이 의무화되어 있다.

(4) 신재생에너지 공급 인증서(REC)

쿼터제에 관련하여 다양성을 높이기 위해 증서가 쿼터제에 도입되고 있다. 그러한 '거래가능한 재생가능에너지 증서(말하자면 신재생에너지 공급 인증서)'는 그 자체는 지원제도가 아니라 명료한 재생가능에너지 지원전략을 시행하는 도구로 생각할 수 있다. 재생가능에너지에 의한 전력을 표시해서 인증하고, 그리고 모니터링함으로써 신재생에너지 공급 인증서는 지원제도의 실행을 촉진한다. 신재생에너지 공급 인증서는 재생가능에너지에 의한 발전을 계량하고 발전사업자에게 증서를 할당하는(예를 들어 재생가능전력 1MWh당 증서 1장 발행 등) 원리를 기초로 한다. 신재생에너지 공급 인증서는 중앙당국이 재생가능전력 발전사업자에게 발행하고 그것에 의해 어느 지점

---

5 역자 주 : 예를 들어 영국에서는 재생가능에너지 시장의 경쟁입찰은 1990~1998년에 걸쳐 각 라운드마다 다른 적격 기술 · 계약기간 · 목표량이 성정되어 합계 5라운드의 입찰이 행해진다. 영국에서의 경쟁입찰제도에 대해서는 오오시마 켄이치, '재생가능에너지 보급에 관한 영국의 경험-경쟁입찰제의 구조와 실제-', 입명관국제지역연구 제 25호 (2007)에 자세히 나와 있다.

6 역자 주 : 일본에서 RPS법으로 부르는 법률의 정식명칭은 '전기사업자에 의한 신에너지 등의 이용에 관한 특별조치법'이다.

에서 전력계통에 접속되었는지, 재생가능에너지에 의한 어떤 일정한 전력이 발전되었는지를 증명한다. 그리고 발전사업자는 전력자유시장에서 도입의무가 있는 공급사업자나 소비자에게 증서를 판매한다. 증서는 최종적으로 중앙당국이 구매한다(즉, 유통에서부터 회수, 다시 말해서 투입되었던 재생가능전력의 비용과 최종적으로 같게 된다). 위반에 의한 벌금은 책무를 다하고 있는 공급사업자나 소비자에게 보너스로 재유통시킬 수 있다. 거래가능한 재생가능에너지 증서제도에 의해서 현재의 전력시장과는 또 다른 재생가능에너지 가치 시장[7]이 구축된다.

(5) 재정조치

재생가능에너지 자원을 지원하는 다른 시장수단은 재정조치로 분류할 수 있고 단독으로 적용되거나 다른 수단과 연계해서 적용되는 경우가 있다. 그 예로는 제조사, 개발자나 구입자에 대한 보조금이나 감세(예를 들어 VAT의 감세) 등이고 실제로는 화석연료소비(예를 들면 오염물질배출)에 대한 벌칙이 있다.

(6) 그린 · 프라이싱(Green pricing)

많은 소비자가 재생가능에너지에 대해서 기분 좋게 추가요금을 지급하는 경우에는 지원제도의 필요성이 적게 될 가능성이 있다. 이러한 상황을 그린 · 프라이싱이라 부른다. 이것은 전기사업자(계통운용사업자, 공급사업자, 독립계통의 발전사업자)가 취하는 한 가지 선택사항이고 그것에 의해 소비자가 재생가능에너지 기술에의 투자를 지원하거나 카본 풋 프린트(Carbon foot print[8])를 삭감시키는 것을 할 수 있다. 그린 · 프라이싱을 통해서 계약한 소비자는 단위전력량당 상승요금을 지불함으로써 재생가능에너지 발전에 추가요금을 지불할 수 있다. 실제로는 많은 소비자가 이와 같은 추가요금을 지불할 생각이 없고, EU 가맹국의 대부분이 하는 것처럼 EU 지령이나 각국정부에 의해 만들어진 목표를 달성하기 위하여 다른 지원계획이 필요하게 된다. 개인소비자에게 그린 · 프라이싱은 100% 재생가능전력을 달성하기 위한 가장 간단하고 아마 유일한 방법임을 강조해둘 필요가 있다.

---

7 인증서거래는 이산화탄소 배출권 거래의 한 형태로 이해되는 경우도 있다.
8 역자 주 : 일반적으로 '제품이 판매되기까지의 온실효과 가스배출량'으로 표현되고 일본에서도 일부기업이 자사제품에 명기하는 등 도입이 진행되고 있다.

7.4 전력시장에의 재생가능 전력 대규모 도입

유럽 전력자유시장에서는 경쟁이 자원배분에 큰 영향을 주고 있다. 이 경쟁은 확실히 재정적인 것이지만 환경에의 영향을 최소한으로 하는 등의 다른 요인도 포함될 수 있다. 그러므로 이상적인 투자를 촉진시키는 것은 전력가격과 그 환경가치이다.

유럽 전력시장 자유화는 재생가능전력 정책의 실시에 영향을 미치고 있다. 자유화는 이용수단을 제한하는 방법도 있으나 그 자체로는 재생가능전력의 도입량에 대한 정책목표에 어떠한 제한도 마련되지 않았다. 앞에 서술한 모든 정책이 특정 시장참가자에게만 유리하게 작용해서 불공평하게 전력시장을 왜곡하면 안 된다는 것이 자유화의 규범이다. 화석연료로부터 나오는 온실효과 가스로 부르는 환경비용(외부비용)을 고려한 시장과 같이 경제적 불이익을 보충하기 위해서 특정 재생가능에너지 기술에의 투자를 추진하는 것이 환경정책으로 요구될 가능성이 있다.

7.4.1 전력시장에서의 가격과 비용

재생가능전력을 위한 주요 비용요인은 초기투자, 운용비용, 수급조정비용, 계통연계비용이다. 종래의 자유화되지 않은 전력제도에서 민간 재생가능전력 발전사업자는 초기투자에 대해서만 아니라 운용비용이나 기기를 계통에 연계하는 비용의 일부를 부담한다. 수급조정비용(특히 풍력에너지의 도입 비율이 20% 이상이 될 경우에만 이 비용이 매우 중요하다)은 통상 계통측이 부담한다[9]. 재생가능 발전사업자가 부담하는 비용에 대해서는 보조금이 조성되어 전기공급법이 있는 국가에서는 실제 전력시장가격과 독립된 고정전력가격에 의한 지원도 있다. 그러므로 이와 같은 전력계통에서 재생가능전력 발전사업자는 어느 장소에 사이트를 건설해도 통상 전력소매가격을 신경 쓰지 않고 우위의 가격으로 매전할 수 있다.

전력자유시장에서 계통운용사업자는 재생가능전력 발전사업자 또는 그 전력판매처의 공급사업자를 다른 발전사업자와 같은 조건으로 취급하는 것이 바람직하다. 또한 전기공급법이나 다른 시장장려책이 적용된 것도 있으나 수급조정비용과 계통연계비용의 부담은 전력자유시장의 원칙에 따르는 것이 바람직하다. 그 결과 재정 흐름은 투명성을 유지하게 되고 어떤 지원책이 재생가능전력 발전사업자에게 유익할지 명확해진다. 사회로부터 주어지는 지원이 재생가능전력에 의해 얻을 수 있는 실제의 환경가치(예를 들면 대체화석연료에 의한 외부비용 절감)와 일치하면 최적의

---

9 역자 주 : 일본에서는 전력저장장치의 설치나 야간해열(解列) 등의 형태로 수급조정비용 일부의 부담을 풍력발전사업자에게 요구하고 있다.

자원배분의 유지가 가능하게 된다.

EU 내 전력시장지령 1997(IEM 지령)과 RES 지령 2001/77을 비교하면 다른 측면에서 아직 명확히 할 사항이 있다.

7.4.2 전력의 안정공급

어떤 때에도 운전이 보증되는 발전방법은 존재하지 않기 때문에 모든 발전방식은 백업설비를 필요로 한다. 대규모로 집약된 발전소의 사고는 돌연 예상치 못하게 발생하기 때문에 그러한 경우에도 전력계통을 유지하는 방법(공급의 안정성)을 취해야 하는 것은 당연하다. 재생가능전력으로부터의 전력공급은 본질적으로 변동하는 것이며 비교적 발전규모가 작지만 한쪽 계통측은 안정공급을 위한 주파수나 전압을 제어하여 다른 발전사업자와 조정해야 한다. 따라서 모든 발전소에서 안정공급을 위한 비용이 든다.

1997년 EU 전력시장지령(IEM 지령)에는 전력 안정공급은 보증되어야 한다고 서술되어 있으나 RES 지령 2001/77에서는 전력 안정공급을 적어도 현재와 같은 등급으로 유지하기 위해서 필요한 송전망의 강화나 조정전원의 추가 등 부수적인 서비스에 대한 지원책은 서술되어 있지 않다. 유럽 전력자유시장에서 이러한 것은 중요한 기초조건이다. 시장원리를 도입하는 목적은 민간 시장참가자의 경쟁에 의한 분산화된 개개의 결정에 의해 최적의 자원배분과 자원이용을 이끌어내는 것이다. 그러나 이러한 것은 시장참가자가 조건이나 전력의 안정공급을 평가한 가치를 포함해서 모든 기초조건을 고려한 결정을 해야만 하는 경우에만 발생한다. 투자자에게 필요불가결한 투자회수를 하기 위한 열쇠가 되는 방법은 한 지역에 모든 풍력발전소가 집중해서 다른 장소에 모든 종래형의 발전소가 집중된 상태를 피하기 위해서 장소신호[10]를 마련하는 것이다. 또한 조정예비력이나 그 외의 부수적인 서비스에 대해서 시장으로부터의 보상도 필요하다. 그렇지 않으면 전력시장의 설계는 불완전하게 된다.

7.4.3 재생가능에너지 전원의 우선접속

IEM 지령은 시장참가자들 간의 차별 없는 수속이 이루어지는 것을 요구하는 한편 RES 지령은 모든 발전사업자는 전기를 공급하고 있는 점에서는 같은 것에 관계없이 재생가능전력으로부터의

---

10 역자 주: 일반적으로 전력자유시장에서는 시장참가자들끼리 가격신호가 교환되지만 그에 대해서 발전소나 계통접속점의 위치정보를 나타내는 장소신호가 설정된 경우도 있다. 예를 들면 뉴질랜드 전력청의 가이드라인에서는 전력시장에 장소신호를 도입하는 것이 제안되고 있다. (참고문헌: New Zealand Electicity Commission: Consultation Paper –Proposed Guidelines For Transpower's Pricing Methodology, September 2004)

공급을 우선적으로 하고 있다. 그러나 재생가능전력의 우선접속은 전력자유시장에 직접적으로 영향이 있다. RES 지령에서는 사실상 재생가능전력에 우선접속을 해야 한다고 적혀 있다. 전력시 장에서는 종래의 중앙급전지령이 가격신호의 교환으로 바뀌고 있다. 재생가능전력이 운전 시의 가격신호에 연동을 강요하는 것은 재생가능에너지와 종래형 전원의 연계는 랜덤하게 된다. 예를 들어 독일과 덴마크 간의 전력융통은 국경에 인접한 독일의 풍력발전단지의 우선접속에 의해 감소되고 있지만 이것은 독일에 유입되는 덴마크의 재생가능에너지에 대해 독일의 풍력에너지가 우선된 것을 의미하고 있다.

7.4.4 재생가능에너지 가치의 수출입

유럽의 전력시장에서는 국제연계선을 사이에 둔 계통의 소란을 피하기 위해서 조화로운 규정이 나 지원제도로 통일할 필요가 있다. 어느 국가로부터 다른 국가에 환경가치를 수출하려는 경우 송전용량이 물리적으로 부족하여 제한되는 것은 바람직하지 않다. 환경문제의 요인으로는 지역적 인 것과 지구(地球) 규모인 것도 존재하나 재생가능전력가격의 일부는 지역의 전력시장가격에 의해 결정된다. 그 시장가격은 그 지구(地区)로부터 송전용량에 의해 변동한다. 환경가치의 대가 는 수익자로부터 재생가능전력 발전사업자에게, 순수하게 금전이나 증서 등의 경제행위로 지급되 는 것이 이상적이다.

예를 들면 재생가능에너지에 의한 전력을 물리적으로 유입해야 하는 경우 송전혼잡 문제를 일으키고 가격상승이나 가격의 왜곡 원인이 될 수 있다. 이것은 충분히 일어날 수 있는 일이며 회피하는 것이 바람직하다. 예를 들어 2002년에 독일과 네덜란드 사이의 국제연계선으로 상당기 간 송전혼잡이 보였다. 이것은 네덜란드가 재생가능전력에 대한 지원을 했기 때문에 잉여전원을 물리적으로 수출해야만 했기 때문이다. 실제 전력가격과 환경가치를 분리하는 것은 이 문제를 해결하는 방법의 하나이다. 그린 전력증서는 그 일례이다.

결론은 재생가능전력 정책은 전력시장을 왜곡하지 않도록 실행되어야 하는 것이 바람직하다. 그리고 일반적으로 시장을 통한 방법은 법규제체계보다도 효과적이다. 완전을 기하기 위해서 외 부비용은 내부화되어야 한다. 전력자유시장에서 재생가능 전력사업자는 계통운용사업자에 의해 다른 전원에 의한 발전사업자와 동등하게 취급되고 수급조정비용이나 계통연계비용은 전력자유 시장의 원리에 따르는 것이 바람직하다. IEM 지령과 RES 지령을 비교하면 특히 전력의 안정공급 이나 우선접속에 대한 것 등 해결해야 하는 사안이 몇 가지 존재한다. 유럽 전력시장에서 국제연 계선의 혼란을 피하기 위해서는 외부비용도 포함해서 조화로운 규정과 지원제도이 필요하다.

7.5 계통비용

풍력발전 도입량은 수년간 뚜렷하게 증가하고 있다. 경제·기술면에서 제약조건을 만족한 최적의 도입용량이나 지리적 배치에 관해서는 미해결인 채로 있다. 역사적으로 유럽 전력제도는 중앙급전지령방식에 의해 종래형 자원(수력, 가스, 석탄, 화력, 원자력)에 대해서 계획되어 발전했다. 현재는 소규모 발전을 포함하여 재생가능전력에 의한 분산형 전원이 사용되도록 되어 왔기 때문에 변동전원의 총용량도 매우 많아지고 전력계통 자체나 그 운용방식의 변화가 요구되고 있다. 이것은 에너지비용이나 전체의 전원구성에 대응하는 관련대책(예를 들면 발전예비력의 용량에 대한 비용)에 영향을 준다.

7.5.1 계통접속비용

재생가능전력 발전사업자는 자사의 발전소를 계약에서 정한 계통연계점에 접속하기 위해서 비용을 지불해야 한다. 계통연계점 중 가장 가까운 것은 사이트 내의 변전소에 있다. 변전소부터 기존에 존재하는 전력계통에 접속할 때의 책임분계는 각 나라의 관습이나 법령에 따라 다양하다. 이와 같이 발전사업자에 부과되는 요금, 즉 계통접속비용은 EU 내에서도 매우 다양하다. 몇몇 가맹국에서는 특정 감독청이 새롭게 발전소에 대해 실제 계통접속비용에 관계없이 계통접속을 위한 비용을 보조하고 있다. 다른 접속비용이 결정되는 케이스로는 다양한 계통접속이나 계통증강 비용을 포함한 자산을 비교하면 모순이 드러난다. 이와 같은 정부보조금 등에 의해 모든 소비자에게 광범위하게 부담시키는 것을 비용의 사회화라고 부른다.

계통접속비용에는 3가지 다른 카테고리가 이제까지 제안되어 왔다. 특히 '저수준(shallow) 접속', '중수준(intermediate 혹은 shallowish) 접속', '고수준(deep) 접속'의 과금방식으로 구별할 수 있다.

저수준계통접속 요금방식은 새로운 풍력발전단지를 송전망 또는 배전망의 계약접속지점(통상 부지 내에 있는 변전소)에 접속할 때에 모든 전력계통의 신설이나 증강을 사회화하는 방식이다. 이러한 비용은 처음에 계통운용사업자가 부담하고 발전사업자는 풍력발전기의 건설이나 계통접속점의 변전소에 접속하는 기기 등의 사업자 측의 모든 비용에 대해서만 책임을 진다. 이와 같은 접속요금방식은 독일이나 덴마크의 예와 같이 풍력발전이 급속하게 발달된 나라들의 특징이다. 이 방식은 모든 시장관계자에게 비용을 공유하게 하는 것으로 전력계통의 증강비용 등의 불확정 요소를 경감하고 있다. 또한 시장관계자는 재생가능에너지를 사용한 지속가능한 에너지 공급이 늘어나는 것으로 똑같이 이익을 얻을 수 있다. 그렇기는 하지만 국가를 넘는 토탈제도[즉, 고수준 (deep)의 제도]으로서 전력계통을 생각한 경우 저수준접속 요금방식은 최적의 경제효율적인 전력 계통의 확장을 저해할 가능성이 있다. 왜냐하면 국제연계선은 풍력발전을 새롭게 계통에 도입하기 위한 최선책일 가능성이 있지만 이 방식에서는 국제연계선의 확장계획에 관한 평가가 무시되고 있기 때문이다.

중수준계통접속 요금방식은 저수준접속과 고수준방식을 조합한 방식이며 신규로 계통에 접속되는 용량이 증가함에 따라 통상 증가한다. 또한 고수준계통접속 요금방식은 특정 풍력발전단지의 개발에 임해서 필요한 계통증강비용 전부를 풍력발전사업자가 부담하는 방식이다. 이와 같은 약간 고수준의 접속방식은 비교적 대용량 해상풍력발전단지에서 많이 보이는 방식이다. 이 요금방식은 영국에서 채용되어 있고 2005년 이후 배전계통에 신규로 접속하는 풍력발전사업자는 고수준접속요금은 지불하지 않고 신규의 발전용량의 비례한 계통증강비용을 부담할 뿐이다.

이 방식은 재생가능에너지의 급속한 개발이 정책결정된 다른 장소에서도 새로 검토되는 것이 바람직하다. 예를 들면 독일의 새로운 육상 및 해상풍력발전의 경우(독일 에너지청, DENA ; Deutsche Energie-Agentur GmbH를 참조)이다.

결국 이들 중 어느 방식을 선택하느냐는 각국의 법체계나 액션플랜에 의존한다. 해상풍력발전단지는 육상에 비해 면적도 훨씬 넓고 대용량이기 때문에 해상풍력발전단지의 계통연계에 관한 모든 특성은 육상과 다르다고 볼 수 있을지 없을지에 대한 명백한 문제가 남아 있다. 이것은 계통사고에 의한 전력동요가 일어난 때의 해열(解列)이나 해상 풍력발전기의 fault ride through에 대한 요구사항에 의해 정당성이 나타내게 된다.

7.5.2 계통운용비용

풍력발전을 전력계통에 연계하고 전력시장에 참가하는 경우 해결해야 하는 기술적 문제점이 몇 가지 있는데 그 중 중요한 것 중 하나로 풍력발전은 본질적으로 변동한다는 것이다. 그것은 전력수요가 변동하는 것과 비슷하다. 풍속예측의 정확성은 시간을 미리 보는 것에 의존한다. 대부분의 풍속 범위에서 풍력에너지가 풍속의 3승에 비례하는 관계가 있어서 불확실성은 본질적으로 증대하기 때문에 큰 풍력발전을 운영하는 연계운용사업자는 구내에서 전수급 밸런스를 조정하기 위한 비용을 평가해야 한다. 계약형태에 따라 이와 같은 비용은 소비자에게 전가되는 경우도 풍력발전사업자에게 청구되는 경우도 있다.

UCTE[11]에서 실시한 1차제어[12]의 용량은 3000MW로 정해져 있다. 이것은 2개의 대용량 전원 (2×1500MW)이 돌연 탈락하는 것을 최악의 케이스로 하고 있다. 도입되어 있는 1차제어는 UCTE 멤버의 연간 발전량에 기초하여 멤버 간에 할당된다. Nordel[13]에서 도입되어 있는 1차제어는 600MW(주파수 조정용 예비력)과 1000MW(순시적인 계통소란용 예비력)으로 정해져 있다. 그러나 잉글랜드와 웨일즈에서 도입되어 있는 1차제어는 30분마다의 해석에서 최적화 되어 전 계통의 수요량 및 계통에 연계되어 있는 최대의 발전소 용량에 의존한다. 1320MW 전원이 순시적으로 탈락된 경우에 대비하면 1차제어의 주파수에 응답하는 400~1500MW의 1차제어 조정예비력과 900~1300MW의 2차제어[14]의 주파수 응답예비력이 필요하게 된다.

또한 1차제어를 활성화하기 위한 주파수기준에는 상이점이 있다. UCTE에서는 주파수 편차가 − 0.2Hz가 되면 계통 내의 모든 1차제어 예비력이 활성화된다. 그러나 Nordel에서는 주파수 편차가 − 0.1Hz를 넘으면 1차제어 예비력의 몇 개가 순서대로 활성화되기 시작하여 −0.5Hz에서 전 예비력이 활성화된다. 잉글랜드 및 웨일즈에서는 예비력이 전부 활성화되는 것은 주파수 편차가 − 0.8Hz일 때이다.

부하주파수 제어(LFC)의 출력활성화지연의 억제에 대해서도 다양한 방식이 취해지고 있다. UCTE에서는 1차제어에 사용되는 모든 발전기 목표주파수를 빨리 변화시킴으로써 2차제어를 시행한다. 이것은 일반적으로 출력활성화지연이 30초 이상이 되는 경우에 발생한다. 잉글랜드 및 웨일즈에서는 출력활성화지연을 10초 이내로 제한하도록 보정하기 위해서 1차제어에 사용한 각 발전기의 목표주파수를 바꿀 수 있다. 이 외에도 몇 가지 같은 방식이 1차제어에 의해 수급 조정되고 있다. 수급조정에는 다른 민간사업자가 상업적으로 시행하는 경우와 발전사업자에게 의무화된 경우가 있다. 독일, 폴란드, 덴마크, 스웨덴에서 모든 주파수제어는 상업을 기반으로 시행되고 발전사업자에게 수급조정을 해야 할 의무는 없다. 프랑스, 잉글랜드 및 웨일즈, 노르웨이, 오스트리아, 스페인, 이탈리아, 슬로베니아, 스위스 등에서는 주파수제어가 의무화되어 있고 모든 대규모 발전사업자는 수급조정을 시행할 의무가 있다. 이러한 수급조정에 관해서는 나중에 서술한다.

잉글랜드 및 웨일즈에서는 발전사업자에게 의무화된 1차제어와 다른 민간 사업자가 시행하는

---

11 UCTE(유럽 송전협조 연맹)은 유럽 대륙에서의 계통운용사업자 단체이고, 2008년 Nordel 등 다른 유럽지역의 단체도 통합되어 현재는 ENTSO−E(유럽 전력계통 사업자 네트워크)로 되어 있다. ENTSO−E는 유럽 전역의 전력계통 운용을 총괄하는 단체로 현재 EU를 포함한 34개국 41 사업자가 가맹되어 있다.

12 역자 주 : 1차제어(primary control)는 일본에서는 수십 초 이하의 가버너 프리(Governor−free) 영역에서의 주파수 제어에 상당한다.

13 Nordel(북유럽 계통운용사업자연맹)은 북유럽의 계통운용사업자 단체이지만 2008년 UCTE 등 다른 유럽지역의 단체와 통합되어 현재는 ENTSO−E로 되어 있다.

14 역자 주 : 2차제어(secondary control)는 일본에서는 부하주파수제어 LFC를 사용한 수십 초~20분 정도의 변동조정에 상당한다.

수급조정은 보완관계에 있다. 이것은 발전사업자에게 의무화된 요구사항(4% 출력 저하특성에 기초하고 있다) 이상의 조정력을 강화하는 것도 되고, 민간 수급조정사업자의 요구를 경감하는 것도 된다(이 요구는 저주파 릴레이에 대한 것으로 0.3Hz 정도 편차로 동작한다).

1차제어에 요구되는 기술요건은 유럽 내에서는 대부분 같은데 순간적으로 전출력이 활성화하는 것, 즉 계통교란 후 30초 이내에 전용량이 계통에 주입되는 것이다. 2차제어(이것은 UCTE뿐이지만)도 계통교란 후에 활성화하고 30초 후에는 계통주파수 및 조정전원과 계통에서 교환된 전력이 설정값으로 돌아가기 시작해서 사고 후 15분 이내에 설정값으로 되어야 한다. 이러한 예비력의 활성화 스케줄을 보면 확실해지듯이 풍력발전에 의한 수급 밸런스의 혼란은 2차제어에서 대응해야 함을 알 수 있다.

7.6 재생가능에너지의 대규모 계통연계의 기술요건

유럽이나 국가 차원에서는 현재 및 장래의 계획에서 재생가능전력의 비율이 많이 증가하고 있다. 재생가능전력은 교토의정서의 목표달성에 공헌하고 유럽에 한정된 에너지자원에서의 전력의 안정공급을 지원한다. 이것은 EU 에너지 촉진의 재생가능에너지 자원에 대해서 언급된 유럽위원회백서나 그 이후 발령된 RES 지령 2001/77에 나타나 있다.

유럽등급(레벨)에서는 이러한 지령으로 국가 전략이나 지원제도를 위한 윤곽을 설정하고 있다. 유럽에서의 엄밀한 상황은 각국마다 다양하다. 서로 연계되어 주파수가 동기하는 전력계통과 떨어진 섬에서의 독립계통에서도 상황이 다를 경우가 있다. 재생가능에너지 도입용량의 목표값과 장래의 청사진은 국가등급의 문제이다. 그러나 역시 가장 성장 포텐셜이 높은 것은 풍력에너지로 특히 연안부와 비하면 해상에서는 보다 강한 바람이 불기 때문에 해상풍력이다[2]. 유럽 풍력에너지협회에 의하면 유럽에서의 풍력발전 총용량은 2003년 28.5MW에서 2020년에 $180\,GW$로 증가할 것으로 예상되고 있다. 다양한 지원제도나 인허가의 제약조건, 적지의 제한을 위해서 재생가능전력 용량은 유럽에서는 몇 지역에서만 집중되는 경향이 있다. 육지에서의 사실상 적지부족의 해소, 더불어 계통에 유입하는 풍력발전의 변동출력의 제어 등이 풍력발전을 계통에 대규모로 도입하기 위한 열쇠가 된다.

7.6.1 전력계통의 확장

재생가능전력의 용량을 신규로 증가시키기 위한 주된 과제의 하나는 사회기반인 전력계통을 신규로 만들 필요가 있다는 것이다. 향후 새로 계획되는 해상풍력발전단지는 일반적으로 대도시 등의 일대소비지에서부터 멀리 떨어진 장소에 건설되어 고압송전선으로 접속할 필요가 있다. 그러므로 가장 가까운 연계지점에 전력을 운송하기 위해서는 신규 송전케이블이 필요하게 된다. 이와 같은 전력계통의 확장에 대한 투자는 현재 재생가능전력에 관한 프로젝트 이외에서는 눈에 뜨이지 않고 적어도 어떠한 형태로 재생가능전력이 관계되고 있는 것뿐이다. 풍력발전은 공급용량의 증가라는 점에서는 계통에 기인하지만 변동하기 쉽기 때문에 다른 장소의 발전소에서 수급 밸런스를 조정해야 한다. 즉, 전력계통의 증강이 필요하다는 의미이다. 독일의 예로 장래 풍력발전단지를 전력계통에 대규모 연계하기 위해서는 약 850km에 걸친 350kV 송전선이 신규로 필요하다.

새로운 송전선을 위한 인허가 절차기간은 수년을 요하고 10년 정도 걸리는 경우도 있다. 최적의 계통연계가 아니면 풍력발전단지는 투자에 합당한 이익을 얻을 수 없기 때문에 계통확장이 늦어지면 재생가능전력에 대한 투자도 늦어진다. 그러므로 새로운 재생가능전력을 성공시키기 위해서는 새로운 송전선이 중요하나 아직 그것에 대한 출자자를 위한 유럽 전체에서 조정된 규정은 없기 때문에 신규 재생가능전력이나 전력계통에의 인허가 절차가 협력해서 시행되는 것이 바람직하다. 전력계통의 라이센싱을 서두르는 것은 법적인 윤곽이나 행정절차가 적절하게 시행될 필요가 있다. 그를 위한 한층 더한 장려책으로 새로운 사회기반의 투자에 대한 적절한 법적·제도적인 윤곽이 필요하다.

7.6.2 계통안정성

전력계통의 안정성 관점에서 생각하면 풍력발전단지는 역사적으로 종래형 발전소와는 다른 거동을 하고 있다. 전력계통에서 전압강하를 일으키는 고장이 있으면 대용량의 동기발전기를 가진 종래형 발전소는 정상으로 발전을 지속하고 그러므로 전력계통의 안정성이 보증된다. 그러나 이제까지 풍력발전단지의 대부분은 계통사고가 일어나면 풍력발전기가 정지해버리는 경우가 많고 전력계통의 안정성에 좋지 않은 영향을 미쳤다. 독일에서의 해석 예를 보면 풍력발전기가 3000MW 이상 한 번에 전원탈락을 일으켜 대정전을 일으킬 가능성이 수년 내에 충분히 가능하다고 생각된다. 풍력발전기의 용량이 커지고 부적절한 그리드코드나 불완전한 발전을 하는 것에 필요한 피치제어가 없는 풍력발전기의 비율이 높게 되면 이러한 사태는 어느 국가라도 일어날 수 있다.

대책으로는 신규 풍력발전단지나 다른 재생가능전력에 대해서 계통사고 시에 필요한 전기적 거동을 정의한 유럽 전역에서 조화로운 그리드코드가 필요하다. 그 결과 풍력발전단지에서는 가장 적절한 기술을 사용하는 것이 바람직하다. 또한 실제 그리드코드의 요구사항(즉, 계통사고 시의 풍력발전기의 전기적 거동)을 만족하지 않는 기존 풍력발전단지에서는 개선이나 재배치가 필요하게 된다. 결국 어떤 때에도 계통 안정성을 유지하기 위해서는 상당 용량의 변동하지 않는 동기발전기가 계통 내에 있어야 한다. 따라서 전력의 안정공급에의 악영향을 생각하면 몇 나라의 법령에서 정해진 것 같은 풍력발전기에 무제한으로 우선접속을 하는 방법은 유럽규모에서 불가능하다.

7.6.3 풍력발전단지의 수급조정비용

분산된 전력망에서 풍력에너지로부터 얻을 수 있는 발전일마다 월마다의 예측은 어느 정도 정확하기 때문에 발전과 수요의 밸런스를 취하기 위해서는 출력조정이 필요하다. 독일에서는 2015년까지 도입이 예상되고 있는 36000MW의 풍력발전설비로 약 7000MW의 수급조정기능, 즉 설비용량의 20%에 해당하는 제어가능한 용량이 구해졌다. 이 양은 풍력발전의 도입이 더욱 진전됨에 따라 대폭적으로 증가시켜야 한다.

나라마다 다른 규정에 따라서 다양한 단체가 수급조정이나 예비력의 운용책임을 지고 있다. 가령 계통운용사업자가 그 책무를 지지 않는 경우는 그 비용은 그 사업자와 계약하고 있는 일반소비자에게 전가된다. 또한 풍력발전단지의 관점으로는 계통연계비용을 삭감하는 의욕을 잃게 되는 것이 된다. 그러나 가령 전력시장이 수급 밸런스 문제를 해결하는 경우는 풍력발전사업자는 계약에 기초한 수급 불균형에 책임을 지는 것이 바람직하고 그것은 몇 국가에서 실시되고 있다. 이와 같은 경우에서는 변동하는 출력을 일정하게하기 위해서 에너지 저장장치의 이용이 추진될 것으로 예상된다.

7.6.4 국제연계선에 대한 영향

바람이 강하고 많은 풍력발전설비가 건설되어 더욱이 전력소비도 적은 지역에서는 잉여전력을 인접한 타 전력계통에 수출하게 된다. 예를 들면 독일 북부 풍력발전단지에서의 발전은 네덜란드나 폴란드의 전력계통에서의 운용에 현저한 악영향을 주고 있다. 독일에서 네덜란드에의 물리적 흐름은 때때로 예상량의 2배 이상으로 되어서 중대한 계통 상황을 일으키고 있다. 이러한 송전 패턴의 영향은 국제전력융통의 총용량을 감소시킬 가능성이 있다. 이와 같은 상황은 새롭게 도입된 재생가능전력에 의해서 계통운용 사업자에게 융통가능량을 감소시킬 수밖에 없는 병목현상을 일으키기 때문에 재생가능전력에 대한 우선접속때문으로도 일어나기 쉬울 수 있다. 이와 같은 영향이 커지게 되면 풍력발전은 특정 해역과 같은 특정 지역에 집중되어 건설되게 된다. 그 결과 유럽 전체에서 조정되지 않은 재생가능전력 지원체계는 전력계통의 더 큰 송전혼잡을 일으킬 수밖에 없다.

참 · 고 · 문 · 헌

1. Directive 96/92/EC of the European Parliament and of the Council, 19 December 1996 concerning common rules for the internal market in electricity.

2. Thomas Ackermann, *"Wind Power in Power System"*, p.479, Wiley, 2005.

Chapter 08

해상풍력발전기의 동적 특성과 피로

C08hapter

해상풍력발전

해상풍력발전기의 동적 특성과 피로

8.1 서 론

본 장에서는 우선 풍력발전기의 동적 특성의 기본을 설명하고 이어서 해상풍력발전기에 대해서 설명한다. 바람, 파, 조위 및 조류 등의 자연조건은 모두 풍력발전기의 운동에 작용한다. 풍력발전기의 매우 복잡한 통합된 동적설계에 대해서 순서대로 설명한다.

8.2 용 어

용어의 개요를 그림 8-1에 나타낸다.

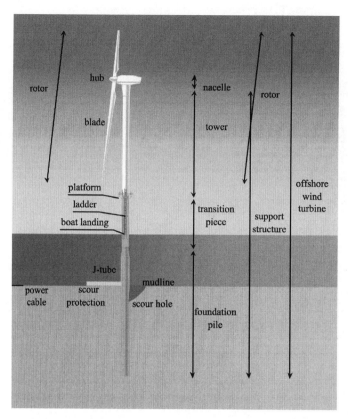

그림 8-1 해상풍력발전기 용어의 개요(컬러 도판 p.523 참조)

8.3 확률과정

해상풍력발전기의 하중과 응답은 시간에 따라 변화한다. 시계열 데이터 해석, 즉 '시간영역'에서의 해석에서 가장 중요한 것은 최댓값, 최솟값, 평균값, 특이한 피크, 완만한 변화 등이다. 동적해석 및 피로해석에서 데이터를 좀 더 편리하게 하기 위해 시계열 데이터는 주파수 영역으로 변환할 수 있고, 주파수 스펙트럼으로 나타낼 수 있다. 예를 들면 그림 8-2 (a)는 해상풍력발전기의 mud line에서 계측된 휨 응력의 시계열 데이터이며, 그림 8-2 (b)는 이들 데이터로부터 만들어진 스펙트럼이다. 그림 8-2 (b)에 나타낸 것처럼, 특징적인 응답특성을 구별하는 데는 시계열보다는 스펙트럼이 편리하다.

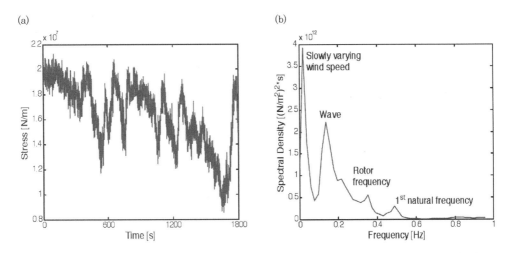

그림 8-2 (a) 니선(mud line)에서의 휨 응력 시계열 계측값, (b) 같은 시간 동안의 주파수 스펙트럼

8.4 파와 조류

8.4.1 파의 표현

파는 주로 바람에 의해 발생한다. 거울의 표면과 같은 해수면이 되는 것은 바람이 전혀 없는 경우에 한정되고 약한 바람에 의해서도 작은 파가 생기며, 대서양의 깊은 수역에서는 강풍에 의해 진폭 30m에 달하는 파가 생긴다. 통상의 해수면은 서로 다른 방향으로 이동하는 수많은 파가 중첩된 결과이기 때문에 파의 수학 모델은 이들의 의사확률과정(pseudo-random process)을 모의할 필요가 있다. 해수면을 1점으로 대표시켜서 파고를 시간에 따라 계측한 경우 그림 8-3 (a)에 나타내는 불규칙한 파는 그림 8-3 (b)와 같은 불규칙한 시계열 데이터가 된다. 이것을 Fourier 변환함으로써 그림 8-3 (c)와 같은 소위, '에너지 밀도' 또는 '파 스펙트럼'을 얻을 수 있다.

주파수 스펙트럼과 시계열의 두 방법으로부터 몇몇의 특성 파라미터들을 정의할 수 있다. 스펙트럼의 유의파고 H_s는 시계열 데이터 파고의 상위 1/3의 평균값으로 정의되고, 일반적으로 시계열 데이터의 표준편차 σ의 약 4배와 같다. 그리고 이 표준편차는 스펙트럼의 0차 모멘트 m_0의 제곱근이기도 하다. 이 파라미터에서 주목해야 할 특징은 숙련된 선원이 시각적으로 추정한 파고 H_v는, 통계적으로 구한 H_s의 값과 상당히 잘 비교가 된다는 것이다.

평균 zero cross 주기 T_z는 시계열 데이터의 계측시간을 평균수위를 up cross하는 점의 수로 나눔으로써 구할 수 있지만, 0차 모멘트를 2차 모멘트로 나눈 값의 제곱근으로도 구할 수 있다. 시간 영역과 스펙트럼 파라미터 사이의 관계를 정리한 것을 표 8-1에 나타낸다[1, 2].

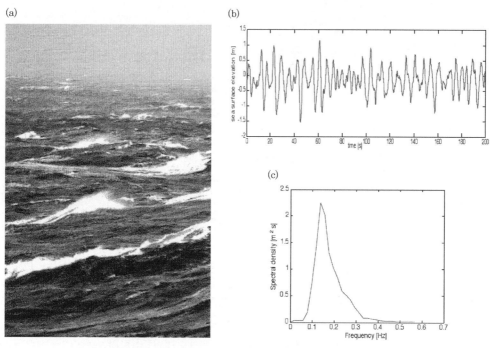

그림 8-3 (a) 실제의 해수면 변동, (b) 어느 한 점에서의 수면변동 시계열 데이터,
(c) 계측된 시계열 수면변동 데이터의 주파수 스펙트럼

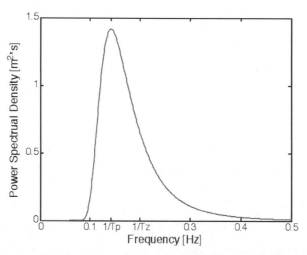

그림 8-4 $H_s = 1.5\,\mathrm{m}$, $T_z = 5\,\mathrm{s}$, $f_z = 1/T_z = 0.2\,\mathrm{Hz}$, $f_p = 0.14\,\mathrm{Hz}$에서의 Pierson-Moskowitz 스펙트럼

표 8-1 파의 시계열 데이터와 스펙트럼 파라미터의 관계

설명	관계
스펙트럼 모멘트(n=0, 1, 2, ⋯)	$m_n = \int_0^\infty f^n S(f)df$
분산 또는 제곱평균	$\sigma^2 = m_0$
표준편차 또는 RMS(Root Mean Square)	$\sigma = \sqrt{m_0}$
유의파고	$H_s = 4\sigma$
파고의 시각적인 추정값	$H_v \approx H_s$
평균 zero cross 주기	$T_z = \sqrt{\dfrac{m_0}{m_2}}$
스펙트럼의 평균주기	$T_m = \dfrac{m_0}{m_1}$
평균 파정고 주기(mean crest period)	$T_c = \sqrt{\dfrac{m_2}{m_4}}$
Pierson-Moskowitz 스펙트럼의 1000파(약 3시간)에 대한 최대파고의 추정값	$H_{\max} = 1.86 H_s$

파의 스펙트럼을 근사하는 곡선은 몇 가지 있지만, 자주 사용되는 것은 Pierson-Moskowitz 스펙트럼이다[3]. 이것은 대서양의 일정 환경조건에서 장기간의 계측값을 근사하고 무한한 취송거리에서 완전히 발달한 파고를 유일한 입력 파라미터인 평균 풍속으로 표현한 것이다. 그리고 이 Pierson-Moskowitz 스펙트럼은 식 (8.1)과 같이 입력 파라미터가 H_s와 T_z가 되도록 변환할 수 있다.

$$S_{PM}(f) = \frac{H_s^2}{4\pi\,T_z^4 f^5}\exp\!\left(-\frac{1}{\pi}\left(f\,T_z\right)^{-4}\right) \tag{8.1}$$

그림 8-3에서 나타낸 파의 H_s와 T_z에 대한 Pierson-Moskowitz 스펙트럼을 그림 8-4에 나타낸다. 그림에 평균 zero cross 주파수 $f_z = 1/T_z$를 나타낸다. 시각적으로 좀 더 특징적인 파라미터는 스펙트럼의 피크인 피크 주파수 f_p와 그의 역수 T_p이다. 이 피크는 스펙트럼의 피크를 나타내며 파정(wave crest)을 나타내는 평균파정주기(mean crest period) T_c와 아무런 관계가 없다. Pierson-Moskowitz 스펙트럼에서 T_p와 T_z에는 $T_p = 1.41\,T_z$인 관계가 있으며 식 (8.1)은 T_p에 대하여 식 (8.2)와 같이 바꿔 쓸 수 있다.

$$S_{PM}(f) = \frac{5}{16} \frac{H_s^2}{T_p^4 f^5} \exp\left(-\frac{5}{4}\left(f\,T_p\right)^{-4}\right) \tag{8.2}$$

JONSWAP 스펙트럼이 만들어진 Joint North Sea Wave Project의 계측값을 사용하여 개발한 Pierson—Moskowitz 스펙트럼에서 피크 주기 T_p는 중요하다[4]. 이 스펙트럼은 특정 풍속 아래에서 충분히 발달하고 있지 않은 해상(海象)을 표현하고 있기 때문에 상당히 뾰족한 형상을 하고 있다. 실제 JONSWAP 스펙트럼은 Pierson—Moskowitz 스펙트럼의 확장형으로 피크 형상계수 γ_{JS}에 의해 피크 형상을 강조할 수 있도록 한 것이다. $\gamma_{JS} = 1$인 경우에 두 스펙트럼은 일치하고, $\gamma_{JS} = 3.3$이 충분히 발달하고 있지 않은 바다에서의 대푯값이다. 그리고 T_p 전후의 경사부분의 스펙트럼 형상은 식 (8.3)의 경사계수 σ_a와 σ_b로 조정할 수 있다.

JONSWAP 스펙트럼의 피크를 강조함으로써 스펙트럼의 면적(0차 모멘트)이 증가하기 때문에 해상(海象)에서의 실제의 에너지 밀도에 맞추기 위해서, 정규화 계수(normalising factor) F_n을 도입할 필요가 있다. 정규화 계수의 도출법에는 몇 가지 있으며 문헌 2)의 공식 중의 하나를 식 (8.3)에 나타낸다.

$$S_{JS}(f) = F_n \cdot S_{PM}(f) \cdot \gamma_{JS} \exp\left(\frac{-(f - f_p)^2}{2\sigma_{JS}^2 f_p^2}\right)$$

$$\sigma_{JS} = \begin{cases} \sigma_a \cdots f \le f_p \,(typically : 0.07) \\ \sigma_b \cdots f > f_p \,(typically : 0.09) \end{cases} \tag{8.3}$$

$$F_n = \left[5\left(0.065\gamma_{JS}^{0.803} + 0.135\right)\right]^{-1} \cdots 1 \le \gamma_{JS} \le 10$$

게다가 JONSWAP 스펙트럼에서 T_p와 T_z의 관계는 Pierson—Moskowitz 스펙트럼의 것과는 다르며 근사적으로 식 (8.4)로 나타낸다[5].

$$T_p / T_z \approx 0.327 e^{-0.315\gamma_{JS}} + 1.17 \tag{8.4}$$

사용하는 주기가 zero cross 주기인지 피크 주기인지에 따라 스펙트럼은 달라진다. 그림 8-5에 이들 2 케이스의 Pierson—Moskowitz 스펙트럼과 JONSWAP 스펙트럼을 나타낸다.

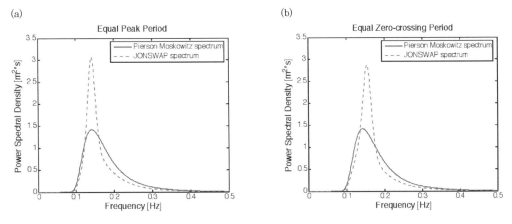

그림 8-5 (a) $H_s = 1.5\,\text{m}$, $T_z = 5\,\text{s}$이고, 피크주기가 동일한 Pierson-Moskowitz(실선)와
JONSWAP(파선) 스펙트럼, (b) 같은 조건에서 zero cross 주기가 동일한 경우의 두 스펙트럼

Pierson-Moskowitz와 JONSWAP은 가장 일반적으로 사용되고 있는 스펙트럼이지만, 이 밖의 스펙트럼 모델도 있다. 이들의 표준적인 스펙트럼은 특정 위치·조건에서 실측값을 표현하려고 한 것이며 사이트에 따른 장기간의 상세한 계측값이 있는 경우는 보다 엄밀하게 조정된 스펙트럼을 얻을 수 있다. 이 밖의 모든 경우에서 설계자는 사이트에서 입수 가능한 파라미터에 입각한 적절한 스펙트럼으로 설계할 필요가 있다.

8.4.2 불규칙파의 표현

우선, 적당한 파 스펙트럼을 정현파로 역변환(Inverse Fast Fourier Transfer : IFFT)하는 것으로부터 해석을 시작한다. 각 정현파의 진폭과 주파수는 스펙트럼의 에너지 밀도분포로부터 구할 수 있으며, 위상각은 임의적으로 주어진다. 이들 조화파(hamonic waves)의 합이 각 위상, 각 시각에서의 파고를 나타낸다.

각 조화파의 물입자 운동은 Airy의 선형파 이론에 의해 표현할 수 있다[2]. 그 물입자는 깊은 수역에서는 조화파에 대응한 원운동을 하며, 그 반경은 수면에서부터 깊이에 따라 작아진다. 수심이 파장에 비해 작은 경우($d < 0.5\lambda_{wave}$) 해저의 영향에 의해 원운동은 타원운동으로 변형한다. 이들 물입자의 운동을 그림 8.6에 나타낸다.

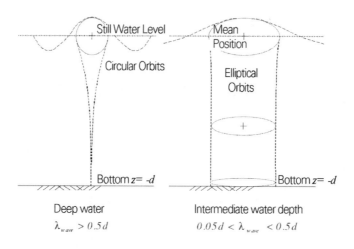

그림 8-6 Airy 이론에 의한 입자운동

물입자의 수평방향 운동은 식 (8.5)로 나타낸다. 여기서 z축은 해수면의 위쪽이 $+(-d \leq z \leq 0)$이며, x축은 수평의 파 방향, t는 시간이다.

$$u(x,z;t) = \hat{\zeta} 2\pi f \frac{\cosh k_{wave}(z+d)}{\sinh k_{wave} d} \cos(k_{wave} x - 2\pi f t)$$

$$\dot{u}(x,z;t) = \hat{\zeta}(2\pi f)^2 \frac{\cosh k_{wave}(z+d)}{\sinh k_{wave} d} \sin(k_{wave} x - 2\pi f t)$$

(8.5)

여기서,

ζ	파 진폭$(= 0.5H)$	[m]
k_{wave}	파수$(= 2\pi/\lambda_{wave})$	$[\text{m}^{-1}]$
f	파 주파수	[Hz]
λ_{wave}	파장	[m]
d	수심	[m]

Airy의 선형파 이론은 정수위, 즉 평균수위까지는 유효하지만 파형 그 자체의 운동방정식은 표현하고 있지 않다(그림 8-7). 이에 대해서 몇 개의 보정법이 제안되어 있으며, 가장 일반적인 것의 하나가 Wheeler의 stretching 이론이다[2, 6]. 이는 그림 8-7에 나타내는 것처럼 매 시간마다 계산된 깊이 방향의 운동 프로파일을 각 시각의 수위까지 잡아 늘린 것이다.

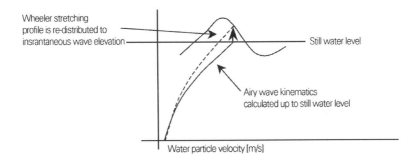

그림 8-7 정수위까지의 Airy 파 운동과 순간적인 수위까지의 Wheeler의 stretching

8.4.3 구조에 작용하는 파 하중

(1) 연직 타워에 작용하는 하중

파 입자의 운동에 Morison 식 (8.6)을 적용함으로써 구조에 작용하는 하중을 계산할 수 있다. 구조의 상대속도를 고려할 수도 있지만, 그 크기는 물입자의 속도에 비해 매우 작기 때문에 여기서는 무시한다. 또한 Morison 식은 얇고 긴 부재의 단위 길이당의 유체력을 계산하기 위한 경험식이다.

$$f_{Morison}(x,z,t) = f_d(x,z,t) + f_i(x,z,t)$$

$$f_d(x,z,t) = C_d \cdot \frac{1}{2}\rho_{water}D \cdot |u(x,z,t)|u(x,z,t)$$

$$f_i(x,z,t) = C_m \cdot \frac{\rho_{water}\pi D^2}{4} \cdot \dot{u}(x,z,t)$$

(8.6)

여기서,

$f_{Morison}$	유체력	[N/m]
f_d	유체항력	[N/m]
f_i	유체관성력	[N/m]
C_d	항력계수	[−]
C_m	관성계수	[−]
ρ_{water}	물의 밀도	[kg/m³]
u	물입자의 속도	[m/s]

| $\dot{u}$ | 물입자의 가속도 | [m/s^2] |
| D | 원통 직경 | [m] |

유체력을 받고 있는 얇고 긴 연직부재를 그림 8-8에 나타낸다. 원주에 작용하는 유체력은, 항력과 관성력의 합이다. 속도와 가속도에는 90°의 위상차가 있기 때문에 관성력과 항력의 위상도 다르다는 것을 주의할 필요가 있다. 그 때문에 일반적으로 최대하중의 벡터 합은 최대 항력과 최대 관성력 어느 것과도 일치하지 않는다.

C_m과 C_d는 ① 검토하고 있는 하중 케이스(극치 또는 피로), ② 구조의 형상, ③ 해양생물의 유무, ④ 그 밖의 요소에 의해 결정된다. 모노파일(Monopile) 구조의 피로계산에서 사용되는 일반적인 값은 C_m = 2.0, C_d = 0.7이지만, 설계에서는 하중 케이스마다 이들 값이 적절한지 확인할 필요가 있다[2].

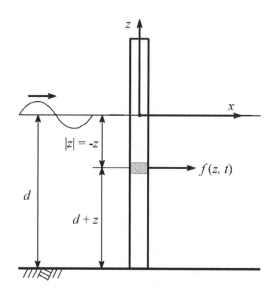

그림 8-8 유체력이 작용하고 있는 연직방향으로 얇고 긴 타워

(2) 수평부재 및 경사부재

구조부재가 비스듬하거나 수평인 경우에도 Morison 식을 사용할 수 있지만, 전처리는 큰 폭으로 증가한다. Airy 이론에 의해 구조의 간격마다 수평방향 속도와 가속도를 계산할 뿐만 아니라, 속도와 가속도의 벡터(수평방향과 연직방향)를 검토하고 있는 부재에 대하여 수직인 방향으로 변환할 필요가 있다. 그리고 각 단면 하중을 적분함으로써 구조 전체의 하중을 계산한다.

파두(波頭)는 구조물의 어느 한 다리에 처음에 도달한 후에 그 배후의 다리에는 시간간격을 두고 도달하기 때문에 구조 부재의 경사 영향과 함께 위상의 지연도 일어난다. 복잡한 구조에 대해서 필요한 계산량은 단독 수직방향의 타워의 경우와 비교하여 현저하게 증가하지만 해석 프로그램을 사용함으로써 효율적으로 계산할 수 있다.

(3) 조류의 영향

구조물이 파 입자의 속도, 가속도와 함께, 조류의 작용을 받는 경우, Morison 식에 조류의 속도를 추가할 필요가 있다. 속도는 항력항에만 포함되어져 있기 때문에 파와 조류를 조합한 항력은 다음 식과 같이 된다.

$$f_d = C_d \cdot \frac{1}{2}\rho_{water}D \cdot \left(|u + U_c|(u + U_c) \right) \tag{8.7}$$

여기서,

u	파에 의한 입자 속도	[m/s]
U_c	조류속도	[m/s]

(4) 회절

파 하중을 계산하는 수몰된 부재는 파에 영향을 주지 않는다는 것이 Morison 식의 기본적인 가정이다. 원통의 직경이 파장과 비교해서 작은 경우 이 가정은 타당하지만, 파장이 짧아지는 천해역에 설치한 해상풍력발전기의 모노파일 기초와 같은 직경이 큰 부재에서는 파 회절의 영향에 의해 Morison 식의 정도는 저하한다.

Morison 식에 회절의 영향을 고려하는 방법에 MacCamy-Fuchs 보정이 있다[7]. 이는 파장에 대한 직경의 비(D/λ_{wave})에 의해 결정되는 보정지수에 의해 관성계수의 크기를 저감하는 것이다. 그림 8-9에 파장에 대한 직경의 비(D/λ_{wave})의 증가에 따른 C_m의 감소를 나타낸다.

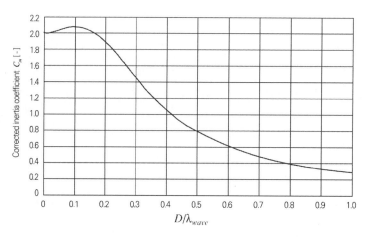

그림 8-9 MacCamy-Fuchs에 의한 회절보정 : 파장에 대한 원통직경의 비에 대한 Morison 식의 C_m

8.4.4 극한파, 비선형파 이론 및 쇄파

구조물에 대한 극한파력을 결정하기 위해서는 계획지점에서 예상되는 파의 최대진폭에 관한 정보가 필요하다. 장기간에 걸친 관측값이 있는 경우에는 최댓값을 이용하여 분포곡선을 나타내고 외삽함으로써 재현기간이 50년 및 100년인 최대파고를 구할 수 있다. 또한 계획지점 또는 그 근방 (모래로 이루어진 얕은 여울)에서 낮아진 수심에 의한 쇄파한계에 의해 최대파고가 제한될 수 있다.

구조물에 작용하는 파력을 계산할 시 선형 Airy 이론은 이러한 극한파의 비선형성을 엄밀히 표현할 수 없다. 파고, 주기, 수심의 관계로부터 사용해야할 이론을 그림 8-10에 나타낸다. 또한 비선형 이론은 결정론적인 파(deterministic wave)의 모델링에만 이용할 수 있으며 확률파 (stochastic wave)의 해석에는 적절하지 않다.

각 이론의 적용 가능한 범위는 쇄파한계로 둘러싸여 있다. 파는 $H/d > 0.78$에서 쇄파한다고 가정되고, 해상풍력발전단지의 특정 위치에서 쇄파할 확률은 사전에 평가할 필요가 있다. 사주 또는 암이 노출되어 있는 등 해저의 경사가 급한 위치에서는 쇄파할 가능성이 높고, Blyth(영국의 Northumbria의 동해안)가 그러한 경우이다. 쇄파한 파가 말뚝에 직접 부딪치는 경우에는 구조물 에 큰 하중이 발생하기 때문에 보다 상세한 해석이 필요하게 된다. 적절한 쇄파하중의 경험식을 구하기 위해서 수많은 시험이 실시되어져 왔으나[8, 9], 아직 불명확한 점이 남아 있다. DNV[10]에서 는 쇄파하중의 계산식으로서 식 (8.8)을 규정하고 있다.

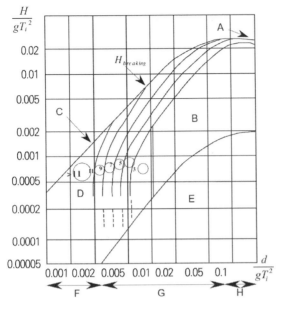

A : 심해역의 쇄파한계 $H/\lambda_{\text{wave}} = 0.14$

B : 5차 Stoke's 파, 3차 유선함수

C : 천해역의 쇄파한계 $H/d = 0.78$

D : 유선함수(그림 중에 차수표기)

E : 선형/Airy 또는 3차 유선함수

F : 천해역

G : 중간수심

H : 심해역

그림 8-10 서로 다른 파 이론의 적용조건[2]

$$F = \frac{1}{2} \rho_{water} C_s A u^2 \tag{8.8}$$

C_s	slamming 계수(2~6.3)	$[-]$
ρ_{water}	물의 밀도	$[\text{kg/m}^3]$
A	쇄파에 노출되는 면적	$[\text{m}^2]$
u	쇄파 파두에서의 물입자 속도	$[\text{m/s}]$

다행히 대부분의 경우 쇄파는 해안 또는 그 근처에서 발생하며 이례적인 해저지형이 없고, 해저가 거의 수평인 지점에서의 쇄파는 비교적 작기 때문에 해상풍력발전단지 안에서는 쇄파할 가능성이 낮다.

8.4.5 장주기파의 표현

위에서 언급한 파력계산에서는 모두 '수학적으로 정상(mathematically stationary)'이라고 가정된 동적인 해상조건을 취급하여 왔다. 이들 주기 동안의 파의 조건은 해황(sea-states)이라고 불리며 계속시간은 통상 3시간으로 상정된다. 특정 지점에서 극치의 발생확률 또는 설계수명 중의 피로 데미지를 계산하기 위해서 파의 장주기 성분의 영향을 검토할 때에는 대량의 데이터가 필요하게 된다. 이들 데이터는 부이, 플랫폼(platform), 인공위성 등의 계측 데이터를 사용하거나, 다수의 관측점의 관측값으로 검증한 기상·해상 모델로부터 추정함으로써 얻어지는 해황을 산포도(scatter diagram)로 정리함으로써 얻을 수 있다. 이 산포도는 지점에 대한 H_s와 T_z의 각각의 조합의 출현확률을 제공한다. 이는 H_s와 T_z로 정리하는 경우도 많지만, 서로 다른 파주기에 입각한 산포도는 혼용해서는 안 된다. 각 구분(bin)은 대응하는 파라미터를 조합한 파의 출현확률을 나타내며, 선정된 스펙트럼 모델에 그것들을 적용함으로써 파의 스펙트럼이 결정된다. 구분(bin) 폭은 임의이고 클수록 상세한 정보가 없어지지만, 해황의 총수는 삭감할 수 있다. 일반적인 구분(bin) 폭은 H_s는 0.5m, T_z(또는 T_p)는 2s이다.

파의 산포도에는 왼쪽 아래에서 오른쪽 위로 증가하는 선형적인 경향을 볼 수 있다. 또한 전반적인 경향도 명확하며 큰 파는 주기가 길고(파의 경사가 너무 커지면 쇄파한다), 작은 파는 주기가 짧다. 그러나 선형의 관계를 고정하는 것은 산포도에 반영된 다양성을 대폭적으로 저감시킬 수 있고 귀중한 정보를 버리는 것이 된다. 또한 산포도는 사이트에 특정된 것이기 때문에 어떤 장소에서 가정된 선형관계를 그 밖의 사이트에 중첩시키는 것은 보다 위험하다. OWEZ(Windpark Egmond aaz Zee) 즉, "NL1" 지점[11]에서의 산포도를 그림 8-11에 나타낸다.

T_z [s] / H_s [m]	0-1	1-2	2-3	3-4	4-5	5-6	6-7	7-8	Sum:
6.5-7.0									0.0
6.0-6.5								0.1	0.1
5.5-6.0							0.1	0.1	0.2
5.0-5.5							0.1	0.1	0.2
4.5-5.0							1		1.0
4.0-4.5							4		4.0
3.5-4.0						4	5		9.0
3.0-3.5						19	0.1		19.1
2.5-3.0					0.1	38			38.1
2.0-2.5					27	43			70.0
1.5-2.0				0.1	115	5			120.1
1.0-1.5				6	220	1			227.0
0.5-1.0				236	145	1			382.0
0.0-0.5	1		1	113	14	0.1			129.2
Sum:	1.0	0.0	1.0	355.1	521.1	111.1	10.4	0.3	1000

그림 8-11 OWEZ 지점에서 H_s와 T_z의 산포도(천분율)[11]

8.4.6 조위 : 조석

평균조위는 시간에 따라 변화한다. 조위의 주요한 원인은 조석이지만, 폭풍에 의한 너울도 일시적으로 조위를 오르내리게 한다. 조석은 달과 태양의 인력에 의한 것이며, 이에 의해 자전하고 있는 지구의 양측에 두 개의 물의 팽창이 생긴다. 그 결과 대부분의 지점에서 24시간마다 두 번의 고조와 두 번의 저조가 발생하며, 국소적인 해저지형의 영향도 받는다. 조석에 의한 파는 북해(North Sea)와 같은 내만과 같은 해역에서 막히면 지구의 자전에 의한 코리올리 힘(Coriolis force)의 작용에 의해, 북반구에서는 만 안에서 반시계 방향으로 회전한다. 회전중심은 조차(tidal range)가 zero가 되는 무조점(amphidromic point)이며, 중심으로부터 멀어짐에 따라 조차가 커진다. 그림 8-12에 북해의 조차와 무조점을 나타낸다. 조차는 네덜란드 연안에서는 중(中) 정도인 2m이며 영국의 동해안 연안에서 4m를 넘는다. 만의 외측에 해당하는 영불해협(the English channel) 또는 Severn 하구 및 웨일스(wales) 남부에서는 12m를 넘는 큰 조차가 생긴다. 이는 국소적인 해저지형에 의한 수렴효과의 영향도 받지만 하구의 물의 상하 움직임과 조석의 동조에 의한 영향이 주된 원인이다.

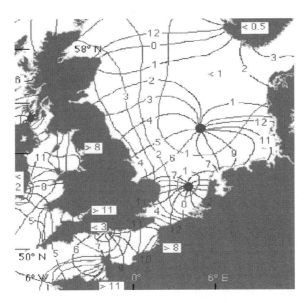

그림 8-12 북해의 조차. 파란선 : 등조차선[같은 조차(m)를 나타내는 위치]
빨간선 : 등조위선[같은 시간대에 같은 조위를 나타내는 위치)[12)](컬러 도판 p.523 참조)

조석은 또한 월마다 변동한다. 태양과 달이 일직선으로 정렬하는 만월과 신월인 경우에는 대조(spring tide)가 되며 만조 시의 조위는 보다 높고, 간조 시의 조위는 보다 낮게 된다. 또한 태양과 달이 지구에 대하여 90°인 위치에 있는 경우에는 소조(neap tide)가 되며 조차는 통상보다 작아진다. 통상의 설계에서 대조는 착선(着船)하는 위치의 높이를 결정하는 데 있어서 중요하고, 극한 하중의 계산에도 영향을 미친다. 또한 풍력발전기 기초의 시공에서 소조의 조차가 중요하다. 이는 소조 시에는 조위의 변화가 작은 시간이 장시간 계속되고 조류가 최저가 되기 때문에 중력식 구조의 설치가 용이하게 되기 때문이다.

통상 해도에서의 수심은 저조선(LAT)의 값을 나타내기 때문에 선원이 인식하고 있는 것은 해도상의 각 지점의 최저 수심을 뜻하는 것이다.

8.4.7 조 류

조류는 하천의 유출, 온도 또는 염분농도의 차 또는 폭풍에 의한 너울에 의한 국소적인 영향을 받지만 대부분이 조석과 해양의 순환에 의한 것이다. 조류는 조차가 큰 위치 또는 국소적인 해저 지형이 급격히 변화하는 위치에서 커진다. Horns Rev는 후자의 예로서 그곳에서는 북해의 조석파가 스칸디나비아 반도(Scandinavian Peninsula)의 Blåvands Huk의 모퉁이 주변에서 밀려나게 되어, 국소적으로는 통상 2m/s 정도의 조류가 발생하고 있다.

조류 변화의 시간 스케일은 해양풍력발전기의 설계에서 하중변동의 시간 스케일보다도 현저히 길기 때문에 설계에서는 조류의 속도와 방향을 일정하다고 하여 계산하는 것이 일반적이다.

8.5 바 람

8.5.1 풍 속

바람의 강도를 계측하는 것은 해군에서 시작되었다. 1838년에 영국 해군의 제독이었던 Beaufort는 배의 거동과 풍력을 관련짓는 일람표를 작성하였고, 풍력을 13계급(0~12)으로 분류하는 것이 영국 함대 전체에서 바람의 거동을 기록하는 데 있어서 효과적인 방법이라고 입증되었다.

Beaufort 풍력계급은 오늘날에도 선원에 의한 기상예측에 이용되고 있지만 일반적으로 풍속은 m/s인 단위로 사용되고 있다. 풍속은 상시 변화하기 때문에 주요한 특성은 평균값으로 나타내어져 기준으로 하는 시간에 따라 gust(3~10s), 10분 평균, 일평균, 월 평균, 연 평균 등으로 불린다.

장기간의 관측값에 의해 풍속의 시간변화는 연(年)에서부터 초(秒)에 해당하는 주파수 스펙트

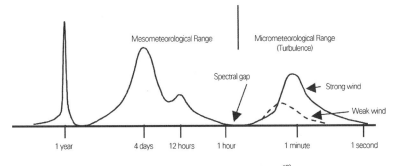

그림 8-13 풍속의 주파수 스펙트럼[13]

럼으로 표현할 수 있다. Van der Hoven[13]의 주파수 스펙트럼을 그림 8-13에 나타낸다.

그림의 좌측 영역에는 연 변화, 기압변화, 낮과 밤의 변화를 볼 수 있다. 또한 우측의 영역에는 난류의 영향을 볼 수 있고, 실선은 고(高)풍속 시의 강한 난류를, 점선은 저(低)풍속 시의 약한 난류를 나타낸다. 난류의 상세에 대해서는 다음 항에서 설명한다. 주기 1시간 근방의 Van der Hoven의 갭(gap)은, 스펙트럼 갭(spectrum gap)으로 알려져 있고, 이것에 의해 변화가 느린 것과 빠른 것으로 나뉘어져 있다. 후자의 주파수 영역에서 10분에서부터 1시간 평균 풍속은 일정하다고 간주한다.

스펙트럼 갭에 관한 최근의 연구 성과에 의하면 이 갭은 단기간과 장기간의 관측값에 대한 Van der Hoven의 해석법에 기인한다는 것이 밝혀져 있다[14]. 이 연구 성과는 올바르다고 생각되지만 풍력발전기의 설계에서 10분에서부터 1시간의 평균 풍속을 일정하다고 가정하는 것이 유효하다는 것은 지금까지의 경험으로부터 증명되고 있기 때문에 여기에 덧붙여 기술하였다.

8.5.2 Wind shear와 난류

(1) 서 론

야외에서 계측되는 풍속은, 공간, 시간, 방향에 따라 변화한다. 일반적인 순간풍속의 분포는 그림 8-14에 나타낸다.

이 그림으로부터 평균 풍속은 높이에 따라 증가하고 있는 것은 명확하며 이 현상을 wind shear 라고 한다. 그뿐 아니라 난류로 인해 각 위치에 대한 실제 풍속은 시간과 방향에 따라 평균값을 중심으로 시시각각 변화한다.

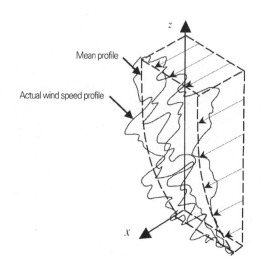

Mean profile

Actual wind speed profile

그림 8-14 실제의 풍속 프로파일

(2) Wind shear

풍속은 지표로부터 2km 사이의 대기 경계층에서 지표면과의 마찰에 의한 영향을 받는다. 이 영향에 의해, 고도 2km에서의 교란되지 않은 풍속은 지표면에서 거의 zero가 될 때까지 감소한다. 이 효과를 표현하기 위해 식 (8.9) (a), (b)로 나타낸 대수 분포(logarithmic profile)와 멱법칙 분포(power law profile)와 같은 2종류의 모델이 일반적으로 사용된다. 이들은 모두 계측값을 근사하여 구한 것이다.

$$\text{(a)} \quad V_w(z) = V_{w,r} \cdot \frac{\ln\left(\dfrac{z}{z_0}\right)}{\ln\left(\dfrac{z_r}{z_0}\right)} \qquad \text{(b)} \quad V_w(z) = V_{w,r}\left(\frac{z}{z_r}\right)^{\alpha_{shear}} \tag{8.9}$$

여기서,

$V_w(z)$	높이 z 에서의 평균 풍속	[m/s]
$V_{w,r}$	기준 높이 z_r 에서의 평균 풍속	[m/s]
z_r	기준 높이	[m]
z_0	지표 조도길이	[m]
α_{shear}	멱지수	[-]

서로 다른 지형에 대한 지표면의 조도길이의 일반적인 값을 표 8-2에 나타낸다. Det Norske Veritas(DNV)는 특별한 언급이 없는 한, 해상에서는 $z_0 = 0.05\,\mathrm{m}$를 적용하는 것으로 되어 있으며[10], Germanischer Lloyd(GL)는 $z_0 = 0.002\,\mathrm{m}$를 권장하고 있다[15].

표 8-2 서로 다른 지형의 조도길이와 멱지수[16]

지형의 타입	$z_0(\mathrm{m})$	α_{shear}
평탄한 사막, 거친 바다	0.001	0.12
정온한 바다	0.0002	

(3) 난류

야외에서 풍속을 계측하면 그림 8-15와 같이 시간에 따라 변동하는 풍속을 얻을 수 있다. 이 시계열 데이터로부터 통계적인 파라미터인 평균 풍속과 표준편차를 계산할 수 있다.

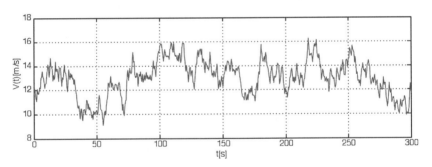

그림 8-15 시간에 따라 변화하는 풍속의 계측값

난류 강도는 시계열 데이터의 표준편차를 평균 풍속으로 나눔으로써 정의되며 통상 퍼센트[%]로 나타낸다.

$$I_t = \frac{\sigma}{V_w} \tag{8.10}$$

난류 강도는 고도와 지형조도의 영향을 받으며, 지형의 조도가 높을수록, 그리고 고도가 낮을수록 난류강도는 높아진다. 각 설계기준에서는 조도 또는 고도에 기반을 둔 난류강도가 규정되어 있으며, 설계를 위하여 특정한 사이트의 적당한 난류 레벨을 선택할 수 있다. 그림 8-16에 서로 다른 설계기준에서의 풍속의 함수로서 난류 강도의 추천값을 나타낸다[15, 17, 18].

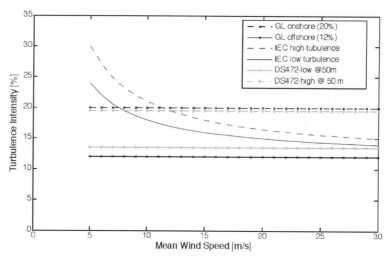

그림 8-16 각종 기준에서의 풍속에 대한 난류강도[15, 17, 18]

8.5.3 극한풍속과 돌풍(Gust)

두 가지의 기본적인 극한 풍하중 조건은 ① 주어진 재현주기(1, 50, 100년)의 1시간 평균 풍속의 극치와 ② 주어진 짧은 간격 동안의 입사 풍속의 극치로 각각 정의된다.

각 1시간 평균 풍속의 극치는 많은 수의 계측된 평균값을 취하고, 설정한 역치(閾値)를 상회하는 데이터를 선정함으로써 얻어진다. 즉, 이들을 월, 년 등의 기간 내의 발생빈도를 편대수(semi-log)로 플롯하고 분포함수로 근사함으로써 계측기간을 초과한 기간의 최댓값의 기댓값을 계산할 수 있다. 가장 일반적인 것이 그림 8-17에 나타낸 Gumbel 분포이다.

육상 풍력발전기의 설계에서는 풍력발전기의 풍속 클래스마다 서로 다른 극한풍속이 규정되어 있다. IEC[17]에서 정의되어 있는 값을 표 8-3에 나타낸다. 이들 클래스는, 풍력발전기의 설계 시에 참조되는 것으로 특정 사이트의 값을 나타낸 것이 아니다. 해상의 사이트는 클래스 S(Special)이며, 클래스가 아직 정의되지 않았을 때에는 사이트 고유의 해석이 필요하다.

표 8-3 IEC 풍속 클래스마다의 허브 높이에서의 1시간 평균값의 연평균 풍속($V_{w, ext, 1h}$)과 10분 평균 풍속의 극한값($V_{w, ext, 10min}$)

Class	I	II	III	IV
$V_{w, ext, 1h}$ (m/s)	10	8.5	7.5	6.0
$V_{w, ext, 10min}$ (m/s)	50	42.5	37.5	30

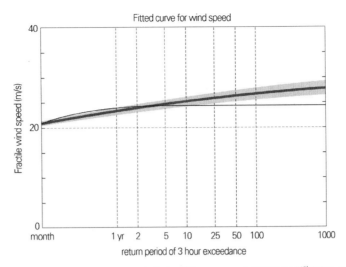

그림 8-17 평균 풍속 데이터(계단형상의 검정선)에 대한 Gumbel 근사(빨간선)[19](컬러 도판 p.524 참조)

해상풍력발전기에서 사이트 고유의 해석은 극치의 계측값과 Gumbel 분포에 입각하여 이루어지지만, 단시간 동안에 검토할 필요가 있는 경우에는 표준 클래스에 의해 일차 평가하여도 좋다.

입사 풍속의 극치 또는 특정한 시간간격 동안의 돌풍을 결정하기 위해서는 난류 강도 스펙트럼의 tail index를 사용할 수 있다. 개략적인 계산식은 Wieringa[20]에 의해 정식화되어 있으며 이론값과 잘 일치한다. gust 계수 $G(t)$는 다음 식으로 정의된다.

$$G(t) = 1 + 0.42 I_t \ln \frac{3600s}{t} \tag{8.11}$$

Gust 계수는 1시간 평균 풍속으로부터 계속시간 t 동안의 돌풍 풍속으로 변환할 때 사용한다.

$$V_{gust} = G(t) \cdot V_w \tag{8.12}$$

Germanischer Lloyd[15]에 의해 규정되는 육상의 난류강도(20%)와 해상의 난류강도(12%)의 서로 다른 계속시간에 따른 돌풍계수를 그림 8-18에 나타낸다.

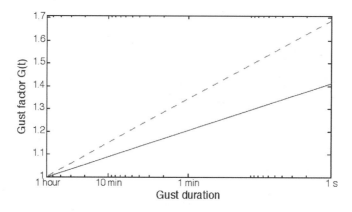

그림 8-18 GL[15]에 명시된 돌풍의 지속시간과 육상(20%)(파선)과 해상(12%)(실선)의 난류강도에 대한 돌풍계수

8.5.4 장기간의 풍속분포

해상풍력발전단지의 발전량과 구조물의 피로를 계산하기 위해, 후보지점에서의 단기간 하중계산과 함께 장주기의 기후변동에 의한 풍속변화의 정보가 필요하다. 이러한 관점에서 가장 중요한 특성값은 연평균 풍속이다. 북해(North Sea)의 연평균 풍속의 분포를 그림 8-19에 나타낸다[21].

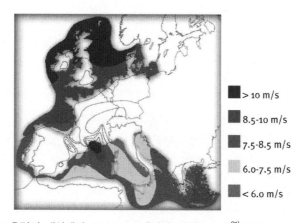

그림 8-19 유럽의 해상에서 고도 100m에서의 연평균 풍속[21](컬러 도판 p.524 참조)

북해의 북쪽 반 정도의 대부분의 해역에서 해수면 위 100m 높이의 연평균 풍속은 8~10m/s이다. 육상에서는 연평균 풍속이 상당히 작고, 해안부에서는 8m/s 정도이지만, 내륙에서는 급격히 저하하고, 독일 남부의 산림지대에서는 4m/s 정도가 된다. 연 풍속 분포를 표현하는 일반적인 방법은 Weibull 분포를 이용하는 것이며, 이 곡선은 특정 지점에서의 풍속당 출현확률밀도를 나

타낸다. Weibull 분포는 연평균 풍속 $V_{w,year}$에 대응하는 스케일 파라미터(scale parameter) c_w와, 평균 풍속으로부터 데이터의 분산을 나타내는 형상계수 k_w의 2개의 파라미터를 사용한다. 식 (8.13)에 Weibull의 출현확률밀도 함수를 나타낸다[22].

$$f(V_w) = \frac{k_w}{c_w}\left(\frac{V_w}{c_w}\right)^{k_w-1} e^{-\left(\frac{V_w}{c_w}\right)^{k_w}} \tag{8.13}$$

Weibull 분포를 해석함으로써 연 평균값을 구할 수 있지만 빠르게 구하는 방법으로 Lysen[23]에 의한 경험식이 있다.

$$V_{w,year} = c_w\left(0.568 + \frac{0.433}{k_w}\right)^{\frac{1}{k_w}} \tag{8.14}$$

k_w의 일반적인 값은, 내륙에서는 1.75, 해안부에서 2.0, 해상에서 2.2이다. 이들보다 큰 k_w(예를 들면 2.2)에서는 피크가 보다 뚜렷해지고, 분포의 기슭이 평탄해진다. 즉 매우 높은 또는 매우 낮은 성분이 적은 분포가 된다. 해상에서는, 낮에는 표면이 가열되고 야간에는 냉각되는 변화가 육상보다도 상당히 작기 때문에 이러한 분포가 된다. 그림 8-20에 대표적인 육상, 해안, 해상의 Weibull 분포를 나타낸다.

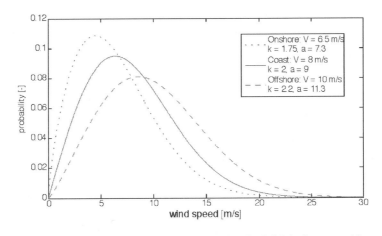

그림 8-20 육상, 해안, 해상의 대표적인 조건에서 연간풍속의 Weibull 분포

8.6 풍력발전기

8.6.1 서 론

시판되고 있는 풍력발전기의 형식과 형상은 다종다양하며, 본 절에서는 오늘날 발전용으로 가장 일반적인 업 윈드(up wind) 형식의 3개의 날개를 갖고 있는 풍력발전기를 다룬다.

풍력발전기에 작용하는 하중계산에는 날개 요소 운동량 이론(blade element momentum theory)이 이용된다. 운동량 이론에서는 그림 8-21에 나타내는 것과 같은 유관(stream tube)을 상정한다. 풍력발전기는 유속을 감속시켜 주변보다도 풍속이 낮은 후류(wake)를 형성하는 actuator disk라고 간주할 수 있으며, 이를 이루기 위해 Actuator disk가 흐름에 작용하는 하중이 축력 F_{ax}이다.

식 (8.15)에 나타내는 유도계수 a를 도입함으로써, 비압축이고 균일한 수평 흐름이라고 가정하는 운동량 이론을 이용하여 공기의 흐름에 대한 Actuator disk의 축력을 계산할 수 있다.

$$a = \frac{V_0 - V_{disk}}{V_0} \tag{8.15}$$

Bernoulli 정리에 의해, Actuator disk의 하중은 다음 식에 의해 계산된다[16].

$$F_{ax} = \frac{1}{2} A_{disk}\rho_{air} V_0^2 \cdot 4a(1-a) \tag{8.16}$$

여기서,

a	유도계수(induction factor)	$[-]$
V_0	교란되지 않은 풍속	$[\text{m/s}]$
V_{disk}	Actuator disk에서의 풍속	$[\text{m/s}]$
A_{disk}	로터(rotor) 면적	$[\text{m}^2]$

이 방정식을 풀기 위해서는 축력과 유도계수가 미지수이기 때문에 날개 요소 이론이 사용된다. 여기서 블레이드는 개별 공력특성을 갖는 날개 요소의 집합이라고 생각할 수 있으며, 블레이드

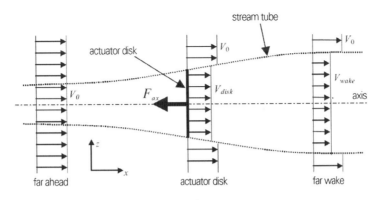

그림 8-21 유관과 actuator disk

형상은 필요한 공력특성을 갖는 익형(翼型, airfoil)의 익열(翼列, blade lattice)로서 정의된다. 블레이드 루트(blade root) 부근의 익형(airfoil)은 블레이드 하중을 로터 축에 전달하는 내부 구조를 수용하기 위해 두께가 두껍다. 토크(torque)의 대부분을 발생시키는 블레이드 팁(blade tip) 부근에서는 성능 중시의 익형(翼型, airfoil)이 사용된다. 이러한 블레이드 형상의 변화를 그림 8-22에 나타낸다. 이들 익형(翼型, airfoil)은 공력 탄성설계 프로그램으로부터 인용한 것으로 시험 프로젝트에서 형상이 정의되고 풍동시험에서 성능이 검증된 것이다.

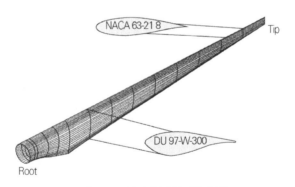

그림 8-22 로터 블레이드의 형상

구조에 작용하는 풍하중은 유체역학과 마찬가지로 공기밀도, 풍속 및 공력계수를 사용한 식으로 계산된다. 즉, 공력계수는 표면조도, 구조형상 및 풍속에 의해 변화한다. 원통 타워의 어떠한 단면에서의 공력계수(이 경우, 항력계수)로서 $C_{aero} = 0.7$이 일반적이다. 이 단면의 풍하중은 다음 식으로 계산된다.

$$F_{aero} = \frac{1}{2} C_{aero} \rho_{air} A\, V_{section}^2 \qquad\qquad (8.17)$$

여기서,

F_{aero}	풍하중	[N]
C_{aero}	공력계수(형상, 표면 상태에 의존)	[−]
ρ_{air}	공기의 밀도(1.225)	[kg/m³]
A	섹션(section)의 수풍면적	[m]
$V_{section}$	섹션(section) 중심의 풍속	[m/s]

익형(翼型, airfoil)에는 항력뿐만이 아니라 양력도 작용하며 이것에 대해서도 비슷하게 계산된다. 익형(翼型, airfoil)의 양력계수와 항력계수는 그림 8−23에 나타내는 것처럼 받음각(迎角, angle of attack)에 따라 변화한다.

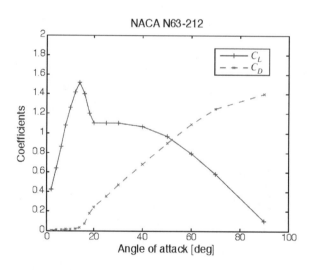

그림 8−23 NACA N63−212 익형의 받음각에 대한 양력계수(C_L)와 항력계수(C_D)

블레이드에 작용하는 공력하중은 각 날개 요소의 특성을 독립적으로 취급함으로써 계산된다. 여기서 각 날개 요소는 무한하게 긴 것으로 가정되며 경계조건 및 날개 요소 사이의 상호작용의 영향은 무시된다. 날개 요소에 작용하는 하중은 양력과 항력에 의해 발생하며 양력과 항력은 풍속과 회전속도에 의해 유발되며 풍속과 회전속도는 결합하여 블레이드에 걸친 상대풍속이 된다.

a $\quad V_{rel} = \sqrt{V_{disk}^2 + V_{rot}^2}$

b $\quad V_{disk} = V_0(1-a), \ V_{rot} = \Omega \cdot r$

$$(8.18)$$

여기서,

V_{rel}	날개 요소의 상대풍속	[m/s]
V_{disk}	날개 요소에서의 풍속	[m/s]
V_{rot}	날개 요소의 선형의 회전속도	[m/s]
Ω	회전각 속도	[rad/s]
r	날개 요소의 회전반경	[m]

이 상대풍속에 의해 날개 요소의 양력과 항력은 그림 8−24와 같이 작용한다. 여기서 항력은 양력과 동일한 스케일로 그려져 있지 않다는 것을 주의해야 한다. 양력과 항력을 동일한 스케일이라고 한다면 항력(F_D) 화살표는 선단부보다 짧아지고 그림에서 보이지 않게 되기 때문이다. 양력과 항력은 식 (8.19)에 의해 계산된다.

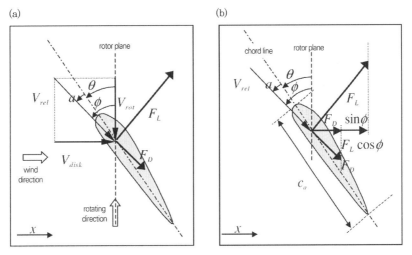

그림 8−24 (a) 날개 요소에 작용하는 양력과 항력, (b) 그에 따른 x 방향 하중

$$F_L = \frac{1}{2} C_L(\alpha) \rho_{air} V_{rel}^2 c_a \Delta r$$

$$(8.19)$$

$$F_D = \frac{1}{2} C_D(\alpha) \rho_{air} V_{rel}^2 c_a \Delta r$$

여기서,

F_L	양력	[N]
F_D	항력	[N]
$C_L(\alpha)$	양력계수	[-]
$C_D(\alpha)$	항력계수	[-]
ρ_{air}	공기의 밀도	[kg/m^3]
c_a	익현장(翼弦長, chord length)	[m]
r	날개 요소의 회전반경	[m]
α	받음각(迎角, angle of attack)`	[°]
θ	pitch angle	[°]
ϕ	유입각	[°]

날개 요소의 x방향 하중은,

$$F_x = F_L \cos\phi + F_D \sin\phi \tag{8.20}$$

축력의 총합은,

$$F_{ax} = N_b \sum_{r=root}^{r=tip} F_{x,r} \tag{8.21}$$

날개 요소 이론[식 (8.21)]과 운동량 이론[식 (8.17)]에 의해 축력이 계산되면 구조에 작용하는 공력하중을 얻을 수 있으며 출력도 계산된다.

$$P = F_{ax} V_{disk} = 2\rho_{air} A_{disk} V_0^3 a(1-a)^2 \tag{8.22}$$

출력계수 C_P는 로터(rotor) 면을 통과하는 공기 흐름에서 전체 출력에 대한 출력 P로 정의되며 식 (8.23)과 같다.

$$C_P = \frac{P}{\frac{1}{2}\rho_{air}V_0^3 A_{disk}} = 4a(1-a)^2 \tag{8.23}$$

출력계수의 최댓값은 Lanchester－Betz limit[24]로 알려져 있으며, $a = 1/3$에서 $C_P = 16/27 = $ 0.593이 된다. 본래의 날개 요소 운동량 이론은 블레이드 루트(blade root) 또는 블레이드 팁 (blade tip)의 영향을 고려하는 등 여기서 설명한 것보다도 훨씬 정교한 것이다. 이들 영향은 문헌 16)에 상세하게 설명되어 있으며, 본 장의 해석 및 모델링에 사용한 Garrad Hassan사의 해석 프로그램 'Bladed'에도 적용되어 있다.

8.6.2 출력제어

이론적인 최대효율은 Lanchester－Betz limit가 한계이지만, 실제의 출력에는 몇 개의 파라미터가 영향을 준다. 익형(翼型, airfoil) 마다의 받음각(迎角, angle of attack)을 최적으로 설정하고 블레이드 형상을 효율이 최적이 되도록 한 경우이더라도 출력은 로터(rotor) 속도와 풍속의 관계에 의존하며, 로터(rotor) 속도와 풍속을 합성하여 식 (8.18)의 상대풍속 V_{rel}이 된다. 여기서 우리는 주속비(tip speed ratio), 즉 블레이드 팁의 속도와 풍속의 비를 λ로 정의한다.

$$\lambda = \frac{V_{vip}}{V_0} = \frac{\Omega R}{V_0} \tag{8.24}$$

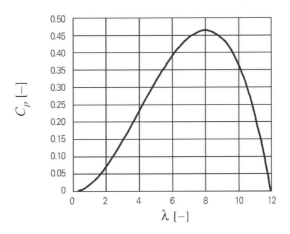

그림 8-25 대표적인 $C_p - \lambda$곡선

주속비와 출력계수의 관계를 그림 8-25에 나타낸다. 이 블레이드에서는 주속비 $\lambda = 8$에서 효율의 피크를 보이고 있다.

각 풍속에서 최대의 출력을 얻기 위해서는, 회전속도는 $C_P - \lambda$ 곡선의 피크에 이르도록 변화시킬 필요가 있다. 그림 8-26에 최대출력이 되도록 회전속도를 제어한 가변속 풍력발전기의 출력을 나타낸다. 풍력발전기는 계통에 연계되기 때문에 주파수를 일정하게 할 필요가 있다. 오늘날 전력변환기가 진보하고 전력품질을 악화시키지 않고 회전속도와 계통 주파수를 완전히 분리할 수 있지만, 2006년 무렵까지는 이 기술의 이용은 한정되어 있었기 때문에 풍력발전기는 정속 발전기를 전제로 하여 설계되고 있었다. 그 경우 출력이 최적이 되는 것은 그림 8-26과 같이 특정 풍속에서만이다.

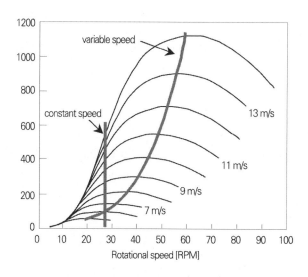

그림 8-26 서로 다른 풍속 클래스에서 회전풍속에 대한 출력

그림 8-26에서는 가변속 풍력발전기는 고(高)풍속 영역에서도 풍속의 상승에 동반하여 출력이 계속 증가하지만 실제의 풍력발전기에서는 최대출력은 발전기의 정격출력에서 일정한 값이 되도록 제어한다. 즉, 발전기가 최대출력에 도달하는 풍속은 정격속도 V_{rated}라고 불린다. 로터(rotor)와 발전기의 조합은 경제성에 의해 최적인 것이 선정되며 발전기와 함께 출력을 제어하는 방법으로 다음의 두 가지가 있다.

① 고(高)받음각 영역을 이용한 passive, active stall 제어 : 피치 각이 일정한 경우 풍속이 증가함에 동반하여 받음각과 양력계수는 함께 증가하고 그림 8-23에 나타내는 최댓값에 도달한다. 풍속이 더욱 증가하

면 양력계수는 감소하며 블레이드 위의 기류는 박리하고 불규칙적으로 실속하고(그림 8-23 우측) 출력은 제한된다.

pitch 각을 고정하는 것 : "passive stall"

pitch 제어를 하는 것 : "active stall"

② 저(低)받음각 영역을 이용한 피치제어 : 정격풍속 이상의 출력을 제어하기 위한 보다 부드러운 방법이 피치각을 제어함으로써 그림 8-23의 좌측의 받음각 및 양력으로 제어하는 것이며 피치제어라고 불린다.

이에 의해 풍속과 출력의 이론적인 관계를 기술할 수 있다. 풍력발전기에는 발전을 개시하는 최저풍속, 즉 시동(cut in) 풍속 V_{cut-in}(3m/s가 일반적)을 설정할 필요가 있다. 이 풍속으로부터 풍력발전기의 출력은 출력곡선을 따라 정격풍속 V_{rated}까지 증가한다. 정격풍속을 초과하는 풍속에서는 정격출력으로 운전하고, 종단(cut out) 풍속 $V_{cut-out}$에서 풍력발전기는 정지한다. 오늘날의 풍력발전기에서는 $V_{cut-out} = 25\,\mathrm{m/s}$가 일반적이지만, $V_{cut-out} = 36\,\mathrm{m/s}$인 풍력발전기도 있다. 종단(cut out) 풍속 또한 비용에 의해 결정되는 값이다. 그림 8-27에 Vestas V80 풍력발전기에 대한 출력(P-V) 곡선[25]을 나타낸다.

8.6.3 난류 중의 풍력발전기

발전 중인 풍력발전기의 로터(rotor)는 위에서 설명한 난류효과로 표현되는 3차원적인 난류 사이를 회전한다. 그러한 난류장을 그림 8-28에 나타낸다. 이는 북동 England의 Blyth 해상풍력발전단지에 대해서 난류강도 12%, 평균 10m/s인 바람을 100m×100m의 영역에 대해서 Bladed에 의해 모델화한 것이며 고속/저속의 영역을 구분할 수 있다.

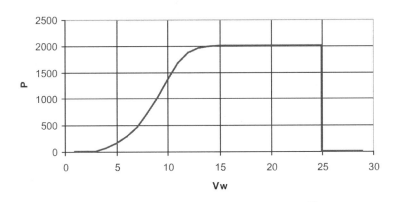

그림 8-27 Vestas V80 풍력발전기의 출력곡선[25]

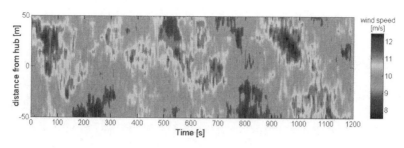

그림 8-28 바람장에서의 난류와(turbulent eddy)(본문 p.524 참조)

회전하는 블레이드는 소용돌이를 통과할 때에 유입속도가 단시간에 오르내린다. 그림 8-29는 그림 8-28에서 500~550s 사이의 소용돌이를 확대한 것이다. 그러한 소용돌이는 블레이드가 수 회 통과하는 정도의 사이즈이기 때문에 로터(rotor)에는 1P라고 불리는 회전주기에 1회의 하중 피크가 생긴다. 또한 마찬가지로 그림 8-29의 아래 그림에 나타내는 것처럼 1P의 하중 피크만이 아니라 모든 블레이드가 통과하는 주파수(3개의 날개에서는 $N_b P = 3P$)에서도 발생한다.

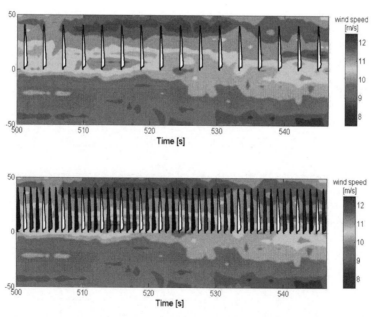

그림 8-29 난류와를 1P의 주파수에서 통과하는 1개의 블레이드(위)와 3P에서 통과하는 3개(검정, 흰, 파랑)의 블레이드(아래)(컬러 도판 p.525 참조)

이 영향을 난류 스펙트럼으로 설명하기 위해서는 정지계의 난류 스펙트럼을 회전계의 스펙트럼으로 변환한다. 주파수 영역의 정지계 및 회전계의 속도 스펙트럼의 예를 그림 8-30에 나타낸다.

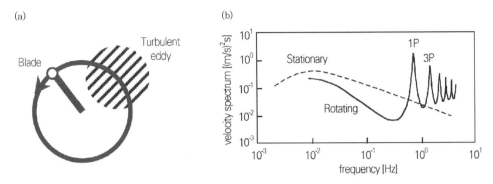

그림 8-30 (a) 난류와(Turbulent eddy)를 통과하는 블레이드, (b) 정지 회전계의 난류 스펙트럼

8.7 해상풍력발전기의 동적 특성

8.7.1 동역학의 기초

풍력발전기 구조의 동적 특성 모델은 그림 8-31에 나타내는 것 같은 1자유도(single degree of freedom)의 질량-스프링-댐퍼 시스템(mass-spring-damper system)으로 표현할 수 있다. 그리고 개별 해상풍력발전기는 연성의 다중 자유도(multi degree of freedom)를 갖는 질량-스프링-댐퍼 시스템의 적절한 조합으로 모델화할 수 있다.

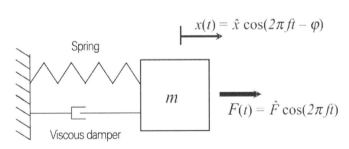

그림 8-31 1자유도의 질량-스프링-댐퍼 시스템

질량에 harmonic excitation $F(t)$가 부하되는 경우, 그 결과로서 얻어지는 변위 x의 크기와 위상은 excitation 주파수 f의 영향을 강하게 받는다. 그림 8-32에 나타내는 것처럼 3개의 정상 상태 응답의 영역으로 분류된다.

① 준정적

② 공진

③ 관성지배

① 준정적 : excitation 주파수가 시스템의 고유진동수 보다도 훨씬 작은 경우 그림 8-32 (a)에 나타내는 것처럼 응답은 준정적이다. 질점의 변위는 정적인 하중에 응답하는 것과 마찬가지로, 하중의 시간변화에 거의 동시에 응답한다.

② 공진 : 그림 8-32 (b)는 시스템의 고유진동수 부근의 주파수로 excitation한 경우의 일반적인 응답을 나타낸다. 이 영역에서는 스프링의 힘과 관성력이 거의 상쇄되어 응답이 정적인 경우의 몇 배에 달한다. 그 때의 진폭은 시스템 안의 댐핑(damping)에 의해 지배된다.

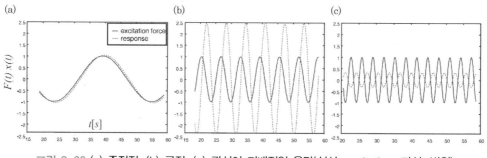

그림 8-32 (a) 준정적, (b) 공진, (c) 관성이 지배적인 응답(실선 : excitation, 파선 : 변위)

③ 관성지배 : excitation 주파수가 고유진동수보다도 훨씬 큰 경우에는 질점은 더 이상 excitation을 따라잡을 수 없다. 결과적으로 그림 8-32 (c)에 나타내는 것처럼 동적 응답은 작고 거의 역 위상 (counter-phase)에 있다. 이 경우 시스템의 관성이 그 응답을 지배한다.

그림 8-32는 정상상태에서 선형 시스템에 부하된 입력(정현파)은 같은 주파수의 출력(정현파)을 발생한다는 일반적인 사실을 나타낸다. 그러나 출력은 일반적으로 그 크기와 위상이 달라진다.

선형계의 응답 크기와 위상의 특성은 동적증폭계수(Dynamic Amplification Factor : DAF)와, 대응하는 위상의 지연으로 나타낼 수 있다. 여기서 DAF는 동일한 크기의 하중에 의한 동적인 응답의 크기와 정적 응답의 비이다. 그림 8-33, 그림 8-31에 나타낸 1자유도 시스템의 DAF와 위상의 지연을 나타낸다.

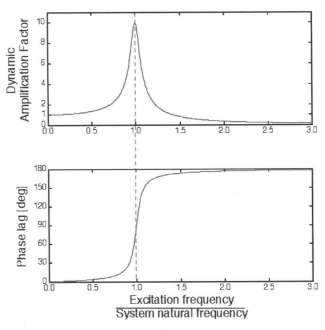

그림 8-33 위 : 정규화 주파수에 대한 동적증폭계수, 아래 : 정규화 주파수와 위상지연

그림 8-33에서 피크는 시스템의 고유진동수에 해당한다. 그리고 피크의 높이는 감쇠에 의해 결정되기 때문에 바람직하지 않은 공진은 적당한 감쇠를 부가함으로써 제어할 수 있다. 동적 특성에서는 excitation의 주파수는 그 크기와 마찬가지로 중요하다. 공진의 거동은 혹독한 하중을 발생시킬 수 있으며 심지어 파괴를 유발할 수도 있지만, 가장 염려되는 것은 피로 damage이다. 동적인 거동이 문제를 일으킬 가능성이 있는 구조물에 대하여, 구조물 또는 구조물 일부의 excitation 주파수의 예측값과 고유진동수에 관한 상세한 정보가 매우 중요하다.

일반적으로 DAF는 그림 8-33에 나타내는 것과 비슷한 시간 영역의 시뮬레이션 결과로부터 도출되며 초기설계 단계에서 위상을 무시한 정적 응답에 대한 동적 응답의 영향을 설명하기 위해 이용된다. 이러한 검토로부터 내릴 수 있는 중요한 결과는 시간에 따라 변하는 하중을 받는 풍력발전기의 응답은 사전에 충분히 평가할 필요가 있다는 것이다.

8.7.2 Soft 설계 풍력발전기와 Stiff 설계 풍력발전기

(1) Excitation

전 항에서 나타낸 기초적인 모델을 풍력발전기에 적용하기 위해서는 우선 excitation 주파수를 고찰할 필요가 있다. 풍력발전기에서 excitation의 가장 현저한 근원은 로터(rotor)이다. 위에서 설명한 바와 같이 로터는 흐름장 안의 난류 소용돌이의 영향을 받아 3개 날개의 로터인 경우 1P와 3P인 주파수에서 excitation의 피크가 나타난다.

이들 두 개의 주파수를 그림 8-34에 나타낸다. 가로축은 주파수[Hz]이며 세로축은 값이 없는 임의의 응답을 나타낸다. 고차의 excitation도 발생하지만 여기서는 주된 excitation 주파수인 1P와 3P만을 고려한다. 공진을 피하기 위해, 구조물의 1차 모드 고유진동수가 1P와 3P에 공진하지 않도록 설계해야만 한다. 이것에는 3개의 주파수 영역이 있다.

① Stiff-Stiff 구조 : 1차 모드 고유진동수가 3P보다도 크고, 강성이 현저히 높은 구조물
② Soft-Stiff 구조 : 1차 모드 고유진동수가 1P와 3P 사이에 있는 구조물
③ Soft-Soft 구조 : 1차 모드 고유진동수가 1P를 밑돌고, 강성이 현저히 낮은 구조물

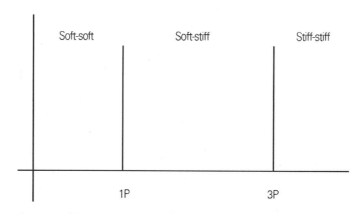

그림 8-34 3개의 블레이드가 달린 정속 풍력발전기의 soft~stiff 주파수 간격

(2) 지지구조물

그림 8-35에 나타내는 것처럼 탄성 변형하는 풍력발전기는 정부(頂部)에 질량 m_{top}을 갖는 깃대로 모델화할 수 있다. 이것은 그림 8-31에 나타낸 질량-스프링-댐퍼시스템과 유사하고, 타워의 휨 변화는 스프링의 강성으로 표현되며, 감쇠는 감쇠계수로 표현된다.

정부(頂部)에 질량을 갖고 기초를 이루는 부분(基部)이 고정된 균일한 보로 이루어진 이 모델에 대하여 1차 고유진동수는 다음의 근사식에 의해 추산된다[27].

$$f_{nat}^2 \cong \frac{3.04}{4\pi^2} \frac{EI}{(m_{top} + 0.227\mu L)L^3} \tag{8.25}$$

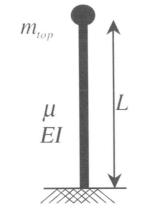

m_{top}

μ
EI

L

그림 8-35 탄성 풍력발전기의 구조모델

여기서,

f_{nat}	1차 고유진동수	[Hz]
m_{top}	타워 정부의 질량	[kg]
μ	타워의 단위길이당의 질량	[kg/m]
L	타워의 높이	[m]
EI	타워의 휨 강성	[N/m²]

식 (8.25)는 Opti-OWECS의 설계 등에 적용되고 있다[11]. 이는 2개의 날개인 정속기에서 회전 주파수 1P는 0.3Hz, 블레이드 통과 주파수 2P는 0.6Hz이다. 1차 고유진동수는 Soft-Soft 구조에서 0.25Hz, Soft-Stiff 구조에서 0.5Hz, Stiff-Stiff 구조에서 1Hz 등이 된다. 모든 단면에서 타워의 벽 두께를 75mm로 일정하게 하고 타워 정부(頂部)의 질량을 130t으로 하여 식 (8.25)에 의해 각 고유진동수에 대한 타워의 직경 D를 구한 것을 표 8-4에 나타낸다.

표 8-4 고유진동수와 필요한 타워의 직경

Type	f_{nat}	직경
Soft-soft	0.25Hz	2.4m
Soft-stiff	0.5Hz	4.2m
Stiff-stiff	1.0Hz	7.4m

타워의 조달 및 운반에 필요한 비용은 주로 타워의 직경과 질량에 의존하기 때문에 고유진동수가 가장 낮은 타워가 가장 낮은 비용이 되지만 Soft 구조에서는 타워를 케이블로 지지하지만 제어

에 의해 블레이드의 회전에 의한 큰 응답을 회피할 필요가 있다.

즉, 이들의 계산은 설명을 위해 수행한 것으로 실제의 해상풍력발전기의 지지구조에서는 다양한 요인의 영향을 받는다. 예를 들면 지반조건은 그림 8-35에 나타낸 고정지지보다도 유연하기 때문에 타워의 직경을 증가시켜서 상쇄할 필요가 있다.

8.7.3 동역학상의 지지구조물에 대한 설계옵션

(1) 가변속

위에서 설명한 바와 같이 가변속 풍력발전기는 발전량을 늘리고 동적 excitation의 억제를 꾀할 수 있기 때문에 정속 풍력발전기의 시장 점유율은 줄어들고 있다. 예를 들면 Vestas의 2MW 풍력발전기는 회전 속도가 10.5~24.5rpm[25]으로 변화하며, 이것은 그림 8-36에 나타내는 것처럼 Soft-Stiff 설계에서의 간격이 상응하여 좁아진다는 것을 의미한다.

(2) 풍력발전기의 대형화

풍력발전기는 여전히 대형화 경향이 강하고, 블레이드는 길고, 타워 정부(발전기)의 질량은 커지고 있다. 로터(rotor) 직경의 대형화에 따라 설계 어프로치가 Stiff에서 Soft로 변화한다. 그림 8-25에서 나타낸 것처럼 풍력발전기의 출력은 주속비(tip speed ratio)의 함수로 나타낼 수 있으며 식 (8.24)에서 정의된 주속비(tip speed ratio)는 다음과 같이 표기된다.

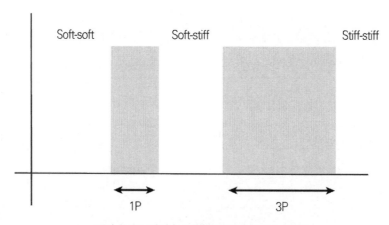

그림 8-36 가변속 풍력발전기의 주파수 간격

$$\lambda = \frac{V_{tip}}{V_w} = \frac{\Omega R}{V_w} = \frac{f_{1P}\pi D_{rotor}}{V_w} \qquad (8.26)$$

이에 대응하는 1P 주파수는 다음 식으로 주어진다.

$$f_{1P} = \frac{\lambda V_w}{\pi D_{rotor}} \qquad (8.27)$$

이것은 주속비(tip speed ratio)가 일정(최적)한 경우 로터(rotor) 직경이 커짐에 따라 회전속도는 저하한다는 것을 나타내고 있다. 풍속 $V_w = 11.4\,\text{m/s}$, 주속비 $\lambda = 8$, 로터 직경 80, 100, 120m에 대하여 식 (8.27)을 적용한 결과를 그림 8–37에 나타낸다.

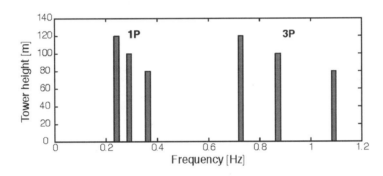

그림 8–37 일정한 속도로 회전하는 직경 80, 100, 120m인 로터에 대한 1P와 3P 주파수

그리고 로터 직경을 증가시킴으로써 허브(hub) 높이를 높게 할 필요가 있다. 식 (8.25)에 의하면, 고유진동수는 타워 높이 L의 제곱에 반비례하기 때문에 동일한 직경에 대하여, 타워의 높이가 증가함에 따라 고유진동수는 현저히 저하한다.

(3) Wave excitation

해상풍력발전기는 파에 의해서도 동적인 외력을 받는다. 일반적으로 파의 주파수는 로터(rotor) 속도보다도 낮지만, 다양한 주기 성분을 갖기 때문에 주파수도 넓은 범위에 걸쳐 있다. 위에서 설명한 Opti–OWECS 풍력발전기가 설치되어 있는 네덜란드 연안의 NL1 지점에서 파의 평균주파수의 분포를 그림 8–38에 나타낸다[11]. 막대그래프는 각 주파수 성분의 1년간의 상대적인 출현빈도를 나타낸다. 그림 8-38로부터 해상풍력발전기가 공진을 피하기 위해 고유진동수가 회전속도보다도 낮아지도록 설계되는 경우, 파에 의한 공진이 중요하게 되는 주파수 영역에 들어가게 된다는 것은 분명한다.

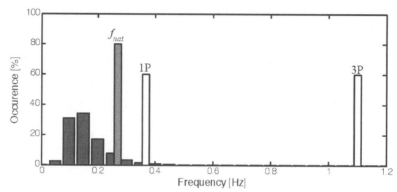

그림 8-38 네덜란드 해안의 Opti-OWECS의 3개의 블레이드가 달린 풍력발전기의 1P, 3P 주파수와 파주기의 출현빈도

8.7.4 보상에 관해서

위의 항에서 설명한 바와 같이 사용하는 강재의 질량저감 및 비용 삭감의 관점에서 지지구조의 설계는 soft-soft를 지향하게 된다. 실제 좀 더 큰 로터(rotor)와 구조물 그리고 가변속 풍력발전기를 적용하는 데 있어서 wave excitation의 리스크를 내포하더라도 지지 구조의 고유진동수에 대한 경향은 soft 설계의 방향으로 이동할 것이다. 그 때문에 2개의 중요한 현상, 즉 공력감쇠와 가변속 풍력발전기의 제어성에 대해서 고찰이 필요하다.

(1) 공력감쇠

일반적인 soft-soft 지지구조를 로터(rotor) 1P와의 공진을 피하도록 설계한 경우 운용시간의 약 10%는 파에 의한 공진의 영향이 있다는 것이 과거의 연구에 의해 알려져 있다(그림 8-38 참조). 공진이 발생하더라도 로터의 공력감쇠를 강화함으로써 그림 8-33에서의 응답 피크를 큰 폭으로 저감하고, 타워 정부(頂部)의 변위와 피로 데미지도 저하할 수 있다. 그러나 풍력발전기가 발전하고 있지 않은 상태(로터 운전정지 시)에는 공력감쇠는 작용하지 않고, Opti-OWECS에 관한 해석[28]에서 발전 중인 지지구조의 피로수명은 정지 중인 풍력발전기와 비교하여 배로 증가한다는 것이 보고되어 있다.

(2) 가변속 풍력발전기

가변속 풍력발전기에서는 시스템을 최적인 속도로 운전하기 위한 정교한 제어를 사용하고 있다. 가변속 범위를 크게 하는 경우에는 지지구조에 대한 고유진동수의 안전영역이 좁아지지만 제어에 의해 새로운 안전영역을 만들 수 있다. 예를 들면 고유진동수가 회전속도 범위에 있더라도 컨트롤러를 회전주파수가 고유진동수를 건너뛸 수 있도록 프로그램 할 수 있으며, 로터(rotor)가 타워의 고유진동수를 excitation하지 않도록 할 수 있다[29]. 지반조건 또는 설치 시의 특성 등에서 불확정 요소가 실제의 고유진동수를 변동시킬 가능성이 있기 때문에 컨트롤러의 조정은 설치 후에 지지구조의 고유진동수를 계측한 후에 수행하는 것이 좋다. 이 기술은 스웨덴의 Utgrunden 풍력발전단지[30]에서 이용되고 있다.

8.8 피로의 기초적 고찰

8.8.1 서 론

피로는 응력변화를 반복해서 받는 재료가 서서히 데미지를 축적하는 현상이다. 이 응력변화에 의해 재료는 서서히 노화하며, 크랙이 발생하고 파손에 이른다. 해상풍력발전기는 파와 바람에 의한 변동하중을 받아 응력이 계속적으로 변화하기 때문에 피로를 일으키기 쉽다. 비행기도 피로를 일으키기 쉬운 시스템이지만 예전에 어떠한 설계자가 "풍력발전기의 블레이드는 설계수명 동안에 제2차 세계대전 당시의 폭격기가 30년간에 걸쳐 50m 상공을 연속해서 공중회전 하는 것과 같은 피로하중을 받는다."라고 설명한 적이 있다[31]. 그러한 견해는 블레이드뿐만 아니라 지지구조에도 적용되지만 오늘날에는 날개길이가 2배인 Airbus A380이 100m 상공을 공중회전 한다는 말이 된다.

본 절에서는 피로의 기본원리에 대해서 개요를 설명하고 설계계산 기법에 대해서 설명한다.

8.8.2 피로의 예

피로는 보통 티스푼(teaspoon)에 의해 간단히 설명할 수 있다. 그림 8-39에 나타내는 것처럼, 티스푼은 약 50회 정도 반복적으로 전후로 휨으로써 파손한다.

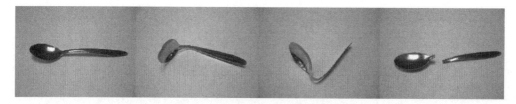

그림 8-39 구부리지 않은 스푼과 스푼이 파단될 때까지 앞뒤로 구부린 모습

티스푼을 손으로 잡아 당겨서 파단시키는 것은 불가능하기 때문에 이 파손은 장력에 의한 것이 아니라 피로에 의한 것이며, 휨에 의해 작은 크랙이 발생하고 진전한다. 그림 8-40에 구부린 후의 작은 크랙을 나타낸다.

그림 8-40 피로 크랙이 나타나 있는 굴곡부의 확대

비록 이 설명이 아주 명확함에도 불구하고 피로는 스푼(또는 구조물)이 실제적으로 변형이 일어나는 소성한계를 초과하는 하중을 받는 경우에만 일어나는 것은 아니다. 그림 8-41에 일반적인 금속재료의 응력−변형률 곡선을 나타낸다. 그래프의 좌측은 Hooke의 이론 $N_S = E\epsilon_S$[32]을 따르며 응력의 증가와 함께 변형률이 선형으로 증가한다. 그것이 항복응력 σ_Y에 도달하면 재료는 항복하기 시작하고 응력이 거의 변화하지 않으면서 변형이 진전한다. 이것은 티스푼을 구부린 경우와 마찬가지로 응력을 개방하여도 영구 변형이 남는다. 항복응력보다도 높은 응력을 부하한 경우 파단에 이를 때까지 높은 응력에도 견딘다.

티스푼의 예는 항복점을 초과하는 연속적인 하중에 의해 피로가 발생되는 것이다. 해상풍력발전기의 지지구조의 피로는 응력−변형률 곡선의 선형부분의 하단에 해당하는 것이지만 작은 응력을 충분한 횟수로 작용시킨 경우에도 피로는 발생한다.

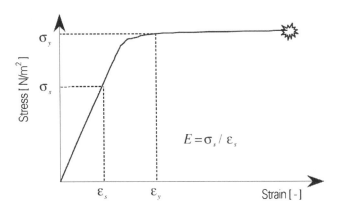

그림 8-41 강재의 대표적인 응력-변형률 곡선

8.8.3 $S-N$ 곡선과 Miner 법칙

설계 과정에서 피로를 평가하기 위해 강구조의 설계에 관한 경험식이 일반적으로 사용되고 있다. 우선 대표적인 구조의 상세한 부분 또는 구조 결합부에 대하여 $S-N$ 곡선을 작성한다. 시험에서는 시험편을 치구(治具)에 고정하고 정현파의 변동응력을 작용시킨다. 설정된 응력 범위에 대하여 시험편이 파괴하는 데 필요한 사이클 수 N에 의해 파괴포락선을 결정할 수 있다. 용접 시험편에 관해서는 중간응력은 뚜렷한 정도에 이르도록 파괴가 일어나는 사이클 수에 영향을 미치지 않기 때문에 응력의 변화만을 고려하면 된다. 그 때문에 피로하중은 응력 레벨이 아닌 응력 범위 S로 표현된다.

파괴포락선은 동일 형상의 수많은 시험편에 대해서 서로 다른 응력 범위 S로 시험을 수행함으로써 결정된다. 그림 8-42에 나타내는 것처럼 실험 데이터는 분산되어 있지만 설계 $S-N$ 곡선은 사이클 수 N에서 평균값-2σ(σ : 표준편차)로 결정된다.

Germanischer Lloyd 또는 DNV의 설계표준에는 상세한 부분은 다르지만 수많은 $S-N$ 곡선이 게재되어 있다. 표준적인 강재의 $S-N$ 곡선은 통상 양대수 그래프에서 기울기가 3인 부분과 5 또는 4(설계표준에 의함)인 부분(높은 사이클 역)이 있다. 일반적인 $S-N$ 곡선을 그림 8-43에 나타낸다. 이에 대하여 부식방지를 하지 않은 점 또는 점검을 할 수 없는 점 등 특정 조건을 고려하기 위한 안전계수를 적용할 필요가 있다.

검토하고 있는 상세한 부분의 $S-N$ 곡선을 얻을 수 있을 경우에는 설계수명 동안의 응력계산을 수행하여야 한다. 모든 응력변화를 이미 알고 있는 경우 응력 범위 S_i에 대한 사이클 수 n_i를 구분(bin) 처리하여 $S-N$ 곡선으로부터 응력 범위 S_i에 대응하는 최대의 허용 사이클 수 N_i를

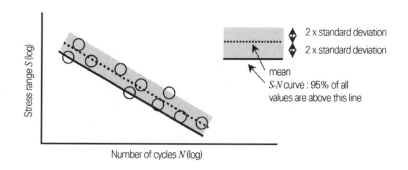

그림 8-42 응력범위 S, 사이클 수 N에서의 파괴점과 대응하는 $S-N$ 곡선

결정하고 누적피로손상(cumulative fatigue damage) D_{fat}은 모든 응력범위 클래스에 대한 n_i/N_i의 총합과 같다는 Palmgren-Miner 법칙 또는 간단히 Miner 법칙을 적용할 수 있다[33].

$$D_{fat} = \sum_i \frac{n_i}{N_i} \tag{8.28}$$

Miner 법칙에 의하면 $D_{fat} < 1.0$에서는 피로에 의해 파괴하지 않는다.

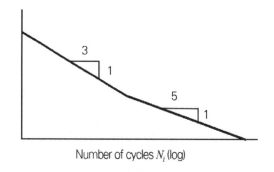

그림 8-43 양대수에서 기울기가 3과 5인 구조의 대표적인 $S-N$ 곡선

8.8.4 Count 법

시각마다 변동하는 응력 범위에 대한 피로설계법의 흐름을 그림 8-44에 나타낸다. 응력계산에서는 설계수명 동안에 상정되는 모든 하중 케이스에서 많은 응력의 시계열 데이터를 사용한다. 모든 응력의 변화를 응력 범위의 계급마다 횟수를 계산함으로써 Miner 합이 $D_{fat} < 1.0$이라는

것을 확인한다.

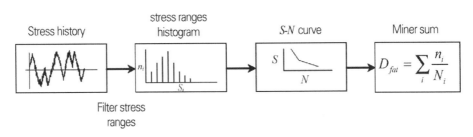

그림 8-44 $S-N$ 곡선과 Miner 합에 의한 변동응력의 피로계산 흐름도

그림 8-44에는 설명되어 있지 않지만 사이클 수의 카운트 법에는 몇 가지 방법이 있다. 여기서는 각 기법의 장단점까지 상세하게 언급하지 않고 시간영역과 주파수영역에서의 방법과 적용범위에 대해서만 의논한다. 그리고 특정 설계법에서 가장 일반적으로 사용되고 있는 것에 한정한다.

(1) Rainflow-counting

Rainflow 법은 모든 피크를 중복 없이 카운트하기 위해 고안된 것이다. Rainflow-counting[34, 35]은 그림 8-45에 나타내는 것처럼 파고다(pagoda : 불교, 힌두교의 다층탑) 지붕의 낙숫물과 유사한 것에서부터 명명됐다. 응력의 시계열 데이터를 90° 회전시켜서 카운팅의 알고리즘을 개시한다.

• 순서의 개시(점 1).
• Rainflow가 떨어지는 모든 피크(점 2,4,6,⋯)
• 모든 골짜기 부분 (점 3,5,7⋯)

모든 Rainflow는 다음의 점에서 멈춘다.
• 데이터의 최후(점 13)
• 골짜기 부분의 밑바닥에 도달하는 점(점 2-3)
• 위쪽으로부터의 흐름에 합류하는 점(점 3-2′)

Rainflow 사이클에 의해 시각마다 한 방향으로 해석하고 데이터를 응력 범위에 대한 반 사이클의 횟수로 분해한다. 그리고 1-4와 4-13을 1-4-13으로 하는 등 응력변화의 반 사이클의 짝을 조합시킨다. 이 밖의 여러 기법은 사이클의 짝을 조합시킨 후 남은 부분의 평가만 다르지만 여기

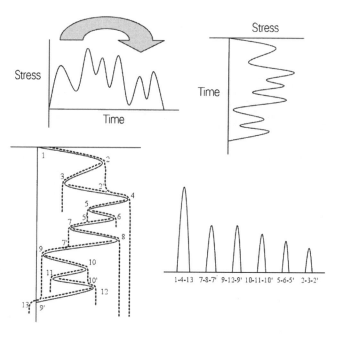

그림 8-45 Rainflow counting의 개요와, Rainflow 법칙에 따른 시작점과 종점

서는 상세하게 다루지 않는다. Rainflow 법에 의해 응력 범위마다 발생 사이클을 계산하고 이것과 $S-N$ 곡선으로부터 Miner 합을 계산하기 위해 사용된다.

8.9 기 초

8.9.1 지반조건

해저지반의 구조는 수십만 년에 걸친 지질학적, 형태학적 과정에 의해 형성된 것이다. 북해(North Sea)의 해저지반의 대부분은 점성토와 모래층이다. 이들 지질조건은 모래지반에 대해서는 느슨함, 중간, 조밀함, 매우 조밀함, 그리고 점토지반에 대해서는 연약과 단단함으로 분류된다. 그림 8-46에 3개의 해상 사이트에서의 서로 다른 지반 층을 나타낸다[29].

초기 단계에서는 모래지반의 느슨함과 조밀함 및 점토지반의 연약과 단단함과 같은 특성은 지반의 하중 전달력에 대해서 중요한 지표를 제공한다. 통상 설계에서 필요한 보다 상세한 정보는 계획지점의 보링 샘플을 채취하고 해석함으로써 얻을 수 있다. 어떠한 지반에서도 가장 중요한

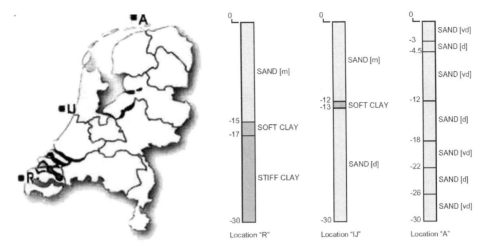

그림 8-46 3곳의 해상 사이트의 지반층과 중간(m), 조밀(d), 매우 조밀(vd)한 모래지반 및 연약하고 단단한 점토지반[29]

특성은 밀도 ρ_{soil}[kg/m³]이다. 수중지반에서는 통상 건조밀도에서 물의 밀도를 뺀 것으로 일반적인 값은 0.4~1.0kg/m³이다. 점토지반에 대해서는 비배수 전단강도 s_u와 최대응력의 50%에서의 변형율 ϵ_{50}이 계측된다. 신뢰할 수 있는 데이터가 없는 경우에 사용하는 대표적인 값을 표 8-5에 나타낸다.

표 8-5 점토지반의 특성 파라미터

점토의 type	s_u(kPa)	ϵ_{50}(%)
Soft	0~25	1.5
Firm	25~50	1.5
Stiff	50~100	1.0
Very stiff	100~200	0.5
Hard	>200	0.5

모래지반에 대해서는 마찰각 ϕ' 및 모래의 상대밀도 D_r은 현지 계측 값으로부터 직접 얻을 수 있다. 수평방향 지반반력계수 k_s는 그림 8-47[10]에 의해 얻을 수 있다.

해저지반조사와 특성 데이터 작성에서는 ISO 19900 해상 구조물에 관한 새로운 기술표준인 ISO 19901-4[36]가 참고가 된다.

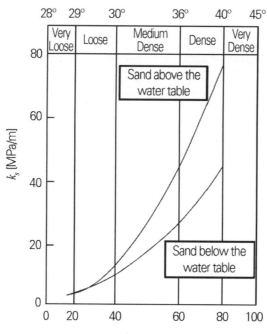

그림 8-47 마찰각 ϕ' 에 대한 초기 지반반력계수 k_s [10]

8.9.2 기초의 모델화

(1) 수평하중, 수직하중, 모멘트 전달

해상풍력발전기의 지지구조 설계에서는 2방향의 하중 전달에 관해서 해석할 필요가 있다. 우선 기초는 구조중량에 의한 모든 수직하중을 지반에 전달할 필요가 있다. 이것은 주로 마찰력에 의한 것으로 말뚝 주위의 단위표면적당 분담하는 하중은 작고 하중을 전달하는 면적을 넓게 하면 기초로서는 충분하다. 다음으로 강으로 된 테두리, 말뚝 내부의 속 채움 등이 수직력에 대해서 충분한 강도를 갖고 있는지 확인할 필요가 있다. 단, 통상 직경 4m 이상의 모노파일에서는 말뚝의 속 채움에 의한 강도의 할증은 고려되지 않는다.

전도 모멘트의 영향을 저감하기 위해 다각구조(多脚構造, multi-leg structure)는 주로 수직방향으로 하중을 받는다. 여기서 말뚝을 프레임(frame)에 고정하고 있기 때문에 다각구조의 말뚝은 S자형으로 변형하고 수평방향의 지반내력의 영향을 받는다. 그림 8-48에 나타내는 것처럼 전도 모멘트는 대칭위치에 있는 말뚝의 축력으로 전달된다. 그리고 그림 8-48의 오른쪽에 나타내는 것처럼 모노파일에서는 수평력과 모멘트 모두 수평방향의 지반반력에 의해 직접 전달된다. 말뚝은 정부(頂部)에서 고정되어 있지 않기 때문에 수평방향과 회전방향으로 자유롭게 움직인다. 모노파일 기초의 해상풍력발전기에서 말뚝의 길이는 수평방향으로 전달하는 하중에 의해 결정된다. 즉, 말뚝에는 모든 하중을 전달하고 'toe kick(파일 끝의 변형)'을 피하기 위해 충분한 길이가 필요하다.

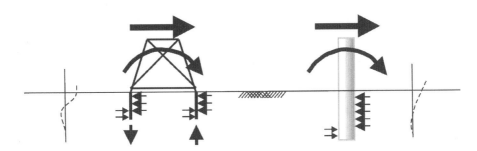

그림 8-48 Multi-, mono-pile 구조의 수평력·모멘트 전달과 변형의 개요

(2) 지반 스프링

지반반력을 모델화하기 위해 지반 스프링이 사용된다. 그림 8-49에 수평방향, 연직방향 및 파일 선단부의 스프링 모델을 나타낸다[29].

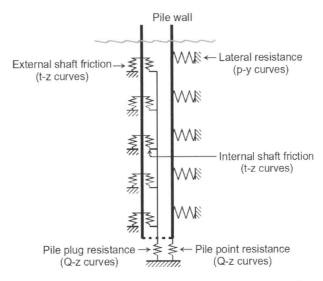

그림 8-49 말뚝과 지반의 상호작용에 관한 스프링 모델[29]

그림 8-49에서 스프링은 모두 비선형이며 그들의 특성은 사이트에서의 계측결과와 규격[37, 38]으로 정해진 계산법에 의해 주어진다. 대표적인 특성을 그림 8-50에 나타낸다. 같은 그림의

좌측 최초의 부분은 지반반력은 선형 탄성적이며 하중이 해방되면 지반은 원래의 위치로 돌아간다. 굴곡점을 넘어서면 영구변형이 발생하고 지반은 항력을 잃기 시작한다.

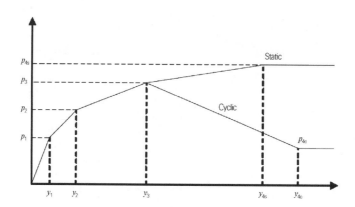

그림 8-50 Matlock에 의한 정적 및 반복 작용하는 하중에 대한 연약한 점토층의 $p-y$ 곡선에서 수평력 p와 변위 y[39]

극한하중 케이스 및 기초의 설계에서는 비선형 모델을 사용할 필요가 있다. 해상풍력발전기와 기초의 하중계산에서는 다음 항에서 나타내는 것 같은 간소화 모델을 적용할 수 있다.

(3) 기초의 강성 매트릭스 모델

비선형 스프링 모델은 FEM 프로그램에 의해 직접 모델화할 수 있다. 그러나 해상풍력발전기의 피로하중 계산에서는 통상 대부분의 지반반력이 탄성영역에 있기 때문에 복잡한 비선형 시스템으로 해석할 필요가 없고, 해석시간 삭감을 위해 비선형 모델과 잘 일치하는 강성 매트릭스 모델을 사용해도 좋다[29]. 기초의 특성은 그림 8-51에 나타내는 것처럼 횡방향과 회전방향의 2개의 연성 스프링으로 표현된다.

스프링의 특성은 해상풍력발전기의 운전조건에 대표적인 2그룹의 하중을 비선형 모델에 적용하고 식 (8.29)의 스프링 계수를 도출하기 위한 결과를 이용함으로써 도출할 수 있다.

$$\begin{bmatrix} F \\ M \end{bmatrix} = \begin{bmatrix} k_{xx} & k_{\phi x} \\ k_{x\phi} & k_{\phi\phi} \end{bmatrix} \cdot \begin{bmatrix} x \\ \phi \end{bmatrix} \tag{8.29}$$

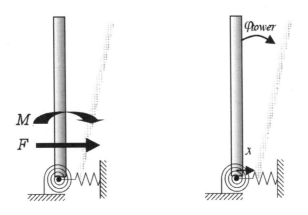

그림 8-51 하중 F와 M에 대한 변형 x와 ϕ인 기초의 수평·회전 연성 스프링

그 외에 기초의 상세 모델인 비선형 $p-y$ 모델 및 연성 스프링 모델은 해상풍력발전기의 모델화에 적합하다는 것이 증명되어 있다.

이들 또는 그 밖의 모델의 상세 및 해상풍력발전기의 설계결과와의 비교에 대해서는 문헌 29), 40)을 참조할 수 있다.

참 · 고 · 문 · 헌

1. Vugts, JH (1995) *Stochastic Processes Lecture notes for X2CT3*, Offshore Engineering, Delft University of Technology.

2. ISO 19901-1 (2005) *Petroleum and natural gas industries – Specific requirements for offshore structures – Part 1: Metocean design and operating considerations* International Organization for Standardization, Geneva, Switzerland.

3. Pierson, WJ, Moskowitz, LA (1964) A proposed spectral form of fully developed wind seas based on the similarity theory of S.A. Kitaigorodshii, *J. Geopys. Res.*, Vol. 69.

4. Hasselmann, et al, (1973) *Measurements of wind wave growth and swell decay during the Joint North Sea Wave Project Deutsche Hydro.* Zeitschr. Riehe, A8.

5. Barltrop, NDP, Adams, AJ (1991) *Dynamics of Fixed Marine Structures*, Butterworth-Heinemann Ltd, Linacre House, Oxford, ISBN 0 7506 1046 8.

6. Wheeler, JD (1970) Method for Calculating Forces Produced by Irregular Waves, *J. of Petroleum Technology*, pp.359-367.

7. Chakrabarti S.K. (1987) *Hydrodynamics of Offshore Structures* ISBN 0-905451-66-X Computational Mechanics Publications Southampton.

8. Eng-Soon, C et al. (1994) *Laboratory study of plunging wave impacts on vertical cylinders*, Department of Civil Engineering, National University of Singapore.

9. Hagemeijer, PM (1985) *Breaking waves and wave forces in shallow water: a review*, Koninklijke/Shell Exploratie en Produktie Laboratorium.

10. DNV (2004) *Design of offshore wind turbine structures*, Det Norske Veritas, DNV-OS-J101.

11. Ferguson, MC (ed.) et al. (1998) *Opti-OWECS Final Report Vol.4: A typical Design Solution for an Offshore Wind Energy Conversion System*, Institute for Wind Energy, Delft University of Technology.

12. HMSO for tides, waves etc.

13. Hoven, I van der (1957) Power spectrum of horizontal wind speed in the frequency range of 0.0007 to 900 cycles per hour, *Journal of Meterology*, 14 pp.160-4.

14. Unknown participant (2004) *Comment during IEA expert meeting on offshore wind energy*,

Ringkφbing Denmark.

15. Germanischer Lloyd (2000), *Rules & Guidelines 2000: IV Non-marine Technology – Regulations for the Certification of (Offshore)*, Wind Energy Conversion Systems.

16. Burton, T et al., (2001) *Wind Energy Handbook*, John Wiley & Sons Ltd, England, ISBN 0-471-48997-2.

17. IEC (1999) *Wind turbine generator systems – Part 1: Safety requirements International standard 61400-1*, International Electrotechnical Commission.

18. DS472 (1992) *Code of practice for loads and safety of wind turbine constructions,* Danish Society of Engineers and the Federation of Engineers.

19. www.waveclimate.com

20. Wieringa, J (1973) Gust factor over open water and built-up country, *Boundary layer Meterology*, 3 pp.424-441.

21. Matthies, HG, et al (1995) *Study of Offshore Wind Energy in the EC*, Joule I (JOUR 0072) Verlag NatürlicheEnergie, Brekendorf.

22. Manwell, JF, McGowan, JG, Rogers, AL (2002) *Wind energy explained,* John Wiley & Sons Ltd, Baffins Lane, Chichester, West Sussex PO19 1UD Dengland, ISBN 0-470-84612-7.

23. Lysen, EH (1983) *Introduction to Wind Energy*, SWD Publications SWD 82-1, The Netherlands.

24. Betz, A (1920) Das maximum der theoretisch möglichen Auswendung des Windes durch Windmotoren, *Zeitschrift für gesamte Turbinewesen*, vol. 26, p.307.

25. Vestas (2003) V80-2MW *OptiSpeedTM Offshore Wind Turbine,* leaflet on www.vestas.dk

26. Molenaar, D-P, Dijkstra Sj (1999) Modelling the structural dynamics of flexible wind turbines. In *Proceedings of European Wind Energy Conference and Exhibition*, Acropolis Convention Centre, Nice, France.

27. Vugts, JH (2000) *Considerations on the dynamics of support structures for an OWEC,* Section Offshore Technology, Delft University of Technology.

28. Tempel, J van der (2000) *Lifetime Fatigue of an Offshore wind Turbine Support Structure Section,* Offshore Technology & Section Wind Energy, Delft University of Technology.

29. Zaaijer, MB (2000) *Sensitivity analysis for foundations of offshore wind turbines*, Section Wind Energy, WE 02181, Delft.

30. Kühn, M (2001) *Dynamics and Design Optimisation of Offshore Wind Energy Conversion Systems,* Institute for Wind Energy, Delft University of Technology ISBN 90-76468-07-9

31. Divone, L (1984) from: Jos Beurskens' personal archives.

32. Verburg, WH (1996) (Over) *Spannend Staal Overspannend,* Staal – Rotterdam, ISBN 90-72830-18-0.

33. Miner, MA (1945) Cumulative damage in fatigue Trans. ASME, *Journal of Applied Mechanics,* Vol. 67, pp.A159-A164, 1945.

34. Matsuiski, M, Endo, T (1969) *Fatigue of metals subjected to varying stress,* Japan Soc. Mech. Eng.

35. Dijk, GM van, Jonge, JB de (1975) *Introduction to a fighter aircraft loading standard for fatigue evaluation – FALSTAFF,* National Aerospace Laboratory, NLR, MP75017U, Amsterdam, Holland.

36. ISO 19901-4 (2003) *Petroleum and natural gas industries specific requirements for offshore structures – Part 4: geotechnical and foundation design considerations,* Issued 2003-08-01 by the International Standards Organization.

37. API (2000) *Recommended Practice for Planning, Design and Constrcucting Fixed Offshore Platforms – Working Stress,* Design American Petroleum Institute, 21st edition.

38. ISO 19902 DIS (2004) *Petroleum and natural gas industries specific requirements for fixed offshore structures,* Issued 2004-09-30 by the International Standards Organization.

39. Matlock, H (1970) Correlations for Design of Laterally Loaded Piles in Soft Clay, Paper number OTC 1204, *Proceedings Second Annual Offshore Technology Conference,* Houston, Texas, USA, pp.577-594.

40. Shaw, VK (2004) Foundation Model and Design for Offshore Wind Turbine Monopiles, *Offshore Engineering,* Delft University of Technology.

Chapter 09

심해역에서의 해상풍력발전

해상풍력발전

심해역에서의 해상풍력발전

9.1 서 론

유럽 북부의 얕은 바다에서는 착상식 해상풍력발전이 서서히 보급되어 오고 있지만, 세계 도처에 있는 보다 깊은 바다에서는 어떠한 형태의 풍력발전을 생각할 수 있을까? 많은 지역에서 착상식 풍력발전단지로 이용할 수 있는 장소는 한정되어 있는 한편, 그러한 한정된 장소에서도 관광 또는 어업이라는 그 밖의 이용자와의 이해관계에 골머리를 앓는 경우가 있다. 나아가 덴마크 동부의 극히 일부 해역 이외에서는 착상식 풍력발전단지의 비용은 사전에 예측되었던 것보다 높아진다는 것을 최근 알게 되었다. 이에는 다양한 요인을 생각할 수 있지만 대부분의 문제는 해상풍력발전 고유의 것이 아닌 해상풍력발전단지의 건설 및 조업에 동반하여 많은 문제가 있다는 것을 최근 알게 되었기 때문에 건설업자 또는 기술자가 이들 문제에 대처하기 위해서 해상풍력발전의 비용에 큰 리스크 프리미엄을 늘렸기 때문이다. 그러나 보다 깊은 해역에서 풍력발전이 필요하게 된다면 부유체 구조 또한 고려할 필요가 있으며 기초 형식의 선택에 있어서의 유연성은 천해역에서의 착상식 풍력발전기와 비용 면에서 충분히 경쟁력이 있다는 결론에 이른다.

본 장에서는 부유체 해상풍력발전의 역사를 오늘날까지의 이론적인 연구에 한정하여 개관한다. 본 장에서는 주요한 과제와 현재까지 얻어진 결과를 검토하고 어떠한 부유체 구조가 가장 유망할지에 대해서도 언급하고 싶다. 그림 9-1에는 가동 중인 풍력발전기를 탑재한 부유체의 일반적인 동적 하중조건을 나타낸다.

9.2 역 사

풍력발전의 선구자가 100여 년 전에 처음으로 전기를 만든 사실은 넓게 알려져 있다. 그러나 발전용은 아니지만 그림 9-2에 나타낸 복수의 풍력발전기를 탑재한 부유체가 1920년대 초기에 세계 처음으로 제안되어 제작된 사실[6, 21]은 거의 알려져 있지 않다. 근대적인 대형 해상풍력발전소의 아이디어는 전 해군기술자인 매사추세츠 대학 Bill Heronemus 교수에 의한 것으로 되어 있으며[11, 24], 그는 1970년대 초기에 그림 9-3에 나타내는 부유체에 의해 지지된 풍력발전기군을 제안하였다.

1990년대 초기부터 많은 부유식 해상풍력발전단지의 콘셉트 개발과 평가에 관한 연구 프로젝트가 수행되어 왔다. 아래에는 그러한 연구 프로젝트에 대해서 간결하게 나타낸다.

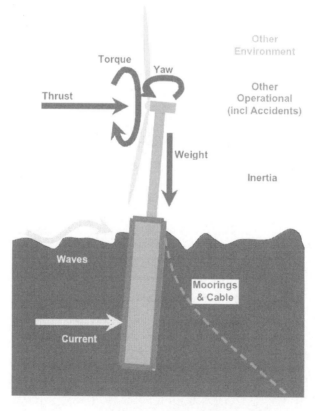

그림 9-1 부유식 풍력발전기에 작용하는 하중

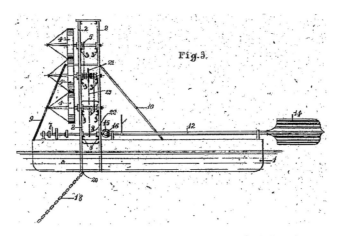

그림 9-2 Camille Durey의 바람에 의해 움직이는 배

그림 9-3 Heronemus의 「Windships」

영국에서는 Garrad Hassan과 Technomare가 8점 catenary 계류[25]에 위해 위치를 유지하는 단일 풍력발전기 탑재형인 spar-buoy 개념, 즉 FLOAT 프로젝트의 평가를 공동으로 수행하였다. 이 연구는 풍력발전기의 타입(down wind, 높은 블레이드 팁 속도, free yaw), 복수의 풍력발전기와 단일 풍력발전기, 앵커 시스템의 공유, 그리고 타워의 설계(풍하중 및 전도 모멘트를 저감하기 위한 lattice tower)에 관한 상세한 검토이다. 비용은 상당히 높고 착상식의 2배 정도라고 추정되고 있다. 이는 주로 부유체에 대하여 안전 측의 설계요건을 적용하였기 때문이다.

또한 영국에서는 런던대학의 그룹이 1개의 부유체 구조 위에 복수의 풍력발전기를 배치한 MUFOW의 가능성에 대해서 조사하였다. 이 부유체 구조는 동요의 저감과 계류의 공유(앵커 비용의 저감)라는 점에서 유리하게 될 가능성이 있다. 그 모델의 조사는 박사논문[7] 및 EPSRC (Engineering and Physical Science Research Council)의 연구 프로젝트[9]에서 수행되었다. MUFOW는 폭이 수백 m로 매우 크고, 부유체 구조가 풍황이 좋은 지역에서 극치 파랑하중에 견뎌야하기 때문에 매우 고가이고 설계 및 건설 또한 곤란하다는 결론이 나왔다. 이것은 부유체의 발안(発案)에서부터 연구의 완료 사이에 풍력발전기의 대형화에 의해 초래된 결과이다.

이탈리아에서는 밀라노 연구 그룹이 도넛 형상의 부유체 위에 풍력발전기를 배치하고, 긴장계류(tension mooring)에 의해 위치를 유지하는 Eolomar라는 안을 검토하였다. 파에 의한 동요를 최소화하기 위해 복잡한 형상이 선택되었지만, 건설이 곤란하고 가격이 비싸다는 단점이 있다[3].

일본에서는 JOIA(일본 해양개발산업협회)가 부유식 해상풍력발전의 가능성을 평가하는 그룹을 조직하였다. 제1단계는 2001년에 종료하였고[15], 제2단계에서는 상세한 해석 및 수조실험을 수행하여 2003년에 종료하였다. 일본 정부에 의한 부처 재개편 이후, 연구는 현재 NMRI(National Maritime Research Institute)에 의해 조직되어 있다. 연구 그룹은 spar형, 2기의 풍력발전기를 탑재한 space frame 및 복수의 풍력발전기를 탑재한 육각형의 모듈이 서로 맞물린 부유체 등의 복수의 안에 주목하고 있다[14].

아일랜드 및 영국에서는 Ocean Synergy와 Sure Engineering의 해상풍력발전에 관한 제휴에 의해 4개의 부표로 이루어진 긴장 semi-sub형 부유체를 제안하였다. 이 부유체는 설치 전에 안정성을 확보하고, 값이 비싼 설치용 크레인의 사용을 피하기 위하여 중력식 앵커 및 신축이 자유로운 타워를 이용하고 있다. 상세설계 및 수조실험이 수행되어 각각의 sub-system은 강 및 콘크리트에 의해 구성되어 비용효과에 배려하였다[8].

마르세이유 공과대학(Ecole Supérieure d'Ingénieurs de Marseille)에서는 3점 긴장계류인 별 형상의 TLP(Tension Leg Platform)가 검토되어 상세한 수조실험이 2001년에서 2002년에 걸쳐 수행되었으며 가능한 한 현실에 가까운 풍력발전기의 모델화를 시도하였다[17].

매사추세츠 공과대학(MIT)은 수심 50m로부터 200m까지의 풍력발전기의 배치와 경제적인 발전을 위해 부유식 해상풍력발전기의 콘셉트를 평가하기 위한 자동응답 시뮬레이션을 수행하였다. 3점 긴장계류인 별 형상의 TLP(마르세이유 공과대학의 부유체와 같음) 및 긴장계류 부이(buoy)가 검토될 예정이다[23]. 미국의 국립 재생가능에너지연구소(NREL)의 연구자와 공동으로 기존의 풍력발전기 모델과 해양공학 모델을 결합하여 완전한 연성해석을 최초로 가능하게 하였다.

5MW 풍력발전기를 지지하는 것이 가능한 semi‒sub 부유체와 앵커 기초 시스템을 평가하기 위하여 미국 에너지청의 보조금에 의한 개념설계가 캘리포니아의 Concept Marine Associates of Long Beach에 의해 수행되었다. 가장 강한 파의 작용을 피하고 깊은 수심의 바다에서도 안정되도록 (+)의 부력을 갖는 콘크리트 부유체가 계류에 의해 결정된 장소에 유지된다. 이 연구에서는 2개의 주요한 계류기술이 포함되어 있다. ① 큰 콘크리트 기초와 석션 앵커에 고정된 tension leg 계류 및 ② 종래의 catenary 계류[19]이다.

독일에서는 엔지니어링 컨설턴트 회사인 Arcadis가 발트 해(Baltic Sea)의 비교적 얕은 해역에 적합한 부유체를 개발하였다. 부유식 지지구조물을 채용한 이유는 그 해역에서 많이 볼 수 있는 연약한 해저지반 때문이다[1, 2]. 특히 그 기술에 관한 문헌은 거의 없지만 이러한 얕은 해역에서는 catenary 계류는 어렵고 taut식 또는 긴장식의 계류를 채용한 콘크리트 중력식 앵커에 고정된 강재구조가 가능하다.

노르웨이에서는 부유식 해상풍력발전기로부터 해양석유가스 플랫폼으로의 전력공급이 SWAY 프로젝트에서 검토되고 있다[4]. 심해역에서는 지금까지와 상당히 다른 기술적 해결책이 필요하게 된다. 예를 들면 심해용 Spar buoy 부유체는 1개의 긴장계류 라인 또는 universal joint에 의해 해저에 고정된다[4].

마지막으로 노르웨이에서는 Hydro사가 단순한 형상의 이점을 갖고 파랑에 의한 동요가 충분히 작은 심해용 Spar 부유체를 제안하고 있다. Hydro사의 HyWind라고 불리는 부유체는 매우 흥미로운 특징을 갖고 있지만 기본적으로 실증된 콘셉트 및 기술을 이용하고 있으며 중기적으로는 매우 실현성이 높다[12, 20].

9.3 심해역 풍력발전단지의 이점

부유식 지지구조물의 가능성을 자세하게 검토하기 전에 착상식 풍력발전기의 개발에 관한 주된 논점을 생각해본다.

① 해저에 구조물을 고정하기 위한 기술은 실증된 것이며, 종래 석유·가스 산업 또는 해안공학에서 실적이 있는 설계방법 및 기술이 이용되고 있다.
② 비교적 확실한 해상 전기설비이며, 현존하는 케이블 및 건설기계를 이용하여 건설하는 것이 가능하다.

③ 파, 바람 및 해류에 의한 동요는 작고, 육상풍력발전기와 같은 정도이다.

④ 일반적으로 가격이 비싸지만, 건설 예정지에 허브(hub) 높이에 풍속계를 설치한 착상식 관측타워를 이용하여 풍황을 정확이 측정할 수 있다.

당연히 착상식 풍력발전단지의 건설에 관해서도 몇 가지의 큰 과제가 있다.

① 천해역에서도 수심이 깊어짐에 따라 비용은 지수함수적으로 증가하고 강재가 늘어나 한층 가격이 비싼 지지구조가 된다.

② 가격이 비싸고 요구가 많은 시공, 액세스(access) 설비 및 계획이 필요하게 된다.

③ 철거가 어렵고 비용이 든다. 단 장래적으로는 그러한 철거에 드는 비용은 큰 폭으로 감소한다고 생각된다.

착상식의 설계에서 주된 이점은 부유식 지지구조에 대해서도 적용할 수 있다. 즉,

① 부유식 지지구조는 검증된 기술에 기반하고 있으며, 해양공학에서 개발되고 실증된 혁신적인 제안이 수없이 많다. 비용 대 효과가 높은 설계 및 경험은 착상식과 마찬가지로 부유식에도 적용할 수 있다.

② 전기설비는 그 설치 및 운용 양쪽에서 몇 곳의 해상풍력발전단지에서 문제가 되고 있다. 이는 하나의 원인만에 의한 것이 아니다. 발트 해(Baltic Sea)를 횡단하여 스코틀랜드와 아일랜드를 접속하는 해저 전력 케이블은 잘 작동하고 있다. 부유식 지지구조를 이용하는 것은 풍력발전기를 해저에 고정하기 위해 이용되는 유연한 케이블이 트러블의 원인이 될 가능성이 있지만, 그러한 케이블의 취급 실적은 해상석유·가스 산업 및 파력발전 분야에서 축적되어 오고 있다. 유연한 케이블이 반드시 부유식 해상풍력발전기에서 결정적인 handicap이 되는 것은 아니지만 주의는 필요할 것이다.

③ 운반 및 설치 시에 풍력발전기에 작용하는 대부분의 하중은 착상식의 경우에도 부유식의 경우에도 크게 증가하지 않지만, 부유식 지지구조가 특히 roll 또는 pitch 방향으로 상당히 큰 동요를 받는 경우에는 그렇지 않다. 새로운 풍력발전기의 설계 및 모델링은 지금까지의 지식과 경험에 의지하고 있기 때문에 시제품의 성능 데이터는 수치 모델의 캘리브레이션(calibration) 및 평가를 위해 필요하게 될 것이다.

④ 허브(hub) 높이의 부유식 기상관측 타워를 이용한 풍황계측은 그다지 현실적이지 않기 때문에 제3자 기관의 투자에 있어서 부유식 해상풍력발전단지의 평가를 어렵게 하고 있다. 그러나 육상에 비해 해상의 풍속 변동이 작기 때문에 해당하는 해역에서의 사전 풍력계측 없이 착상식 해상풍력발전단지에는 투자되고 있다. 나아가 LIDAR(Light Detection and Ranging, 공기 중의 입자로부터 레이저 광선의 후방산란에 의해 풍속을 측정하는 장치) 및 SODAR(Sonic Detection and Ranging, 공기 중의 입자로부터 후방산란 음파에 의해 풍속을 계측하는 장치) 시스템의 신뢰성이 향상하고 있으며, 타워를 이용하지 않아도 신뢰성이 높은 풍황관측을 할 수 있게 되고 있다.

현재의 해상풍력발전은 가격이 비싸며, 가까운 미래에도 육상풍력발전보다 가격이 비쌀 것으로 인식되고 있다. 그러나 풍력발전단지를 건설하기 위한 육상의 적합한 지역은 한정되어 있기 때문에 현실적인 문제는 해상풍력발전을 그 밖의 전원(電源)과 어떻게 비교해야 하는가이다. 현재 유럽의 몇 개국에서는 해상풍력발전이 장래의 주요한 전원(電源)으로서 생각되고 있다. 이러한 상황을 고려한다면 착상식 해상풍력발전단지와 부유식 해상풍력발전단지를 비교하는 것이 합리적이다.

① 부유식 구조는 설치 및 철거의 대부분을 항 주변에서 수행하기 때문에 착상식 풍력발전기와 같은 고가인 현장시공을 줄일 수 있다.
② 가동 중인 풍력발전기에 대한 액세스(access)는 착상식 풍력발전기의 경우와 마찬가지로 과제가 있으며, 또한 경량인 장비와 함께 인원을 부유식 풍력발전기에 반송하는 것은 착상식보다 약간 곤란하다. 그러나 부유식 풍력발전기는 큰 수리를 위해 항으로 끌어올 수 있다.
③ 부유식 해상풍력발전단지의 철거는 고정식 구조의 경우보다 상당히 간단하다.

그 밖에도 부유식 해상풍력발전에는 다음과 같은 많은 이점들을 생각할 수 있다.

• 풍속은 일반적으로 해안에서부터 멀어질수록 증가하기 때문에 먼 외양일수록 이 효과는 커지지만 그 증가율은 감소한다. 또한 경제적인 이유 및 액세스(access)에 관한 이유 때문에 오늘날까지 해상풍력발전단지는 비교적 해안 가까이에 건설되고 있다. 경제적인 이유로서는 주로 지지구조의 비용에 의한 것으로 수심의 증가에 따라 크게 증가한다. 또한 전기설비에 드는 비용도 지지구조 정도는 아니지만 증가한다. 그러나 부유식 풍력발전기의 경우에는 해안으로부터 떨어짐에 따라 풍속의 증가에 의한 경제성의 향상이 송전 비용의 증가를 메울 수 있기 때문에 지지구조의 비용 상승의 영향을 받지 않는다.
• 최종적인 케이블의 연결 이외에는 항 주변에서 풍력발전기의 조립이 가능하다.
• 부유식 구조에서는 기초에 전달되는 하중은 작기 때문에(그 대신에 하중은 물에 의해 전달된다) 착상식 구조에 비해 해저조건은 그다지 중요하지 않다. 앵커는 해저조건에 상관없이 적용할 수 있으며 그 때문에 비용이 전체 투자에서 점하는 비중은 작다. 착상식 해상풍력발전단지와 대조적으로 해저조건이 발전 비용 전체에 주는 영향은 작다.
• 부유식 풍력발전기는 예항선에 의해 예항되지 않으면 안 된다. 계류되어 있지 않은 부유체 구조의 안정성이 저하하기 때문에 잔잔한 해상조건에서 부유체를 예항할 필요가 있을 것이다.
• 부유체의 설계에서는 어떠한 최소수심 이상이라면 수심에 대한 의존성이 없다.

(1) 풍력발전기에 대한 영향

풍력발전기 로터(rotor)에 작용하는 풍하중은 상당히 크고 모든 형식의 해상풍력발전기 타워 상부의 설계를 결정한다. 그러나 타워 자체 및 지지구조에 작용하는 하중은 파하중의 영향도 받는다. 파하중은 수심에 따라 그리고 기상이 심하게 나쁠 때에 보다 중요하게 된다.

부유식 구조물에 탑재된 풍력발전기는 ① 파랑에 의한 동요 및 ② 풍력발전기의 yaw bearing에 대하여 방향이 변하는 블레이드의 중력에 의한 부가적인 하중을 받는다. 후자는 파랑의 운동에 동반하여 동요한다. 그러나 부유식 풍력발전기에 작용하는 파랑에 의한 부가적인 하중은 착상식의 경우와 크게 다르지 않다는 것이 해석으로 나타나 있다[10]. 따라서 심해파 주기는 길기 때문에 풍력발전기 자체는 파랑의 영향을 과도하게 받지 않을 것이다. 그러나 풍력발전기가 수직이지 않을 때 나셀(nacelle) 중량은 타워 및 부유체에 휨 모멘트를 생기게 하기 때문에 지지구조 자체는 보강할 필요가 있다. 또한 예를 들어 윤활 시스템 등의 항상 수직을 유지하는 것을 전제로 설계되는 시스템의 2차 설계가 보다 중요하다. 일반적으로 설계를 주의 깊게 수행함으로써 이들 과제는 해소된다.

하나의 풍력발전기를 탑재하는 지지구조의 경우에는 가능한 한 대형 풍력발전기가 가장 경제적이다. 이는 부유식 지지구조와 마찬가지로 착상식에도 말할 수 있다. 따라서 장래에는 보다 대형인 풍력발전기를 기대할 수 있다. 그 크기와 시기는 설계자의 경험과 자신에 의존하는 개발 스피드와 해상풍력발전 시장의 확대 스피드에 의해 결정된다.

풍력발전기의 경량화에 의한 이점은 착상식보다도 부유식이 크다.

9.4 콘셉트 설계를 위한 설계요건

부유식 풍력발전기 지지구조물은 몇 가지 기능을 갖추지 않으면 안 된다. 따라서 다음의 설계요건이 필수적이다.

① 풍력발전기 로터(rotor)를 충분히 해면으로부터 높은 위치에 유지할 것
② 전력 케이블에 필요로 되는 범위 안에 위치를 유지할 것
③ 풍력발전기의 추력, 토크 및 yaw 하중에 견딜 수 있을 것
④ 풍력발전기에 충분히 안정한 기초를 제공할 것, 즉 파 및 해류에 의한 하중에 견딜 수 있을 것

처음의 2개의 요건은 가장 알기 쉽고 본 절에서는 주로 마지막의 2개의 요건에 대해서 설명한다. 통상 하중은 zero가 아닌 평균값 주위에서 크게 변동하기 때문에, 여기서 평균성분과 동적

성분으로 나누어서 생각한다.

동적 시스템에서는 평균응답은 시스템의 강성에 의해 결정되며 동적성분은 강성, 감쇠 및 질량에 의해 결정된다. 이론적으로 하중에 최적으로 응답하도록 시스템을 튜닝 하는 것이 가능하지만 실제로는 그 밖의 설계요건에 의해 타협하지 않을 수 없다.

일반적으로 풍력발전기에 의한 하중의 평균성분과 동적성분 양쪽이 중요하다. 대조적으로 파랑 또는 해류에 의한 하중은 작다. 그림 9-1에 나타내는 것처럼 동적성분은 파에 의한 성분이 지배적이며 평균성분은 해류에 의한 것이다. Catenary와 같은 완계류 시스템은 이들의 작은 평균하중에 대해서만 반력을 부여하고, 파에 의한 큰 동적하중에 대해서 구조물이 자연스럽게 움직이는 것을 허용한다. 이는 비교적 작은 하중에 대하여 설계하는 것을 의미한다. 따라서 이러한 계류의 설계하중은 비교적 낮고 비용 또한 허용범위 안으로 된다.

계류의 타입에 의해 부유체 구조는 그림 9-4에 나타내는 것처럼 강체로서 sway, pitch, roll, surge, heave 및 yaw 6 자유도로 운동한다. 이는 일반적으로 몇 개의 방향 사이에 연성이 생겨 해석을 복잡하게 만든다.

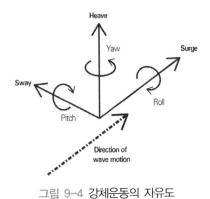

그림 9-4 강체운동의 자유도

이 문제에 대해서는 모든 설계요건을 만족할 뿐만 아니라 경제적으로 실행 가능한 해결책이 필요하게 된다. 현재에 있어서 해상 풍력발전의 경쟁력은 얼마 되지 않기 때문에 경제성은 큰 과제이며 설계에서 타협이 필요하다. 본 절의 처음에 예를 든 설계요건으로 되돌아가서 이들을 달성하는 방법을 아래에 나타낸다.

ⅰ) 나셀(nacelle)의 높이 유지는 주로 부력에 의한다.

ⅱ) 위치의 유지는 계류에 의한다.

ⅲ) 풍력발전기 추력의 정상성분에 대한 저항은 다음의 3가지 방법 중의 하나 또는 그들의 조합에 의한다.

- 수선 면적으로부터 오는 강성, 예를 들면 그림 9-9에 나타내는 Tri-Floater
- 그림 9-13에 나타내는 taut 계류 또는 긴장계류의 경우, 계류로부터의 강성
- 진자효과가 생기는 깊은 수면 아래의 큰 질량에 의한 강성, 예를 들면 그림 9-8에 나타내는 spar형

그렇지만 이들 방법은 그 밖의 설계목적에 대하여 문제를 생기게 한다. 예를 들면,

- 높은 정수학적 강성(hydrostatic stiffness)은 부유체의 고유주기를 짧게 하고, 파의 운동과 구조물과의 공진을 생기게 한다. 이는 수선면에서 큰 구조를 필요로 하며, 이 때문에 파 하중이 증가한다. 또한 큰 구조는 가격이 비싸지는 경향이 있다.
- Taut 계류는 비교적 혁명적이고 가격이 비싸다. 또한 그 설치에는 꼼꼼한 계획이 필요하다.
- 재료 및 큰 질량을 지지하기 위해 필요한 구조적 설계사양의 증가의 관점에서, 질량의 증가는 비용을 증가시킨다.

그림 9-5에는 이들의 관계를 나타낸다.

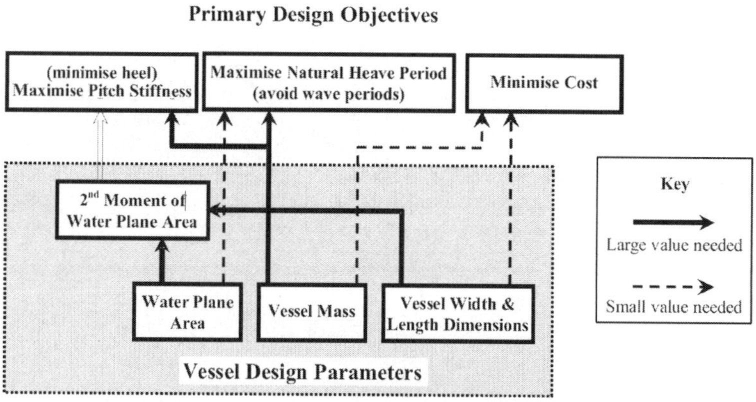

그림 9-5 Spar 부이에 대한 설계 프로세스의 개념도

파하중에 의한 동요의 최소화에는 일반적인 방법과 그다지 일반적이지 않은 방법이 있다. 일반적인 방법을 다음에 나타낸다.

- 수선면 근방(파하중이 최대가 됨)의 파에 대한 구조물의 투영면적을 작게 한다. 따라서 주요 구조물은 최고파고보다 높게 또는 해면보다 깊은 위치에 설치하는 것이 바람직하다.
- 부유체의 고유진동수를 파의 탁월 진동수 영역에서부터 떨어뜨리고 공진을 피한다.
- 부유체의 관성을 증가시킨다.

일반적이지는 않지만 다음과 같은 방법도 있다.

- 감쇠판을 설치하여 부가질량과 감쇠를 증가시키고 부유체의 고유진동수를 조정한다. 그림 9-9에는 그 한 예를 나타낸다.
- 소용돌이의 발생을 제어하는 조판은 일정한 감쇠를 부여한다. 조판은 spar 표면에서 돌출된 평판이며, 해류가 강할 때 어떠한 조건에서 발생하는 소용돌이를 최소화하는 것이다(장소에 따라서는 필요 없다).
- 수선면의 위치에 설치한 복수의 빈 통(buoyancy cans)에 의해 감쇠를 부여하고 고유진동수를 능동적으로 조정한다. 그러나 지금까지 이 방법은 그다지 이용되고 있지 않다.
- 블레이드의 pitch를 연속적으로 조정하여 감쇠를 부여할 수 있다. 단, 로터(rotor)의 하중을 증가시킨다는 결점이 있지만 발전량을 크게 할 수 있다.

본 절의 처음에 나타낸 설계요건 중에서 마지막 2개(③ 및 ④)는 복잡하고, 전체 시스템에 대한 포괄적인 이해와 해석을 필요로 한다. 그림 9-5에 나타낸 것처럼 설계요건은 장소에 따라서 모순되는 경우도 있기 때문에 허용할 수 있는 절충안을 찾아내는 것이 과제이다.

9.4.1 풍력발전기 형상

초기의 부유식 해상풍력발전의 연구에서는 통상, 복수의 풍력발전기 탑재인 부유체는 가장 값이 싸다고 결론짓고 있지만 이는 주로 당시 비교적 작은 풍력발전기밖에 없었기 때문이다.

계류삭과 풍력발전단지 안의 전기설비의 비용을 억제하기 위하여 부유체당 설비용량을 증가시키는 전략은 현재 Multi-MegaWatt 풍력발전기를 사용함으로써 하나의 풍력발전기로 달성할 수 있다. 예를 들면 MUFOW의 초기 구성에서는 직경 50m인 풍력발전기를 상정하고, 전체 약 8MW의 용량을 갖도록 풍력발전기를 길이 400m인 구조 위에 설치하고 있지만 그 전체용량은 오늘날 최대급의 상용풍력발전기의 정격용량 5MW와 비교하여 그다지 많지 않았다. 확실히 복수 풍력발전기에 필요한 거대하고 복잡한 구조의 부가적인 비용에 상응하는 것은 아니라는 점은 이전과 달라지고 있다.

그 밖에도 복수의 풍력발전기 탑재인 부유체 구조에 영향을 주지만 아직 해결되지 않은 문제가 많이 있다.

- 지지구조의 동적특성
- 근접하는 로터(rotor) 사이의 공기역학적인 상호작용

- 오늘날 입수할 수 있는 최대급 풍력발전기보다 작은 풍력발전기를 이용한다고 해도 복수의 풍력발전기를 지지할 수 있는 부유체 구조의 물리적인 크기
- 통상 운전 시 및 하나의 풍력발전기가 운전하지 않는 경우의 추력 하중의 불균형
- 부유체에 있는 하나의 로터(rotor)의 수리를 위해 항에 돌아올 필요가 있는 경우에 발전에 미치는 영향

풍력발전기 로터(rotor)는 바람을 향하여 운전시킬 필요가 있으며 ① 회전부와의 접합 및 ② 계류와 그 밖의 구조로부터의 반력을 필요로 한다. 현재의 풍력발전기에서는 yaw bearing은 나셀(nacelle)에 있지만 부유식 풍력발전기의 경우 이것은 지지구조물 안에 계류와의 접합부(즉, turret 계류 시스템) 또는 해저에 설치할 수 있다. 그 밖의 방법 또한 연구되고 있지만 종래와 같이 나셀(nacelle)에서의 yaw 회전은 실증된 기술이라는 점 또는 추력에 의한 휨 모멘트가 작다는 점에서 앞으로도 일반적이며 계속될 것이다.

up wind 및 down wind 풍력발전기는 미소한 yaw 오차에 대하여 작은 복원력이 작용하기 때문에 거의 바람 방향에 일치하고 있을 때에는 안정하다. 그렇지만 이 효과는 down wind 풍력발전기의 경우에는 보다 크고 또한 그 밖의 유리한 점도 있다. 예를 들면 타워와의 충돌 리스크를 저감할 수 있기 때문에 블레이드에 대하여 보다 큰 휨을 허용할 수 있다. 그러나 down wind 풍력발전기는 타워로부터 만들어진 난류의 영향을 받기 때문에 대규모인 상업개발은 아직 이루어지고 있지 않다. 원통 타워 또는 lattice 타워 대신에 타워의 형상을 공력(空力)적으로 연구한 바람개비식 부유체(즉, 계류삭에서부터 바람 아래쪽으로 향하도록 움직임)를 이용하는 것에 의해 타워에 작용하는 하중을 줄일 수 있다.

그림 9-12와 같은 바람개비의 안정성을 이용한 부유체는 yaw 기구를 필요로 하지 않지만 파와 해류의 합력은 풍향과 일치한다고 할 수 없기 때문에 풍력발전기는 바람과 마주보지 않을 가능성이 있다. 복수의 풍력발전기 탑재인 부유체의 경우에는 가장 바깥쪽의 풍력발전기를 자동적으로 바람을 마주보지 않도록 함으로써 부유체를 바람에 마주보지 않도록 제어할 수 있다. 바람개비를 이용한 부유체의 또 하나의 문제점은 발전된 전력을 전력계통에 송전하는 방법이며 방수성을 갖는 회전 가능한 커넥터가 필요하게 된다. 그러한 커넥터는 해양개발산업에는 존재하지만 복잡하고 고가인 설비이다.

9.4.2 재료 및 부재기술

육상풍력과 같이 착상식 해상풍력발전단지의 지지구조에서 주된 건설재료는 강재 또는 콘크리트일 것이다. 콘크리트는 강보다 가볍고 가격이 싸며 내구성이 좋지만 강도는 낮다. 재료의 조합

또한 가능하며 예를 들어 Spar buoy의 기초에 콘크리트를 이용함으로써 부가 ballast는 가격이 싸지며, 하중이 가장 큰 Spar의 중간부분에는 강을 이용한다. 계류에는 주로 2가지 타입이 있다.

- Catenary 계류의 복원력은 케이블의 중량에 의한다. 이는 가장 단순한 계류이며, 그림 9-8에 나타내는 것처럼 Spar buoy에 이용되고 있다. 이들 계류는 풍력발전기의 추력, 파 표류력 및 해류력에 저항하고 위치의 유지 기능만을 제공한다. 그러나 심해용 Spar buoy의 관성 또는 Tri-Floater의 정수학적 강성에 의해 로터(rotor)의 동적 하중 및 파하중에 의한 동요 또한 반드시 여기(勵起)된다. 위치를 유지하는 것은 3개의 계류삭으로 충분하지만, 석유·가스 개발용 구조물에서는 6개 또는 더 많은 개수의 계류삭이 자주 이용되고 있다. 석유 또는 가스 운반용 Riser Pipeline의 어려운 요구사항과는 대조적으로, 부유식 풍력발전기의 위치유지는 Dynamic 케이블로부터 요구되는 범위의 정도(精度)가 있으면 좋다. 한편, 8개의 계류삭은 과잉성(redundancy)이 있어서 1개의 계류삭이 끊어진 경우에도 위치가 유지된다. 이 부유체의 계류는 완계류식이라고 불린다.
- 긴장계류는 케이블 내부의 장력을 이용하여 부유체의 위치를 유지한다. heave, roll 및 pitch 운동이 매우 작아지기 때문에 가장 안정한 플랫폼이 된다. 예를 들면 그러한 계류삭은 그림 8-14에 나타낸 Star TLP에서 이용되고 있다. 통상 긴장계류는 연직하중에 대해서 매우 강성이 높지만, 수평운동은 부유체가 수중으로 끌려 들어갈 때에 발생하는 부력에 의해 제한된다. Tendon은 연속강관 강선 및 합성섬유를 포함하는 다양한 재료로 제작할 수 있다. 이 부유체의 계류는 긴장계류식이라고 불린다.

실제에는 Catenary 계류와 긴장계류 사이에는 연속적인 variation이 존재한다. 그러나 진짜 catenary 계류의 특징은, 단부(端部)가 해저 위에 항상 수평으로 되어 있어야 하는 점이며, 또한 이론상 경사하중은 앵커를 뽑을 가능성이 있기 때문에, 앵커는 수평하중만을 전달하여야 한다.

앵커에는 몇 가지의 주요한 타입이 존재하고 그 선정은 주로 해저조건 및 계류삭의 타입에 의해 결정된다. 긴장계류에서는 연직하중이 크기 때문에 올바른 앵커를 선정하는 것은 중요하다.

- 삽입 앵커 : 이전부터 이용되고 있는 배의 앵커 등 가장 보급되어 있는 앵커방식이다. 설계의 진보에 의해 앵커는 항력 또는 suction에 의해 삽입하게 되었으며, 큰 연직하중 성분을 전달할 수 있도록 설계되고 있다.
- 말뚝식 앵커 : 굴삭 또는 타입 말뚝이며 착상식 풍력발전기에 이용되는 기초말뚝보다도 직경은 훨씬 작다.
- 석션(suction) 앵커 : 비교적 새로운 기술이며 암반이 아닌 모래 또는 점토지반에 적합하다. 예를 들면 Snorre TLP(긴장계류식 플랫폼)와 같은 긴장계류에 이용되고 있다.
- 중력식 앵커 : 기본적으로 중량이 무거운 것이며 예를 들면 ballast를 넣은 콘크리트형 테두리를 해저 위에 설치한다.

최근 해상풍력발전단지에 송전케이블을 부설하는 것이 곤란해지고 있으며, 부유체를 해저에 연결하는 유연한 Riser 케이블이 주목받고 있다. 그러나 이것은 파랑 에너지산업에서 이용될 수 있을 것이며 또한 육상으로부터 해상 플랫폼으로 전력공급을 위한 해양석유·가스 산업에서 현재 이용되고 있는 기술이다. 풍력발전단지 전체 출력을 플랙시블한 고압대용량 케이블로 전송하는 메리트가 없기 때문에 심해역에서 부유식 풍력발전단지에는 해중의 차단기, 그리고 가능하다면 변압기를 이용할 수 있다면 이상적이다. 다른 방법으로는 심해역에서도 해상 변전소를 고정식 구조로 만들 수 있다면 보다 경제적일 가능성이 있다. 풍력발전단지 전체에 대하여 착상식 구조물은 하나이기 때문에 비용 대 효과는 보다 높아질 가능성이 있다.

9.5 후보가 되는 부유체의 형식

위에서 설명한 바와 같이 계류에는 완계류와 긴장계류 2가지의 중요한 형식이 있기 때문에 부유체 지지구조물의 후보로서는 2개의 그룹으로 나눌 수 있다. 나아가 착상식 또한 생각할 수 있다.

9.5.1 완계류

(1) 원반 부이형 부유체

이 타입의 부유체는 가장 단순하고 그림 9-6에 나타내는 것 같은 수면 위에 뜨는 원반부유체이다. 수선면적과 catenary 계류에 의해 풍력발전기로부터의 평균하중 및 파 표류력에 저항하여 안정성이 확보된다.

그러나 계산에서는 원반 부이형 부유체는 기본적인 안정성을 확보하기 위하여 직경 40m 정도의 크기가 필요하다는 것이 나타나 있다[5]. 파에 대한 큰 투영면적, 그리고 heave 및 roll/pitch에 대하여 약 9초와 13초인 낮은 고유진동수 양쪽의 영향에 의해 부유체 구조물은 파랑에 대하여 민감하게 된다. 따라서 유효 ballast를 증가하기 위하여 원형 skirt를 추가하는 개량을 하여도 실행 가능한 설계가 아니며, 인정할 수 있는 계획이 아니라는 것은 확실하다.

이 계획에서 파생한 부유체는 barge, 배 및 쌍동선이 있지만 이들 부유체에 대해서도 결론은 같다. 예를 들면 담수화 또는 수소 플랜트와 같은 해상이 잔잔한 해역에서 다른 목적을 위한 것이라면 예외적으로 barge가 적합하다.

그림 9-6 원반형 부유체(Disc floater)

(2) Spar형 부유체

보다 깊은 해역을 생각하는 경우에는 원반의 두께를 늘리고 그림 9-7에 나타내는 것 같은 Spar형 부유체를 이용할 수 있다. Spar형 부유체는 해양개발분야에서 수십 년의 역사가 있지만, 필요성과 경제성 관점에서 풍력발전기의 경우에는 너무 크다. Spar형 부유체는 긴 물에 잠긴 연직 원통과 안정성을 유지하기 위해 밑 부분에 있는 ballast로 구성된다. 위치유지와 송전선의 부착에는 3개의 계류삭으로 충분하다.

원통의 길이가 길어짐에 따라 풍력발전기의 추력에 의한 전도 모멘트에 저항하기 위해 roll/pitch 강성을 일정하게 유지하면서 직경을 가늘게 할 수 있다. 원통의 직경을 줄이는 것은 ① 파에 대한 투영면적의 감소, 즉 파하중의 감소, 그리고 ② 진동의 고유주기가 길어져서 파와의 공진점에서 떨어져서 파에 대하여 Spar의 응답이 감소한다.

그러나 과도한 동요가 문제이며 다음의 사항에서 1가지 또는 복수의 대책이 필요하다.

- 계류삭의 강성을 높인다.
- 그림 9-7에 나타내는 것처럼 Spar 밑 부분에 heave 억제를 위한 원반을 부착함으로써 부가질량과 부가감쇠를 늘린다(이는 FLOAT 프로젝트에서 제안되고 있다).
- 와여진(Vortex-Induced Vibration : VIV) 방지용인 조판을 설치함으로써 와여진을 억제하고 감쇠 또한 늘린다.

- 수면의 위치에 하부가 막히지 않은 캔 형상의 부재를 설치함으로써 감쇠를 조정한다. 이 해결책은 아직 시도되고 있지 않다.
- 이들 부가물은 부유체의 조작(지지 및 이동)을 보다 어렵게 한다.

그림 9-7 Spar형 부유체(Spar floater)

(3) Deep spar형 부유체

수심이 충분히 깊은 경우에는 그림 9-8에 나타내는 것 같은 긴 Spar를 이용할 수 있으며 성능을 한층 개선할 수 있다. 기둥 밑의 ballast에 의해 안정성을 부여하기 때문에 Spar의 직경을 작게 할 수 있다. 동요는 문제가 되지 않을 정도로 작아지지만 부유체의 안정성, 비용 그리고 설치에는 보다 어려운 과제가 남아 있다. 따라서 심해역에서는 Spar형 부유체가 가장 매력적이지만 과제 또한 남아 있다.

1976년에 Brent 유전에 설치된 균일한 원통과 같은 가장 단순한 형상에서 시작하여 다음에 나타내는 것 같은 그 밖의 타입인 Spar형 부유체도 있다.

- 파하중을 저감하고 고유진동수를 개선하기 위해서는 수선면의 직경을 작게 한 narrow neck spar.
- 보다 강재의 양이 적어도 되는 truss spar는 동요에 대하여 감쇠가 증가하고 와여진에 대하여 그다지 민감하지 않다.
- Cell spar는 몇 개의 작은 직경의 원통을 세우고 한 뭉치로 하여 구성된다.

그림 9-8 Deep spar형 부유체

Spar형 부유체의 개발은 계속되고 있다. 비교적 단순한 형상으로 되어 있기 때문에 건설비용은 Jacket 또는 TLP 구조보다 가격이 싸진다. 이는 착상식에서 모노파일이 Tripod보다 가격이 싸지는 것과 같다. 부유체의 형상을 복잡하게 하거나 부가물을 설치함으로써 이 이점은 저하한다.

(4) Tri−Floater형 부유체

Spar형 부유체에서는 수면을 가로지르는 구조는 1개의 부재에 의해 구성된다. roll 및 pitch의 강성은 roll 및 pitch의 회전각으로부터 수면까지의 거리와 함께 증가한다. 분명히 1개의 부재를 작게 3개로 나누어 분산하여 배치하는 방법을 생각할 수 있다. 이것은 그림 9−9에 나타내는 Tri−Floater형 부유체의 아이디어이다. 부재의 직경은 작아지지만 brace재의 제작 및 조립을 위한 추가 작업을 필요로 하기 때문에 재료비용의 절약 메리트는 없어진다.

파에 의한 상하방향의 동요를 저감하기 위하여 Spar형 부유체와 마찬가지로 heave plate가 각각의 floater의 밑에 부착되어 있다. 고유진동수는 15s[5]까지의 범위에 있으며 동요가 문제가 된다.

이 부유체는 북해(North Sea)의 네덜란드 영해의 수심이 50m인 해역에 가장 적합한 부유체라고 DrijfWind 프로젝트[5]에서 결론짓고 있다. 개발 당시에는 긴장계류 기술은 미숙했기 때문에 상당히 고가라고 생각됐다. 그러나 이 결론은 시간의 경과와 함께 변하는 것이다.

그림 9-9 Tri-Floater형 부유체[5]

(5) Multi-Floater형 부유체의 개량판

Multi-Floater형 부유체의 개량형은 많이 있으며 DrijfWind 프로젝트[5]에서는 다음에 나타내는 2가지 안이 가장 유망하다고 밝히고 있고 기본형이 되는 Tri-Floater형 부유체보다 고가이다.

- 3개의 Floater 중의 1개 위에 풍력발전기를 설치한다. 그러나 이 안에서는 강재가 늘어나 비용이 증가할 가능성이 있다.
- 그림 9-10에 나타내는 것처럼 4개의 Floater를 갖춘 부유체는 전체 크기가 약간 작아지지만 경사재의 수가 많기 때문에 강재의 질량이 증가한다.

(a) 복수의 풍력발전기를 탑재한 Semi-sub형 부유체

구조의 대부분을 수면 아래에 두어 주요한 파하중을 저감하는 아이디어는 해양개발분야에서는 종종 이용되어 Semi-sub 기술이라고 불리고 있다. Semi-sub형 부유체는 파랑에 대하여 양호한 응답특성을 갖고 기술적으로는 풍력발전기의 지지구조물로서 매우 적합하다.

그림 9-10 4개의 floater가 있는 부유체

그림 9-11에는 90년대 후반에 University College London에서 검토된 5기의 풍력발전기를 지지하는 부유체를 나타낸다[7, 9]. 그러나 현재에는 보다 대형인 풍력발전기가 개발되고 있기 때문에 그 밖의 복수의 풍력발전기를 탑재하는 콘셉트와 마찬가지로 오늘날에는 가장 매력적인 부유체라고 할 수 없다.

그림 9-11 복수의 풍력발전기를 탑재한 Semi-sub형 부유체

그림 9-12 2열의 복수 풍력발전기를 탑재한 부유체

(6) 2열의 복수 풍력발전기를 탑재한 부유체

1열째의 풍력발전기 위에 2열째 풍력발전기를 붙여 올림으로서 부유체의 수를 줄일 수 있다. 이러한 배치는 풍력발전기 로터(rotor)가 작은 수십 년 전에 육상용으로서 제안되어 있다(그림 9-3 참조). 그림 9-12에는 DrijfWind 프로젝트[5]에서 Lagerwey와 Heerema에 의해 개발된 부유체를 나타낸다. 이 부유체는 북해(North Sea)의 네덜란드 영해와 같이 50m 이하의 얕은 해역에 적합하며 부유체의 중심에 위치하는 1개의 모노파일에 계류되어 있다. 5기의 2MW 풍력발전기를 지지하기 위한 부유체는 약 800t까지 강재를 필요로 한다(즉, 풍력발전기 1기당 비용은 모노파일보다도 훨씬 높다).

이 부유체는 바람개비와 같은 이점이 있지만 풍력발전기 1기당 설비용량이 커진 현재, 모든 복수의 풍력발전기를 탑재한 부유체에 공통의 결점을 갖고 있다. 그러나 부유체의 위치를 결정하기 위해 설치된 부유체 주위의 가설치 말뚝의 철거에 선진적 그리고 복잡한 설치방법이 필요하다는 점은 위에서 설명한 복수의 풍력발전기를 탑재한 부유체의 일반적인 단점이다.

9.5.2 긴장계류

1980년대 중반에 북해(North Sea)에서 처음으로 Hutton TLP(긴장계류 플랫폼)가 사용된 후 오늘날까지 건설된 긴장계류형 부유체는 25기에 불과하지만, 다른 지지구조물로서 세계에 인식

그림 9-13 긴장계류형 spar

되었다. 긴장계류는 위에서 설명한 어떠한 콘셉트에도 이용할 수 있으며 연직, 그리고 roll과 pitch 방향(복수의 긴장계류를 이용하는 경우)의 동요를 줄일 수 있다. 이것은 2개의 방법, 즉 ① 연직방향의 강성을 높이는 점 및 ② 부유체의 고유주기를 파의 주기로부터 충분히 떨어뜨림으로써 실현된다.

Hutton과 같은 고전적인 장방형 TLP의 설계는 지나치게 공들여서 해상풍력의 부유체로서는 가격이 비싸다. 해상 탄화수소 개발에 중요한 deck 면적은 풍력발전기에는 불필요하다. 그러나 긴장계류에는 그 밖의 매우 흥미로운 점이 있다.

모든 긴장계류 부유체는 자유롭게 부유할 때 안정성이 결여된다는 큰 결점이 있기 때문에 예항 및 설치 중의 안정성은 다른 방법으로 확보하지 않으면 안 되며, 운용 중에 계류가 파단될 때의 전복 리스크도 평가할 필요가 있다. 허리케인 Rita의 발생 시 Typhoon TLP가 계류파단에 의해 전복되고 부유체 전체가 사라진 것이 그 증거이다. 반대로 Catenary 계류 부유체는 일반적으로 자유롭게 부유하게 되지만 부유체 자신이 안정하기 때문에 큰 충돌 또는 접촉을 피할 수 있다면 부유체는 복구 또는 수리가 가능하다.

(1) 긴장계류형 Spar

그림 9-13에는 긴장계류형 Spar의 천해역에서의 적용 예를 나타낸다. 긴장계류형 Spar의 개량형이 DrijfWind 프로젝트[5]에서 검토되고 있다. 이 콘셉트는 이론상 단일 연직계류 또는 몇

개의 경사 계류를 이용함으로써 수심에 관계없이 적용할 수 있지만 이러한 천해역에서의 설계를 실현하는 것은 어렵다. 그 이유는 Catenary 계류인 Spar보다 작지만 안정성을 확보하기 위하여 수선면에서의 직경은 30m가 필요하기 때문이다. Spar의 아랫부분의 직경은 아마도 약 15m까지 줄일 수 있지만 그렇다고 해도 큰 구조이며 그 취급 및 운반에는 많은 과제가 있다.

Catenary 계류형 Spar와 마찬가지로 보다 깊은 수역에서는 노르웨이에서 제안된[4] 것과 같이 긴 Spar를 이용함으로써 계류하고 있지 않을 때의 안정성을 포함하여 부유체의 성능을 개선할 수 있다.

(2) Mini TLP

해양개발산업에서 최근의 성공 예는 그림 9-14에 나타낸 것과 같은 Mini TLP(SeaStar라고도 불린다)이다. 그 성공은 주로 재료사용의 최소화 및 비용의 억제에 의한다. 그러나 그 설계 및 설치는 보다 복잡하며 보다 많은 잠재적 리스크를 갖지만 그 장기적 전망은 가장 밝다.

(3) 4개의 Floater를 갖는 TLP

마지막으로 그림 9-15에 나타내는 것 같은 4개의 Floater를 갖는 부유체(Sea Bresze[8]를 참조)는 유망한 해결책이지만 아마도 보다 무겁고 또한 해저에 고정하기 위하여 3개의 tendon이 아닌 4개의 tendon이 필요하다고 생각할 수 있다. Sea Breeze 프로젝트에서는 나셀(nacelle)을 끌어

그림 9-14 TLP Star

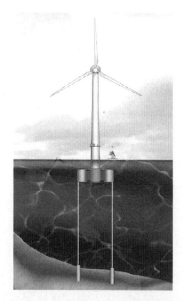
그림 9-15 4개의 floater를 갖는 TLP[18]

넣기 위한 신축이 자유로운 타워를 제안함으로써 완성계의 구조는 예항 시 및 설치 시의 안정성을 확보하고 있다. 신축이 자유로운 타워는 타워의 정부(頂部)에 무거운 나셀(nacelle)을 갖는 풍력발전기에 적용된 사례는 없지만 그 밖의 산업에 이용되고 있다. 또한 과거에 착상식 해상풍력발전기를 위해 제안되고 있다. 그리고 설치순서는 복잡하고 리스크가 높기 때문에, 크레인에 의한 종래형의 설치에 비해 전체 비용은 보다 높아진다[27].

9.5.3 심해역에서의 착상식

심해역에 적합한 지지구조물을 검토할 때에는 50m보다 깊은 해역에서는 착상식의 전망이 없지만 경우에 따라 가능하다. 예를 들면 Beatrice 프로젝트에서는 착상식 풍력발전기를 설치한 최대수심을 45m 부근까지 늘렸다[16]. 해저유전과 가스 산업에서 개발된 그 밖의 형식은 다음과 같은 것을 생각할 수 있다.

- 지선 지지구조(guyed structure)는 추가적인 설계, 제조, 설치 및 액세스의 복잡함이 있지만 타워의 중량을 큰 폭으로 저감할 수 있다. 그러나 이것의 콘셉트는 해양석유산업에서 넓게 사용되고 있지 않다.
- 유연한 타워(compliant tower)는 그 고유주기가 파의 주기보다 길고 다양한 설계를 할 수 있다. 가장 단순하고 유연한 타워는 유연한 Jacket식 구조물이며 수심 600m까지 설계가능하다. 한 층 복잡한 설계에서는 해저에서의 유연한 접합부와 수선면에서의 부가적인 부력과 조합시킬 수 있으며 사실상 단일 긴장계류형 부유체의 특성을 겸비하고 있다.
- Beatrice 프로젝트에서 이용되고 있는 종래의 Jacket 구조물은 단단하다고 하며, 고유주기는 파의 주기보다 짧다. Jacket의 크기를 크게 할 필요 없이 그리고 과잉하게 강재를 이용하지 않고, 고유주기를 파의 주기 이하로 억제하는 것이 가능한 설계에 의해 최대수심이 결정된다. 탄화수소 개발의 예에서는 대표적 수심은 100m 근방이지만 해상풍력발전의 경우는 보다 얕은 수심이 된다. taper를 붙임으로써 기초의 폭을 넓히고 부가적인 강성을 부여할 수 있다.
- Tripod는 사실상 단순화된 Jacket 구조이며 수심이 깊어짐에 따라 재료비용의 증가는 제작비용의 저감에 비해 보다 중요하다.

9.6 결론 및 마지막 과제

해상풍력발전의 발전은 당초 나타낸 낙관적인 예측보다도 늦다. 원거리의 액세스가 불가능한 장소에 복잡한 회전기계를 설치하는 것은 대부분의 업계가 피하려고 하는 어려운 과제이기 때문에 초기단계에서의 후퇴는 피할 수 없다. 해저석유·가스, 그리고 우주산업에서도 마찬가지로 비용이 과소평가되어 큰 실패를 초래하고 있다. 풍력발전은 해양공학 및 해안공학의 경험에 기반을 두어 장래의 청사진을 그릴 수 있는 유익한 입장에 있지만 직접 이용 가능한 해결책은 매우 고가라는 불리한 점도 있다. 이들 문제는 착상식 및 부유식 지지구조물의 양쪽에 영향을 미친다. 최초의 프로젝트의 리스크는 크고 오늘날에는 이미 착상식 해상풍력발전단지가 건설되어 있지만 부유식 해상풍력발전단지에서는 이러한 리스크가 기다리고 있다.

부유식 풍력발전단지는 덴마크 동부에서 개발되고 있는 것처럼 매우 얕고 가장 보호되고 있는 장소를 제외하고 착상식 풍력발전단지보다 비싸거나 또는 위험이 있어서는 안 된다. 동요에 대해서는 몇 가지의 부가적인 요인이 있지만, 지금까지 수행되어 온 해석결과에 의해 그러한 요인은 위험하게 되지 않는다는 것이 나타나 있다. 고가인 상세해석과 시험을 필요로 하는 많은 과제가 남아 있지만 새로운 기술의 타당성을 증명하기 위해 필요한 비용이 크고 또한 불확실하다는 점은 자주 있는 것이며, 그리고 심해역에서 해상풍력과 같이 장래 전망이 충분히 높을 때에는 일반적으로 공적인 경제지원을 기대할 수 있다.

해상풍력에너지의 개발을 촉구하는 요인으로 되어 있는 기후변동, 에너지의 안정공급 및 환경부하의 저감 등의 문제는 전례가 없을 정도로 주목받고 있다. 많은 나라 특히 미국, 노르웨이, 스페인 및 일본은 나라의 주변해역에서 해양자원의 획득에 열심이지만 착상식 풍력발전기에 적합한 수심이 얕은 해역을 충분히 갖고 있지 않다.

많은 기술적 경제적 과제가 남아 있지만 주요한 것을 아래에 나타낸다.

- 풍력발전기와 부유체의 거동을 동적으로 재현할 수 있는 완전히 통합된 계산 모델. 중요한 점은 최신 제어방법을 해석할 수 있도록 풍력발전기를 모델화 하는 것이다(IEA Wind Annex XXIII13)을 참조 바람).
- 포괄적, 즉 고가인 수조실험에 의해 예항, 설치, 조업, 극한상태 및 수리에 관한 모든 조건을 조사하기 위한 프로그램
- 비용 대 효과가 높은 발전에 적합한 긴장계류와 같은 해양공학 기술의 적용
- 자금 제공자가 최초의 prototype 및 실증 풍력발전단지에 투자할 수 있도록 부유체 기술이 가까운 미래에 밝은 전망이 있다는 자신감
- 현재의 흥미, 발언 및 기술개발의 진척으로부터 최초의 prototype은 10년 이내에 건설될 것이라고 예상하고 있다. 가장 장래 유망한 콘셉트는 가장 깊은 해역용인 Deep spar형 및 얕은 해역용인 소형 긴장계류형이다. 최종적인 부유체 선정은 최초의 prototype을 실증한 컨소시엄의 지식, 경험 및 자신에 의존한다.

보다 더 자세한 사항은 아래 문헌을 참고하시오.

NREL에 개최된 2개의 심해풍력에너지에 관한 연구회의 자료

• October 2003, Washington, D.C.,

  www.nrel.gov/wind_meetings/offshore_wind/index.html

• October 2004, Washington, D.C., www.energetics.com/deepwater.html

DrijfWind 연구 프로젝트의 최종 보고서[5]

• www.offshorewindenergy.org/reports/report_011.pdf

국제 에너지 기관(IEA)의 Wind Annex XXIII의 자료

• Offshore Wind Energy Technology Deployment[13],

  www.ieawind.org/Annex_XXIII.html

  Patents in floating wind turbins on the EPO internet database,

  http://www.espacenet.com/index.en.htm

참·고·문·헌

1. Arcadis Press Release, Weiterer Meilenstein für Offshore Windparks mit "schwimmender Gründung", www.arcadis.de, 18.11.2004.

2. Arcadis, Anchoring Element for Floating Devices, Patent WO 2007/014670.

3. Bertacchi, P. Di Monaco, A., de Gerloni. M., Ferranti, G., (1994). Eolomar - a moored platform for wind turbines; Wind Engineering Vol. 18, No. 4, p.189.

4. Borgen, E., Wind Power Station, Patent WO2004/097217, 11 November 2004.

5. Bulder, van Hees, Henderson, Huijsmans, Pierik, Snijders, Wijnants, Wolf, Studie naar haalbaarheid van en randvoorwaarden voor drijvende offshore windturbines (translation: *Study of the feasibility and boundary conditions of floating offshore wind turbines*), "DrijfWind", TNO Report 2002-CMC-R043, Netherlands, 2002.

6. Durey, C., Perfectionnements apportés aux appareils moteurs fonctionnant sous l'action du vent (*translation: Improvements to the driving apparatuses through the action of the wind*), Patent FR542172 1922-08-07.

7. Halfpenny, A., Dynamic analysis of both on- and off-shore wind-turbines in the frequency domain; PhD Thesis, University College London, 1998.

8. Hannevig, D., Bone, D., Low cost self-installing offshore wind turbine support structures for deeper water, *Workshop on Deep Water Offshore Wind Energy Systems*, NREL / Department of Energy, Washington, 2003.

9. Henderson, A. R., Analysis Tools for Large Floating Offshore Wind Farms, PhD Thesis, University College London, 2000.

10. Henderson A. R., Leutz R., Fujii T., Potential for Floating Offshore Wind Energy in Japanese Waters, *12th International Offshore and Polar Engineering Conference* (ISOPE), Kitakyushu, Japan, ISBN 1-880653-58-3, May 26-31, 2002.

11. Heronemus, W.E. "The US Energy Crisis: Some Proposed Gentle Solutions", The Congressional Record, Vol. 118, No. 17, Feb. 9, 1972; also presented at the Joint Meeting of American Society of Mechanical Engineers and Institute of Electrical and Electronics Engineers, Springfield MA, Jan. 12, 1972.

12. Hydro, Concession for floating windmill, Press Release, 13th Sep 2006.

13. International Energy Agency, Implementing Agreement for Co-operation in the Research Development, and Deployment of Wind Energy Systems (IEAWind), Annex XXIII – Offshore Wind Energy – Technology Deployment, http://www.ieawind.org/Annex_XXIII.html

14. Kogaki, T., Prospects of Offshore Wind Energy Development in Japan, Modeling and Testing, *Workshop on Deep Water Wind Energy Research & Development Planning*, NREL / Department of Energy, Washington, 2004.

15. JOIA (Japanese Ocean Industries Association), Feasibility Study of Offshore Wind Energy Support Structures, Ocean Development News, Vol. 29, Nr. 6, pp.18-23 (in Japanese), 2001.

16. MacAskill A., "DOWNVInD" Distant Offshore Wind No Visual Intrusion iN Deepwaters, *Workshop on Deep Water Wind Energy Research & Development Planning*, NREL / Department of Energy, Washington, 2004.

17. Molin B., Remy F., Facon G., Etude Expérimentale du comportement Hydro-Aéro-Elastique d'une Eolienne Offshore sur Ancrages Tendus (translation: *Experimental study of the hydroaeroelastic behaviour of an offshore wind turbine on tensioned moorings*), *Ocean Energy Conference, Brest, France*, 2004.

18. Musial W., Overview: Potential for Offshore Wind Energy in the Northeast, *Offshore Wind Energy Collaborative Workshop*, Washington D.C., February 10-11, 2005.

19. National Wind Technology Center, National Renewable Energy Laboratory, website http://www.nrel.gov/wind/

20. Nielsen, F. G., Floating Wind Turbine Installations, Patent WO2006/132539, 14th December 2006.

21. Ruer J., Pimenta de Miranda W., Influence of local site conditions on offshore wind turbines design, *Ocean Energy Conference, Brest,* France, 2004.

22. van Santen J. A., de Werk, K., "On the Typical Qualities of SPAR Type Structures for Initial or Permanent Field Development", OTC 2716, Offshore Technology Conference, Houston, Texas, 1976.

23. Sclavounos P. D., Deep Water Floater Concepts for Offshore Wind Turbines. Design, Modeling and Testing, *Workshop on Deep Water Wind Energy Research & Development Planning*,

NREL / Department of Energy, Washington, 2004.

24. Stoddard W., 'The Life and Work of Bill Heronemus, wind engineering pioneer', Wind Engineering, vol 26, issue 5, pp.437, 2002.

25. Tong, K., Technical and economical aspects of a floating offshore windfarm, *Offshore Wind Energy in the Mediterranean and other European Seas* OWEMES, Rome, 1994.

26. Ushiyama, I., Seki, K., Miura, H., A Feasibility Study on Floating Offshore Wind Farms in Japanese Waters, *Offshore Wind Energy in Mediterranean and Other European Seas* OWEMES, Naples, Italy, 10-12 April 2003.

27. Way, J., Bowerman, H., Integrated Installation for Offshore Wind Turbines, ETSU W/61/00617/00/REP URN 03/1649, 2003.

해상풍력발전단지로의 액세스

Chapter 10

hapter

해상풍력발전단지로의 액세스

10.1 서 론

해상풍력발전기에의 액세스(access)는 몇 가지 이유 때문에 육상풍력발전기에 비해 해상풍력발전단지의 설계 및 운전을 생각하는 데 있어서 매우 중요하다. 아래에 중요한 순으로 그 주된 요인을 나타낸다.

10.1.1 안전성

풍력발전기에 관한 기준에서는 모든 풍력발전기에 대해서 인도적으로도 법적으로도 인명의 안전을 최우선으로 할 것을 요구하고 있다. 그러나 해상에서는 보다 한층 위험성을 동반한다. 풍력발전의 기술 진보 및 실용화가 그 밖의 기술 분야와 비교해서 매우 급속하게 이루어져 왔음을 인식하는 것 또한 중요하다. 풍력발전에서는 지금까지 육상의 풍력발전기와 풍력발전단지에 대하여 개발이 진행되어 왔으며, 육상풍력발전기용으로 개발된 기술의 대부분은 해상에서도 사용할 수 있지만, 해상풍력발전에서는 해상에 설치하기 위한 풍력발전기의 개량 또는 액세스 설비와 같은 새로운 기술도 필요하다. 해상풍력발전기에의 액세스 방법은 기술적으로 확립된 것처럼 생각할 수 있지만 꼭 그런 것은 아니다. 예를 들면 많은 해저유전 또는 가스전의 해상기지에서는 액세스에 헬리콥터를 이용하고 있지만, 풍력발전단지에서는 일반적인 방법이라고 할 수 없다. 1990년대 초반에 등대에 액세스했던 것처럼 오늘날의 광대한 풍력발전단지에 있는 상대적으로 작은 해상 구조물에 액세스하는 것이다. 비교적 작은 구조물이 수많이 해상에 넓게 설치되는 것은 종래에는 없었던 것이다. 개개의 해상풍력발전기에는 연간 10~20명 정도[1]로 기술자가 액세스하지만, 그 중에 반은 강풍으로 해상의 상태가 거친 기간이다. 예를 들어 2006년에 설치된 해상풍력발전기에서는 연간 약 600여 명의 액세스를 필요로 하였지만 2010년까지는 연간 20만 명을 넘어설 것으로 예상된다. 따라서 해상풍력발전기에의 안전한 액세스 방법을 개발할 필요가 있다.

10.1.2 경제성

해상풍력발전의 경제적 수익은 해저유전 또는 가스전에 비해 매우 작기 때문에 해저유전 또는 가스전을 위해 개발된 매우 세련된 설비를 갖추는 것은 현실적이지 않다.

해상풍력발전기에의 액세스 시스템은 육상으로부터 풍력발전단지로의 물자의 수송과 병행하여 생각하지 않으면 안 된다. 양자는 밀접하게 관련되어 있기 때문에 기존의 수송수단에 특수한 액세스 방법을 이용하는 것 또는 기존의 액세스 방법에 특수한 수송수단을 이용하는 것은 어렵다. 또한 프로젝트마다 각각의 고유한 조건이 있으며 프로젝트마다 변경 또는 다른 방법을 이용할 필요가 있다.

고장이 난 풍력발전기를 수리하기 위한 액세스가 용이하지 않다는 것은 큰 경제적 손실을 초래한다. 고장의 내용에 따라서는 개량된 상태 감시 시스템 등을 이용함으로써 대처할 수 있지만, 설치 초창기의 해상풍력발전기에서는 사소한 고장이라도 액세스가 어렵기 때문에 보수할 수 없어서 장기간의 정지를 초래함으로써 이용률이 저하되고 있다. 일반적으로 액세스가 어렵게 되는 것은 태풍 또는 큰 너울이 발생할 때이지만, 발트 해(Baltic Sea) 등에서는 해빙이 해상에서의 풍력발전단지로의 액세스를 방해한다. 풍력발전기의 기능, 작업의 지연에 의해 발생하는 비용 및 발전재개의 지연에 의한 발전량의 손실이 프로젝트 전체의 경제성에 큰 영향을 미치게 된다.

10.1.3 복잡성을 가중시키는 그 밖의 일반적인 요인

작업원의 액세스 방법과 물자의 수송설비는 혹독한 해상조건에서도 적합한 것이어야 하며, 70~80%는 통상의 해상조건이기 때문에 간단히 사용할 수 있을 필요도 있다. 매우 혹독한 해상조건에 대처할 수 있는 설비를 설계하는 것은 매력적이지만, 바다의 상태는 통상 잔잔하다는 것을 염두에 두고 정기적인 정비를 위한 시간 또한 포함하여 생각하는 것이 중요하다.

---

1) 작업선에서 해상풍력발전기로 옮겨 탈 때는 반드시 한 사람씩 건너기 때문에 액세스를 위한 설비는 작업선의 이동을 위한 것이 아니라 사람의 이동을 위한 것으로 생각할 필요가 있다.

적절한 액세스 시스템을 선정하는 것은 개개의 풍력발전기 및 해상작업에 그다지 익숙하지 않은 작업원에 대해서도 적합해야만 하기 때문에 쉬운 것이 아니다. 200기의 풍력발전기를 갖춘 미래의 해상풍력발전단지에서는 개개의 풍력발전기에 대하여, 가능하다면 바다가 잔잔한 계절에 적어도 연 1회의 정비가 필요하다(예를 들면, 북유럽의 해상에서는 4월에서 9월). 나아가 해상풍력 업계로부터는 표준적인 액세스 시설 및 방법의 구축에 대한 강한 요망이 있다는 것도 사실이다.

아무리 어려워도 안전이 최우선이다. 효율적이고 경제적인 시스템은 배의 승조원, 유지관리 요원, 기술전문가 및 때때로 방문하는 내방자를 포함하여 그것을 사용하는 사람들이 안전한 후에야 성립하는 것이다.

10.1.4 가동률 개선의 필요성

풍력발전기의 정지 기간에 드는 비용 또는 그것에 의한 수익의 손실을 줄이기 위하여 액세스 기술의 개선과 개발을 수행할 필요가 있다. 해상풍력발전에서도 발전비용 면에서 대형화를 지향하고 있지만 그것은 또한 정지 시의 단위시간당의 손익의 증가도 동반한다. 지금까지의 해상풍력발전은 연안에서 가까운 해역에 설치되는 경우가 많았지만, 앞으로는 더 많은 수익의 향상 및 수요의 증가에 의해 해상풍력발전에는 보다 혹독하고 복잡한 환경조건에서도 견딜 수 있는 성능이 요구될 것이다. 앞으로 해상풍력발전은 심해역으로 나아가고 이에 동반하여 비용 또한 증가할 경향이 있다. 따라서 가동률 및 비용 대 효과를 향상시키기 위해서는 액세스성을 한층 향상시킬 필요가 있다.

10.2 좋은 액세스를 위한 요구사항

이 절에서는 액세스에 대한 조건과 요건에 대해서 설명한다. 이들 요건은 일반적인 것으로 실제에는 프로젝트마다 다를 가능성이 있다. 다음에서는 액세스 방법을 형식, 목적 및 가격에 관해서 비교 검토한다. 우선 환경조건에 대해서 검토하고, 다음으로 기술적 기능성에 대해서 생각한다. 마지막으로 비용과 주요한 파라미터에 대해서 검토한다.

10.2.1 환경조건

(1) 정상 상태(Normal conditions)

풍력발전기가 계획대로 운전되고, 바다의 상태가 수송 또는 액세스가 가능한 기간을 '정상 상태'라고 한다. 그러한 상태의 기간은 프로젝트마다 다르다. 부품의 교환 또는 그 밖의 추가적인 작업을 포함하여 정기적인 정비를 수행하는 데는 이 기간이 적합하다. 따라서 물자의 운송시간 및 풍력발전기에의 액세스 인원수의 대부분은 이 기간에 계상(計上)된다. 이 기간 동안에 기기, 압축기, 풍력발전기 부품 등의 물품을 내리는 다양한 작업에서의 유연성과 기능성의 관점에서 액세스 시스템의 가치는 명백해진다. 이 기간은 연간 65~80%에 달한다.

해상풍력발전기에의 액세스 시스템을 생각할 때 이 기간 중의 시스템 유연성에 대한 배려는 잊어서는 안 된다. 이 기간 중에 작업효율을 최적화할 수 있으며 보수에 드는 비용을 저감할 수 있다.

(2) 극한 상태(Extreme conditions)

액세스 시스템은 극한상태에서도 양호하게 기능을 해야 한다. 액세스 설비는 고파랑인 상태에서도 작동하는 것이 가장 중요한 조건이다. 일반적으로 액세스 시스템에서는 1.5m의 유의파고 H_s를 고려한다. 파장도 크게 변동하는 것을 고려하지 않으면 안 된다. 발트 해(Baltic Sea)의 몇 곳의 해역에서는 파장은 짧지만 어려운 상태가 될 때가 있으며(choppy sea), 파고는 높지 않지만 짧은 파장이 긴 파장보다도 어려운 상황을 만든다.

발트 해의 또 하나의 해상조건은 해빙이다. 비말대 부근에 사다리가 있는 시스템은 얼음 때문에 몇 주에서 몇 개월간 액세스할 수 없다. 그뿐 아니라 배는 쇄빙하면서 항행할 수 있어야 한다.

일부 프로젝트에서는 높은 풍속과 강한 해류의 조합에 의해 풍력발전기에의 접근이 매우 어렵게 된다. 이러한 경우에는 고도의 배의 조타능력이 필요하게 된다.

액세스 시스템에 영향을 미치는 또 한 가지의 일반적인 조건은 조위의 상태이다. 이것은 완전히 다른 요건을 필요로 하고 큰 조위변동(예를 들면, 감조하구)에 대한 액세스 시스템은 통상의 시스템과 크게 다르다.

또한 프로젝트에 따라서는 수심이 매우 얕은 경우가 있다. 이러한 케이스에서는 저조위와 고파랑에 의해 액세스 시에 문제가 생긴다. 배의 흘수가 얕은 경우 해저에 접촉하여 큰 손상이 발생할 우려가 있다.

어둑어둑한 또는 어둠 속에서의 작업능력은 중요하지만 어려울 수도 있다. 이것은 비상시에 필요하지만 북부 스칸디나비아에서는 동계는 매우 어둡고 낮 시간은 중위도의 유럽지역보다도 훨씬 짧기 때문에 주야 어느 쪽에서도 액세스 가능하다는 점이 표준적으로 필요한 조건이 된다.

(3) 기술적 요건

액세스 시스템은 모든 조건 아래에서 기능하지 않으면 안 된다. 다음에 나타내는 것처럼 액세스 방법에는 고려해야만 하는 것이 많이 있다.

(a) 배 정박의 용이성

인원이 옮겨 타는 것을 신속하고 원활하게 하게 위하여 액세스 시스템은 배의 정박이 용이하게 할 수 있어야 한다. 가장 용이한 접근방법은 파의 방향에 연하여 바람을 향해서 접안하는 것이다.

(b) 하부 구조물의 안전한 장소

접안할 때에는 승조원과 작업원 및 반입하는 기자재에 대해서 안전한 장소에 배를 접안하는 것이 가장 중요하다. 안전하지 않은 장소에서 접안은 작업상의 스트레스를 생기게 할 뿐 아니라 작업원의 부상을 초래할 우려가 있다.

(c) 작업원의 이동

작업원의 이동 스트레스 없이 도약을 필요로 하지 않는 것이 요구된다. 이동은 원활하고 작업원의 흐름이 끊기지 않도록 해야 한다. 올라가는 것은 반드시 피하여야 한다. 사고발생 가능성과 액세스에서의 스트레스를 줄이고, 작업원의 이동을 빠르게 하고, 작업원이 위험에 노출되는 시간을 최소로 해야 한다. 배를 능숙하게 조작하고 안전한 장소에 정박함으로써 리스크가 있는 시간을 가능한 한 짧게 하는 것이 중요하다.

(d) 기자재의 반출입

최적인 액세스 시스템에서는 기자재의 반출입에 크레인 또는 권양기를 사용하지 않는다. 수송을 쉽게 할 수 있는 수동기기 또는 소형설비를 이용함으로써 기자재의 반송시간을 단축하고 반출입 때문에 새로운 리스크를 생기게 할지도 모르는 양중장비(lifting equipment)의 사용을 회피한다. 권양기계를 이용하지 않음으로써 단축된 시간으로 인해 몇 개의 팀을 이루어 풍력발전기를 순회할 수 있게 되며, 대규모인 풍력발전단지 전체에서의 물류 및 수송의 흐름을 개선할 수 있다.

(e) 신뢰성

액세스 시스템의 신뢰성은 기본적인 요건이다. 신뢰성이 낮은 시스템을 이용하면 기계의 고장 가능성이 증가하고 중대한 결과를 일으킨다. 과거의 경험으로부터 '단순(simple)하고 튼튼함(robust)'과 '안전성에 관해서 타협하지 않는 것'은 시스템 구축에서 가장 중요하다.

(f) 신속한 정비

해상풍력발전단지의 물류를 검토할 때 정비를 신속하게 수행하는 것이 중요하다. 이를 위해서는 기자재와 작업원을 원활하게 보내고 태우기 위한 배의 능력도 적절한 것이 아니면 안 된다. 배는 복수의 작업에 대응할 수 있는 능력이 필요하게 된다.

(g) 유연성

액세스 시스템에는 유연성이 불가결하다. 예를 들면 모든 방향으로부터 구조물에 접안할 수 있으며, 궁극적으로는 360도 모든 방향으로부터 구조물에 접안할 수 있도록 하고 언제라도 배가 파 또는 해류를 향할 수 있도록 하는 것이다.

(h) 구조물과의 충돌

액세스 시스템을 설치함으로써 하중 및 동적 외력이 하부 구조물에 작용하고, 기초구조의 기능성 또는 수명이 손상되는 것이 있어서는 안 된다. 액세스 시스템은 프로젝트의 경제성에 영향을 미치기 때문에 액세스의 설계는 프로젝트의 가장 빠른 단계에서부터 개시하고, 기초의 설계와 함께 수행하지 않으면 안 된다. 액세스 시스템을 생각하지 않고 계획한 구조에 액세스 시스템을 나중에 붙인 경우 그것에 의해 하중이 하부구조의 피로수명에 영향을 미치고 최적인 시스템이 되지 않는 경우가 있다. 고려가 부족한 액세스는 영구히 핸디캡을 짊어지고, 그 결과로서 큰 고가인 수송용 배가 필요하게 된다.

(4) 액세스 시스템의 비용

풍력발전단지의 가동률을 높이는 것은 풍력발전기의 대기시간 및 발전 전력량의 상실을 저감하는 것에 연결된다. 액세스 시스템의 비용으로서 허용되는 액수는 액세스 시스템 그 자체의 비용만이 아니라, 풍력발전기의 대기에 의한 발전량의 상실 및 발전 단가에도 관계한다. 따라서 어떠한 풍력발전단지에서 사용할 수 있는 시스템이 그 밖의 풍력발전단지에서도 사용할 수 있다고는 할 수 없다.

액세스 시스템의 비용을 결정하는 데 있어서 다음의 모든 비용이 영향을 미친다.

- 가동률 증가에 따른 수익의 증가(정지일수의 감소, 발전 전력량의 증가에 따른 수익의 증가)
- 액세스를 위한 배의 크기 및 고정(구입)비용, 예비용 배가 있는 경우는 그것도 포함
- 배의 운항비용

- 기술자의 수송시간, 배의 속도
- 개선된 시스템에 의한 작업원 및 배의 대기시간의 단축에 의한 비용 삭감
- 배의 유연성. 예를 들어 배를 끌어올릴 필요가 있는 경우 그 밖의 풍력발전기에 대하여 동시에 작업을 수행할 수 없게 된다.

안전성에 관한 각국의 규정에 의해 액세스 시스템의 이용이 요구되는 경우가 있다.

10.3 액세스 시스템의 요소

액세스 시스템을 선정하고 최적화하기 위해서는 그 각 요소를 잘 알고, 하부 구조물의 설계에 따라서 최적화할 필요가 있다. 배 정박의 방법은 기초의 설계에 의해 제한을 받는다. 그 밖의 요인을 다음에 나타낸다.

그림 10-1 스웨덴 Kalmarsund의 선박(Kalmar 시의 지역협의회 제공)

수송에서 액세스용 배는 사용목적, 해상의 상태, 정박설비 및 요구되는 안전수준을 고려하여 선정된다. 그리고 각각의 배의 설계는 비용 대 효과에 관해서 검토된다. 해상풍력발전단지의 실적이 늘어남에 따라 기존의 배를 이용하는 대신에 전용선이 설계·건조되게 되었다.

배의 사양은 투자액 및 운전비용에 의해 크게 변화한다. 사용하는 배는 바다의 상태, 계절 및 사용목적과 적재중량으로 결정되기 때문에 대부분의 프로젝트에서는 연간을 통틀어 어떠한 특정

의 배를 이용하지는 않는다. 수송에 필요한 요건은 이들 각종 요인에 의해 나날이 변화한다. 따라서 통상 복수의 배가 이용되고 특히 동계의 빙결 시에는 현저하다. 그러나 바다의 상태 및 유의파고는 풍력발전단지의 최대 가동률을 좌우하기 때문에 최근에는 전용선을 구입하거나 최악의 해상 조건에 대해서도 견딜 수 있는 배를 설계하는 경향에 있다. 그러한 전용선은 통상의 대부분의 바다의 상태에 대해서는 과잉 스펙이 되기 때문에, 배의 도입은 실제의 필요성에 따라 주의 깊게 검토할 필요가 있다. 또한 인정된 풍력발전기 자체의 소음보다도 배의 소음이 크게 되는 그 밖의 요인이 문제가 되는 경우도 있다.

다음에서는 일반적인 형식의 배에 대해서 설명한다.

10.3.1 최근의 선박시장

(1) 고무보트

강한 선체를 갖는 고무보트는 해저석유 및 가스전에서는 잘 알려져 있으며 다양한 크기와 정원수인 것이 있다.

(2) 단동선

단동선은 현재, 해상운전 및 유지보수작업용 배로서 가장 보급되어 있다. 이것은 주로 단동선이 시장에서 조달 가능하고 기존의 설계를 용이하게 변경할 수 있기 때문이다. 신규 선박인 경우 풍력발전기의 설치와 보수 양쪽에서 이용할 수 있도록 설계하는 것도 가능하다. 풍력발전기를 설치한 후에는 유지관리용 선박으로 재이용함으로써 비용 대 효과에 우수하다.

단점
- 해상의 상태가 심한 경우에는 동요(heave, roll 및 pitch)가 크고 작업이 제약되는 경우가 있다.
- 일반적으로 액세스에 시간이 걸린다.

장점
- 종류 또는 옵션이 풍부
- 가격이 싸다.
- 운용비가 싸다.
- 다양한 액세스 시스템에 대하여 사용 가능

(3) 쌍동선

쌍동선은 해상풍력발전단지에서의 이용에 적합하며 자주 이용되고 있다. 쌍동선은 넓은 deck space가 확보되어 안정성에 우수한 설계가 되어 있다. Kentish Flats, Utgrunden I 및 Arklow Bank와 같은 몇몇의 프로젝트에서 풍력발전단지의 developer는 물자의 수송과 작업원의 액세스에 쌍동선을 이용하고 있다.

단점

- 고무보트 또는 단동선에 비해 고가이다.
- 액세스 시스템으로부터 하중을 흡수하기 위한 특수설계가 필요하다.

장점

- 해상이 거친 경우에도 안정하다.
- 많은 선실과 deck space를 취할 수 있다.
- 풍력발전기 액세스 시스템에 접속할 수 있다.
- 고속항행이 가능하다.

(4) 소수선면 쌍동선

최근 개발된 선박에 소수선면 쌍동선 SWATH(Small Water plane Area Twin Hull)이 있다. 소수선면 쌍동선은 현재 19m인 서비스 선에서부터 60m의 작업선까지 입수 가능하다. 항행속도는 최대 25노트이다. 지금까지의 실적으로부터 이 형식의 선박은 바다가 거친 경우에도 매우 안정하다는 것이 알려져 있다.

단점

- 가격이 매우 비싸다.
- 전속 승조원이 필요
- 운용비가 높다.

장점

- 바다가 거친 경우에도 매우 안정하다.
- 풍력발전기 액세스 시스템에 접속할 수 있다.

(5) Hovercraft

Hovercraft는 기본적으로 해상풍력발전단지의 운전 및 유지보수작업에 적합하다. 그러나 이 책을 출판하는 시점에는 Hovercraft의 사용실적 또는 도입계획에 관한 정보는 얻어져 있지 않다.

단점
- 가격이 비싸다.
- 전속 승조원이 필요하다.
- 운용비가 높다.
- 소음이 크다.

장점
- 바다가 거친 경우에도 매우 안정하다.
- 바다가 잔잔한 경우에는 타워의 사다리에 작업원의 액세스에 이용할 수 있다.

(6) 반잠수형 해양설비(Semi-submersibles)

Semi-sub는 해상 굴삭작업에서 매우 높은 실적을 자랑한다. 그러나 이것에는 큰 수심이 필요하기 때문에 통상 착상식 해상풍력발전기에는 적합하지 않다. 또한 매우 고가이기 때문에 매우 간소화된 설계가 필요하다.

(7) 헬리콥터

운전 및 유지보수에는 헬리콥터를 이용할 수 있지만 나셀(nacelle)의 덮개 위에 한 번에 내릴 수 있는 작업원은 한 사람이다. 이 방법은 주로 비상시의 작업에 적합하다.

단점
- 렌탈 비용이 높다.
- 작업 리스크가 크다.
- 날씨가 나쁠 때에는 액세스가 제한된다.
- 나셀(nacelle) 정부(頂部)에 착륙 deck가 필요하다.

장점

- 작업원을 신속하게 수송할 수 있다.
- 자재 및 기자재의 수송에 이용할 수 있다.
- 풍속이 높지 않다면 바다의 상태에는 의존하지 않는다.

실적은 없지만 시장에서부터 입수 가능한 그 밖의 시스템은 다음과 같은 것이 있다.

① Hoist : 배를 바다에서 풍력발전기 위로 끌어올리기 위해 이용한다. 이 때문에 풍력발전기 또는 기초 위에 적절한 hoist structure가 필요하다.
② 도개교(draw-bridges) : 풍력발전기에서 가까운 거리에 배를 고정하기 위한 'arm'과 같은 것으로 동시에 플랫폼에 이동하기 위한 통로로서의 이용도 가능하다.

10.3.2 선박의 풍력발전기에의 접안

액세스의 2번째 요소는 풍력발전기에의 접안방법이다. 이에는 다음과 같은 것이 있다.

① 스크류 프로펠러 추진력에 의해 배를 풍력발전기에 밀어 붙인다.
② 풍력발전기에 배를 계류시킨다.
③ 풍력발전기에서 가까운 거리에 배를 정박시킨다.

① 및 ③을 이용하는 시스템의 대부분은 추진력에 의해 배를 안정하게 유지한다. 정박에 이러한 방법을 이용하는 경우 배의 무게와 동력의 크기가 중요하다. 또한 배를 소정의 위치에 정박하고, 그 후에 그 위치를 계속 유지하기 위한 승조원의 조작능력 또한 중요하다. 여기서 액세스 및 반출입을 위한 설비에는 몇 가지의 요건이 있다. 중요한 것은 작업원이 옮겨 타는 사이 배를 가능한 한 안정하게 유지하는 것이다. 옮겨 타는 시간이 길어진다면 배를 안정하게 유지해야만 하는 시간이 길어진다. 작업원이 사다리를 올라가는 경우는 옮겨 타는데 걸리는 시간 또는 사고 발생 리스크 및 배를 안정하게 유지하는 시간은 같은 높이에서 이동하는 경우에 비해 길어진다. 그러나 작업원의 이동이 수평면 내에서 가능하다면 옮겨 타는 시간을 줄일 수 있다. 배의 rolling 을 저감하기 위해서는 배의 뱃머리를 파가 오는 방향으로 향하도록 하는 것이 중요하지만 전 방위로부터 정박이 가능한 풍력발전기는 대부분 없기 때문에 이것은 어렵다. 파가 오는 방향 이외의 방향으로 뱃머리를 향하게 한다면 rolling은 증가하고 배를 안정시키기 위해 보다 높은 조타능력이 필요하게 된다.

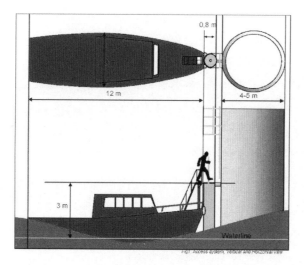

그림 10-2 SASH 시스템의 개념도(컬러 도판 p.525 참조)

10.3.3 작업원의 옮겨 타기

정박 후에 배와 풍력발전기 사이를 작업원이 옮겨 타는 데는 몇 가지 방법이 있다.

- 연직 사다리 : 가장 일반적인 방법으로, 작업원은 배의 deck로부터 풍력발전기에 고정된 연직 사다리에 옮겨 타고, 풍력발전기 입구가 있는 하부구조 플랫폼까지 약 5m를 올라간다. 배로 귀환할 때는 뒤로 사다리로부터 배의 deck까지 내려온다.
- 수평 액세스 방식 : 수중에 연직으로 바짝 붙인 중력식 기초와 SASH 시스템(스웨덴어로 '해상구조물에의 안전한 탑승'의 의미)을 이용한다. 작업원은 1개의 수평면 내에 한 번에 이동할 수 있다.
- 통로를 이용한 액세스 : 배 또는 하부 구조체에 달린 고무식 또는 고정식 통로를 이용한다. 작업원은 배와 하부구조 사이에 걸친 "보행교"로 옮겨 탄다.
- 배를 견인하는 방식 : 작업원은 배에서 직접 풍력발전기로 옮겨 탈 수 있다.
- 작업원을 견인하는 방식 : 하부구조에 설치한 크레인에 의해 작업원을 배에서 풍력발전기로 끌어올린다.
- 헬리콥터의 이용 : 헬리콥터를 공중에 정지시켜 견인용 harness를 단 작업원을 나셀(nacelle)의 덮개에 승강시킨다[그 때에는 풍력발전기 로터(rotor)를 정지 상태로 고정한다].

10.4 액세스 시스템의 역사와 그 분석

10.4.1 스웨덴·덴마크·영국의 예

최초의 해상 풍력발전소는 1990년대에 덴마크 및 스웨덴의 연안 근처의 매우 얕은 수역(평균조위 5m 이하)에 건설되었다. 이 시기에 가장 알려진 풍력발전단지는 스웨덴의 Gotland 앞바다에 있는 Bockstigen 해상 풍력발전소이다. 이곳에서는 몇 가지의 액세스 방법이 시도되었다. 구조형식(모노파일), 혹독한 해빙조건 및 해저지형[수심이 얕은 지역(shoal) 외측의 수심은 깊고 그곳에서는 파고가 높은 삼각파(triangle wave)가 발생한다]을 고려하여 최종적으로는 풍력발전기에의 액세스에 사다리(hanging ladder)를 사용하게 되었다.

2000년에는 최초의 메가와트(MW) 규모의 해상 풍력발전소가 스웨덴의 Kalmarsund에 있는 Utgrunden reef에 건설되었다. 다음 해에는 새롭게 메가와트 풍력발전기를 이용한 3개의 해상 풍력발전소가 건설되었다. 이들 4개의 프로젝트 중에서 Utgrunden, Blyth Harbour 및 Yttre Stengrund 3개의 장소에서는 수역이 점차적으로 깊어지는 경사진 천해역에 모노파일식 기초를 이용하여 건설되었다. 영국의 해상 풍력발전소 Blyth에서는 5m의 조위변동을 고려한 부재를 이용하였다. 3개의 프로젝트에서는 모두 그림 10-4에 나타낸 것과 같은 이중 J형 강관(계류 방현재)에 의해 구성되어 있으며, 연직강관 사이에 1개의 사다리가 용접되어 있다(접안은 한 방향으로만 할 수 있음).

그림 10-3 Bockstigen 해상풍력발전단지(G. Britse 제공)

그림 10-4 풍력발전기의 입구에 연결된 사다리에의 접안이 한 방향뿐이지만, 어떠한 크기의 선박도 이용할 수 있다(Mistvind AB 제공)

스웨덴의 Utgrunden I는 풍력발전기기초의 주위에 해빙 콘 없이 건설되었지만, Ytte Stengrund 에서는 직경 4m의 말뚝에 해빙 콘이 부착되었다. 이들 4개의 해상 풍력발전소는 장기간 가동하고 있다.

이들 초기의 프로젝트 후에 몇 개의 해상풍력발전기 및 풍력발전단지가 건설되었다. 덴마크에서는, Horns Rev와 Nysted의 각각 160MW의 설비용량을 갖춘 2개의 세계 최대급 풍력발전단지가 건설되었다. 이 2개의 풍력발전단지는 그룹단위로 복수의 해상풍력발전기에 액세스한 실적이 있다는 점이 중요하다. 그 후 건설된 풍력발전단지에서는 극치파고, 조위변동 및 해류에 대하여 새로운 시도가 이루어졌다. 이들 요인은 액세스를 복잡하게 한다. 지금까지의 실적으로부터 다음과 같이 분류한다.

- 모노파일식 기초
  - 해빙 콘 유무
  - 조위변동 유무
  - 수심 20m까지

- 중력식 기초
  - 해빙 콘 있음
  - 수심 10m까지

• 자켓식 기초
  – 해빙 콘 없음
  – 조위변동 있음
  – 수심 45m까지

풍력발전기의 규모는 주로 1.5~3MW 범위에 있지만 오늘날까지 해상에 건설된 최대 풍력발전기는 Repower 5M(5MW) 풍력발전기이다.

최근에는 심해역에서의 해상풍력발전에 대한 관심이 높아지고 있다. 스코틀랜드 북부의 Aberdeen 앞바다의 Downvind 프로젝트에서는 2개의 매우 큰 풍력발전기(각각 5MW)가 심해역(45m)에 자켓식 기초(그림 10−5)를 이용하여 건설되어 있다.

그림 10−5 **스코틀랜드의 Downvind 프로젝트**

Downvind 프로젝트에서 이용되고 있는 액세스 시스템은 그림 10−6에 나타내는 것처럼 연직 사다리를 사용하지 않고 안전한 액세스를 가능하게 하고 있다. 배의 정박에는 조위에 따라 적당한 액세스 통로를 선택할 수 있도록 되어 있으며, 작업원은 자켓의 2개의 지주 사이에 있는 계단을 이용하여 배로부터 옮겨 탈 수 있다.

그림 10-6 Downvind 프로젝트의 Jacket 기초위의 액세스 시스템

10.4.2 기초형식의 영향

기초는 액세스의 관점에서 주로 3가지 종류가 있다.

① 중력식 기초는 천해역에서 이용할 수 있다. 작업원은 해수면 위 약 3.5m 높이에 있는 타워를 둘러싼 콘크리트 플랫폼에 옮겨 탄다.
② 모노파일식 기초의 경우에는 계류 방현재를 갖춘 배가 표준적이며, 배에 의한 액세스 방법은 프로젝트마다 약간 다르다.
③ 위에서 언급한 자켓식 기초는 제3의 형식이며, 지금까지의 그 실적은 한정적이다.

(1) 문제점

중력식 기초 및 모노파일식 기초를 사용한 모든 프로젝트에서 사용된 시스템은 만족할 수 있는 것이 아니었다. 항상 원래의 시스템을 수정함으로써 이용률의 향상을 도모하여 왔다. 원래의 설계는 단순하다는 장점이 있었지만, 두 컨셉트는 중요한 결함이 있다는 것이 나타나고 있다. 그 결과 접안방법 및 작업원의 이동은 제한요인으로 되고 있다. 일반적으로 보다 큰 배를 이용함으로써 개량이 이루어져 왔지만 풍력발전기 측의 액세스 개량은 거의 이루어지지 않았다.

(2) 연직 사다리를 이용한 액세스 방법의 분석

2개의 계류 방현재 사이에 연직 사다리를 부착한 모노파일식 기초에의 액세스 시스템을 분석하고 리스크 요인을 특정하였다. 이 시스템에 대한 기본적 요구는 작업원이 옮겨 타기 위한 정지점을 만들기 위해 선수를 안정시키고, 연직방향으로 고정되어 있어야만 하는 것이다.

중요한 점은 ① 배의 연직동요를 억제하는 것, ② 방향을 검지하는 것, 그리고 ③ 선수에서 연직 사다리 및 그 반대 경우의 작업원의 액세스다. 결과적으로 다음에 나타내는 것 같은 특수한 안전용구 및 안전대책이 필요하게 된다.

- 안전대(Safty harness)
- 안전 와이어와 후크
- 안전복
- 극소형의 기자재를 위한 권양장치의 배치
- 들것에 싣고 경상을 포함한 부상자의 권양
- 기초 주위의 추가 계선위치(3~4개의 장소)

시스템의 장점과 단점은 아래에 나타낸다.

장점
- 단순하다.
- 가동부가 없다.
- 액세스 포인트당 가격은 비교적 싸다.
- 각종 구조물에 대하여 최대 100년의 실적이 있다.
- 조위변동에 대처 가능하다.

단점
- 액세스 가능한 방향이 한정된다.
- 액세스 포인트의 증설 시 비용이 발생한다.
- 몇 군데의 액세스 포인트가 있으며 구조설계상 바람직하지 않을 가능성이 있다.
- 선수와 연직 방현재와 접촉하는 곳이 많고 배의 연직동요 리스크를 증가시킨다(미끄러짐).
- 리스크가 높은 장소에서의 연직승강이 필요하다.
- 배로 귀환할 때 작업원이 등을 돌린 상태가 되어 시야와 발디딤이 나쁘다.
- 혹독한 해상조건에서는 대형 선박이 필요하다.

(3) 중력식 기초에의 액세스 방법의 분석

중력식 기초에의 액세스에서는 연직 사다리와 다른 문제가 생긴다. 이 형식의 기초는 통상 수심이 10m 이하인 경우에 이용된다(그림 10-7).

중력식 기초는 최대평균조위 약 6m인 천해역에 이용되고 있다. 모든 현장에서는 동계에는 해빙이 덮일 가능성이 있다. 따라서 기초는 해면에서 쇄빙을 위하여 (-) 경사를 만든다.

그림 10-7 중력식 기초에의 액세스(출처 : www.middelgrunden.dk)

이 (-) 경사인 쇄빙 콘에 의해 특히 바다가 거친 경우에 배로부터 안전하게 액세스하는 것이 곤란하게 된다. 선수가 쇄빙 콘의 reef 아래로 미끄러지면서 큰 손상을 받지 않도록 하는 것이 매우 중요하다. 이것을 방지하고 액세스 포인트를 구조물 위의 가능한 높은 위치로 하기 위해서는 배는 비교적 대형이고, 선수가 쇄빙 콘의 reef보다 충분히 위에 있지 않으면 안 된다. 선수의 포인트가 너무 높으면 배는 기초의 deck 위로 미끄러져 배에 막대한 손상을 초래하고 작업원이 부상을 입을 가능성이 있다.

그러나 이 시스템은 연직 사다리와 비교하여 360도로부터 액세스가 가능하고 좋은 액세스 시스템의 기본적인 특징을 갖추고 있다. 또한 이 시스템에서는 작업원은 바다에 면한 장소에서 올라갈 필요가 없고 구조물에 걸어서 건너갈 수 있다. 이에 의해 리스크가 생길 가능성이 있는 시간은 1초 이내로 단축할 수 있고 작업원이 부상을 입을 리스크를 큰 폭으로 저감하는 것이 가능하다.

이 설비의 장점과 단점은 아래와 같다.

장점

- 단순하다.
- 가동부가 없다.
- 액세스 시스템의 비용을 기초 비용 안에서 조달할 수 있다.
- 전 방위로부터 액세스가 가능하다.
- 작업원이 풍력발전기에의 액세스를 위해 승강할 필요가 없다.

단점

- 수위에 민감하고, 비교적 큰 조위변동에 대응할 수 없다.
- 배의 상하 동요는 용납되지 않는다.
- 액세스를 좋게 하기 위해 대형선이 필요하다.
- 선수의 손상 리스크 및 천해역에서는 선저와 해저와의 접촉 리스크가 있다.
- 다른 배 및 소형선에 의한 액세스가 불가능하다.
- 해수면으로부터 액세스를 위해 당연히 사다리가 필요하다.

10.4.3 위 2가지 시스템을 조합한 시스템

그림 10-8에 나타낸 SASH 시스템은 위에서 설명한 2개의 시스템의 장점을 조합한 것이다.

① 수직 사다리 시스템과 같이 스크루 프로펠러 추력으로 연직 구조물에 접안
② 중력식 기초와 같이 배로부터 기초 위의 수평면으로 옮겨 타기 위한 수평통로

이 시스템에서는 액세스를 위하여 연직 사다리를 올라갈 필요가 없다.

이 시스템은 해수면으로부터 3.5~4m 돌출되어 있는 직경 0.8m인 1개의 연직 '액세스 말뚝'을 이용하고 있다. 이 말뚝은 기초 본체에 ① 해수면 위로 4m 및 ② 해수면 아래로 2m의 위아래 2곳에 설치되어 있다. 이 말뚝의 상부에 평평한 플랫폼이 건설되어 있으며 작업원은 작업선 위의 통로로부터 옮겨 탈 수 있다. 플랫폼 중앙에는 연직인 grip이 세워져 있다. 작업선의 뱃머리는 방현재를 쥐는 형상으로 되어 있어서 작업선의 선수를 바람을 향하여 말뚝에 접안할 수 있다. 작업선 위의 통로는 높이 조절이 가능하고 작업원은 양방향으로부터 1개의 수평면으로부터 또

그림 10-8 Utgrunden 등대에서의 SASH의 prototype(Kalmar 시의 지역협의회 제공) 건너고 있는 작업원은 직경 0.8m인 액세스 말뚝 위의 연직 'grip stick'을 잡고 있다.

다른 1개의 수평면으로 이동할 수 있다. 구조물 양측에 2개의 액세스 말뚝을 부착시키면 360도 접안이 가능하게 된다.

이 시스템 및 그 장점과 단점은 다음과 같이 정리할 수 있다.

장점
- 단순하다.
- 기초에 가동부가 없다.
- 바다가 거친 경우에도 액세스 가능하다.
- 360도 방향으로부터 액세스가 가능하다.
- 승강할 필요가 없으며 수평면 내의 이동만으로 풍력발전기에 이동하는 것이 가능하다.
- 액세스 말뚝 위의 연직 사다리와 조합함으로써 모든 배에 대응 가능하다.

단점
- 하부구조에 작용하는 하중에 대해서 검토할 필요가 있다.
- 배에는 방현재 받이 및 gantry가 필요하다.

- 말뚝에의 접안에는 숙련된 배의 조타능력이 필요하다.
- 조위변동이 작은 경우에만 사용 가능하고, 조위변동이 큰 경우에는 개량이 필요하다.

10.4.4 통상 액세스 및 긴급구조를 위한 공수

대부분의 해상풍력발전 프로젝트에서는 헬리콥터에 의한 긴급구조체제가 도입되어 풍력발전기 나셀(nacelle)의 꼭대기에 헬리콥터로부터 작업원을 끌어올리기 위한 플랫폼(착륙을 위한 heliport가 아님)을 갖추고 있다. 해상상태가 심한 풍력발전단지에서는 통상적인 액세스일 때도 헬리콥터에 의존하게 된다. 이 대표적인 예가 Horns Rev 풍력발전단지이며, 배로 접근할 때 연직 사다리로 액세스하는 것은 예상보다 어렵고 헬리콥터를 이용하는 빈도가 예상보다 높다. 앞으로 건설되는 풍력발전단지에서는 헬리콥터에 의한 물자운송이 오늘날보다 큰 역할을 할 것이라고 생각된다.

10.5 신기술

최근 자세제어 시스템을 구사한 새로운 기술이 시장에 투입되고 있다. 기본적인 원리는 배의 운동을 연속적으로 계측하고 그 정보를 이용하여 배의 동요를 없애도록 특정 기기의 유압 실린더를 구동한다는 것이다. 다음에는 이를 응용한 2개의 유망한 시스템을 나타낸다.

(1) 해상 액세스 시스템(OAS)

해상 액세스 시스템 (Official Access System : OAS)은 배의 선미 deck 위에 설치된 가동식 통로이다. 지지 실린더를 움직임으로써 통로의 단부는 연직방향의 동요에 대해서 정지상태가 유지된다. 통로의 단부는 high-tech를 이용한 grip system으로 구성되어 해상풍력발전기에 부착된 접안용 pole을 향하여 늘릴 수 있다. 통로의 단부가 pole의 뒤쪽에 닿으면 grip 장치를 조금만 끌어 당김으로써 작동시킨다. grip에 의해 접속한 다음에 통로의 자세제어 모드를 해제하고 통로는 배와 구조물 사이에서 수동적인 힌지가 된다. 이 시스템은 남 북해(North Sea)의 무인유전 및 가스전 플랫폼에서 이용되고 있다. $H_s = 2.5\,\text{m}$까지의 유의파고에 대하여 액세스가 가능하며 1년 이상 가동하고 있는 실적이 있다. 단점은 자동 선위 고정 시스템 DP II(Dynamic Positionsing System II)을 갖춘 대형선이 필요하기 때문에 해상풍력발전에서 도입하기에는 상당히 비싸다는 것이다.

(2) Ampelmann

Ampelmann은 Delft 공과대학에서 개발된 시스템이다. 이 시스템은 통로가 달린 옮겨 타기용 deck를 지지하는 6개의 유압 실린더를 사용하고 있다. 핵심기술은 Flight simulator로부터 도입되어 있다. 배의 동요를 계측하고 실린더를 작동시켜 6개의 자유도에 대한 자세제어에 의해 옮겨 타기용 deck와 통로를 완전히 정지 상태로 유지한다. 통로를 해상풍력발전기 쪽으로 뻗어 선착장 또는 액세스 플랫폼에 대하여 밀어냄으로써 작업원은 안전하게 옮겨 타기용 deck로부터 해상풍력발전기로 이동할 수 있다. Ampelmann의 특징은 수평동요에 대해서도 자세제어를 수행함으로써 위치 고정에 대해서 보다 튼튼하다는 점 및 값이 비싼 Dynamic positioning system을 갖춘 배를 필요로 하지 않는 점이다. 이 시스템은 $H_s = 2.5\,\mathrm{m}$까지의 유의파고에 대하여 사용할 수 있도록 설계되어 있다.

10.6 결 론

해상풍력발전기에의 액세스 방법은 현장마다 다르며 풍향, 파의 취송거리, 조위, 해류, 파고 항으로부터의 거리, 풍력발전기의 수, 법령 및 해빙의 유무가 중요한 파라미터이다. 이들 모든 요소가 최적인 액세스 시스템의 설계에 영향을 미친다.

해상에서의 작업원의 이동을 효율적이고 안전하게 수행하기 위해서는 시스템이 단순하다는 것이 중요하다. 해상환경에서는 물, 염분 및 해빙이 구조체, 금속 및 구동부를 부식시키기 때문에 유압시스템, 전동기 및 가동부는 시스템의 신뢰성을 저하시킬 가능성이 있다.

안전성에 관한 지역과 나라의 기준은 해상에 사용하는 승강 사다리의 사양에 영향을 미친다. 더욱이 규제당국은 액세스에 대한 환경제한을 요구할 거라고 생각할 수 있다. 고풍속 시에 제조사의 기준에 따라 풍력발전기에의 액세스가 제한되는 경우가 있다.

한층 더 경제적인 최적화를 수행하기 위해서는 신속하고 안전한 액세스 방법이 필요하다. cash flow가 큰 대규모 풍력발전단지에서는 가동률을 향상시켜 경제성을 향상시키기 위하여 보다 고도의 시스템을 개발하는 것이 가능하다. 통상 파고가 낮은 해역에 위치하는 작은 풍력발전단지에서는 단순하고 튼튼한 시스템이 가장 경제성이 좋다고 생각된다.

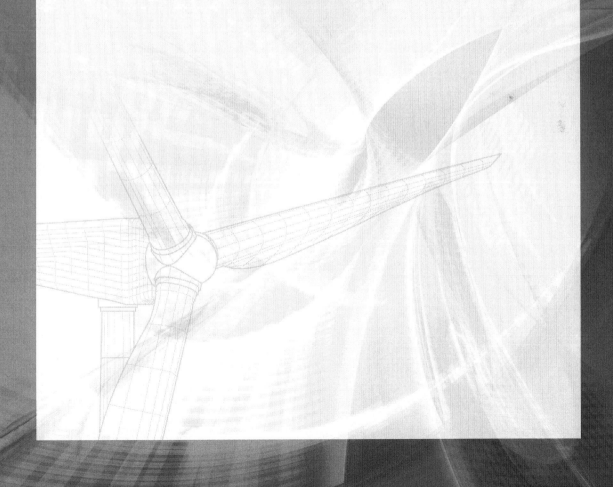

Chapter 11

규격과 인증

규격과 인증

11.1 서 론

풍력이용을 위한 법규와 규격의 개발은 캐나다, 덴마크, 독일, 스웨덴 및 미국의 공식적인 대표자들에 의해 1980년대 초반에 시작되었으며[1], 그 후 1987년에 제정되는 IEC(국제전기기술위원회) 국제규격이 되었다. 풍력발전에 가장 관련 있는 분야는 발전(electricity generation)에 있었기 때문에 유럽에서의 작업은 CENELEC(European Electrotechnical Commission)에 의해 수행되었다. IEC와 CENELEC 양자는 61400 시리즈로서 규격, 기술보고서 및 기술사양서를 계속하여 발행하고 있다. 내용에는 증속기, 블레이드 시험, 성능곡선, 소음, 하중계측, 전력품질 및 낙뢰보호를 위한 육상 및 해상풍력발전기의 설계 요구사항이 포함되고 그 밖에 제어와 감시를 위한 통신규격 등이 있다.

풍력발전기 규격의 개발이 시작된 당시에는 해상풍력발전기의 타당성 연구 프로젝트가 실시되고 있었다[2]. 이 최초의 안을 개발하고 실제 3MW의 해상풍력발전기를 설치하기까지 거의 25년을 필요로 하였다. 해상풍력발전기에 대한 규칙[1]은 EU 프로젝트 'Offshore Wind Energy within

---

1 역자 주 : 본 장에서는 규칙, 규정(規程), 규정(規定), 기준은 아래에 기술한 의미로 이용하고 있다.
① 「규칙 : regulations」이라는 것은 법령, 정관 등에서 정해진 사항에 입각하여 업무의 운영 및 그 취급에 대해서 정한 것.
② 「규정(規程) : code」이라는 것은 일정한 목적(예를 들면, 실무의 내용, 그 수속 등)을 위해 만들어진 복수의 규정을 체계적으로 정리한 총체를 의미하고, 「규칙」과 같은 레벨에 위치한다.
③ 「규정(規定)」이라는 것은 사무 처리의 내용 또는 순서 등을 결정한 「규정(規程)」 또는 「규칙」 등의 개개의 조항(조문)을 의미한다.
④ 「기준 : rule」이라는 것은 어떠한 사항의 판단·평가·심사 등을 행할 경우의 척도 또는 방법을 단순화·표준화하기 위하여 만들어진 구체적인 지침(guide line)을 의미한다.

the European Union'에서 독일·Lloyd 선급협회(Germanischer Lloyd : GL) 및 Garrad Hassan 사가 처음으로 개발하였다[3]. 이들 규칙은 그 후 변경이 더해져 GL의 규칙으로서 1995년에 발행되었다[4]. 이것은 GL에 의한 풍력 및 해상석유가스에 관한 경험이 포함되어 있다. 한편 덴마크도 해상풍력발전기에 관한 인증 절차서를 발행하고[5], 노르웨이 선급협회(Det Norske Veritas : DNV)는 해상기초를 위한 가이드라인을 준비하고 있다[6].

11.2 규 격

11.2.1 개관 및 비교

풍력발전기의 인증은 1983년경부터 시작되었다. 첫 번째로 덴마크, 뒤이어 독일과 네덜란드에서 적용범위, 요구사항 및 수심과 관련하여 다르게 적용되고 있었다. 이들 3개의 나라는 인증기준의 개발과 적용에 있어서 여전히 선도하고 있지만, 이 몇 년 사이에 중국, 그리스, 인도, 스페인, 스웨덴, 영국 및 미국 등의 많은 나라 또는 금융기관이, 풍력발전기와 그 설치에 관한 평가와 인증의 필요성을 인식하고 있다.

(1) IEC 61400-3 설계요건

IEC 61400-3(풍력발전기 제3부-해상풍력발전기의 설계요건)[7]은, 2005년 시점에는 초판이었으며, 2008~2009년까지 국제규격문서로서 발행된다[2]. 이 규격의 목적은 다음과 같다.

"IEC 61400-3은 해상풍력발전기의 공학적 건전성을 확보하기 위한 기본적인 설계요건을 정한다. 그 목적은 설계수명 동안의 모든 위험한 조건에 의한 손상으로부터 기기를 보호하기 위한 적절한 레벨을 부여하는 것에 있다"[7].

이 규격은 풍력발전기의 설계요건, 안전 및 계측방법을 취급하는 IEC 61400 시리즈의 하나이다. IEC 61400-1(풍력터빈 제1부-풍력발전기의 설계 요구사항)[8]은 풍력발전기(해상풍력발전기도 포함)의 설계 요구사항에 대해서 국제적으로 인정된 규격이며, IEC 61400-3은 IEC/ISO 규격

---

2 역자 주 : 2009년에 발행되었다.

과 적절하게 조합하여 이용되어야 하고, IEC 61400-1의 요구사항과 일관성을 이루고 있다. IEC 61400-3에서는 하중의 결정방법에 중점을 두고 있으며, 또한 현장(풍력발전기를 설치하는 장소) 평가 및 하중에 관한 세부사항이 서술되어 있다. 재료, 구조, 기계요소 및 시스템(안전 시스템 및 전기 시스템)에 관한 요구사항은 간결하게 다루고 있으며, 모두를 포함하고 있지는 않다. 이 때문에 IEC 61400-3은 다음과 같이 선언하고 있다.

"풍력발전기 요소의 건전성을 결정하는 경우 관련하는 재료에 대해서는 국내 및 국제설계규정을 이용해도 좋다. 각국의 설계규정 또는 국제설계규정의 부분안전계수를 이 규정의 부분안전계수와 병용하는 경우는 특히 주의할 필요가 있다. 결과로서 얻어지는 안전 레벨은, 이 규격이 요구하는 안전 레벨보다도 작아서는 안 된다."

IEC 61400-3은 하중예측 및 안전 레벨을 정의하고 있지만 구조, 기계, 블레이드, 안전 및 전기 시스템의 결정에 대해서는 국내 또는 국제규칙의 적용에 준거한다.

(2) GL 가이드라인

독일·Lloyd 선급협회(GL)는 1995년에 해상풍력발전기의 인증에 관한 최초의 규정을 발행하였고[4], 최신판으로서 2005년 6월에 전면 개정되었다[9]. GL 가이드라인은 풍력발전기 전체에 관련된 최신 설계요건을 부여하고 있으며, 인증순서, 하중, 재료, 구조, 기계, 블레이드, 전기, 안전 및 상태감시(condition monitoring)를 포함하고 있다.

안전에 관한 이념은 육상풍력발전기의 설계요건을 따르고, 하중의 안전계수는 IEC 61400-1 및 61400-3 규격으로 통일되어 있으며, 재료에 관한 안전계수는 비슷하지만 GL 가이드라인에서는 보다 상세하게 기술되어 있다. IEC는 재료에 관한 안전계수는 일반적인 방법으로 규정하고 있으며, 특정 재료 그 자체에 대해서는 고려되고 있지 않다. 그러나 GL 가이드라인은 재료에 따른 안전계수를 규정하고 있으며, 예를 들면 지반내력의 불확실성이 크기 때문에 지반내력의 안전계수는 용접구조의 안전계수보다도 안전 측으로 되어 있다.

형식 및 프로젝트 인증의 범위는 그림 11-3 및 그림 11-6과 같이 GL 가이드라인에 나타나 있다. 프로젝트 인증에는 A 및 B 레벨이 있는 것이 GL 가이드라인의 특징이다. 이는 풍력발전단지의 모든 풍력발전기를 감시(A 레벨)할지 또는 랜덤으로 추출된 풍력발전단지의 25%의 풍력발전기를 감시(B 레벨)할지를 이용자가 선택하도록 하는 것이다.

(3) 덴마크 권고

해상풍력발전기의 인증에 관한 덴마크의 규칙[5]은 2001년에 발행되었다. 이 규칙은「풍력발전기의 설계, 제조 및 설치에 관한 기술인증계획의 실행명령」[10]의 부속문서 안에 기술되어 해상풍력발전기의 인증에 관한 기술요건에 관한 지령과 보충정보를 포함한다. 해상풍력발전기의 규칙은 하중, 기초, 업무상의 안전, 낙뢰, 표지, 소음 및 환경영향평가에 대해서 다루고 있다.

기계, 전기 및 안전 시스템에 관한 특별한 요건은 덴마크 권고에서는 주어져 있지 않으며 일반적인 규칙이 적용된다.

(4) DNV-OS-J101

DNV(Det Norske Veritas)는 2004년에 해상풍력발전기의 구조설계를 위한 최초의 규격을 발행하였다[11]. 가이드라인에서는 기초 및 지반을 포함한 나셀(nacelle)에서부터 아래의 모든 구조부분에 관한 설계, 건설, 조립 및 검사를 다루고 있으며, 특히 지지구조의 설계수명에 대해서는 제조방법 및 추적조사에 대해서 기재되어 있다. 강 및 콘크리트 구조, 그라우트 접속, 부식방지, 하중효과, 운송 및 설치에 관한 설계원칙 및 요건이 주어져 있다. 이 가이드라인에서는 로터(rotor) 블레이드, 기계요소, 전기기기, 안전 시스템 또는 condition monitoring system 등 해상풍력발전기의 형식인증에 포함되는 항목에 대해서는 다루고 있지 않다.

(5) IEC WT01

IEC WT01[3] 은「풍력발전기의 적합성 시험 및 인증에 관한 IEC 시스템」을 위한 규칙과 절차를 포함하고 있다[12]. 절차는 해상풍력발전기와 관련된 것이 아니며, 또한 설계요건을 명기한 것도 아니다. IEC WT01의 목적은 인증을 위한 기본요소, 기본 모듈 및 절차를 정의하는 것에 있다.

WT01은 처음에는 해상풍력발전단지를 상정한 것은 아니었지만 일부 경우의 해상풍력발전단지의 프로젝트 인증에 적용되었다. 그러나 IEC WT01은 해상풍력발전단지의 인증을 포함하도록 현재 수정되어 있다.

제조, 수송, 설치 및 commissioning(시운전[4])에 대해서 제3자 기관에 의한 감시가 포함되지 않은 프로젝트 인증에서는 이들 과정 동안 문제 또는 결함이 표면화되지 않는다. IEC WT01의 프로젝트 인증의 목적은 모든 설계요건과 설계검사 문서의 평가를 인증하는 것에 있다. 지금까지

---

3 역자 주 : WT01은 발전적 해소되어, IEC 61400–22 Ed.1–풍력발전기의 인증 시스템의 규칙 및 수속–(2010)으로서 발행되어 있다.

4 역자 주 : 기능 안전성 확인, 풍력발전기의 계통에의 접속 및 운전의 개시를 포함한 과정을 말한다.

의 경험으로부터 제조상의 문제가 때때로 일어나고 있기 때문에 제3자 기관에 의한 감시를 면제하는 것은 큰 리스크가 되고 있다. 제조과정에서는 발견되지 않고 풍력발전기설치 후에 고장의 수리를 행하는 것은 매우 비용이 크고 시간을 요하는 작업이며, 일반적으로 풍력발전에 대한 평가를 그르치게 하는 것이다.

표 11-1은 위에서 설명한 규격문장에 기술되어 있는 내용에 대해서 정리한 것이다.

표 11-1 해상풍력발전기의 규격 및 가이드라인에서 다루는 범위의 비교

	프로젝트 인증	하중	지지구조	기계	안전, 전기 및 CMS
IEC 61400-3		◎	○		○
GL 가이드라인	◎	◎	◎	◎	◎
덴마크 권고		◎	◎		○
DNV-OS-J101	◎	◎	◎		
IEC WT01(육상)	◎	○			

◎ : 항목이 다루어지고 있음. ○ : 항목이 부분적으로 다루어지거나 다른 규격을 참조하고 있음

11.2.2 앞으로의 동향

규격 및 가이드라인의 앞으로의 동향은 해상풍력 또는 해양 에너지 산업의 기술적 및 경제적 발전에 관련하고 있다. 설계자 및 연구자 또는 규격 및 인증기관 등에서부터의 규격작성 작업의 참가자는 연구개발 프로젝트 또는 그것에 관련한 표준화 위원회와 협력하고 있으며, 규격화에서는 설계방법 등 개량된 결과가 반영된다. 일반적으로 경제적 조건은 적용되는 규격과 실시되는 인증의 범위와 내용에 영향을 준다. 이 영향은 규격의 기술요건에만 관계하고 안전 규정에는 영향을 주지 않는 것이 바람직하다. 그러나 고장의 첫 번째 리스크는 경제적 측면이며 인명 또는 오염 등의 리스크는 작다고 생각되고 있다(해상풍력발전기는 거주용 구조물이 아니라 환경오염의 가능성도 비교적 낮은 것으로 생각되기 때문이다).

이 때문에 전반적인 경제적 조건은 인증을 실시하기 위한 일의 양(amount of work)에 영향을 미친다. 대규모 프로젝트에서는 안전계수를 도입하는 고전적인 한계상태설계방법이 아닌 확률적인 방법에 의한 설계해석이 제일 좋은 방법이지만 보다 소규모인 프로젝트에서는 '고전적'인 안전계수를 이용한 설계방법이 유리할 수 있다. 이 때문에 2개의 방법을 포함한 규격 및 가이드라인이 장래에 개발되어 적용될 가능성이 있다. 나아가 규격과 가이드라인의 조화의 강화를 꾀하는 것이 중요하게 될 것이다.

(1) 풍력발전기

지금까지의 규격, 예를 들면 IEC 61400-4[풍력발전기 제4부-풍력발전기의 증속기(gear box)의 설계요건-]의 증속기 규격의 개발뿐만 아니라, IEC 내에서는 다수의 '신규 작업항목 제안(New Work Item Proposals)'이 이루어지고 있다. 증속기의 규격은 요소 및 시험방법 양자를 포함하고 있다.

초기 해상풍력발전단지에서는 육상용 풍력발전기를 해상용으로 개량하는 retrofit[5]을 수행한 결과로서 중대한 고장이 일어났다. 개발 중인 대형 풍력발전단지 및 보다 수심이 깊은 장소에 대하여 3MW를 초과하는 큰 사이즈의 풍력발전기가 개발되어 사용되고 있지만, 로터(rotor) 직경이 100m를 초과하는 풍력발전기는 풍력발전기의 안전에 관한 모든 점에 대해서 많은 도전이 필요하게 된다. 대형화에 관해서는 공력, 구조설계, 수송, 설치, 운전 및 유지관리에 영향을 주고, 새로운 공학적 해결방법이 필요하게 된다. 이 분야에서 실시되고 있는 연구는 가이드라인 및 규격에서의 진보에도 이어지고 있다. 한 예로서 EU에 의해 설치된 연구개발 프로젝트 '풍력발전기설계의 총합(UpWind)'에서는 풍력발전기설계 및 해석에 관련된 모든 항목이 다루어져 있다. 이 프로젝트의 일부에서는 IEC TC88[6]의 골격작업에서 실시되고 있는 작업과 관련되고 있으며, 새로운 인증 가이드라인의 개발이 이루어지고 있다.

IEC에서의 개발은 TC88의 각각의 maintenance team 또는 working group[7]에 의해 주로 이루어지고 있다. 2005년 당시의 working group을 표 11-2에 나타낸다.

표 11-2 IEC TC88 Working groups

Working Groups(WG)	
WG 3	해상풍력발전기의 설계요건
Joint Working Groups	
JWG 1	풍력발전기의 증속기(gear box)
Project Teams	
PT 61400-14	음향의 power level과 tonality 값의 제시
PT 61400-24	풍력발전기의 낙뢰보호
PT 61400-25	풍력발전소의 감시제어용 통신

---

5 역자 주 : 그것이 제조되었을 당시에 부속되어 있지 않았던 요소 또는 부속품을 첨가하는 행위를 말한다.
6 역자 주 : 1988년에 IEC에 설치된 풍력발전기에 관한 88번째의 기술위원회(Technical Committee : TC)
7 역자 주 : Maintenance team-기존의 규격의 개정작업을 담당하는 위원회, Working group : 신규로 규격을 책정하는 위원회, Joint working group-그 밖의 기관과 공동으로 규격을 책정하는 위원회

표 11-2 IEC TC88 Working groups(계속)

Maintenance Teams	
MT 1	풍력발전기의 설계요건
MT 11	소음 계측방법
MT 12	풍력발전기성능 test
MT 2	소형 풍력발전기의 안전성
MT 21	계통연계 풍력발전기의 전력품질특성의 측정 및 평가
MT 22	WT01의 개정, 풍력발전기인증제도
MT 23	풍력발전기 블레이드 구조강도시험

(2) 해상풍력발전단지

최초의 풍력발전단지의 인증절차와 운용으로부터 얻어진 경험에 의해 인증절차 및 규칙을 계속적으로 개발하는 것에 대한 필요성이 관계자 사이에서 공통적으로 인식되고 있다. IEC 61400-3이 규격이 되기 이전에도 복잡한 구조에 대해서 보다 적절한 방법을 나타내기 위해서는 추가적인 작업이 필요하다는 것은 명백하였다. EU에서는 해상풍력발전기의 설계 및 인증에 관한 프로젝트인 제6차 Frame work program, 즉 '풍력발전기설계의 총합(UpWind)' 및 'DOWNVInD(Distant Offshore Windfarms with No Visual Impact in Deepwater)' 프로젝트를 지원하여 왔다. 마찬가지로 미국의 에너지청(DOE) 및 국립재생가능에너지 연구소(NREL)는 '저풍속 풍력발전기기술(LWST)'의 해상풍력개발 프로젝트 안에서 주로 심해역에 초점을 둔 연구를 수행하고 있다.

해상풍력발전단지의 불확실성의 주요인은 사이트 평가이다. 이것은 해상풍력발전기의 해석에 필요한 바람과 파를 포함한 계측 데이터의 수가 한정되어 있기 때문에 사이트 조건의 평가에 때때로 '추산' 모델이 이용되고 있다. 이 상황은 규격에도 영향을 주고, 규격의 개선을 위해서는 보다 정량적 및 정성적 해석이 필요하다. 수치해석에 의한 추산방법의 개발, 북해(North Sea) 및 발트해(Baltic Sea)에서의 독일의 연구용 플랫폼(바람 및 파의 관측시설, FINO1) 및 덴마크의 Horns Rev 해상풍력 풍력발전단지에서의 관측결과는 사이트 평가의 더 나은 발전 또는 규격에 규정되는 요건에 대해서 장래에 영향을 미칠 것이다. 나아가 그곳에서 얻어진 관측결과 또는 그 결과들을 기반으로 한 해석에 의해 난류풍속 및 불규칙한 해상상태에 대한 모델이 개량될 것으로 기대되고 있다. 이것에 의해 특히 육상으로부터 '차용한' 해상풍 조건에 관한 새로운 모델이 개발될 것으로 생각된다. 마찬가지로 천해역의 해상조건의 기술도 현 상황에서는 해상석유·가스 산업의 지견으로부터 인용한 것이지만 앞으로는 개량될 것으로 생각된다.

해상풍력발전기의 비선형적이고 동적인 거동 때문에 시간영역의 시뮬레이션(time domain simulation)은 풍력발전기 및 지지구조에 작용하는 하중을 해석하기 위한 최신의 방법이다. 풍력발전기와 파하중의 간섭 및 지지구조의 응답은 풍력발전기와 지지구조를 포함한 통합적인 해석이 필요하게 된다. 이 방법은 확률적인 하중에 의한 시스템의 응답해석에서 자주 이용되고 있는 확립된 기법이다. 하나의 약점은 통계적인 흐름장에서의 비선형운동의 모델화이다. 비선형운동의 영향을 고려한 공학적 방법은 넓게 이용되고 있지 않은 점으로부터 이 분야에서는 추가적인 연구가 필요하다. 해결방법이 확립된다면 규격에 곧 반영되어 지금까지 이용되어 온 결정론적 방법으로 전환할 수 있다.

풍력발전기 전체의 거동과 하중에 대한 controller의 영향은 중요하다. 오늘날 시스템의 active damping 및 그것에 의한 하중의 저감효과를 얻을 수 있는 intelligent한 시스템이 개발되어 제어 소프트웨어 및 하드웨어의 평가를 포함한 해석, 규격 및 인증절차의 새로운 영역에 반영된다.

대형 풍력발전기의 경제성을 개선하기 위하여 개별 사이트에 최적화한 새로운 지지구조 concept가 제안되어 있다. 여기서 생각할 수 있는 설계는 강철 또는 콘크리트 Tripod 및 해상석유·가스 산업에서 알려져 있는 구조이다. 기존의 설계 tool, 소프트웨어 및 해석방법을 Tripod의 통합설계에 응용할 필요가 있다. 이것은 몇 개의 프로젝트에서 검토되고 있으며, 예를 들면 DOWNVInD 프로젝트에서는 full scale인 demonstration 프로젝트로서 스코틀랜드 앞바다(수심 43m) 2기의 대형 풍력발전기에 대하여 자켓식 지지구조를 채용하고 있다. 이 프로젝트의 일부는 인증요건의 평가에 이용되고 있다.

그 밖에 검토되고 있는 것으로서 suction bucket 지지구조가 있으며, 이것은 석유·가스 산업에서 잘 알려져 있는 구조로서 휨 모멘트의 풍력발전기에의 전달방법이 특징이다. 이 구조는 덴마크의 Frederikshavn에서 demonstration 프로젝트(Vestas V90, 3MW 풍력발전기)에서 평가되어 관련한 규격문서가 작성될 것이라고 예상된다. 지반과 말뚝의 상호작용은 해상풍력발전기 시스템 전체의 동적거동에 영향을 준다. 지반의 비선형 하중전달을 표현하는 기술방법($p-y$ 곡선)은 원래는 석유·가스 구조물에 대하여 개발·규격화된 것으로, 규격에 기술되어 있는 파라미터는 말뚝의 직경이 2~3m에 한정되어 있다. 또한 주기적인 하중 아래에서 장기간에 걸친 지반의 거동은 거의 알려져 있지 않다. 신뢰성이 높은 규격의 개발은 이 분야에서도 필요로 되고 있다.

해상풍력발전기의 해석을 수행할 때에는 세굴의 거동은 중요하다. 세굴의 예측에는 해석해가 아닌 모델에 의한 시험을 수행할 필요가 있다. 모델시험, 고도의 해석 및 지금까지의 프로젝트로부터 얻어진 경험은 규격에 기술되는 세굴방지를 위한 설계방법 및 기법에 반영된다. 오늘날 이용되고 있는 세굴방지는 파일 직경이 보다 가는 것을 이용하고 있는 석유·가스 산업으로부터 얻어진 것이다. 해석방법의 적용성과 말뚝 직경 8m까지의 풍력발전기 설치에 필요한 방지 시스템의 유효성은 아직 검증될 필요가 있다.

(3) 심해역의 해상

심해역에 풍력발전기를 설치하기 위해서는 설계 및 인증에서 새로운 도전을 낳는다. 부유체 또는 대응하는 구조의 이용은 풍력발전기의 기울기, 계류 및 system dynamic 등의 새로운 문제들을 야기할 뿐만 아니라, 수면 아래의 구조 점검과 유지관리가 보다 복잡하게 된다. IEA(International Energy Agency)는 모든 수심에 대응하는 해상풍력발전기의 해석 코드의 개발 필요성에 대하여 논의하고 있다. IEA 해상풍력기술개발, subtask 2-'심해역을 위한 기술연구' 위원회 중에서, 풍력발전기-구조의 동적 연성모델의 연구개발 task를 구성할 것을 결정하고 있다.

IEA annex(분과회) 23의 '심해역 대응 풍력발전기 모델링' 안에서 현재의 해상풍력발전기 모델링 가능성과 한계에 대해서 조사를 수행하고 있다. 이 조사에서는 풍력발전기 및 석유·가스 산업 양자에 대한 모델링을 포함하고 있다. 이에는 심해역용 플랫폼에 작용하는 파하중의 충격과 감도, 극치쇄파, 빙하중 및 파군의 평가가 포함된다.

(4) 해양 에너지

해상에서는 그 밖의 형태의 에너지 이용 가능성이 있다. 해양은 조류, 염분농도변화 및 해양온도차 에너지 등의 많은 에너지원을 포함하고 있다. 이들 분야에서의 개발에는 신뢰성과 안전성을 보증하기 위한 규격 및 가이드라인이 필요하게 된다. 2004년에 IEC TC88 회의에서 장래의 task로서 해양 에너지 장치를 의논할 필요성에 대해서 결의되어, GL은 '해양 에너지 변환장치를 위한 가이드라인, 제1부 : 해양조류터빈'을 마련하였다. 2004년에는 또다시 EMEC(European Marine Energy Centre)가 해양 에너지 장치의 시험을 위한 규격을 발행하였다[14]. DNV는 영국의 Carbon Trust8의 후원에 의해 파력변환장치의 인증을 위한 가이드라인을 개발하였다.

11.3 풍력발전기 및 풍력발전단지의 인증

11.3.1 일 반

유럽 규격 EN 45020[16]은 규격 또는 참조규정을 포함한 제품 또는 서비스를 인증하기 위한 독립한 제3자의 활동으로서 적합성의 평가를 정의하고 있으며, 풍력발전기의 인증 범위 안에는

---

8 역자 주 : 2001년 영국정부에 의해 설립된 탄소배출량 삭감 또는 상업용 저탄소기술의 개발을 수행하는 독립기업

시험, 평가, 계측 및 검사가 포함되어 있다. 육상풍력발전기의 인증을 위한 절차는 25년 전에 상용풍력발전기의 도입 때부터 시작하고 있다. GL은 1989년에 오늘날까지 이용되고 있는 형식 및 프로젝트 인증에 관한 국제인증의 선구가 되는 최초의 포괄적인 인증 절차서를 발행하였다. 그 후 이 분야의 실무상 경험 및 발전을 커버하기 위하여 개정되고 있다.

풍력발전기의 인증절차에 관한 국제규격은 1995년에 IEC에서 시작되어 그 최초의 출판물은 IEC의 적합성 평가 평의회(Confirmity Asscement Board : CAB)에 의해 2001년 4월에 IEC WT01로서 발행되었다[12]. IEC WT01[12] 및 GL[9, 17]에 의한 인증절차는 국제적으로 도입되어 육상 및 해상풍력발전기의 인증으로서 가장 중요한 가이드라인으로 되어 있다. 이 절에서는 육상 및 해상풍력발전기에 관한 인증절차에 초점을 두는 것으로 한다.

인증절차는 형식인증(제품의 인증) 및 프로젝트 인증(프로젝트 또는 풍력발전단지 전체의 인증)으로 나눌 수 있다. IEC WT01[12] 및 GL[9, 17]에 의하면 일반적으로 형식인증은 모듈 설계평가, 제조평가[제조에서 품질관리 및 설계요건의 실행 및 조립(IPE)] 및 prototype 시험으로 이루어진다. 형식인증은 설계도서에 입각한 제품설계의 단순한 인증뿐만 아니라 제조자 및 supplier 공장에서의 제조공정의 검사, 중요부품의 검사 및 prototype의 시험도 포함하고 있다. 프로젝트 인증에서는 형식인증을 받은 해상풍력발전기 및 지지구조 설계가 사이트 고유의 외부조건에 지배되는 요건에 대한 적합성이 평가되고 인증된다. GL[9, 17]에 의하면 프로젝트 인증에서는 개개의 해상풍력발전기 및 풍력발전단지는 제조, 수송, 설치 및 시운전이 감시되고, 감시는 정기적인 간격으로 이루어진다.

인증절차의 개별 모듈은 '적합서' 또는 '적합 평가서'(IEC WT01)로 완료된다. 인증기관은 11.3.3항 및 11.3.4항에 상세하게 설명하는 것처럼 관련한 형식인증 또는 프로젝트 인증의 인증서를 발행한다. 특히 육상 및 해상풍력발전단지의 사이트 평가에서는 풍력발전기의 배치 및 환경조건(바람, 파, 지진, 복잡한 지형 및 극한조건 등) 등이 중시된다.

11.3.2 설계요건

(1) 안전 철학

해상풍력발전기 평가의 제1단계에서는 운전기간 중의 모든 위험한 조건에 의한 손상에 대하여 건전성을 담보하기 위한 안전 및 제어에 관련된 시험이 중시된다. 해상풍력발전기는 현재의 가이드라인 및 규격에서 주어지고 있는 육상풍력발전기의 안전에 관한 요건에 적합하고, 해상 프로젝트에서는 특히 다른 환경조건과 액세스가 제한되는 것을 고려할 필요가 있다[8, 17].

해상풍력발전기는 거주용 구조물이 아니며 제3자에 대한 위해 가능성은 육상보다 낮다고 생각할 수 있으며, 이러한 이유로 인해 안전 레벨을 줄일 수 있다. 그러나 육상보다도 액세스가 곤란한 점 때문에 해상풍력발전기의 신뢰성은 매우 중요하다. 일반적으로 해상풍력발전기에 대해서는 극한 및 사용성 한계상태(ultimate and serviceability limit states)만이 고려되고 있으며, 고장 조건은 극한한계상태(ultimate limit states)[9]에 포함되어 있다. 석유·가스 산업에서 이용되고 있는 사고한계상태(accidental limit states)는 인명 또는 오염 위기가 존재하지 않기 때문에 고려되지 않는다. 이것은 구조물이 도괴와 같은 손상으로 이어지는 매우 드문 사상에 견디지 않으면 안 되는 석유·가스 산업의 요건과 크게 다른 점이다.

해상풍력발전기는 또한 육상풍력발전기에 없는 바람 및 파의 하중이 동시에 작용하는 경우 또는 작업선의 충돌 등 설치 리스크에 대해서 고려할 필요가 있다. 이러한 리스크는 안전에 관련된 가장 중요한 사항이며, 몇 개의 카테고리로 분류되어 있고, 다음의 방법에 의해 관리할 수 있다.

① 구조적 건전성의 상실
  - 하중(바람과 파하중의 동시작용, 배의 충돌, 빙하의 하중 등)은 인정된 규격 및 규정에 따라서 계산되어야 한다.
  - 구조요소는 인정된 규격 및 규정에 따라서 설계되어야 한다.
  - 설계 시의 이중관리(독립한 단체 또는 인증기관에 의한 평가)
  - condition monitoring

② 풍력발전기 제어의 상실
  - 풍력발전기 제어에 필요한 redundancy, 예를 들면 제어 시스템은 안전 시스템에 의해 관리한다.
  - Prototype 시험 및 시운전의 입회

③ 인명의 안전
  - 해상의 작업원에 운전지령 및 작업원의 안전은 통상 각국의 규정에 의해 정의되고 인증에서 특별한 요구는 없다.

④ 항해 및 항공의 안전
  - 국제기준 또는 각국의 기준에 의한 marking, 경보 시스템을 구조물에 넣는 것은 인증의 요건이 아니다.
  - 인증의 일부로서 낙뢰보호

---

9 역자 주: 상정되는 작용에 의해 생기는 것이 예측되는 파괴 또는 큰 변형 등에 대하여 구조물의 안정성이 훼손되지 않고, 그 내외의 인명에 대한 안전성 등을 확보할 수 있는 한계상태를 말한다.

⑤ 화재방지

• 화재의 소화 및 감지 시스템은 본래는 인증의 일부가 아니지만 중요성이 늘고 있다.

해상풍력발전기의 운전을 안전하게 수행하기 위해서는 그 리스크를 주의 깊게 감시할 필요가 있다. 유지관리 작업원의 해상풍력발전기에의 액세스는 좋은 기상일 때에 한정되어, 해안에서부터의 거리가 증가함에 따라 그 노력이 커지지 때문에 해상풍력발전기의 원격제어 적용범위를 넓힐 필요가 있다. 이 때문에 안전 시스템 및 로터(rotor) lock의 원격제어에 관련된 요구가 필요하게 된다.

육상풍력발전기의 경우 긴급 시스템이 작동하였다면 고장의 처리는 풍력발전기 사이트에서 충분한 자격을 갖춘 숙련된 작업원의 입회와 적극적인 참가에 의해서만 가능하다. 해상풍력발전기의 경우, 고장의 처리는 카메라 또는 마이크 등 remote monitoring이 있는 경우 또는 충분한 자격을 갖춘 작업원이 있는 경우, 원격으로 일부를 해제하는 것이 가능하다. 풍력발전기의 외관은 인접한 풍력발전기에 설치된 감시 카메라 또는 배 또는 헬리콥터에 의해 조사할 수 있다. 나셀(nacelle) 내부에서 주요 요소가 건전한지, 손상은 없는지, 운전 중인지, 긴급 시스템의 해제 및 통상 시스템의 기동 후에 조사해야만 한다. 이 점검은 감시 카메라, 마이크로 폰 또는 그 밖의 적절한 방법을 사용하여 수행하는 것이 가능하다.

전기설비에 대해서는 중압설비(절연보호 대책, 압력안전 밸브, SF_6가스 차단기[10] 및 케이블), 예비전원, 변전소, 변압기 및 발전기에 관한 요건이 추가된다.

(2) 하중

해상풍력발전기의 하중은 모든 관련하는 규격 및 가이드라인의 주요한 테마이다. 동적 특성 때문에 천해역의 구조에서도 하중평가는 어렵다. 규격 및 가이드라인의 개발은 해상풍력발전기의 최초의 설치와 병행하여 관련조직의 엄밀한 협력 아래에서 실시되고 있으며, EU가 설치한 RECOFF[11], OWTES[12] 및 Opti-pile[13]의 각 프로젝트 성과는 규격의 개발에 반영되어 있으며, IEC 61400-3[7] 및 GL 가이드라인[9]에는 많은 유사점을 찾을 수 있다.

그러나 양자에는 큰 서로 다른 점도 몇 가지 있다. IEC 61400-3은 IEC 61400-1의 제3판[8]을 베이스로 하고 있으며, GL 가이드라인[9]은 육상풍력발전기용인 GL 가이드라인 및 IEC 61400-1

---

10 역자 주 : 차단부품에 SF_6가스가 충진된 밀폐용기 안에 설치된 차단기

11 역자 주 : RECOFF—Recommendations for design of offshore wind turbines, http://www.risoe.dk/vea/recoff/

12 역자 주 : Design Methods for Offshore Wind Turbines at Exposed Sites.

13 역자 주 : Optimisation of Monopile Foundations for Offshore Wind Turbines in Deep Water and North Sea Conditions.

의 제2판[42]과 연관되어 있다. 이 결과 외부조건(난류강도의 특성) 및 하중조건의 정의(극치 운전 하중의 외삽 또는 결정론적 하중조건) 등에서 달라지고 있다. GL[9]과 IEC 61400-3[7]의 비교를 표 11-3 및 표 11-4에 나타낸다.

표 11-3 IEC 61400-3[7] 초안에서의 풍력발전기 Class의 정의

풍력발전기 Class		I	II	III	S
V_{ref}(m/s)		50	42.5	37.5	설계자가 규정하는 값
A	I_{ref}		0.16		
B	I_{ref}		0.14		
C	I_{ref}		0.12		

표 11-4 IEC 61400-3[8] 및 GL[9]에서의 풍력발전기 Class의 정의

풍력발전기 Class		I	II	III	S
V_{ref}(m/s)		50	42.5	37.5	사이트 고유
V_{ave}(m/s)		10	8.5	7.5	
A	I_{15}		0.18		
	a		2		
B	I_{15}		0.16		
	a		3		
C	I_{15}		0.14		
	a		3		

GL과 IEC에는 해상조건을 결정하기 위한 새로운 난류 카테고리 'C'가 포함되어 있다. 풍속에 대한 난류강도 정의의 차이는 표 11-3 및 표 11-4에 주어지는 극치의 정의와는 같지 않다. 평균 풍속에 대한 난류강도의 분석을 그림 11-1에 나타낸다.

해상조건에 관한 기술은 해상석유·가스 산업에 이용되고 있는 규격에 입각하고 있기 때문에 천해역에 대하여 시간영역의 해석을 실시한 경우 특유의 문제가 생긴다. 이러한 경우 기본적으로 파 및 그 분야에 관한 천해 및 해저경사의 영향을 고려할 필요가 있다. 천해역에서는 단기간의 파 분포는 일그러지고, 최대분포는 심해역과 같은 Rayleigh 분포가 되지 않는다. GL[9]에는 파의 통계적 시뮬레이션에서 파가 포함하는 서로 다른 주파수 성분을 고려하기 위한 Texel·Marsen· Arsloe(TMA)[44]의 수정된 파 스펙트럼을 이용하기 위한 옵션이 포함되어 있다. 최대파고의 그 밖의 분포로서는 Battjes 등[18]에 의해 제안되어 있는 천해역 분포를 이용함으로써 고려할 수 있다.

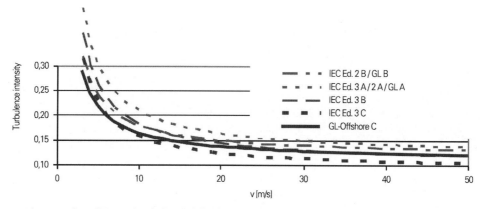

그림 11-1 서로 다른 규격·가이드라인에 따른 풍속과 난류강도의 관계(컬러 도판 p.526 참조)

해상풍력발전기의 설계환경 조건을 확립할 시의 큰 문제는 설계하중을 부여하기 위한 외부조건의 조합이다. 파하중이 항상 지배적인 그 밖의 해상 구조물과는 달리 해상풍력발전기의 지지구조는 바람, 파 및 해빙에 의해 동등한 하중을 받는다. 천해역에서는 조류에 의한 하중을 다소 고려할 필요가 있다. 또한 발트 해(Baltic Sea) 북부와 같은 일부 해역에서는 극한풍속과 결합된 해빙에 의한 하중은 설계에서 중요한 조건이 될 수 있다. 일반적으로 해상풍력발전기가 설치되는 연안의 조건에서는 적어도 해빙은 파와 결합하여 일어나지 않는다고 여겨지고 있다.

외부조건의 조합에 관해서는 몇 가지의 방법이 존재하며 보수적이고 고려해야만 하는 데이터의 수가 광범위하다. '실제의 조건에 관한 정보가 적을수록 보다 큰 보수적인 조합'이 일반적으로 취할 수 있는 방법으로 해상풍력발전기의 설계에 대해서도 같은 방법을 취할 필요가 있다. 극치사상의 해석을 위한 분류를 표 11-5에 나타낸다.

GL[9] 및 IEC[7]에서는 극치기상 및 극치해상상태는 같은 재현기간 50년의 폭풍에서 일어난다고 가정하고 있다. 단기간의 변동은 상관을 갖고 있지 않지만 사이트에서 측정된 데이터로부터 보다 좋은 정보가 얻어진 경우에는 그 조건을 이용해야만 한다.

사이트 고유의 조건이 고려되지 않는 형식인증에 대해서는 GL[9]은 풍속과 파고의 관계를 추정하는 몇 가지의 간편한 방법을 제시하고 있다. 예를 들면 JONSWAP 즉, 바람에 의해 생성된 파 스펙트럼과 TMA filter를 조합하여 이용한다. 이 방법은 구조물만을 고려하는 형식인증에 대해서는 충분하지만 사이트 고유의 해석에는 그다지 이용할 수 없다.

비교적 수심이 얕은 사이트의 해상풍력발전기에 대해서는 비선형파를 고려하지 않으면 안 된다. 통계적인 파의 장에 대해서 비선형파를 고려하기 위해 넓게 적용되고 있는 공학적 방법은, 현재로서는 존재하지 않는다. 이러한 결점을 극복하기 위하여 GL[9]은 바람 및 파의 양쪽에 대하여 통계적 시뮬레이션을 이용하든지 또는 결정론적 해석방법을 이용하는 방법을 권장하고 있다. 사

표 11-5 극치풍 및 극치파의 조합의 비교

방법	예	복잡성	하중	가능성
극치의 추가	50년 gust + 50년 설계파	매우 단순	매우 보수적	매우 드묾
50년 재현기간인 같은 폭풍 동안의 극치	50년 gust + 환산 설계파	단순	보수적*	매우 낮지만 기능성은 있음
	환산 gust + 50년 설계파			
서로 다른 각각의 장기간 발생확률을 갖는 같은 폭풍 동안의 극치	50년 gust + 10년 설계파	단순	보수적 또는 사이트에 의존하지 않음**	사이트 고유
	10년 gust + 50년 설계파			
개개의 폭풍에 대한 확률밀도함수의 조합	50년의 복합 확률(combined probability)을 갖는 평균 풍속 및 해상상태, 폭풍 동안의 개별 극치에 대한 가정은, n_1년 gust + n_2년 설계파 n_i년 gust + n_j년 설계파	어려움, 개별 확률분포가 필요, 많은 구체화	정확***	현실적***
개개의 폭풍사상의 확률의 조합	극치는 개개의 결합 발생확률(joint probability of occurrence)에 따라 결합되고, 결합된 극치는 폭풍의 수의 함수로서 해석된다.	매우 높음	최적	현실적

* 일반적으로 폭풍 동안의 결합 확률은 단지 2개의 극치조건만이 고려되고 선형하중에 대해서 정확하다. 이것은 보다 고차의 하중이 지배적인 경우에는 오차를 포함하게 되지만 거의 드물다.
** 50년+10년의 조합은 과대 또는 보수적이지 않은 결과를 피하기 위해서는 일부 사이트에서는 변경할 필요가 있다. 여기서 나타내고 있는 방법은 북해에 대해서 이용되고 있다.
*** 천해역과 그 밖의 사이트 고유의 사상을 고려하는 단기간의 해석의 경우

이트 환경의 통계적 모델을 이용하는 하중조건은 선형파만을 고려하지만, 시스템의 동적 거동을 적절하게 표현할 수 있다. 한편, 결정론적 gust 및 주기파에 의한 하중조건은 비선형성을 적정하게 평가할 수 있지만 동적 응답은 고려되지 않는다.

쇄파를 포함하는 경우 쇄파가 발생하는 조건을 결정하기 위하여 파 및 해저조건을 정의할 필요가 있다. GL[9]은 Wienke[19]에 의해 개발된 방법을 제시하고 있으며 이것에 의해 쇄파에 의한 충격하중을 계산할 수 있다.

(3) 지지구조

(a) 일반

해상풍력발전기의 운전기간 동안의 구조의 건전성은 몇 가지 요인에 의존한다. 보수 및 기능에 관한 고려사항은 구조설계, 재료 및 구조의 품질 및 극한한계상태에서 하중내력에 영향을 미친다. '사용성 한계상태14'는 안전 간격[로터 블레이드와 타워와의 거리 또는 로터 블레이드와 지선(guy

---

14 역자 주 : 상정되는 작용에 의해 생기는 것이 예측되는 응답에 대하여 구조물의 설치목적을 달성하기 위한 기능이 확보되는 한계의 상태를 말한다(사용기능 한계상태).

wire)과의 거리], 진동진폭 또는 가속을 제한하기 위한 유지관리를 포함한다.

해상풍력발전기의 지지구조는 기초, 지지구조 및 타워로 이루어진다(그림 11-2). 기초에는 모노파일, 중력식 또는 자켓식인 플랫폼 등이 있다[그림 11-2의 사선(斜線) 부분].

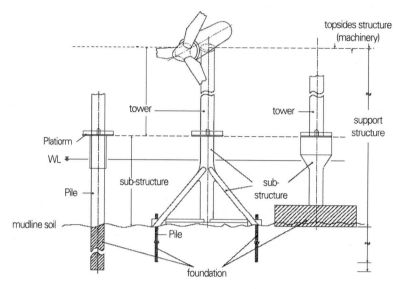

그림 11-2 해상풍력발전기 구조의 정의

(b) 설계요건에 관해서

지지구조의 평가는 사이트 고유의 하중에 입각하여 실시된다. 이 때문에 구조 전체의 동적 거동은 지지구조, 나셀(nacelle)과 로터(rotor)의 질량분포 및 지반의 강성을 고려할 필요가 있다. 최신의 방법은 지지구조의 각 요소에 작용하는 하중을 시간영역의 계산에 의해 구하는 것이며, 순간의 하중효과 및 구조의 탄성이 고려된다. 고정된 해상풍력발전기에 작용하는 힘이 준 정상해석에 의해서만 평가할 수 있는 것이라고 한다면, 변동하는 바람과 파에 의한 하중에 입각한 해상풍력발전기의 동적 응답을 나타내는 동적증폭계수(dynamic amplification factor)를 고려하지 않으면 안 된다.

회전하는 로터의 exciting 주파수가 시스템 전체의 고유진동수에 가까운(proportional difference가 5% 미만) 경우 또는 바람에 의해 유기되는 수평진동에 의해 유기되는 로터의 진동은, damping 장치의 적용 또는 진동감시 및 운전정지 등에 의해 적절하게 피할 필요가 있다.

하중이 작용하는 조건에 대하여 모든 내하중 구조 또는 기계의 접속부에 대하여 사용하는 재료의 품질등급, 용접방법 및 제작공차 등을 고려하고 극한 및 피로강도의 해석을 실시할 필요가 있다. 압축력 또는 전단력의 작용이 지배적인 구조요소에 대해서는 전체 또는 국소적인 좌굴파괴

해석을 수행할 필요가 있다. 좌굴계산은 허용결함에 관한 특별한 제조방법 설명서의 작성에 도움이 될 것이다.

철강구조 부재의 안전계수는 육상용으로 이용되고 있는 것과 동일하다(표 11-6).

표 11-6 재료의 부분안전계수(GL[9] 및 IEC[7])

	Fail-safe	non fail-safe
액세스 가능, 정기점검 및 관리	1.0	1.15
액세스 불가능, 정기점검 및 관리 없음	1.15	1.25

극한강도, 피로강도 및 좌굴해석 외에 정적평형상태의 손실(기초의 전복 등) 및 허용변형량의 해석을 실시할 필요가 있다.

콘크리트 지지구조의 극한한계상태의 예는 균열한계상태(crack-formation limit state)이다. 균열의 폭은 허용한계 안에 있어야만 한다. 응력 또는 변형률 한계상태는 예를 들면, 프리텐션[15] 부재 또는 철강구조가 소성변형 하지 않는 프리컨디션 부재 등의 콘크리트구조의 인장 또는 압축 응력의 한계에 의해 정의된다.

(c) 접속

지지구조의 접속은 볼트, 그라우트[16] 또는 용접 등으로 설계된다. 특히 용접은 응력집중, 제품의 결함 및 피로 등에 충분히 주의할 필요가 있다. 말뚝의 그라우트 접속은 해상석유·가스 산업에서 잘 알려진 방법이지만, 해상풍력발전기에서는 구조에 그라우트 접속된 파이프에는 휨모멘트가 작용하는 점 때문에 FEM(유한요소법) 또는 그 밖의 시험 등의 적절한 방법을 이용하여 평가하지 않으면 안 된다. 지금까지의 경험이 한정되어 있는 점 때문에 그라우트 접속에 관한 안전계수는 그 밖의 대부분의 재료에 대한 것보다도 상당히 엄격하게 설정되어 있다. 손상에 관한 피로계산은 비선형 효과의 예민성 때문에 결과에 큰 차이가 있다. 그라우트 혼합에 대한 설계의 적합성은 풍력발전기의 설치 전에 미리 증명되지 않으면 안 된다. 압축강도는 야외의 조건 아래에서 혼합되어 경화된 그라우트 시료를 이용하여 시험실의 시험으로 확인되지 않으면 안 된다. 축방향으로 하중이 가해진 그라우트 접속의 설계용 계산식은 미국 석유협회(API)[21] 및 영국 에너지부에 의해 제시되어 있다.

---

15 역자 주: 콘크리트 타설 전에 PC 강재를 긴장하는 방법
16 역자 주: 건설공사에서 공동, 공극, 간극 등을 메우기 위해 주입하는 액체를 말함

볼트 접속 및 원통이음에 관한 평가방법은 GL 가이드라인[9] 및 API[21]에 제시되어 있다. 플랜지의 볼트 접속은 볼트에 과대한 응력이 작용하는 것을 피하기 위하여 접촉면의 평면도를 보증하도록 특히 주의를 기울이지 않으면 안 된다. 원통이음 접속에서는 이 형식에서 가장 중요하게 되는 접속의 품질 확보에 주의하지 않으면 안 된다. GL 가이드라인[9]은 원통이음 접속의 평가 및 시험에 관한 상세한 길잡이를 제공하고 있다. 가능한 한 접속위치는 비말대를 피하고 용접 대신에 주조부품을 이용하는 것이 대안이 될 수 있다.

(d) 지반

지반의 파라미터는 풍력발전단지의 장소마다 큰 차이가 있다. 이 때문에 지반특성은 설계의 초기 단계에서 풍력발전단지 내의 적절한 수의 장소에 대하여 주의하여 결정하지 않으면 안 된다. 기초의 형식, 조립순서 및 지반정지(세굴방지)의 선택은 각 풍력발전기 위치에서의 지반의 지지력 및 특성에 의존한다. 그 결과 1개의 풍력발전단지 내에서 다른 기초설계를 필요로 하는 경우도 있다.

수평방향 및 수직방향의 지반 파라미터를 구하기 위한 가이드라인은 예를 들어 독일 해운국(BSH)의 '지반 공학적 사이트·노선 조사를 위한 규격'이 있다[20]. 사이트 조사의 형식과 범위의 권장방법은 이 규격 안에 기술되고 있다. 기초에 관한 평가기준은 GL 가이드라인[9]에서 볼 수 있다. 수평방향으로 하중을 받는 말뚝에 대해서는 「vertical tangent」 기준이 도입되어 있으며, 이것은 극치하중 아래에서 말뚝은 수직인 자세를 유지해야 하고 고정되어야 함을 의미한다. 이것은 석유·가스 산업에서 이용되고 있는 규격의 「zero-toe-kick」 기준[21]으로 대신할 수 있다.

지지구조와 지반과의 단기간 및 장기간의 상호작용은 충분한 주의가 필요하다. 구조와 지반의 상호작용은 하중 레벨과 타입의 함수로서 기초강성의 저하를 동반하며 비선형인 거동을 초래할 가능성이 있다. 설치된 해상풍력발전기의 동적 특성은 수심의 변화가 영향을 주기 때문에 풍력발전단지 내의 다른 지반강성을 확인하고 하중평가에 포함되는 역학모델에 대하여 조사할 필요가 있다. 필요하다면 하중예측을 수정하고 지지구조의 설계를 재검토하지 않으면 안 된다. 그뿐 아니라 침하 및 해저지반의 이동, 지반의 액상화, 정규 또는 연약 압밀 점성토 및 연약 사질토 지반의 불안정성의 가능성 등 그 밖의 다양한 리스크를 조사할 필요가 있다.

(e) 세굴

세굴은 조류 또는 파에 의한 해저지반의 침식을 말한다. 이것은 특히 구조요소가 조류의 흐름을 막고 있는 주변에서 일어나기 쉽다. 세굴은 기초의 수직 및 수평방향의 지지력을 감소시켜 중력식 지지구조의 전도 등을 일으킨다. 기초 주변의 세굴 또는 undermining을 항상 조사하고, 가능하다면 피하여야 한다. 이는 세굴방지에 의해 이루어지며, 세굴방지는 해상풍력발전기의 설계수명 동안에 기능하여야 한다. 세굴방지에는 해석만이 아니라 충분한 신뢰성을 얻을 수 없기 때문에 정기적인 점검이 필요하다.

세굴방지는 모형시험에 의해 시험이 이루어지고 개발되어야 한다. 하나의 대안으로서 기초는 부분적으로 지지되고 있지 않은 것으로 취급할 수 있다. 개별 사이트 조건에 대하여 신뢰성 있는 데이터를 취득할 수 없는 경우, 설계에서는 말뚝기초 주위의 세굴깊이를 말뚝 직경의 2.5배라고 예측할 수 있다. 이보다도 덜 보수적인 추정을 할 수 있지만 정기적인 감시 또는 검사에 의해 검증하지 않으면 안 된다. 어떠한 경우도 세굴방지는 검사를 수행하고, 발견된 세굴침식은 재충진 하지 않으면 안 된다. 검사의 간격은 과거에 얻어진 경험에 입각하여 조정된다.

(f) 부식보호

해상풍력발전기는 매우 혹독한 환경조건 및 해양기후에 노출되어 있다. 부식보호에는 적절한 재료, 피복, 보호필름 및 정기검사의 선택방법이 필요하다. 기계 및 전기요소에는 부식에 대한 특질 또는 예기치 않은 부식에 의한 영향 예를 들어, 부식된 이음의 jamming 또는 센서의 고장 등을 포함할 필요가 있다.

그다지 중요하지 않은 요소(예를 들어, 내용연수가 짧은 구조체) 또는 정기검사와 수리가 가능한 경우에만 부식은 허용된다.

부식손상은 다음의 부식보호방법에 의해 방지할 수 있다.

- EN ISO 12944 제3부에 의한 적절한 구조설계방법을 이용하여 시스템 및 요소를 설계하는 것[22].
- '반응 파트너(reaction partners)'의 특성에 영향을 주는 것 또는 '반응 조건(reaction conditions)'의 변경
- 보호층('수동적 부식보호')에 의한 주위의 전해질로부터 금속을 격리하는 것
- 전기 화학적 작용, 예를 들어, cathode 보호('능동적 부식보호') : 이것은 항상 해상풍력발전기의 수면 아래의 구조부재에 대하여 요구된다.

(g) 재료선택

재료의 선택은 설계에서 매우 중요한 부분이다. 구조부재는 다음의 항목에 대하여 적절하여야 한다.

- 환경조건
- 하중
- 장기간의 내구성

강재에 대해서는 상세한 요건이 참고문헌 9) 및 17)에 나타나 있다. 극한 및 피로하중에 견디기 위한 재료강도에 관한 요건 외에 선택기준에는 예를 들어 제품의 두께(용접의 기준에 대응), 설계 온도 및 구조부재의 중요도 등이 있다. 나아가 화학적 조성 및 충격 에너지에 관한 제한에 대해서도 언급되어야 한다.

콘크리트 구조에 대해서는 주요한 요건은 보강 강재의 부식에 대한 보호에 있다. 이것은 적절한 콘크리트 성분, 콘크리트 cover 및 최대 균열 폭의 제한에 의해 확보할 수 있다.

(4) 기계

(a) 일반

풍력발전기의 모든 기계요소 및 접속부분에 대하여 극한한계상태(ultimate limit states) 및 사용성 한계상태(serviceavility limit states)에 관하여 강도계산을 하지 않으면 안 된다. 강도계 산은 각 요소에 대하여 적절한 해석방법을 고려한 설계하중에 입각할 필요가 있다. 모든 유체 및 윤활, 냉각 시스템, 가열장치 및 재료품질의 사양에 대해서도 검토하지 않으면 안 된다. 나아가 해상풍력발전기에는 특별한 요건을 생각할 필요가 있다. 해상환경 아래에 있기 때문에 기계요소 는 장기간에 걸쳐 혹독한 해상환경에 견딜 수 있도록 설계 또는 재설계, 시험, 생산되어야 하며 그 중에는 공기의 흐름, 공기여과, 가열/냉각, 염분 필터, 부식보호와 보호 클래스 및 나셀 (nacelle)의 캡슐화 등이 포함된다.

수리를 위한 액세스 성이 그다지 좋지 않은 점 때문에 pitch 및 yaw 구동장치의 설계는 보다 중요하게 되며, 톱니바퀴의 파손 및 pitting[17]에 대한 재료의 안전계수는 육상 사이트에 비해 크게 취하고 있다. 증속기(gearbox)에 대해서는 다음의 요건이 포함된다. ① 부분부하에 의한 예비운 전을 수행할 필요가 있으며, ② 해상풍력발전기의 정지 기간 중의 로터(rotor)의 pendulousness 에 의해 생기는 허용할 수 없는 하중에 대한 설계를 수행할 필요가 있다. 후자의 요건은 저속 축(low-speed shaft)에 정지 브레이크 또는 로터(rotor) lock을 원격제어로 기동할 수 있는 것 등 적절한 방법을 이용하는 것이 요구되고 있다.

---

17 역자 주 : 부식의 결과로서 표면에 작은 구멍을 형성하는 것

(b) 해상 환경조건

해상풍력발전기의 운전에 필요한 내부요소에는 해상 대기조건의 요구가 필요로 되고 나셀 (nacelle), 허브(hub) 또는 그 밖의 내부공간에도 마찬가지로 규정되어야 한다.

통상 레벨에서 부식속도를 유지하기 위하여 해상풍력발전기 내의 상대습도는 70% 이상이 되는 것을 피해야 하며, 이것은 내부온도를 바깥온도 보다도 5K 높게 유지함으로써 실현할 수 있다. 대기에 관한 요건이 지켜지고 있는 것은 해상풍력발전기의 감시제어 시스템에 의해 확인하여야 한다.

해상의 대기와 직접 또는 간접적으로 접촉하는 부식방지대책을 실시하고 있지 않은 모든 요소 및 모든 작동유체(예를 들어, 윤활제 또는 오일)에 대해서도 해상의 대기 중에서 사용이 적절하고 그 기능이 지장을 받지 않음을 확인하여야 한다.

부식에 대하여 보호하는 모든 요소에 대하여 EN ISO 12944[22]에 의한 부식 클래스가 적용된다. 이 규격에 의하면 외부요소, 부속품, 센서 등은 부식 클래스 C5-M에, 직접 외기에 노출되는 표면 의 내부는 클래스 C4에, 그리고 외기에 직접 노출되지 않는 표면의 내부는 클래스 C3에 대한 방식(防蝕)이 필요하다.

(5) 해상풍력발전기와 육상풍력발전기 적용방법의 차이

육상풍력발전기와 달리 해상풍력발전기에는 바람에 의한 하중과 동시에 파 및 조류에 의한 하중이 작용한다. 각 하중은 물리적으로 다르기 때문에 하중 시뮬레이션에 의한 바람 및 파하중의 해석은 풍력발전기에 작용하는 이들 하중의 조합이 문제가 된다[23].

하중해석에서는 바람, 파, 조류 및 빙설로부터 생기는 하중이 고려된다. 사이트에서의 해상조 건 파라미터에 있어서 이용할 수 있는 데이터가 없는 경우에는, 11.2.1항에 설명한 규격 및 가이드 라인의 가정을 이용하면 된다. 이들 문서는 특히 해상풍력발전기용으로 쓰여 있지만, 이것에 대하 여 IEC 규격, 유럽규격 및 Eurocode는 풍력발전기 및 구조에 대한 일반적인 요건을 규정하고 있다. 이에 대하여 11.2.1항의 규격 및 가이드라인은 해상풍력발전기의 설계 및 요소에 대한 요건 을 규정하고 있다. 통상 및 극치조건에 관한 하중은 통상 및 극한 속도를 환산파 하중과 조합하여 구하던가 또는 환산풍 하중과 극한파 하중과의 조합으로 계산한다.

해상의 환경조건에 대하여 풍력발전기의 설계상 몇 가지의 수정이 필요하다. '해상에서는 공공 의 안전은 육상과 다른 것으로 간주되기 때문에 해상풍력발전기는 육상풍력발전기와 같은 안전 클래스로 설계되지 않는다'라는 생각은 넓게 받아들여지고 있기 때문에 엄격한 안전계수가 적용 되지 않는다. 해상풍력발전기의 주변에서는 거주자가 없는 점으로 인해 소음 및 경관에 대한 영향은 그만큼 중요하지 않고 오히려 풍력발전기의 신뢰성 향상, 원격제어 및 검사간격의 강화 등에 중점을 둘 필요가 있다. 육상풍력발전기에서는 원격제어에 의해 운전할 수 없을 경우, 서비스 팀이 급히 가서 몇 시간에 고장이 난 풍력발전기를 검사할 수 있지만, 해상풍력발전기에서는 기상에 의해 액세스가 곤란한 경우에는 풍력발전기는 장시간 그 상태로 방치된다. 이 때문에 해상풍력발전기의 원격제어는 육상풍력발전기보다도 대상범위를 넓게 해야 한다. 예를 들면 지지구조에는 세굴방지, 해양 부착생물 및 부식보호의 해수 중의 검사가 필요하기 때문에 정기적인 검사에 의해 주의를 기울일 필요가 있다.

해상풍력발전기에 대한 보다 중요한 설계변경의 하나는 나셀(nacelle) 내부, 크레인, boat landing[18], 비말대 및 헬리콥터용 액세스 시설 등의 부식보호 개선이다. 케이블의 부설비용을 낮추기 위하여 나셀(nacelle) 내부에 설치되는 경우가 많은 변압기를 해상 외부의 대기로부터 생기는 문제로부터 피하기 위해서는 나셀(nacelle) 내부에는 특별한 공조기기가 필요하다.

11.3.3 형식인증

(1) GL 가이드라인

형식인증의 매우 중요한 부분은 설계도서의 평가이며, 대응하는 규정 및 규격에서 규정되어 있는 요건에 관해서 철저한 심사가 이루어진다. 형식인증의 실무적인 행위에는 prototype 풍력발전기의 시험이 있다. 한편, 제조평가는 EN/ISO 9001 : 2000[24]에 의한 제조사의 품질관리 시스템 및 설계요건에 대한 풍력발전기요소의 제조와 조립에 관한 능력을 확인하는 것이다. 육상 및 해상

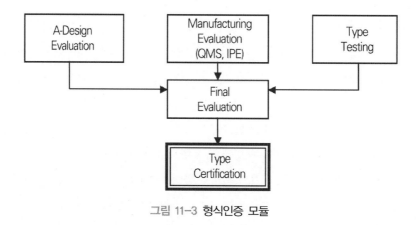

그림 11-3 형식인증 모듈

---

18 역자 주 : 보트가 사람 또는 물건을 내릴 수 있는 장소를 제공하는 구조를 말함

풍력발전기의 인증에 적용되는 GL[9, 17]에 의한 형식인증 순서의 개요를 그림 11-3에 나타낸다. 모든 모듈이 적합 인증서에 의해 종료하고 최종평가가 문제가 없다면 인증기관에 의해 형식 인증서가 발행된다.

(a) 설계평가

설계의 평가는 표 11-7에 기재되어 있는 것처럼 평가의 step(항목)에 따라 실시되지만, 일반적으로는 2개의 순차적인 step으로 실시된다. 첫 번째 부분은 안전 및 제어, 하중평가 및 하중계산의 모든 것을 포함한다. 해상풍력발전기의 하중의 계산은 공력 탄성해석 code, 통계적 바람의 흐름장 및 modal 또는 유한요소해석 기법을 적용하여 실시되어야 한다[25]. 그리고 하중은 물 속에 잠긴 부분의 공력탄성 및 유체-구조 연성해석을 포함할 필요가 있다. 후자는 어떠한 타입의 지지구조의 구조응답에 상당한 영향을 주거나[26] 기계의 하중에 직접적인 영향을 주는 경우도 있다.

표 11-7 설계평가의 항목

- 하중의 가정
- 안전 시스템 및 매뉴얼
- 로터 블레이드
- 기계요소
- 나셀 커버 및 spinner
- 타워 및 기초/지지구조
- 전기기기 및 낙뢰보호
- 상태감시 시스템

설계평가의 2번째 부분에서는, 모든 요소(블레이드, 기계, 타워, 전기기기 및 옵션으로 기초·지지구조)는 미리 인정을 받은 하중 및 관련하는 규격 및 규칙에 입각하여 시험할 필요가 있다. 설계평가의 최종단계에서는 수송, 조립, 기동, 시운전, 운전 및 관리를 위한 매뉴얼 및 절차가 적절한지도 확인된다. 블레이드의 정적시험[27]은 블레이드의 설계평가에 없어서는 안 된다. Test bench에 의한 증속기의 prototype 시험은 기계요소의 평가요건으로서 완전히 성공하지 않으면 안 된다. 낙뢰보호[28]는 전기기기로서 평가된다. 설계평가의 flow chart를 그림 11-4에 나타낸다.

설계평가는 C, B 및 A 설계평가로 나눌 수 있다.

C 설계평가(prototype 평가)는 풍력발전기의 prototype에 대하여 발행된다. 발전출력 및 하중계측은 prototype으로 실시하고, 그 결과는 계산값과 비교할 필요가 있다. 하중의 계측결과와 크게 다르지 않는다면 제어 시스템의 수정은 인정할 수 있다. C 설계평가에서는 항상 하중, 블레

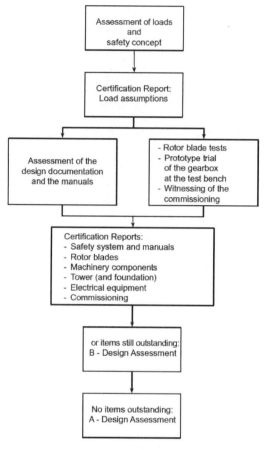

그림 11-4 A 및 B 설계평가의 절차

이드, 기계요소, 타워 및 기초·지지구조의 타당성을 완전히 확인할 필요가 있다. 해상풍력발전기의 prototype은 통상 해상에 설치되기 전에 대체적으로 육상에서 시험된다. 국가 또는 지방의 규칙에서는, 타워, 기초 또는 그 밖의 요소는 완전히 해석되어 있는 것을 요구하고 있다. 평가가 우수한 경우 최종적으로 C 설계평가로서 적합 증명서를 발행한다. 이것은 최대 2년간 또는 4000시간 동안 최대하중에서의 시운전에 대해서 유효하다. 이 기간의 종료 후 조속히 B 설계평가를 취득하지 않으면 안 된다.

A 또는 B 설계평가를 취득하기 위해서는, 관계하는 해상환경 및 지지구조에 대한 하중계산을 포함한 모든 설계평가의 심사가 필요하다. 위에서 설명한 바와 같이 요구되는 모든 재료 및 요소 시험은 첫 번째 풍력발전기의 시운전 입회와 함께 필요로 된다. 시험의 완료에 이어 인증기관은 A 및 B 설계평가에 대한 적합 증명서를 발행한다.

B 설계평가는 미해결인 항목이 있어도 안전성에는 직접적인 관계가 없는 경우에는 발행된다. 단, B 설계평가의 유효기간은 1년이며, 이 기간 동안에 해당하는 형식의 설치된 모든 풍력발전기에 대해서 인증기관에 보고하고, 그 기간 동안에 미해결 항목을 해결하지 않으면 안 된다.

A 설계평가는 모든 항목의 해결이 완료되고 test bench에서의 증속기 시험이 완전히 종료한 후에 발행된다. A 설계평가의 유효기간은 요건이 수정이 실시되지 않는 한 무기한이다.

해상풍력발전기의 지지구조(타워, 하부구조 및 기초)의 시험은 A 또는 B 설계평가의 범위에서는 옵션으로 취급한다. 지지구조의 동적인 영향은 가정된 하중으로 고려된다. 평가를 완료한 후 적합 증명서가 발행되며 하중의 가정, 안전 시스템, 블레이드, 기계요소, 타워, 하부구조와 기초, 전기기기, 시운전, 허브(hub)와 나셀(nacelle)에 관한 인증 보고서가 발행된다.

(b) 제조평가

제조사의 품질관리 평가는 제품의 품질을 확인하는 데 필요한 활동의 모든 범위를 포함한다. 제조사의 품질관리 시스템(QMS)의 인증은 이들 모든 요건의 대부분을 포함하고 있는 DIN EN ISO 9001[24]에 따른다.

그러나 품질관리와 제품의 품질과의 관련을 특히 언급할 필요가 있다. 요소에 관한 기술 보고서에 명기되는 품질관리요건을 잘 보고 제조 및 설치를 실시(IPE)하지 않으면 안 된다. IPE 평가에 관계하고 인증(수많은 항목 중에서 평가하는 항목 : 공장도면 및 지시서, 판매사양, 설치 지시서, 제조방법, 작업원의 자격, 재료인증, 조립의 임의검사 등)의 설계요건에 따라 적어도 1기의 풍력발전기가 제조되었다는 것을 확인하기 위한 검사에는 입회가 필요하다.

관련하는 모든 요소에 대하여 1회의 제조검사가 요구된다. 복수의 요소 supplier에 대해서는 요소의 사양이 그 밖의 모든 supplier에서 동일한 경우에는 어떠한 선택된 supplier에 검사를 한정해도 좋다. 검사에 의해 제조상의 문제 또는 인증서로부터 일탈이 판명된 경우에는 1회 이상의 검사가 필요로 된다. 이 때문에 설계, 공장 및 특수한 조립방법에 대한 적합성 평가의 요건은 (형식)인증 순서의 필요한 부분으로서 남아 있다.

(c) Prototype 시험

설계계산의 확인, 제어의 최적화, 성능 및 소음특성, 그리고 안전 및 제어 시스템의 성능을 실증하기 위하여, prototype 시험은 설계 및 인증순서에 없어서는 안 되는 것으로 되어 있다.

증속기에 관한 계측 또는 시험이 실시되는 풍력발전기는 발행되는 설계서의 내용과 설계평가가 가능한 한 일치하고 있는 것이 확인되지 않으면 안 된다. 적합성은 제조사의 적합 증명서에 의해 확인되지 않으면 안 된다. 표 11-8에 기재되어 있는 prototype 시험의 항목은 관련하는 규격에 입각한 계측에 의해 확인되지 않으면 안 된다. 인증순서에서의 계측에 있어서 ① 계측은 ISO/IEC 17025[29]에 의해 인정된 독립기관에 의해 실시되거나, ② 인증기관 또는 인정된 연구기관의 입회 하에 계측의 방식 및 교정이 인정되고, 타당성 확인이 이루어져야 한다.

Prototype 시험은 prototype의 육상풍력발전기를 이용하여 이루어지며, 일반적으로는 해상풍력발전기의 prototype 시험으로는 이것으로 충분하다. Prototype 시험에 육상풍력발전기를 이용한 경우 해양성 대기 및 바람조건을 비교할 수 있도록 해안에서 가까운 사이트에서 시험을 하는 것이 바람직하다.

하중계측은 prototype 시험의 평가에서 중심부분이다. 계측값은 설계평가에서 계산된 하중과 비교된다. 여기서는 주로 일시적인 하중 상황(시동, 정지 및 긴급정지) 및 피로하중의 평가를 위하여 운전시의 하중이 검증된다. Prototype 시험이 실시되는 육상 또는 해상 사이트의 풍황은 설계평가에서 가정된 일반적인 조건과는 통상적으로 다른 점으로 인해 적절한 비교를 수행하기 위하여 사이트 고유의 바람 특성을 이용한 하중 시뮬레이션을 실시할 필요가 있다.

표 11-8 Prototype 시험의 요소 및 관련하는 규격

Prototype 시험의 항목	적용되는 규정 또는 규격
성능곡선	IEC 61400-12[30]
소음계측	IEC 61400-11[31]
운동, 하중 및 응력, 동적거동	IEC TS 61400-13[32]
전기특성	IEC 61400-21[33]
블레이드 시험	IEC TS 61400-23[27]
풍력발전기에 설치된 증속기의 prototype 시험	GL[9, 17]
시운전, 안전 및 동작시험	GL[9, 17]

(2) IEC WT01

IEC는 WT01[12]에 기술된 풍력발전기에 대한 인증 시스템을 개발하였다. IEC 시스템 및 11.3.3항(1)에서 설명한 시스템 목적의 하나는 풍력발전기의 국제거래를 촉진하는 것에 있다. 그림 11-5는 이 시스템에 의한 형식인증 모듈을 모식적으로 나타낸다. 모든 모듈이 평가 보고서의 발행에 의해 완료하면, 조사결과문서는 최종평가로 요약된다. 최종평가는 매뉴얼의 평가 및 형식 인증서의 발행 준비를 포함한다.

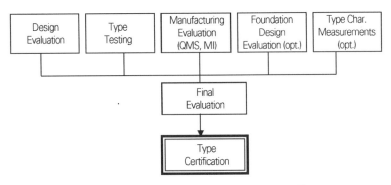

그림 11-5 IEC WT01에 따른 형식인증 모듈[12]

(a) 설계평가

모듈 설계평가는 아래에 기술한 항목으로 세분화된다.

- 제어 및 보호 시스템의 평가
- 하중 및 하중조건의 평가
- 구조기계 및 전기요소의 평가
- 요소시험의 평가
- 기초 설계요건의 평가
- 제어설계의 평가
- 제조계획의 평가
- 관리계획의 평가
- 작업원의 안전 평가

위에 기술한 항목에 관한 서류의 평가는 인정을 받은 인증기관이 실시하지 않으면 안 된다. 풍력발전기를 관리하는 제어 및 보호 시스템은 Fail safe 설계, system logic 및 하드웨어에 관해서 평가되고, 특히 브레이크 시스템의 해석에 중점을 두게 된다. 제어 및 보호 시스템 평가는 하중조건의 기술내용과 하중계산 그 자체에 대해서 이루어진다.

하중의 평가 후에, 구조 및 기계요소는 강도, 안정성 및 피로내성에 대해서 확인되지 않으면 안 된다. 전기요소의 시험은 강도 등에 관한 평가항목이 적용된다. IEC 규격은 설계, 기계요소 및 지지구조의 평가에 대해서는 이용할 수 없기 때문에 이것을 보완하기 위해 GL[9, 17] 또는 그 밖의 인정된 가이드라인을 이용해도 좋다.

신뢰할 수 있는 재료 데이터를 이용할 수 없거나 혹은 요소의 동작성에 의문이 있는 경우에는 인증기관은 설계값의 평가를 위해 재료 또는 요소시험을 요구할 때가 있다.

기초·지지구조의 설계요건의 문서화는 설계평가서에 명기된 요건을 포함한 기초·지지구조의 설계를 가능하게 하는 정보를 포함하지 않으면 안 된다. 설계하중(극한 및 피로), 타워 기초·지지구조의 접속형상, 필요한 지반특성 및 공차 등도 문서화할 필요가 있으며, 인증기관에 의해 평가되지 않으면 안 된다.

제조계획의 평가는 제조에서 실무 면에 관해서 이루어진다. 중요한 공정은 명확하게 나타내야 하며, 제조방법은 인원수의 요건, 숙련도, 공구, 비품 및 품질검사항목의 수 등의 모든 품질기록을 나타냄으로서 규정할 필요가 있다.

설치계획은 설치의 설계요건에서 가정한 전형적인 사이트에서 실시 가능한 것이 요구된다. 설치계획에서는 제조계획과 같은 항목을 고려하지 않으면 안 되지만, 이와 함께 작업원의 안전, 환경보호, 시운전의 순서 및 건설작업의 기술사양을 포함할 필요가 있다.

가동시간에 대한 풍력발전기의 건전성은 관리계획에 의존한다. 여기서는 검사간격 및 routine 작업을 포함한 계획관리가 중심항목이다. 관리 매뉴얼 및 운전 지시서가 중요한 문서이다.

작업원의 안전은 설계평가의 끝마무리 부분이다. 이 요건의 적합성은 인증기관에 의해 평가되지 않으면 안 된다. 여기서 명시되는 항목은 승강장치, 액세스 방법과 통로, 플랫폼과 바닥, 고정 포인트, 전기적 접지 시스템 및 긴급정지 버튼 등이다.

모든 요소의 평가가 문제가 없다면 설계평가 적합 증명서가 인증기관에 의해 발행된다.

(b) 형식시험

형식시험의 목적은 발전성능 및 안전에 없어서는 안 되는 요건 또는 해석에서는 신뢰성 있는 평가가 되지 않고 실험에 의한 추가확인이 필요한 요건에 대하여 확인하는 것에 있다. 형식시험은 표 11-9에 나타낸 요소로 이루어진다.

표 11-9 형식시험의 요소 및 관련하는 규격

형식시험의 항목	적용되는 규정 또는 규격
성능계측	IEC 61400-12[30]
안전성 및 동작시험/시운전	
하중계측	IEC TS 61400-13[32]
블레이드 시험(정적 및 피로)	IEC TS 61400-23[27]
그 밖의 시험	

형식시험은 제어 및 보호 시스템 동작에 관한 평가이며, 시험 중의 풍력발전기는 설계대로 거동을 하고 있는지에 대해서 인증기관은 확인하지 않으면 안 된다. 성능계측은 계측된 풍력발전기의

출력곡선 및 연간 추정발전 발전량이 설계값을 따르는지 확인하기 위하여 실시된다. 계측 절차는 IEC 61400-12[30]와 일치하지 않으면 안 된다. 하중계측은 특정한 조건 아래에서의 풍력발전기 하중을 확인하기 위하여 실시된다. 풍력발전기에 작용하는 하중이 설계값과 거의 동일한지(설계 평가를 위해 시험된 풍력발전기와 구조적 및 역학적으로 유사하지 않으면 안 된다)를 인증기관은 평가하지 않으면 안 된다. 하중계측에는 규정 참고문서로서 IEC 61400-13[32]을 이용하지 않으면 안 된다.

블레이드 시험의 목적은 블레이드의 구조설계를 확인하기 위함과 적절한 제조공정에 있었는지를 평가하는데 있다. 실제 scale 시험은 피로 및 정적하중에 관하여 실시되지 않으면 안 된다. 블레이드 시험을 위한 가이드라인은 IEC TS 61400-23[27]에 주어져 있다.

필요하다면 인증기관은 그 밖의 시험을 요구할 때도 있다. 예를 들어 전자파 적합성 (Electromagnetic compatibility : EMC) 시험 등이 있다.

(c) 제조평가

제조평가는 '품질 시스템 평가'와 '제조검사' 2가지의 항목으로 이루어진다. 제조평가의 목적은 풍력발전기의 형식이 설계도서와 적합하게 제조되고 있는가를 평가하는 데 있다. 품질 시스템은, 품질 시스템이 EN ISO 9001 : 2000[24]에 적합하다는 것이 확인된다면 충분하다고 간주된다. 요건을 만족하고 있지 않은 경우에는 인증기관은 출원자의 시스템을 확인하지 않으면 안 된다.

제조검사에 관해서는 인증기관은 적어도 1대의 풍력발전기에 대해서 인증된 설계에 의해 제조되어 있는지를 확인하지 않으면 안 된다. 검사에는 다음의 항목을 포함하지 않으면 안 된다.

- 설계사양이 공장도면, 지시, 판매사양에 있어서 적절하게 실시되고 있는지에 대한 검사
- 제조방법, 작업원의 자격 검사
- 재료인증의 심사
- 그 밖의 사양이 되는 항목

(d) 기초설계평가

IEC[12]에 의하면 기초 또는 지지구조의 설계는 형식인증 순서에서는 옵션으로 취급한다. 형식인증에 포함시키는 것이 바람직한 경우에는 인증기관은 기초 및 지지구조의 설계가 설계도서 및 인정되어 있는 규격 및 규정과 상세하게 일치하고 있는지를 평가하지 않으면 안 된다. 해당하는 경우 문서에는 구체적인 lay out 및 시공계획을 포함하지 않으면 안 된다.

(e) 형식특성 계측

옵션의 형식특성 계측인 전력품질계측 및 소음계측을 실시함으로써 형식인증의 평가는 완전한 것이 된다. 계측은 인정된 시험기관이 전력품질계측을 위한 IEC 61400-21[33], 소음계측을 위한 IEC 61400-11[31]에 적합한 방법을 이용하여 실시할 필요가 있다. 시험 보고서에는 적용된 규격, 측정조건, 기기의 교정 및 해석방법을 기재하고 그 적합성을 인증기관에 의해 평가되지 않으면 안 된다.

(3) IEC 및 GL의 형식인증 절차의 비교

GL인증[9, 17]에 대하여, IEC WT01[12]의 형식인증은 다음의 항에서 설명하는 추가요건을 필요로 한다.

(a) 설계평가

IEC WT01[12]에 의한 설계평가에는 다음의 요건이 덧붙여진다.

- 제조계획의 평가
- 설치계획의 평가
- 작업원의 안전성 평가

제조계획의 내용은, GL[9, 17]에 의한 설계평가의 일부인 공장도면에 부분적으로 포함되어 있지만, 추가로 제조공정과 품질관리 시스템의 문서가 요구된다. 설치계획은 GL[9, 17]에 의한 형식인증에 요구되는 건설계획 매뉴얼의 일부이며, 건설 및 설치의 감시는 설치계획, 수송 및 건설감시 모듈의 일부이기 때문에 프로젝트 인증 안에서 다루게 된다. 작업원의 안전성은, 인증절차의 중요한 부분이며 EN 50308[35]에 입각하여 평가되지 않으면 안 된다. IEC WT01[12] 및 GL[9, 17]의 설계평가 항목의 비교를 표 11-10에 나타낸다.

표 11-10 IEC WT01[12] 및 GL[9, 17]의 설계평가항목의 비교

설계평가항목	IEC WT01[12]	GL[9, 17]
제어 및 보호 시스템의 평가	있음	있음
하중 및 하중조건의 평가	있음	있음
구조기계요소 및 전기요소의 평가	있음	있음
정적 블레이드 시험의 평가	PT에서 평가	있음
요소시험의 평가	있음	있음

표 11-10 IEC WT01[12] 및 GL[9, 17]의 설계평가항목의 비교(계속)

설계평가항목	IEC WT01[12]	GL[9, 17]
기초설계의 평가(옵션)	있음	있음
제어설계의 평가	있음	ME에서 평가
제조계획의 평가	있음	부분적으로 평가[*]
설치계획의 평가	있음	PC에서 평가
정비계획의 평가	있음	있음
작업원의 안전 평가	있음	옵션
시운전 입회	없음	있음

[*] 시양, 제도, 도표 등으로 평가(ME : 제조평가, PC : 프로젝트 인증, PT : Prototype 시험)

(b) Prototype 시험

Prototype 시험은 GL과 IEC에서는 다음의 요건에 대해서 다르다.

- 동적 블레이드 시험의 평가
- IEC-WT01 : 소음 계측(옵션)
- IEC-WT01 : 전력품질 계측(옵션)

블레이드의 동적하중 시험의 평가는 full scale의 피로시험이 기본이지만, GL[9, 17]에서는 이 요건은 부분 구조부재의 피로시험으로 완화되어 있다. 그러나 full scale에 의한 블레이드의 정적 하중 시험은 양자가 요건으로 하고 있으며, GL에서는 로터(rotor) 블레이드의 설계평가의 일부로 되어 있다. 소음 및 발전출력 품질계측은 GL prototype 인증[9, 17]에서는 필수적인 항목으로 되어 있지만, IEC WT01[12]는 옵션으로 취급하고 있다. 표 11-11은 양자의 비교를 나타내고 있다.

표 11-11 IEC WT01[12] 및 GL[9, 17]의 prototype 시험의 비교

Prototype 시험의 항목	IEC WT01[12]	GL[9, 17]
안전 및 동적시험/시운전	있음	있음
성능계측	있음	있음
전력품질/전기적 특성	옵션	있음
소음	옵션	있음
하중계측 및 동적거동	있음	있음
블레이드의 동적(피로) 하중시험의 평가	있음	없음
블레이드의 정적하중시험의 평가	있음	DE에서 평가

(DE : 설계평가)

(c) 제조평가

GL 및 IEC의 인증절차 중에서 제조평가의 일부로서 IEC ISO 9001 : 2000[24]에 입각한 품질관리 시스템의 평가는 필수적인 항목이다(표 11-12). 적어도 1기의 풍력발전기에 대하여 수행되는 제조검사의 검사대상은 인증된 설계에 따라서 제조되고 제조방법, 재료인증 및 설계사양의 심사확인이 이루어지고 있는 것이 요건으로 되어 있다. GL[9, 17]에 의해 이들 작업은 IPE(제조 및 건설의 설계요건 실시) 평가 중에서 필수적인 항목으로 되어 있다. IPE 평가는 또한 IEC WT01[12]의 제조평가 요건을 포함하고 있다.

표 11-12 IEC WT01[12] 및 GL[9, 17]의 제조평가 항목의 비교

제조평가의 항목	IEC WT01[12]	GL[9, 17]
품질 시스템 평가(설계관리)	있음	있음
제조감시/IPE	있음	있음

11.3.4 프로젝트 인증, 또는 풍력발전단지의 인증

(1) GL 가이드라인[9, 17]

그림 11-6에 나타낸 것처럼 프로젝트 인증에는 사이트 평가, 제조·수송·건설의 감시, 설치공사의 입회, 정기적 감시의 실시가 포함된다. 이들 모듈에서 만족된 평가가 얻어짐으로써 프로젝트 인증서가 발행된다. 해상과 육상 어느 곳에 대해서도 프로젝트 인증은 형식인증을 받은 풍력발전기로 실시된다. 프로젝트 인증의 목적은 형식 인증된 풍력발전기와 개개의 지지구조 설계가 특정 사이트의 외부조건, 적용되는 건축규정, 전기규정 및 그 밖의 요구들과 적합한지를 평가하는 것이다. 이러한 평가는 사이트에서의 기상, 해상, 그 밖의 환경조건, 계통연계조건, 지반조건 등이 설계문서에 규정되어 있는 것보다도 심하지 않은 경우에도 실시된다. 프로젝트 인증은 기본적으로 육상풍력발전단지 또는 해상풍력발전단지 등의 복수의 풍력발전기로 구성되는 풍력발전 프로젝트가 상정되고 있다. 또한 프로젝트 인증에는 계측 마스트(mast), 전력 케이블, 송전설비, 변전설비, 기초 등의 모든 설비의 설치를 포함하고 있다.

(a) 사이트 평가

사이트 평가는 GL의 가이드라인에 입각하여 실시된다[9, 17]. 평가대상으로서 선택된 사이트에 있어서 다음과 같은 조건에 대해서 계측 데이터를, 근접 기상관측소에서의 장기간 관측기록과

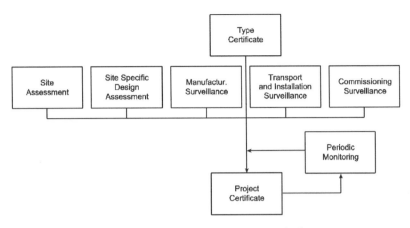

그림 11-6 GL의 프로젝트 인증 모듈[9, 17]

연관시켜 평가한다. 또는 이론적으로 또는 그 밖의 데이터(지진의 경우, 규격으로부터)로부터 도출할 필요가 있다.

- 바람조건
- 해상조건
- 지반조건
- 그 밖의 환경조건(조류, 온도, 해양 부착생물 등)
- 전기조건

풍력발전단지의 개발이 상정되는 사이트의 지반조건을 국소적인 조건(지반, 건축에 관한 규정)을 고려하고 지질학 전문가의 지시에 따라 평가하지 않으면 안 된다.

사이트 평가의 일환으로서 국소적인 사이트 조건을 조사하지 않으면 안 된다. 형식인증의 일부인 일반적인 설계평가에 대하여 그러한 국소적인 사이트 조건도 체크된다. 국소적인 외부조건, 그 밖의 풍력발전기에 의한 국소적인 영향[후류(wake)에 의한 난류] 및 사이트에서 구조물에 의한 영향을 조사하지 않으면 안 된다. 사이트에서의 외부조건이 풍력발전기의 설계에서 가정된 외부조건보다도 심하지 않다는 것을 나타내어야 하며, 사이트에서의 조건이 설계에서 가정되는 조건보다도 보다 혹독한 하중, 보다 바람직하지 않은 상태가 되는 경우에는 그 사이트 고유의 조건을 적용한 설계평가를 실시하지 않으면 안 된다. 사이트의 조건이 보다 큰 하중을 유발하는 경우, 문제가 되는 사이트 조건에서의 설계가 문제가 아님을 나타내기 위하여 추가적인 해석 또는 풍력발전기 설계의 수정을 실시할 필요가 있다. 열대용 또는 한랭지용 등의 해상풍력발전기의 특별사양 장치 등에 대해서도 평가한다. 이렇게 하여 일반적인 설계평가를 사이트 고유의 설계평가로 수정한다.

(b) 사이트 고유의 설계평가

어떠한 사이트의 외부조건에 입각하여 사이트 고유의 설계평가를 다음과 같은 평가 step에 따라 실시하지 않으면 안 된다.

- 사이트 고유의 하중의 가정
- 사이트 고유의 하중과 형식인증 시에 가정된 하중과의 비교
- 사이트 고유의 지지구조물(예를 들면 타워, 하부구조물 및 기초)
- 형식인증에서 인증된 구성으로부터 기계부분 또는 풍력발전기 블레이드의 변경(변경이 있는 경우)
- 형식 인증된 기계요소의 설계하중보다도 큰 하중을 나타낸 경우, 기계부분과 풍력발전기 로터(rotor)의 잔류응력 계산
- 보수 계획(예를 들면 기상조건 또는 접근성)

(c) 제조과정의 감시

제조과정의 감시를 시작하기 전에 제조자의 품질관리(QM) 요건을 준수할 필요가 있다. 일반적으로 QM 시스템은 ISO 9001[24]에 따라 인증되지 않으면 안 된다. 또는 QM 기준이 인증기관에 의해 평가되지 않으면 안 된다. 품질평가의 규격에 의존하는 제조 감시의 범위 및 조사할 샘플의 수는 인증기관과 합의할 필요가 있다. 제조과정의 감시 이전에 제조 작업장, 자료관리, 제조순서에 관한 필요한 평가가 실시되고, 그 결과에 입각하여 인증이 이루어진다. 일반적으로 인증기관에 의해 다음과 같은 실시항목과 인증이 실시된다.

- ISO 9001[24]에 준거한 현재 유효한 QM 인증
- 품질관리 : QM 매뉴얼, QM 순서, 작업 지시서
- 용접공장의 인증
- 용접공의 자격확인(예를 들어, EN 287[36] 또는 ISO 9606[37]에 준거한 용접시험)
- 용접 감독자의 자격확인(European Welding Engineer : EWE)
- 비파괴시험 기술자의 자격과 장비의 확인
- 용접시공시험(WPAR, 용접시공 인증기록)
- 용접 필터의 인증
- 용접시공 요령서(WPS)
- 설계제도

설계제도와 용접시공 요령서는 설계평가를 위해 제출된 설계도서(제도와 예비용접)와의 적합성을 위해 검사된다.

감시는 제조공장에서의 활동과 건설현장에서 실시되는 활동으로 분류된다. 제조공장에서 실시되는 감시의 범위는 상대적인 중요성, 사용되는 재료, 부품의 제작공정 등이 있다. 제조공정의 감시는 일반적으로 랜덤으로 이루어지지만 중요한 공정과 최종검사공정은 항상 감시할 필요가 있다.

일반적으로 다음과 같은 실시내용과 인증이 실시된다.

- ISO 10474 3.1C GL[38] 또는 EN 10204 3.2[39]에 준거한 철강 제조사의 재료증명서의 확인
- 재료와 부품의 감시와 시험
- 제조공정의 감시와 비파괴시험 결과의 확인
- 그 밖의 품질관리문서의 확인
- 시험증서, 제품추적, 보고서 따위의 QM 기록의 정밀조사
- 재료보관상태, 재료의 취급을 포함한 랜덤 샘플링에 의한 제조의 감시
- 부식보호에 관한 감시
- 전력 시스템의 감시
- 최종시험의 감시
- 완성한 부품의 최종검사

(d) 운송과 건설에서의 감시

풍력발전단지를 설치할 사이트에서 지지구조물 또는 풍력발전기의 설치 등의 중요한 설치공정을 감시해야 된다. 이 사이트 현장에서의 감시에 앞서 부품을 공장에서부터 설치 사이트에 운송하는 과정에 대해서도 조사해야 된다. 설치공정에 앞서 설치 사이트의 특수한 상황을 고려한 완전한 설치공정 매뉴얼을 준비, 기존에 평가된 설계와 운송과 건설 시의 상황(기상, 작업 스케줄 등)과의 적합성을 확인해야 된다. 나아가 해상풍력발전기의 위치를 나타내는 사이트 계획은, 해상풍력발전단지의 계통연계 방법을 나타내는 전기설비 계획과 함께 준비되어야 한다. 감시범위는 운송과 건설에 관련된 회사의 품질관리기준에 의존하지만, 일반적으로 다음과 같은 항목이 실시된다.

- 해상풍력발전기의 모든 부품의 식별과 할당
- 부품에 대한 운송 시 손상의 검사
- 작업 스케줄의 검사[용접, 건설, 그라우팅(콘크리트의 주입), 볼트 체결 등]

- 조립품의 검사와 조립 전의 부품 검사(조립이 제조사의 공장에서 이루어지는 경우)
- 건설 시의 중요한 공정의 랜덤검사(기계부품, 풍력발전기 블레이드, 지지구조물의 견인, 말뚝타입, 그 라우팅)
- 그라우트 주입, 볼트 체결된 연결부재의 검사, 비파괴시험의 감시(용접된 연결부분 등)
- 부식보호 시스템 검사
- 세굴방지 시스템 검사
- 전기 관련 설치 검사(케이블 배선, 접지설비와 접지 시스템)
- 고박(古縛)과 해상운행의 검사

(e) 시운전 입회

시운전 시의 입회는 건설에서부터 운전으로의 이행에서 인증 프로세스에서 필수적인 항목이다. 각 풍력발전기의 운전준비가 갖추어져 있는지, 각 풍력발전기가 규격 또는 요건을 만족하고 있는지를 확인하기 위하여 해상풍력발전단지의 모든 풍력발전기에 대하여 시운전 시의 입회가 필요하다. 시운전은 사전에 인증된 절차에 따라 실시된다. 시운전 중에 운전 및 안전성에 관계하는 모든 부품을 감시 또는 시험하지 않으면 안 된다. 사전에 계획된 모든 시험과 함께 시운전 매뉴얼을 인증기관에 제출하고 인증기관의 감시하에서 시운전은 실시된다. 검사원에 의한 입회는 실제에 시운전할 해상풍력발전기의 최저 25%을 커버한다[본 항의 (g) 참조]. 남은 풍력발전기는 시운전 후에 검사되고 관련된 기록이 정밀하게 조사된다.

〈사진 : 서포트 배에서 해상풍력발전기로의 접근〉

시운전 과정에서는, 시운전 매뉴얼로부터 선택된 시험을 안전성시험, 풍력발전기 거동시험에 초점을 두어 수행되어야 하며, 설계도서의 준수에 대하여 평가되어야 한다. 평가 보고서에 기재되어 있는 제한사항의 준수에 관해서 가능한 한 평가된다. 이것은 다음과 같은 시험 또는 실시사항을 포함한다.

- 긴급정지 버튼의 동작
- 운전 중에 상정되는 상태에 따른 브레이크 시스템의 작동
- Yaw 시스템의 동작
- 부하의 손실 시의 거동
- 과도한 회전 시의 거동
- 자동운전의 동작
- 해상에서의 설치공정 전체의 육안에 의한 검사
- 제어 시스템의 지시서 확인

시험에 추가적으로 시운전 시에 다음과 같은 사항에 대해서 검사 또는 감시하지 않으면 안 된다.

- 외관
- 부식보호
- 손상
- 인증된 설계와 traceability와의 적합성, 계산서의 기록

(f) 정기적 모니터링

프로젝트 인증의 유효성을 유지하기 위하여 해상풍력발전기의 정비를 인증된 정비 매뉴얼에 따라 실시되어야 하며, 인증기관에 의해 설치상황이 정기적으로 감시된다. 정비는 권한이 주어진 사람에 의해 실시되고 기록되어야 한다. 정비의 간격은 부품의 상대적인 중요성, 전체 시스템의 상태, 정비절차, 그 밖의 특별한 요건이라고 하는 몇 개의 파라미터에 의존한다. 정기적 모니터링의 간격은 검사계획에서 정의하고 인증기관의 합의가 필요하다. 이 감시의 정기적인 간격은 풍력발전기의 상태에 따라 바뀐다.

일반적으로 정기적 모니터링의 간격은 2년이다. 이 간격은 설치상황에 따라 바뀔 때도 있다. 얼마간의 손상 또는 큰 수리는 인증기관에 보고해야 된다. 인증의 효과를 유지하기 위하여 사양의 변경에 대해서도 인증기관으로부터의 인증이 필요하다. 정비 기록은 인증기관에 의해 정밀하게 조사되어야 된다.

〈사진 : 블레이드 고정부의 검사〉

　검사기록에는 세굴방지, 해저지반의 레벨, 해수면 아래의 구조물, 비말대(splash zone)에 관한 확인을 포함해야 된다. 비말대에 있는 구조부분은 부식, 해양 부착생물, 충돌 등에 의한 손상에 대해서 육안으로 검사해야 된다. 손상이 발생되어 그 손상이 한층 더 하부로 발전할 가능성이 있는 경우 다이버에 의한 검사가 바람직하다. 콘크리트 표면에 균열, 마모파쇄, 철근 또는 채움요소 부분의 부식 징후가 없는지를 검사해야 된다. 이 검사는 특히, 과거에 수리가 이루어진 착빙 상태에 있는 비말대에서 중요하며, 표면의 세척이 필요한 경우도 있다. 방식(防蝕)관리[코팅, cathode 방식(防蝕) 시스템 등]의 형식, 위치, 정도, 효과, 수리 또는 교환에 대해서 평가해야 된다.

　조립부품에 대하여 실시되는 정기적 모니터링과 그 검사목적을 표 11-13에 나타낸다.

표 11-13 정기적 모니터링 검사의 항목

조립요소	점검항목/상정되는 결함
로터 블레이드	표면손상, 크랙, 구조의 불연속성[상세검사 : 육안 및 적절한 방법에 의한 구조검사(예를 들면, tapping, 초음파시험)]. 볼트의 pre-tensioning. 낙뢰보호 시스템의 손상
동력전달계(Drive train)	누출, 특이한 소음, 부식보호의 상태, greasing, 볼트의 pre-tensioning, 기어의 상태(관련된 경우, oil 해석), 낙뢰보호 시스템의 손상
나셀과 구조부품	부식, 크랙, 특이한 소음, greasing, 볼트의 pre-tensioning, 낙뢰보호
기상제어, 제습 및 air filter	기능, 오염, 더러움
유압시스템, 압축공기 시스템	손상, 누출, 부식, 기능
지지구조물(타워, 하부구조, 기초)	부식, 부식보호(예를 들면, cathode 보호), 손상과 변형, 크랙, 마모, spalling, 볼트의 pre-tensioning, 해양생물의 성장
모노파일 또는 접합구조물	밀폐성(육안에 의한 검사)
안전장치, 외부조명, 센서, 브레이크 시스템	기능 체크, 한계값과의 적합성, 손상, 마모

표 11-13 정기적 모니터링 검사의 항목(계속)

조립요소	점검항목/상정되는 결함
변전설비 또는 개폐장치의 제어 시스템과 전기계, 상태감시 시스템	단자부, 접속부, 기능 체크, 부식, 더러움
헬리콥터 hoist, boat landing, 방현재	체결장치, 기능, 부식, 크랙, 더러움, 손상, 변형
긴급피난 shelter	외부조명 및 긴급피난 shelter, 수난구조장치, backup 전원의 육안검사
문서의 열람	완전성, 조건의 준수, 인증된 문서에 따른 건설, 시험 보고서, 정기적으로 실시되는 정비, 승인에 따른 개수·수리의 실행(해당하는 경우)

정기적 모니터링은 인증기관에 의해 인정된 풍력발전기 전문가에 의해 실시되지 않으면 안된다. 전문가는 풍력발전기평가에 필요로 하는 기술적 지식을 갖추지 않으면 안 되며, 적절한 트레이닝을 받고 있는지, 계속적인 경험이 있는지를 입증하여야 한다. 전문가는 EN 45004[40] 또는 EN 45011(ISO/IEC 가이드 65)[41] 또는 그것과 동등한 규격에 준거한 인정을 받거나, 또는 전무가로서의 능력에 관해서 소관의 심사위원회의 심사를 받을 필요가 있다. 또한 전문가는 제3자로서 독립한 입장에 있으며, 해상풍력발전기에 관련하는 기술문서를 열람할 권리를 갖는다.

(g) A 레벨 및 B 레벨 프로젝트 인증

프로젝트 인증서는 아래에 기술되는 step을 거친 후에 발행된다. 제조, 수송, 건설, 시운전, 정기적 모니터링의 조사에 관해서 프로젝트 인증에는 A-프로젝트 인증과 B-프로젝트 인증의 2가지 레벨이 있다.

A-프로젝트 인증에서는 모든 해상풍력발전기에 대하여 조사가 요구되고, 모니터링은 지지구조물에서부터 주요한 기계부품, 풍력발전기 블레이드와 전기 시스템에 대하여 실시된다.

B-프로젝트 인증에서는 해상풍력발전기의 25%만을 랜덤으로 추출하여 조사가 이루어지고, 모니터링은 지지구조물, 주요한 기계부품, 풍력발전기 블레이드와 전기 시스템에 대하여 실시된다. 조사의 결과, 큰 고장, 인증된 설계로부터의 일탈 및 품질관리에서의 일탈이 명확해진 경우 모니터링되는 풍력발전기의 수가 갑절로 늘어난다.

(2) IEC WT01

IEC WT01[12]에 준거한 프로젝트 인증은 그림 11-7에 나타낸 것처럼 사이트 평가 모듈, 기초설계평가 모듈, 건설평가 모듈, 운전·보수 surveillance 모듈로 구성된다. 프로젝트 인증서는 사이트 평가와 기초·지지구조물의 설계평가 인증을 거쳐서 발행된다.

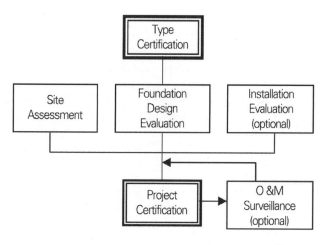

그림 11-7 IEC WT01에 따른 프로젝트 인증 모듈[12]

(a) 사이트 평가

사이트 평가의 목적은 사이트에서의 환경적 특성, 전기적 특성, 지반특성이 설계문서에서 정의된 파라미터 값과의 적합성의 검증에 있다. 11.3.4항 (1)의 (a)에 기재된 동일한 요건이 적용된다. 인증기관은 유자격자(기상예보사, 기술사 및 지질학자)가 사이트의 외부조건을 평가하고 보고를 실시할 것을 요구한다. 사이트 평가의 적합 증명서에 의해 인증에 관한 사이트 파라미터 평가의 인증이 완료한다.

(b) 기초설계평가

형식인증에서 기초설계평가가 실시되고 있지 않은 경우, 기초·지지구조물의 설계평가가 프로젝트 인증에서 실시된다. 기초·지지구조물의 설계는 사이트에의 적합성, 인증기관과 신청자와의 사이에서 합의한 규격문서, 규정문서와의 적합성에 관해서 평가된다. 형식인증에서 기초·지지구조물설계에 대한 적합서가 이미 발행되어 있는 경우, 평가는 국소적인 해저지반조건, 적용되는 지역한정규정·규격과의 적합성에 한정된다.

(c) 건설평가(옵션)

건설평가의 목적은 해상풍력발전기가 특정한 규격 또는 설계문서에 적합하게 건설·운전되고 있는지를 검증하는 데 있다. 건설평가는 '건설품질 시스템'과 '조사·감사' 2개로 세분화된다. 인증기관은 건설품질 시스템이 건설계획(11.3.3항 (2)의 (a) 참조) 또는 토목공사, 전기공사와 같은 그 밖의 건설계획과 모순이 없는지를 평가한다. 건설자가 ISO 9001 : 2000[24]에서 규정되어 있는 요건에 준거한 품질 시스템을 운용하고 있지 않은 경우, 건설품질 시스템의 유효성이 계통적인 감시에 의해 평가된다.

(d) 운전·보수 감시 (옵션)

옵션으로 실시되는 운전·보수 감시의 목적은 어떠한 사이트의 특정한 풍력발전기 또는 풍력발전기군(群)이 설계문서에 포함되는 관련 매뉴얼에 적합하게 운전·보수되는지를 확인하기 위함에 있다. 운전·보수 조사는 어떤 일정 기간마다 인증기관과 신청자의 합의에 입각하여 실시된다. 감시에는 다음의 항목이 포함된다.

- 보수 매뉴얼에서 지정된 유자격자에 의해 보수 매뉴얼에서 지정된 기간마다 보수가 실시되고 있는 점
- 제어 파라미터가 설계도서에서 지정된 범위 안에 있는 점

(3) IEC WT01과 GL에 의한 프로젝트 인증절차의 비교

IEC WT01[12]에 준거한 프로젝트 인증은 GL[9, 17]에 준거한 프로젝트 인증과 비교하여 다음과 같은 차이점이 있음을 알 수 있다. IEC WT01[12]의 옵션에 있는 기초설계평가가 형식 인증에서 다루어지는 경우, 프로젝트 인증을 받기 위하여 사이트 평가만이 필요로 된다. 건설평가 모듈과 운전·보수 surveillance 모듈은 그림 11-7에 나타낸 것과 같이 옵션이다.

GL[9, 17]에 준거한 인증은 프로젝트 인증이 실시되는 경우 추가로 많은 대응이 필요하게 된다. 프로젝트 인증의 유지가 필수적인 항목이 되어 정기적인 모니터링 모듈이 의무화된다. 모니터링의 시간간격은 신청자와 인증기관과의 합의에 입각하여 설정된다(11.3.4항 (1)의 (f) 참조). 이 모니터링은 IEC WT01[12]에서는 운전·보수 (O&M) surveillance라고 불리지만 11.3.4항 (1)의 (f)에서 기술된 정기적 모니터링과 같은 실시항목이 포함되어 있다. 그러나 IEC WT01[12]에서는 이 시운전의 감시는 옵션 모듈로 하고 있다.

마찬가지로 GL[9, 17]에서는 '운송과 건설 시의 surveillance'로서 의무화되어 있는 건설평가는 IEC WT01[12]에서는 옵션으로 되어 있다. IEC WT01[12]과 GL[9,1 7]과의 차이점을 표 11-4에 나타낸다.

프로젝트 인증의 이점은 다음과 같다.

- 프로젝트 인증은 리스크를 최소화하기 위하여 금융기관 및 당국의 요청에 의해 인증기관에 의해 실시된다.

표 11-14 IEC WT01[12]와 GL[9, 17]에 의한 프로젝트 인증에서 의무모듈과 옵션모듈

프로젝트 인증의 요소	IEC WT01[12]	GL[9, 17]
사이트 고유의 설계평가/사이트 평가	있음	있음
기초/지지구조물 설계평가(의무)	있음	있음
제조 중의 감시	없음	있음
수송 중의 감시와 설치 모니터링/설치 평가	옵션	있음
시운전 중의 감시	없음	있음
정기적 모니터링/운전·보수 감시	옵션	있음

- 설계평가와 모니터링은 모두 설계, 제조 및 건설 시의 불충분한 점을 확인하는 데 필요하다.
- 프로젝트 수익을 보증하기 위하여 신뢰성이 높은 풍력발전기가 필요로 되고, 기계품질과 적절한 시험에 주의할 필요가 있다.

11.3.5 인증의 유효성과 재인증

형식 인증의 유효기간은 2년간이지만(GL), 품질 시스템의 인증이 무효가 된 경우 형식 인증도 이 유효기간 전에 효력이 소멸된다. 유효기간 동안에 설치되는 이 형식의 모든 풍력발전기는 매년, 인증기관에 보고되지 않으면 안 된다. 형식 인증의 유효기간이 효력이 없어지면 요청에 입각하여 재인증이 필요하게 된다. 재인증 프로세스가 종료한 후 인증기관은 2년간 유효한 형식 인증서를 재발행한다. 재인증에서는 다음과 같은 문서와 항목이 평가된다.

- 유효한 도면
- 설계평가에서 검사된 부품설계에 대한 모든 변경과 해당하는 경우에는 변경의 평가에 관한 문서
- 지난번의 심사로부터 QM 시스템의 변경부분
- 설치된 모든 풍력발전기의 형식[적어도 정확한 형식, serial number, 허브(hub) 높이, 설치위치에 관한 제시]
- 설치한 풍력발전기의 장해와 고장 모두

구조에 관한 변경이 이루어진 경우에는 검사가 필요하고, 평가의 인증을 거쳐 A-설계평가의 적합 증명서의 개정이 발행된다.

GL[9, 17]에 준거한 프로젝트 인증은 기본적으로는 무기한으로 유효하지만 정기적 모니터링이 실시되지 않았을 경우에 효력이 없어진다. 또한 인증기관에 의해 인정되지 않은 주요한 변경, 개조, 수리가 실시된 경우에도 인증의 유효성을 잃게 된다.

IEC WT01[12]에 준거한 인증 유효기간은 개별적으로 정해져야 하지만, 형식 인증과 프로젝트 인증을 합쳐서 5년을 초과해서는 안 된다. 형식 인증의 유효기간 중에는 인증서의 소유자가 인지한 비정상적인 작동의 발생, 경미한 변경에 대한 정보가 포함된 연보(年報)를 인증기관에 제출해야 한다. 프로젝트 인증에 관해서 사이트 또는 풍력발전기의 변경에 대해서는 인증의 유효성 변경 또는 확장을 위해 인증기관에 보고하여야 한다.

11.4 리스크 평가

11.4.1 개 요

현재 상당한 수의 해상풍력발전단지가 유럽, 미국, 캐나다에서 계획되고 있다. 예를 들면 독일 북해(North Sea) 및 발트 해(Baltic Sea)의 두 해역에서 정격출력이 5MW까지인 풍력발전기가 총 전력 25000MW까지 설치된다는 것이 제안되어 있다. 사람, 선박교통, 환경에의 리스크를 평가하기 위하여 이러한 해상풍력발전단지의 해상운송에 대한 안전성 및 영향을 조사할 필요가 있다. 해상풍력발전단지의 리스크 해석의 가이드라인이 GL에 의해 2002년에 발행되었다[46].

인허가 프로세스에서 당국이 포괄적인 기준에 입각하여 평가를 수행할 수 있도록 상세한 리스크 해석결과를 제출할 필요가 있다. 인체 또는 환경에서 가장 안전성이 높은 기준을 달성하기 위하여 해난구조선 또는 선박교통관제의 조항과 같은 리스크를 최소화하기 위한 방책의 효과가 평가된다. 또한 리스크 해석은 보험업자 또는 풍력발전단지의 운전 관리자에게도 필요한 안전성에 관한 정보를 제공한다.

인허가 프로세스 기간 중에 당국은 충돌빈도와 리스크의 허용값을 규정한다. 계산된 충돌빈도와 예측되는 피해량에 입각하여 리스크 평가가 가능하게 되며, 허용량과 계산된 값을 비교함으로써 인허가 결정이 내려진다. 이에 의해 법규제에 의한 리스크 경감방책의 효과가 실증되고, 계획되어 있는 풍력발전단지에 대한 수용성에 대해서도 직접적인 영향을 미친다.

리스크 해석기법은 육상풍력발전기에도 응용 가능하고 사람들과 환경에 대한 잠재적 리스크가 통상보다도 커질 거라고 예측되는 사이트에서는 특히 흥미롭게 된다. 이러한 예로서 교통량이 많은 도로, 간선도로, 화학공장, 발전소 등과 가까운 풍력발전기를 들 수 있다. 사람 또는 환경에의 잠재적 리스크를 평가하고 허용할 수 있는 양까지 경감하기 위하여 풍력발전기사고 또는 풍력발전기 부품의 낙하에 의한 재해 등의 리스크를 고려하여야 된다.

11.4.2항에서는, 리스크 해석기법 및 리스크 최소화 기법의 개요를 소개한다. 선박의 충돌 리스크를 계산하고 최소화하는 보다 포괄적인 방법은 EU 연구프로젝트의 SAFESHIP[19]의 성과가 정리된 참고문헌 54)를 참조하기 바란다.

11.4.2 리스크 해석

(1) 리스크 평가방법

기술 시스템에 기인하는 위험성에 관련한 리스크는, 바람직하지 않은 사상의 발생빈도와 그 사상에 기인하는 예측되는 결과와의 곱으로 정의된다. 2개의 리스크를 평가하기 위하여 다시 말해서 '기술적으로 안전한지?'라는 의문에 답하기 위해서는 서로 다른 측면의 2개의 의문을 고려하지 않으면 안 된다. '무엇이 일어날 수 있는지?'라는 최초의 의문은 합리적, 구조적, 그리고 문서화된 리스크 해석에 의해 회답되지 않으면 안 된다. '무엇이 일어나도 좋은지?'라는 2번째 의문은 보다 주관적인 리스크 사정(査定)으로 이어진다(그림 11-8 참조). 다음에서는 우선 리스크 해석 부분에 초점을 둔다.

리스크 해석은 바람직하지 않은 사상의 발생빈도와 그 사상에 의한 결과를 결합하여 하나로 한다. 바람직하지 않은 사상의 발생빈도는 유사한 조건 아래에서 동작하는 유사한 시스템은 비슷한 고장이 생긴다고 가정하고 그러한 시스템의 고장에 관한 통계적 데이터에 의해 결정한다. 이러한 과거의 데이터를 이용한 통계적 기법은 유사한 시스템의 고장 특성을 이미 알고 있는 경우에만

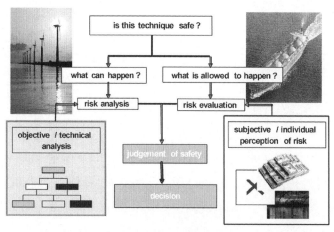

그림 11-8 리스크 평가

---

19 역자 주 : SAFESHIP–Reduction of Ship Collision Risks For Offshore Wind Farms.

적용 가능하다. 통계적 결과의 확고한 통계적 논거를 보장하기 위해서는 어떠한 일정 기간 안에 얼마 이상의 고장이 기록되지 않으면 안 된다. 시스템의 고장이 매우 드문 경우 시스템을 서브시스템 또는 요소로 분할하고, 서브시스템, 요소에 대한 이미 알고 있는 통계적 데이터로부터 시스템 전체의 고장에 관한 통계적 데이터를 도출한다. 논리적인 구조에 입각하여 시스템 전체의 고장의 성질을 예측할 수 있다. 바람직하지 않은 사상에 의한 결과의 특성은 상당히 바뀔 수 있다. 일어날 수 있는 결과는 5개의 그룹으로 분류할 수 있다.

- 인체의 건강, 생명에의 영향
- 환경적 영향
- 경제적 영향
- 사회적 영향
- 윤리적, 정치적, 법적인 영향

고장에 의해 기인되는 모든 결과를 결정하는 데는 많은 노력이 필요하다. 따라서 전체 리스크에 주요한 영향을 미치는 결과만을 포함한 윤곽을 정의할 필요가 있다. 참고문헌 45)에서는 해상 리스크 해석에 관한 입수 가능한 지식을 이용하여 선박과 풍력발전단지와의 충돌에 적용하기 위한 연구가 수행되었다. 이 연구에는 통합적 안전 평가법(Formal Safety Assessment : FSA) 또는 안전 케이스(Safety Case : SC)라는 방법이 기술되어 있다. 특히 관련된 문헌은 해상풍력발전단지를 위한 리스크 해석의 가이드라인이다[46].

(a) 충돌빈도

선박과 고정된 해양구조물과의 충돌빈도를 계산한 최초의 연구는, 1970년대 일본에서, 일본의 해역에서 과거의 사고 데이터에 입각한 방법을 이용하여 최초로 실시되었다. 선박과 해상풍력발전단지와 같은 고정된 해양구조물과의 충돌을 고려할 때 2개의 서로 다른 시나리오로 분류하지 않으면 안 된다.

- 동력선의 충돌
- 항행 불능인 선박(표류선)의 충돌

이 분류는 2개의 시나리오가 서로 다른 원인, 경과, 결과를 갖고 있기 때문에 필요하다. 서로 다른 특성 때문에 그러한 사상의 빈도를 계산할 때에는 서로 다른 방법이 필요하다. 두 시나리오를 커버하는 기존의 모델에는 COLLRISK[47], COLWT[48], SAMSON[49]이 있으며, 이들의 상세한 설명은 참고문헌 45)을 참조하기 바란다. 이들 모두의 모델에는 많은 데이터 소스로부터 입수할 수 있는 선박의 운항 데이터가 필요하다[45]. 다음은 동력선 및 운행 불능인 선박의 충돌빈도의 모델화의 approach를 나타낸다.

1) 동력선

동력선의 충돌 확률은 다음과 같이 설정한다.

- 충돌 코스에 있는 선박의 확률(선박의 항로 패턴, 평가대상인 해양구조물의 크기·방향에 입각함)
- 충돌 코스로부터 회피하지 않을 선박의 확률, 즉 원인확률이라는 틀린 코스로부터 수정하는 동작을 하지 않을 확률

선박이 충돌 코스에 있을 확률은 선박항로의 적절한 분포함수의 면적으로 주어진다. 각 풍력발전기(또는 변전소)의 투영면적과 선박 양측의 반폭(half width)의 투영면적에 의해 경계를 이루는 부분의 분포함수의 면적이 선박이 충돌 코스에 있을 확률이다. 투영면적은 이론상 선박항행항로에 평행하다(그림 11-9).

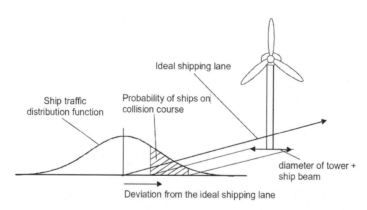

그림 11-9 충돌 코스에 있을 선박의 확률의 계산을 위한 파라미터[54]

충돌을 회피하기 위해 코스를 수정하는 동작을 하지 않을 확률은 그 밖의 해양구조물과의 과거의 사고 데이터 또는 해석적 approach[Fault Tree 해석(FTA)[20] 또는 Bayesian Network[21]]에

---

20 역자 주 : 안전성·신뢰성 해석기법의 하나. 시스템에 일어날 수 있는 바람직하지 않은 사상(특정고장·사고)을 상정하고, 그 발생요인을 상위의 레벨로부터 순차적으로 하위로 논리 전개하여, 최하위인 문제사상의 발생빈도로부터 최초에 상정한 특정고장·사고의 발생확률을 산출하고, 동시에 고장·사고의 원인관계를 명백히 하는 기법을 말함
21 역자 주 : 원인관계를 확률에 의해 기술하는 Graphical model의 하나로서, 복잡한 원인관계의 추론을 유향그래프(directed graph) 구조에 의해 나타냄과 동시에 개개의 변수 관계를 조건부확률(Conditional probability)로 나타내는 확률추론 모델이다.

의해 보정계수를 이용하여 모델화할 수 있다. 지금까지 선박과 풍력발전단지와의 충돌사고는 발생하고 있지 않고, 유사한 충돌사고(예를 들어, 해상유전 또는 해상가스전 플랫폼과의 충돌 등)도 매우 드물기 때문에 과거의 사고 데이터의 통계는 한정되어 있다. 나아가 그러한 사고는 풍력발전단지의 잠재적 사고와는 다르며 선박자동식별장치(AIS) 또는 선박항행시스템(VTS)이라는 새로운 항해설비도 과거에는 이용할 수 없었다. 과거의 사고 데이터를 이용하는 것의 또 다른 단점으로서 지세학적으로 상당히 넓은 영역에서만 원인확률을 결정할 수 있음을 들 수 있다. 따라서 이들 원인확률은 큰 영역에서의 평균값이며 개개의 풍력발전단지 또는 주변해역의 특성은 평균화에 의해 무시되고 만다.

이들 문제는 원인확률을 결정하기 위한 해석 모델을 응용함으로써 해결할 수 있을지도 모르지만 영향요인의 수, 특히 배를 조작하는 데 있어서의 복잡한 인간행동은 해석 모델의 확립을 보다 어렵게 하고 있다. 개발 중인 Bayesian Network의 예를 그림 11-10에 나타낸다.

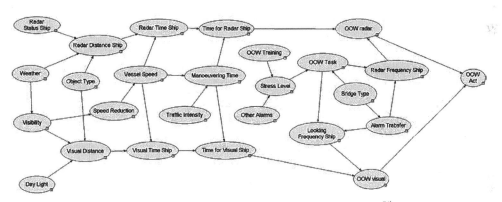

그림 11-10 원인확률을 구성하는 Bayesian Network의 예[54]

2) 표류선

선박의 추진 시스템, 또는 조타 시스템이 고장이 난 경우 그 선박은 '난파선' 또는 '표류선'이라고 불린다. 이는 항해사가 선박의 움직임에 대하여 어떠한 영향도 줄 수 없음을 의미하기 때문에 이러한 항행 불능인 선박이 풍력발전단지가 있는 해역으로 표류하여 충돌하는 어떤 일정 정도의 확률이 존재한다. 영향요소로서는,

- 추진 시스템의 고장률
- 충돌하기 전에 수리할 수 있는 시간(많은 고장은 특정되고, 수리된다)
- 긴급투묘(投錨)

- 해난구조선에 의한 항행 코스로의 복귀
- 그때의 파, 조류, 바람의 조건, 선박의 크기·선박의 종류에 의존한 표류시의 선박의 움직임

항행 불능인 선박과 풍력발전단지와의 충돌 시나리오를 고려하면 표류지속시간, 즉 추진 시스템 또는 조타 시스템이 고장이 난 후부터 항행 불능인 선박이 풍력발전단지에 충돌하기까지의 시간이 중요하다. 승조원이 고장이 난 시스템을 수리할 수 있는 확률도 이 이용 가능한 시간에 의해 결정된다. 해난구조선에 의한 지원도 이 이용 가능한 시간에 달려 있다. 표류시간은 표류속도로부터 계산된다. 긴급투묘 조치의 성공을 위한 주요한 요인도 표류속도이다. 리스크 저감 수단(수리, 긴급투묘, 해난구조선)의 감도도 고려되어야 한다. 발트 해(Baltic Sea)와 북해(North Sea)에서의 예비 계산이 실시되었으며, 이들 계산은 충돌빈도에 대한 해난구조선의 영향은 위치와 해난구조선의 능력에 의존하는 것으로 나타났다.

(b) 충돌결과

1) 충돌결과의 개요

선박과 해상풍력발전단지와의 충돌 결과를 그림 11-11에 나타낸다.

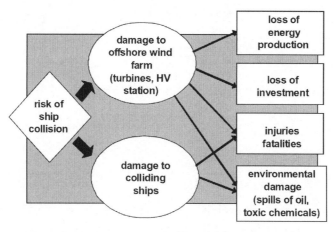

그림 11-11 선박과 해상풍력발전단지와의 충돌 결과[54]

잠재적으로 심각한 결과에는 다음과 같은 것이 있다.

- 고압변전소의 손상. 이것은 가능발전량의 막대한 손실을 동반하는 장기간의 풍력발전단지 전체의 운전 정지를 초래한다.

- 해상풍력발전단지의 건설 중 또는 정비 중의 충돌은 종업원의 사상(死傷)을 일으킬 가능성이 있다(노동 안전문제).
- 기름 또는 그 밖의 환경 독성이 있는 화학물질의 누출을 야기할 수 있는 충돌

2) 손상의 계산

선박과 풍력발전단지와의 예상되는 충돌에 의한 결과는 선박과 풍력발전단지에 일어날 수 있는 어떠한 손상에서도 유한요소법에 의해 계산할 수 있다. 이 해석의 목적은 충돌 시나리오에서 전체의 동적인 거동의 파악에 있으며, 충돌부분의 국소적인 변형의 상세한 평가는 아니다.

충돌한 선박의 손상의 모델화는 참고문헌 45)와 54)에서 이루어졌다. 2개의 서로 다른 크기의 선박이 모델화되었고, 풍력발전기를 모의한 강체 기둥에 대하여 표류하도록 세팅되었다. 충돌에 의해 생기는 손상의 계산에 의해, 선박의 선각측면의 파괴까지 이르지 않은 손상량임을 알 수 있었다. 이들 결과로부터 이중선측(double hull) 선박이 표류함으로써 풍력발전기와 충돌할 때의 손상은 매우 작아서 선박이 침몰에 이르지 않을 것이라고 평가되었다. 그러나 이 평가는 단일선체 (single hull) 구조의 선박에는 적합하지 않을 수 있다. 또한 여기서 도출된 손상의 평가는 풍력발전기가 강체로 가정되어서 충돌 에너지를 전혀 흡수하지 않기 때문에 상당히 보수적인 결과임을 주의할 필요가 있다.

그뿐 아니라 풍력발전기의 손상에 관한 모델화도 이루어지고 있다. 지반과 선박을 포함한 2MW 풍력발전기의 3차원해석에 의한 전체 구조의 모델화의 예를 그림 11-12에 나타낸다.

풍력발전기의 모델은 체적요소로 이루어진 transition piece, shell 요소에 의해 모델화되는 타워, 나셀(nacell), 로터(rotor)로 구성된다. 지반의 특성은 $p - y$ 곡선을 이용하여 비탄성 beam 요소로 고려된다. 모노파일은 shell 요소에 의해 모델화된다. 지반조건에는 네덜란드의 북해 (North Sea)에서의 해상풍력발전단지의 조건으로 하였다. 세굴은 세굴방지 시스템이 유효하다고 하여 무시되고 있다.

5가지의 서로 다른 타입의 선박이 강체 shell 요소로 모델화 되어 질량, 표류속도의 차이 및 관성 모멘트가 고려되었다. 하중 케이스에 따라 충돌 시나리오가 시뮬레이션 되어, 시간의존 모멘트와 외력이 조사되었다. 결과를 평가하기 위하여 소성변형, 나셀(nacell)과 로터(rotor)의 거동, 항복 또는 좌굴, 기초주변 지반의 파괴 등의 조건들이 검토되었다.

모든 종류의 선박에 대한 시뮬레이션 결과는 다음과 같은 경향을 나타내었다.

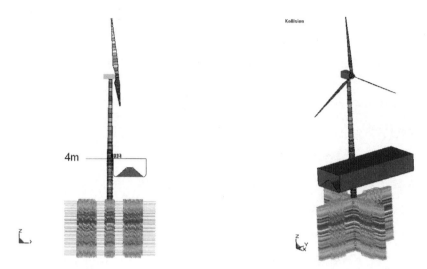

그림 11-12 풍력발전기, 선박, 지반 스프링을 고려한 측면충돌의 전체모델(컬러 도판 p.526 참조)

- 파손은 yaw bearing, 주축, 블레이드의 끝부분, 해저면 아래에 있는 모노파일, 블레이드 루트 순으로 발생한다.
- 계산의 결과는 yaw bearing과 타워 꼭대기의 좌굴은 매우 민감하다는 것을 나타내고 있다.
- 모노파일에 손상이 발생한 경우, 고장은 니선(泥線, mud line)22 아래에서 일어나는 경향이 있다.
- 4노트(knot)의 표류속도에서, 고려한 대부분의 모든 구성부품에서 단면하중은 풍력발전기의 최대설계하중을 초과하였다.
- 고려한 표류속도 1, 2, 4노트(knot)에 있어서, 풍력발전기는 선박 방향으로 도괴하지 않고 밀어내는 경향이 있다.

(2) 리스크 경감기법

(a) 프로젝트

여기서 리스크 경감이라는 것은 선박의 충돌확률과 선박의 충돌에 의한 손상을 저감시키는 풍력발전단지의 계획, 설계, 운전에 포함되는 수동적, 능동적 수단이라고 정의한다.

- '충돌확률의 저감'은 marking light, 도장, buoy, 풍력발전단지를 향해서 표류하는 투묘선박의 리스크를 경감하기 위한 계류 buoy의 설치, 승조원의 트레이닝, 앵커의 절차 등의 기술을 포함하고 있다. 특히 위험인식, 통신, 긴급사태의 관리 및 의사결정을 지원하기 위하여 진화한 선박자동식별장치(AIS)

---

22 역자 주 : 연안 해저에서 니질(泥質) 퇴적물의 분포역 중 가장 얕은 곳을 연장한 선

와 진화한 레이더 기술이 주목받고 있다. 정비용 선박과 풍력발전단지와의 충돌확률은 높기 때문에 공급 또는 수리작업을 위하여 경량인 소수선면 쌍동선(Small Waterplane Area Twin Hull : SWATH)이라고 하는 충돌확률이 낮고 또는 충돌해도 손상이 가벼운 작업선을 사용하는 것도 고려해야만 한다.

- '손상 경감확률'은 오래전부터 방현재(fender) 기술 또는 해상풍력발전단지용으로 특별히 설계된 보다 선진적인 기술을 포함한다. 해상풍력발전단지를 위한 손상 경감책은 종래의 기법과는 다르다. 개개의 (모노파일식 지지구조의) 해상풍력발전기가 소형선박이 충돌하여도 손상 없이 충돌 에너지를 흡수하고 충돌선박이 Oil tanker 또는 Chemical tanker인 경우에는 tanker에 구멍이 생기지 않도록 모노파일의 신속한 도괴와 같은 요구를 충족시킬 필요가 있다. 따라서 풍력발전기와 고압변전소의 설계는 선박과의 충돌 시 손상의 경감을 배려할 필요가 있다. 이에 대한 아이디어로서는 고압변전소를 수중에 설치하는 것 또는 어선 또는 투묘선에 의한 손상 또는 해저케이블이 노출할 리스크를 경감하기 위하여 해저케이블을 매설할 trench를 깊게 파는 것 등을 들 수 있다.

그림 11-13에 원유의 유출사고에서 유출량과 비용 영향과의 관계를 나타낸다. 데이터는 국제 tanker 선주 오염방지연맹(International Tankers Owners Pollution Federation : ITOPE)의 것이다.

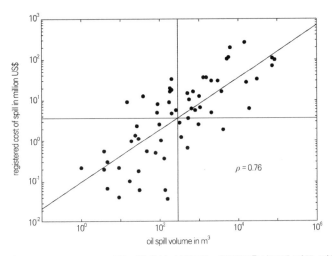

그림 11-13 Feasibility 비용모델에서 사용되는 원유유출사고에 따른 비용

충돌확률의 저감법으로서 선박자동식별장치(AIS)의 도입이 가장 유효한 기술 중 하나이다.

(b) 자동선박식별장치(AIS)에 의한 충돌확률의 저감
이전부터 의무인 항해등(navigation light) 또는 coloring 이외에 비용 대비 효과가 우수한 충돌회피수단은 AIS(선박자동식별장치)의 구현과 특별히 관련되어 있다.

AIS는 선박 간의 운항 안전성을 개선하기 위하여 개발된 transponder system[23]이다. AIS는 선박의 식별부호, 선박의 종별, 위치, 침로(針路), 속력, 회두각 속도(yaw rate), 그 밖의 선박의 안전성에 관련하는 정보를 그 밖의 선박 또는 고정 AIS 기지 사이에서 송수신한다. AIS는 VHF 주파수대에서 디지털 방식으로 통신을 수행하기 때문에 유효한 통신범위는 안테나의 높이에 의존한다. AIS는 선박이 그 밖의 선박 또는 연안부의 AIS 기지와 전 세계 어디에도 통신할 수 있음을 보증하기 위하여 국제규격에 준거하고 있다. AIS의 주된 목적은 선박과 그 운행특성의 식별, 목표 선박의 추적 어시스트, 정보의 제공, 그리고 충돌회피의 어시스트, 선박으로부터 연안 기지국으로의 구두에 의한 보고의무의 경감이다. 레이더 시스템과 비교한 AIS의 이점으로는 신속하고 정확하게 근접해 있는 선박의 상세한 정보를 제공함과 동시에 파 또는 강우에 의한 교란의 영향을 받지 않는 것을 들 수 있다. 나아가 AIS는 레이더 정보를 보완하고, 그 결과 AIS의 실시는 의무로 되어 있기 때문에 해운 공동체에 있어서 항해에서의 안전성은 확실히 향상되고 있다.

항해에서 안전성의 향상은 참고문헌 51)에서 선박이 다른 선박과 충돌 코스에 있는 경우 항해사가 반응하는 시간을 평가하는 리스크 모델을 이용하여 평가되었다. AIS의 사용에 의해 항해사가 충돌회피를 제시간에 수행하지 않을 확률이 반감하고, 전체적으로 리스크 저감효과는 55%라는 것을 알 수 있었다.

국제해사기구(International Maritime Organization : IMO)의 규정[61]에서는 300톤 이상의 선박(어선은 제외)은 AIS transponder의 탑재가 요구되고 있다. AIS로부터의 각종 데이터에 입각하여 해사국은 선박의 운행관리에서 극적인 개선을 달성하고, 이것은 해상풍력발전단지의 안전성에도 확실히 유효하다. 충돌 가능성이 있는 코스에 있는 선박은 연안경비대에 의해 주의가 주어지며, 충돌에 대한 대책을 제시간에 받을 수 있다. 연안경비대가 선박의 운행관리에 AIS를 사용함으로써 선박과 해상풍력발전단지와의 충돌 리스크의 경감이 가능하다고 생각할 수 있다(추정계수 약 1.25). 나아가 해상풍력발전단지의 운영자가 AIS의 이용을 최적화함으로써 AIS의 추가적인 이점을 끌어내는 것이 가능하다. 그림 11-14에 나타낸 것처럼 수동적·능동적인 몇 가지 개선방법이 가능하다.

오늘날 연안경비대와 같은 해사관계당국만이 AIS 데이터를 적극적으로 이용하여야 한다는 것이 중론이다. 그뿐 아니라 현재의 IMO의 요건[61]에서 제외되어 있는 어선에 대해서도 어떠한 해법을 찾을 수 있어야 한다. 어선들은 풍력발전단지 내에서 증가하는 수산자원에 매료되기 때문에

---

23 역자 주: 수신한 전기신호를 중계 송신하거나 수신신호에 어떠한 응답을 하는 기기로 이루어진 시스템

어선은 특히 잠재적으로 위험하다고 간주된다.

그 밖에 해상풍력발전단지의 안전개선책으로서 연안부의 철탑에 휴대전화의 지향성 안테나를 사용하고, 또는 해상풍력발전단지에 휴대기지국을 설치하여 휴대전화의 전파 망을 해상풍력발전단지까지 확장하는 것을 들 수 있다. 이렇게 함으로써 풍력발전단지의 운영자가 충돌 코스에 있는 선박에 대하여 간단하고 신속하게 빠른 단계에서 주의를 줄 수 있게 된다.

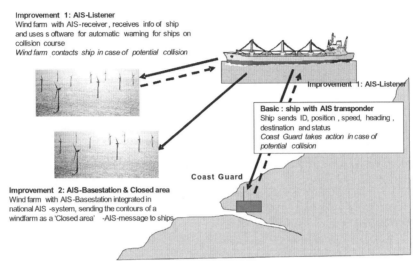

그림 11-14 선박과 해상풍력발전단지의 충돌 리스크를 감소시키기 위한 AIS(선박자동식별장치)의 사용[54]

11.4.3 실사(實査, Due Diligence)

실사(Due Diligence)는 투자가, 융자자, 그 밖의 관계자에 대하여 풍력발전단지 프로젝트의 가능성을 실증하기 위한 프로젝트 관리를 포함하고 있다. 그것들은 기술적 관리, 경제적 지속성, 프로젝트의 공동실시자·계약자의 질 및 그것들의 상호관계를 포함한다. 풍력발전단지에 한정되지 않고, 대부분의 대규모 프로젝트에서는 투자가, 금융기관이 실사 조사를 요구하는 것은 보통이며, 법률, 기술 및 재정상의 리스크가 프로젝트를 은행이 융자 가능한 범위 안에 있다는 것을 조사하고 증명하기 위해 실사는 법률 adviser, 재무 adviser, 기술 adviser 등의 분업으로 이루어진다. 풍력발전단지 프로젝트가 직면하는 도전 또는 기회는 매우 크며, 그림 11-15에 나타내는 외부조건 및 요인의 영향을 받는다.

투자가, 금융기관, 그 밖의 이해관계자(stakeholder)는 합리적인 장기간의 투자를 추구한다. 풍력발전단지 프로젝트의 성립성에 대한 큰 압력이 있는 경우는 특히 그러하다. 따라서 adviser

는 모든 관련하는 조사 또는 풍력발전단지의 설치와 운전에 관한 모든 행위에 대해서 인증을 취득할 것을 권하는 등 투자가의 상담에 응한다. 이에 의해 보다 경제적으로 양호하고 경제적으로도 실행 가능한 프로젝트가 판명되고 투자가의 판단에 좋은 영향을 준다.

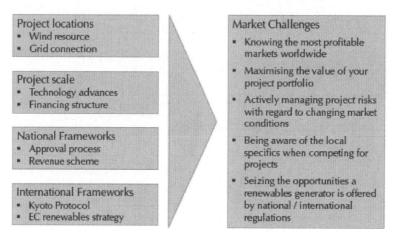

그림 11-15 풍력에너지 프로젝트-조건, 외부인자, 시장의 도전

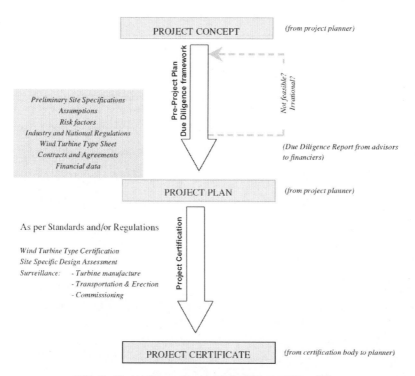

그림 11-16 실사(Due diligence)에 관한 프로젝트 개발

포괄적인 프로젝트의 인증 프로세스는 그림 11-16에 나타낸 최종적인 프로젝트 계획과 상세한 기술사양에 입각하지만, 그 전에 초기의 프로젝트 concept에 입각하여 몇 가지의 중요한 'Hard'와 'Soft' 양면의 항목 해석을 실시하는 것이 권장된다. 이 경제적 및 기술적인 성립성의 평가는 다음의 내용을 포함하고 있다.

- 프로젝트 concept에 포함되어 있는 가정의 한계평가
- 발전량 예측의 평가
- 현행의 또는 가까운 장래 도입이 예정되어 있는 규칙과 풍력발전기기술, 풍력발전단지 관리 시스템, 출력제어, 동력전달 장치 또는 긴급정지 시스템의 적합성 체크
- 위치, 정치적, 법률적, logistics상의 요인 등을 고려한 실행 가능한 테스트
- 풍력발전단지 운용자의 지금까지의 업적, 풍력발전기의 지금까지의 성적(풍력발전기의 신뢰성 및 가동률), 설비공급자, supply chain의 bottleneck, 전력계통 문제, 기상예보와 관련된 리스크 인자의 평가
- 전력매입 합의의 검증과 신재생에너지 공급 인증서(green trading certification)의 적격성 평가
- 배임에 대한 임의의 법률적 연대책임에 관한 계약의 검증
- 초기자본 비용과 현금흐름의 전망의 상정되는 실시 리스크를 포함한 시나리오 해석
- 옵션으로서, 설비공급자, 풍력발전단지 운용자, 융자 partner의 경제적, 기술적 평가

실사 평가는 풍력발전단지 계획자에 의해 제출되는 프로젝트의 concept에 입각하여 실시된다. 유사한 프로젝트·데이터베이스, 풍력에너지 관련업계의 구조에 관한 지식, 관련하는 리스크에 입각한 평가 및 전망 등을 이용하여 서로 다른 시나리오를 주의 깊게 평가한다. 유효한 풍력발전단지 concept는 이렇게 하여 투자가의 융자 양해를 얻는다. 이 풍력발전단지 프로젝트를 위해 특별히 만들어진 실사는 다음의 내용을 포함한 보고서로서 정리할 수 있다.

- 풍력발전단지 concept의 타당성조사
- 가정과 리스크의 리스트
- 풍력발전단지 프로젝트의 실현·경제적 건전성에 대한 장해 리스트
- 상정되는 시나리오에서 투자요건과 현금흐름의 전망

실사의 마지막을 매듭짓는 재무면의 목표로서 다음 step의 준비작업인 프로젝트 인증이 있다. 풍력발전단지 프로젝트의 인증은 완성된 프로젝트 계획에 기반을 두고 최신식의 계측, 계산, 시뮬레이션 및 제조, 설치, 시운전 단계에서 중요한 모든 과정에서의 모니터링을 포함한 포괄적인

기술적 해석이다. 프로젝트 인증에 대해서는 11.3.4항에 상세하게 기술되어 있다.

11.4.4 Condition monitoring

풍력발전기의 크기와 용량에 의해 풍력발전기 개개의 요소에서 하중이 증가하고 있다. 투자와 운용 비용의 관점에서 풍력발전기의 경제적인 운용이 필요하며, 이에는 풍력발전기가 정지해 있는 시간을 최소화하여야만 한다. 풍력발전기의 운용자와 제조자는 풍력발전기의 가동률이 97% 이상이 되는 것을 요구하고 있으며, 이것은 계약에서 정해지고 보증된다.

해상풍력발전기에 대해서는 비록 해상에서의 액세스성이 고장 또는 사고가 발생하는 경우 상당한 정지시간을 의미하더라도 육상풍력발전기와 같은 신뢰성이 요구된다.

다음과 같은 요구를 만족하기 위해서는 풍력발전기의 연속적인 상태감시가 필수적이다.

① 정지시간을 최소화한다.
② 손상을 예측함과 함께 손상을 국소적인 것으로 한정하고 그 밖의 요소에의 이차원적인 손상을 방지한다.
③ 정비에 따른 풍력발전기의 정지시간의 scheduling 요구에 응한다.

이것을 실시하는 하나의 방법으로서 상태감시시스템(condition monitoring system : CMS)이 있다.

CMS에 의해, 풍력발전기의 모니터 되는 요소 상태의 중요한 변화를 감시하는 것이 가능하게 된다. 이들의 변화는 정상적인 운전거동으로부터의 차이를 나타내고 있으며, 요소의 조기 고장으로 이어질 가능성이 있다. CMS는 전달계, 타워 등의 풍력발전기 요소에서 진동 또는 충격음을 계측하고, 발전출력, 회전속도, 오일과 베어링 감도 등의 운전 파라미터를 수집한다(그림 11-17 참조).

기록된 데이터는 각 요소에 대응하여 설정된 역치(threshold value)와 비교된다. CMS가 역치를 초과하였다고 검출한 경우, alarm message가 자동적으로 대응하는 컨트롤 센터에 송신된다. 컨트롤 센터는 필요한 수단을 실시하기 위하여 계측값의 평가를 실시한다.

인증 가이드라인[55]에는 풍력발전기와 컨트롤 센터의 CMS 인증에 대한 요건이 기술되어 있다. 인증 가이드라인[55]에서는 풍력발전기의 CMS 개발과 도입의 기초를 확립함과 동시에 역치를 초과했을 때에 실시하여야 하는 평가, 해석, 관리, 절차라고 하는 계측값의 적용을 위한 rule을 확립하고 있다.

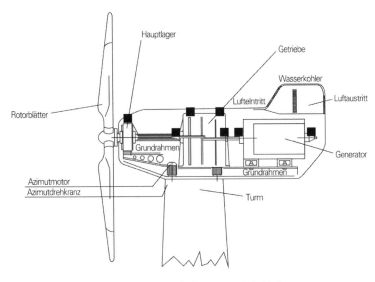

그림 11-17 진동계측의 대표적인 위치

11.4.5 그 밖의 요건

(1) 해상풍력발전단지의 그 밖의 부품

지금까지의 절에서는 풍력발전기와 그 지지구조물이 사이트에 특화한 조건으로서 간주되었다. 풍력발전단지에서 그 밖의 중요한 구조·부품에는 아래와 같다.

- 기상관측 마스트
- 고압변전설비
- 케이블·계통연계
- 승강장치, 크레인, 신축기구

이 목적을 위해, 위에서 설명한 프로젝트 인증의 절차가 각각 적용된다. 인증은 참고문헌 56)~60) 등의 관련하는 규격, 가이드라인에 입각하여 실시된다.

(2) 프로젝트 인증을 넘어서는 해석과 평가

프로젝트 인증 이외의 기술적 관찰이 필요로 될 가능성도 있다.

- 풍력발전단지의 안전 concept의 평가(예를 들면 navigation의 안전성, labeling, 조명, 긴급 시의 계획 등)

- 선박과 풍력발전기의 충돌에 관한 환경 리스크 평가(11.4.2항 참조)
- 철거 concept의 평가
- 인적 안전성(예를 들면 헬리콥터의 착륙 deck, 헬리콥터 승강장치/플랫폼, 인원이 배치된 변전기지, 보트의 접안, 사다리 등)
- 환경적으로 위험한 물질의 해양환경에의 유입을 피하기 위한 조치의 심사(선박을 손상시키지 않는 부속 구조물의 설계)

보험회사는 해상풍력발전단지와 그 요소의 운송과 설치에 있어서 보증 조사(warranty survey)를 요구하는 것이 일반적이다.

11.5 결 론

규격과 인증에 관한 장은 ① 관련규격, 인증절차의 평가, ② 해상풍력발전단지에 관한 리스크 평가의 3개의 중요한 토픽을 커버하고 있다.

규격과 규칙은 해상풍력발전기와 해상풍력발전단지 전체에 관련한 것을 기술하였으며, 규격에는 블레이드, 지지구조물에 작용하는 하중에서부터 계통연계까지, 시스템 전체에 관련하는 포괄적인 정보를 포함하고 있다.

또한 인증에 관한 절에서는, 특히 해상에의 적용방법에 대해 중점을 두고 설계요건에서부터 시작하였다. 이 부분은 해상과 육상에서의 요건과의 비교에 의해 결론지을 수 있다.

형식 인증은 IEC와 GL에 의해 규격화된 절차를 기술하였다. 여기에서는 2개의 규격의 주요한 차이점을 기술함으로써 비교를 하였다.

프로젝트 인증을 위한 국제적으로 유효한 인증절차 또한 IEC와 GL에 의해 발행되었다. 2개의 절차를 비교하자면, 형식 인증에서의 차이는 거의 없지만 프로젝트 인증에서 상당한 차이를 볼 수 있다. IEC에서는 어떠한 모듈이 옵션에 있는 반면, GL에서는 모든 종류의 심사가 의무로 되어 있다.

리스크 평가의 절은, 해상풍력발전단지의 계획, 개발, 운전의 인증에 관련한 모든 종류의 리스크를 포함한다.

리스크 평가는 기술적, 재정적, 법적 리스크의 상세한 기준이 필요하지만, 그중에서도 실사가 중요한 역할을 하게 된다. 리스크 평가와 리스크 저감방법에는 선박과 풍력발전단지와의 충돌에 관한 리스크 해석이 커버되어 있다. 리스크 저감의 목적을 위해 진동감지 또는 제어 센터 등을 포함한 상태감시가 기술되어 있다.

프로젝트 인증과는 별도로 풍력발전기 그 자체가 아닌 인원과 환경의 안전, 철거를 포함한 그 밖의 관점 등의 기술을 덧붙였다.

해상유전 또는 해상가스전 산업에서의 풍부한 경험을 고려한다면 해상풍력발전단지에는 인증이 필수적인 항목이라는 것은 명백하다. 혹독한 환경에서는 한정된 액세스와 막대한 재정 리스크 때문에 해상풍력발전단지의 설계와 관리만이 아닌 육상의 요건을 훨씬 넘어서는 특별한 항목이 인증절차에서 필요하게 된다. 이것은 다수의 새롭게 개발된 설계법이 적용되는 지지구조물만이 아니라 풍력발전기 본체 및 풍력발전단지를 구성하는 그 밖의 부품에서도 종래의 설계법의 수정, 해상풍력의 대량생산효과, 높은 레벨이 요구되는 안전성과 가동률을 실현하기 위하여 필요하게 된다.

선박의 항행해역, 환경에 영향을 받기 쉬운 지역과 인접한 곳 등 다수에서도 아직 경험이 불충분하지만 해상풍력발전단지가 계획되고 있다.

안전하고 신뢰성이 높은 풍력발전단지를 설계, 건설, 운전하기 위해서는 형식 인증, 프로젝트 인증이라고 하는 적절한 리스크 평가가 이들을 달성하기 위하여 필요하다.

참·고·문·헌

1. Beurskens, J.: *"Recommended Practices for Wind Turbine Testing - 6. Structural Safety"*, Review of (draft) standards/codes of practice, Preparatory Information, International Energy Agency, 1st Edition 1988.

2. Östergaard, C: *Randbedingungen zur Seeaufstellung groβer Windkraftanlagen*, Technischer Bericht Nr. STB-925, Germanischer Lloyd, Hamburg, 1982.

3. A. D. Garrad, H. G. Matthies, et. al.: *Study of Offshore Wind Energy in the EC*, Verlag Natürliche Energie, Brekendorf, Germany, 1995.

4. Germanischer Lloyd: *Regulation for the Certification of Offshore Wind Energy Conversion Systems*, Hamburg, 1995.

5. The Danish Energy Agency: *"Recommendation for technical approval of offshore wind turbines"*, December 2001.

6. Det Norske Veritas: OS-J101: *Design of Offshore Wind Turbine Structures*, Oslo, 2004.

7. IEC 61400-3: *Wind Turbine Generator Systems - Part 3: Design Requirements for Offshore Wind Turbines*, Committee Draft for Voting (CDV), 2005.

8. IEC 61400-1: *Wind Turbine Generator Systems - Part 1: Safety Requirements*, Ed.2, 1999-02.

9. Germanischer Lloyd: *Guidelines for the Certification of Offshore Wind Turbines*, Edition 2005.

10. Executive Order of the Danish Ministry of Economic and Business Affairs no. 1268 dated 10.12.2004: "Bekendtgφrelse om teknisk godkendelsesordning for konstuktion, fremstilling og opstilling af vindmφller" ("Executive order on the technical certification scheme for the design, manufacture and installation of wind turbines").

11. Det Norske Veritas (DNV) offshore standard DNV-OS-J101, *"Design of Offshore Wind Turbine Structures"*, draft January 2004.

12. IEC WT 01: *IEC System for Conformity Testing and Certification of Wind Turbines, Rules and Procedures*, 2001-04.

13. Germanischer Lloyd: *Guideline for the Certification of Ocean Energy Converters, Part 1: Ocean Current Turbines*, Draft Edition 2005.

14. EMEC: *Performance Assessment for wave energy conversion systems in open sea test*

facilities, European Marine Energy Centre Limited, 2004.

15. Det Norske Veritas (DNV): *Guideline on Assessment and Application of Standards and Recommended Practices for Wave Energy Conversion Devices*, Draft November 2004.

16. EN 45020, 1998 *Standardisation and related activities – general vocabulary* 268 Offshore Wind Power.

17. Germanischer Lloyd: *Guidelines for the Certification of Wind Turbines*, Edition 2003 with Supplement 2004.

18. J. A. Battjes, H. W. Groenendijk, "Wave height distribution on shallow foreshores", *Journal of Coastal Engineering*, Vol. 40 (2000), p.161-182.

19. J. Wienke, *"Druckschlagbelastung auf schlanke zylindrische Bauwerke durch brechende Wellen – theoretische und groß maß stäbliche Laboruntersuchengen"*, Thesis, Technical University Braunschweig.

20. Standard for Geotechnical Site and Route Surveys, *Minimum Requirements for the Foundation of Offshore Wind Turbines*, by Bundesamt für Seeschiffahrt und Hydrographie (BSH), Hamburg and Rostock 2003).

21. API RP 2A LRFD: *Planning, Designing and Constructing Fixed Offshore Platforms – Load and Resistance Factor Design*, Washington D.C., 1994.

22. DIN EN ISO 12944-3, Publication date: 1998-07 *Paints and varnishes – Corrosion protection of steel structures by protective paint systems – Part 3: Design considerations* (ISO 12944-3:1998); German version EN ISO 12944-3:1998.

23. Matthies, H.-G., Meyer, M., Nath, C.: *Offshore Windkraftanlagen* Kombination der Lasten von Wind und Wellen, DEWEK 2000.

24. DIN EN ISO 9001, 2000-12 *Quality management systems – Requirements* (ISO 9001:2000); Trilingual version EN ISO 9001:2000.

25. D. Quarton, F. Rasmussen, K. Argyriadis, C. Nath: Wind Turbine Design Calculations – the State of the Art, *Proceedings, European Wind Energy Conference*, Göteborg, 1996.

26. Kühn, M.; etc. al: *Structural and Economic Optimisation of Bottom-Mounted Offshore Wind Energy Converters*, EU-JOULE III, JOR3-CT95-0087, Final Report, August 1998.

27. IEC TS 61400-23: *Wind Turbine Generator Systems – Part 23: Full Scale Structural Testing*

of *Rotor Blades*, 2001-04.

28. IEC TR 61400-24: *Wind Turbine Generator Systems – Part 24: Lightning Protection.*

29. DIN EN ISO/IEC 17025, Publication date: 2005-08 *General requirements for the competence of testing and calibration laboratories* (ISO/IEC 17025:2005).

30. IEC 61400-12: *Wind Turbine Generator Systems – Part 12: Wind Turbine Power Performance Testing*, 1998-02.

31. IEC 61400-11: *Wind Turbine Generator Systems – Part 11: Acoustic Noise Measurement Techniques*, 1998-09.

32. IEC TS 61400-13: *Wind Turbine Generator Systems – Part 13: Measurements of Mechanical Loads*, 2001-06.

33. IEC 61400-21: *Wind Turbine Generator Systems – Part -21: Power Quality Requirements for Grid Connected Wind Turbines*, 2003-02.

34. Dutch Pre-standard NVN 11400-1: *Wind Turbines – Part 0: Criteria for type certification – Technical criteria*, 1st edition, April 1999.

35. DIN EN 50308, 2005-03 *Wind turbines – Protective measures – Requirements for design, operation and maintenance* German version EN 50308:2004.

36. DIN EN 287-1/A2:2005-09 *Qualification test of welders – Fusion welding – Part 1: Steels*

37. ISO 9606 , Publication date:1994-08 *Approval testing of welders – Fusion welding.*

38. ISO 10474, Publication date: 1991-12 *Steel and steel products; inspection documents.*

39. DIN EN 10204, Publication date: 2005-01 *Metallic products – Types of inspection documents.*

40. EN 45004.

41. DIN EN 45011, Publication date: 1998-03 *General requirements for bodies operating product certification systems* (ISO/IEC Guide 65:1996).

42. EN 61400-1: *Wind Turbine Generator Systems – Part 1: Safety Requirements* IEC 61400-1:1999, modified), February 2004.

43. Bows, Günther, Rosenthal, Vincent: "Similarity of the wind wave spectrum in finite depth water – 1. Spectral form", *Journal of Geophysical Research* 90 (1985) CI, 975-986.

44. E. Bouws, H. Günther, W. Rosenthal, C.L. Vincent, "Similarity of the Wind Wave Spectrum in Finite Depth Water" *Journal of Geophysical Research*, vol.90, 1985.

45. State of the Art of Risk Models, Deliverable 5 form the SAFESHIP project, GL-AG, GLW, MARIN, 03-10-2003.

46. GL (2002): *"Richtlinie zur Erstellung von technischen Risikoanalysen für Offshore-Windparks"*, Germanischer Lloyd, Hamburg.

47. Anatec (2003): *"Description of Shipping Risk Models"*, Anatec UK Limited, Ref. T9999-Internal.

48. Otto, S., Nusser, S., Braasch, W. (2002): *"Collision risk of Ships with offshore windfarms and the danger of pollution of coastal regions"*, (German), Germanischer Lloyd Offshore and Industrial Services GmbH, Report No. GL-O 01-234, Hamburg.

49. Tak, C. van der (2003): *"Collision Risk Method"*, MARIN, Report No. 18056.620/1.

50. E.S. Ravn, P.Friis-Hansen, *Predicting Collision damage and Resulting Consequences*, paper ICCGS Conference, Japan, October 2004.

51. M. Lützen, P. Friis Hansen; *Risk reducing effect of automatic identification system (AIS) implementation*. Paper presented WMTC, San Francisco, October 18-20, 2003.

52. Berthold R. Metzger; *Wind Energy – Give Your Business a Cutting Edge*, PWC, Berlin (Germany).

53. *"Anforderungen an Condition Monitoring Systeme für Windenergieanlagen"* (Requirements for Condition Monitoring Systems for Wind Turbines) by Allianz Zentrum für Technik GmbH [3].

54. H. den Boon, H. Just, P. Friis Hansen, E. Sonne Ravn, K. Frouws, S. Otto, P. Dalhoff, J. Stein, C. van der Tak, J. van Rooij; *Reduction of Ship Collision Risks for Offshore Windfarms – SAFESHIP*, EWEC London, 2004.

55. Germanischer Lloyd: *Richtlinie zur Zertifizierung von Condition Monitoring Systemen in Windenergieanlagen*, Edition 2003.

56. Germanischer Lloyd Rules and Guidelines, *IV – Industrial Services, Part 6 – Offshore Installations*.

57. Germanischer Lloyd Rules and Guidelines, *IV – Industrial Services, Part 6 – Offshore Installations, Chapter 6 – Guidelines for the Construction and Classification/Certification of Floating Production, Storage and Off-Loading Units*, Edition 2000.

58. Germanischer Lloyd Rules and Guidelines, *IV – Industrial Services, Part 6 – Offshore Installations, Chapter 7 – Guideline for the Construction of Fixed Offshore Installations in Ice Infested Waters*.

59. Germanischer Lloyd Rules and Guidelines, *IV - Industrial Services, Part 8 - Pipelines, Chapter 1 -Rules for subsea pipelines and risers*, Edition 2004.

60. Germanischer Lloyd Rules and Guidelines, *I - Ship Technology, Part 5 - Underwater Technology*, Edition 1998.

61. International Maritime Organization (IMO): Publications Catalog, www.imo.org

Chapter 12

심해역에서의 해상풍력발전기의 기초 설계

C12hapter

심해역에서의 해상풍력발전기의 기초 설계

12.1 서 론

보다 많은 풍력발전을 가능하게 하는 장소를 조사한 결과, 해상에 위치하는 사이트로 도출되었다. 수심이 30m에서 50m에 도달할 때, 그 사이트는 '심해역'에 있다고 한다. 이와 같이 비교적 깊은 수심에 적합한 풍력발전기 기초는 주의 깊게 조사하고 설계할 필요가 있다. 본 장에서는 각각의 기초의 경제성 및 기술적 가능성을 설명하고, 풍력발전단지에의 기초설치를 위하여 해상 풍력발전기의 기초형식에 대하여 논의한다. 그리고 하부구조를 규정하는 천해역과 심해역의 차이를 명확하게 하고, 다양한 기초의 경제성의 검토를 통하여 각각의 기초의 방법론을 밝힐 것이다.

해상풍력발전기의 지지부는 기초, 하부구조, 지지구조 등으로 불린다. 이것은 '풍력발전기를 지지하기 위한 전체구조 중에서 해저에 매몰되어 있는 부분 또는 해저면 위에 놓여 있는 부분'으로 정의된다. 따라서 지반반력에 의해 하중을 저항하기 위하여 해저에 설치된 말뚝 기초 또는 해저에 수평으로 놓인 거대한 질량의 크기와 중량으로 풍하중과 파하중을 저항하는 중력식 기초가 이에 해당한다. 하부구조는 해수면보다 아래 부분이며, 기초 전체는 나셀(nacelle)과 로터(rotor)를 떠받치는 타워와 연결되어 있다. 육상의 풍력발전기는 하부구조를 갖고 있지 않고 기초와 타워만 이다.

본 장에서는 대부분이 천해역에 적용되는 중력식 기초에 관해서는 자세히 설명하지 않는다. 그 대신에 ① 모노파일 지지구조, ② Tripod 기초 및 ③ 해저유전 또는 가스전의 채굴 플랫폼에 이용되고 있는 3각 또는 4각 재킷(jacket)의 3가지 기초형식에 대해서 설명한다. 본 장에서 나타내는 설계와 수치해석은 지중해 또는 북유럽 해역의 '가상' 대상지점에 대응하는 일반적인 데이터에 입각하고 있다. 이것은 구조의 크기를 결정하기 위해 필요한 공력 및 유체역학적인 힘(바람, 파, 해류, 조류 등), 해저지반의 조성 및 그 밖의 변수를 선정하도록 한다. 북해(North Sea)에 전개되어 있는 풍력발전단지의 실제 상황을 감안하고, 예제로 이용한 가상 대상지점은 북해와 같은 지반 특성을 갖는 아드리아 해(Adriatic Sea)로 설정하였다. 즉, 실제의 대상지점은 그 장소 특유의 환경조건을 갖고 있으며, '가상' 대상지점과는 반드시 동일하다고 할 수 없기 때문에 반드시 대상지점마다 해석을 수행할 필요가 있다.

해석은 2개의 주요한 파라미터인 수심과 풍력발전기 설비용량에 대해서 수행되었다. 하부구조의 형식은 이들 2개의 파라미터에 의해 선정 가능하다. 이 approach에서는 구조에 작용하는 정적인 하중을 구하는 것이 중요하다. 실제의 프로젝트에서 이 단계는 기본설계에 대응하고, 기초와 하부구조에 관련된 모든 부품의 크기를 결정하는 데 중요하다. 또한 해저에 고정된 구조는 ① 파의 탁월진동수보다 높은 고유진동수를 갖는 것, ② 파의 탁월진동수보다 낮은 고유진동수를 갖는 것의 2개의 그룹으로 분류할 수 있다. 그뿐 아니라 풍력발전기와 기초 사이의 강성은 해상풍력발전기의 설계에서 중요한 요소이다. 기초구조의 강성이 너무 커지면 풍력발전기의 운전을 구속하고, 반대로 너무 낮아지면(즉, 과대한 탄성변형) 고유진동수가 저하하고, 파와 공진할 리스크가 높아진다.

12.2 구조 솔루션(Structural Solutions)

12.2.1 기초의 선정

(1) 하부구조의 일반적 특성

우선 구조해석을 위하여 고려해야만 하는 기술적인 검토항목을 다음에 나타낸다.

- 해저지반의 특성 : 지질의 깊이방향 분포, 지반의 지지력계수, 해저의 깊이 및 경사 등
- 바람과 파의 작용 : 규정된 높이에서의 풍속과 풍향, 건설지점에서의 심해파의 파고와 파장, 비말대, 조류 및 해류 등
- 지지구조물 위의 풍력발전기에 의해 생기는 영향 : 휨 모멘트, 전단력, 연직력, 가진주파수 등

- 해석조건
  ① 환경하중 + 사하중
  ② 운전 시 하중 + 사하중
  ③ ①과 ② 사이의 가장 나쁜 케이스 + 환경하중
- 구조재료 : 물리적·기계적 성질 및 허용응력·허용변형률, 저온 및 온도상승 시의 거동, 천이온도, 해수와의 화학반응 등
- 침식 및 부식에 대한 강구조의 표면 보호
- 20~30년의 내용연수 동안의 피로해석
- 기초 말뚝의 관입길이 : 말뚝 직경과 말뚝의 판 두께의 함수로서, 말뚝 항타의 타격력 및 지반의 전단력에 영향을 미친다.
- 지반거동의 영향 : 기초 말뚝을 통해 전달되는 하중에 대한 지반반력, 물의 흐름에 의한 세굴효과 등

최초의 개략설계에서는 구조 파라미터를 설정하기 위해서는 한정된 데이터가 필요하다. 이 단계에서는 구조의 크기와 그에 따른 사하중이 결정되어야 한다. 그것에 의해 얻을 수 있는 구조의 대략적인 비용은 설치 및 풍력발전기의 비용과 합쳐져서 풍력발전기 1기당 총비용이 산출된다. 이 총비용은 해상풍력발전단지 전체에 대하여 도식화된 시간 프로그램을 이용하여 구한다(본 장에서는 논하지 않는다). 고정비 및 자본비가 산출되었다면, 다음의 step에서 풍력발전단지의 평균적인 운용상황에서의 변동비를 산정한다.

(2) 풍력발전기의 용량 및 수심과 기초의 관계

그림 12-1에서부터 그림 12-4에는 12.2.4항에 설명하는 지지구조의 형식을 나타낸다. 여기서는 2MW 풍력발전기를 대상으로, 3개 형식의 강재 하부구조가 검토되었으며, 즉 그림 12-1의 모노파일, Tripod 및 3각 재킷이다. 중력식 기초(그림 12-6)는 풍력발전기의 용량과 수심의 증가에 따라 점차적으로 덜 주목받는다. 아래에 각각의 하부구조 형식의 상세, 가능성 및 안정성을 수심과의 함수로서 설명한다. 수심이 증가하면 하부구조 선택의 가능한 폭은 급격히 줄어든다.

4~6MW급의 대형 풍력발전기를 심해역에 설치하는 경우 기초의 선택사항은 3각 및 4각 재킷의 2개로 한정된다. 이것은 모노파일 및 Tripod는 바다 및 바람에 의한 하중을 견딜 수 없기 때문이다. 이 중에서 특히 4각 재킷은 심해역에서 구조적 문제를 해결할 수 있는 유망한 하부구조 형식이다.

다음에서 기초구조의 설계, 제작, 설치, 최종철거에 대해서 광범위에 걸쳐 논한다. 단, 기초구

조는 dock에서 설치할 수 있는 상태로 수취하고, dock으로부터 건설지점까지 직접 운반되는 것을 전제로 한다.

12.2.2 해상풍력발전기 및 깊은 기초 데이터

(1) 풍력발전기 데이터

로터(rotor) 및 타워에 대한 바람의 작용은 풍력발전기 기부에 전달되고 그곳에서 기초에 전달된다. 표 12-1에 나타내는 설비용량 2MW, 4MW, 6MW인 3가지의 풍력발전기에 대해서 그 크기가 하부구조에 미치는 영향을 검토한다.

표 12-1 2MW, 4MW, 6MW 풍력발전기의 데이터와 하중

	2MW	4MW	6MW
휨 모멘트(kNm)	20,000~40,000	80,000~140,000	140,000~250,000
연직하중(kN)	2,000	≤5,000	≤8,000
평균해수면 위의 로터 축 높이(m)	50~80	80~110	90~140
로터 면적(m²)	5,000~7,000	7,000~10,000	10,000~14,000

여기서는 우선 생각하고 있는 지지구조물의 크기 및 중량에 영향을 미치는 요인을 산출할 필요가 있다. 그리고 하부구조 형식마다의 기술적 및 경제적 한계를 분석한다.

지지구조의 주된 목적은 발전 시 및 폭풍 시에 풍력발전기에 작용하는 공기 및 유체역학적 힘에 대하여 풍력발전기를 지지하는 것이다. 각종 파라미터는 명백하게 건설지점의 지역특성에 의존한다. 예를 들면 아드리아 해(Adriatic Sea) 및 발트 해(Baltic Sea)에서는 설계용 데이터는 공표되어 있는 문헌으로부터 구할 수 있다. 이렇게 하여 수심의 합리적인 변화를 도입하여 서로 다른 기초 형식에 대한 해석을 수행하였다[본 항의 (3)을 참조].

(2) 해저지반 조건

말뚝의 안정성에 관해서는 ① 인발을 받을 때의 말뚝 주면에 작용하는 마찰저항과 동일한 인발 극한강도, ② 말뚝과 지반의 상호작용 및 RINA code[12.3.1항 (1) 참조]에 나타나 있는 $p-y$ 곡선에 의존하는 수평내력을 조사하지 않으면 안 된다. 극한저항(p)은 말뚝 직경에 비례하고 비배수 전단강도의 함수이다. 특성변위(y)는 말뚝직경과 극한압축강도의 1/2을 받을 때의 지반의 소성변형에 비례한다.

다음의 예에서는 지반조건은 아드리아 해 및 발트 해에 설치된 플랫폼의 설계자에 의해 제안된 데이터를 이용하여 평가하였다. 지반은 세사에서 중입도의 모래로 구성되어 있으며, 밀도는 중간에서 저 정도이고, 얇은 실트층 및 점토층이 산재하는 상태이다. 해저는 수평 또는 약간의 경사가 있다. 필요로 하는 해저면 아래의 기초말뚝의 길이를 평가하기 위하여 연약층 지반의 특성은 $p - y$ 곡선을 이용하여 모델화되었다.

해저지반의 안정성은 해상풍력발전기 기초에서 중요하다. 여기서는 4가지의 지반 불안정성을 고려하였다.

① 점토, 사질토의 해역 또는 지진이 발생하는 해역의 해저경사에 기인하는 불안정성
② 다공성의 해저지반을 통과하는 흐름 또는 구조물 주위의 난류 흐름에 의해 생기는 배수로에 기인하는 유동 불안정성
③ 세굴에 의해 생기는 불안정성
④ 지진 등의 동적효과에 의해 생기는 모래 상층부의 액상화

사질토 지반에서 조류가 빠른 지점에서는 커다란 해상기초 주위의 세굴이 반드시 문제가 되며, 구조물 주위에 얇고 넓게 움푹 파인 곳 또는 공동을 만들 가능성이 있다. 이에 대해서는 어떠한 세굴 방지대책이 필요하게 되지만 비용이 든다. 이것은 특히 모노파일 및 중력식 기초의 경우에 필요하고 구조물의 직경에 의존한다. 모노파일 직경은 약 6~8m, 중력식 기초의 경우는 그 이상이다. 세굴은 흐름의 패턴에 미치는 구조물의 영향 및 해저의 전체적 움직임에 의해 추정할 수

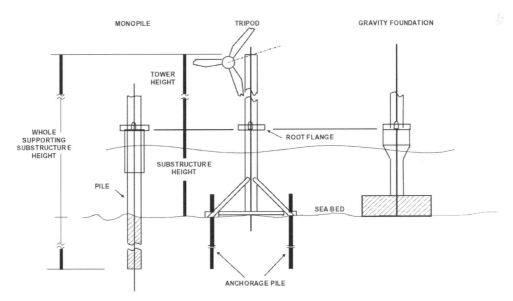

그림 12-1 서로 다른 하부구조의 개념도

있다. 느슨한 지질의 지반에서는 모래가 파에 의해 부유하여 해류에 의해 용이하게 운반된다. 해저지반 지지력의 불확실성은 모노파일 기초에서는 중요한 문제이다. 그 영향은 지반의 안정성의 저하, 고유진동수의 변동(통상 저하한다) 및 휨 모멘트의 증가로 나타난다.

아드리아 해의 북부 지점에서는, 세굴은 하부구조, 특히 3각 또는 4각 재킷에서는 그다지 중요한 문제는 아니다. 이것은 해상조건과 해저상태와의 조합 및 주로 모노파일에 비해 재킷 각부의 외경이 작기 때문이라고 생각된다.

(3) 환경 데이터

건설지점의 수심은 최저천문조위(LAT)에 대하여 25~200m의 범위를 생각한다. 이 넓은 범위에서 기초형식과 풍력발전단지의 경제성에 대한 감도분석은 유용하다.

아드리아 해에서 극치파랑(100년 재현주기) 및 발전 시의 파랑(1년 재현주기)의 대표적인 값을 아래에 나타낸다.

발전 시의 설계파랑조건

최대파고	10.3m
파 주기	9.7sec
해수면 해류속도	0.86m/s
−50m 깊이에서의 해류속도	0.30m/s
파장	135m

폭풍 시의 설계파랑조건

최대파고`	12.6m
파 주기	10.8sec
해수면 해류속도	0.99m/s
−50m 깊이에서의 해류속도	0.30m/s
파장	161m

위에 기술한 파 및 해류 조건은 전(全) 방향에 대한 것이며 수심에 따라 변화한다. 수심이 다르면 해류속도 또한 변화한다. 해류속도는 해수면에서부터 거의 선형적으로 0.3m/s까지 감소한다. 이 값은 설계에서 가정한 50m 깊이 또는 해저 레벨에서의 유속에 대응한다. 다음의 해석에서는,

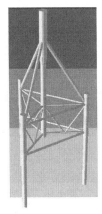
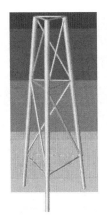
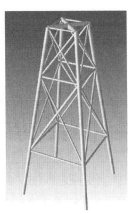

그림 12-2 모노파일(Monopile)　　그림 12-3 Tripod　　그림 12-4 3각 Jacket　　그림 12-5 4각 Jacket

수심은 25~50m 또는 그 이상으로 변화한다. 50년 재현주기의 평균파고는 표에 나타낸 최댓값 12.6m보다도 낮을 가능성이 있다. 발전 시의 최대파고는 기초에 관한 모든 구조해석에 이용한다. 모든 케이스에서 해저지반은 연약하다고 하고 해수면 해류속도 및 파 데이터는 같다고 한다.

비통합형 설계기법은 개략설계에만 적용하고 하부구조의 중량 및 비용을 산출한다. 이들 2개의 변수(중량 및 비용)에 대하여 각종 해상풍력발전기의 지지구조를 비교할 수 있다.

지중해에서의 로터의 크기를 참고로 바람에 의한 휨 모멘트를 최대 허브(hub) 높이와 로터 면적에 입각하여 계산하고 있다. 이것은 허브 높이에서의 풍속을 증가시켜 최대인 풍력에너지를 얻기 위함이다. 풍속이 높은 지역에서는 같은 정격출력을 얻기 위하여 허브 높이 및 로터 면적을 그만큼 크게 할 필요는 없다.

12.2.3 중형에서부터 대형 풍력발전기를 위한 강재 지지구조

(1) 구조형식의 평가

착상식 해상풍력발전기의 기초구조에는 말뚝식, 중력식, skirt식의 3가지 선택사항이 있다. 이들 중에서 말뚝식 기초는 해상풍력발전기를 위한 기초로서 가장 보급되어 있는 형식이다(그림 12-1과 그림 12-2). 이 경우 기초를 말뚝으로 해저에 고정하는 데는 디젤 또는 유압 해머를 이용하는 것이 표준이다. 한편, 중력식 기초(그림 12-1과 그림 12-6)에서는 지지구조와 지반 사이에 인발하중이 생기지 않도록 하기 위해 비교적 넓은 저판 위에 큰 고정하중을 올림으로써 지지구조를 안정시키고 있다. skirt식 기초는 외견적으로는 중력식 기초와 동일하며 bucket을 거꾸로 한 형태를 하고 있다. 풍력발전기에 작용하는 바람하중의 정적성분이 상당히 크기 때문에 그 이용에 관해서는 의문이 남아 있다.

그림 12-6 풍력발전단지 사이트에 설치하기 위해 운반되는 중력식 기초

본 장에서는 심해역의 기초, 특히 다음에 나타내는 구조에 대해서 설명한다.

① 모노파일식 기초 또는 말뚝식 모노타워(그림 12-2)

② Tripod식 기초 또는 Monopod(그림 12-3)

③ 3각 재킷(그림 12-4)

④ 4각 재킷(그림 12-5)

실제로 주된 차이는 필요로 하는 말뚝의 수이다. 모노파일에서는 말뚝 항타에 이용되는 강관은 기초로서 그 장소에 남겨진다.

모노파일에 비해 Tripod는 3개의 소구경인 짧은 말뚝을 중앙 column에 연결하여 타워를 지지하고 있다. 외견적으로는 모노파일에 대응하는 중앙 column과 재킷에 관련하는 3개의 다리를 조합한 것처럼 보인다. 이 3개의 다리는 부분적으로 해저에 가라앉히고 그곳에서 지지말뚝을 위한 가이드 역할을 하고 있다. 표 12-2a 및 표 12-2b '필요조건 일람'에는 각각의 기초형식의 특징에 관한 상세한 정보를 나타낸다.

최적화는 하부구조의 안정성, 중량 및 비용만이 아니라 해상풍력발전기 전체의 설계, 건설, 조립, 설치 및 최종철거에 걸쳐 생각할 필요가 있다.

표 12-2a 모노파일과 중력식 기초에 대한 필요요건 일람

구조	설계		건설		설치		철거	
	장점	단점	장점	단점	장점	단점	장점	단점
모노파일	구조형식이 단순	직경이 큰 경우, 세굴 되기 용이	건설현장의 비용은 최소	심해역에서 세장비가 너무 커짐	세굴이 없는 경우, 해저 준비 작업이 필요 없음	항타용 기계가 필요	수중부분은 철거 가능	지중의 말뚝은 철거 불가능
	동적응답은 구조의 강성에 의해 조정가능	지반특성에 의해 성능이 결정됨	강관이 두껍지 않은 경우, 선택할 수 있는 압연설비는 많음	–	–	큰 자갈·매우 단단한 점토 등이 있는 장소에서는 천공용 말뚝을 분해 후에 인양할 필요가 있음	분해 후에 인양 철거	수중에서의 분해 작업
	수심 3~20m에 적합	수심20~25m 또는 그 이상에서는 부적합	강관이 두껍지 않은 경우의 시공은 용이, 단순, 경제적	강관의 두께와 직경에 크게 의존	–	현지에서의 이음과 경사에 대한 조정이 필요	무거운 구조의 철거가 없음	강관이 두꺼운 경우, 절단이 곤란
	앵커말뚝이 불필요	연약지반에는 부적합	현장에의 수송이 용이	–	띄워서 수송하는 것이 용이	긴 말뚝의 경우에 현장용접이 필요	–	–
	재료는 강재만	암반지반에는 부적합	해빙에 대하여 특별한 방호책이 불필요	–	–	흐름이 빠른 장소에서는 세굴 대책이 필요	–	–
중력식 기초	해안부근에 건설 yard가 필요	세굴이 있는 경우에는 부접합	콘크리트를 대량으로 사용	건설현장 때문에 비용이 높음	앵커말뚝이 불필요	해저 준비작업이 필요	공용기간 종료 시점에서 완전 철거가 가능	Ballast 철거에 비용이 듦
	구조특성이 지반특성의 영향을 받기 어려움	동적으로 단단함	yard에서 시공 가능	windfarm 건설지점 근처에 건설 yard가 필요	기초 전체를 단일 개체로서 취급	ballast의 설치에 비용이 듦	철거 후에 다른 장소로 이설 가능	큰 견인장치가 필요
	앵커말뚝이 불필요	형상은 때때로 복잡하게 됨	yard에서 해상으로 접근이 간단	강력한 견인설비를 갖춘 건설 yard가 필요	barge로 해상 건설지점까지 수송이 가능	큰 견인능력을 갖춘 barge가 필요	크레인을 갖춘 barge 선을 이용할 수 있음	큰 중량에 견딜 수 있는 barge 선이 필요
	수심 3~15m에 적합	수심 25m 이상에는 부접합	하부구조는 주로 콘크리트	건설 yard에 상당한 넓이가 필요	크레인 barge에서 연직위치 결정이 가능	대형 barge가 필요	–	–
	해빙에는 좋은 저항력을 나타냄	연약지반에는 부적합		해상풍력발전기의 크기에 의존	–	세굴에 대한 대규모 대책이 필요	–	–
	콤팩트한 구조 배치	파를 받을 때 연직방향 하중이 생김	–	크기가 수심에 크게 의존	–	–	–	–

표 12-2b Jacket 및 Tripod 기초에 대한 필요요건 일람

구조	설계		건설		설치		철거	
	장점	단점	장점	단점	장점	단점	장점	단점
3각/4각 Jacket	세굴의 영향을 받기 어려움	형상이 복잡하고, 해빙에 약함	해저석유·가스의 채굴에서 이용되는 구조형식	특별한 건설기술이 필요	세굴이 없는 경우, 해저 준비작업이 불필요	항타설비가 필요	수중부분만 철거	지중의 말뚝은 철거 불가능
	동적응답은 구조의 강성에 의해 조정가능	각 각부에 앵커말뚝이 필요	모든 강관 lattice가 용접가능	공장은 해상건설지점으로부터 떨어져 있음	각부와 앵커말뚝에는 소구경의 강관을 이용	큰 자갈 또는 매우 단단한 점토 등에서 천공기계가 필요	분해 후에 인양 철거	수중에서의 분해 작업
	수심 8~40m에 적합	8m 이하의 수심 및 40m 이상의 수심에는 부적합	해저에 고저차가 있는 경우에서도 적용가능	yard에서의 조립에 부적합	크레인 barge 또는 SEP을 이용 가능	띄워서 수송하는 것은 곤란	무거운 구조의 철거가 없음	강관이 두꺼운 경우에는 절단이 곤란
	Jacket 정부에서의 휨 및 휨각이 작음	각 각부에 앵커말뚝이 필요	건설지점에의 수송이 용이	yard에는 상당한 넓이가 필요	항타를 위한 해머가 작음	말뚝의 현장용접이 필요	–	–
	다양한 크기의 해양풍력발전기에 적합	부식대책이 필요	해상풍력발전기의 형식에 제한이 없음	앵커말뚝의 길이가 매우 깊음	설치를 위한 SEP가 불필요	천공 없이는 암반지반에 부적합	–	–
	파에 의한 연직하중에는 영향을 받지 않음	형상이 복잡하고, 구조가 콤팩트하지 않음	내력이 높은 기초로서 채용하기 쉬움	용접이 많음	–	–	–	–
Tripod	세굴의 영향을 받기 어려움	형상이 복잡하고, 해빙에 약함	해저석유·가스 채굴에서 이용되는 구조형식	특별한 건설기술이 필요	세굴이 없는 경우, 해저 준비작업이 불필요	항타설비가 필요	수중부분만 철거	지중의 말뚝은 철거 불가능
	동적응답은 구조의 강성에 의해 조정가능	각 각부에 앵커말뚝이 필요	모든 강관 lattice가 용접가능	공장은 해상건설지점으로부터 떨어져 있음	각부와 앵커말뚝에는 소구경의 강관을 이용	큰 자갈 또는 매우 단단한 점토 등에서 천공기계 필요	분해 후에 인양 철거	수중에서의 분해 작업
	수심 8~30m에 적합	3m 이하의 수심 및 30m 이상의 수심에는 부적합	해저에 고저차가 있는 경우에서도 적용가능	yard에서의 조립에 부적합	크레인 barge 또는 SEP을 이용 가능	띄워서 수송하는 것은 곤란	무거운 구조의 철거가 없음	강관이 두꺼운 경우에는 절단이 곤란
	Tripod 정부에서의 휨 및 휨각이 작다	각 각부에 앵커말뚝이 필요	건설지점에의 수송이 용이	yard에는 상당한 넓이가 필요	항타를 위한 해머가 작아도 된다	말뚝의 현장용접이 필요	–	–
	다양한 크기의 해양풍력발전기에 적합	부식대책이 필요	기초말뚝의 길이가 짧음	–	설치를 위한 SEP가 불필요	천공 없이는 암반지반에 부적합	–	–

(2) 설치

해상풍력발전기의 설치는 구조부재를 끌어올려 수송하거나 또는 띄워서 예항함으로써 다양한 방법을 생각할 수 있다. 그 외에 장소, 항만 및 선박(barge, pontoon, tugboat)의 이용 가능성, 건설 dock yard로부터의 거리, 지반지지력(예를 들어 SEP선을 이용할 가능성, 해머에 의한 항타 대신에 천공을 이용하는 것을 생각할 때에 필요), 기상조건 등에도 관계한다. 이들 요인을 근거로 하여 다음에 나타내는 설치방법을 생각할 수 있다.

① 현지에서 기초를 건설한 후에 하부구조 위에 풍력발전기를 조립하는 방법
② 기초를 현지에 수송하고(그림 12-6, 그림 12-14, 그림 12-15), 해저에 고정한 후에 풍력발전기를 조립하는 방법
③ 미리 타워를 설치한 기초를 풍력발전단지의 소정의 위치에 수송하고, 그 후에 나셀(nacelle)과 로터(rotor)를 부착하는 방법
④ 미리 나셀(nacelle)과 로터(rotor)를 부착한 풍력발전기를 기초에 설치하고 현지로 수송하는 방법

①안은 중력식 기초에서는 일반적이다. ②안은 해상풍력발전기에 일반적으로 이용되고 있는 방법이다. ③안 및 ④안은 띄울 수 있는 기초에 적용하고 현지에서 침설한다. 각각의 안은 기초 및 풍력발전기의 모든 부품의 조립, barge 선에 의한 수송, 크레인에 의한 barge 선으로부터 건설지점에의 양중작업(lifting)을 반드시 포함한다.

그림 12-7 모노파일과 타워의 접합부분(Elsam 제공)

12.2.4 2MW 풍력발전기를 위한 지지구조

(1) 모노파일

해상풍력발전단지에서는 구경이 매우 큰 말뚝이 이용되는 경우가 많다. 항타기의 발전과 함께 수평하중을 받는 말뚝의 이론이 확립됨으로써 단일 말뚝을 이용하는 것이 가능하게 되었다. 이에 의해 모노파일은 천해역에서부터 중정도의 수심인 해역에 설치되는 해상풍력발전기의 기초로서 보급되고 있다.

모노파일에는 다음에 나타내는 것과 같은 특징이 있지만 이들은 수심에 의존한다.

- 구조가 단순하며 세굴이 일어나기 어렵다.
- 유연한 기초이기 때문에 구조의 동적특성을 설계에서 조정할 수 있는 반면, 지반조건과 지반내력에 영향을 받기 쉽다(연약지반에는 그다지 적합하지 않다).
- 적합한 수심은 3~ 약 20m이며, 25m 이상에는 적합하지 않다.
- 시공이 용이(건설비가 싸고, 다양한 압연방법이 있으며 얇은 강관인 경우 비용은 높지 않다. 또한 제강소에서 건설지점으로 직접 조달할 수 있는 등)
- 원추형상의 transition piece를 통해서 타워와의 접합이 용이(그림 12-7)
- 해저준비 작업이 불필요하지만 통상 세굴에는 영향을 받기 쉽기 때문에 세굴방지가 필요하게 된다.
- 항타기가 없어서는 안 되며, 지반이 매우 단단한 점토 또는 이암 등의 경우에는 천공기도 필요(큰 자갈이 있는 장소에는 적합하지 않음)
- 공용기간 종료 시에는 해저면에서 말뚝을 절단하고 철거하기 때문에 해저면 이하의 부분은 철거되지 않고 남아 있다.

모노파일은 일반적으로 2개의 부분으로 구성된다. 예를 들면 하부는 원형의 중공말뚝(직경이 2.5m로 두께가 40~60mm, 해저면 아래 약 20m까지 타입 됨)이다. 상부는 원추형으로 타입된 말뚝의 정부(頂部)와 풍력발전기 타워의 기부를 접합한다. 타워가 정확하게 연직이 되도록 조정한 후에 상부는 타설된 말뚝과 용접된다. 기초에 작용하는 하중은 공기력이 지배적이다. 피로하중을 받을 때에 지반에 탄성변형만이 생기도록 말뚝의 길이를 선정한다.

이 케이스 스터디에서는 모노파일은 2MW 풍력발전기에는 적용할 수 없다. 수심 25m인 모노파일이 통상의 바람을 받을 때의 타워 기부에서의 휨 진폭은 136cm이며 이것은 나셀(nacelle) 높이 85m에서는 482cm, 휨각도는 2.82°가 된다. 이들 값은 폭풍 시에는 한층 더 커지기 때문에 모노파일은 성립하지 않는다.

(2) Tripod

그림 12-3과 그림 12-8에 나타내는 Tripod는 실수로 'monopod'라고 때때로 불린다. Tripod는 휨 모멘트를 억제할 수 있는 최소구조이며, 3개의 강재 말뚝은 중앙의 column으로부터 어느 정도의 거리를 이격시켜 타워의 기부에 어느 정도의 각도를 갖고 접합되어 있다. 이 구조형식은 해저석유·가스의 채굴에서 플랫폼의 주변 지지구조물로서 이용되고 있다. 경량이고 코스트 퍼포먼스에 우수하다고 여겨지고 있지만, 해상풍력발전기의 기초의 적용성에 대해서는 앞으로 검증할 필요가 있다.

Tripod의 이용에서 다음과 같은 Tripod의 특징을 고려하고 균형을 잘 잡을 필요가 있다.

- 대수심까지 적용가능
- 설치에 선행하여 최소한의 해저 준비 작업이 필요
- 시공에는 jacket 건설과 유사한 특별한 건설방법이 필요
- 큰 자갈이 있는 장소에는 적합하지 않다.
- 수심이 얕은 장소(10~15m 이하)에는 그다지 적합하지 않다.

그림 12-8 Tripod 형식의 하부구조

Tripod의 제조에서는 강관을 이용하여 3각형의 형태로 뼈대를 만든다. 이 구조는 풍력발전기 타워로부터의 힘을 주로 해저에 타입된 3개의 중공강관 말뚝의 인장과 압축하중으로 변환한다. 풍력발전기를 하부구조에 접합하기 위한 플랜지의 아래 부분에는 대구경 강관이 중앙에서부터 아래 방향으로 뻗어 있다. 상단에는 원추형의 transition section(그림 12-7 참조)이 있으며, 점차적으로 구경이 작아지고 판 두께가 두꺼워진다. 각각의 다리 부분은 말뚝, 말뚝 슬리브(sleeve) 및 3개의 브레이스(brace)(그림 12-3에 나타낸 제1층에는 5개, 제2층에는 3개)로 이루어진다. 말뚝을 타설한 후 말뚝 슬리브와 말뚝 본체 사이의 둥근 부분은 그라우트로 충진하고 강한 일체구

조가 되도록 하고 있다. 피라미드 형상의 초기해석으로부터 이러한 요소의 수는 모노파일에 비해 Tripod 구조의 전체 중량을 증가시키고 있다는 점은 명백하다. 충분한 안정성을 제공하고 풍력발전기의 거동을 지지하기 위해 경사제의 정부(頂部) 높이를 매우 높게 하여 column의 판 두께를 상부에서 두껍게 함으로써 하부구조 정부(頂部)에서의 변위는 허용값 안에 들어간다.

 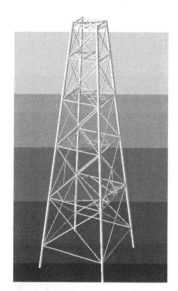

그림 12-9 서로 다른 층수의 4각 Jacket

수심이 25m인 경우 말뚝을 포함한 Tripod의 전체 중량은 매우 크다. 이 중량은 barge에 의한 수송의 한계는 되지 않지만 비용의 한계가 될 가능성이 있다. 이 케이스 스터디에서는 초기조사의 결과로부터 4MW 및 그 이상의 풍력발전기에 대하여 Tripod는 적합하지 않다고 판단하였다.

(3) 3각 재킷

그림 12-4에 나타내는 재킷은 종래 석유채굴 플랫폼에 이용되었던 구조와 비슷하다. 이 구조는 연직으로부터 약간 기울어진 3개의 column으로 이루어진다. 각각의 높이에서 수평면 내의 접합점에서 대각선상으로 강관을 배치하고 필요한 강성을 높인다. 브레이스(brace)를 부착시킨 면의 수와 크기에 의해 강성을 확보한다. 수심 25m에 설치한 2MW 풍력발전기의 케이스에서는 각 다리부분의 안쪽을 따라 기초 말뚝을 해저면 아래 55m까지 타입할 필요가 있다. 이 구조는 안정성에 우수하고 중량 및 비용도 허용범위 안에 들게 할 수 있다. 따라서 이 구조는 multi megawatt 풍력발전기에 대해서도 경제적이고 유리한 형식이라고 말할 수 있다.

모노파일에 비해 3각 재킷은 다음과 같은 특징이 있다.

- 기본구조 및 상세설계는 종래의 석유채굴 플랫폼에서 이용되고 있던 것에 기반하고 있다.
- 구조형식이 복잡하기 때문에 해빙이 혹독한 해역(지중해는 전혀 없지만)에서는 불리하지만, 8~40m인 수심에서는 그 밖의 구조형식보다 적합하다.
- 기초의 강성이 높고 타워, 나셀(nacelle)과의 연성진동을 거의 고려할 필요가 없다.
- 시공에 대해서 특수한 요구사항 있다(풍력발전단지에서 가까운 장소에 하부구조의 조립과 가설치를 위한 공간을 확보할 필요가 있음).
- 비용은 허용범위 안이고 안정성에 우수하다.
- 해저 준비 작업은 최소한으로 좋지만, 세굴에 대해서는 필요에 따라 대책을 세울 필요가 있다.
- 하부구조는 띄워서 예항하거나, 설치작업에도 사용할 수 있는 crane barge로 건설지점에 수송하는 것이 가능하다.
- 작은 해머로도 항타할 수 있으며, 말뚝의 타입은 용이하지만 반대로 항타 시간은 길어진다(다리 부분의 수만큼의 반복 작업, 기초말뚝의 길이, 기초말뚝의 용접에 걸리는 시간, 분할된 타워 및 기초말뚝의 현장에서의 조립, 이음 등의 문제가 있음).
- 사용기간 종류 후의 철거에 관해서는 말뚝은 해저면[또는 니선(泥線, mud line)보다 좀 더 아래]에서 절단되어 완전하게는 철거되지 않는다.

구조물은 충분히 강하고 폭풍 시에 구조물 정부(頂部)에서의 휨 및 휨각(수심이 25m인 경우, 10cm 및 0.53°)은 허용범위 안에 있다. 층수 또는 브레이스(brace)의 수를 늘리면 다리 부분의 경사를 크게 함(앵커말뚝의 삽입은 다소 어렵게 됨)으로써 이들 값을 개선할 수 있으며, 안전성도 향상한다.

이 구조형식이 어느 정도까지의 수심에 대해서 적용 가능한지 수심을 50m, 100m, 200m로 변화시키면서 검토하였다. 그 결과 수심 50m에서는 보강의 필요는 없다. 폭풍 시에 정부(頂部)의 수평 휨 및 휨각(135mm 및 0.63°)은 증가하지만 그다지 크지 않다. 수평 휨 및 휨각은 위에서 설명한 바와 같은 개선책에 의해 용이하게 저감시킬 수 있으며 기술적으로는 어렵지 않지만 사하중의 증가에 따른 비용증가는 이 구조형태의 한계를 좌우하고 있다.

12.2.5 4MW 및 6MW 해상풍력발전기를 위한 지지구조

여기서는 우선 3각 재킷에 대해서 검토하지만 대상으로 하는 풍력발전기는 2MW가 아닌 4MW 및 6MW로 한다. 검토 결과 축력과 휨 모멘트의 증가에 대하여 설계상 약간의 수정(주로 강관의 직경과 판 두께)을 하였다.

(1) 3각 재킷

기하학 형상을 수정하지 않고 수심 25m에 보다 대형의 풍력발전기를 설치할 경우 폭풍조건에 대하여 중간부에서 기부에 걸쳐 다리부분의 판 두께를 늘리고, 브레이스(brace)를 강하게 하였다. 기초의 정부에서 평가되는 변형률은 커지고(수평 휨 9.5cm, 휨각 2.9°), 정적하중에 대한 안전성이 저하하고 있다. 3각 재킷은 20~25m인 수심에 적합하지만 그 이상의 수심에는 적합하지 않다고 판단된다.

(2) 4각 재킷

그림 12-10은 해저석유 채굴을 위한 4각 재킷 플랫폼의 예를 나타내고 있으며, 지배적인 하중은 매우 큰 연직력이다. 이 재킷은 3각 재킷과 매우 비슷하지만 다리의 수와 정적하중이 4개의 앵커에 전달되는 점이 다르다. 또한 풍력발전기에 적용할 때의 설계상의 유의점은 3각 재킷의 경우와 동일하다.

4각 재킷에서는 기초의 강성을 높였기 때문에 각 다리부분과 그 기초말뚝(총 길이 135m)의 중량은 전체적으로 증가하고 있다. 이 형식에서는 타워 기부에서 수평 휨과 휨각은 함께 허용범위

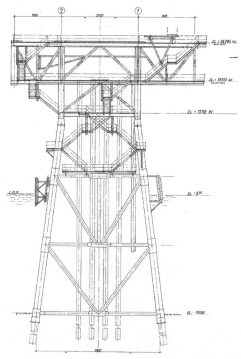

그림 12-10 해저석유채굴에 이용된 4각 플랫폼(ENI 제공)

안에 있다. 다리부분의 경사를 증가시키면 강성을 한층 더 높이는 것이 가능하지만, 그것은 항타 해머의 공간적인 제약 또는 연직도에 관한 제약에 의해 한계가 있다. 보다 깊은 수심에 관해서는 수심 50m인 것을 베이스로 한 재계산에서는 불충분하며 형상에 대해서 몇 가지의 변경, 특히 제3층의 추가가 필요하다(그림 12-9). 50~70m 이상인 수심에 대해서는 구조를 약간 수정할 필요가 있다. 수심이 100m에 도달하면 또 다른 1개의 브레이스(brace) 층을 추가할 필요가 있으며 또한 응력도의 개략해석에 필요한 부재 크기의 계산도 다시 한 번 수행할 필요가 있다.

해저면 아래의 기초말뚝의 길이가 100m를 넘는 경우, 직경과 두께의 비(radius to thickness ratio) 및 직경과 길이의 비 사이의 최적화가 필요하게 된다(12.2.2항의 (2) 참조). 구조의 정적 및 동적 안정성은 이 구조형식의 신뢰성 및 경제성에 영향을 준다. 기초의 정부(頂部)에서의 수평 휨 및 휨각은 적어도 260mm 및 0.7°이며 매우 크다. Unity Check(구조의 강도를 조사하는 중요한 방법)의 값은 세장비 때문에 매우 크고, 폭풍 시에 안전성을 확보할 수 없다. 중량과 비용의 관계에 대해서는 12.6절에서 나타낸다.

12.2.6 부유식 및 비고정식 하부구조

고정식 기초와 부유식 기초(예를 들어 semi-sub 형)의 비교에 관한 이론적인 연구가 수행되어 왔다. 여기서는 수심이 25m보다 깊은 장소에서 해저석유·가스의 채굴용 해상 플랫폼을 해상풍력발전기를 위한 하부구조로서 이용하는 것을 검토하였다. 이러한 종류의 해상 플랫폼의 예로서, 시실리(Sicily)로부터 22km 떨어진 해상에 해상 플랫폼 VEGA가 있다. 여기서, 우리는 이 해상플랫폼에 연간 12GWh를 발전할 수 있는 4~5MW 풍력발전기를 탑재하고, 수심이 120m인 곳에 건설되었다고 가정하였다.

그림 12-11 Semi-sub형 부유체

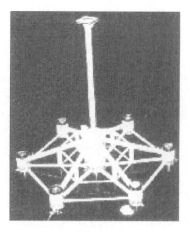

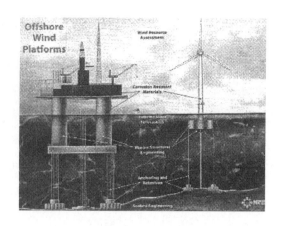

그림 12-12a 5MW 및 10MW 풍력발전기를 위한   그림 12-12b 심해역에서 석유채굴용 및 풍력발전용
부유체(Hitachi 제공)   긴장계류식 부유체(NREL 제공)

Semi-sub형 구조(즉, 부유식 구조)는 해저에 고정된 기초를 필요로 하지 않고 환경으로의 영향이 적다. 이 구조는 2개의 주요한 부분, 즉 ① 부유식 플랫폼 또는 앵커가 있는 semi-sub 구조와 ② 풍력발전기 본체로 구성된다. 그림 12-12a에는 평형수(ballast water)를 이용하여 동요에 대한 제어를 수행하는 방식의 부유식 구조를 나타낸다. 그림 12-12b에는 석유채굴 및 풍력발전에서 이용되는 긴장 계류식 플랫폼을 나타낸다.

하나의 풍력발전기를 탑재한 경우에 대해서 몇 가지 설계검토를 수행하였다. 이것은 1개의 플랫폼 위에 복수의 풍력발전기를 탑재하는 설계가 어렵고 매우 고가가 될 것이 예상이 되기 때문이다. 한 예가 tension leg platform(즉, 해저에 긴장 계류로 연결된 반잠수형 플랫폼)이다.

이들 반잠수식 부유체 지지구조의 설계에서 기술적으로 고려해야만 하는 주요한 점을 아래에 나타낸다.

- 부력은 부유체 기초구조의 수밀성이 높은 공간에 의해 확보된다.
- 하부구조를 해수면 아래에 설치하도록 하고, 작용파력과 그것에 의한 동요를 저감한다.
- 하부구조에는 콘크리트 또는 강재를 이용한다. 단, 콘크리트는 값이 싸고 무겁지만 인장에 대해서는 약하다.
- 계류에는 2가지의 형식이 있다. catenary 계류는 자신의 중량을 통해서 기능한다. 긴장계류는 특히 pitch, roll 및 heave와 같은 동요를 방지하고 풍력발전기 로터(rotor)에 작용하는 피로하중을 저감한다(그림 12-13).
- 탑재할 풍력발전기의 수에는 단기 또는 복수기가 있다.

추후의 기술과제로는 다음과 같은 것이 있다.

- 크기 : 복수기 풍력발전기 탑재인 부유체는 많은 부재를 필요로 한다.
- 파력 : 구조 표면의 대부분은 파에 노출되어 있기 때문에 재료에는 충분한 내력이 필요하게 된다.
- 안정성 : 지지구조는 풍력발전기 로터(rotor)의 항력으로부터 큰 전도 모멘트를 받는다.
- 동요응답 : 피로손상을 저감하기 위하여 동요를 극력 억제할 필요가 있다.
- 고정 : 긴장계류는 값이 비싸다. 한편, catenary 계류는 그다지 얕은 수심에는 적합하지 않다.

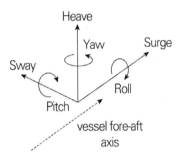

그림 12-13 강체운동의 자유도

현재까지 이 종류의 구조는 존재하지 않지만 몇몇의 연구들이 이루어지고 있다. 그러나 그 결과는 기술적으로도 경제적으로도 만족스러운 결과가 나오고 있지 않다. Delft 대학과 그 밖의 협력기관은 북해(North Sea)의 수심 50m인 사질지반의 해상 위에 semi-sub 구조의 feasibility study를 수행하였다. 그 결과, ① 해수면 위 10m에서의 풍속 9m/s인 지점에 5MW 풍력발전기가 100기인 풍력발전단지를 건설하는 것을 상정한 경우의 발전비용은 0.068€/MWh였고, ② 동일한 조건에서 해안으로부터 100km 떨어진 해상에 건설한 경우는 0.074€/MWh였다.

12.3 하부구조의 설계

하부구조는 풍력발전기의 기능을 잃지 않도록 설계할 필요가 있다. 설계에서는 진수 시, barge선에 의한 수송 시, 설치할 때의 양중(lifting) 시, 발전 시의 각 단계에서 강도 및 안정성을 확실히 확보하도록 하지 않으면 안 된다.

12.3.1 설계 데이터

설계할 시에는 하부구조를 위한 설계기준 및 일반적인 해상구조물의 설계기준에서의 요건을 만족해야 한다. 하부구조의 구조설계에 관한 주요한 요건을 아래에 정리한다.

(1) 적용되는 기준

예를 들어 아드리아 해(Adriatic Sea)의 해상 프로젝트에 대하여 국제적으로 인지되고 있는 주요한 기준의 종류는 아래와 같다.

- API RP 2A : 미국 석유협회 고정식 플랫폼의 계획·설계·건설을 위한 지침
- AISC : 미국 강구조협회 강구조 매뉴얼
- RINA : 이탈리아 해군 감수 강재 고정식 해상 플랫폼 규정
- Germanischer Lloyd : 풍력발전기규정 IV 제1부, 비해운 기술 제2부

(2) 기능에 관한 요건

풍력발전기의 기능에 관한 요건은 하부구조와 풍력발전기 타워 사이의 계면에서의 수평 휨과 휨각을 제한하는 것이다. 일반적으로, 0.5°가 발전 시의 풍력발전기의 하부구조 정부(頂部)에서의 최대 허용값으로 여겨지고 있다. 따라서 하부구조의 휨각이 허용값을 넘어서는 환경조건이 빈번하게 발생하지 않도록 하는 것이 매우 중요하다. 원칙으로서 환경조건에 관한 합리적인 설계 기준은 1년 재현주기이다.

(3) 환경 데이터

하부구조를 개발하는 데 있어서 필요로 되는 환경 데이터로는 다음과 같은 것을 들 수 있다.

- 수심
  수심으로는 최저천문조(LAT), 최대천문조 및 최대고조를 이용한다.

- 극치환경 및 운전 조건에 대한 파랑 데이터
  극치환경조건은 50년 및 100년에 한 번 발생하는 환경조건으로서 정의된다. 운전 시의 환경조건은 1년에 한 번 발생하는 것으로 정의한다.

2차원의 파 운동은 파고, 주기, 수심에 따라 적절한 파랑이론에 의해 구할 수 있다. 아드리아 해 (Adriatic Sea) 북부에 예정된 장소에서는 5차 스톡스파 이론을 적용할 수 있다.

표 12-3(아드리아 해 북부의 대표적인 지점)에는 재현기간 100년 및 1년 동안의 주파향에 대한 최대파고를 나타낸다.

표 12-3 최대파고

파향	1년		100년	
	T_{Hmax}(s)	H_{max}(m)	T_{Hmax}(s)	H_{max}(m)
북	8.7	8.1	10.8	12.6
동	7.0	5.2	10.3	11.5
남	5.6	3.4	7.6	6.3
서	5.8	3.6	7.4	5.9

• 극치환경 및 운전 조건에 대한 해류 데이터

해류는 해수면 및 특정한 수심에서의 유속으로 표현하고, 해수면에서의 속도는 해저에서의 속도에 대하여 최대가 된다. 아드리아 해의 수심 40m에서의 해류의 대푯값을 표 12-4에 나타낸다.

표 12-4 해류속도(m/s)

수심	표면	5m	25m	해저(40m)
100년의 폭풍	0.81	0.81	0.62	0.51
1년의 폭풍	0.66	0.66	0.53	0.41

• 피로조사를 위한 파고의 산포도

파하중과 같은 반복하중은 피로에 의한 하부구조 용접 연결부의 열화를 초래할 수 있다(예를 들면 표 12-5).

표 12-5 유의파고와 주기에 의한 파의 산포도

주기 T_z(s) / 파고 H_s(m)	0.25	0.75	1.25	1.75	2.25	2.75	3.25	3.75	4.25	4.75	5.25	5.75	발생횟수의 합계
3.5	28255	2611	26	0	0	0	0	0	0	0	0	0	30892
4.5	5984	9127	1766	84	1	0	0	0	0	0	0	0	16962
5.5	270	2270	3354	1177	168	13	0	0	0	0	0	0	7252
6.5	4	90	614	999	589	182	36	5	0	0	0	0	2519

표 12-5 유의파고와 주기에 의한 파의 산포도(계속)

주기 T_z(s) 파고 H_s(m)	0.25	0.75	1.25	1.75	2.25	2.75	3.25	3.75	4.25	4.75	5.25	5.75	발생횟수의 합계
7.5	0	1	20	109	203	180	96	37	11	2	0	0	659
8.5	0	0	0	2	11	24	28	23	13	6	2	1	110
9.5	0	0	0	0	0	0	1	2	2	1	1	0	7
합계	34513	14099	5780	2371	972	399	161	67	26	9	3	1	58401

따라서 해상구조물을 적절하게 설계하기 위해서는 피로해석이 불가결하다. 신뢰할 수 있는 결과를 얻기 위해서는, 피로조사는 일반적으로 통계적 기법에 의해 이루어진다. 그 때문에 파의 산포도가 필요하게 되며, 이 산포도는 각 파향에 대하여 주기와 유의파고의 분포를 제공하며, 구조물의 공용기간 중에 3시간마다의 예측된 사상의 수로 표현된다. 표 12-5에는 아드리아 해의 북부 해역에서의 20년간의 전(全)방위에 대한 산포도를 나타내고 있다.

- 극한환경 및 운전 조건과 관련된 풍속 데이터

  하부구조의 구조설계에서 풍속 데이터로는 1분간 평균 풍속의 100년 재현기대값 및 1년 재현기대값을 이용하는 것이 가능하다. 표 12-6에는 아드리아 해의 해수면 높이 10m에서의 전형적인 풍속 데이터를 나타낸다.

표 12-6 풍속 데이터

재현주기	1분간 평균 풍속(m/s)
1년	37.0
100년	52.0

이들 값으로부터, 풍속의 연직분포는 다음에 나타내는 표준적인 식에 의해 계산할 수 있다.

$$V_z = V_{10}(1 + 0.097\ln(z/10))$$

- 해중생물의 부착

  파와 해류에 의해 발생하는 하중은, 다양한 두께로 수중의 부재를 거의 완전하게 감싸는 해중생물의 부착의 영향을 받는다. 해중생물의 부착에 기인하는 거친 표면은 항력의 상당한 증가를 초래한다.

  해중생물의 부착두께는 다음과 같이 구한다.

(최저천문조위 +2.00m) ~ (최저천문조위 −20.0m)　　　: 12cm

(최저천문조위 −20.00m) ~ 해저　　　　　　　　　　: 5cm

- 해저지형

　해저지형에 관한 정보는 설치 시 그리고 ① 영구적인 파일 기초가 연결되기 전의 하부구조의 안전성을 평가하고, ② 예상되는 수준측량 문제를 확인하는 데 있어서 필수적이다.

(4) 지반 데이터

　제안되어 있는 하부구조 배열의 대부분은 충분한 정착을 확보하기 위하여 충분히 타입된 강재 말뚝에 의존한다. 따라서 해저지반의 특성 및 필요한 모든 지질 파라미터를 파악해 둘 필요가 있다. 이들 정보는 설계에 선행하여 수행되는 지반조사에 의해 얻을 수 있다.

(5) 지진 데이터

　아드리아 해에 설치되는 해상설비는 지진에 대하여 견딜 수 있도록 설계하지 않으면 안 된다. 일반적으로 내진조사는 강한 지진(200년에 한 번 발생) 및 매우 드문 강한 지진(2000년에 한 번 발생)에 대해서 이루어진다. 대상지점에 적용할 수 있는 데이터가 없을 경우 지진학적인 조사로부터 설계용 스펙트럼 및 지표면 가속도의 최댓값을 기초 데이터로서 정할 필요가 있다.

12.3.2 설계 시의 해석

　하부구조의 설계는 구조해석이 필요하며, 하부구조는 프로젝트의 모든 공정에서 최악의 설계하중의 조합에 대하여 견딜 수 있어야 한다.

　검증에서는 다음과 같은 항목이 포함된다.

- 빙하중에 대한 해석
- 동적 및 스펙트럼 피로해석
- 지진응답해석
- 적출(load-out) 해석
- 양중(lifting) 해석

- Barge에 의한 수송해석
- 해저면상의 안정성해석
- 수중자립 및 전복해석
- 항타해석

위에 기술한 모든 해석은 해상구조물 설계 전용의 소프트웨어를 이용하여 수행된다. 따라서 구조물의 완전한 3차원 모델을 만들 필요가 있다. 경우에 따라 실험에 의한 검증이 바람직하다.

말뚝과 지반의 복합체를 모델링하는 데 있어서 특히 신중하게 수행할 필요가 있다. 수평력을 받는 말뚝의 거동은 비선형이기 때문에 기초 응답의 올바른 평가는 최첨단의 소프트웨어에 포함되어 있는 반복계산을 통하여 얻을 수 있다.

(1) 발전 시의 해석

설치된 하부구조의 정적해석에서는 다음의 각 설계조건을 고려하여야 한다.

- 발전 시의 조건 : 풍력발전기의 하중 + 1년에 한 번 발생하는 폭풍 시의 환경하중
- 폭풍 시의 조건 : 풍력발전기의 하중 + 100년에 한 번 발생하는 폭풍 시의 환경하중

각 설계조건에 대해서, 하부구조에 작용하는 최대하중을 설정하기 위하여 환경하중으로서 최저 8개의 파향을 고려한다. 정적해석에서는 하부구조의 최대전도 모멘트 및 최대전단력을 생기게 하는 파랑조건에 대하여 각 설계하중 조건에서의 유체력을 계산할 필요가 있다.

폭풍 시 및 발전 시의 파력과 해류력은 하부구조의 고유주기에 입각하여 산출한 동적증폭계수(Dynamic Amplification Factor)로 할증하여 평가할 필요가 있다.

(2) 동적해석 및 피로해석

동적해석에서는 구조물의 90~95%의 질량을 고려할 수 있도록 충분한 수의 고유주기 및 고유벡터를 이용할 필요가 있다. 스펙트럼 피로해석에 의해 하부구조의 용접 접합부에서의 피로수명을 평가한다.

상세한 해석에는 다음과 같은 항목이 포함될 필요가 있다.

- 구조의 응답을 적절하게 규정하기 위한 파랑 파라미터의 선정
- 환경하중
- 구조의 동적응답
- 응력범위의 전달함수
- 응력의 응답 스펙트럼
- 피로손상평가

파력 스펙트럼에 대한 구조의 동적응답은 모든 진동모드에 대해서 감쇠비 2%로 구하지 않으면 안 된다. 동적효과를 고려한 응력은 등가 정하중 해석(equivalent static load method)에 입각하여 평가한다. 이 방법은 ① 구조물과 유체의 상대운동 및 ② 관성력을 포함하는 유체운동에 의한 구조물에 작용하는 힘을 나타내기 위해 사용되는 등가 정하중(equivalent static load)을 전개한다. 이 방법은 각 진동모드로부터의 관성력과 실제의 유체력에 대한 유의한 동적 응답을 조합한다. 부재 단부의 하중에 입각한 응력범위의 전달함수는 각 접합부에서 평가되어야 한다. Hot spot 응력범위를 구하기 위하여 이용되는 응력집중계수(stress concentration factor)의 계산방법은 대상으로 하고 있는 접합부의 종류에 적합하여야 한다. 각 접합부에서 손상의 계산과 합계가 이루어져야 한다. 피로손상의 평가 및 연결부위의 피로수명의 계산은 Miner-Palmgren model에 따라 각 접합부에 대하여 수행되어야 한다.

(3) 지진응답해석

지진응답해석은 주어진 지진동의 가속도 및 스펙트럼에 입각하여 이루어져야 한다. 설계용 수평지진동의 가속도 스펙트럼은 수평면 내의 직교하는 두 방향으로 동등하게 적용되어야 하고, 연직방향에 적용한 가속도 스펙트럼의 50%로 한다. 이들 3방향의 스펙트럼은 동시에 적용되어야 하며, 모드 응답은 CQC(complete quadratic combination)법에 의해 조합한다. 수평 및 연직방향의 응답은 각각의 방향에서 SRSS(square root of the sum of the squares)법에 의해 구한다. 사하중에 의한 응력은 스펙트럼 지진 해석결과와 결합되어야 한다.

(4) 적출, 양중 및 수송의 해석

건설지점에서 최종설치까지의 모든 공정에서 하부구조를 해석할 필요가 있다. 주요한 공정을 다음에 나타낸다.

- 적출(load-out) : 조선소의 부두로부터 수송용 barge로 제작된 하부구조의 이동
- Barge에 의한 수송 : 하부구조는 barge에 놓인 후, 적절하게 고정되어 안전성이 확보되고, 건설지점을 향해서 예항된다. 수송 중인 구조물에는 중력 및 예항시의 barge의 동요에 의한 관성력이 작용한다.
- 양중(lifting) : 하부구조를 양중 작업(lifting operation)을 통하여 barge에서 내리고, 최종 설치위치에 놓인다. 이 작업 동안의 구조안전성은 전용 해석에 의해 평가되어야 한다.

(5) 해저면상에서의 안정성 해석

모노파일 이외의 하부구조는 기초말뚝이 타입되기 전에 해저면의 얇은 기초(mud-mat)에 의해 지지된다. mud-mat의 설계를 위한 적절한 하중조건 범위의 평가 및 말뚝 위의 하부구조가 안정하여 자립할 수 있는 해상조건의 한계값을 설정하기 위하여 해저면(또는 말뚝의 위)에서의 안정성 해석이 이루어져야 한다.

그림 12-14 4각 Jacket의 양중(Micoperi 제공)

(6) 자유 부유체 해석 및 설치 해석

수평인 상태로 건설지점까지 수송된 모든 하부구조는 다음에 나타내는 공정을 거쳐 설치된다.

- 수송용 barge로부터 하부구조를 끌어올려 바다에 수평으로 내린다. 이때 하부구조는 수중에서 자립하여 뜰 수 있도록 설계되어야 한다.
- lifting sling을 풀고 up-ending sling을 하부구조의 정부(頂部)에 연결한다.
- 정부(頂部)의 끌어올림과 다리부분의 ballast와의 효과를 이용하여 구조물이 수직이 되도록 일으킨다.

이것은 3각 또는 4각 재킷의 전형적인 설치순서이지만 적절한 소프트웨어를 이용한 시뮬레이션에 의해 모든 공정에 대하여 그 실행성과 안전성을 평가하여야 한다.

(7) 항타해석

여기서 나타내는 모든 하부구조는 기초말뚝을 항타해머를 이용하여 설계매입심도까지 확실하게 타입할 필요가 있다. 적절한 항타기계의 선정은 매우 중요한 과정이며, 소정의 깊이까지 타입이 이루어졌는지를 보증하고, 반면 항타 시의 과도한 응력발생을 회피한다. 이를 위해서는 파동방정식을 이용한 항타해석을 수행하여야 하며, 해석은 서로 다른 에너지의 해머에 대하여 수행되며 항타에 대한 지반내력을 지반 데이터로부터 구한다.

그림 12-15 4각 Jacket에 풍력발전기의 설치(REpower 제공)

12.4 건설 및 수송

12.4.1 건 설

12.2절에서 설명한 모든 강재 하부구조의 건설은 인양설비와 해양 강구조물의 건설에 관해서 실적이 있는 야드(yard)와 부두에서 이루어진다. 야드는 수송비용을 저감하기 위해 해상풍력발전

단지로부터 그다지 멀지 않은 장소에 위치해야 한다. 크레인, 이동기기, 용접기계, 트레일러 (trailer) 등의 조립설비는 이러한 규모의 작업을 수행하기 위한 야드에서 통상 사용되는 것을 이용한다.

많은 하부구조가 필요한 경우에는 프로젝트 공기를 맞추기 위해 몇 곳의 야드로 분산하여 제작할 수 있다. 대규모 프로젝트인 경우에는 설치지점에의 액세스가 편리한 곳에 전용 육상 조립을 위한 야드를 건설하는 것이 좋다. 이 야드에서 하부구조는 몇 곳의 공장에서 미리 제작된 부품으로 조립할 수 있다. 완성 후의 하부구조는 통상 유압 트레일러를 이용하여 수송용 barge에 선적된다. 야드 크레인은 말뚝 또는 부속물의 적출에 이용된다.

그림 12-16 모노파일에 적용된 해머

12.4.2 수 송

제작 야드(ysrd)로부터 하부구조의 수송에는 일반적으로 표준적인 평평한 deck가 있는 수송용 barge(standard flat deck cargo barge)가 이용된다. 모노파일의 수송은 예외이며, 모노파일의 양 끝을 고무로 된 막으로 감싸고 물에 뜰 수 있게 한다. 막으로 씌운 모노파일은 제작 야드에서 해수면 아래로 내려져 건설지점까지 tug boat로 예항되기 때문에 수송용 barge를 이용할 필요는 없다. 이 방법은 1개의 모노파일을 수송하기에는 괜찮지만 수가 많아지면 반드시 유리하다고 할 수는 없다.

30m에서 35m의 한정된 수심에 설치하는 그 밖의 모든 하부구조, 즉 Tripod, 3각 재킷, 4각 재킷은 해상에서의 설치작업을 용이하게 하기 위하여 수직인 상태로 수송하는 것이 바람직할 수 있다. Tripod는 수직인 상태로의 수송은 불가결하다. 심해역에 설치되는 재킷의 경우는 조립 후, 적출되어 수평인 상태로 수송할 필요가 있다. 1척의 barge에 싣는 하부구조의 수는 barge의 크기, 야드로부터 설치지점까지의 거리, 수송방법에 의존한다.

그림 12-17 풍력발전기의 설치에 이용하는 crane barge(ELsam 제공)

건설지점에 설치할 하부구조의 준비가 되었다면 이용할 기초말뚝도 필요하게 되기 때문에, 기초말뚝은 대부분의 경우 하부구조와 같은 barge에 선적된다. 그러나 풍력발전단지에 필요한 하부구조의 수가 많아지면 기초말뚝의 운반에는 전용 barge를 이용하는 것이 편리하다.

12.5 설치 및 철거

12.5.1 모노파일

모노파일은 천해역에 설치하는 풍력발전기에 적합한 기초형식이다. 풍력발전단지의 모든 모노파일은 같은 barge로 설치지점까지 수송하는 것이 가능하다.

1개의 모노파일을 설치하는 데 필요한 전형적인 공정을 다음과 같이 요약할 수 있다.

- 수평수송인 상태에서 일으킴
- 해저로 내림
- 소정의 깊이까지 타입
- 타입된 말뚝 위에 풍력발전기 타워를 지지하기 위한 transition piece의 부착

이러한 모든 공정은 crane barge 또는 자립 승강식 플랫폼(SEP)을 이용하여 이루어진다. 해상 풍력발전기의 중량은 해저석유·가스의 채굴용 구조(큰 것은 100t)와 비교하면, 비교적 가볍기 때문에 필요한 양중설비는 숙련된 operator에게는 작은 것에 해당한다. 예를 들면, 충분한 용량의 회전 크레인(전형적인 굴삭용 jack-up rig보다는 확실히 작다)을 갖춘 간단한 SEP로 충분하다.

그림 12-18 SEP에 의한 시공(Micoperi 제공)

그림 12-18에 나타내는 SEP을 이용할지 crane barge를 이용할지는 경우에 따라 기술면과 경제면에서 평가될 필요가 있다. SEP은 일반적으로 floating barge 위의 크레인보다 해상조건의 영향을 덜 받고, '기상이 좋아질 때까지 기다리는' 시간을 줄일 수 있다는 이점이 있다. 한편, crane barge는 1대의 풍력발전기에서 다음 풍력발전기로의 이동에서 시간이 덜 든다. 어떠한 경우에도 위험한 공정은 barge에서 모노파일을 끌어올리는 작업과 그것을 일으켜 세우는 작업이 며, 수송용 barge가 작은 경우에 현저하다.

연직 정도를 확보하기 위하여, barge 또는 SEP의 바깥쪽으로 돌출된 설치용 가이드를 통해서 모노파일을 내릴 필요가 있다. 해저에 모노파일을 설치한 후에 크레인은 모노파일로부터 분리하여 해머에 의한 타입작업으로 전환한다. 모노파일의 설치에는 디젤해머가 가장 적합한 타입기계이다. 모노파일의 직경이 크기 때문에 그림 12-16에 나타낸 특수한 bell을 장착한 해머 또는 원추형의 짧은 종절(follower)을 준비할 필요가 있다.

종래의 항타해머의 대체 수단은 진동해머이다. 이 해머를 이용하여 말뚝 두부에 작용하는 진동에 의해 말뚝을 타입한다. 진동해머는 일반적으로 항타해머보다 가볍다는 이점이 있다.

12.5.2 Tripod

Tripod는 30~35m인 수심에 적합하다고 여겨질 수 있는 하부구조의 한 형식이다. 그 때문에 Tripod 전체의 높이는 40~45m가 되며, 일반적으로 수송용 barge 위에 수직으로 놓인 상태로 수송된다.

건설지점에서의 설치작업은 다음에 나타내는 것과 같다.

- 중앙 column 정부(頂部)에 연결한 lifting sling에 의해 수송용 barge로부터 하부구조를 끌어올린다.
- Tripod를 해저에 내린다. 기초말뚝을 설치할 때까지 mud mat가 부착된 3개의 skirt pile sleeve에 의해 Tripod를 안정시킨다.
- 수송용 barge로부터 기초말뚝을 끌어올리고 말뚝을 sleeve에 위치시킨다.
- 적절한 해머를 이용하여 소정의 깊이까지 기초말뚝을 타입한다. 통상 유압식 수중 해머가 이용된다.
- 기초말뚝의 타입이 완료된 후, sleeve와 기초말뚝 사이의 부분을 그라우팅하여 구조체를 말뚝에 정착시킨다. 그라우팅 작업은 crane barge가 아닌 전용선을 이용하는 것이 편리하다.

풍력발전기 타워를 지지하기 위해 필요한 transition piece는 해상에서의 작업 기간을 단축하기 위하여 제작 야드(yard)에서 미리 부착시켜두거나 설치지점에서 부착시킨다.

Tripod의 설치에는 충분한 높이와 양중용량을 갖춘 회전 크레인이 있는 barge가 가장 적합하다. 그림 12-18에 나타낸 SEP의 사용도 가능하지만 구조물이 크기 때문에 필요한 성능을 갖춘 SEP를 찾아내는 것이 매우 어렵다.

12.5.3 3각 및 4각 재킷

3각 및 4각의 강관 하부구조는 crane barge의 성능과 하부구조의 높이에 따라 제작 야드에서 설치지점까지 수직 또는 수평인 상태로 수송된다. 재킷의 높이가 40~45m 이하인 경우 수직 수송은 시간적·경제적으로 유리하다. 그보다 높은 경우 눕혀서 수평인 상태로 수송하는 것만이 가능하다.

재킷을 수직인 상태로 수송한 경우 barge로부터 양중 및 해저에의 설치는 위에서 설명한 Tripod의 경우와 마찬가지로, 매우 간단하고 단시간에 수행할 수 있다. 그러나 재킷을 수평으로 수송하는 경우 설치는 복잡하게 되고, 다음에 나타내는 것과 같은 공정을 밟을 필요가 있다.

- 재킷을 수송용 barge로부터 끌어올리고 수중에 내린다. 이때 재킷은 lifting sling을 제거한 후에도 안정하게 자립하여 뜰 수 있도록 설계할 필요가 있다. 고무로 된 막으로 밀봉한 다리부분으로부터 얻을 수 있는 최소부력은 일반적으로 중량의 10~12%를 밑돌지 않도록 한다. 3각 재킷의 경우, 해수면에 내리면 회전하여 안정한 자세가 되기 때문에 내리는 작업에는 시간이 걸리지 않는다.
- lifting sling을 해제하고, 재킷의 정부(頂部)에 미리 부착해둔 일으켜 세우기 위한 삭(up-ending sling)을 크레인의 후크에 연결한다. 이 작업은 재킷이 자유부유체로서 뜬 상태에서 이루어진다.
- 재킷을 수직상태로 일으켜 세운다. 재킷의 회전(일으켜 세우기)은 재킷의 정부(頂部)를 barge의 크레인으로 끌어올림과 동시에 재킷의 다리부분에 물을 주입함으로써 재킷을 회전시킨다(일으켜 세운다).

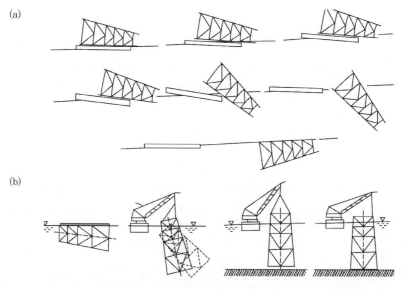

그림 12-19 (a) barge에서 jacket의 진수, (b) jacket을 해저에 고정

이 작업은 가장 안전하고 가장 좋은 순서가 되도록 사전에 상세한 시뮬레이션을 수행할 필요가 있다. 재킷의 다리부분의 내부에의 물의 주입을 제어하기 위하여, 재킷은 각 다리부분에 적어도 주수밸브 (vlave)와 벤트밸브(vent valve)를 각각 1개씩 포함한 ballast system을 갖출 필요가 있다.

- 해저에 재킷을 가라앉히고, 재킷의 다리부분의 내부를 완전히 해수로 채운다.

높은 재킷의 경우에는 그림 12-19 (a)에 나타내는 것과 같이 재킷을 눕혀 수송하고 설치한다. 하부구조를 해수면 아래로 내린 후에 그림 12-19 (b)에 나타내는 것과 같이 위에서 설명한 순서에 따라 재킷을 설치한다.

재킷이 해저에 착저하고 크레인의 sling이 완전히 제거된 후 기초말뚝의 타입작업을 시작할 수 있다. 적절한 해머를 이용하여 정부(頂部)에서 다리부분을 통해서 기초말뚝을 해저에 타입함으로써 재킷을 고정한다. 기초말뚝의 길이는 길고 다루기가 힘들기 때문에 1개의 말뚝만으로 설치될 수 없으며, 기초말뚝은 몇 개로 분할하여 제작·수송하고 해상에서 용접하면서 조립된다. 그 때문에 기초말뚝의 설치는 모든 공정에서 가장 긴 시간을 요하고 가장 위험한 해상작업이 된다.

모든 기초말뚝을 소정의 깊이까지 타입한 후 재킷의 다리부분의 정부(頂部)에 적절한 강재 쐐기를 용접함으로써 재킷의 다리부분은 기초말뚝에 영구적으로 정착된다.

일반적으로 종래의 재킷(극히 소형에서도)의 설치는 Tripod의 설치보다도 긴 기간 동안 crane barge를 필요로 한다. 이 점은 하부구조를 선정할 시에 고려해야만 하는 key point의 하나이다. crane barge 또는 복수의 crane barge를 이용하는 대신에 그림 12-18에 나타낸 것처럼 적절한 크레인을 갖춘 SEP을 이용할 수가 있다. 그 크기는 전형적인 석유·가스 채굴용인 SEP보다 작아도 좋지만 혹독한 해상조건에서도 설치작업이 가능하도록 높은 안정성을 마련할 필요가 있다. SEP는 풍력발전기의 설치를 위해서도 이용할 수 있다. 이 경우 시스템 전체의 조립을 위해 동일한 설비를 이용할 수 있으며 모든 공정에 걸쳐 동일한 위치에 머물면서 작업을 수행할 수 있다.

12.5.4 풍력발전기

풍력발전기는 타워, 나셀(nacelle) 및 블레이드로 구성된다. 최초에 설치되는 부분은 물론 타워이다. 타워의 높이 및 사용할 수 있는 설비에 따라, 미리 제작된 타워는 일체 또는 분할하여 해상에서 조립한다. 타워는 크레인에 의해 끌어올려져 소정의 높이로 이동하고 하부구조의 정부(頂部)에 미리 설치된 transition piece에 설치된다. 타워가 소정의 위치에 설치되고 하부구조에 고정되면 통상 2개 이상의 블레이드를 미리 부착한 나셀을 끌어올려 타워 정부에 고정한다. 이것으로 설치는 완료한다.

실제 해수면으로부터 로터(rotor) 축까지의 높이는 50~100m에 이른다. 따라서 크레인은 소요의 높이에 이르기 위해서 매우 긴 boom을 갖출 필요가 있다. 그러나 높은 위치에 설치되는 풍력발전기부품의 중량은 그 정도로 크지 않다는 점에 주목해야 한다. 따라서 악천후에 의한 대기시간이 비록 길어지지만, 수송용 barge 위에 부착된 crawler crane의 이용 또한 생각할 수 있다. 그림 12-18에 대표적인 설치작업을 나타낸다.

12.5.5 공용기간 후의 철거

하부구조의 철거는 얕은 수심에서 중간 정도의 수심까지 어렵지는 않지만, 수심이 보다 깊어지면 어려워진다. 철거에서는 니선(mud line)의 바로 아래에서 기초말뚝을 절단한다. 말뚝의 절단은 원격 조작으로 절단기기를 말뚝의 내부에 내려서 이루어진다. 기초말뚝이 절단된 후 하부구조를 회수하여 수송용 barge에 싣고, 최종분해 및 재료의 재이용을 위해 육지의 소정의 장소로 수송한다.

제1단계 : 법정기관에의 사전 신고
• 공정표, 육상수송방법, 해체 처분장 등을 포함한 철거계획
• 필요한 면허, 인허가 및 관계자 사이의 합의 형성
• 법정기관에의 신고
• 모든 해제작업의 실시와 관리
• 항만시설, 육상처분장, 처분장 설비 등에 관한 수송방법과 실시계획

제2단계 : 풍력발전기의 제거
• 풍력발전단지의 발전정지 및 전력계통으로부터의 분리
• 전기설비의 철거
• 로터(rotor)와 블레이드의 철거 및 회수
• 나셀(nacelle)의 철거와 회수
• 타워와 그 내부의 해체
• Crane barge에의 싣기와 해체 처분장으로의 수송

제3단계 : 기초와 하부구조의 회수
• Transition piece와 모노파일 상부의 절단 또는 재킷 다리부분의 기초말뚝 절단

그림 12-20 멕시코 만에서 jacket의 공용기간 종료 후의 철거(Bisso-Gulf 제공)

- 절단한 모노파일 또는 재킷을 crane barge로 끌어올림
- 육상의 해체 처분장으로 수송
- 해저의 원상복귀와 청소
- 해저의 청소상황을 검증하기 위한 조사

제4단계 : 해상 infra의 철거
- 철거계획에 해저케이블의 회수가 필요한 경우 케이블을 파냄
- 해저케이블의 절단과 케이블 회수선으로 되감기
- 해저케이블의 해체 처분장으로 수송
- 해저의 원상복귀와 청소
- 해저의 청소상황을 검증하기 위한 조사

육상의 인프라에 대해서도 유사한 절차가 필요하다.

12.6 중량과 비용평가

12.6.1 중량의 비교

우리가 고려하는 첫 번째 지표는 하부구조와 말뚝기초의 총중량이다. 이 양은 기초 전체의 자본

표 12-7 말뚝을 제외한 경우의 기초의 중량(kN)

출력(MW)	수심(m)	모노파일	Tripod	3각 Jacket	4각 Jacket
2	15			931	
2	25	1940	4186	1093	2764
2	50			1688	4517
2	70				5851
2	100			4301	9309
2	200			31277	49173
4	15			1518	
4	25	3130	6658	1777	4447
4	50			2728	7249
4	70				9380
4	100			6903	14906
4	200			50011	78610

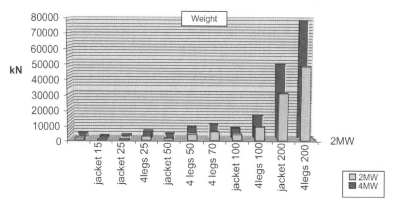

그림 12-21 기초의 중량(말뚝은 제외)

비용(중량에 직접 비례한다)과 기초의 건설과 설치비용에 영향을 준다. 다음의 표 12-7에는 기초 구조의 중량이 나타나 있다.

표 12-7에 나타내는 데이터는 정적계산에 의해 구한 것과 외삽에 의해 구한 것이다. 25m보다 깊은 수심의 4MW기를 탑재한 하부구조 중량은 수심 25m에 2MW 및 4MW기를 탑재한 3각 재킷의 중량의 관계로부터 구한 것이다. 70~200m까지의 수심의 기초중량은 포물선의 외삽으로부터 얻을 수 있다. 이것은 수심(15m, 25m, 50m)의 함수로서 2MW 풍력발전기 그리고 다른 수심 (25m, 50m, 100m)에 설치된 4MW 풍력발전기에 대한 재킷의 중량을 내삽하여 얻은 것이다. 내삽에 이용한 함수는 지수곡선이며 포물선보다 근사가 양호하다.

표 12-7에는 위에서 설명한 검토결과를 정리하여 나타내었다. 또한 2MW 및 4MW 풍력발전기

에 대하여 각각 외삽하여 구한 결과를 그림 12-21에 나타내고, 수심의 증가에 따라 상응하는 말뚝기초를 제외한 구조물의 서로 다른 사하중을 나타낸다.

6MW 풍력발전기의 하부구조에 대해서는 다른 방법에 의해 데이터를 작성하였다. 내삽에 의해 2MW기로부터 6MW기까지의 중량을 구하는 것은 정확성이 결여되기 때문에 직접 계산할 필요가 있었다. 계산은 근사적이며 가상적이지만, 구조 치수의 개략적으로 어림잡은 값을 얻기 위하여 예비해석은 모든 설계 값[지지구조, 나셀(nacelle) 및 블레이드의 높이, 직경 및 두께, 평균 풍속, 타워 기부에서의 전단력 및 휨 모멘트, 로터(rotor) 직경 등은 모두 가장 작은 수치를 가정]에 대해서 수행되었다. 하부구조는 표준적인 4각 재킷으로 구성되며, 2개의 인접하는 다리부분과 2면의 보강강관 rig 사이에 2개의 강관 브레이스(brace)를 갖고 있다.

수심 25m에서는 다리부분의 직경은 48inch(1219mm)이다. 수심 50m에서는 다리의 직경이 54inch(1317mm) 또는 60inch(1524mm) 이상이 된다. 25~50m인 수심에서는 구조중량은 말뚝을 제외한 다리부분과 보강재만으로 2800~4500kN이며, 말뚝을 포함하면 5000~8000kN이 된다. 4MW 풍력발전기를 탑재한 4각 재킷의 경우 말뚝기초를 제외한 구조중량은 수심이 25~50m인 경우에 각각 4500~7300kN이다.

표 12-7에 나타내는 수심 25m에서의 2MW 해상풍력발전기의 데이터로부터 하부구조의 중량은 3각 재킷의 경우 1894kN, 모노파일의 경우 1940kN, 4각 재킷인 경우 2700kN, Tripod의 경우 4200kN이다.

12.6.2 비용의 비교

기초구조의 비용은 중량에 직접 비례한다. 실제 총비용의 계산에서는 표 12-8에 나타내는 것처럼 건설비용 및 공급비용을 2.94~3.43€/dN(dN=10N)으로 견적을 내는 것이 가능하다. 이 비용에는 말뚝기초의 비용을 덧붙일 필요가 있다. 말뚝의 비용은 말뚝의 형상에 따라 달라지며 약 1.078€/dN이다. Tripod에는 직경 60inch(1.5m), 그 밖의 기초에는 직경 40inch(1.0m)인 말뚝을 이용한다. 그림 12-22에는 말뚝을 제외한 기초구조의 비용계산결과를 나타낸다. 표 12-9 및 그림 12-23은 이들 비용에 말뚝의 비용을 덧붙여 각각의 기초형식의 총비용을 나타낸다.

표 12-8 하부구조(기초말뚝 제외)의 비용/1000€

비용(€/dN)	출력(MW)	수심(m)	모노파일	Tripod	3각 Jacket	4각 Jacket
2.94€/dN	2	15			€285	
2.94€/dN	2	25	€594	€1281	€334	€846
2.94€/dN	2	50			€516	€1382
2.94€/dN	2	70				€1796
2.94€/dN	2	100			€1316	€2855
2.94€/dN	2	200			€9574	€15058
2.94€/dN	4	15			€464	
2.94€/dN	4	25	€958	€2057	€544	€1361
2.94€/dN	4	50			€835	€2219
2.94€/dN	4	70				€2871
2.94€/dN	4	100			€2104	€4563
2.94€/dN	4	200			€15300	€24064
3.43€/dN	2	15			€332	
3.43€/dN	2	25	€693	€1495	€390	€987
3.43€/dN	2	50			€603	€1613
3.43€/dN	2	70				€2096
3.43€/dN	2	100			€1536	€3331
3.43€/dN	2	200			€11170	€17568
3.43€/dN	4	15			€542	
3.43€/dN	4	25	€1118	€2399	€634	€1588
3.43€/dN	4	50			€974	€2588
3.43€/dN	4	70				€3350
3.43€/dN	4	100			€2454	€5323
3.43€/dN	4	200			€17850.758	€28075.448

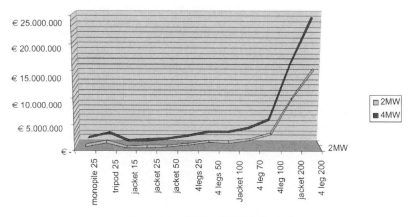

그림 12-22 기초의 비용(말뚝은 제외)

표 12-9 기초(기초말뚝 포함)의 비용/1000€

비용(€/dN)	출력(MW)	수심(m)	모노파일	Tripod	3각 Jacket	4각 Jacket
2.94€/dN	2	15			€474	
2.94€/dN	2	25	€594	€1484	€628	€1152
2.94€/dN	2	50			€1006	€1791
2.94€/dN	2	70				€2296
2.94€/dN	2	100			€2042	€3461
2.94€/dN	2	200			€11026	€16270
2.94€/dN	4	15			€768	
2.94€/dN	4	25	€958	€2380	€1012	€1851
2.94€/dN	4	50			€1618	€2872
2.94€/dN	4	70				€3670
2.94€/dN	4	100			€3264	€5531
2.94€/dN	4	200			€17620	€26000
3.43€/dN	2	15			€554	
3.43€/dN	2	25	€693	€1731	€732	€1344
3.43€/dN	2	50			€1174	€2090
3.43€/dN	2	70				€2679
3.43€/dN	2	100			€2383	€4038
3.43€/dN	2	200			€12864	€18982
3.43€/dN	4	15			€896	
3.43€/dN	4	25	€1118	€2777	€1181	€2159
3.43€/dN	4	50			€1887	€3351
3.43€/dN	4	70				€4281
3.43€/dN	4	100			€3808	€6452
3.43€/dN	4	200			€20557	€30334

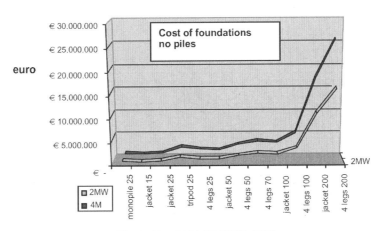

그림 12-23 기초의 비용(말뚝 포함)

수심 100m 또는 200m에 대한 구조물의 중량을 생각하면 이들의 건설비용을 구할 수 있다. 표 12-10 및 그림 12-24에는 2MW 풍력발전기를 탑재한 3각 재킷의 비용(말뚝은 제외)을 나타낸다. 또한 표 12-11 및 그림 12-25에는 4MW 풍력발전기를 탑재한 3각 재킷의 비용을 나타낸다.

표 12-10 2MW 풍력발전기를 탑재한 3각 Jacket의 비용(말뚝 제외)/1000€

	15m	25m	50m	100m	200m
최소	€285	€335	€517	€1129	€3347
최대	€333	€391	€603	€1317	€3905

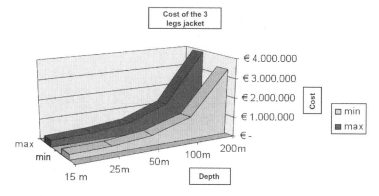

그림 12-24 2MW 풍력발전기를 탑재한 3각 jacket의 비용(말뚝은 제외)

표 12-11 4MW 풍력발전기를 탑재한 3각 Jacket의 비용(말뚝 제외)/1000€

	15m	25m	50m	100m	200m
최소	€465	€544	€835	€2104	€15301
최대	€542	€635	€974	€2455	€17851

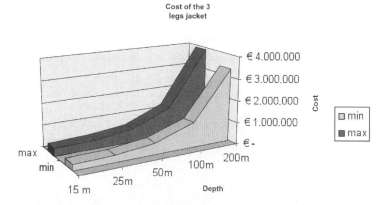

그림 12-25 4MW 풍력발전기를 탑재한 3각 jacket의 비용(말뚝은 제외)

표 12-12 및 그림 12-26에는 4MW 풍력발전기를 탑재한 4각 재킷의 비용(말뚝을 포함)을 나타낸다.

표 12-12 4MW 풍력발전기를 탑재한 4각 Jacket의 비용(말뚝 포함)/1000€

	15m	25m	50m	100m	200m
최소	€1361	€2219	€2871	€4562	€24064
최대	€1588	€2589	€3350	€5323	€28075

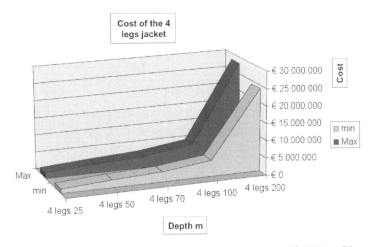

그림 12-26 4MW 풍력발전기를 탑재한 4각 jacket의 비용(말뚝 포함)

12.7 결 론

앞에서 구조의 중량만을 고려하여 비용 계획을 나타내었지만, 해상풍력발전용 기초의 비용을 정확하게 평가하기 위해서는 비용 계획에 현저하게 영향을 줄 수 있는 중량 이외의 요인들도 고려하여야 한다. 그 밖의 요인으로는 공장에서부터 창고 및 하치장소로부터 건설지점까지의 제작과 수송에 관한 시간과 요구사항, 현지에서의 설치순서, 그리고 해저지반에의 말뚝의 타입 등이 있다. 이러한 추가적인 요인들은 중량 평가만으로 결정된 비용을 상당히 바꿀 수 있다. 그럼에도 불구하고 그러한 비용은 수심의 함수로서의 각 기초형식에 대한 비용의 경향을 바꾸지 않는다. 그 이외의 모든 요인들(예를 들면 해저지반의 조성 및 내력, 발전 시 및 극한조건 등)이 바뀌지 않는다고 가정한다면, 구조중량에 입각한 비용의 비교는 해상풍력발전용 기초구조를 합리적으로 선정하기 위한 첫걸음이 된다.

수심의 함수로서 중량의 변동(말뚝을 포함한 경우와 포함하지 않은 경우)을 나타내는 그림 12-21을 검토하고, 그림 12-22와 그림 12-23에 나타내는 비용의 경향을 비교함으로써 각각의 구조형식의 지지 시스템에 대해서 개략적으로 제안할 수 있다.

2MW급의 풍력발전기와 8~10m인 수심에서는, 모노파일 기초(그림 12-2)가 분명히 선호되는 경향을 보이고 있다. 그보다 수심이 얕은 경우 중력식 기초(그림 12-1과 그림 12-6)가 여러 차례 선정되었다. 모노파일의 설치 가능한 수심은 15~20m까지 확대할 수 있으며 수심 25m에서는 모노파일은 기술적으로 사용할 수 없게 된다.

본 장에서는 Tripod 기초(그림 12-3)에 대해서도 검토하였다. 이 구조는 기술적으로 20~25m 이상의 수심에서도 성립하고, 반대로 얕은 수심에는 적합하지 않다는 것을 알 수 있었다. 이에는 2가지의 이유가 있다. ① 보수점검을 위한 배가 해중의 구조부재에 충돌하지 않고 지지 구조물에 접근하기 위해서는 어느 정도의 수심이 필요하다는 기술적 요청, ② 해빙의 끼임(inter locking) 및 해빙의 충진(packing)을 피하기 위하여 브레이스(brace)를 해수면 아래로 낮추고 싶다는 기술적 요청이다.

수심이 5~6m인 매우 얕은 해역에서는 Tripod는 상부와 하부의 경사재 사이의 거리가 충분히 취할 수 없게 되어, 하중 전달을 위한 부재단면은 필요 이상으로 커지기 때문에 이 구조형식은 적합하지 않다. 또한 25m 이상의 심해역에서는 구조물 정부(頂部)에서의 휨과 휨각은 허용범위 안으로 할 수 있지만, 사하중이 크고 결과적으로 비용이 너무 높아진다. 따라서 Tripod는 수심이 깊어짐에 따라 풍력발전기 기초로는 경제적으로 맞지 않다.

수심 15~20m에서는 3각 재킷이 모노파일, Tripod에 비해 경쟁력이 있다. 이것은 말뚝을 이용한 기초형식이 얕은 수심에 적용할 수 없다는 의미가 아니라 각 기초형식에 대하여 그 강도와 안정성에 관한 다양한 기술적 요청을 비교하여 얻어진 결과이다. 3각 재킷의 기술적·경제적 우위성은 30~40m인 수심까지는 명백하며 수심 50m까지는 경제적으로 약간의 의문이 있지만 적용 가능하다.

4각 재킷은 기술적으로 우위성이 있지만 특수한 기상·해상조건에서 정적과 동적 하중에 대하여 확실한 강도 및 안정성의 확보가 필요한 경우를 제외하면, 3각 재킷에 비해 경제적으로 우위인 위치가 될 수 없다.

4MW급의 풍력발전기에 대하여 주된 고려사항은 지금까지 모노파일 및 Tripod 기초에 대해서 설명해 온 것과 본질적으로 동일하다. 브레이스(brace) 된 재킷은 모든 기술적 문제에 대하여 경제적으로 우수한 구조이다.

3각 재킷의 비용이 수심에 따라 비선형으로 증가한다면 기술적 우위성의 효과는 현저하게 저하한다. 이러한 점은 4각 재킷에도 말할 수 있다. 50m 이상의 수심에서는 3각 재킷의 사용은 명백하게 설득력이 부족하다. 또한 70m 이상의 심해역에서는 4각 재킷을 사용할 필요가 있다.

100m 이상의 수심에 대한 검토결과로부터 이러한 수심에서는 재킷은 곤란하며 현실적이지 않다는 것을 알 수 있다. 해저석유·가스 채굴에서는 그러한 수심에서도 유사한 지지구조물이 자주 이용되고 있지만 이러한 사업의 투자액은 최대급의 풍력발전기를 갖춘 풍력발전단지이더라도 비교가 되지 않을 정도로 크기 때문이다.

참·고·문·헌

1. L. Pirazzi, R. Vigotti, "Le vie del vento. Tecnica, economie e prospettive del mercato dell'energia eolica", Franco Muzzio Editore, 2008 Roma (It).

2. F.G. Cesari et al., "Selection, configuration and cost evaluation for an offshore windfarm in the Adriatic Sea", *International Wind Conference,* 2008 Berlin (De).

3. AA.VV., *"OWEMES 94 (Offshore Wind Energy in Mediterranean and Other European Seas)", Proceedings,* 1994 Roma (It).

4. AA.VV. "The Horns Rev Windfarm project, Denmark, Status", *OWEMES 03 (Offshore Wind Energy in Mediterranean and Other European Seas), Proceedings,* pp.459-468, Napoli (It) 2003.

5. F. Cesari, "Ricerche per aerogeneratore da collocare in sito fuori costa: criteri e problematiche strutturali in appoggio a studio tecnico-economico di fondazione" LIN 1510, Bologna (It), Novembre 1990.

6. M.B. Zaaijer, J van der Tempel, "Scour Protection: a necessity or a waste of money ?", *43rd IEA Topical Expert Meeting – Critical Issues Regarding Offshore Technology and Deployment,* pp.43-51, 2004 Skaerbaek (Dk).

7. AA.VV., "Comparison of monopode, Tripod, suction bucket and gravity base design for a 6 MW turbine", *OWEMES 03 (Offshore Wind Energy in Mediterranean and Other European Seas), Proceeding,* pp.255-269, 2003 Napoli (It).

8. F. Cesari, G. Gaudiosi, P. Battistella, F. Taraborrelli, S. Carrara, "Wind turbine on floating platforms for desalination plants", *European Wind Energy Conference,* pp.982, 1999 Nice (Fr).

9. P. Bertacchi, A. Di Monaco, M. Gerloni, G. Ferranti, "Eolomar, a moored platform for wind turbines", *OWEMES Conference (Offshore Wind Energy in Mediterranean and Other European Seas),* 1994 Rome (It), II session.

10. K.G. Tong, "Technical and economic aspects of a floating offshore windfarm", *OWEMES Conference (Offshore Wind Energy in Mediterranean and Other European Seas),* 1994 Rome (It), III session.

11. AA.VV., "Floating windfarms for shallow waters offshore sites", *OWEMES 03 (Offshore Wind*

Energy in Mediterranean and Other European Seas), Proceedings, pp.433-446, 2003 Napoli (It).

12. North Adriatic Offshore, IDA C PLATFORM, "Design Premises for Monopod & Deck Structures", 2004 Ravenna (It),.

13. F.Cesari, P.Battistella, F.Taraborrelli, "Feasibility study for an offshore windfarm off the coast in the northern Adriatic sea", *Ecomondo International Conference,* 2006 Rimini (It).

14. F. Cesari, F.Taraborrelli, "Offshore wind plants", National Energy Conference, 2006 Bologna (It).

15. AA.VV. "Critical issues regarding offshore technology and deployment", *43rd IEA Topical expert meeting*, 2004 Sk_rb_k (Dk).

16. "Implementation of the 'Integrated Coastal Zone Management' (ICZM) Guidelines at Provincial Scale Study Area: 'Ferrara Coast'", 2008 Ravenna (It).

17. A.R. Henderson, R. Leutz, T. Fujii, "Potential for floating offshore wind energy in Japanese waters", *International offshore and polar engineering conference*, 2002 Kitakyhushu (Ja).

18. J. van der Tempel, "Differentiating Integrated Design", *43rd IEA Topical Meeting*, 2004 Sk_rb_k (Dk).

19. North Adriatic Offshore, IDA C PLATFORM, "Design Premises for Monopod & Deck Structures", 2004, Ravenna (It).

해상풍력발전기의 재료

Chapter 13 hapter

해상풍력발전기의 재료

13.1 서 론

발전(electricity generation)을 위한 해상 풍력에너지의 개발은 해상의 거대한 풍력에너지를 이용하려고 개발되어 온 비교적 새로운 공학 기술이다. 초기의 해상풍력발전기의 개발에서는 불충분한 설계, 부적절한 재료의 사용, 부족한 경험에서의 운용 등이 모두 고장의 원인이 되었다. 비록 안전성과 비용 면에서 효율적인 구조설계, 재료사양, 보수 절차 등 해상의 석유·가스 산업에서 이미 확립된 기본적인 지견을 도입하고 있지만, 해상풍력발전의 기술개발은 오늘날에도 계속적으로 진보하고 있다. 해양환경은 해수, 습도, 큰 기온변동, 바람·파·해류·해빙에 의한 하중, 수송에 대한 특별한 요구 등으로 특징지을 수 있다. 따라서 해상풍력에너지 변환 시스템(Offshore Wind Energy Conversion System)의 재료에는 특별한 해결책이 요구된다.

오늘날의 해상풍력발전기는 아직까지도 전형적인 육상의 multi-megawatt 풍력발전기의 설계사상을 기본으로 하면서도 설치지점 고유의 환경조건에 입각하여 설계되고 있다. 그러나 해상에 설치하는 데 있어서의 정비와 높은 신뢰성은 설계와 제조 양면에서의 지속적인 개량을 요구한다.

따라서 현재의 접근은 통상의 풍력발전기에서 사용되고 있는 전형적인 재료를 고려하고, 극한해석(criticality analysis) 기법에 의해 해양환경에서의 거동을 분석하는 것이다. 표 13-1은 오늘날의 일반적인 megawatt, multi-megawatt 풍력발전기의 구성요소에 사용되고 있는 재료의 종류와 중량비율을 나타낸다.

표 13-1 오늘날의 풍력발전기 부품에서 사용되고 있는 재료의 종류와 중량비율[1]

부품의 재료 (중량%)	철강	알루미늄	구리	유리섬유강화 플라스틱(GRP)	탄소섬유 강화플라스틱	영구 자석	프리스트레스트 콘크리트
로터							
허브	100						
블레이드	5			93	2		
나셀	80	3~4	14	1			
증속기	98	2	2				
발전기	65		35			7	
frame, 기계부품, shell	85	9	4	3			
타워	98						2

표 13-1에 나타낸 각 구성요소는 다음에 나타내는 3개의 메커니즘에 의한 해양환경과 상호작용할 것이다.

① 하중 : 바람과 파의 영향을 받기 때문에 고정되고 움직이는 부분에 대한 동적/정적인 하중으로 고려된다.
② 블레이드, 허브(hub) 등 서로 다른 열 특성을 갖는 부품들에 의해 영향을 받기 때문에 풍력발전기의 구성요소와 해수·대기와의 온도구배에 의한 가열·냉각 유동
③ 물리적·화학적 상호작용(침식, 부식, 산화)

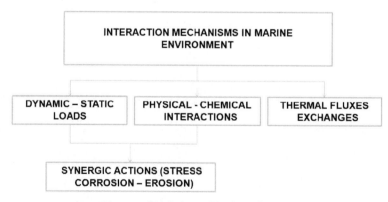

그림 13-1 해상에서 주요한 상호작용의 개요

해양환경에서의 피로하중은 가장 과혹한 조건의 하나이며, 모든 방향으로부터 복잡한 하중 패턴으로 20년간 $10^7 \sim 10^8$ 사이클로 작용한다. 제어된 환경에서 재현된 피로시험의 맨 끝에서는 낮은 응력 레벨의 많은 사이클 수의 조건에서 전개된다.

피로하중의 영향을 두드러지게 하고 가속시킴으로써, 대부분의 금속의 거동은 하중과 물리·화학적 과정 사이의 상승효과에 의해 바뀌며, 일부 금속에서는 하중−사이클 커브의 변곡점이 없어진다. 염분이 높은 환경에서는 응력부식과 부식피로에 의한 균열 및 마모침식이 촉진되어 수명이 현저히 짧아지는 금속재료도 있다. 대표적인 연강의 예를 그림 13-2에 나타낸다.

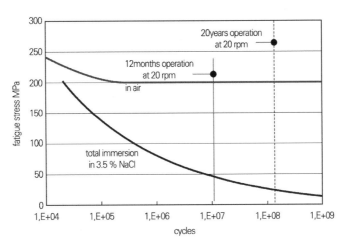

그림 13-2 깨끗한 공기와 3.5% NaCl 수용액 안에서 연강(0.17% C)의 피로와 부식피로(15℃, 전응력진폭)
(컬러 도판 p.527 참조)

그러나 해상의 대기환경은 부식성이 높은 염분을 포함한 비말과 안개, 및 산소를 포함하고 있으며, 단순한 수중보다도 현저하게 과혹한 상태가 되기 때문에 실제의 해상구조물의 피로 스트레스는 그림 13-2에 나타낸 것보다 심각할 수 있다. 따라서 해양환경에서 사용되는 철강과 모든 금속에 대해서는 보호 시스템을 항상 검토할 필요가 있다. 이러한 모든 요인들은 재료 사이의 이음부와 접합면에서 매우 중요하며, 육상에서 충분하더라도 해상에서는 새롭게 검토할 필요가 있다. 또한 해수에 접하는 부분과 일조를 받는 풍력발전기 정부(頂部) 사이에서의 온도 차이에 의한 풍력발전기 구성요소의 가열과 냉각의 차이는 큰 온도구배를 유발할 수 있으며, 결과적으로 구조에 부가적인 하중을 생기게 할 수 있다. 그 때문에 풍력발전기의 형상과 재료의 종류는 풍력발전기 구성요소의 열화에 영향을 준다.

위에서 설명한 바와 같이 해상구조물은 혹독한 해양환경의 복합적인 작용에 의한 손상의 저감을 위해서 방식(防蝕)이 필요하기 때문에 환경조건의 평가는 중요하다. 모든 측면의 해상 풍력에너지 전환 시스템(Offshore Wind Energy Conversion System)의 내구성과 안전성을 확보하기 위하여 설계단계에서 금속재료, 용접이음, 볼트 및 구조물에서의 접착과 방식(防蝕) 전략의 선정은 매우 중요하다.

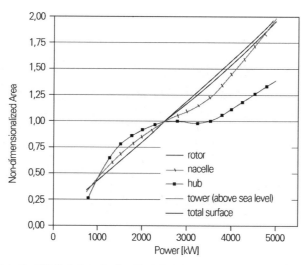

그림 13-3 부식성이 높은 해양환경에 노출되는 풍력발전기의 무차원 표면적(대표적인 2.5MW 풍차기준)

부식 문제에서 타워의 표면 및 그것에 인접하는 부품과의 이음 부분이 극히 중요하다. 대표적인 2.5MW 해상풍력발전기를 기준으로 한 정격출력에 대한 풍력발전기의 외표면적의 비를 그림 13-3 에 나타낸다. 그림에서 알 수 있듯이 풍력발전기 전체의 50% 이상을 차지하는 표면적은 풍력발전기의 크기에 거의 선형적으로 증가하며, 3MW급 풍력발전기의 부식에 노출된 표면적은 1.5MW급 풍력발전기의 2배가 된다. 따라서 풍력발전기의 대형화에 따라 부식 문제가 점차적으로 커지며 판 두께의 추가, 희생양극(sacrificial anode), 도장 등 영향을 경감하기 위한 비용이 증가한다.

재료 및 구조부재 형상은 극한하중과 피로하중에 대한 요구를 고려함으로써 선정된다. 일반적으로 해안에 비해 해상에서는 허브(hub) 높이에서의 풍속은 높고 난류는 작다. 그러나 해상풍력발전기는 무리를 이루어 운전하기 때문에 웨이크의 영향과 난류는 증가하게 된다. 그뿐 아니라 파하중, 파와 바람의 상호작용과 어떤 경우에는 해빙 또는 블레이드의 착빙 등의 부가적인 하중의 조합을 유발한다.

강재에 있어서 재료의 선정기준은 극한하중과 피로하중을 견디는 재료의 강도에 대한 요구 이외에 용접과 방식(防蝕)과 관련된 재료의 두께와 화학조성에 의한 한계와 관련된 구조부재의 설계온도 또는 내구성을 포함한다.

콘크리트 구조에서는 철근의 부식에 대해서 충분히 검토할 필요가 있으며 콘크리트의 적절한 조성, 보호 및 최대 균열폭의 억제가 필요하다.

풍력발전기의 설계에는, 개개의 부품에 있어서 후보가 되는 재료의 장점을 고려한 후에 각 구조에 전달하는 하중 또는 진동의 영향을 해석할 필요가 있다.

다음 절에서는 해상풍력발전기의 최선단의 재료, 그들의 특징과 한계 및 오늘날의 제조기술을 개관한다. 풍력발전기는 다음의 3가지의 주요한 구성요소(그림 13-4 참조)로 나뉜다.

- 로터(rotor)
- 나셀(nacelle)
- 타워(tower)

13.2절에서는 로터(rotor)의 재료[블레이드, 볼트결합, pitch drive, 허브(hub) 및 spinner]에 대해서, 13.3절에서는 나셀(nacelle)의 재료(주축, 증속기, 발전기, yaw drive, bearing, coupling, 기계 브레이크, 나셀 커버)에 대해서, 또한 13.4절에서는 타워와 기초의 재료 및 그들의 방식(防蝕)에 대해서 설명한다.

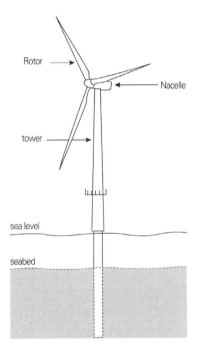

그림 13-4 해상풍력발전기의 주요요소

13.5절에서는 저온 환경에 설치한 해상풍력발전기의 재료에 관한 특별사양과 저온에서의 재료의 거동에 관해서 개요를 설명한다. 13.6절에서는 적절한 선정표에 입각한 재료의 선정기준에 대해서 블레이드와 타워의 설계방법론을 설명한다. 또한 13.7절에서는 시험의 중요성을 간결하게 설명하고 마지막으로 13.8절에서는 주요한 참고문헌을 정리한다.

13.2 로터 요소의 재료

로터(rotor)에는 일반적으로 다음의 부품이 포함된다.

- 블레이드
- extender : 블레이드와 로터 중앙의 허브(hub)를 접속하는 것
- pitch drive : 블레이드의 각도를 조정하는 것
- 허브(hub) : pitch drive의 제어 시스템을 격납하고, 블레이드와 extender의 base로서 역할을 한다.

13.2.1 블레이드

풍력발전기의 블레이드는 피로에 위험한 구조체이며 항공기의 날개보다도 자릿수가 높은 사이클 수에서 내구성을 확보하지 않으면 안 된다. 그뿐 아니라 풍력발전기의 블레이드는 회전 시의 자중에 의한 하중을 최소화하기 위해 경량소재를 사용할 필요가 있다. 현재 유력한 블레이드 재료인 섬유 강화 플라스틱(Fiber Reinforced Plastics : FRP)은 비강도, 비강성, 내구성, 내후성, 절연 및 하중에 맞추어 성형하기 쉽기 때문에 폭넓게 사용되고 있다. 해상·육상에 관계없이 통상 블레이드의 재료로서 GRP 또는 GFRP(유리 섬유 강화 플라스틱)로 알려져 있는 폴리에스테르 수지 또는 에포킨 수지를 함침(含浸)시킨 유리섬유 매트가 이용된다. 또한 대형 블레이드에서는 부분적으로 탄소섬유가 사용되는 경우도 있다.

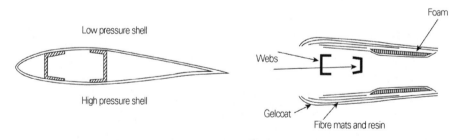

그림 13-5 블레이드 구조의 예(왼쪽)와 주요한 부품(오른쪽)

일반적인 블레이드는 2개의 주요한 부품으로 구성한다(단면은 그림 13-5 참조).

- 외부 shell
- 2개의 shell 사이에 접착되는 shear web/spar

또한 낙뢰 보호 장치(낙뢰를 날개 끝에서 날개 뿌리로 전달하는 것)와 공력 브레이크(일반적으로 날개 끝을 축 주위로 회전시키는 것)도 포함된다.

외부 shell은 공력적인 형상을 유지함과 동시에 휨 하중의 일부를 전달하는 부품이며, 후연(後緣)부에서는 강성을 높이기 위해 양쪽의 shell 안에 발포판(foam panel)을 접착하는 경우도 있다. 또한 블레이드 내부의 길이방향으로 배치하는 web/spar는

① 블레이드의 flap 방향의 강도·강성을 높이고, 전단하중과 휨 하중의 일부를 전달한다.
② 단면의 변형과 좌굴을 억제한다.
③ shell과 spar의 재료로서 FRP가 적합하다.

FRP는 하중을 전달하는 섬유와, 섬유 사이로 하중을 분산시켜 섬유가 국부적으로 변형하는 것을 억제하는 폴리머 수지로 구성되는 복합재이고, shell 또는 web의 국부적인 휨 강성을 증가시키기 위해 sandwich 구조의 다공 코어재를 양측 사이에 끼우는 재료로서도 이용된다. 또한 블레이드의 바깥 표면을 gel coat의 얇은 막으로 감쌈으로써 통상 흰색의 매끄러운 표면으로 마무리하고, FRP를 마모, 자외선, 습기로부터 보호한다.

(1) 강화섬유

강화섬유는 복합재 수지의 기계적 특성을 향상시키기 위하여 사용된다. 풍력발전기에서 사용되는 주요한 유리섬유 복합재의 데이터베이스인 DOE/MSU 또는 FACT의 데이터베이스[4]에 보고되어 있는 것처럼, 복합재의 정적 및 피로특성은 섬유의 종류, 방향, 체적함유율, 섬유와 수지의 상호작용에 강하게 의존하고 있다.

가장 많이 사용되고 있는 강화섬유인 유리 섬유재는 유리에서 뽑아져 나온 긴 실로 만들어진다. 가장 일반적인 유리섬유는 저비용으로 양호한 인장강도를 갖는 E Glass이며, 강화재로 이용되는 유리섬유의 50% 이상을 점한다. E Glass는 알칼리 함유율이 낮은 전기용 소재로, 양호한 절연성과 높은 내수성을 갖는다.

일반적으로 유리섬유는 직접 사용하는 것이 아니라 그림 13-6의 예와 같이 직물·편물로 미리 가공된 것이 사용된다. 왼쪽은 긴 섬유의 실을 전혀 또는 거의 꼬지 않고 묶음으로 한 연속섬유 매트, 오른쪽은 잘게 조각조각 난 섬유(Chopped strand)를 임의로 나열한 춉 스트랜드 매트(Chopped Strand Mat : CSM)가, 강도를 필요로 하는 부위에 이용된다[2]. 그림 13-7에 풍력발전기 블레이드에 사용되는 2방향재의 예를 나타낸다.

그림 13-6 풍력발전기에 사용되는 유리섬유 직물(왼쪽)과 잘게 잘린 유리섬유(오른쪽)

해상풍력발전기용 대형 블레이드에서는 강성이 중요하다. E Glass로 경량화에 대한 설계요구를 만족시킬 수 없을 경우에도, 보다 강성이 높은 섬유에 의해 만족시킬 수 있다.

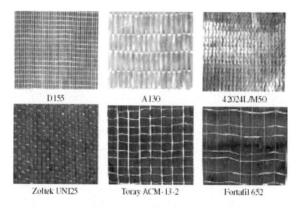

그림 13-7 유리섬유(위쪽)와 탄소섬유(아래쪽)의 2방향재의 예

탄소섬유는 E Glass와 비교하여 높은 탄성계수(3배), 낮은 밀도(2/3배), 큰 인장강도 및 피로에 대한 낮은 감도 등 블레이드 재료로서의 장점을 갖는다[3]. 주요한 단점인 비용(10~15배)에의 영향은 블레이드를 경량화함으로써 약간 경감된다. 또한 탄소섬유는 반도체이기 때문에 낙뢰보호가 복잡하고 블레이드의 비용은 확실히 증가하지만 대응 가능한 범위에 있다. 나아가 초기의 연구[7, 8]에서 저비용의 탄소섬유 복합재의 변형률 특성, 특히 압축에 대한 강도는 유리섬유에 비해 현저하게 낮다는 것이 보고되어 있으며(그림 13-8), 섬유의 주름과 misalignment(그림 13-8)에 의해 압축강도가 현저하게 저하할 가능성이 오랫동안 인식되고 있다.

또한 이것과 동일한 연구에는 탄소섬유의 물리 특성값의 불확실성이 높다는 것도 나타나 있다. 그 때문에 E Glass와 같은 특성의 안정한 재료와 비교하여, 탄소섬유 복합재에서는 적용되는 안전계수가 커지고, 중량이 증가하기 때문에, 위에서 기술한 이점이 없어져버릴 가능성이 있다.

탄소섬유는 섬유에 존재하는 고탄소 유기물의 산화, 탄화, 흑연화를 제어함으로써 제조된다. 여기서 흑연화의 프로세스를 변화시킴으로써 섬유의 특성을 고강도(~2600℃), 고탄성계수(~3000℃) 또는 그 중간으로 할 수가 있다. 그 후 취급 시의 보호와 기재(매트릭스)의 접착 및 화학적인 sizing을 향상시키기 위해 탄소섬유에는 표면처리가 이루어진다. 일반적으로 탄소섬유는 탄성계수의 영역에 따라 고강도(HS), 중간탄성(IM), 고탄성(HM), 초고탄성(UHM)으로 분류된다.

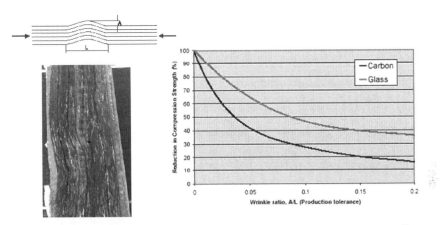

그림 13-8 탄소섬유 적층재의 주름(왼쪽)과 주름에 의한 압축강도의 변화(오른쪽)[8]

대형 블레이드의 설계를 개선하기 위해서 탄소섬유 등의 "새로운" 소재와 함께 이미 보급되어 있는 재료에 대해서도 새롭게 검토되고 있다. 가장 유망하다고 생각되고 있는 것으로 S Glass 및 탄소와 목재의 하이브리드재가 있다[9].

S Glass 섬유는 헬리콥터의 로터 블레이드와 같은 높은 인장강도와 파단변형률이 필요한 부재에 사용되고 있다. S Glass는 일반적으로 이용되고 있는 E Glass보다도 알루미나 함유량이 높은 규산 알루민산 마그네슘으로 원래 해양제품을 위해 개발된 것으로 특성은 E Glass보다도 상당히 우수하지만, 비용이 높기 때문에 풍력발전기 블레이드에 대한 적용 예는 적다. 그러나 S Glass는 탄소섬유가 갖는 장점의 대부분을 비교적 낮은 비용으로 얻을 수 있기 때문에 대형 블레이드에서 탄소섬유의 대체 재료로 될 수 있다. 그뿐 아니라 풍력발전기 블레이드의 대량생산에 의해 S Glass의 상대적인 비용은 큰 폭으로 저하할 것으로 예상된다[7].

비용을 억제하면서, 탄소섬유의 장점을 이용하는 하나의 방법으로, 그림 13-9와 같이 유리섬유에 탄소섬유를 조합하여 사용하는 방법(탄소/유리 하이브리드)이 있다. 이것은 구조효율과 비용 면에서 우수하지만, 유리섬유와 탄소섬유의 조합은 천이영역(transition section)의 중량을 증가시킨다.

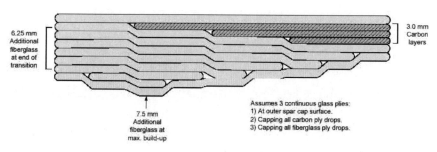

그림 13-9 spar의 유리섬유와 탄소섬유의 천이부의 단면 예[10]

탄소섬유/목재 하이브리드는 초대형 풍력발전기 블레이드에 적합한 독특한 재료 특성을 갖지만 고품질의 베니어의 공급이 최대의 과제이며, 이들 재료의 결합 또한 기술적으로 큰 과제이다[7].

제브라 우드(**탄소섬유/목재/E Glass 하이브리드**)는 Douglas Fir Timber를 에폭시로 적층한 층 사이에 탄소섬유를 끼운 것이다. 소재의 규칙적인 검은 선이 "얼룩말"을 연상시키기 때문에 이러한 명칭이 붙여졌다. 이 재료에서는 에폭시 수지를 베니어의 접착과 탄소섬유의 결합을 위해 사용하기 때문에 중량과 비용은 탄소섬유 패브릭 단독인 경우와 큰 차이가 없다. Fir Timber와 탄소섬유는 비슷한 변형률 특성을 갖고 있음이 알려져 있으며, 목재/에폭시 블레이드의 강도와 강성을 저비용으로 높이는 방법으로서 연구가 진행되고 있다. 그뿐 아니라 Fir Timber는 탄소섬유 구조에서 우려되는 내구성 또는 충격으로부터의 보호 등의 특성을 갖는 것으로 여겨지고 있다[7].

섬유재료와 일반적인 재료의 기계적 특성을 표 13-2에 나타낸다.

표 13-2 섬유와 그 밖의 재료의 기본특성

재료 종류	인장강도(MPa)	인장탄성계수(GPa)	밀도(g/cm³)
탄소섬유(HS)	3500	160~270	1.8
탄소섬유(IM)	5300	270~325	1.8
탄소섬유(HM)	3500	325~440	1.8
탄소섬유(UHM)	2000	>440	2.0
유리섬유(E Glass)	2400	69	2.5
유리섬유(S Glass)	3450	86	2.5
알루미늄 합금(7020)	400	1069	26
티타늄	950	110	24
연강(55 glade)	450	205	26
스테인리스강(A5-80)	800	196	25
HS 강(17/4 H900)	1241	197	25

섬유표면과 수지의 상호작용은 접착으로 관리되지만, 이것은 섬유표면의 처리에 강하게 의존한다. 대부분의 경우 섬유에 표면처리를 함으로써 취급 시의 손상을 최소화함과 동시에 섬유와 수지의 경계면의 접착을 강화한다. 특정용도 또는 특정 수지용으로 개발된 sizing이 그 밖의 용도 또는 수지에는 적합하지 않을 가능성이 있기 때문에 섬유소재의 공급자가 이에 관한 적절한 정보를 제공하는 것이 중요하다.

풍력발전기 블레이드의 제조에서 FRP 패널용인 강화섬유는 패브릭의 형태로 공급된다. 폴리머 복합재 용어에서는 "패브릭"은 탄소 또는 유리, 또는 그 양쪽을 조합한 긴 섬유를 가공한 한층 또는 복수의 층을 겹친 평평한 천으로 정의된다. 이들 층은 섬유 자신 또는 다른 소재로 한 묶음으로 함으로써 취급을 쉽게 한다. 패브릭의 종류는 섬유의 방향과 섬유끼리의 고정방법에 의해 분류된다. 섬유의 방향에 따른 분류는 한 방향(UD), 0/90°, 다 방향, 그리고 랜덤의 4종류로, 특히 풍력발전기에 사용되는 패브릭으로는 stitch(2층의 한 방향재를 조합하여 패브릭으로 한 것), 또는 직물구조(0°인 세로 실과 90°인 가로 실을 직사각형 또는 다양한 패턴으로 짠 것)가 일반적이다.

(2) 수지

복합재의 기재로서 일반적으로 사용되는 수지는 불포화 폴리에스테르, 에폭시, 비닐 에스테르의 3종류이다. 이 중에서 주로 사용되는 것은 폴리에스테르이고, 구조상의 요구가 높은 부위에 에폭시가 사용된다. 이들 수지는 복합재의 적층 시에는 액체이고, 경화 후에 무른 고체가 되는 공통적인 특징을 갖고 있으며, 사용하는 수지에 따라 복합재의 특성이 변화한다.

폴리에스테르 수지는 경화시간이 짧고 비용이 낮기 때문에 풍력발전기에서 빈번하게 사용되는 재료이지만, 경화 시의 수축이 비교적 크다[6]. 통상 경화시간은, 실온에서 몇 시간에서 하룻밤이지만, initiator를 첨가하고 온도를 상승시킴으로써 몇 분에 경화시킬 수 있다.

에폭시 수지는 폴리에스테르보다도 강도, 화학적 내성 및 접착성이 높고, 경화 시의 수축이 적지만 비용은 폴리에스테르의 약 2배로 경화시간도 길다[6].

비닐 에스테르 수지는 최근에 넓게 사용되고 있다. 이것은 에폭시에 가까운 특성을 갖고(그림 13-10 참조), 약간 낮은 비용이고 경화시간이 짧다. 또한 환경안정성 또한 좋기 때문에 해양제품에 넓게 사용되고 있다[6].

수지의 접착특성은 복합재의 기계적 특성에도 영향을 준다. 위에서 설명한 3종의 수지(폴리에스테르, 비닐 에스테르, 에폭시) 중에서 접착특성이 가장 낮은 것은 폴리에스테르 수지, 다음으로 비닐 에스테르 수지이다. 에폭시 수지는 화학조직 및 OH기와 에테르기의 존재에 의해 접착특성이 가장 우수하기 때문에 고강도 접착제로서 빈번하게 사용되고 있다.

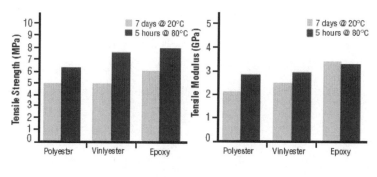

그림 13-10 수지의 인장강도(왼쪽)와 강성(오른쪽)의 비교[경화조건 : 5시간 176°F(80°C), 7일 68°F(20°C)][11]

수지와 섬유의 접착특성은 수지의 접착특성만으로 결정되는 것이 아니라 섬유의 표면피복의 영향도 받는다. 또한 설계 또는 제조에서는 경화에 의한 수지의 수축량이 중요하다. 수지의 수축은 액체와 반 gel 상태에서 분자가 재배열됨으로써 생긴다. 폴리에스테르와 비닐 에스테르는 경화에 이르기까지 분자의 큰 폭의 재배열이 필요하고 수축량은 8%에도 달하지만[12], 에폭시의 반응에서는 재배열은 매우 적고, 휘발성인 부산물을 방출하지 않기 때문에 수축은 2% 정도이다. 또한 수축에 의해 잔류응력이 발생하고, 재료의 강도를 저하시키기 때문에 폴리에스테르 또는 비닐 에스테르보다도 수축이 작은 에폭시 수지를 사용함으로써 기계적 특성이 향상한다(그림 13-10 참조).

특히 해양환경에서 사용되는 수지는 수분 함유에 의한 내력저하가 중요하다. 모든 수지는 어느 정도의 수분을 흡수하고 적층품(laminate)의 중량을 증가시킬 뿐만 아니라 수지 또는 수지와 섬유의 접착부에도 영향을 주고, 장시간에 걸쳐 서서히 기계적 특성을 저하시킨다. 주로 섬유가 하중을 전달하는 인장하중에 대해서는 수지의 특성저하의 영향은 거의 없지만, 주로 수지가 하중을 전달하는 압축/전단하중에 대해서는 이 영향은 현저하다. 폴리에스테르와 비닐 에스테르 수지는 모두 분자구조에 가수분해 에스테르기를 갖기 때문에, 수분에 의해 특성이 저하하는 경향이 있다. 그 결과 적층판을 1년간 물에 담근 후에 층간 전단강도를 비교하면 에폭시 수지에서는 90%인 반면, 폴리에스테르 수지에서는 65%까지 저하한다[11].

(3) Core재

복합적층에서 core재를 사용하는 목적은 저밀도인 core재에 의해 효과적으로 "판 두께 증가"를 꾀하고 적층체의 강성을 높이는 것에 있으며, 이것에 의해 중량을 거의 증가시키지 않고 강성을 큰 폭으로 높일 수 있다.

일반적인 core재는 발포재(그림 13-11)와 목재(balsa 등)이지만, 대형 풍력발전기의 블레이드에서 자주 사용되는 것은 발포재이다. 발포재는 독립기포의 폴리염화비닐(PVC) 등의 열가소성 재료를 기반으로 만들어지며, 밀도가 다양한 것이 있다. 강성과 강도는 밀도에 따라 증가하고(표 13-3 참조), 발포재의 종류와 등급에 따라 특성이 크게 변화한다. 가장 중요한 기계적 특성은 전단탄성계수, 전단강도 및 가소성 또는 항복 후의 특성이다.

core sandwich의 접착제는 복합재와 core재의 접착 또는 sheet와 부품 사이의 간극을 매울 때에 사용된다[12]. 접착제는 core재의 전단특성을 유지할 필요가 있기 때문에 적어도 core재와 동등한 전단강도와 파손 시의 신장률이 필요하다. 즉, 접착제의 연성이 클수록 접착부의 강도가 향상한다.

그림 13-11 풍력발전기에 사용되는 시판 중인 발포재(DIAB의 허가하에 게재, www.diabgroup.com)

표 13-3 풍력발전기에 사용되는 반고체 PVC 발포재의 기본특성

재료 종류	밀도 (g/cm³)	인장강도 (MPa)	전단항복강도 (MPa)	전단탄성계수 (MPa)	전단변형률 (%)
H45	48	1.3	0.485	18	10
H60	60	1.9	0.680	22	20
H80	80	2.2	0.950	31	18
H100	100	3.1	1.330	40	26

(4) 제조기술

복합재의 최종적인 특성은 개개의 수지와 섬유의 특성(sandwich 구조에서 core재도 마찬가지)만이 아니라, 그들의 통합 프로세스 및 가공에 의존한다. 본 항에서는 일반적인 풍력발전기 블레이드의 제조방법과 최근의 동향에 대해서 개요를 설명한다.

(a) Wet Hand Lay-up

미리 이형재와 켈코트 층으로 덮은 거푸집 안에 수지 층을 만든다. 그곳에 강화섬유 패브릭 1층째를 깔고 계속하여 적층순서에 따라 남은 적층을 수지와 번갈아 깐다. 적층을 수행하는 동안은 금속 또는 솔이 달린 롤러로 훑고, 패브릭 전체를 확실히 함침시킴과 함께 적층품(laminate)을 단단하게 죄어 들어간 공기를 눌러서 밖으로 빼낸다. 여분의 수지는 부드러운 주걱으로 제거한다.

재료의 품질은 적층 시스템에 의존하기 때문에 수지의 자동혼합 또는 함침기(천에 수지를 결합시켜 롤러로 짜내는 장치) 또는 겔화 시간(gel time) 측정장치 등의 자동화는 품질관리의 점에서 유익하다.

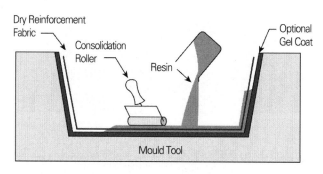

그림 13-12 Wet hand lay-up 법(Gurit, www.gurit.com의 허가하에 게재)(컬러 도판 p.527 참조)

직전의 적층이 완전히 경화한 경우에는 wet wet 적층이 없어지기 때문에 접착이 필요하게 된다. 여기서 첨가한 수지가 접착제로서 기능하지만 적층 사이에 화학결합이 없기 때문에 표면처리가 중요하게 된다.

wet hand lay-up 법은 오랜 기간에 걸쳐 넓게 이용되어 치구(治具)가 낮은 비용이라는 점 또는 작업의 지도가 간단한 한편 다음의 단점이 있다[11].

① 수지의 혼합, 섬유 함유율, 적층 품질은 작업자의 기량에 강하게 의존한다.
② Hand lay-up에 이용되는 비중이 작은 수지는 비중이 큰 것보다도 유해하게 될 가능성이 있다.
③ 저점도의 수지는 의류에 스며들기 쉽다.
④ Hand lay-up 작업을 위해 저점도의 수지가 필요하지만, 높은 희석제/스티렌(styrene) 레벨과 기계적/열적 특성값과의 trade off가 된다.

진공 백(vacuum bagging) 법은 기본적으로 wet hand lay-up을 발전시킨 것으로 적층재의 결합강화를 꾀하기 위해 적층 후에 적층재를 가압하는 방법이다. 이에는 wet hand lay-up의 적층재 및 치구 위에 플라스틱 필름에 의한 실리콘이 필요하다(그림 13-13 참조). 적층재를 굳히기 위해 진공 펌프에 의해 백(bag) 아래의 공기를 빨아들이고 1기압에서 가공함으로써 적층재를 얇게 하고 강화재의 체적비를 높이고 적층재의 강도를 향상시킨다. 일반적으로 수지의 확산과 공기의 배출을 용이하게 하기 위해 적층재와 필름 사이에 다공성 매트를 깔지만 마찬가지로 코어재의 안에도 통기공이 필요하게 되는 경우가 있다.

진공 백 법에서는 표준적인 wet lay-up 법과 비교해서 경화 중의 휘발성 물질 또는 기포(void)의 양을 감소시킬 수 있을 뿐만 아니라 가압에 의해 섬유로부터 수지가 흘러나오기 때문에 함침 후의 섬유 상태가 좋아진다. 이 기법에는 작업자에 고도의 기량이 필요함과 함께 폴리에스테르와 비닐에스테르 수지에는 진공펌프에 의해 스티렌(희석제)이 과잉하게 흡인되는 어려움이 있다[11].

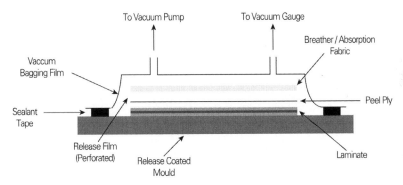

그림 13-13 Vaccum-bagging 법(Gurit, www.gurit.com의 허가하에 게재)(컬러 도판 p.527 참조)

프리프레그(prepreg)는 재료가공의 단계에서, 가열·가압상태에서, 패브릭 또는 섬유에 반응 촉진제를 포함시킨 수지를 함침시킨 것이다. 반응촉진제는 상온에서는 잠복하고 있으며, 해동한 후 몇 주에서 몇 개월간의 사용기간이 있지만 보존기간을 연장하기 위해서는 냉동보존을 하지 않으면 안 된다. 통상 수지는 상온에서는 고체에 가까운 상태에 있기 때문에 프리프레그재는 약간 점착테이프와 같은 끈적거림이 있다. 한 방향재에는 실패로부터 직접 섬유를 뽑아 낼 때에 수지를 부착시킨다. 또한 프리프레그재는 거푸집 표면에 수작업 또는 기계에 의해 적층하고, 진공 배깅(vacuum bagging)을 한 후, 통상 120~180℃로 가열하여 사용된다(그림 13-14 참조). 이에 의해 수지가 일단 녹고 최종적으로 경화한다. 또한 거푸집의 가압에는 적층재를 최대 5기압까지 가압할 수 있는 오토클레이브(autoclave)를 이용한다.

이 방법에는 다음의 장점이 있다[11].

- 수지와 반응촉진제의 비 및 수지함유율이 미리 소재 제조사에 의해 정확히 조정된다. 또한 높은 섬유함유율을 무리 없이 실현할 수 있다.
- 안전위생상 우수하며 청결한 상태에서 작업을 할 수 있다.
- 수지의 화학적 특성을 기계적·열적 특성에 대하여 최적화할 수 있으며 가공 프로세스에 의해 고점도인 수지도 결합 가능하다.
- 작업시간의 연장(실온에서 몇 개월)에 의해 구조적으로 최적화된 복잡한 적층도 할 수 있다.
- 자동화가 가능하고 가공공수도 삭감할 수 있다.

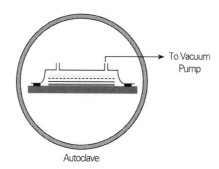

그림 13-14 Pre-preg 법(Gurit, www.gurit.com의 허가하에 게재)(컬러 도판 p.528 참조)

한편으로 다음의 결점도 있다.

- 프리프레그재는 고가이다.
- 통상 경화를 위해 필요로 되는 오토클레이브는 고가이고 동작이 느리고 사이즈가 제한된다.
- 가열에 견딜 수 있는 치구가 필요하다.
- 가열, 가압에 견딜 수 있는 core재를 사용할 필요가 있다.

VARTM(Vaccum-Assisted Resin Transfer Moulding) 법(그림 13-15)도 진공 배깅(vacuum bagging)과 비슷한 성형법이다. 패브릭을 건조 상태로 적층하지만, 거푸집에 적층을 용이하게 하기 위해 이들 패브릭을 미리 거푸집의 형상으로 재단하고, 바인더(binder)로 고정하는 경우도 있다. 패브릭을 적층한 것에 peel ply와 편물형 비구조용 패브릭을 입히고 건조 상태의 적층을 진공 배깅(vacuum bagging)한다. 백(bag)의 누수를 막음으로써 수지가 적층 안으로 유입하고, 수지가 비구조 패브릭 사이를 흘러 패브릭 전체에 수지가 퍼지면서 함침한다.

이 기법의 장점은 높은 섬유함유율을 관리할 수 있으며 경량이고 특성이 좋은 적층체로 할 수 있을 뿐만 아니라[12] 큰 부품이 성형 가능하고, 코어구조도 한 번의 처리로 성형할 수 있는 점이 있다. 그 반면 다음의 단점이 있다[13].

- 성형 프로세스가 비교적 복잡하다.
- 저점도인 수지를 사용할 필요가 있으며 기계적 특성에 제약이 있다.
- 함침불량인 경우 폐기처리에 높은 비용을 요한다.
- 이 성형 프로세스의 몇 가지 부분이 특허화 되어 있다(SCRIMP^{TM}).

필라멘트 와인딩(filament winding) 법에서 성형되는 부품에는 공력 브레이크의 shaft 및 어떠한 종류의 spar가 있다. spar에는 다양한 형상이 있지만, 그 목적은 모멘트에 견딜 수 있는 경량의 부재를 만드는 데 있다. 대형 풍력발전기의 spar 형상에는 그림 13-16에 나타낸 것과 같은 web, box beam 및 D spar가 있다. 일반적으로 유리섬유 또는 그 밖의 재료의 spar는 맨드릴(mandrel) 주위에 섬유와 수지를 둘러 감고, 마지막에 그 맨드릴을 제거함으로써 성형한다[6].

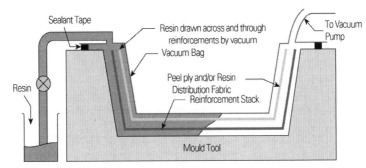

그림 13-15 VARTM 법(Gurit, www.gurit.com의 허가하에 게재)(컬러 도판 p.528 참조)

그림 13-16 대형 블레이드의 spar·web(왼쪽), box beam(중앙), D spar(오른쪽)

필라멘트 와인딩 법에서는 섬유를 수지 함침조(resin bath)의 안을 통과시킨 후에, 섬유를 보내는 기구와 맨드릴의 회전속도를 제어하여 다양한 방향으로 맨드릴에 둘러 감는다(그림 13-17 참조). 이 방법은 매우 고속이고 경제적인 적층법이며, 섬유를 패브릭으로 하는 2차적인 프로세스가 없기 때문에 섬유의 비용을 최소화할 수 있다. 또한 직선의 섬유를 하중에 맞추어 복잡하게 적층할 수 있기 때문에 적층재의 구조특성은 매우 양호하다. 주된 결점은

- 볼록한 형상의 부재에 한정된다.
- 섬유를 부재의 길이방향으로 정확하게 적층하는 것이 어렵다.

- 대형부품의 맨드릴은 높은 비용이 된다.
- 통상 저점도인 수지가 필요하고 기계적 특성 및 안전위생에 뒤떨어진다[11].

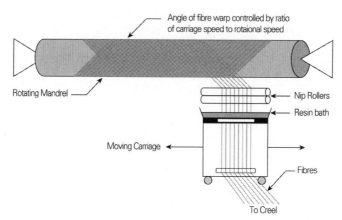

그림 13-17 Filament winding 법(Gurit, www.gurit.com의 허가하에 게재)(컬러 도판 p.528 참조)

(b) 풍력발전기 제조사

많은 풍력발전기 제조사는 블레이드를 외부에 외탁·발주하지 않고 자체적으로 제작하고 있으며, 재료와 제조법도 다양화 하고 있다. 1980년대는 hand lay-up이 가장 일반적으로, 길이가 30m까지의 블레이드에서 가장 일반적인 성형법은 개방 거푸집을 이용한 wet lay-up이었다. 예외로서 가장 유명한 것은 Vestas Wind System으로 오랫동안 유리섬유/에폭시 수지의 프리프레그를 이용하여 왔다[7, 10].

여전히 개방형인 wet lay-up 법을 사용하고 있는 제조사도 몇 곳 있지만, 최근은 환경기준이 매년 엄격하게 되어, 보다 배출물질이 적은 제조법이 필요하게 되었다. 그 때문에 프리프레그 법과 VARTM 법 2가지가 가장 일반적이고, 대부분이 VARTM 법을 이용하고 있다[7, 10]. Nordex와 GE Energy는 40~50m인 블레이드를 개방 거푸집에서 유리섬유를 wet hand lay-up 하여 왔다. TPI Composites 30m 블레이드를 스스로 SCRIMP™ VARTM 법으로 제조하고 있다. 대형 블레이드의 제조법으로서 가장 기발한 것은 Siemens Wind Power(Bonus를 매수)에 의한 것으로, 30m 이상의 블레이드에 대해서는 드라이로 예비가공 된 것을 한 번에 결합시켜 일체 성형함으로써 2차 접착을 배제한 것이다. 이 기술은 특허화되어 있으며 IntegralBlade®이라고 불리고 있다[7, 10].

LM GLasfiber는 61.5m인 블레이드를 개발한 최대의 풍력발전기 블레이드 제조사이다. 이 블레이드의 제조에는 VARTM 법이 이용되었다.

그 밖의 유망한 방법은 부분적으로 프리프레그한 패브릭이 있으며, Gurit Holding AG(예전의 SP Systems)의 SPRINT® 또는 Hexcel Composites의 HexFIT™으로서 시판되고 있다. 이것은 적층 후에 패브릭의 건조한 부분이 공기의 통로가 되어 가열하기 전에 진공된 상태로 한다. 그리고 가열·가압한 상태에서 수지가 건조한 패브릭에 흘러들어 충분히 함침한 상태가 된다. 자동예비가공 또는 자동적층 기술은 hand lay-up을 대신할 가능성이 있다. 또한 섬유/패브릭의 위치결정의 품질관리 향상 또는 수작업 또는 성형의 시간단축 또한 이 기법의 이점이다.

그림 13-18 LM Glasfiber에서의 블레이드 제조(위쪽, LM Glasfiber, www.lmglasfiber.com의 허가하에 게재), Siemens에서의 블레이드 경화작업(왼쪽 아래, Siemens Power Generation, www.powergeneration.siemens.com의 허가하에 게재), TPI composites에서 거푸집 제조(오른쪽 아래)

대형 블레이드에서 재료와 성형법의 선정은 밀접하게 관련하고 있다. 탄소섬유의 구조특성, 특히 압축강도는 섬유의 방향의 영향을 받기 쉽고, 또한 두꺼운 탄소섬유/에폭시 부품에의 수지의 주입은 어렵기 때문에 대형 블레이드에서 탄소섬유 프리프레그재의 적용은 spar에 거의 한정된다. 또한 성형방법은 다양하고 영국에 거점을 둔 DeWind(현재 Composite Technology Corporation의 자회사)는 40m의 탄소섬유/유리섬유의 하이브리드 블레이드에 혁신적인 제조법을 이용하고 있다. 이 과정은 spar cap을 프리프레그의 탄소섬유로 제조하고 경화 후에 유리섬유인 블레이드 외피 위에 두고 수지 함침하는 것이다. Vestas Wind Systems는 V-90인 44m 블레이드에 대해서 탄소섬유 spar의 시작품을 시험하였다. Gamesa는 로터(rotor) 직경 87m와 90m인 블레이드의 spar에 탄소섬유 spar를 적용할 것임을 발표하였다. NEG Micon(Vestas에 흡수합병)은 탄소섬유로 강화한 목재/에폭시재로 40m 블레이드를 제작하였다.

현재 설치되어 있는 가장 대형인 풍력발전기(독일의 Enercom의 6MW 풍력발전기 E-126)의 블레이드는 유리섬유/에폭시재이다. 그것과는 대조적으로 LM Glasfiber는, 독일의 REpower가 개발중인 5.0MW 시작기에 적용이 계획되어 있는 길이 61.5m인 유리섬유/에폭시 블레이드에 부분적인 탄소섬유를 사용하고 있음을 공표하고 있다.

블레이드 제조사	제조법	소재지
Enercon	GmbH VARTM	독일
Gamesa	Pre-pregs	스페인
Hexcel Composites	HexFITTM	미국
LM Glasfiber A/S	VARTM	덴마크
TPI Composites Inc.	SCRIMPTM(VARTM의 한 종류)	미국
Simens Wind Power A/S	IntegralBlade®	독일
Gurit Holding AG	SPRINT®	스위스
VESTAS Wind Systems A/S	Pre-pregs	덴마크

블레이드의 제조사는, 소재의 공급회사가 아니기 때문에 기존의 기준에 입각하여, 블레이드 적층재의 특성을 관리하고 있다[12, 13]. 최저한의 고려해야만 하는 특성(시험 또는 계산에 의한)으로는 다음의 것이 있다.

- 강성, 적절한 온도에서의 극한·피로강도 및 좌굴에 대한 안정성
- 고유진동수
- 인성(적절하다면 저온에서)
- Creep 특성
- 열화 특성(습도와 온도를 고려)
- 부패와 곰팡이에 대한 목재의 내성

13.2.2 체결 볼트

블레이드는 pitch 각을 변각 가능하도록 하기 위해 허브(hub)에 부착한 4점 접촉 볼 베어링에 볼트로 고정된다(그림 13-19 참조). 볼트의 재료는 다음의 3종류의 스테인리스강 중 어느 하나이 지만 통상은, 오스테나이트(austenite) 강이 사용된다.

그림 13-19 블레이드 루트(blade root)에서의 볼트 체결부

- 오스테나이트(austenite) 강
- 페라이트(ferrite) 강
- 마텐자이트(martensite) 강

이들 스테인리스강 볼트는 ISO 3506(내식성 스테인리스강 체결재의 사양)에 입각하여 표준화되어 있다. 방식(防蝕) 또는 저마찰 등과 같은 특정의 특성을 만족시키기 위해, 표면처리를 변경할 수 있다. 가장 일반적인 볼트는 흑색 산화철로 피막을 입힌 것(표면처리를 하지 않음)에 용융아연도금을 한 것으로, 이것에 의해 매우 우수한 부식성능을 갖게 할 수 있다. 즉, 용융아연도금 볼트의 수명은 환경조건에 따라 변화한다(표 13-4 참조).

표 13-4 용융아연도금 볼트의 평균수명

환경	평균수명(년)
개방된 농업지대	45
작은 마을	30
큰 마을	12
매우 오염된 공업지대	5
해안 및 해상지대	30

풍력발전기 블레이드의 체결볼트 제조사	소재지
The Dyson Corporation	미국
Cooper & Turner Limited	영국
AH Bolte A/S	덴마크

13.2.3 Pitch drive

오늘날의 최선단의 해상풍력발전기에서는 3개 날개의 로터(rotor)와 가변속 제어기술을 적용하고 있으며, 블레이드마다 설치된 모터에 의해 블레이드를 pitch 축(길이방향의 축) 주위의 각도를 조정할 수 있도록 함으로써 공력적인 효율향상 및 drive train의 하중저감에 의한 보수의 저감과 장수명화를 꾀할 수 있다[6].

블레이드의 pitch 각을 제어하는 방법의 하나로 기계식 pitch drive(그림 13-20 참조)가 있으며, 통상 블레이드마다 개별 전동모터를 이용한다. 일반적으로 모터에는 단조 탄소강(forged carbon steel)이 이용되고, 허브(hub)의 내부에 탑재된다. 또한 톱니바퀴의 톱니는 침탄 또는 그 밖의 열처리에 의해 경화시킨다.

유압 pitch drive를 이용하는 경우는 허브(hub)의 내부에 설치된 한 쌍의 유압 actuator에 의해 각 블레이드를 회전축 주위로 회전시킨다(그림 13-21). 그러한 actuator는 통상 비례 valve가 있는 power package에서 구동되는 것으로 허브(hub) 안에 탑재된다.

Pitch 장치 제조사	형식	소재지
AVN Hydraulik A/S	Hydraulic system	덴마크
Parker Hannifin Corporate	Hydraulic system	미국
Rexroth Bosch AG	Hydraulic and mechanical system	독일
Maxwell Technologies Inc.	Mechanical system	미국

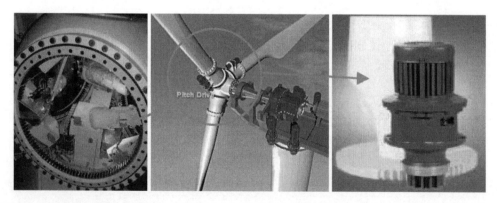

그림 13-20 기계식 pitch drive : Mexwell(왼쪽, www.maxwell.com), Bosch(오른쪽, www.boschrexroth.com)
(컬러 도판 p.529 참조)

그림 13-21 pitch drive의 유압 actuator(왼쪽, AVN Energy, www.avn.dk의 허가하에 게재), pitch 구조(오른쪽, www.boschrexroth.com)

13.2.4 허브(hub)와 Spinner

블레이드를 로터(rotor) 축에 접속하고, 블레이드의 하중을 타워에 전달하기 위한 부품인 허브(hub)는 통상 구상흑연주철(spheroidal graphite cast iron)로서 알려져 있는 노듈러 주철(nodular cast iron)이 사용된다. 주철을 사용하는 주된 이유는 허브의 복잡한 형상을 그 밖의 방법으로 실현하는 것은 어렵기 때문이다. 또한 선정한 재료가 충분한 연성을 갖고 있는지 확인할 필요가 있다.

주철은 유럽규격 EN 1563에 의해 강도·경도 등의 기계적 특성으로 분류된다. 통상 주조한 허브는 기계적 특성의 확인과, 결함 또는 내부 불연속을 발견하기 위하여, 비파괴검사가 이루어진다. 허브의 비파괴검사법으로서 다음의 방법이 있다.

- 초음파탐상
- 자분(滋粉)탐상
- 육안검사
- 경도

주조되는 허브에서 저온환경은 위험하기 때문에 환경온도에 따라 허브의 재료를 선정한다[12].

Spinner(그림 13-22)는 "Nose cone"이라고 때때로 불리며, 통상 유리섬유강화 폴리에스테르(13.2.1항의 (1)과 (2)를 참조)로 만들어진다.

그림 13-22 가장 일반적인 힌지가 없는(hingeless) 허브의 형상(왼쪽, www.cwtaylor.co.uk), spinner(nose cone)를 장착한 허브(오른쪽, Siemens AG Energy Sector, www.siemens.com/energy의 허가 하에 게재)

허브 제조사	소재지
Hodge Foundry Inc.	미국
CAB Inc.	미국
K & M Machine-Fabricating, Inc.	미국
Richter Maschinenfabrik AG	독일
Metso Foundries	스웨덴

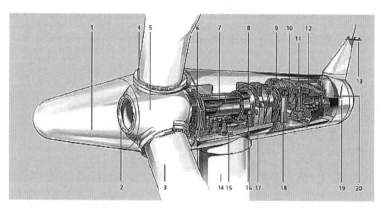

그림 13-23 일반적인 증속기를 갖춘 풍력발전기의 drive train(Siemens AG Energy Sector, www.siemens.com/energy의 허가하에 게재)과 부품 : 1) Spinner, 2) Spinner bracket, 3) Blade, 4) Pitch bearing, 5) Rotor hub, 6) Main bearing, 7) Main shaft, 8) Gearbox, 9) Brake disc, 10) Coupling, 11) Generator, 12) Service crane, 13) Meteorological sensors, 14) Tower, 15) Yaw ring, 16) Taw gear, 17) Nacelle bedplate, 18) Oil filter, 19) Canopy, 20) Generator fan.

13.3 나셀 요소의 재료

나셀(nacelle)은 로터(rotor)를 제외한 drive train 및 부속품을 격납하고 있는 상자이다. 그림 13-23에 나셀 커버, 주축, coupling, 증속기, 발전기, oil cooler, 제어기, yaw 기구, flange, 열교환기 등의 대표적인 나셀 부품을 나타낸다. 이들 부품은 보통 하청업체에서 구입하고 풍력발전기 제조사의 공장에서 조립된다.

일반적으로 해상 또는 해안지역에 설치하는 풍력발전기에서는 제습장치에 의해 내부의 습도를 철강의 부식 리스크 한도(RH 60%) 이하로 유지함으로써 내부의 부식을 방지하고 있다. 또한 주된 전기설비(발전기, 제어반 등)는 독립한 가열장치를 갖고 있고, 환경온도가 급격히 변화한 경우에도 결로되지 않도록 하고 있다.

13.3.1 주 축

모든 풍력발전기는 저속축 또는 로터축이라고 불리는 주축을 갖고 있으며, 그것에 의해 허브와 증속기가 연결된다(그림 13-24). 토크를 로터로부터 drive train에 전달하는 것이 주축의 최대의 기능이며, 주축은 로터의 중량을 지지하고, 베어링에 의해 지지된다. 그리고 베어링은 반력을 main frame에 전달한다. 주축은 변동하는 휨 또는 복합하중을 받기 때문에 피로해석이 중요하다.

증속기가 있는 풍력발전기의 경우, 저속축 또는 베어링, 혹은 그 양쪽이 증속기로 통합된 것과

그림 13-24 2MW 풍력발전기의 주축(www.middelgrunden.dk)

그림 13-25 유성기어와 그 부품의 일례

coupling에 의해 완전히 분리된 것이 있다. MW 급의 풍력발전기의 경우 날개 선단의 속도를 풍속의 약 7배(즉, 일정한 주속비)로 유지하기 위해 로터는 1분에 19~30회전(rpm)으로 저속 회전한다.

사용방법에 따라 다르지만 대부분의 경우 단조 주축의 재료에는 비합금 또는 저합금인 기계용 철강이 이용된다(탄소함유율 0.3~0.7%, Mn, Cr, Mo, Ni, V 등의 합금함유율 5% 이하). 사용조건이 심하지 않은 경우에는 통상의 열간압연강이 이용되고, 보다 높은 강도가 필요한 경우에는 고탄소강이 사용된다. 주축은 기계가공 후에 열처리를 하여 항복점과 경도를 향상시킨다. 이들 강재는, 극한강도가 500MPa이고 파단신장이 15%인 비합금강에서, 극한강도가 1500MPa이고 파단강도가 10% 이하인 저합금강까지 그 역학적 특성이 서로 다르다. 가장 가혹한 조건의 경우 주축에 합금강이 이용된다[14].

주조인 저속축이 이용되는 경우도 있다. 주물은 형상의 자유도는 크지만 극한강도와 파단신장은 비교적 작다. 재료에는 통상 노듈러 주철이 사용된다[15].

저속축은 풍력발전기 중에서 가장 중요한 부품의 하나로서 특히 매우 큰 로터에서는 큰 토크를 전달하기 때문에 특히 중요하다. 여기서 품질보증이 매우 중요하고 재료특성은 필요한 조건을 만족하는 것으로 표면의 크랙 또는 그 밖의 제조상의 결함이 있어서는 안 된다. 그 때문에 재료는 초음파탐상 등 적절한 비파괴검사에 의해 결함이 없다는 것을 확인한 후에 검사서를 첨부하여 납품하여야 한다.

13.3.2 증속기

대부분의 풍력발전기는 저속축 회전속도를 발전기의 회전속도(통상 1800rpm 또는 1500rpm)까지 증속하기 위하여 증속기를 갖는다. 증속기는 풍력발전기에서 가장 가격이 높고 중량이 큰 부품이며[16], 중량은 정격출력에 따라 급격히 증가한다. 그러나 다극동기발전기와 전력변환장치가 있는 풍력발전기는 증속기가 필요없다.

통상 증속기는 풍력발전기 제조사와는 다른 증속기 제조사로부터 공급을 받는다. 풍력발전기의 기어에는 몇 가지 형식이 있지만 비교적 경량이고 소형인 유성기어(그림 13-25)가 일반적이다. 증속기는 케이스, 축, 기어, 베어링 및 seal로 구성된다.

기어는 다양한 재료로 만들어지지만, 풍력발전기의 증속기용으로 가장 일반적인 것은 단조강으로, 침탄(浸炭) 또는 그 밖의 열처리에 의해 기어에 필요한 강도와 경도를 얻는다. 일반적인 열처리법으로서 다음의 것이 있다.

- 사전열처리
- 열처리
- 사후열처리(응력제거)

기어의 시험과 검사의 요구사양은 열처리법에 따라 다르다. 일반적으로 인증에서는 화학성분, 기계적 성질(Charpy 시험을 포함) 및 초음파시험이 요구된다.

증속기의 운용에서 윤활은 중요한 문제로 유욕(油浴)윤활에 의해 모든 기어의 맞물림과 베어링에 충분한 윤활유가 공급되도록 한다. 윤활유는 기어의 톱니와 베어링의 마모를 최소로 하고, 풍력발전기를 회전하는 외부환경에 대하여 적절한 것이 선정되지 않으면 안 되며, filtering 및 냉각 또는 과열(한랭지의 경우)이 필요하게 되는 경우가 있다. 윤활유와 윤활 시스템은 증속기 제조사가 책임을 갖고 선정해야만 한다. 풍력발전기의 기어는 주속이 비교적 작고, 기어 톱니면의 하중이 크고 또한 항상 토크가 변동한다. 이들 조건에 의해 합성유 또는 광물유 중 어떤 것을 선정할 필요가 있다[15]. 즉, 기어의 윤활에 관한 권고기준은 규격에서 주어진다.

풍력발전기용 증속기 제조사	소재지
Niebuhr Tandhjulsfabrik A/S	덴마크
Moventas	핀란드
Rexroth Bosch AG	독일
Cincinnati Gear Company	미국
Tecknatex Aps	덴마크

풍력발전기용 오일 필터 제조사	소재지
CJCTM	덴마크
Hilliard Corporation	미국

13.3.3 발전기

발전기는 기계적 파워를 전기적 파워로 변환하는 장치로서, 주로 동기형과 비동기(유도)형(5장 참조)인 2종류가 있다. 정속기 및 가변속기 대부분이 사용하고 있는 유도발전기에서는 발전기를 통과하는 파워의 연결은 "soft", 즉 속도가 변화하기 때문에 drive train의 기계부품에 유익하다.

오래전부터 일반적인 발전기는 도자성(導磁性)이 높은 철과, 절연재에 넣은 도전성(導電性)이 높은 구리 코일로 구성된다. 또한 코일 대신에, 온도센서 등의 부품을 넣은 영구자석(NeBFe 또는 Ferrite)도 일반화해오고 있다. 또한 NeBFe 자석은 아연 그 밖의 재료로 얇게 코팅함으로써 부식을 방지한다[15].

발전기는 외부기온이 −20~+30°C의 결로 또는 염분의 부착이 일어나지 않는 환경에서 문제없이 동작하도록 설계할 필요가 있다. 발전기의 자기발열이 불충분하고 자기기동을 할 수 없는 경우에는 보조히터를 이용하고 발전기의 가열/냉각기구 및 절연은 이들의 영향에 견딜 수 있도록 설계된다.

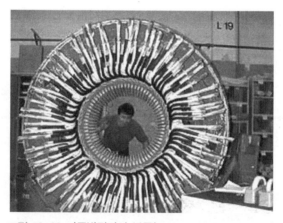

그림 13-26 다극발전기의 부품(www.middelgrunden.dk)

풍력발전기용 발전기 제조사	형식	소재지
ABB A/S	동기발전기	덴마크
ELIN EBG Motoren	유도·동기발전기	오스트리아
Hitachi Europe GmbH	유도발전기	독일
Motors & Controls Internationals Hazelton	유도발전기	미국
GE Energy	유도발전기	미국

13.3.4 Yaw drive

Yaw라는 것은 풍향에 대하여 타워의 연직축을 중심으로 나셀과 로터를 회전시키는 것을 의미한다. 주된 목적은 출력의 최대화이지만, 매우 소형인 풍력발전기에서는 yaw 제어를 출력제어의 수단으로 이용하는 경우도 있다. 전력계통에 연계되는 풍력발전기는 모든 나셀의 하부에 장비한 모터로 yaw를 구동하는 "active yaw" 제어를 수행한다.

Active yaw system은 유압 또는 전동 모터를 이용하고, 발전기를 회전시킨다(그림 13-27). Yaw drive의 수는 설치지점의 조건에 의해 결정되며, 보통 4개이다. 이들 부품은, 나셀의 위치를 고정하고 기어를 보호하는 yaw 브레이크 및 yaw 베어링과 함께 부품 제조사로부터 표준품을 조달받기 때문에, 풍력발전기에 적용한 경우에는 부품 제조사가 고려하고 있지 않은 상태에 노출될 가능성이 있다. 일반적으로 yaw drive와 yaw 브레이크는 단조강으로 만들며, yaw drive의 기어는 침탄 또는 그 밖의 열처리에 의해 기어면을 경화시켜 광범위한 하중에 의한 마모를 방지한다.

풍력발전기용 yaw drive 제조사	소재지
Parker Hannifin Corporate	미국
Rexroth Bosch AG	독일

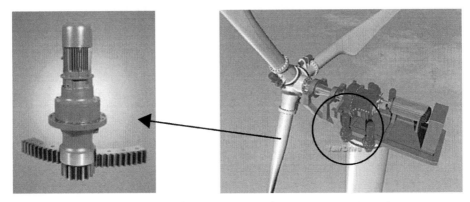

그림 13-27 Bosch의 yaw mechanism(www.boschrexroth.com)

13.3.5 베어링(bearing)

베어링은 주축, 증속기, yaw 기구, pitch 기구, 발전기 및 그 밖의 회전부품에 필요한 부품이다. 대형인 풍력발전기에서는 일반적으로 pitch 베어링과 yaw 베어링에는 4점 접촉 볼베어링이, 그리고 주축을 지지하기 위해 구면 롤러 베어링이 이용된다. 주축에는 테이퍼 롤러 베어링(tapered roller bearing)이 이용된다(그림 13-28).

　베어링은 탄소강을 둥글게 만 2개의 링 형상의 단조품과 탄소강 또는 스테인리스강인 볼로
이루어져 있고, 내륜(內輪)과 외륜(外輪)은 적절한 항복강도와 피로강도를 얻을 수 있도록 경화
된다. 실제의 볼 또는 롤러의 궤도면은 유도과열과 담금질에 의해 경화된다. 이 전동면의 표면경
도에는 최저 RC58이 필요하고, 케이스의 경화 깊이는 RC50의 경도가 나오는 깊이로 정의되어
있다. 대부분의 yaw와 pitch 베어링은 각 전동요소 사이에 플라스틱 스페이서(spacer)를 갖는
다. 4점 접촉 볼베어링은 반구 형상의 홈을 단부에 갖는 원통형의 스페이서를 갖는다. Cross
roller bearing은 2개의 근접하는 롤러의 회전각이 90°인 각도를 유지하도록 안장 형태의 플라스
틱제의 스페이서가 있는 것이고, 직경 5cm 이상의 큰 볼의 스페이서인 경우 플라스틱을 강판으
로 강화하는 경우가 있다[17, 18].

　베어링에는 적절한 윤활을 실시할 필요가 있다. 윤활의 주된 목적은, 금속과 금속의 접촉을 피하
기 위해 전동요소 사이에 윤활피막을 형성하는 것으로, 베어링의 마모와 피로를 피하기 위함이다.
그리고 또다른 기능으로서, 해양환경에서의 부식방지를 들 수 있다. 또한 윤활재의 점도가 높아지는
저온도와 점도가 낮아지는 고온도에서는 베어링의 동작특성에 영향을 주기 때문에 윤활재의 선정에
서는 운전온도 조건을 고려하지 않으면 안 된다. 주축 베어링의 윤활에는 그리스(grease)가 가장
일반적으로 사용되고 있지만, lithium soap grease(내수성과 광범위한 온도영역 −30~+30℃에서
사용가능) 외에 sodium soap grease 또는 calcium soap grease도 사용할 수 있다[15, 18].

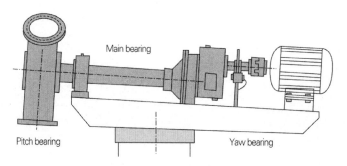

그림 13-28 대형 풍력발전기의 베어링 : pitch drive와 yaw drive의 4점 접촉 볼 베어링과 구면 롤러 베어링
(spherical roller bearing)

풍력발전기용 베어링 제조사	소재지
Kaydon Bearings Division	미국
SKF	스웨덴
TRI Transmission and Bearing Corp.	미국

13.3.6 Coupling

Coupling은 토크를 전달시키기 위해 2개의 축을 연결하는 것으로, 풍력발전기에서 사용될 가능성이 있는 곳은 주축과 증속기 사이와 증속기 출력축과 발전기 사이의 2곳이다.

Coupling은 각각의 축에 접속하는 2개의 강재로 된 부품으로 구성되고, 초기장력을 걸어서 양쪽을 볼트로 결합한다. solid coupling의 한 예를 그림 13-29에 나타낸다. 여기서 통상 오스테나이트(austenite)계의 스테인리스제 볼트가 사용되며, 특수한 부식방지 성능을 갖게 하기 위해 특별한 표면처리가 필요하다[15].

풍력발전기용 coupling 제조사	소재지
Flender GmbH	독일
Mayr GmbH	독일

그림 13-29 풍력발전기에 사용하는 대표적인 solid coupling(www.mayr.de)

13.3.7 기계 브레이크

통상 기계 브레이크는 공력 브레이크 시스템의 backup 또는 보수 등으로 풍력발전기를 정지할 때의 parking 브레이크로서 일반적으로 사용되며, 보수 시에 yaw 위치(13.3.4항 참조)를 고정하기 위해서도 이용된다. Yaw의 기계 브레이크의 예를 그림 13-30에 나타낸다.

기계 브레이크에서는 브레이크 켈리퍼(break caliper), 브레이크 디스크(break dusk), 브레이크 패드(break pad) 등이 중요한 부품이며, 브레이크의 작동과 해방에는 통상 유압이 이용된다.

브레이크 시의 마찰이 에너지를 열로 소실시켜 국부적으로 고온이 되기 때문에 브레이크 디스크와 브레이크 패드는 열하중에 견딜 필요가 있다. 브레이크 패드는 특별한 재료로 만들어져 있으며 온도의 설계계산과 온도측정을 필요로 한다. 예를 들면 세라믹 패드는 300~400°C 이상의 고온이 되면 마찰내력을 상실한다. 고온용인 브레이크 패드는 소결 청동제로 만들어지며[15], 열하중을 흡수하는 데 충분한 두께를 가진 탄소강으로 만든 브레이크 패드도 일반적이다.

브레이크 스프링은 다양한 재료로 만들어지지만, 가장 일반적인 것은 스프링 강선으로 사용되는 강이다[16].

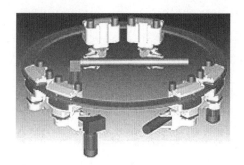

그림 13-30 대표적인 yaw 기계 브레이크(www.hanning-kahl.de)

풍력발전기용 기계 브레이크의 제조사	소재지
HANNNING & KAHL GmbH & Co	독일
Hilliard Corporation	미국
Parker Hannifin Corporate	미국

13.3.8 나셀 커버

나셀 커버는 철근과 함께 유리섬유로 만들어지며 rubber damper를 사이에 두고 main frame에 고정된다. 나셀의 frame(그림 13-31)은 덕타일 주철(ductile cast iron)로 만들어진다. 나셀 커버는 바람하중에 견디고 보수 작업원이 악천후에도 내부에서 기립할 수 있는 높이를 갖도록 설계한다. 또한 기상조건이 좋다면 덮개를 개방할 수 있다.

그림 13-31 풍차의 나셀 프레임(CAB Incorporated의 허가하에 게재 : www.cabinc.com)

증속기와 발전기 등의 냉각과 환기는 나셀 내부에서 관리한다. 증속기와 발전기의 냉각풍에 의해 나셀 내부온도를 외부온도보다 7℃ 이상 높아지도록 관리함으로써 결로와 부식을 방지한다. 또한 hoist crane에 의해 해치(hatch)로부터 또는 헬리콥터를 사용하여 지붕으로부터, 손상된 부품을 교환하기 위해 나셀 커버를 개방할 수 있도록 하는 것이 중요하다.

나셀 요소 제조사	요소	소재지
Bach Composite Industry A/S	케이싱	덴마크
DIAB Inc.	케이싱	미국
TPI Composite Inc.	케이싱	미국
Hodge Foundry Inc.	프레임	미국
CAB Inc.	프레임	미국
K & M Machine-Fabricating, Inc.	프레임	미국

13.4 지지구조의 재료

13.4.1 타 워

해상풍력발전기의 타워 및 기초와 타워의 접합부품은 hot-rolled soft carbon steel으로 만들어지고 있다(그림 13-32). 철근 콘크리트(RC 콘크리트) 타워는 값이 싼 새로운 방법으로 최근에 해상용으로 검토되고 있다. 특히 해안에 가까운 위치의 모노파일 풍력발전기에서 타워에 충분한 강성을 얻기 위해 PS 콘크리트(Prestressed concrete)가 사용되고 있다[19, 20].

강도를 늘리고 재료를 절감하기 위해 원통형 타워는 원뿔 모양이다. 타워는 휨과 용접에 의해 길이 20~30m인 섹션으로 제조되며, 현장에서 이웃하는 섹션과 볼트로 연결되도록 섹션의 양 끝에는 플랜지(flange)를 설치하고, 일반적으로 내식성인 강재 볼트[21]로 결합된다. 또한 접합부를 보다 강화하기 위해 건설현장에서 용접하는 방법도 있다. 또한 모든 금속부품에서 서로 다른 표준전위를 갖는 금속을 접촉시킴으로써 생기는 전식을 피하기 위하여, 적절한 용접이음, 볼트, 금속의 접착제를 선정하는 것이 매우 중요하다. 강재 타워의 극한인장강도와 피로의 허용응력은 용접 접합부의 품질에 의존한다[19].

그림 13-32 대형 풍력발전기의 강재 타워의 한 섹션

타워 내외의 표면, 타워와 기초의 접합부품 및 액세스 플랫폼에는 부식을 방지할 필요가 있다. 이에는 통상 특수한 도료를 사용하고 단속적인 파, 염분의 비말 및 습기에 의한 부식과 침식을 최소화한다.

북해(North Sea)의 유전·가스전 탐사 등과 같이 저온(주간 5℃, 야간 내내 영하)이 되는 경우가 있다. 해상의 강구조 기술은 조선업의 100년 이상의 역사를 거쳐 지난 40년 동안 해상의 석유·가스 산업에 의해 가속해왔다. 해상풍력발전단지는 이들의 실증된 기술과 몇 가지 유사점이 있기 때문에 그들의 도장을 채용함으로써 첫 보수까지의 수명을 늘리고 있다. 폴리우레탄 또는 에폭시 수지를 베이스로 한 도장은 장기간에 걸쳐 안정성이 유지되며, 이들 도장은 희석하여 사용하기 때문에 건조 시에 필요한 피막의 두께를 얻기 위해 5~7회 도장을 실시한다. 규산아연(zinc silicate) 또는 에폭시 아연(zinc epoxy)에 의한 밑칠(이것에 의해 막 내부의 부식 creep과 장기간의 내식성을 개선한다), 타이코트(tie-coat), 에폭시계 도료에 의한 중간칠, 그리고 폴리우레탄계 도료로 덧칠하고 있는 점이 큰 개량점이며, 건조 피막 두께는 도장 방법에 따라 275~335μm가 된다[22, 23].

풍력발전기 타워 제조사	소재지
Beaird Company, Ltd.	미국
Morrison Berkshire, Inc.	미국
DS SM A/S	덴마크
Flanschenwerk Thal GmbH	독일

Steel Tower

Attack mechanism	*Protection solution*		
	Paint	*Additional cover protection*	*Material characteristics*
Saline air and/or frost corrosion	Poiurethane or epoxy resins + zinc sillicate or epoxy primer (~0,3 mm)	None	Soft steel (S275, S235, S355)
Severe seawater corrosion Seawater loads	Glass fibre reinforced epoxy paint (~1,5 mm)	Antifouling Corrosion allowance Cathodic protection systems	

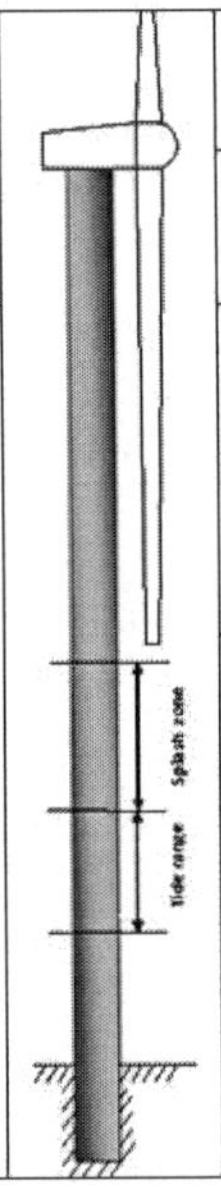

Reinforced Concrete Tower (class E DS411)

Attack mechanism	*Protection solution*				
	Paint	*Steel characteristics*		*Concrete characteristics*	
Frost damage		Concrete cover > 40 mm	40 mm prestressed steel reinforcement	Water/cement ratio < 0,4 (class E) Air pore additive (for freeze/thaw protection	*Concrete density* 320-500 kg/m3
Lime leaching (dissolving calcium hydroxide from the concrete matrix) Seawater corrosion	Glassfibre reinforced epoxy paint	Concrete cover > 50 mm Concrete cover > 40 mm	50-100 mm prestressed steel reinforcement		*Concrete density* 400-500 kg/m3

그림 13-33 강철 및 철근콘크리트 타워의 환경문제와 현재의 경감대책(참고문헌 24를 수정)

그림 13-33은 강철 및 콘크리트 타워에서의 환경문제와 그들의 저감방법을 체계적으로 정리한 것이다. 타워는 상시 수몰되어 있는 해수면 아래 영역, 조석의 폭 영역, 비말대 및 대기환경 영역의 4개의 부분으로 나뉜다. 각각의 영역에서 부식의 종류와 심한 정도가 다르기 때문에 서로 다른 보호 대책이 요구된다. 또한 보호대책은 강재 타워와 콘크리트 타워에 있어서도 현저하게 달라지며, 하나의 구조물에 콘크리트와 강재를 합리적으로 적용한 하이브리드 타워는 각각의 재료가 갖는 특성을 최대한 활용할 수 있다.

13.4.2 기 초

해상풍력발전기 기초의 상부는 가장 부식이 진행하기 쉬운 비말대에 있다. 비말대는 ① 상시 발생하는 최고수위 + 유의파 정고와 ② 상시 발생하는 최저수위 - 유의파 저고 사이의 범위로 정의된다. 부식방지에 대해서는 기초의 형식을 선정한 후, 기초설계의 단계에서 계획할 필요가 있다(그림 13-33 참조).

해상풍력발전기의 기초구조는 풍력발전기와 해류, 파, 얼음 등의 해양환경 양쪽으로부터 하중을 받는다. 안전성의 저하가 허용되지 않는 기초의 구조부재가 설계수명 동안에 손상을 받지 않도록 충분한 부식방지를 실시할 필요가 있다.

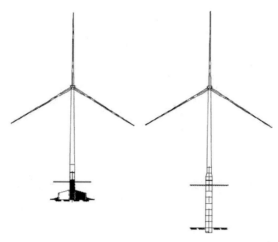

그림 13-34 중력식(왼쪽)과 모노파일식(오른쪽) 기초[25]

오늘날의 해상풍력발전기에 적용되고 있는 2개의 기초 형식을 그림 13-34에 나타낸다.

- 중력식 구조 : 철근 콘크리트(과거) 또는 강재(평탄한 강재 박스에 설치한 강관)
- 강재 모노파일구조

중력식 기초는 수심이 얕고 강한 파를 받지 않는 해역을 위해 개발되었으며 지반특성이 암붕(岩棚), 암, 말뚝에 적합하지 않은 지반특성 등 모노파일에 적합하지 않은 유럽의 몇 곳의 해상풍력발전단지에 적용되어 왔다. 덴마크의 Middelgrunden 풍력발전단지에서 2MW 풍력발전기에 적용한 것이 지금까지 최대의 중력기초이다. 이러한 경험을 통하여, 보다 거대한 풍력발전단지에는 중력식 기초가 적합하지 않다는 것을 알게 되었으며, 이러한 기초는 사이트에서 가까운 조선소와 dry dock에서 거대한 기초를 조립하고 사이트까지 예항하여 가라앉힐 필요가 있다. 또한 중력식 기초는 모노파일에 비해 직경이 크기 때문에(약 18m) 환경에 대한 영향이 크다.

모노파일 기초는 지금까지 설치된 풍력발전단지에서 가장 일반적인 것이다. 모노파일은 단순히 큰 대구경(4~5m)의 말뚝이며, 해저 퇴적층의 하중전달 특성에 따라 모노파일을 해저면에서 15~30m인 심도까지 타입된다. 타입 시, 모노파일의 개방된 선단을 통해 해저의 토사가 파일의 내부를 채우게 되어, 부가적인 지지력이 유발된다. 수심 및 하중이 증가함에 따라 말뚝의 직경과 판 두께도 증가한다.

이러한 타입의 구조가 인기가 있기 때문에, 설계사상의 개발도 이 형식이 중심이 될 것이다. 정부(頂部) 질량 및 수심이 보다 증가한다면, 다리가 하나인 기초로는 충분한 강성을 확보할 수 없기 때문에 보다 강성이 높은 다각기초(일반적으로는 그림 13-35에 나타내는 Tripod 기초)가 필요로 될 것이 예상된다. 이 형식에서는 기초의 강성은 매우 높아진다[23]. 반면, 피로하중과 용접된 원통이음에 내재된 높은 응력집중에 의해 지배된다.

Lattice 구조도 이와 비슷한 형식이다(그림 13-35). 최근에 스코틀랜드 Aberdeen 앞바다의 북해에 설치된 REpower 5MW(로터 직경 126m)는 수심 44m인 해저에 말뚝을 타입한 강재 lattice-jacket 위에 탑재되어 있다.

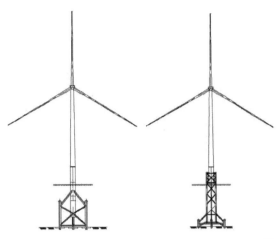

그림 13-35 Tripod 기초(왼쪽), Lattice 기초(오른쪽)[25]

부유체식 기초는 심해역에서 사용되는 석유 플랫폼의 발상에서 연구 중이다. Blue HTechnologies 사는 이탈리아의 Pugia 앞바다에서 80kW 풍력발전기를 탑재한 잠수식 심해 플랫폼(SDP)의 시험을 개시하였다. 이것은 tension leg platform(TLP : 그림 13-36)의 기술을 사용하고, 플랫폼의 재료에는 해수면 아래 부분에 cathode 처리(아연도금)를 실시한 S355 강재를 사용하며 강재로 만든 체인으로 해저에 계류되어 있다.

(1) 콘크리트 기초

철근 콘크리트 구조의 철근은 최소한의 요구되는 콘크리트 피복 두께(비말대에서는 50mm, 그 이외에는 40mm)를 확보함으로써 부식에 대하여 보호되어야 한다. 피복은 크랙의 발생과 크랙 폭을 제한하는 고밀도 콘크리트 구조로 해야 하지만, 이것은 환경 클래스 E(DS411에서의 높은 클래스)의 적절한 조성의 콘크리트를 적용함으로써 만족시킬 수 있다. 최저한의 요구사항을 다음에 나타낸다.

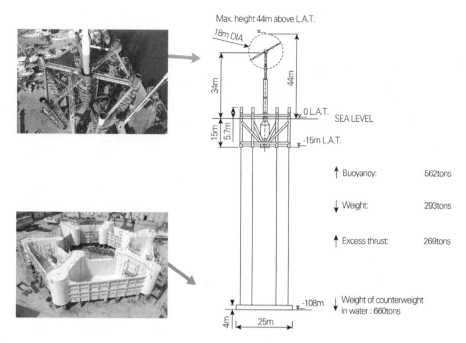

그림 13-36 Blue H의 Submerged Deepwater Platform(SDP)의 대형 prototype[Blue H의 허가하에 게재 (Radogna 촬영)]

- 콘크리트의 압축강도의 특성값 $f_{ck} > 40\text{MPa}$
- 콘크리트의 물시멘트비 < 0.45
- 최대골재크기 $d_{max} < 32\text{mm}$ 또는 철근 사이의 최소거리
- 비(非) 프리스트레스트 철근 사이의 최대거리 $150 \sim 200\text{mm}$
- 극력, 소구경(12~20mm)인 철근을 사용한다.

Cathode 부식방지[강재에 먼저 마그네슘 또는 아연이 부식하는 희생양극(sacrificial anode)], 철근의 피막, 노출부분에의 스테인리스강의 사용 등 추가적인 부식대책도 검토해야만 한다. 나아가, 비말대의 콘크리트 표면보호에는 유리섬유강화 에폭시를 베이스로 한 도료를 검토해야 하며 기초의 주위를 내부식강으로 감싸는 방법도 있다[21, 26, 27].

(2) 강재 기초

일반적으로 비말대에서 피막이 없는 강재의 부식의 진행속도는 0.3~0.5mm/년[27]으로 가정되며, 이 속도는 연수가 지남에 따라 가속한다[21]. 또한 부식표면에 매우 큰 응력집중이 생기기 때문에 부식되어 있지 않은 강재보다도 갈라짐의 진행이 빠르다. 이러한 특성을 고려하면 부식방지는 필요불가결하다. 실제의 비말대의 설계법으로서 알려져 있는 것으로 미리 부식을 예상하고 판의 두께를 결정하는 "부식대(corrosion allowance)"가 있으며, 이것은 각각의 특별한 조건에서 판단되어야 한다.

"부식대" 외에 glass-fibre-reinforced epoxy 도료를 사용할 수 있으며, 예를 들어 두께가 1.5mm인 다층 glass flake epoxy/polyester, 또는 두께가 450μm인 다층 후막형 epoxy, 또는 두께가 200μm인 TSA(thermally sprayed aluminium)를 sealer coat로서 사용할 수 있다. 통상 부식속도는 이러한 표면처리에 의해 저하한다.

기초의 "비말대"보다 하부의 강재부품의 표면은 기본적으로 cathode 방식(防蝕), 즉 희생양극 (Zn-Al-In 형식) 또는 외부전원에 의한 전기방식 또는 두 방법에 의해 보호된다. 단, 대형의 구조물에서는 희생양극으로 완전히 방식(防蝕)하는 것은 경제적이 아니다. 또한 외부전원방식(ICCP) 시스템에는 양극[고규소(high silicon)인 주철, 흑연, 혼합 금속 산화철, 백금, 니오브 등]을 직류전원에 접속하여 사용한다.

수중의 영역은 모두 도장할 필요가 있으며, 해저지반 주위에서는 cathode 방식(防蝕)과 부식대를 조합하여 적용하는 것이 적합하다. 또한 해저지반의 토사 종류와 해류에 따라 해저면 아래(2~10m) 부분의 기초에도 방식(防蝕)이 필요한 경우가 있다.

풍력발전기기초 제조사	소재지
DS SM A/S Steel	덴마크
Bladt Industries A/S Steel	덴마크
Densit A/S Concrete	덴마크

13.5 한랭기후에서의 여러 문제

풍력발전기는 설치지점에 따라서 다음의 환경에 노출될 경우가 있다.

• 해빙(부빙, 유빙, 정착빙)
• 풍력발전기에 부착할 가능성이 있는 착빙성 대기(연무, 안개, 강우, 물보라 등의 공기 중의 수분) (그림 13-37)
• 풍력발전기의 다양한 재료(금속, 복합재, 고무) 및 윤활제에 영향을 미치는 저온. 모든 풍력발전기에는 운전 시와 대기 시(비운전 시)에서 최저온도한계가 있다. 이 한계는 풍력발전기 제조사가 명시하는

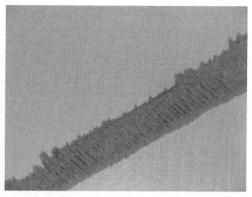

그림 13-37 발트 해 북부에서 바람에 의해 육지로 밀려온 유빙(왼쪽), 저온(0°C 이하)·고습도인 환경에서 착빙한 블레이드(오른쪽)

것이며, 이것은 허용할 수 있는 범위에서 수명이 저하하는 설비의 안전하고 신뢰성 있는 운전을 보장하기 위해 필요하다.

한랭기후에서는 빙결 또는 표준적인 풍력발전기의 운전온도 이하의 저온이 발생하는 것이 특징적이며, 북위 52° 이북에서 계획되어 있는 해상풍력발전단지에서는 매우 중요하다.

통상의 온도사양의 상업용 풍력발전기에서는 최저운전기온은 −20°C이고 최저 "정지 기온"은 −30°C이다. 즉, 저온사양의 상업용 풍력발전기도 판매되고 있으며, 대표적인 것으로는 운전기온은 −30°C이고 정지 기온은 −40°C로 되어 있다(표 13-5 참조). 또한 추가적인 방책에 의해 저온한계를 한층 더 저하시킬 수 있다[29]. 대표적인 한랭지 사양(CWPS)의 풍력발전기에는 다음의 대책이 포함되어 있다.

- 윤활계통의 히터(통상 증속기의 내부)
- 발전기의 추가적인 히터
- 나셀 공간의 히터
- 제어반의 히터
- 착빙 검출기
- 허브와 프레임용인 특수한 합금 덕타일 주철
- 타워용인 특수합금
- 나셀의 sealing 강화
- 저온용인 윤활제
- 히터가 부착된 풍향풍속계

표 13-5 제조사가 명시한 한랭지 사양의 풍력발전기의 운전/정지 최저기온

저온사양의 풍력발전기	운전온도(°C)	정지온도(°C)
Vestas Turbine(1.8MW, V80/V90)	−30	−40
GE Turbine(1.5MW, 1.5S/SL)	−30	−40
NEGMicon Turbine(NM72/82, 1.65MW)	−30	−40
MHI(Mitsubishi) (1MW, 1000/1000A)	−40	없음
Gamesa(G52/G80)	−30	없음

계속시간이 짧은 일 최저기온 등은 많은 재료의 특성에 문제를 주지 않고 또는 재료를 가열함으로써 저온의 계속시간을 단축할 수 있다. 그 때문에 검토에서는 1시간 평균기온의 최저값이 참조되는 경향이 있다.

저온 시에는 강재는 취화(embrittlement)하고 그 결과 에너지 흡수 능력과 변형량이 감소하기 때문에 손상의 원인이 된다. 또한 블레이드 재료 등의 복합재에는 부가적인 응력이 발생하고, 재료 내부의 미소균열의 원인이 되는 경우가 있다. 저온 시에 전기기기에 전력이 작용한 경우 권선(winding wire)에 열 충격이 발생하여 손상할 가능성이 있다. 다음 항에서는 이들 재료에 관하여 간단하게 설명한다.

13.5.1 복합재료

FRP(섬유강화 플라스틱)의 성능은 환경조건에 따라 악영향을 받을 경우가 있다. 빙점 아래의 온도와 동결용해에 의해 수지의 경화 또는 미소균열을 일으키고, 섬유와 수지의 접착강도 및 기계적 특성을 저하시킨다. 나아가 미소균열과 폴리머수지의 냉각 시의 "취화"에 의해 문헌 30)~32)에 보고되어 있는 것 같은 특성변화를 나타낸다. 그러한 특성변화는 제품품질(void율 또는 수지가 과다한 부분 등)에 강하게 의존한다. 그림 13-38에 유리섬유강화 에폭시재의 실온(23°C)과 저온(−5°C, −20°C, −40°C)의 4종류의 조건에서 인장시험결과의 예를 나타낸다. 통상 이러한 복합재의 데이터는 관례상 섬유의 방향과 관련되어 있다[30].

저온에 있어서, 몇몇의 복합재 특성변화는 수지의 경화에 의해 설명할 수 있다. 저온 시에는 FRP의 강성이 높아지기 때문에, 일반적으로 파괴모드는 실온에서의 시료에 대한 것보다 취성과 연관되어 있다[31]. 이것은 FRP가 저온 시에 급속하게 파괴하기 쉽다는 것을 의미하며, 구조설계에서 고려해야만 한다.

복합재는 섬유와 수지의 수축이 균일하지 않기 때문에 동결용해 중에 잔류응력의 영향을 받고,

이 응력이 큰 경우에는 재료 내부에 미소균열이 발생하는 경우가 있다. 이 미소균열은 재료의 강성과 투수성을 악화시켜 열화를 촉진시킨다[32]. 이를 막기 위한 하나의 방법은, 열팽창계수가 비슷한 섬유와 수지를 사용하는 것이다.

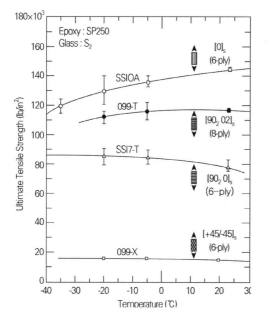 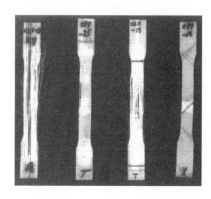

그림 13-38 유리섬유강화 에폭시 적층체 강도에 대한 온도의 영향(왼쪽), 시험 후의 시험편(오른쪽 사진)[28]

13.5.2 금속재료

일반적으로 저·고탄소강(타워, 축, 볼 베어링), 주철(허브, 증속기의 부품, 발전기, 메인 베어링, 나셀), 그리고 동(발전기의 부품) 등으로 제조되는 구조재료 및 기계재료의 선정에서는 영하의 온도 영향을 고려하지 않으면 안 된다. 운전 중, 저온, 고응력 및 고속의 하중변화에 의해 금속재료의 파괴내력이 확실하게 변화하는 경우가 있다. 연성에서 취성으로의 변화는 연성-취성 천이(DBT)로 불리고, 체심입방격자(body centered cubic : bcc)를 갖는 금속재료의 특징이다.

Ferrite 강은 작은 온도 폭("천이온도")에서 연성에서 취성으로 천이한다. 그 때문에 그림 13-39에 나타내는 것처럼 저온 시에 탄소강의 연성은 저하하여 취화하고[34, 35], 그것에 의해 에너지 흡수 능력과 파괴 전의 변형량은 함께 감소한다. 취화상태에서는 변형률은 거의 없어지며, 최악의 경우 강은 유리처럼 파괴하기 때문에 정지온도 이하의 저온에서 풍력발전기의 저탄소강 타워에 거대한 부빙(浮氷)이 충돌함으로써 큰 피해를 일으킬 가능성이 있다. 이러한 몇 가지 이유로 인해 현저하게 온도가 낮은 지점에서의 풍력발전기의 설치는 피하는 것이 좋다[36, 37].

금속은 오랜 기간에 걸쳐 저온환경에서 사용되어 왔다. 예를 들면 니켈 또는 알루미늄 등의 합금은 저온 시에 강도가 향상하는 것이 다수 보고되어 있다. 영도 이하의 온도 등의 용도에서 내후성이 충분한 경우 통상 우선 검토되는 것은 ferrite계 니켈합금이다. 용접하는 모든 구조부재에 추위에 견딜 수 있는 강을 사용하여도 비용은 거의 증가하지 않지만, 표준적인 용융아연도금 볼트가 저온에서도 충분한 특성을 갖는다는 것은 증명되어 있다[34].

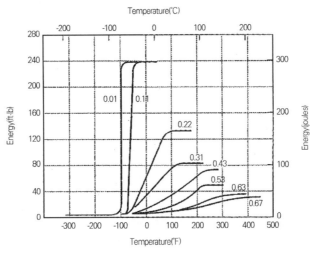

그림 13-39 충격 에너지에 대한 온도와 탄소함유량(0.01~0.67 중량%)의 영향

연성-취성 천이에 의해 탄성계수가 변화하는 경우 부품의 고유진동수(ω_I)도 변화하는 경우가 있다. 예를 들어 풍력발전기의 타워를 원통이라고 생각했을 때, 타워의 1차 휨 모드의 고유진동수 (rad/s)는 다음의 수식으로 추산된다[39].

$$\omega_I = 1.75 \sqrt{\frac{EI}{h_H^3(m_{top} + m_T/4)}}$$

여기서, E는 탄성계수(온도변화에 의해 급속히 변화할 가능성이 있음), I는 단면2차모멘트, h_H는 허브 높이, m_{top}는 정부(頂部) 질량, m_T는 타워 질량이다. 설계에서 로터 및 블레이드의 통과주파수에 상당하는 1P와 3P에서의 가진에 의해 손상하지 않도록, 타워의 ω_I가 양쪽에 일치하지 않도록 할 필요가 있다.

13.5.3 그 밖의 재료

증속기, 유압 접속부 및 damper는 장기간에 걸쳐 저온에 노출됨으로써, 영향을 받을 가능성이 있다. 온도의 저하에 의해 윤활재와 작동유의 점도는 증가하기 때문에 평소와 같이 운전을 하기 쉽도록 하기 위해서는 히터 및 저점도의 윤활재를 사용해야만 한다[40].

저온 시에는 seal, 쿠션 등에서 사용하고 있는 고무의 유연성이 잃어버리는 경우가 있다. 탄성적인 신장 등의 고무적 거동에는 폴리머 안의 분자군에 높은 가동성이 필요하고, 고무의 신장은 분자의 사슬이 가볍게 서로 얽힘으로써 생긴다. 이 움직임은 온도가 저하함으로써 작아지고, 유리전위온도 T_g로 불리는 온도에서 분자군의 거동은 완전히 굳어지고, 재료는 딱딱하고, 부서지기 쉽고, 플라스틱처럼 변화하고 작은 신장에 파괴된다. seal 또는 그 밖의 고무 부품에 적절한 T_g를 갖는 고무(phenylmethyl-dimethyl silicones rubbers)를 선정함으로써 저온 시에도 탄성을 유지하고, 취화를 방지할 수 있는 가능성이 있다[40].

13.6 해상풍력발전기의 재료선정 순서

다음에 입각한 합리적인 설계에 의해 풍력발전기의 설계수명을 통하여 발전비용의 최소화를 꾀할 수 있다.

① 시스템의 간소화(부품수의 삭감)
② 부품의 경량화

이들 2점은 제조, 운반, 수송에 필요한 비용에 영향을 준다. 특히, 해상풍력발전기에서는 경량화가 가장 중요하며, 이에는 혁신적인 재료의 적용이 유효하다.

풍력발전기의 복잡함과 질량(중량)은 고강도 재료, 혁신적인 형상, 기능상의 성능 및 새로운 제조 프로세스에 의해 저감할 수 있다.

효과적으로 설계를 진행하기 위해서는 합리적인 재료선정 기준이 필요하며, 재료의 특성 이외에 그 밖에 요소의 기능, 형상 및 제조 프로세스를 검토할 필요가 있다. 사용 가능한 재료 중에서, 우선 설계상의 제한에 의해 선택의 폭은 좁아지고, 다음으로 그들 중에서 부품의 성능을 최대화하는 재료를 찾는다. 첫 번째 제한은 풍력발전기의 하중, 크기, 해양환경의 공기 또는 물의 대표적인 특성 등의 설계상 양보할 수 없는 조건에 의해 설정된다. 이러한 사양에 의해 사용할 수 있는 재료는 몇 가지로 좁아진다. 또한 주어진 성능을 최대화하는 물리적·화학적인 특성의 조합을 찾음으로써 한층 더 좁아진다.

이러한 조합은 성능지수로 불리고, 설계에서 크기, 하중요구, 환경특성의 함수로서 경량이고 고강성인 구조재료를 선정할 때의 지표가 된다. 이것은 M. F. Ashby에 의해 도입된 것[41~44]으로, 최적인 재료군을 선별하기 위한 일반적인 기법이며, 앞으로 일반적인 해상풍력발전기의 타워와 블레이드의 설계에 채용될 것으로 예상된다. 다음 항에서는 재료의 선정을 중심으로 설명한다. 구조물의 설계와 크기결정의 절차는 본 장의 범위 밖에 있으며, 물리 파라미터가 부품의 성능의 최대화에 미치는 영향을 의논하기 위하여 매우 단순한 레벨의 것을 소개할 것이다. 일반적으로 재료설계에서는 특정 하중조건이 상정되지만 보다 엄밀한 하중모델을 도입함으로써 그 절차를 확장할 수 있다.

13.6.1 원통 타워의 재료설계

타워의 재료는 강도, 압축에 의한 shell의 좌굴 및 고유진동수에 대한 강성 등의 요구에 의해 선정된다. 그 때문에 타워는 그림 13-40의 모노파일 기초의 그림과 같이 하중을 받는 캔틸레버 (cantilever)로 모델화할 수 있다. 여기서, 구조에 작용하는 주요한 외력에 다음의 것이 있다.

- 타워 정부(頂部) (로터와 나셀) 질량($F_{G,H}$)과 타워 질량($F_{G,T}$)에 의한 중력
- 로터에 작용하는 바람하중($F_{A,R}$)과 타워에 작용하는 바람하중($F_{A,T}$)
- 타워에 작용하는 파와 조류하중(F_W)
- 타워 기부의 빙상(氷床)하중($F_{ICE,T}$)
- 로터와 나셀의 착빙에 의한 중력(착빙이 있는 경우)

로터의 회전과 yaw 동작에 의한 응력은 풍력발전기 정지상태에서는 고려할 필요가 없다. 타워는 가장 무거운 부품이기 때문에 해상풍력발전기의 설계에서 타워 질량의 최소화는 최대의 설계 목표이다. 또한 이것에 의해 제조비용뿐만이 아니라 수송 또는 운반비용의 저감도 예상할 수 있다. 원통 타워의 질량(m_T)을 계산하기 위한 간략식으로서 다음 식을 이용할 수 있다.

$$m_T = \pi D_T h_T t \rho_T \tag{13.1}$$

여기서, D_T는 타워의 평균직경, h_T는 타워의 높이, t는 타워의 평균 판 두께, ρ_T는 재료 밀도이다. 타워의 테이퍼(taper)를 고려하면, 식 (13.1)에서의 평균직경은 아래와 같다.

$$D_T = \frac{D_{top}}{2}\left(\frac{D_{foot}}{D_{top}} + 1\right) = \frac{D_{top}}{2}(f_D + 1)$$

여기서, f_D는 타워의 테이퍼비(taper ratio)이다. 풍력발전기의 원통 타워와 같은 복잡한 구조물의 질량의 최소화는 전형적인 over-constrained 설계이며, 정적인 조건만으로도 강도, 안정성/좌굴, 강성을 평가할 필요가 있다. 그 때문에 이러한 요구를 만족하도록 다중제약해석(multi-constrained analysis)을 수행할 필요가 있다.

최초의 제약조건은 축방향의 항복응력이다.

$$\sigma_d \leq \frac{\sigma_f}{\gamma_f \gamma_m} \tag{13.2}$$

타워 단면의 최대 축응력(σ_d)은 재료의 허용응력(σ_f)을 각각의 적절한 하중에 대한 부분안전계수(γ_f)와 재료의 부분안전계수(γ_m)로 나눈 것보다도 작아야 한다. 그림 13-40에서 해저면으로부터 타워 높이 h_T를 허브 높이 h_H로 근사한 경우 식 (13.2)는 다음의 식이 된다.

$$\frac{F_{G,H} + F_{G,T}}{\pi D_T t} + \frac{F_{A,R}h_H + F_{A,T}\frac{2}{3}h_H + F_{ICE,T}h_s + F_W\frac{2}{3}h_s}{\pi\frac{D_T^2}{4}t} \leq \frac{\sigma_f}{\gamma_f \gamma_m} \tag{13.3}$$

타워 정부(頂部)의 질량에 의한 응력은 로터 축방향 하중에 의한 응력에 대하여 무시할 수 있으며, 타워의 바람하중은 로터의 바람하중에 대하여 무시할 수 있는 점으로부터 타워 기부의 휨 모멘트는 로터의 공력하중($F_{A,R}$)에 의한 것이 주가 된다. 그 때문에 식 (13.3)은 다음과 같이 간략화된다.

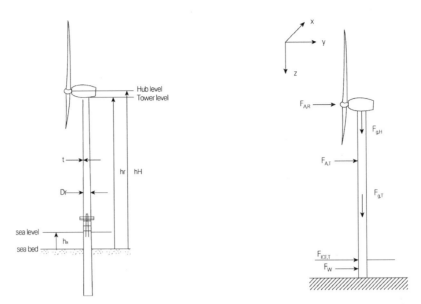

그림 13-40 원통 타워의 간략화 모델의 기하 파라미터(왼쪽), 정지 중인 풍력발전기를 캔틸레버 보로 간략화한 모델(오른쪽)

$$\frac{F_{A,R}h_H}{\pi\dfrac{D_T^2}{4}t} \leq \frac{\sigma_f}{\gamma_f\gamma_m} \tag{13.4}$$

식 (13.1)과 식 (13.4)에 의해 질량에 관한 다음 식을 얻을 수 있다. 여기서, $h_T = h_H$라고 가정하였다.

$$m_T = \frac{\gamma_m\gamma_f}{D_T}4F_{A,R}h_H^2\frac{\rho_T}{\sigma_f} = 4(F_{A,R}\gamma_f)\left(\frac{h_H^2}{D_T}\right)\left(\frac{\rho_T}{\sigma_f}\gamma_m\right) = F(L,G,M) \tag{13.5}$$

여기서, 하중($F_{A,R}$, 부분안전계수), 형상(D_T, h_H), 그리고 재료의 각 파라미터는 재료에 대한 하중[L], 형상[G], 재료[M]으로 그룹화하고, 함수에 의해 각각의 영향을 표현한다.

다음의 크기 룰(scaling rule)에 의해 허브 높이와 공력하중은 로터 직경에 따라 증감한다[45].

$$h_H = \frac{D_R}{2} + h_{wave,\,\max} \tag{13.6}$$

$$F_{A,R} \propto D_R^{2\alpha+2} \tag{13.7}$$

여기서, D_R은 로터 직경, $h_{wave,\,max}$는 최대파고, α는 wind shear의 멱함수이다. 식 (13.5)에 식 (13.6), 식 (13.7)의 함수를 대입함으로써 다음 식을 얻을 수 있다.

$$m_T = 4\gamma_f \left(\frac{D_R}{2} + h_{wave,\,max} \right)^2 \frac{D_R^{2\alpha+2}}{D_T} \frac{\gamma_m}{\sigma_f/\rho_T} \tag{13.8}$$

특히 하중과 형상의 항을 조정할 수 없는 경우 다음의 어느 하나를 이용하여 타워 질량의 최소화를 꾀한다.

① 축방향 응력의 제한조건으로부터 만들어지는 제1의 지수 M_1을 최대화하는 재료

$$M_1 = \frac{\sigma_f}{\rho_T} \tag{13.9}$$

② 재료 또는 부품의 제조공정에 대한 지식을 통한 부분안전계수를 작게 할 수 있는 제조방법. 특히 용접부 등의 불완전부에 의해 타워 벽면의 압축내력을 저하시키지만 각국의 기준에는 이것을 고려한 특정 룰(rule)이 있다.

최적화의 후보가 되는 재료의 선정에는 Ashby 차트가 참고가 된다. 그 하나가 그림 13-41에 나타낸 것으로, 재료의 밀도 ρ에 대한 인장강도 σ_f가 양대수 그래프에 나타나 있다. Ashby 차트에서 재료의 한계는 기술의 진보와 함께 변화한다. 그림의 경계선은 새로운 재료 및 새로운 용도(특히 복합재)가 시장에 나타날 때마다 변화하기 때문에 시간과 함께 변화한다.

식 (13.9)의 양쪽 변에 대수를 취하면, Ashby 차트에서 기울기가 1인 직선에 평행한 직선군을 만들 수 있다.

$$\log(\sigma_f) = \log(\sigma_T) + \log(M_1) \tag{13.10}$$

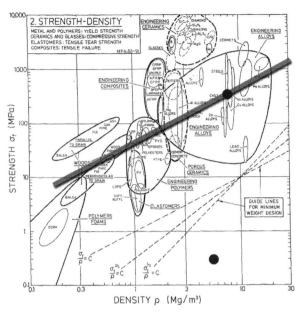

그림 13-41 밀도와 강도에 대한 Ashby의 재료 선정 차트. 파란 띠는 초기의 제한조건을 나타낸다(Prof. M.F. Ashby의 허가하에 게재)

이러한 선에 의해 하중지수와 형상지수의 조건에 최적으로 만족하는 재료를 쉽게 도출할 수 있기 때문에 설계 가이드라인으로서 참조할 수 있다. 또한 σ_f/ρ가 일정한 선 위에 있는 재료의 성능은 동등하다고 간주할 수 있으며, 이것보다도 위에 있는 것은 성능이 좋고, 아래에 있는 것은 성능이 뒤떨어진다.

S355 강과 같은 일반적인 재료에 의해 타워의 설계를 만족하고 있는 경우를 상정한다. 이 강재는 단위중량당 기계적 특징은 양호하고, 가공이 용이하며, 비교적 가격이 싸기 때문에 자주 선정되는 것으로 $\sigma_f=355\mathrm{MPa}$, $\rho=7.85\mathrm{Mg/m^3}$에 의해 $M_1=45$이다.

이에 의해 그림 13-41 위에 첫 번째 제한조건으로서 $M_1=45$를 통과하는 기준선을 그을 수 있다.

타워의 안정성/좌굴해석이 질량 최소화 문제의 두 번째 제한조건이 된다. 원통 타워는 압축하중이 오일러하중(F_{CR})을 초과했을 때에 탄성적으로 좌굴하기 때문에 축방향 압축에 대한 강도는 항복점보다도 낮아진다.

$$F_{G,H} \leq \frac{F_{CR}}{\gamma_f \gamma_m} = \frac{EI}{\gamma_f \gamma_m} \frac{\pi^2}{4h_T^2} \tag{13.11}$$

여기서, E는 재료의 탄성계수로서 단면 2차모멘트 I는 다음 식으로 주어진다.

$$I = \pi \left(\frac{D_T}{2} \right)^3 t \tag{13.12}$$

식 (13.11)을 식 (13.1)에 대입함으로써 타워 질량은 다음 식과 같이 된다.

$$m_T \propto \left(\gamma_f g \right) \left(\frac{h_T^3 D_R^{2.63}}{D_T^2} \right) \frac{\gamma_m}{E/\rho_T} \tag{13.13}$$

여기서, 두 번째 재료성능지수 M_2를 다음 식으로 정의한다.

$$M_2 = \frac{E}{\rho_T} \tag{13.14}$$

S355 탄소강에 대하여, E=205GPa을 가정한다면, M_2=26.1이 얻어진다.

M_1과 M_2의 양쪽을 적절한 그림(비강도에 대한 비강성)(그림 13-42 참조)으로 나타냄으로써 새롭게 최소질량설계의 후보가 되는 재료군이 선정된다.

- Cermets 및 몇몇의 특수한 공학용 ceramic
- Beryllium과 Beryllium 합금
- GFRP와 CFRP의 한 방향 복합재
- 고성능 콘크리트

단, Cermet와 ceramic은 부서지기 쉽고, 인장에 너무 약하기 때문에 풍력발전기 타워에 적합하지 않다.

Beryllium은 가장 가벼운 금속의 하나로서 강도 대 중량 비와 강성 대 중량 비가 높다. 또한 연성도 높고 가공이 용이하며 휨, 인장, 성형이 가능하기 때문에 극저온, 항공기, 위성의 구조에 사용되고 있는 매력적인 재료이지만, 대량으로 사용하는 재료로서는 가격이 비싸기 때문에 그 이상 검토대상이 되지 않는다.

CFRP와 GFRP는 비교적 가볍고 인장강도와 탄성계수가 높은 것이 특징적이다. 설계에서는 섬유의 양과 배치에 의존하는 기계적 특성의 이방성을 고려할 필요가 있다. 또한 인장강도는 압축강도보다 높다.

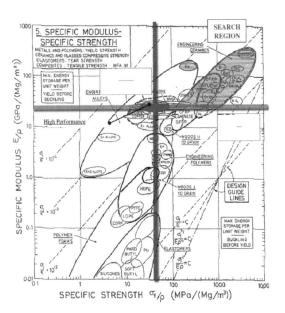

그림 13-42 비강도와 비강성에 대한 Ashby의 재료 선정 차트. 녹색 띠는 초기의 제한조건을 나타낸다(Prof. M.F. Ashby의 허가하에 게재)(컬러 도판 p.529 참조)

CFRP는 오늘날 몇 가지 용도로 사용하게 된 혁신적인 재료이지만 비용의 문제가 있다. GFRP의 주요한 이점은 내식성, 경량 및 운반성에 우수하다는 점으로 용도가 급속히 확대되고 있다. 게다가 GFRP가 갖는 높은 내식성 또는 피로강도는 해상용 소재로서도 매력적으로 해상석유산업에서도 혁신적인 복합재를 적용한 몇 가지 성공예가 있다.

고성능 콘크리트는 매우 높은 압축강도를 갖는 철근 콘크리트이다[46, 47]. 4~6%인 강 섬유를 매우 조밀한 기재(석영모래 또는 bauxite와 함께)에 혼합함으로써 연성과 낮은 투수성(염화물의 침투성을 저감하고 철근의 부식을 낮춘다)을 얻을 수 있다. 고성능 콘크리트는 해양산업에서 이용되어 오고 있지만, 해상풍력발전기에 대해서는 시험 중으로 그 동적인 거동은 현재 조사 중이다.

다음으로 타워 강성의 영향에 대해서 해석한다. 캔틸레버의 원통구조의 1차 휨 고유진동수는 다음 식에 의해 얻을 수 있다[48].

$$\omega_I = 1.75 \left[\frac{EI}{h_H^3 m_T \left(\frac{m_{top}}{m_T} + \frac{1}{4} \right)} \right]^{\frac{1}{2}} \tag{13.15}$$

여기서, m_{top}는 나셀과 로터의 질량이다. 식 (13.12)와 식 (13.1)을 식 (13.15)에 대입함으로써 다음 식을 얻는다.

$$\omega_I \propto \frac{D_T}{h_H^2} \sqrt{\frac{E}{\rho_T}} \tag{13.16}$$

타워의 1차 고유진동수를 결정하는 재료지수(M_3)는 다음 식에 나타내는 탄성계수와 재료 밀도의 비의 제곱근이다.

$$M_3 = \sqrt{\frac{E}{\rho_T}} \tag{13.17}$$

표 13-6 하중과 형상이 동일한 경우의 질량에 대한 재료지수의 영향(UTS : 극한인장강도, UCS : 극한 압축강도)

재료	밀도 mg/m³	UTS (USC) (MPa)	E (GPa)	M₁	M₂	M₃	안전계수 (gₘ)	질량비 (M₁)	질량비 (M₂)	질량비 (M₃)
강재	7.9	355.0	210.0	45.2	26.8	5.2	1.1	1	1	1
한방향 CFRP 복합재	1.8	556(313.0)	21.5	314(174)	11.9	3.5	7.4	1.0(1.8)	15.1	1.5
철근콘크리트(클래스 E)	2.5	550(>40.0)	>38.5	220(16.0)	15.4	3.9	1.2	0.22(3.1)	1.9	1.3
초고성능 콘크리트(HUPC)	2.3÷2.8	(110.0÷210.0)	35.0÷70.0	(48.9÷76.4)	15.6÷25.5	3.9÷5.0	1.2	(0.6÷1.0)	1.9÷1.1	1.3÷1.0
Compact reinforced concrete(CRC)	2.6÷3.0	(100.0÷400.0)	40.0÷80.0	(38.5÷133.3)	15.4÷26.7	3.9÷5.2	1.2	(0.4÷1.3)	1.1÷1.9	1.0÷1.9

풍력발전기의 종류(정속 또는 가변속)와 설계사상에 따라 타워는 stiff tower 또는 soft tower 로 한다. 여기서는 설계기법에 대해서는 의논하지 않지만, 타워 질량의 최소화 및 로터 주파수와의 간섭을 고려하는 데 있어서 재료의 변경은 고유진동수에 영향을 미치는 점에서 중요하다.

표 13-6에 해상풍력발전기용 재료의 후보가 되는 S533 강, 클래스 E의 철근 콘크리트, 초고성능 콘크리트(HUPC), 콘크리트 CRC 및 한방향 CFRP 복합재에 대하여, S533 강에 대한 3개의 재료지수(M_1, M_2, M_3)의 비를 나타낸다.

축방향의 최대허용 인장응력에 의한 제약조건(지수 M_1)에 따르면 형상과 하중이 동일한 경우 콘크리트 타워는 강재 타워보다도 가벼워진다. 또한 이론적으로는 GFRP는 80%까지 재료를 삭감할 수 있지만 재료에 대한 부분안전계수가 매우 높기 때문에 상쇄되어버린다.

압축강도와 안정성의 제약조건(지수 M_2)에서는 GFRP 또는 콘크리트보다도 강철의 특성이 우수하다. 비강성(E/ρ)이 낮다는 점과 재료의 안전계수(불확실성은 해양환경에서는 악화한다)가 뒤떨어지기 때문에 GFRP는 강철보다도 현저하게 무겁게 된다(약 15배). 게다가 비용에 관해서는 GFRP는 강철의 약 2배이기 때문에 위에 기술한 2배의 비가 된다.

고내력 콘크리트는 축방향의 강도(압축과 인장 모두)는 강철과 동등하지만, 구조와 제조 프로세스에 따라 판 두께가 10~90% 증가하기 때문에 안정성에 관해서는 충분하지 않다. 지수 M_3에 대해서는 사용하는 철근 콘크리트에 따라, 기준으로 하는 강재 타워의 고유진동수의 저하를 보상하기 때문에 판 두께를 최대 90% 증가시킬 필요가 있다. 문헌 51), 52)에 이것보다도 질량의 증가가 작은(54%, 그러나 직경도 증가시킬 필요가 있으며, 이것에 의해 62%) 예가 나타나 있다. 같은 문헌에서 CRC는 제조 및 건설비용에 관해서는 강재 타워와 동등하다고 보고되어 있지만, 보수비용도 고려할 필요가 있다. 지수 M_3를 보면 CRC 타워의 기본진동수는 표에 기재된 강재로 된 타워보다도 낮아진다.

13.6.2 블레이드의 재료설계

블레이드는 풍력발전기에서 가격이 비싼 부품일 뿐만 아니라 그 질량이 풍력발전기의 그 밖의 부품의 설계도 좌우하기 때문에 블레이드의 경량화에는 설계상의 많은 노력이 거듭되어 왔다. 지금까지의 일반적인 설계사상은 공력적인 형상의 외부 shell이 있는 box 또는 spar 단면 형상의 압력을 받는 구조이며, 구조적 관점으로부터 구조해석을 위해 단순보 이론이 적용된다. 여기서 블레이드의 하중은 직경이 익형(airfoil) 단면의 두께와 동일한 중공 spar에 의해 전달한다고 가정된다.[53] spar와 익형 단면은 충분한 피로강도 및 고유진동수가 로터의 가진 주파수에서 멀리 떨어지도록 충분한 구조적 강성을 갖게끔 설계할 필요가 있다. 포괄적인 설계에서도 검토되는 compliant system은 여기서는 취급하지 않는다. 블레이드의 질량은 spar와 한 덩어리라고 가정되며, 이 질량은 또한 부가적인 블레이드 shell 질량으로 사용되고 다음 식과 같이 쓸 수 있다.

$$m_B = \int_0^{D_R/2} \frac{\pi d^2}{4} \rho_s dr = 1.25 \pi^3 \rho_s \frac{R^3}{\lambda^4 C_{L,R}^2} \left(\frac{t_B}{c}\right)^2 K \tag{13.18}$$

여기서 ρ_s는 spar의 재료 밀도, λ는 주속비(날개 선단의 속도/풍속), $C_{L,R}$은 블레이드의 양력 계수, c는 블레이드의 평균 시위길이(chord length), 그리고 t_B는 익형의 평균두께(=spar의 직경)이다. 또한 K는 양력계수와 익후비(翼厚比)의 분산을 고려하기 위한 정수이다.

일반적인 수평축 풍력발전기의 통상 발전 중인 블레이드는 다양한 하중을 발생시킨다.

- 공력하중
- 중력
- 회전 중의 원심력과 코리올리 힘
- yaw 선회에 의한 자이로 모멘트

일반적으로 공력중심과 구조상의 축은 일치하지 않기 때문에 공력하중에 의해 블레이드에 비틀림 하중이 발생하고 복합재 구조의 설계가 어렵게 된다. 또한 중력에 의해 블레이드의 위치에 따라서 "압축/인장력" 또는 "평면 내의 휨"이 발생하고, 관성력에 의해 블레이드에 인장하중을 발생시킨다.

본 항에서는 휨 모멘트를 기준으로 한 간단한 블레이드 질량의 계산법을 소개한다. 공력하중을 모델화하기 위해 풍력발전기 블레이드는 바람에 의해 균일한 하중을 받는 캔틸레버로 생각할 수 있다. 풍력발전기의 로터 부근의 바람의 흐름은 복잡하지만, 질량 최소화 문제의 초기 분석을 위해 정적인 해석을 수행한다. 로터에 작용하는 추력은 블레이드 요소 운동량 이론(blade element momentum theory)으로부터 다음과 같이 계산된다.

$$F_T = C_T \frac{1}{8} \rho_a \pi \, V^2 D_R^2 = \frac{\pi}{9} \rho_a V^2 D_R^2 \tag{13.19}$$

여기서 추력 계수(C_T)는 최적조건에서 8/9이다. 블레이드는 추력 하중에 의해 로터 면의 바깥 방향으로 변형하는 경향이 있으며, 그것에 의해 발생하는 flap 방향(면외방향)의 휨 모멘트는 다음 식에 의해 주어진다.

$$M_T = \frac{F_T}{B} \frac{5}{8} R_R = \frac{5\pi}{144} \frac{1}{B} \rho_a V^2 D_R^3 \tag{13.20}$$

여기서, B는 블레이드 계수, F_T/B는 블레이드마다의 thrust 하중, 그리고 $5/8 R_R$은 전체 블레이드에 대하여 aerodymamic pressure의 중심을 나타낸다[54].

edge 방향의 휨 모멘트는 공력 토크와 중력에 의해 생긴다. 평균 토크 M_Q는 발전출력 P_{out}을 회전속도 Ω로 나눔으로서 계산된다.

$$M_Q = \frac{P_{out}}{\Omega} = \frac{1}{4}\rho A_R V^2 D_R \frac{C_P}{\lambda} = \frac{\pi}{16}\rho V^2 D_R^3 \frac{C_P}{\lambda} \tag{13.21}$$

여기서 C_P는 풍력발전기의 파워계수이다. 중력에 의한 edge 방향의 휨 모멘트는

$$M_G = F_{G,B} r_G = m_B g r_G \tag{13.22}$$

여기서 g는 중력가속도, r_G는 회전축으로부터 블레이드 중심까지의 거리를 나타낸다.

블레이드 강도에 관해서는 토크와 중력에 의한 휨 모멘트는 flap 방향의 휨 모멘트와 비교하여 중요하지 않기 때문에[54~56], 블레이드 질량은 flap 방향의 휨 하중에 의해 결정된다. 최대 휨 응력 (σ_b)은

$$\sigma_b = \frac{M_T}{I}\left(\frac{t_B}{2}\right) = \frac{M_T}{ct_B^3/12}\left(\frac{t_B}{2}\right) = \frac{5\pi}{24}\rho_a V^2 \frac{D_R^3}{ct_B^2 B} \tag{13.23}$$

로터의 solidity(=전체 블레이드 면적/로터 면적)는 다음 식으로 나타내는 것처럼 주속비와 양력계수에 의해 결정된다[52].

$$S_R = \frac{Bc}{\pi R} = \frac{5}{6\lambda^2 C_{L,R}} \tag{13.24}$$

강도에 관한 한계조건은 다음 식으로 나타낸다.

$$\sigma_b \leq \frac{\sigma_{\lim}}{\gamma_f \gamma_m}$$

여기서 $\sigma_{\lim}$은 복합재의 성능한계 특성값이다. 설계에서 풍력발전기의 구조상의 완전성은 예상되는 풍력발전기의 운용조건을 망라하는 설계상태(통상 극치, 차단, 수송 등)로 대표시켜[51], 각 설계상태에서 적절한 해석을 수행함으로써 블레이드 및 그 밖의 구조부재의 극한강도와 피로

강도를 검증해야 한다.

정지 중인 풍력발전기에 대해서는 앞에서 설명한 타워와 같이 극한강도 아래에서의 손상해석을 수행할 필요가 있다. 이 조건으로 압축하고, 식 (13.23)과 식 (13.24)를 식 (13.18)에 대입하면 블레이드 질량에 관한 다음 식을 얻는다.

$$m_B \propto \left(\rho_a V^2 \gamma_f\right)\left(D_R^3 \lambda^2 C_{L,R}\right) \frac{\gamma_m}{\sigma_f / \rho_s} \tag{13.25}$$

여기서 하중과 재료의 부분안정계수 γ_f, γ_m 는 블레이드 요소와 관련되어 있다.

이에 의해 그림 13-43의 Ashby 차트에, GFRP(36%)에 일반적인 지수 M_1 =200.6인 기준선을 찾아낼 수 있다.

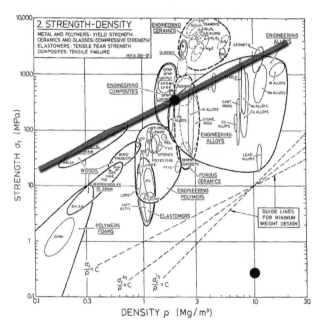

그림 13-43 Ashby의 재료 선정 차트. 초기 제한조건(파란 띠)(Prof. M.F. Ashby의 허가하에 게재)

그뿐 아니라 하중과 형상에 관한 파라미터를 변경할 수 없는 경우는 재료지수 M_1 이 높을수록 경량화할 수 있다. 동일한 성능지수가 사용되기 때문에, 좌굴 또는 고유진동수를 고려한 후에 타워에 대해서 개발된 유사한 사고방식이 블레이드의 spar에 관해서도 적용할 수 있다.

그 밖의 용도와 비교하여 블레이드에 관해서는 재료의 표준화가 거의 진행되고 있지 않기 때문에 정량적인 해석은 어렵다. 문헌에서 보고되어 있는 데이터는 매우 광범위에 흩어져 있지만 직물의 방향, 섬유 함유율, 짜는 방법에 따라 광범위한 재료가 사용 가능하다. 그뿐 아니라 복합재가 나타내는 이방성의 특성과 재료의 특성에 의해 용도에 따라 제조되며, 예를 들면 탄성계수는 쉽게 3~40MPa의 범위에서 변화시킬 수 있다. 식 (13.25)에 사용한 안전계수는 재료 및 섬유 조직에 따라 변화하는 점은 주의를 요한다. 선단소재의 제조사로부터 광범위한 데이터가 제공되고 있지만, 기준[51]에서 제안되어 있는 것처럼 통상의 방법으로 특성이 나타나 있지 않은 재료에 대해서는 보다 좋은 안전율을 채용해야만 한다. 양산화에 의한 큰 안전계수에 의해 이론상의 장점이 완전히 상쇄되어 버리는 경우도 있다. 일반적으로 해양환경에서는 내식성 또는 해상에서의 조립작업의 최소화 등 그 밖의 경계조건이 중요하게 된다.

오늘날에도 GFRP는 spar 또는 shell의 재료로서 선호되고 있지만, 경량 블레이드의 재료로서 kevlar/탄소섬유 강화 플라스틱 등도 후보가 된다. Kevlar 섬유는 특성이 양호하고, 강도도 높고, 충격 및 마모에 대한 내력도 높은 반면 수분을 흡수하기 쉽고, 압축강도는 비교적 낮다고 하는 상반되는 특성을 갖고 있기 때문에 적절한 보호를 하지 않는 한 블레이드에는 적합하지 않다. 그러나 kevlar 섬유는 내구성과 극한변형률의 향상 및 파멸적인 파괴모드를 회피하기 위하여 흑연적층 위에 보호층 또는 흑연과 혼합한 하이브리드 섬유로 사용하는 경우가 있다.

표 13-7 풍력발전기 블레이드용의 재료지수와 형상지수의 비교(UTS : 극한인장강도, UCS : 극한압축강도)

재료	밀도 (mg/m³)	UTS(UCS) (MPa)	E (GPa)	M_1	M_2	M_3	안전계수 (g_m)	질량비 (M_1)	질량비 (M_2)	질량비 (M_3)
GFRP 36%, [±45°, 0°] [49]	1.8	357.0 (364.0)	17.2	200.6 (202.2)	9.7	3.1	7.4	1	1	1
CFRP 50%, [0°, 90°]	1.6	600.0 (570.0)	70.0	375.0 (356.3)	43.8	6.6	3.7	0.27 (0.28)	0.11	0.47

표 13-7은 에폭시-GFRP(36%)와 에폭시-GFRP(50%)의 재료지수를 비교한 것이다. 오늘날의 제조사는 GFRP에 대하여 높은 기대를 갖고 있으며, 고가의 시험을 집중적으로 수행하는 등 풍력발전기에의 적용이 넓게 연구되고 있다. 그러나 얻어진 지견은 공개되어 있지 않으며 현 단계에서 신뢰할 수 있는 데이터를 도출하는 것은 어렵기 때문에 여기에서는 2개의 통합된 설계법에 의해 신 재료의 가능성을 나타내었다. 시판인 GFRP(50%)의 2방향재는 인장강도와 탄성계수에 매우 우수하고, 블레이드를 큰 폭으로 경량화할 수 있기 때문에 매력적인 재료이다. 하중과 형상이 동일한 경우 GFRP(36%)와 비교하여 고유진동수는 대체적으로 반감하지만, 이 영향은 타워의 고유진동수와의 위험한 간섭을 특정하기 위한 Campbell 차트에서 해석해야만 한다.

표 13-7의 해석결과는 피로하중이 고려되어 있지 않기 때문에 완전한 것이 아니다. 피로의 비교에서는 블레이드 제조에 관한 상세하고 깊은 지식이 필요하다. 그럼에도 불구하고 이 예는 후보재료의 선정법으로서 유망하다는 것을 나타내고 있다. Ashby 차트와 유사한 새로운 표를 이용함으로써 평가하는 하중 케이스에서 지배적인 특성의 조합근거를 얻을 수 있다. 기초적인 검토를 통해서 대형의 해상풍력발전기용인 블레이드의 하중전달부에의 탄소섬유의 적용은 비용 면의 효과를 얻을 수 있는 레벨이 되고 있다는 것을 나타내었다.

13.7 결 론

해상풍력발전기의 운용환경은 복잡하기 때문에 특성시험과 성분분석에 대하여 강력한 지원 프로그램이 필요하다. 이들은 현재 사용하고 있는 안전계수를 저감하고, 새로운 재료와 제조방법 의 적용을 확대하기 위하여 중요하다.

작은 시험편에 의한 실험결과를 판 두께가 큰 구조에 적용하는 데 있어서 유한요소법은 유리 하다.

실제의 해양환경에서 화학적 조건, 온도조건에서 피로실험을 수행하여야 하며, 특별한 프로그 램에 의해 주파수의 영향을 받지 않고 시험기간을 단축할 수 있도록 해야 한다.

참·고·문·헌

1. Ancona, D., McVeigh, J., *"Wind Turbine – Materials and Manufacturing Fact Sheet"*, US Department of Energy, Princeton Energy Resources International LLC, 2001.

2. Sutherland, H.J. *"On the Fatigue Analysis of Wind Turbines"*, Contractor Report SAND99-0089, Sandia National Laboratories, Albuquerque, NM, 1999.

3. Mandell, J.F, Samborsky, D.D., *"DOE/MSU composite material fatigue database, 2003 update"*, Internal Report, Sandia National Laboratories, Albuquerque, NM, 2003.

4. De Smet, B.J., Bach, P.W,. "DATABASE FACT, Fatigue of composites for wind turbines", *3rd IEA Symposium on wind turbine fatigue*, 21–22 April 1994.

5. Manwell, J.F. et al., *"Wind energy explained: theory, design and application"*, John Wiley & Sons LTD, 2002.

6. Veers, P.S. et al., "Trends in the Design, Manufacture and Evaluation of Wind Turbine Blades", *Wind Energy* 2003; 6:245–259.

7. Lilleheden, L. "The quest for higher product reliability and performance by use carbon or smart engineering", *Global Outlook for Carbon Fibre 2004*, October 19-20, Hamburg, Germany.

8. TPI Composites, "Innovative design approaches for large wind turbine blades", SAND 2003-0723, Sandia National Laboratories, Albuquerque, NM, 2003.

9. Griffin, A., "Alternative composite materials for MW scale wind turbine blades: design consideration and recommended testing", *Wind Energy Symposium Proceedings*, pp.191-201, ASME, 2003.

10. SP Systems, *"Guide of composites"*, www.gurit.com, 1998.

11. DNV/Riso, *"Guidelines for design of wind turbines"*, 2nd edition, 2002.

12. Jamieson, P., "Evolution of modern wind turbine rotors design and manufacturing", *Wind Turbine Blade Workshop*, Albuquerque Sheraton Uptown, February 24-25, 2004.

13. Zvanik M., "Composites and Wind Energy: Partners in Performance", *SAMPE Journal*, 38, 2002.

14. Harrison, R. et al., *"Large wind turbines: design and economics"*, John Wiley & Sons LTD, 2000.

15. DNV/Riso, *"Guidelines for design of wind turbines"*, 2nd edition, 2002.

16. Manwell,J.F. et al., *"Wind energy explained: theory, design and application"*, John Wiley & Sons LTD, 2002.

17. NWTC, *"GuidelineDG03, Wind turbine design, yaw & pitch rolling bearing life"*, National Renewable Energy Laboratory, Certification team, 2000.

18. SKF, *"General catalogue"*, Denmark, 1989.

19. Harrison, R. et al., *"Large wind turbines: design and economics"*, John Wiley & Sons LTD, 2000.

20. Tech-wise, *"Offshore wind turbine towers in high strength concrete"*, Report 121020, 2002.

21. DNV/Riso, *"Guidelines for design of wind turbines"*, 2nd edition, 2002.

22. Thick,J., *"Offshore Corrosion Protection of Wind Farms"*, October 2004.

23. Petersen, P., Nielsen, K.B., Feld, T., "Design basis for offshore wind structures", *Det Norske Veritas, Copenhagen offshore wind*, Denmark, 2005.

24. Lipman, N.H., Musgrove, P.J., Pontin, G.W., *"Wind energy for the Eighties"*, BWEA, 1982.

25. DNV, *"Design of Offshore Wind Turbine Structures"*, 2004.

26. Germanischer Lloyd, *"Offshore Wind Energy Conversion Systems Guidelines"*, 1999.

27. DEA, *"The Danish Energy Agency's Approval Scheme for Wind Turbines, Recommendation for Technical Approval of Offshore Wind Turbines"*, 2001.

28. IEA-Annex XIX, *"Cold climate turbines operating worldwide"*, www.virtual.vtt.fi, 2008.

29. Manitoba Hydro, *"Clarification of Wind Turbine Cold Weather Considerations"*, EXHIBIT MH-NCN-1031, 2004.

30. Dutta, P.K. "Structural Fiber Composite Materials for Cold Regions," *Journal of Cold Regions Engineering*, pp.124 −134, Vol. 2, No. 3, September 1988.

31. Karbhari, V.M., Rivera, J. and Dutta, P.K. (2000). "Effect of Short-Term Freeze-Thaw Cycling on Composite," *Journal of Composites for Construction*, pp.191-197, Vol. 4, No. 4, November 2000.

32. Lacroix, A., Manwell,J.F., *"Wind energy: cold climates issues"*, 2000.

33. Wigley,D.A., *"Mechanical properties of materials at low temperatures"*, Plenum press New York-London. 1971.

34. Laakso, T., Holttinen, H., Ronsten, G., Horbaty, R., Lacroix, A., Peltola, E., Tammelin, B., *"State-of-the-art of wind energy in cold climates"*, http://arcticwind.vtt.fi, 2003.

35. Campbell, J.E., "Structural alloys at subzero temperatures", in *Metals Handbook*, desk edition, American Society for Metals, 1985, pp.20.24-20.34.

36. Battisti, L., Fedrizzi, R., Dal Savio, S., Giovannelli, A., "Influence of the and Size of Wind Turbines on Antiicing Thermal Power Requirement", *Proceedings of EUROMECH 2005 Wind Energy Colloquium*, 4-7 Oct. 2005, Oldenburd - Germany, Springer Verlag 2007.

37. Battisti, L., Fedrizzi, R., Brighenti, A., Laakso, T., "Sea ice and icing risk for offshore wind turbines", *OWEMES*, 20-22 April. Citavecchia, Italy, 2006.

38. Smith, W.F. *"Foundations of Materials Science and Engineering"*, Mc-Graw Hill, p.247 (1993).

39. Baumeister, T., Editors, *"Marks' Standard Handbook for Mechanical"*, 1978.

40. Diemand, D., "Lubricant at Low Temperatures", *CREEL Technical Digest TD 90-01*, Cold Regions Research & Engineering Laboratory, Hanover, New Hampshire, 1990.

41. Ashby, M F. *"Materials Selection and Process in Mechanical Design"* Butterworth Heinemann, Oxford, 1999.

42. Ashby, M.F., Cebon, D. *"Case studies in Materials Selection"*, Second Edition, Butterworth-Heinemann, Oxford, 1999.

43. Ashby, M.F., Jones, D.R.H., *"Engineering Materials 1"*, Second Edition, Butterworth Heineman, Oxford, 1996.

44. Ashby, M.F., Jones, D.R.H., *"Engineering Materials 2"*, Second Edition, Butterworth Heineman, Oxford, 1998.

45. Nijssen, R.P.L, et al., *"The application of scaling rules in up-scaling and marinisation of a wind turbine"*, EWEC, Copenhagen, Denmark, 2001.

46. Tech-wise A/S, *Summary of report on CRC for off shore wind turbine*, 2002, www.crc-tech.com.

47. Lohaus, L., Anders, S., "High-cycle Fatigue of Ultra-High Performance Concrete and Grouted Joints for Offshore Wind Energy Turbines", *Wind Energy Proceedings of the Euromech Colloquium*, 2007.

48. Baumeister, T., Editors, *"Marks' Standard Handbook for Mechanical"*, 1978.

49. Mandell, J.F, Samborsky, D.D., *"DOE/MSU composite material fatigue database, 2003 update"*, Internal Report, Sandia National Laboratories, Albuquerque, NM, 2003.

50. DNV/Riso, *"Guidelines for design of wind turbines"*, 2nd edition, 2002.

51. Standard IEC 61400-1, *Part 1: Design requirements*, 2007.

52. Battisti, L., Soraperra, G., *"Analysis and application of pre-design methods for HAWT rotors"*, EWEC, Milano, Italy, 2007.

53. Battisti, L., Hansen, M.O.L., Soraperra, G., "Aeroelastic simulations of an iced MW-Class wind turbine rotor", *Proceedings of the VII BOREAS Conference*, Saarisalka, Finland, 2005.

54. Milborrow,D.J., "Towards lighter wind turbines", *8th BWEA*, Cambridge, Wind Energy Convertion, 1886.

55. Harrison, R. et al., *"Large wind turbines: design and economics"*, John Wiley & Sons LTD, 2000.

56. Manwell,J.F. et al., *"Wind energy explained: theory, design and application"*, John Wiley & Sons LTD, 2002.

컬러 도판

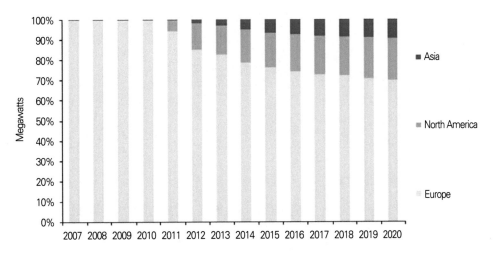

그림 1. 대륙별 해상발전단지의 도입 비율 예측(2007-2020)
('Global Offshore Wind Energy Markets and Strategies 2008-2020', Emerging Energy Research, March 2008로부터 허가를 얻어 전재)(본문 p.v 참조)

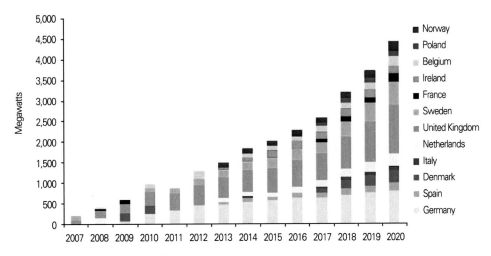

그림 2. 유럽 각국의 해상풍력발전기 연간 도입률(2007-2020)
('Global Offshore Wind Energy Markets and Strategies 2008-2020', Emerging Energy Research, March 2008로부터 허가를 얻어 전재)(본문 p.vi 참조)

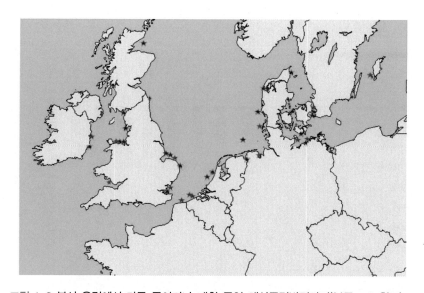

그림 1-3 북서 유럽에서 가동 중이거나 계획 중인 해상풍력발전단지(본문 p.9 참조)

ⓒ 2002 www.offshorewindenergy.org. ★ 건설된 MW 풍력발전기, ▲ 건설된 소형 풍력발전기, ■ 건설 중, ● 계획 중

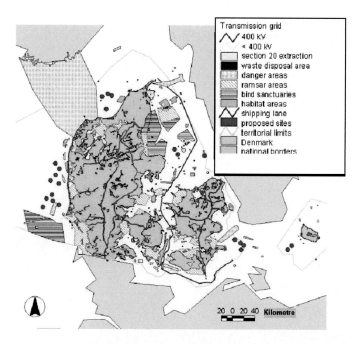

그림 1-4 덴마크의 장래 해상풍력발전단지의 입지에 대한 제안(덴마크 에너지청)(본문 p.10 참조)

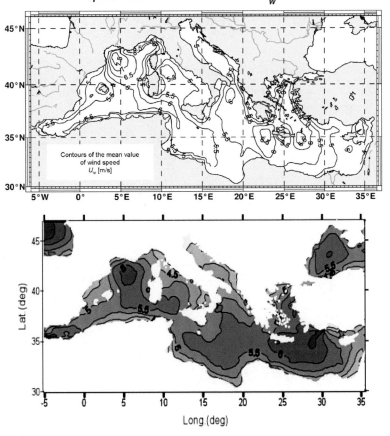

그림 3-1 지중해에서 연평균 풍속(m/s)의 분포(본문 p.54 참조)

위 그림 : The medatlas(2004), 아래 그림 : Lavagnini(2006)

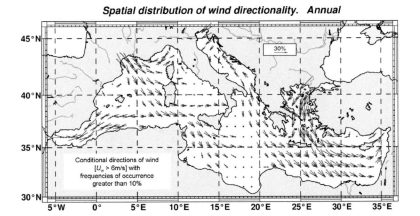

그림 3-2 지중해에서 연탁월풍속(The Medatlas Group, 2004)(본문 p.54 참조)

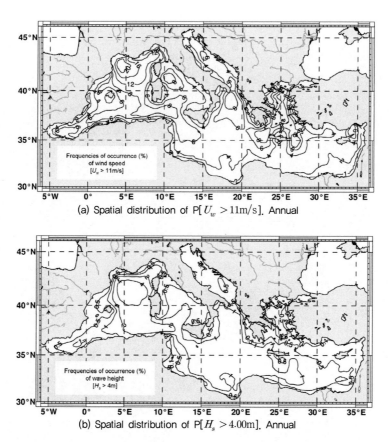

(a) Spatial distribution of $P[U_w > 11\text{m/s}]$. Annual

(b) Spatial distribution of $P[H_s > 4.00\text{m}]$. Annual

그림 3-3 (a) 11m/s를 초과하는 풍속의 연 확률분포와 (b) 4m를 초과하는 유의파고의 확률분포(본문 p.56 참조)

(The Medatlas Group, 2004)

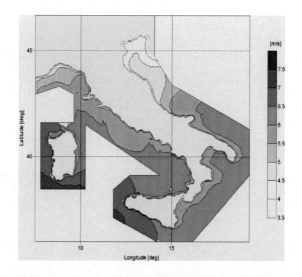

그림 3-5 이탈리아 반도 주변의 해면 위 10m 고도에서 연평균 풍속(m/s)의 분포(Cassola)(본문 p.57 참조)

- $L_{max,132KV} = 370$ km
- $L_{max,220KV} = 281$ km
- $L_{max,400KV} = 202$ km

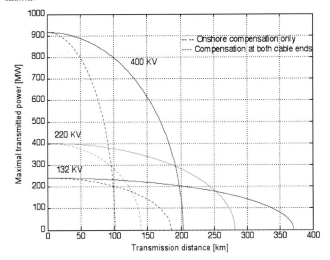

그림 6-10 다양한 HVDC 송전케이블 및 송전전압(132kV, 220kV, 400kV)에 대한 송전용량과 송전거리의 관계
(케이블의 데이터는 표 6-3을 참조)(본문 p.178 참조)

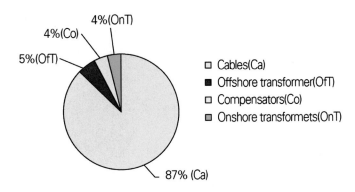

그림 6-11 500MW 풍력발전소의 송전손실 내역(평균 풍속 9m/s, 송전길이 100km, 3상 132kV 해저케이블을
사용한 경우)(본문 p.182 참조)

출처 : Todorovic[29]

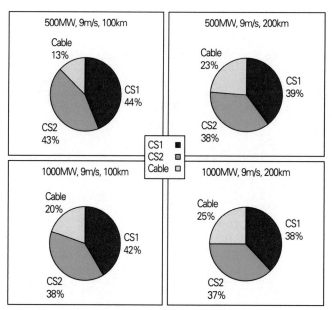

그림 6-14 타려 HVDC 송전에 의한 500MW 및 1000MW 풍력발전소의 총 송전손실의 내역
(평균 풍속 9m/s, 송전거리 100km 및 200km, 3상 132kV 해저케이블. CS는 전력변환소)
(본문 p.187 참조)

출처 : Todorovic[29]

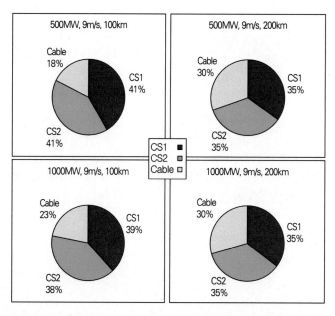

그림 6-17 자려 HVDC 송전에 의한 500MW 및 1000MW 풍력발전소의 총 송전손실 내역
(평균 풍속 9m/s, 송전거리 100km 및 200km. CS는 전력변환소를 의미함)(본문 p.191 참조)
출처 : Barberis Negra[40]

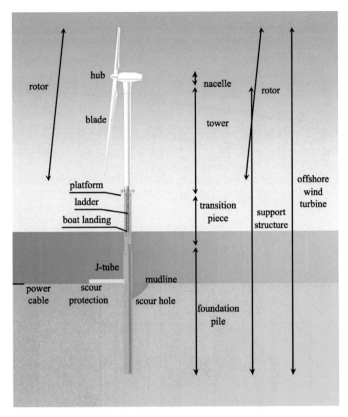

그림 8-1 해상풍력발전기 용어의 개요(본문 p.232 참조)

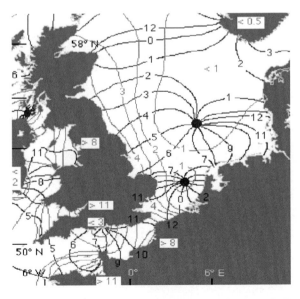

그림 8-12 북해의 조차. 파란선 : 등조차선[같은 조차(m)를 나타내는 위치]

빨간선 : 등조위선(같은 시간대에 같은 조위를 나타내는 위치)[12](본문 p.245 참조)

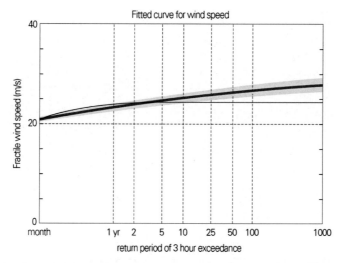

그림 8-17 평균 풍속 데이터(계단형상의 검정선)에 대한 Gumbel 근사(빨간선)[19](본문 p.251 참조)

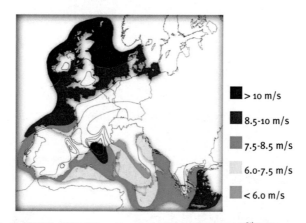

그림 8-19 유럽의 해상에서 고도 100m에서의 연평균 풍속[21](본문 p.252 참조)

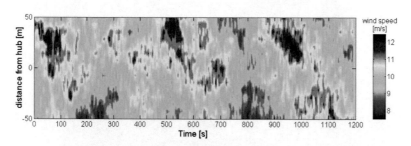

그림 8-28 바람장에서의 난류와(turbulent eddy)(본문 p.262 참조)

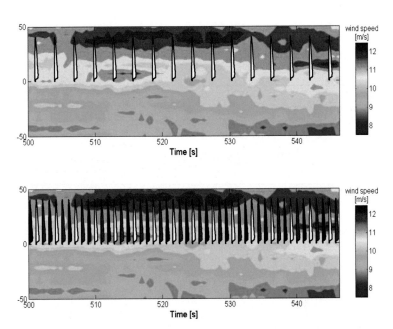

그림 8-29 난류와를 1P의 주파수에서 통과하는 1개의 블레이드(위)와 3P에서 통과하는 3개(검정, 흰, 파랑)의
블레이드(아래)(본문 p.262 참조)

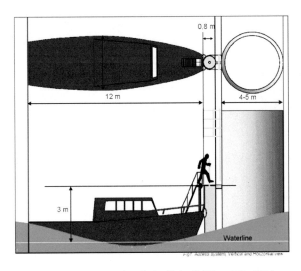

그림 10-2 SASH 시스템의 개념도(본문 p.328 참조)

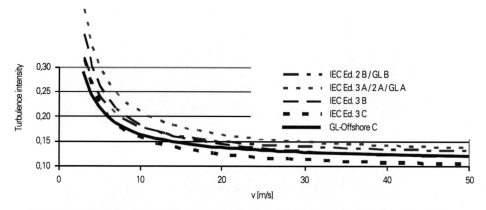

그림 11-1 서로 다른 규격·가이드라인에 따른 풍속과 난류강도의 관계(본문 p.354 참조)

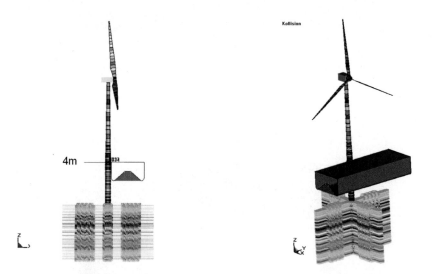

그림 11-12 풍력발전기, 선박, 지반 스프링을 고려한 측면충돌의 전체모델(본문 p.390 참조)

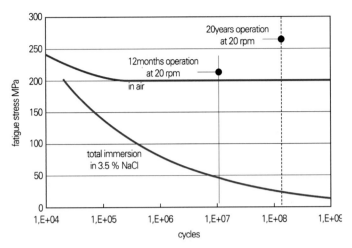

그림 13-2 깨끗한 공기와 3.5% NaCl 수용액 안에서 연강(0.17% C)의 피로와 부식피로(15℃, 전응력진폭)(본문 p.457 참조)

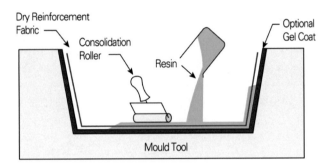

그림 13-12 Wet hand lay-up 법(Gurit, www.gurit.com의 허가하에 게재)(본문 p.468 참조)

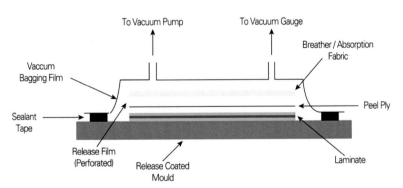

그림 13-13 Vaccum-bagging 법(Gurit, www.gurit.com의 허가하에 게재)(본문 p.469 참조)

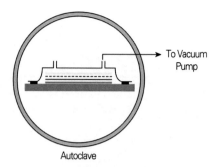

그림 13-14 Pre-preg 법(Gurit, www.gurit.com의 허가하에 게재)(본문 p.470 참조)

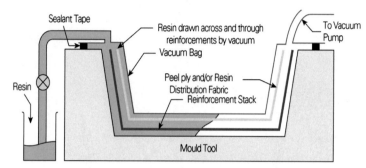

그림 13-15 VARTM 법(Gurit, www.gurit.com의 허가하에 게재)(본문 p.471 참조)

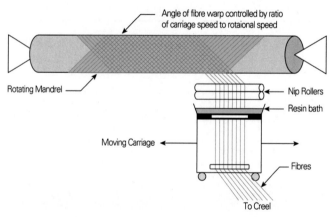

그림 13-17 Filament winding 법(Gurit, www.gurit.com의 허가하에 게재)(본문 p.472 참조)

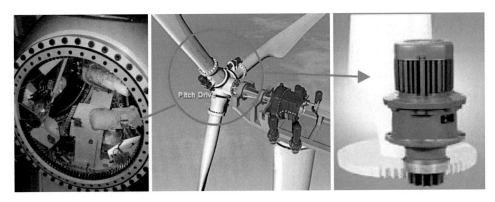

그림 13-20 기계식 pitch drive : Mexwell(왼쪽, www.maxwell.com), Bosch(오른쪽, www.boschrexroth.com) (본문 p.476 참조)

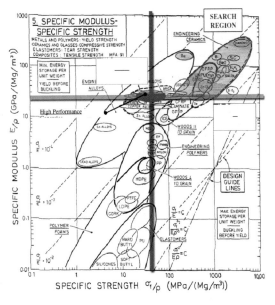

그림 13-42 비강도와 비강성에 대한 Ashby의 재료 선정 차트. 녹색 띠는 초기의 제한조건을 나타낸다(Prof. M.F. Ashby의 허가하에 게재)(본문 p.505 참조)

GLOSSARY

CENELEC	European Electrotechnical Commission
DENA	Deutsche Energie−Agentur GmbH (German Energy Agency)
DAF	dynamic amplification factor
DNV	Det Norske Veritas
EC	European Commission
EU	European Union
E&W	England and Wales
FRP	Fibre reinforced plastics
GL	Germanischer Lloyd
GRP	Glass−fibre reinforced polyester
HVAC	high−voltage alternating current
HVDC	high−voltage direct current
IEA	International Energy Agency
IEC	International Electrotechnical Commission
LIDAR	light detection and ranging
NORDEL	(Nordic countries' transmission system operators)
OWEMES	Offshore Wind Energy in Mediterranean and European Seas
RES	renewable energy sources (or supplies)
RESE	renewable energy sources (supplies) [of] electricity
RPM	revolutions per minute
SODAR	sonic detection and ranging
S/N	stress versus number (of cycles)
SASH	(in Swedish) soft boarding to offshore structures
SWATH	small water access twin hull
TLP	tensioned leg platform
TSO	transmission system operator
UCTE	Union for the coordination of transmission of electricity
VARTM	Vacuum assisted resin transfer moulding

색 인

편저자 약력

▶▶ **John Twidell**

Wind Energy 편집장

British Wind Energy Association & UK Solar Energy Society 이사

UK Parliamentary Select Commitee on Energy 어드바이서

현재 Oxford University & City University, London 강사

▶▶ **Gaetano Gaudiosi**

Italy, Naples University 조선공학과 졸업

OWEMES 의장

Wind Energy, Offshore Wind Energy 공동편집자

현재 ENEA-UNESCO e-learning 담당

공역자 약력

▶▶ **김 남 형**

일본 Kagoshima University(鹿兒島大學) 대학원 졸업(석사)

일본 Kumamoto University(熊本大學) 대학원 졸업(박사)

미국 Princeton University 방문연구원

현재 제주대학교 해양과학대학 토목공학과 교수

▶▶ **고 경 남**

일본 Gunma University(群馬大學) 대학원 졸업(박사)

영국 Loughborough University 방문연구원

현재 제주대학교 대학원 풍력공학부 교수

▶▶ **양 순 보**

일본 Kyushu University(九州大學) 대학원 졸업(박사)

일본 독립행정법인 항만공항기술연구소 연구원

제주대학교 토목공학과/풍력공학부 강사

현재 일본 국립연구개발법인 항만공항기술연구소 연구관

해상풍력발전

초 판 발 행 2015년 8월 6일
초판 2쇄 2020년 12월 15일

편   저 John Twidell, Gaetano Gaudiosi
역   자 김남형, 고경남, 양순보
펴 낸 이 김성배
펴 낸 곳 도서출판 씨아이알

책 임 편 집 박영지, 김동희
디 자 인 윤지환, 윤미경
제 작 책 임 김문갑

등 록 번 호 제2-3285호
등 록 일 2001년 3월 19일
주   소 (04626) 서울특별시 중구 필동로8길 43(예장동 1-151)
전 화 번 호 02-2275-8603(대표)
팩 스 번 호 02-2265-9394
홈 페 이 지 www.circom.co.kr

I S B N 979-11-5610-148-2 (93530)
정   가 34,000원